法兰西数学
精品译丛

分析与代数原理（及数论）

（第一卷）（第2版）

□ Pierre Colmez　著
□ 胥鸣伟　译

高等教育出版社·北京

图字：01-2012-8636号

图书在版编目（C I P）数据

分析与代数原理（及数论）. 第一卷：第二版 /（法）皮埃尔·科尔梅（Pierre Colmez）著；胥鸣伟译. -- 北京：高等教育出版社，2018. 6
ISBN 978-7-04-049500-3

Ⅰ. ①分… Ⅱ. ①皮… ②胥… Ⅲ. ①代数②数论 Ⅳ. ① O15

中国版本图书馆 CIP 数据核字（2018）第 037120 号

分析与代数原理（及数论）
FENXI YU DAISHU YUANLI (JI SHULUN)

策划编辑 吴晓丽　　责任编辑 吴晓丽　　封面设计 杨立新　　版式设计 徐艳妮
责任校对 窦丽娜　　责任印制 韩 刚

出版发行	高等教育出版社	网　　址	http://www.hep.edu.cn
社　　址	北京市西城区德外大街4号		http://www.hep.com.cn
邮政编码	100120	网上订购	http://www.hepmall.com.cn
印　　刷	北京汇林印务有限公司		http://www.hepmall.com
开　　本	787 mm × 1092 mm 1/16		http://www.hepmall.cn
印　　张	17.5		
字　　数	370千字	版　　次	2018年6月第1版
购书热线	010-58581118	印　　次	2018年6月第1次印刷
咨询电话	400-810-0598	定　　价	69.00元

本书如有缺页、倒页、脱页等质量问题，请到所购图书销售部门联系调换

物 料 号 49500-00

《法兰西数学精品译丛》序

随着解析几何及微积分的发明而兴起的现代数学, 在其发展过程中, 一批卓越的法国数学家发挥了杰出的作用, 做出了奠基性的贡献. 他们像灿烂的星斗散发着耀眼的光辉, 在现代数学史上占据着不可替代的地位, 在大学教科书、各种专著及种种数学史著作中都频繁地出现着他们的英名. 在他们当中, 包括笛卡儿、费马、帕斯卡、达朗贝尔、拉格朗日、蒙日、拉普拉斯、勒让德、傅里叶、泊松、柯西、刘维尔、伽罗瓦、庞加莱、嘉当、勒贝格、韦伊、勒雷、施瓦茨及利翁斯等这些耳熟能详的名字, 也包括一些现今仍然健在并继续做出重要贡献的著名数学家. 由于他们的出色成就和深远影响, 法国的数学不仅具有深厚的根基和领先的水平, 而且具有优秀的传统和独特的风格, 一直在国际数学界享有盛誉.

我国的现代数学, 在 20 世纪初通过学习西方及日本才开始起步, 并在艰难曲折中发展与成长, 终能在 2002 年成功地在北京举办了国际数学家大会, 在一个世纪的时间中基本上跟上了西方历经四个多世纪的现代数学发展的步伐, 实现了跨越式的发展. 这一巨大的成功, 根源于好几代数学家持续不断的艰苦奋斗, 根源于我们国家综合国力不断提高所提供的有力支撑, 根源于改革开放国策所带来的强大推动, 也根源于很多国际数学界同仁的长期鼓励、支持与帮助. 在这当中, 法兰西数学精品长期以来对我国数学界所起的积极影响, 法兰西数学的深厚根基、无比活力和优秀传统对我国数学家所起的不可低估的潜移默化作用, 无疑也是一个不容忽视的因素. 足以证明这一点的是: 在我国的数学家中, 有不少就曾经留学法国, 直接受到法国数学家的栽培和法兰西数学传统和风格的熏陶与感召, 而更多的人也或多或少地通过汲取法国数学精品的营养而逐步走向了自己的成熟与辉煌.

由于语言方面的障碍, 用法文出版的优秀数学著作在我国的传播受到了较大的限制. 根据一些数学工作者的建议, 并取得了部分法国著名数学家的热情支持, 高等教育出版社决定出版《法兰西数学精品译丛》, 将法国的一些享有盛誉并有着重要作用与影响的数学经典以及颇具特色的大学与研究生数学教材及教学参考书, 有选择地从法文原文分批翻译出版. 这一工作得到了国家自然科学基金委员会数学天元基金的支持和赞助, 对帮助并推动我国读者更好地学习和了解法国的优秀数学传统和杰出数学成就, 进一步提升我国数学（包括纯粹数学与应用数学）的教学与研究工作的水平, 将是意义重大并影响深远的, 特为之序.

李大潜

2008 年 5 月

序　言

在这本书中人们会发现一些以非常规方式反映出的法国高等教育结构的某些特性 (像大多数这类书一样, 这绝非是唯一的讨论对象). 这些特性平行地表现在传统的大学里, 在那里存在一个 “名门望校” [1] 的精英人才体系, 它极其类似于印度的种姓制 (虽然每个学校具有相对的特点, 但这个系统却被在学校之间的一个相当固定的等级划分制度所支配). 要进入名门大学必须经过竞争: 在预科班上进行两年激烈的竞争性准备.

我在巴黎综合理工大学[2] 讲授了一门课, 并由此写出这本书. 我讲课的这个学校离上述的体系还是稍稍有些距离的: 它是一所军事院校, 在那里体育运动颇多, 而且它首要的目标是培养工程师, 以充实到法国各大企业的各个岗位上. 但是它却具有科学的传统, 其中数学起了重要的作用: 蒙日、拉格朗日、泊松、拉普拉斯、傅里叶、柯西、刘维尔、埃尔米特, 还有更近代的 P. 莱维、L. 施瓦兹, 都曾是那里的教授, 同时还培养出了为数颇多的杰出数学家, 包括泊松、柯西、刘维尔、埃尔米特、庞加莱和

[1]法文是 “Grandes Écoles”, 这是一个专有名词, 是指法国教育体制中独立于公共大学教育架构的高等教育机构, 是法国对通过入学考试 (concours) 来录取学生的高等院校的总称, 用来区别于大学 (université), 即持有高中会考毕业证书的学生都可以申请进入的普通高等学校. 但是只有优秀学生可以进入 “Grandes Écoles” 的预科; 经过两年的专门培养, 再经过竞争激烈的、淘汰率高的竞考, 通过者才可根据成绩双向选择, 然后进入某一所 “名门望校”, 在那里学习三到四年.——译者注, 用方括号标出, 而书中原注用圆括号标出.

[2]法文名称是 “École Polytechnique”, 有人译为巴黎综合理工学院或学校, 于 1794 年由拿破仑建立, 称得上真正的 “名门望校”. 它的昵称为 “X”, (见脚注中的 (X···) 的 X) 即表达了此意.

莱维[1].

催生了本书的这门课程力主在学生中发展数学文化 (特别关注现代数学的统一性和强大能力), 即充分展示数学在巴黎综合理工大学所教其他学科 (物理、化学、信息、经济) 中的运用. 本书可分为四个部分:

- 长长的一部数学词典, 它将预科班上见过的材料加以重组和精确化 (这不是一部教材而仅仅是一个浓缩的汇总, 并用解答习题和在书页底部给出有关的文化注解加以充实).

- 在此词典的基础上, 教程本身 (第 I 章到第 VII 章) 介绍了三个基础理论: 群表示论, 实分析 (巴拿赫空间、勒贝格积分以及傅里叶变换), 还有全纯函数论. 这里有大量习题, 有些在给出习题时已做了解答; 对于大多数习题也准备在后面给出它们正确结果的证明.

- A 到 G 七个附录开启了通向更加深刻、更为新近结果的道路, 其中在最后两个附录中所用到的完全是本教材中讲述的技术.

- 十四个习题解答 (称作习题校正): 每次应用教材中的数学对它们进行解答的同时也就是给出了对某个深刻结果的证明. 这种类型的问题似乎具有一种法国特质, 这种特质在法国数学学派的成就中多有显现. 它们对消化吸收所遇到的那些概念和结果, 对教材中所讲述的工具的威力进行评价提供了不可替代的帮助; 我的忠告是, 在试图把握这些基本定理的证明前, 自己先去寻找解决方法 (倘若失败了, 去看一下答案; 对于根本不懂的情形, 阅读一个未曾考虑过的问题的解答无疑是个理想的方案; 反之, 尝试自己解答问题则是接受和消化这个解答的最好的准备方式); 它们也以较为初等的方式解释了数学的统一性.

---

[1] 不用追溯太远, 下面是巴黎综合理工大学校友的名单 (名字后面是他们入校的年份), 他们曾受邀在国际数学家大会报告他们的工作, 这个大会每四年举行一次, 其作用在于定期地更新数学的进展 (也颁发菲尔兹奖): 1970 (尼斯), F. Pham (X1957); 1974 (温哥华), A. Bensoussan (X1960) 和 B. Maurey (X1966); 1978 (赫尔辛基), A. Raviart (X1958); 1982 (华沙), B. Mandelbrot (X1944), R. Glowinski (X1958), J.-M. Fontaine (X1962), B. Teissier (X1964) 和 G. Pisier (X1969); 1986 (伯克利), J.-M. Bismut (X1967); 1990 (东京), L. Tartar (X1965), J. Ecalle (X1966) 和 J.-M. Coron (X1975); 1994 (慕尼黑), P. Ciarlet (X1959), F. Ledrappier (X1965), A. Louveau (X1966) 和 E. Pardoux (X1967); 1998 (柏林), M. Herman (X1963), G. Iooss (X1964), A. Lascoux (X1964), J.-M. Bismut (X1967), G. Pisier (X1969), S. Mallat (X1981), F. Hélein (X1983) 和 F. Béthuel (X1983); 2002 (北京), J.-M. Fontaine (X1962), A. Chenciner (X1963), P. Flajolet (X1968), P. Delorme (X1970), A. Cohen (X1984) 和 T. Rivière (X1987); 2006 (马德里), F. Morel (X1984), C. Lebris (X1986) 和 E. Candès (X1990); 2010 (海得拉巴), J.-M. Coron (X1975), F. Pacard (X1984) 和 C. Breuil (X1989). 但这远不能与巴黎高等师范学院及其十位菲尔兹奖得主 (施瓦兹 (L. Schwartz)、塞尔 (J.-P. Serre)、托姆 (R. Thom)、孔涅 (A. Connes)、利翁斯 (P.-L. Lions)、约科茨 (J.-C. Yoccoz)、拉弗格 (L. Lafforgue)、维尔纳 (W. Werner)、维拉尼 (C. Villani) 和吴宝珠 (Ngô Bao Châu)) 相比肩, 然而作为一所工科加军事的院校, 这已是非常卓越了 (巴黎高等师范学院的作用是培养高水平的学者).

在写这本书的过程中我也学到了许多, 也希望读者在这里能找到满足自己好奇心的东西. 作为一位数论学家, 我为能从数论中给出解释数学统一性[2] 问题颇感荣耀; 但愿有与物理学关系密切的人能够写出由物理学启迪的附录, 以及它所涉及的数学术语和第 I 到第 VII 章的数学.

Pierre Colmez

[2] 观察一些概念如何与一个理论相互印证或者从一个领域过渡到另一个是十分迷人的; 小词典的注 (47) 给出了一个相当令人吃惊的解释. 同样地, 问题 H.9 也受到 p-进理论的定理 D.3.2 的启发, 对此我曾自问, 它在实域 (或复域) 中会变成什么样? 后来我才意识到, 按照 Paley-Wiener 定理的思路看来, 它完全是一个经典的结果.

前言

数学是一个具有惊人威力的工具,其他的科学分支都以不同的方式在不同程度应用它, 同时它又是人类最不可思议的集体造物中的一个, 并且人类一代接一代地使得这座大厦不断地升高但仍矗立在坚实的基础之上. [1]

本书介绍了作为数学基石的理论中的三个. 第一个 (第 I 章) 是有限群的表示论及其特征标; 这个理论是在 1895 到 1905 年间由弗罗贝尼乌斯 (F. Frobenius)、伯恩赛德 (W. Burnside) 和舒尔 (I. Schur) 发展起来的, 它是线性代数的一个推广 (涉及对由多个同构生成的群在一个有限维向量空间上的共同作用的理解), 而特征标理论则是在有限架构上的傅里叶变换的一个最重要的表现方式, 在此架构上没有分析上的难点. 在数学中, 在一些物理分支 (譬如粒子物理) 中, 或者还在经典化学的一个小方向 (晶体) 上, 群表示论处于中心的位置; 有限群的情形也常常被作为在更加复杂情形中进行合理推测的一个先导.

第二个 (第 II, III, IV 章) 是在 1900 到 1930 年发展起来的泛函分析 (巴拿赫空间、勒贝格积分、傅里叶变换), 为此做出贡献的有贝尔 (R. Baire)、巴拿赫 (S. Banach)、弗雷歇 (M. Fréchet)、哈恩 (H. Hahn)、希尔伯特 (D. Hilbert)、勒贝格 (H. Lebesgue)、普朗谢雷尔 (M. Plancherel)、里斯 (F. Riesz)、施坦豪斯 (H. Steinhaus) ……. 这个理论因 20 世纪对微分方程和偏微分方程等锲而不舍的追求而诞生, 它形成了现代实分析的基础. 在由物理提出的偏微分方程 (热传导方程、波动方程、薛定谔方程 ……) 研究中, 它有着多不胜数的应用.

最后一个 (第 V, VI, VII 章) 介绍了单复变量的解析函数理论, 它是在 1820 到 1840 年间由柯西一手发展起来的, 后来他还定期地返回这个领域; 本书所依照的讲述方式大多应归功于魏尔斯特拉斯和庞加莱在 19 世纪后半叶所做的贡献. 这个理论, 还 [2]
有群的一般理论, 大概是在别的数学分支或理论物理中用的最多的两个了. 例如, 平面开集的共形表示在具平面区域边界条件的热传导方程、空气动力学的研究中, 在布朗运动或者聚合物等的研究中都有应用, 我们将只简短提及它们 (第 VI 章的注 1).

这类教材的一个主要问题在于, 虽然它们着重关注那些将来有很大应用的结果上, 但却将这些应用只是作为趣味数学归入到习题之中, 这就好像人们只是为了对教堂立柱基座经年的坚固性感兴趣而去参观它那样. 为了努力改变这种倾向, 我们将注意力集中在来自数论方面的分析课题上; 数论具有与几乎所有数学领域 (甚至理论物理) 相互作用的惊人能力, 从而对这些领域的进展做出强有力的贡献. 它涉及 L 函数, 它的原型是黎曼 ζ 函数 (定义为: 当 $\mathrm{Re}(s) > 1$ 时, $\zeta(s) = \sum_{n=1}^{+\infty} \frac{1}{n^s}$). 有关这些对象的主要结果之一大概要数欧拉 (1734) 的著名公式 $\zeta(2) = \frac{\pi^2}{6}$ 了, 它回答了在 1644 年提出的知名的 "巴塞尔 (Bâle) 问题". 同样是欧拉, 揭示了 ζ 函数与素数分布之间的关联, 但它一直没有被严格证明, 直到 1896 年, 阿达马 (J. Hadamard) 和德拉瓦莱普森 (C. de la Vallée Poussin) 才按照黎曼在 1858 年提出的方案给出了正确的证明. 其间, 狄利克雷 (G. Dirichlet) 在 1837 年引进了第一批 L 函数, 用来证明在算术级数中存在无穷多个素数. 附录 A 专门讨论了这些结果, 它还提供了对全纯函数用处的令人震惊的诠释: 在那里它被用来解决看起来非常难的问题. 自此之后, L 函数的范围得到了充实, 形成了一个壮观的大厦, 为此, 附录 G 力图从观察给出一些见解, 就像去巴黎圣母院应鉴赏其穹窿的优美和雄伟, 而没有必要弄懂为什么它没有垮塌, 更没有必要去了解如何进行建造才不会引起逐步坍塌. 我们自己则只限于 L 函数的解析性方面, 它涉及另一个无所不在且十分令人激动的数学对象, 即模形式; 按照前面所说的方案我们将它归并成一系列的习题. 我们 (差不多) 抵制住了想要探索 L 函数的算术性质的诱惑: 它们在整数上的取值隐藏着一些宝藏, 包括德利涅 (P. Deligne) 的总猜想中的一些对象 (该猜想 (1977) 合理地给出了关于 π^2 的欧拉公式, 以及不可能存在 $\zeta(3)$ 的 π^3 公式), 贝林森 (A. Beilinson) 的猜想 (1985, 他特别要寻求在 $\zeta(3)$ 中究竟包含了什么东西的某种解释), 还有布洛赫 (S. Bloch) 和加藤 (K. Kato) 的猜想 (1989, 他们的猜想是要给出一个完全一般的公式, 譬如, 它能告诉我们在公式 $\zeta(12) = \frac{691\pi^{12}}{3^6\cdot5^3\cdot7^2\cdot11\cdot13}$
[3] 中的 691 有什么意义). 伯奇 (Birch) 与斯温纳顿–戴尔 (Swinnerton-Dyer) 猜想是这些隐匿的宝藏的一个例子; 这个猜想是在 20 世纪 60 年代初提出的, 附录 F 将专门讨论它.

参考文献概览

希望更加深入了解本书某些课题的读者请参看下面所列的著作[3]. 这些著作与本书的水平几乎相当, 但要更关注某些特定的方向, 它们能让读者走得更远.

P. Biane, J-B. Bost 和 P. Colmez, *La fonction zêta*, Presses de l'École Polytechnique.

读者在这里可发现 ζ 函数与算术或概率论相关联的各个不同方面.

---

[3] 构造习题的标准办法是, 拿出在比较专门的著作中的结果然后加以剪辑形成问题. 因此读者可以在这些著作中找到本书大部分习题的答案.

J-B. Bost, *Fonctions analytiques d'une variable complexe*, École Polytechnique.

覆盖了本书的 V 到 VII 章和附录 A 的一部分.

D. Bump, *Automorphic forms and representations*, Cambridge University Press.

附录 G 的展开版本; 读这本书要求有大量的时间和精力的投入.

H. Cartan, *Théorie élémentaire des fonctions analytique d'une ou plusieurs variables complexes*, Hermann.

覆盖了 V 到 VI 章, 但追循的是几何方向 (黎曼面以及多变量函数).

W. Ellison, *Les nombres premiers*, Hermann.

除覆盖了附录 A 外还有更多的内容.

W. Fulton 和 J. Harris, *Representation theory, A first course*, GTM 129, Springer-Verlag.

由第 I 章和附录 C 开始, 但追循的是李群表示论的方向.

R. Godement, *Analyse mathématique II,III et IV*, Springer-Verlag.

覆盖了本教材的最重要部分, 我曾希望, 如果能得到允许, 直接在本书中加入该书中的数页内容. 该书对于模形式的处理相当到位.

N. Koblitz, *Introduction to elliptic curves and modular forms*, GTM 97, Springer-Verlag.

提供了对数论的一个概览, 可关联到同余数问题 (附录 F).

S. Patterson, *An introduction to the theory of the Riemann Zeta-functions*, Cambridge University Press.

覆盖了附录 A, 追寻的是黎曼和林德勒夫假定.

W. Rudin, *Real and Complex Analysis*, Mc Graw-Hill.

分析教材, 特别地覆盖了分析部分 (II 到 VI 章), 但它并没有停留在此而是走得更远.

J-P. Serre, *Cours d'arithmétique*, Presses Universitaires de France. [4]

一本深入学习有理系数二次形式和模形式的令人愉悦的书.

J-P. Serre, *Représentations Linéaires des groupes finis*, Hermann.

覆盖了第 I 章和附录 C 的一部分, 并继续讨论涉及有限群表示论的更深刻的问题.

A. Weil, *Elliptic functions according to Eisenstein and Kronecker*, Springer-Verlag.

一本读起来舒服的带有半历史性的书, 用初等语言讲解了全纯函数与数论之间的关联.

最后, 有两本关于数学思想史的书, 本书的脚注很多来自它们. 这两本书所覆盖的时间段尽管是非空交集但不完全相同; 第二本要更近代一些, 要求有更扎实一点的数学背景.

A. Dahan-Dalmedico 和 J. Peiffer, *Une histoire des mathématiques, routes et dédales*, Points Sciences, Éditions du Seuil.

J. Dieudonné, *Abrégé d'histoire des mathématiques*, Hermann.

[5] 标准符号

以 $\mathbf{N}$ 表示自然数集 $\{0,1,2,\ldots\}$, $\mathbf{Z}$ 为整数集, $\mathbf{Q}$ 为有理数域, $\mathbf{R}$ 为实数域而 $\mathbf{C}$ 为复数域. 以 $\mathbf{Q}^*$, $\mathbf{R}^*$, $\mathbf{C}^*$ 分别表示 $\mathbf{Q}, \mathbf{R}, \mathbf{C}$ 的乘法群.

$\mathbf{R}_+$ (分别地, $\mathbf{R}_+^*$) 表示正实数集 (分别地, 严格正实数集); 而 $\mathbf{R}_-$(分别地, $\mathbf{R}_-^*$) 表示负实数集 (分别地, 严格负实数集).

以 $\overline{\mathbf{R}} = \mathbf{R} \cup \{\pm\infty\}$ 表示扩张实直线, $\overline{\mathbf{R}}_+ = \mathbf{R}_+ \cup \{+\infty\}$ 表示扩张的实半直线.

如果 $t \in \mathbf{R}$, 以 $[t]$ 表示它的整数部分, 而 $\{t\} = t - [t]$ 表示它的分数部分.

如果 X 是个集合, 以 $|X| \in \mathbf{N} \cup \{+\infty\}$ 表示它的基数; 如果 $Y \subset X$, 则以 $\mathbf{1}_Y : X \to \{0,1\}$ 表示 Y 的特征函数 (定义为: 当 $x \in Y$ 时, $\mathbf{1}_Y(x) = 1$, 而当 $x \notin Y$ 时, $\mathbf{1}_Y(x) = 0$). 如果 X, Y 为集合 E 的两个子集, 记 $X - (X \cap Y)$, 或更简单地, $X - Y$ 为 $X \cap Y$ 在 X 中的补集.

如果 I 和 X 均为集合, 以 X^I 表示 I 到 X 的映射的集合; 记 X^I 中的一个元素为 $i \mapsto x_i$ 或 $i \mapsto x(i)$, 再或者 $(x_i)_{i \in I}$ (例如当 $I = \mathbf{N}$ 时).

我们常常以 "$a, b \in X$" 记 "$a \in X$ 和 $b \in X$", 而且我们对于所有的量化词均不加解释: 例如, 我们常以 "当 $|x| \leqslant \delta$ 时, $|f(x)| \leqslant \varepsilon$" 代替 "对所有的 $|x| \leqslant \delta$, $|f(x)| \leqslant \varepsilon$".

设 A 是个环, $n \in \mathbf{N} - \{0\}$. 我们以 $\mathbf{M}_n(A)$ 表示系数在 A 中的 $n \times n$ 矩阵组成的环, $\mathbf{GL}_n(A) \subset \mathbf{M}_n(A)$ 为可逆矩阵的群 (它的行列式在 A 中可逆), 而 $\mathbf{SL}_n(A)$ 是 $\mathbf{GL}_n(A)$ 中行列式为 1 的矩阵的子群.

$x \gg 0$ (分别地, $x \ll 0$) 代表充分大 (分别地, 充分小) 的实数.

如果 f, g 是从拓扑空间 X 到 $\mathbf{R}$ 或 $\mathbf{C}$ 的函数, 在 x_0 的邻域中记号 $f = O(g)$ 的意思是, 存在 x_0 的一个邻域 V 和一个常数 $C > 0$, 使得对 $x \in V$ 有 $|f(x)| \leqslant C|g(x)|$; 在 x_0 的邻域中记号 $f = o(g)$ 表示存在 x_0 的一个邻域 V 及一个在 x_0 处趋于 0 的函数 $\varepsilon : V \to \mathbf{R}_+$, 使得对所有 $x \in V$, 有 $|f(x)| \leqslant \varepsilon(x)|g(x)|$.

目 录

第二卷的内容

数学小词典

面对着各类玄奥得近乎矛盾的情形, 数学家们逐渐担负起对他们所研究对象制定 [7]
严格定义的责任. 集合论的出现 (起始于 G. 康托尔 1870 年的工作) 以及不断增多的数学公理化, 一方面消弭了人们在创造新对象时的许多心理障碍(4), 另一方面的结果则是有了制定精准术语的能力, 从而使得 20 世纪数学的爆炸式发展具备了可能性.

这场运动以获得在学校里 (甚至在幼儿园大班里) 讲授 "现代数学初阶" 的成果而终结. 在 20 世纪 70 年代, 中学和预科班的教学大纲所基于的口号是 "上帝创造了空集, 人类做其他". 这多少有点激进, 但好处是它以条理清晰的方式阐明了数学, 并表明人们可以由已经存在的对象出发去创造新的对象. 可惜这个表述过于教条, 由此得出的印象还不如说成: 上帝创造了空集和集合论, 并没有放慢脚步, 继续创造出整数、相对整数[3]、有理数, 然后是群、环、域和向量空间, 再后是实数, 继而引进了 ε 和 δ, 又创造了拓扑……当他最终对这些成果感到满意时, 便赠予了人类一个永恒而完美的理论, 一个冷冰冰的、光洁无瑕的美丽造物.

到 20 世纪 90 年代中这个教条有了变化, 并以如下模式重新起步: "上帝创造了实 [8]

(4) 人们接受复数的概念花了大概两个世纪的时间 (甚至负数也大有诋毁它的人: 一个极端的例子是一个叫 Augustus de Morgan 的人, 他在 19 世纪中期一直认为负数是完全可以刻意回避掉的, 并且耗去了他的美好年华试图证明没有负数也可以行得通), 然而, 到了今天, 即便是极其复杂的对象, 只要证实它们在解决问题, 甚至只是在正确表述某些问题中有用, 我们都已经可以接受它了; 举例来说, 方丹 (J.-M. Fontaine) (1982) 所构造的 "复 p-adic 数" 环便是如此. 但心理障碍并未消失殆尽, 新事物的出现也还不是一帆风顺, 会引起与老先生们的冲突, 有时还很激烈. 他们的观点 "没有这些奇奇怪怪的东西我们也做出了极好的数学" 反映了在不得不去学一个 "不理解" 的新事物前的忧虑, 而现代人则在新事物中完全看到了问题的解决办法……

[3] 在法文中 "entier" 指的是自然数, 而对应于英文中的 'integer' 则是 "entier relatif", 即所谓的相对整数; 这种概念在大陆欧洲几个国家颇为流行. 除了这里, 我们总是将 "相对整数" 译为整数, 而前者则译为自然数.

数, 然后是复数, 并派遣高斯来到地球, 告诉人们, 再往更远处探索已经没有必要了.” 所有先前建造的东西便从官方的大纲中被小心抹掉了, 而且相当庞大的一块基础数学术语或者消失不见或者被抽去本质性的内涵. 太可惜了, 因为熟练掌握数学词语需要时间: 它所描述的概念是建筑在其他概念之上的; 而且还应该看到, 运作这些概念是要建立在真正掌握这些文字内涵的基础上的. 然而一个周期的预科班时间对此是远远不够的.

这一章力图暂时缓解这种词语的缺失状况; 但它的很大一部分内容在本书正文中都不会用到(5), 而之所以包括在内是因为很可能它们会出现在任何用到数学的领域中. 这个小词典不是学习数学的启蒙教材(6), 我假定读者对后面将看到的那些大部分条目已经有了一些哪怕只是模糊的观念. 与其说我编写的是一本教材还不如说它是某一类词典; 那么就像任何一部词典那样, 查阅某个词条需要求助于后面才定义的概念的现象并不罕见.

1. 基本文法

选择公理设定的是, 非空集合的乘积集合也非空 (即, 如果对所有的 $i \in I$, $X_i \neq \varnothing$, 则 $\prod_{i\in I} X_i \neq \varnothing$). 换句话说, 如果这些 X_i 都非空, 我们则可以在每个 X_i 中同时选取一个元素. 这个公理看起来显然, 但它却独立于现代数学所立足的集合论, 这意味着你可以选择在集合论中包含还是不包含这个公理 (在分析中, 没有对可数个集合的选择公理将是十分难于行事的, 这有着充足的道理: 设想你正面对着可数个元素的选择问题, 你会使选择变得越来越有效, 从而最终达到用有限次便可选出所有的元素. 但对于不可数个元素, 如果只能一个接一个地选择注定要失败). 接受选择公理对于证明存在性的结果有巨大的好处, 但顾及存在性结果的非有效性, 它也有所不足, 所以我们在能不用到它时总是非常高兴的. 我力图指出文中那些使用了选择公理的地方, 以示区别.

[9] 1.1. 二项式系数

我们以 $\binom{X}{k} \in \mathbf{Q}[X]$, $k \in \mathbf{N}$ 表示二项式多项式; 它们的定义是 $\binom{X}{0} = 1$, 而当 $k \geqslant 1$ 时, $\binom{X}{k} = \frac{X(X-1)\cdots(X-k+1)}{k!}$; 因此 $\binom{X}{1} = X, \binom{X}{2} = \frac{X(X-1)}{2}$, 等等.

- 如果 $k \geqslant 1$, 则 $\binom{X+1}{k} - \binom{X}{k} = \binom{X}{k-1}$.

(5)教材所讲到的结果大部分都是这一章中所提及概念的进一步展开, 所以我们可以不用再回过来解释这些概念而直接讲述这些结果, 虽然有时也会有点小纠结. 从另一方面说, 在电灯的照明下阅读《悲惨世界》或者《算术研究》(Disquisitiones arithmeticae) 比起在蜡烛的照明下阅读总要惬意得多, 即使这些书写就于发明电灯之前, 即使蜡烛具有某种魅力也无妨……

(6)它是以如下的方式写就的: 我首先对每个要经常使用的基础概念列出陈述清单但不提任何问题. 它们大体被写成大的字体, 随后加上证明 (一般写成小字体). 一个例外是对自同态的约化, 我在那里改变了在预科班时的观点, 换成另外的能给出更强结果的讲法. 我还为业余爱好者添加了一些数学的奇谈轶事, 以及一些更有文化背景的结果, 譬如构建 p 进数、西罗定理或者 A_n 的单性.

「我们有: $\binom{X+1}{k}-\binom{X}{k}=\frac{((X+1)-(X-k+1))X(X-1)\cdots(X-k+2)}{k!}=\frac{X(X-1)\cdots(X-k+2)}{(k-1)!}=\binom{X}{k-1}$. 」

- 二项式 (系) 数 $\binom{n}{k}$, 其中 $k\in\mathbf{N}$, $n\in\mathbf{Z}$ 为满足帕斯卡三角[4] 关系 $\binom{n+1}{k}=\binom{n}{k}+\binom{n}{k-1}$ 的整数.

「前面已经证明了帕斯卡关系. 我们用对 k 的归纳证明 $\binom{n}{k}\in\mathbf{Z}$. 当 $k=0$ 时, 由于 $\binom{n}{k}=1$, 断言显见为真. 如果 $k\geqslant 1$, 有 $\binom{0}{k}=0$ 而公式 $\binom{n+1}{k}-\binom{n}{k}=\binom{n}{k-1}$ 可以从归纳假定 "对所有的 n, $\binom{n}{k-1}\in\mathbf{Z}$" 出发, 对 n 归纳推出对所有 $n\geqslant 0$ 有 $\binom{n}{k}\in\mathbf{Z}$; 又由对 n 的向下归纳得到对所有 $n\leqslant 0$ 的 $\binom{n}{k}\in\mathbf{Z}$. 这证明了该结果对于 k 为真, 证完. 」

- 如果 $k,n\in\mathbf{Z}$, 则 $\binom{n}{k}=\frac{n!}{(n-k)!k!}$ 也是 n 个元素的集合中含 k 个元素的子集个数 C_n^k.

「立刻由定义得到公式 $\binom{n}{k}=\frac{n!}{(n-k)!k!}$. 现在, $\mathrm{C}_{n+1}^k=\mathrm{C}_n^k+\mathrm{C}_n^{k-1}$, 这是因为 $\{1,\ldots,n+1\}$ 中的具 k 个元素的子集可分成不含有 $n+1$ 的 (有 C_n^k 个) 和含有 $n+1$ 的, 即含有 $\{1,\ldots,n\}$ 中 $k-1$ 个元素的子集 (有 C_n^{k-1} 个). 于是 C_n^k 与 $\binom{n}{k}$ 满足同样的递归关系. 由于对所有的 n, $\mathrm{C}_n^0=1=\binom{n}{0}$ 以及当 $k\geqslant 1$, $\mathrm{C}_0^k=0=\binom{0}{k}$, 故对 k 归纳得到, 对所有的 $n\in\mathbf{N}$ 有 $\mathrm{C}_n^k=\binom{n}{k}$ (最后这个陈述的证明是当 k 固定时对 n 进行归纳). 我们在习题 3.8 中将会找到一个更加概念化的证明. 」

- 我们有 $\binom{-1}{k}=(-1)^k$ 和 $\binom{-n}{k}=(-1)^k\binom{n+k-1}{k}$, 其中 $k,n\in\mathbf{N}$.

「只需回到它的表达式即可. 」

1.2. 整数环 Z

- 如果 A 是 $\mathbf{Z}$ (具运算 $+$) 的一个子群, 则存在唯一的 $D\geqslant 0$ 使得 $A=D\mathbf{Z}$.

「如果 $A=\{0\}$, 则 $D=0$. 如果 $A\neq\{0\}$, 则 A 含有 >0 的元素: 因为 A 在 $x\mapsto -x$ 下稳定. 让 D 是这些元素中最小的. 用归纳立即证明 A 包含所有 nD, $n\in\mathbf{N}$, 从而对所有 $n\in\mathbf{Z}$ 也成立, 这是因为 A 在 $x\mapsto -x$ 下的稳定性, 换句话说, $A\supset D\mathbf{Z}$.

现在设 $a\in A$ 及 $r\in\{0,\ldots,D-1\}$ 是 a 除以 D 的余数. 因此 $a-r\in D\mathbf{Z}\subset A$, 于是 $r=a-(a-r)\in A$. 按假设, D 是 A 中严格正元素中最小者, 这表明 $r=0$, 从而 $a\in D\mathbf{Z}$. 由此导出包含关系 $A\subset D\mathbf{Z}$, 因而等式 $A=D\mathbf{Z}$ 成立, 即所求结果. 」

$a\mid b$ (即 a 整除 b) 表示 b 是 a 的一个倍数, 而 $a\nmid b$ 则表示了相反的意思. 如果 $a,b\in\mathbf{Z}$, 定义 a 和 b 的最大公因子 $\gcd(a,b)$ [5]: 当 $a=b=0$ 时定义它为 0, 当 $a\neq 0$ 或 $b\neq 0$ 时, 它是同时整除 a 和 b 的最大整数 $d>0$. 称 a 和 b *互素*[6]是说 $\gcd(a,b)=1$.

---

[4]我们称为杨辉三角.

[5]在法文中记为 $\mathrm{pgcd}(a,b)$, 我们采用通用的记号.

[6]有时为了强调 a, 书中常说 "a 素于 b".

[10] 称 $\mathbf{N}$ 中一个元素 p 为素的是说, $p \neq 1$ 且 p 的因子只有 1 和 p. 记 $\mathscr{P} = \{2, 3, 5, \ldots\}$ 为素数的集合. 显然, 如果 $p \in \mathscr{P}$ 及 $a \in \mathbf{N}$, 若 $\gcd(p, a) = p$, 则有 $p \mid a$, 若 p 素于 a, 则有 $p \nmid a$.

我们注意, $a\mathbf{Z} + b\mathbf{Z} = \{ax + by, x, y \in \mathbf{Z}\}$[7] 是 $\mathbf{Z}$ 的一个子群; 这是包含 a 和 b 的 $\mathbf{Z}$ 的最小子群 (实际上 $\mathbf{Z}$ 的包含 a 和 b 的一个子群必含有 ax 和 by, 从而也含有 $ax + by$, 对所有的 $x, y \in \mathbf{Z}$). 我们以 (a, b) 表示 $\mathbf{N}$ 中使得 $a\mathbf{Z} + b\mathbf{Z} = (a, b)\mathbf{Z}$ 的元; 根据上面所述, 这个元存在且唯一.

- 如果 $a, b \in \mathbf{Z}$, 则 $(a, b) = \gcd(a, b)$; 特别地, a 和 b 互素当且仅当存在 $u, v \in \mathbf{Z}$ 使得 $1 = au + bv$ (贝祖定理(7)).

「如果 $a = b = 0$, 结果立刻可得. 因而设 $a \neq 0$ 或 $b \neq 0$. 由 (a, b) 的定义, a 和 b 是 (a, b) 的倍数, 因而 $(a, b) \leqslant \gcd(a, b)$. 反之, 如果 $d \geqslant 1$ 整除 a 和 b, 则 d 整除 $ax + by$, 其中 $x, y \in \mathbf{Z}$; 特别地, d 整除 (a, b), 于是 $d \leqslant (a, b)$. 由此得到不等式 $(a, b) \geqslant \gcd(a, b)$, 从而得出结论.」

- 如果 a 素于 b 和 c, 则 a 素于 bc; 如果 a 整除 bc, 且若 a 素于 b, 则 a 整除 c (高斯引理).

「如果 $(a, b) = (a, c) = 1$, 则存在 u_1, v_1 使得 $au_1 + bv_1 = 1$, 及 u_2, v_2 使得 $au_2 + cv_2 = 1$. 因此有 $1 = (au_1 + bv_1)(au_2 + cv_2) = au + bcv$, 其中 $u = au_1u_2 + bv_1u_2 + cu_1v_2$ 和 $v = v_1v_2$, 这证明了 $(a, bc) = 1$. 由此推出第一个论断.

如果 $bc = ad$ 及 $au + bv = 1$, 则 $acu + adv = c$, 从而 $a(cu + dv) = c$, 这表明 a 整除 c. 由此有第二个论断.」

- 如果 $n \in \mathbf{Z} - \{0\}$, 则存在素数 $p_1, \ldots, p_r$ 使得 $n = \mathrm{sign}(n) p_1 \cdots p_r$; 另外, 这些 p_i, $1 \leqslant i \leqslant r$ 不计次序是唯一确定的. 换句话说, n 可以用唯一的方式分解为素因子的乘积(8) (算术基本定理).

「$n < 0$ 的情形可由 $n > 0$ 的情形得到, 故可设 $n > 0$.

用归纳法证明存在性. 当 $n = 1$ 时显然, 这时我们有 $r = 0$ (一个空的乘积按定义其值为 1). 现设 $n \geqslant 2$ 是个素数, 则 $n = n$ 是所要的 n 的分解形式. 如果 $n \geqslant 2$ 不是素数, 则 $n = ab$, 其中 $2 \leqslant a \leqslant n - 1$, $2 \leqslant b \leqslant n - 1$. 因此我们可对 a 和 b 应用归纳假设, 将 a 和 b 分别写成 $a = p_1 \cdots p_s$ 和 $b = p_{s+1} \cdots p_r$ 的形式. 于是有 $n = p_1 \cdots p_r$, 证明了 n 具有我们所希望的分解形式.

唯一性可利用高斯引理证明. 如果 $p_1 \cdots p_r = q_1 \cdots q_s$, 其中 p_i 和 q_j 都是素数,

(7) 事实上应该归于 C.-G. Bachet de Méziriac (1624); 贝祖 (Bézout, 1730—1783) 证明的是这个陈述在 $K[X]$ 中的类比.

(8) 如果 n 是两个都具有百万位的素数的乘积, 在计算机的帮助下可以证明 n 不是素数, 但是当前还不可能发现这两个整除 n 的素数. 这便是建立 RSA 安全系统的基础, 该系统已在互联网交易中使用了. 这也很好地解释了理论与实践之间的差异.

[7] 一般习惯是采用记号 $\{ax + by \mid x, y \in \mathbf{Z}\}$, 但本书作者采用了这种略有不同的记号; 译文仍保留了他的记号. 只要不产生歧义也不是非要统一不可, 习惯了就好.

高斯引理表明 p_r 整除了某个 q_j, 从而相等. 交换这些 q_j 的位置, 可设 $p_r = q_s$, 并对 [11]
两端都除以 $p_r = q_s$, 则约化为 $r-1$ 和 $s-1$ 个, 这样便由归纳得出结论. 」

- 有无穷多个素数.

「设若相反, 让 $p_1, \dots, p_r$ 为全部素数. 设 $n = (p_1 \cdots p_r) + 1$, 并设 p 为整除 n 的一个素数 (由上面知其存在). p 不能是这些 p_i 中的任何一个, 这是因为它除以 p_i 的余数为 1. 引出了矛盾, 从而得出结论. 」

- 如果 $n \in \mathbf{Z} - \{0\}$, p 是个素数, 我们以 $v_p(n)$ 表示 p 出现在 n 的素因子分解中的次数; 因此 $p^{v_p(n)}$ 也是整除 n 的 p 的最大幂, 而称 $v_p(n)$ 为 n 的 p-adic 赋值[8].

令 $v_p(0) = +\infty$, 则将上面的定义扩展到 $n \in \mathbf{Z}$. 我们因而有一个相当有用的可除性判别法: *a 整除 b 当且仅当对于所有素数 p 有 $v_p(a) \leqslant v_p(b)$*. 回到 $\gcd(a,b)$ 的定义, 由此可推出公式 $\gcd(a,b) = \prod_p p^{\inf(v_p(a), v_p(b))}$.

习题 1.1. — 如果 $a, b \in \mathbf{Z}$, 定义 a 和 b 的最小公倍数 $\operatorname{lcm}(a,b)$[9] 是同时为 a 与 b 的 $\geqslant 0$ 的倍数的最小数.

(i) 证明 $a\mathbf{Z} \cap b\mathbf{Z}$ 是 $\mathbf{Z}$ 的子群, 且 $a\mathbf{Z} \cap b\mathbf{Z} = \operatorname{lcm}(a,b)\mathbf{Z}$.

(ii) 证明当 a 和 b 均不为零时, $\operatorname{lcm}(a,b) = \prod_p p^{\sup(v_p(a), v_p(b))}$.

习题 1.2. — (i) 证明对于所有 $a, b \in \mathbf{Z}$, $v_p(ab) = v_p(a) + v_p(b)$ 以及 $v_p(a+b) \geqslant \inf(v_p(a), v_p(b))$.

(ii) 证明 v_p 有一个在 $\mathbf{Q}$ 上的唯一延拓, 使得对所有 $x, y \in \mathbf{Q}$ 有 $v_p(xy) = v_p(x) + v_p(y)$, 并证明因而对任意 $x, y \in \mathbf{Q}$ 有 $v_p(x+y) \geqslant \inf(v_p(x), v_p(y))$.

(iii) 证明 $\sqrt{2}$ 是无理数.

习题 1.3. — (i) 证明当 $v_p(a) \neq v_p(b)$ 时, $v_p(a+b) = \inf(v_p(a), v_p(b))$.

(ii) 证明 $v_p\left(\sum_{i=1}^n a_i\right) = \inf_{1 \leqslant i \leqslant n} v_p(a_i)$, 但其中至少有一个 $v_p(a_i)$ 大于这个 inf 的值.

(iii) 证明当 $n \geqslant 2$ 时, $1 + \frac{1}{2} + \frac{1}{3} + \cdots + \frac{1}{n}$ 不是整数.

习题 1.4. — (i) 设 $n \geqslant 1$, p 为素数. 证明 $v_p(n!) = [\frac{n}{p}] + [\frac{n}{p^2}] + [\frac{n}{p^3}] + \cdots$. 由此推导出 $v_p(n!) = \frac{n - S_p(n)}{p-1}$, 其中的 $S_p(n)$ 是 n 以 p 为底展开式的各个位数之和.

(ii) 证明 $[x] - [\frac{x}{2}] - [\frac{x}{3}] - [\frac{x}{5}] + [\frac{x}{30}] \geqslant 0$. 由此推导出 $\frac{(30n)!n!}{(15n)!(10n)!(6n)!}$ 是整数(9), 其

(9)看出了这个性质并结合了斯特林 (Stirling) 公式, 切比雪夫 (Tchebychev) 证明了小于 x 的素数的个数 $\pi(x)$ 满足 $(0.92 + o(1))\frac{x}{\log x} \leqslant \pi(x) \leqslant (1.05 + o(1))\frac{x}{\log x}$, 这是一个可以与附录 A 的素数定理相比较的范围. 在 2005 年 F. Rodriguez-Villegas 证明了级数 $\sum_{n=0}^{+\infty} \frac{(30n)!n!}{(15n)!(10n)!(6n)!} T^n$ 是代数的, 即存在一个系数在 $\mathbf{Q}(T)$ 中的多项式 P 在该级数上取零; 他也证明了这样的多项式的最小次数为 483840, 对此他做了令人困惑的解释……

[8]通常翻译为 "p-进 ⋯", 但本质上并不同于常用的 "10 进位制" 或 "p 进位制", 而且大多数人已习惯了 "p-adic ⋯" 的叫法, 故在本书中沿用了英文的叫法.

[9]法文记号是 $\operatorname{ppcm}(a,b)$.

中 $n \in \mathbf{N}$.

(iii) 证明 $v_p\left(\binom{a+b}{a}\right)$ 是在 p 为底展开式的加法 $a+b$ 中出现进位的个数, 其中 $a, b \in \mathbf{N}$.

(iv) 设 p 为素数. 证明 $\binom{p}{i}$ 可被 p 整除, 其中 $1 \leqslant i \leqslant p-1$. 由此推出对所有 $n \in \mathbf{Z}$, $n^p - n$ 被 p 整除 (费马小定理).

[12] 1.3. 基础逻辑与集合语言之间的平行性

如果 p 是个谓词 (即一个取值在 {真, 伪} $\cong \{0,1\}$ 的映射), 则 p 也是集合 $\{x, p(x)\}$ 中那些使 $p(x)=1$ 的子集的特征函数.

- 否定 $p \mapsto \bar{p} = 1-p$ 对应于到补集的转换:$\{x, \bar{p}(x)\}$ 是 $\{x, p(x)\}$ 的补集.
- $\bigwedge$ ("和") 对应于交:$\{x, p(x) \bigwedge q(x)\} = \{x, p(x)\} \bigcap \{x, q(x)\}$.
- $\bigvee$ ("或") 对应于并: $\{x, p(x) \bigvee q(x)\} = \{x, p(x)\} \bigcup \{x, q(x)\}$.
- 公式 $\overline{p \bigvee q} = \bar{p} \bigwedge \bar{q}$ (分别地, $\overline{p \bigwedge q} = \bar{p} \bigvee \bar{q}$) 转换为: 并 (分别地, 交) 的补是补的交 (分别地, 并).
- $\Rightarrow$ 对应于包含关系: $p \Rightarrow q$ 当且仅当 $\{x, p(x)\} \subset \{x, q(x)\}$.
- $\forall$ 对应于一个交集: $\{x, \forall i \in I, p_i(x)\} = \bigcap_{i \in I} \{x, p_i(x)\}$.
- $\exists$ 对应于一个并集: $\{x, \exists i \in I, p_i(x)\} = \bigcup_{i \in I} \{x, p_i(x)\}$.

「 例如, 考虑两个度量空间 X 和 Y, 以及 X 到 Y 的一个函数序列 $(f_n)_{n \in \mathbf{N}}$. 设 A 为 $x \in X$ 的使得 $f_n(x)$ 收敛的集合, 则 A 可写成如下形式:

$$\begin{aligned} A &= \{x \in X, \exists y \in Y, \forall j \in \mathbf{N}, \exists N \in \mathbf{N}, \forall n \geqslant N, d(f_n(x), y) < 2^{-j}\} \\ &= \bigcup_{y \in Y} \bigcap_{j \in \mathbf{N}} \bigcup_{N \in \mathbf{N}} \bigcap_{n \geqslant N} f_n^{-1}(\{y' \in Y, d(y, y') < 2^{-j}\}). \end{aligned}$$

如果 Y 完备, 我们可以使用柯西判别法而无需给此极限一个名字, 从而得到 [记 $f_{n,p}: X \to Y \times Y$ 为函数 $x \mapsto (f_n(x), f_p(x))$]:

$$\begin{aligned} A &= \{x \in X, \forall j \in \mathbf{N}, \exists N \in \mathbf{N}, \forall n, p \geqslant N, d(f_n(x), f_p(x)) < 2^{-j}\} \\ &= \bigcap_{j \in \mathbf{N}} \bigcup_{N \in \mathbf{N}} \bigcap_{n, p \geqslant N} f_{n,p}^{-1}(\{(y, y') \in Y \times Y, d(y, y') < 2^{-j}\}). \end{aligned}$$

第二个表达方式的优点是仅仅涉及可数指标集的交与并. 」

1.4. 可数集

一个集合是可数的是说, 它或为有限或可建立与 $\mathbf{N}$ 间的一个双射.

- 可数集的子集可数.

「只要证明 $\mathbf{N}$ 的一个非有限子集 X 可建立与 $\mathbf{N}$ 的双射[10] 即可. 如果 $x\in X$, 令 $\varphi(x)=|\{y\in X, y<x\}|$. 如果 x_0 是 X 的最小元, 则有 $\varphi(x_0)=0$, 表明 $\varphi(X)$ 包含了 0. 如果 $\varphi(x)=n$ 而 x' 是 X 中严格大于 x 中的最小元, 则 $\varphi(x')=n+1$, 故证明了 φ 为满射. 另外, 因为 φ 为严格递增函数, 所以它为单射 (如果 $x_1<x_2$, 则 $\{y\in X, y<x_2\}$ 包含了 $\{y\in X, y<x_1\}$ 和 x_1). 得证.」

- 如果 $\varphi: X\to Y$ 为单射, 且 Y 可数, 则 X 可数; 如果 $\varphi: X\to Y$ 为满射, 且 X 可数, 则 Y 可数.

「设 $\varphi: X\to Y$ 为单射, 于是 φ 建立了从 X 到 $\varphi(X)$ 之间的双射, 后者作为可数集的子集可数, 从而 X 可数. 如果 $\varphi: X\to Y$ 为满射, 我们可对于每个 $y\in Y$ 选取 (要用到选择公理) 在 φ 下 y 的一个原像 $s(y)\in Y$. 于是 $s: Y\to X$ 为单射, 这是因为 $s(y_1)=s(y_2)$ 给出 $y_1=\varphi(s(y_1))=\varphi(s(y_2))=y_2$; 因此根据前面所述, 当 X 可数时 Y 可数.」

- 可数集合的有限乘积可数. [13]

「设 $X_1,\ldots,X_k$ 为可数集, $X=X_1\times\cdots\times X_k$, 而 $p_1,\ldots,p_k$ 为互不相同的素数. 又设 $\varphi_i: X_i\to\mathbf{N}$ 为单射, 其中 $i\in\{1,\ldots,k\}$. 定义 $\varphi: X\to\mathbf{N}$ 为 $\varphi(x_1,\ldots,x_k)=p_1^{\varphi_1(x_1)}\cdots p_k^{\varphi_k(x_k)}$, 根据算术基本定理 (非零自然数分解为素数乘积的唯一性) φ 为单射.」

- 可数个可数集的并可数.

「设 $(X_i)_{i\in I}$, 其中 I 可数, 并且每个 X_i 也可数. 又设 $\varphi_i: X_i\to\mathbf{N}$, $i\in I$ 为单射, $Y\subset I\times\mathbf{N}$ 是其中那些 $i\in I$ 而 $x\in X_i$ 的偶对 $(i,\varphi_i(x))$ 构成的子集. 作为可数集 $I\times\mathbf{N}$ 的子集的 Y 可数, 因此从 Y 到 $\bigcup_{i\in I}X_i$ 的映射 $(i,y)\mapsto\varphi_i^{-1}(y)$ 为满射, 这便证明了 $\bigcup_{i\in I}X_i$ 可数.」

- 对 $\mathbf{Z}$, $\mathbf{N}^d$, $\mathbf{Z}^d$, $d\in\mathbf{N}$ 和 $\mathbf{Q}$ 均可数(10).

「从 $\mathbf{N}\times\mathbf{N}$ 到 $\mathbf{Z}$ 上的映射 $(a,b)\mapsto a-b$ 为满射, 而因为 $\mathbf{N}\times\mathbf{N}$ 可数, 以及可数集的有限乘积可数, 从而 $\mathbf{Z}$ 也可数. $\mathbf{N}^d$, $\mathbf{Z}^d$ 可数是因为它们是可数集的有限乘积. 最后, $(a,b)\mapsto\frac{a}{b}$ 给出 $\mathbf{Z}\times(\mathbf{Z}-\{0\})$ 到 $\mathbf{Q}$ 的满射, 由 $\mathbf{Z}$ 和 $\mathbf{Z}-\{0\}$ 的可数性便得到 $\mathbf{Q}$ 可数.」

- $\mathbf{R}$ 和取值在 $\{0,1\}$ 中的序列的集合 $\{0,1\}^{\mathbf{N}}$ 均不可数.

「我们假定 $\{0,1\}^{\mathbf{N}}$ 可数. 于是存在 $\mathbf{N}$ 到 $\{0,1\}^{\mathbf{N}}$ 的双射 $n\mapsto x_n$. 每个 x_n 都是一个序列 $x_n=(x_{n,k})_{k\in\mathbf{N}}$, 其中 $x_{n,k}\in\{0,1\}$, 这让我们去考虑序列 $y=(y_k)_{k\in\mathbf{N}}$, 其中 $y_k=1-x_{k,k}$. 由构造可知, 序列 y 的第 n 项的值不同于 x_n 的第 n 项的值, 故而对任意的 n, $y\neq x_n$. 这与按假定推出的 $n\mapsto x_n$ 为满射相矛盾; 因此 $\{0,1\}^{\mathbf{N}}$ 不是可

(10) $\mathbf{R}$ 的不可数性和代数数集的可数性这些结果是康托尔和戴德金 1873 年通信的成果. 康托尔在 1877 年证明了 $[0,1]$ 和 $[0,1]\times[0,1]$ 间有双射关系; 他在给戴德金的信中写道: “我看到了它, 但我不相信它.”

[10] 作者喜欢用 “bijection” 即 “双射”, 但实际上习惯的用法是 “1–1 对应”, 这里和以后的译文均按照作者的用法, 尽管有点别扭.

数的. 这个论证是康托尔的对角线论证 (1891).

至于证明 $\mathbf{R}$ 不可数只需注意到, 如果 X 是 $[0,1[$ 中的一个子集, 它由那些展开为小数时各个位数只有 0 或 1 的数组成, 那么 X 便与 $\{0,1\}^{\mathbf{N}}$ 间存在一个双射, 因而不可数. $\mathbf{R}$ 包含了 X, 更是不可数的了. 」

习题 1.5. — 证明 $\mathbf{N}$ 中子集构成的集合 $\mathscr{P}(\mathbf{N})$ 是不可数的, 但 $\mathbf{N}$ 的有限子集的全体是可数的.

习题 1.6. — 称 $x \in \mathbf{C}$ 是代数的是指存在非零 $P \in \mathbf{Q}[X]$ 使得 $P(x) = 0$; 称 $x \in \mathbf{C}$ 为超越的是说它不是代数的. 证明代数数的集合 $\overline{\mathbf{Q}}$ 是可数的. 由此推出存在超越数.

习题 1.7. — 设 $(B_j)_{j\in I}$ 为 $\mathbf{C}$ 的非空开圆盘构成的族. 证明如果这些 B_j 两两不交, 则 I 可数.

[14] **习题 1.8.** — 设 $f : \mathbf{R} \to \mathbf{R}$ 为一个递增函数.

(i) 证明在每点 f 存在右极限和左极限, 并且如果 $x_0 \in \mathbf{R}$, 则 $f(x_0^+) = \inf_{x>x_0} f(x)$, $f(x_0^-) = \sup_{x<x_0} f(x)$; 由此推出 $f(x_0^-) \leqslant f(x_0) \leqslant f(x_0^+)$. 在什么条件下 f 自己在 x_0 连续?

(ii) 证明, 如果 $x_0 < x_1$, 则 $f(x_0^+) \leqslant f(x_1^-)$.

(iii) 证明使 f 不连续的点的集合可数.

习题 1.9. — 设 X 是 $\mathbf{R}$ 的一个可数子集, 并稠于 $\mathbf{R}$ (即对于任意 $a < b$ 有 $]a,b[\cap X \neq \varnothing$)[11], 且 $n \mapsto x_n$ 是 $\mathbf{N}$ 到 X 上的双射. 归纳定义一个序列 $n \mapsto \varphi(n)$, 让 $\varphi(0) = 0$, $\varphi(1) = 1$, 并取 $\varphi(n)$ 为最小的 $i \geqslant \varphi(n-1)$, 使得 x_i 在 $x_{\varphi(n-1)}$ 与 $x_{\varphi(n-2)}$ 之间. 证明序列 $(x_{\varphi(n)})_{n\in\mathbf{N}}$ 有极限, 并且此极限不属于 X. 由此推出 $\mathbf{R}$ 是不可数的.

习题 1.10. — (难题) 一个 "8" 是平面中两个有相同半径 (非零) 且切于一点的圆周的并. 证明可以在平面中最多放置可数个两两不交的 "8".

习题 1.11. — (难题) 一个 "三面角" 是三条线段 $[G,A], [G,B], [G,C]$ 构成的图形, 其中 A, B, C 为一个全等三角形 (非退化为一个点) 的顶点, G 是此三角形的重心. 证明在平面上最多只能放置可数多个两两不交的三面角.

2. 代数结构

在这一节里, 我们汇集了最常见的一些有关代数结构的定义; 在解释性的例子中所使用的对象, 一般来说, 将在正文的很后面才会学到. 在 19 世纪, 数学家不得不开始逐步地去处理代数结构: "群" 这个词已由伽罗瓦 (1830) 在他对用根式求多项式方程解的研究中引进, 但一直等到 1854 年凯莱才给出一个抽象群的公理化定义 (被伽

[11]本书用 $]a,b[$ 表示开区间.

罗瓦称之为群的原来只是在一个虚构的群作用下的轨道). 同样, 在 $\mathbf{R}^2$ 和 $\mathbf{R}^3$ 中的计算已经被提升到相当高的程度了, 然而一直到了 20 世纪 30 年代, 泛函分析的发展带来了向量空间的公理化定义 [由格拉斯曼 (1862, Grassmann) 提出, 佩亚诺 (1888, Peano) 加以精确化] 并被普遍采用, 并且还以向量和线性映射对坐标和矩阵做了有益的替换(11). 数学的强大力量之一在于这个分成两个步骤的工作方法: 鉴别原本极不相同对象的那些共同性质 (例如 $\{1,\ldots,n\}$ 的置换变换和那里的平面等距变换, 或是 $\mathbf{R}^2$ 空间以及在 [0,1] 上的函数空间), 然后是从这些性质出发, 定义一个这些对象的范畴 (第一种情形中的群, 第二种情形中的向量空间), 再去研究它们, 同时也就提供一个方法去了解已被厘清了概念的原始对象, 从而进一步理解了其他那些我们曾以为没有必 [15]
要在目前考虑的概念.

2.1. 合成律

设 X 为一集合. X 上的一个合成律 $\heartsuit$ 是一个规则, 使得对于 X 中任意两个元素 x,y 产生出一个 X 的元素 $x\heartsuit y$; 因此这是一个从 $X\times X$ 到 X 的映射. 不乏各种例子:

「$\diamond$ 如果 E 为集合, 映射 $u:E\to E$ 的集合可赋予复合规则 $\circ$.

$\diamond$ 逻辑命题的集合可赋予规则 $\bigwedge$ (= 和), $\bigvee$ (= 或), 以及蕴含 $\Rightarrow$.

$\diamond$ 集合 E 的部分集的集合 $\mathscr{P}(E)$ 可赋予并 $\bigcup$, 交 $\bigcap$, 对称差 $\triangle$ ($A\triangle B$ 是 $A\bigcap B$ 在 $A\bigcup B$ 中的补 $(A\bigcup B)-(A\bigcap B)$.

$\diamond$ 整数集 $\mathbf{Z}$ 可赋予加法 $+$, 乘法 $\times$ (或 $\cdot$), 减法 $-$. 」

规则 $\heartsuit$ 为*交换的*(12) 是说, 对所有的 $x,y\in X$, $x\heartsuit y=y\heartsuit x$.

它是*结合的*(13) 是说对所有的 $x,y,z\in X$, $(x\heartsuit y)\heartsuit z=x\heartsuit(y\heartsuit z)$. 如果该规则是结合的, 则可按自己愿意的顺序去做运算, 从而可以去掉括号: 因此如果规则是结合的, 就常常写成 $x\heartsuit y\heartsuit z$ 以代替 $(x\heartsuit y)\heartsuit z$ 或 $x\heartsuit(y\heartsuit z)$.

称 $e\in X$ 是 $\heartsuit$ 的*中性元*(14) 是指对于所有 $x\in X$ 满足 $e\heartsuit x=x\heartsuit e=x$. 中性元是唯一的, 因为若 e 和 e' 都是中性元, 则 $e=e\heartsuit e'=e'$.

如果 $\heartsuit$ 具有中性元, 称 a 是 x 的*左逆元* (分别地, *右逆元*) 是说 $a\heartsuit x=e$ (分别地, $x\heartsuit a=e$). 如果 $\heartsuit$ 为结合的, 且当 x 既有左逆元又有右逆元(15) 时就称 x 是*可逆的*: 它是唯一确定并相等的. 这是因为若设 a 和 b 分别是 x 的左和右逆元, 则 $a=a\heartsuit e=a\heartsuit(x\heartsuit b)=(a\heartsuit x)\heartsuit b=e\heartsuit b=b$.

(11) 我们鼓励读者尝试直接在 $\mathbf{M}_3(\mathbf{R})$ 或同样在 $\mathbf{M}_2(\mathbf{R})$ 中解方程 $A^2+1=0$.

(12) 除了复合 $\circ$, 逻辑命题集合上的 $\Rightarrow$, 以及 $\mathbf{Z}$ 上的 $-$ 以外, 上述的那些规则都是交换的.

(13) 除了 $\Rightarrow$ 和 $-$ 外上述规则均是.

(14) 规则 $\circ,\bigcup,\bigcap,\triangle,+,\times$ 全具有中性元, 即 $\mathrm{id},\varnothing,E,\varnothing,0,1$.

(15) 在复合 $\circ$ 下一个映射 $u:E\to E$ 具有左逆当且仅当它为单射, 而具有右逆当且仅当 u 为满射 (当 E 为无限集时要求在 E 上有选择公理), 它可逆当且仅当它为双射; 至于 $\triangle$, 每一个元都是可逆的; 在 $\mathbf{Z}$ 中, 对于 $+$ 每个元 n 具有逆 $-n$, 但对于 $\times$, 只有 1 和 -1 有逆元.

设 ♡ 和 ♠ 为 X 上的两个规则, 称 ♠ 对于 ♡ 是分配的[16] 是指对于 $a, b, x \in X$ 有 $(a \heartsuit b) \spadesuit x = (a \spadesuit x) \heartsuit (b \spadesuit x)$ 和 $x \spadesuit (a \heartsuit b) = (x \spadesuit a) \heartsuit (x \spadesuit b)$.

[16] 2.2. 代数结构的例子

2.2.1. 群

群 G 是一个满足结合律的规则 $(g, h) \mapsto gh$, 并有中性元 e, 使得每个元 g 都可逆 (以 g^{-1} 表示 g 的可逆元) 的非空集合.

如果这个规则是交换的, 则说 G 是交换的或阿贝尔的. 交换群的规则常记为 $+$, 而此时记中性元为 0, 记 $x \in G$ 的逆元为 $-x$, 称其为 x 的相反元. 一个记为 $+$ 或 $\oplus$ 或 $\boxplus$ 的规则总意味着是交换的, 除非作者真想把他的书弄得不可读.

如果群的规则记为乘法, G 的中性元一般地记作 1 以代替 e; 如果涉及的是一个集合 X 自身的双射的群, 中性元便是 X 的恒同映射, 常记为 id.

「 作为群, 我们列举: $\mathbf{C}$ 中 D 次单位根群 $\boldsymbol{\mu}_D$ (3.1.1 节), 对称群 S_n 和它的子群 A_n (3.4 小节), 系数在环 A 的可逆 $n \times n$ 矩阵的群 $\mathbf{GL}_n(A)$ 和它的行列式为 1 的矩阵的子群 $\mathbf{SL}_n(A)$ (7.7 小节), 一条椭圆曲线上的有理点的群 (问题 H.8 和附录 F). 我们注意到, 环 (参看后面) 对其加法也是个群, 它的 (非零) 可逆元的集合也是对于乘法的一个群 (例如 $(\mathbf{R}, +), (\mathbf{Q}, +), (\mathbf{R}^*, \times), (\mathbf{Q}^*, \times)$ 都是群). 」

2.2.2. 环

环 A 是一个非空集合, 被赋予一个加法规则 $+$ 使其成为交换群 (具有中性元 0), 还被赋予另一个满足结合律的乘法规则 $\times$ 或 $\cdot$, 它有一个中性元 1, 并且对于加法是分配的. 称 A 是交换的是说乘法是交换的. 称 A 是整的是说 $A \neq \{0\}$ 且如果 $xy = 0 \Rightarrow x = 0$ 或者 $y = 0$; 称 $x \in A$ 是个零因子是说存在 $y \neq 0$ 使得 $xy = 0$; 因此环 A 为整的当且仅当 $A \neq \{0\}$ 且唯一的零因子是 0.

「 作为交换环, 我们列举: 整数环 $\mathbf{Z}$, 整数 $\bmod D$ 的环 $\mathbf{Z}/D\mathbf{Z}$ (2.8 小节), p-adic 整数环 $\mathbf{Z}_p$, 以 X 为变量, 系数在交换环 A 中的多项式环 $A[X]$ (4.1 小节), n 个变量的多项式环 $A[X_1, \ldots, X_n]$ (4.3.1 节), 系数在交换域 K 中的形式幂级数环 $K[[T]]$ (§V.1 的 1 小节); 作为非交换环我们将主要处理系数在交换环 A 中的 $n \times n$ 矩阵环 $\mathbf{M}_n(A)$ (7.7 小节). 」

- 如果 A 为环, A 中非零可逆元[17] 的集合 A^* 当其非空[18] 时是个乘法群.

「 这涉及证明两个可逆元的乘积仍可逆, 但我们有 $(xy)(y^{-1}x^{-1}) = x(yy^{-1})x^{-1} = xx^{-1} = 1$ 以及 $(y^{-1}x^{-1})(xy) = y^{-1}(x^{-1}x)y = y^{-1}y = 1$, 证明了当 x 和 y 可逆时,

---

(16) 在上面的例子中, $\bigwedge$ 对于 $\bigvee$ 是分配的, $\bigvee$ 对于 $\bigwedge$ 也是; $\bigcup$ 对于 $\bigcap$ 和 $\triangle$ 是分配的, 而 $\bigcap$ 对于 $\bigcup$ 也是; $\times$ 对于 $+$ 和 $-$ 是分配的.

(17) 指对乘法的; 对加法的可逆元包含在环的定义中了.

(18) 如果 $A = \{0\}$, 则 $0 = 1$, 从而 0 可逆, 但因为它是空集, A^* 便不是群; 按照后面的观点, 我们将会注意到对于乘法,0 的可逆性表明 $A = \{0\}$.

$y^{-1}x^{-1}$ 是 xy 的逆元. 」

- 如果 A 为环, 则对所有 $x \in A$ 有 $0 \cdot x = x \cdot 0 = 0$, 另外, 对所有 $x, y \in A$ 有 $x \cdot (-y) = (-x) \cdot y = -(xy)$.

「 $y \cdot x = (0+y) \cdot x = (0 \cdot x) + (y \cdot x)$, 再在两端加上 $-(y, x)$ 便有 $0 = 0 \cdot x$; 同样地, [17]
由 $x \cdot y = x \cdot (y+0) = (x \cdot y) + (x \cdot 0)$ 得到 $0 = x \cdot 0$. 同样地, $x \cdot (-y) + x \cdot y = x(-y+y) = x \cdot 0 = 0$, 因而 $x \cdot (-y) = -(x \cdot y)$, 又由 $(-x) \cdot y + x \cdot y = (-x+x) \cdot y = 0 \cdot y = 0$ 得到 $(-x) \cdot y = -(x \cdot y)$. 」

2.2.3. 域

域 K 是一个环, 其中的所有非零元可逆 (以 x^{-1} 或 $\frac{1}{x}$ 记 $x \neq 0$ 的逆), 并且 $K^* = K - \{0\}$ 非空[19] (因而是个群). 如果它的乘法是交换的, 则称这样的域是交换的.

「 作为域, 我们列举: 有理数域 $\mathbf{Q}$ (20.2 小节), 实数域 $\mathbf{R}$ (20.3 小节), 复数域 $\mathbf{C}$, p-adic 数域 $\mathbf{Q}_p$ (20.4 小节), 系数在域 K 中的有理分式域 $K(X)$ (4.2.3 节), 还有 q 个元的域 $\mathbf{F}_q$, 其中 q 是某个素数的幂 (8.7 小节). 」

- 如果 A 为交换的整环, 我们构造它的分式域 $\mathrm{Fr}(A)$ 为偶对 $(a, b) \in A \times (A - \{0\})$ 的等价类的集合, 其中的等价关系[20] 是: $(a, b) \sim (a', b')$ 当且仅当 $ab' - a'b = 0$, 并被赋予规则 $+$ 和 $\cdot$, 定义为 $(a, b) + (a', b') = (ab' + a'b, bb')$ 和 $(a, b) \cdot (a', b') = (aa', bb')$. 记 (a, b) 的类为 $\frac{a}{b}$, $(a, 1)$ 的类就简记为 a, 这让我们可将 A 看成是 $\mathrm{Fr}(A)$ 的子集, 且在 $\mathrm{Fr}(A)$ 中 $\frac{a}{b}$ 可写为 $b^{-1}a$. 因此, 加法和乘法的规则可取更加习惯的形式 $\frac{a}{b} + \frac{a'}{b'} = \frac{ab'+a'b}{bb'}$, $\frac{a}{b}\frac{a'}{b'} = \frac{aa'}{bb'}$.

「 举例来说, 我们有 $\mathrm{Fr}(\mathbf{Z}) = \mathbf{Q}$, $\mathrm{Fr}(K[X]) = K(X)$, 更一般地, $K[X_1, \ldots, X_n]$ 的分式域是 n 个变量的有理分式域 $K(X_1, \ldots, X_n)$. 」

2.2.4. 模和向量空间

如果 A 为环, 一个 A-模 (或 A 上的模) M 对于一个规则 $+$ 为交换群 (中性元 0), 并具有一个 A 的作用, 对任意的 $x, y \in M$ 和 $a, b \in A$ 满足

$$1x = x, \quad a(x+y) = ax + ay, \quad (a+b)x = ax + bx, \quad (ab)x = a(bx).$$

因而我们有 $0x = 0, a0 = 0, (-a)x = -(ax) = a(-x)$, 其中 $a \in A, x \in M$, 理由与前面相同.

如果 K 是个交换域, 一般地, 称一个 K-模为 K-向量空间或 K 上的向量空间.

「 分析学提供了大量在 $\mathbf{R}$ 或 $\mathbf{C}$ 上向量空间的例子, 譬如函数空间 $\mathscr{C}(\mathbf{R}^m)$, $\mathscr{C}^\infty(\mathbf{R}^m)$, $\mathscr{S}(\mathbf{R}^m)$, $L^1(\mathbf{R}^m)$, 还有 $\mathbf{C}$ 上相应的: 连续的, $\mathscr{C}^\infty$ 的, 施瓦兹的 (§IV.3, 3 小节), 可和的 (§III.2, 1 小节) 向量空间. 将具有一个自同态 u 的有限维 K-向量空间看作一个

(19) 因而我们在一个域上必有 $1 \neq 0$; 环 $\{0\}$ 不是域.

(20) 参看 2.7 小节. 传递性来自关系 $b'(ab'' - a''b) = b''(ab' - a'b) - b(a''b' - a'b'')$, 因为 A 为整数且 $b' \neq 0$, 故它蕴含当 $ab' - a'b = a''b' - a'b'' = 0$ 时有 $ab'' - a''b = 0$.

$K[X]$-模是常常有用的 (10.2 小节). 」

- 在向量空间与非域的环上的模之间的一个基本差别是, 在向量空间中 $\lambda x=0$ 与 $\lambda \neq 0$ 蕴含 $x=0$ (因为 $x=\lambda^{-1}\lambda x=\lambda^{-1}0=0$), 但在非域环上的模中则不如此 (例如, 在 $\mathbf{Z}$-模 $\mathbf{Z}/6\mathbf{Z}$ 中 $2\cdot 3=0$, 而 3 在 $\mathbf{Z}/6\mathbf{Z}$ 中不为零).

[18] • 所有交换群 (从而所有环, 所有域, 所有环上的模, 等等) 自然地是一个 $\mathbf{Z}$-模, 这里的 nx 是归纳定义的: $0x=0, (n+1)x=nx+x, n\in\mathbf{N}$, 而当 $n\leqslant 0$ 时定义 $nx=-((-n)x)$.

「可以证明这也定义了 $\mathbf{Z}$ 的一个作用. 这是一个乏味的练习, 使人想起从佩亚诺公理出发来证明 $\mathbf{Z}$ 是个环的情形. 」

2.2.5. 代数

如果 A 是个交换环, 一个 A-代数 Λ 是一个 A-模, 并被赋予一个乘法 $\cdot$, 该法则满足结合律, 以及对于加法的分配律, 满足 $a(x\cdot y)=(ax)\cdot y=x\cdot(ay)$, 其中 $a\in A$, 而 $x,y\in\Lambda$ (即 A 的作用与乘法交换). 一个代数是*交换的*是说它的乘法是交换的, 一个代数是*单式的*是说它具有乘法的中性元 (从而是个环).

- 每个环都自然地是个 $\mathbf{Z}$-代数; 如果 A 是交换环, 则每个 A-代数是 $\mathbf{Z}$-代数.

「这涉及证明以上所定义的 $\mathbf{Z}$-模结构满足关系式 $n(xy)=(nx)y=x(ny)$; 对于 $n\geqslant 0$ 这只要按归纳证明即可, 毫无秘密可言. 对于 $n\leqslant 0$ 只需过渡到相反元即可. 」

设 Λ 是个 $\mathbf{Z}$-代数, 且 $x\in\Lambda$; 对于 $n\geqslant 1$ 定义 x^n 为: $x^1=x$, 而 $x^{n+1}=x^nx$. 由对 m 的归纳可得 $x^{n+m}=x^nx^m$, 其中 $n,m\in\mathbf{N}$. 如果 Λ 是单式的, 对于所有 $x\in\Lambda$ (包括 $x=0$) 令 $x^0=1$, 另外, 如果 x 在 Λ 中可逆, 则当 $n\leqslant 0$ 时, 令 $x^n=(x^{-1})^{-n}$; 对于所有 $n,m\in\mathbf{Z}$ 可验证成立 $x^{n+m}=x^nx^m$, 因此 $n\mapsto x^n$ 是从 $\mathbf{Z}$ 到 A^* 的一个态射.

- 设 $a,b\in\Lambda$ 可交换, 则

◇ $a^n-b^n=(a-b)(a^{n-1}+a^{n-2}b+\cdots+b^{n-1})$, $n\geqslant 2$ 为整数.

◇ $(a+b)^n=\binom{n}{0}a^n+\binom{n}{1}a^{n-1}b+\binom{n}{2}a^{n-2}b^2+\cdots+\binom{n}{n}b^n$, $n\geqslant 1$ 为整数 (当 Λ 为单式时, 这个二项式公式可缩写成 $(a+b)^n=\sum_{i=0}^{n}\binom{n}{i}a^{n-i}b^i$).

「第一个公式可用展开右端加以证明, 而第二个可归纳证明: 当 $n=1$ 时, 可立得, 然后用恒等式 $\binom{n+1}{i}=\binom{n}{i}+\binom{n}{i-1}$ 从 n 推到 $n+1$, 并直接处理 a^{n+1} 和 b^{n+1} 项. 」

如果 Λ 是个 $\mathbf{Z}$-代数, 称 $x\in\Lambda$ 是*幂零的*是说存在 $m\in\mathbf{N}$ 使得 $x^m=0$, 如果 λ 是单式的, 称 x 为*幂幺的*则表示 $x-1$ 是幂零的.

- 如果 $x\in\Lambda$ 幂幺, 则 x 可逆且对于所有 $n\in\mathbf{Z}$, 有 $x^n=\sum_{k\in\mathbf{N}}\binom{n}{k}(x-1)^k$, 由于当 k 充分大时 $(x-1)^k=0$, 等式右端是个有限和; 特别地, 如果 Λ 是个 $\mathbf{Q}$-代数, 则 x^n 是 n 的多项式.

「只要验证 $(1+(x-1))\left(\sum_{k=0}^{m-1}\binom{n}{k}(x-1)^k\right)=\sum_{k=0}^{m-1}\binom{n+1}{k}(x-1)^k$ 即可, 其中的 $n\in\mathbf{N}$, $m\in\mathbf{N}$ 使得 $(x-1)^m=0$. 事实上, 由向上的归纳 (像前面一样) 可建

立对 $n\in\mathbf{N}$ 的公式, 而对 $n=-1$ 这个公式证明了 x 可逆 (由于 $\binom{-1}{k}=(-1)^k$, 其逆为 $1+(1-x)+\cdots+(1-x)^{m-1}$), 而向下的归纳可推出当 $n\leqslant 0$ 时的公式. 由于 $(x-1)^m=0$, 左端的项可重写为形式 $1+\sum_{k=1}^{m-1}\left(\binom{n}{k}+\binom{n}{k-1}\right)(x-1)^k$, 那么该公式便是二项式数间的恒等式 $\binom{n}{k}+\binom{n}{k-1}=\binom{n+1}{k}$ 的结果. 」

习题 2.1. — 设 A 为环. [19]

(i) 证明若 x 和 y 交换且都为幂零的, 则 $x+y$ 也为幂零的; 若 x 和 y 不可交换, 此结果还对吗?

(ii) 证明若 x 幂零, 而 a 与 x 交换, 则 ax 幂零; 若 a 与 x 不可交换, 此结果还对吗?

(iii) 设 A 交换. 证明幂零元的集合是 A 的理想.

2.3. 载体的子载体

一个载体[12] 的子载体是一个非空子集, 它在定义该载体的规则下稳定. 在前面所考虑的那些情形中, 可将这个概念翻译如下.

如果 G 为群, G 的一个*子群* H 是 G 的一个子集, 它包含了中性元, 在群的规则下稳定 (即如果 $x,y\in H$, 则 $xy\in H$), 且对其取逆时稳定 (即若 $x\in H$, 则 $x^{-1}\in H$); 其实只要 $H\neq\varnothing$ 和当 $x,y\in H$ 时得到 $xy^{-1}\in H$ 就够了.

如果 A 为环, A 的一个*子环* A' 是在 A 的加法下的子群, 包含 1 且在乘法下稳定 (即若 $x,y\in A'$, 则 $x\cdot y\in A'$).

如果 K 为域, K 的一个*子域* K' 是 K 的一个子环, 在取逆时稳定 (即若 $x\in K'-\{0\}$, 则 $x^{-1}\in K'$).

如果 M 为 A-模, M 的一个子 A-模 M' 是 M 的一个在加法下的子群并在 A 的作用下稳定 (即若 $a\in A$ 且 $x\in M'$, 则 $ax\in M'$). 称 A 的一个子 A-模为 A 的理想.

如果 V 为 K-向量空间, V 的一个子空间是 V 的一个子 K-模.

如果 Λ 为 A-代数, Λ 的一个子 A-代数是 Λ 的一个子 A-模, 它在乘法下稳定.

习题 2.2. — (哈密顿的四元数, 1843) 设

$$\mathbf{H}=\left\{\begin{pmatrix} a & b\\ -\bar b & \bar a\end{pmatrix}, a,b\in\mathbf{C}\right\}.$$

(i) 证明 $\mathbf{H}$ 是 $\mathbf{M}_2(\mathbf{C})$ 的子环, 这是一个非交换域.

(ii) 在 $\mathbf{H}$ 中解方程 $x^2+1=0$; 这是个令人惊奇的结果吗?

---

[12] 原文是 “truc”, 意思是东西、玩意儿、诀窍等; 因前者过于口语化, 而翻作 “对象” 则可能与范畴中的术语混淆, 不得已用了 “载体” 这个词, 其实就是 “东西” 的意思. 据说法国 20 世纪 90 年代出生的人常使用这个词, 有点像国内的网络语言 “东东”, 要是能接受, 也不妨一用.

在上面的所有情形中, 一个载体的子载体仍然是个载体 (即一个群的子群还是群, 一个环的子环还是环, 等等), 它继承了原来载体中的作用规则.

• 任意一族子载体的交仍然是个子载体; 我们定义一个载体 T 的子集 X 生成的子载体为包含 X 的 T 的所有子载体的交; 这也是 T 中含 X 的最小的子载体.

「 用例子证明, 如果 G_i $(i \in I)$ 均是群 G 的子群, 则 $H = \bigcap_{i\in I} G_i$ 是 G 的子群 (其他的证明类似).

⋄ G 的中性元 e 属于每个 G_i, 从而 $e \in \bigcap_{i\in I} G_i$ 且 $H \neq \varnothing$.

⋄ 如果 $x \in H$, 则对所有的 i, $x \in G_i$, 故对所有的 i, $x^{-1} \in G_i$, 这是因为 G_i 是 G 的子群; 因此 $x^{-1} \in H$.

⋄ 如果 $x, y \in H$, 则对于每个 i, $x, y \in G_i$, 由于 G_i 是 G 的子群, 因此 $xy \in G_i$, 从而 $xy \in H$.

于是 $\bigcap_{i\in I} G_i$ 是 G 的子群. 」

[20] **2.4. 态射**

载体之间的态射是一个与定义载体结构的规则可交换的映射. 在那些我们感兴趣的情形中可将其翻译如下.

如果 G_1, G_2 为群, *群态射* $\varphi: G_1 \to G_2$ 是一个与它的规则交换的映射 (即对所有 $x, y \in G_1$, 有 $\varphi(xy) = \varphi(x)\varphi(y)$).

• 如果 $\varphi: G_1 \to G_2$ 为群的态射, 且若 e_i 是 G_i 的中性元, $i = 1, 2$, 则 $\varphi(e_1) = e_2$; 如果 $x \in G_1$, 则 $\varphi(x^{-1}) = \varphi(x)^{-1}$.

「 我们有 $e_1e_1 = e_1$, 故 $\varphi(e_1)\varphi(e_1) = \varphi(e_1)$. 对两端右乘 $\varphi(e_1)^{-1}$, 得到 $\varphi(e_1) = e_2$. 现在, $\varphi(xx^{-1}) = \varphi(x)\varphi(x^{-1})$, 而因为 $xx^{-1} = e_1, \varphi(e_1) = e_2$, 给出了 $\varphi(x)\varphi(x^{-1}) = e_2$ 从而 $\varphi(x^{-1}) = \varphi(x)^{-1}$. 」

如果 A_1, A_2 为环, *环态射* $\varphi: A_1 \to A_2$ 是一个与加法和乘法交换的映射 (即对所有 $x, y \in A_1$, 有 $\varphi(x+y) = \varphi(x) + \varphi(y)$ 和 $\varphi(xy) = \varphi(x)\varphi(y)$), 可以验证 $\varphi(1) = 1$; 特别地, 它是从群 $(A_1, +)$ 到群 $(A_2, +)$ 间的群态射, 并且限制在 A_1^* 上时是 A_1^* 到 A_2^* 间的 (乘法) 群态射.

• 如果 $\varphi: A_1 \to A_2$ 是环态射, 我们给予 A_1 在 A_2 上的一个作用, 即定义 $a \cdot x = \varphi(a)x$, 从而 A_2 可看作一个 A_1-代数. 反之, 若 A_2 是一个单式 A_1-代数, 那么 $a \mapsto a \cdot 1$ 是一个 A_1 到 A_2 的环态射; 特别地, 如果 A 为环, 则存在从 $\mathbf{Z}$ 到 A 的唯一的环态射, 即将 $n \in \mathbf{Z}$ 带到 $n \cdot 1$ 上的态射 (我们仍记其为 $n \in A$).

如果 K_1, K_2 为域, *域态射* $\varphi: K_1 \to K_2$ 只是一个环态射 (但它额外诱导了 K_1^* 到 K_2^* 的群态射).

如果 M_1, M_2 为 A-模, *A-模态射* $\varphi: M_1 \to M_2$ 是与加法交换且为 A-线性的映射, 后者的意思是它与 A 的作用交换 (即对 $a \in A$, $x \in M_1$, 有 $\varphi(ax) = a\varphi(x)$); 特别

地, 它是从 $(M_1, +)$ 到 $(M_2, +)$ 的群态射. 在 A 是交换域的特殊情形, 我们则将其说成是向量空间的态射或线性映射.

如果 Λ_1, Λ_2 为 A 代数, A-代数态射 $\varphi : \Lambda_1 \to \Lambda_2$ 是一个 A-模态射, 它与乘法交换.

- 如果 T_1, T_2, T_3 为载体, 且若 $\varphi_1 : T_1 \to T_2$ 和 $\varphi_2 : T_2 \to T_3$ 为载体的态射, 则 $\varphi_2 \circ \varphi_1 : T_1 \to T_3$ 是载体的态射.

「 例如, 我们证明两个群态射的复合仍是群态射 (其他的证明类似). 设 $x, y \in T_1$, 则 $\varphi_2 \circ \varphi_1(xy) = \varphi_2(\varphi_1, (xy)) = \varphi_2(\varphi_1(x)\varphi_1(y)) = \varphi_2(\varphi_1(x))\varphi_2(\varphi_1(y)) = \varphi_2 \circ \varphi_1(x)\varphi_2 \circ \varphi_1(y)$. (我们逐次地用到 $\circ$ 的定义, φ_1 是群态射, 以及 φ_2 为群态射的事实, 最后又是 $\circ$ 的定义.) 」

若一个载体的态射是双射, 则称之为载体间的同构.

- 如果 $\varphi : T_1 \to T_2$ 为载体的同构, 则 $\varphi^{-1} : T_2 \to T_1$ 也是载体的同构. [21]

「 例如考虑环同构 $\varphi : A_1 \to A_2$ 的情形.

◇ 因为 φ 是个环态射, 我们有 $\varphi(\varphi^{-1}(x+y) - \varphi^{-1}(x) - \varphi^{-1}(y)) = \varphi(\varphi^{-1}(x+y)) - \varphi(\varphi^{-1}(x)) - \varphi(\varphi^{-1}(y))$. 由 φ^{-1} 的定义, 对于 $z \in A_2$ 成立 $\varphi(\varphi^{-1}(z)) = z$. 因此得到 $\varphi(\varphi^{-1}(x+y) - \varphi^{-1}(x) - \varphi^{-1}(y)) = x + y - x - y = 0$, 又因为 φ 是单的, 故 $\varphi^{-1}(x+y) - \varphi^{-1}(x) - \varphi^{-1}(y) = 0$. 换句话说, φ^{-1} 是从 $(A_2, +)$ 到 $(A_1, +)$ 的群态射.

◇ 因为 φ 是个环态射, 故有 $\varphi(\varphi^{-1}(xy) - \varphi^{-1}(x)\varphi^{-1}(y)) = \varphi(\varphi^{-1}(xy)) - \varphi(\varphi^{-1}(x))\varphi(\varphi^{-1}(y))$. 由此得到 $\varphi(\varphi^{-1}(xy) - \varphi^{-1}(x)\varphi^{-1}(y)) = xy - xy = 0$, 又因 φ 为单射, 故 $\varphi^{-1}(xy) - \varphi^{-1}(x)\varphi^{-1}(y) = 0$. 换句话说, φ^{-1} 与乘法交换.

◇ 因 $\varphi(1) = 1$, 故 $\varphi^{-1}(1) = 1$.

上面证明了 φ^{-1} 是个环态射, 又因为它是双射, 故是个环同构. 」

如果存在载体的同构 $\varphi : T_1 \to T_2$, 我们则说 T_1 与 T_2 同构, 并记作 $T_1 \cong T_2$. 我们将会注意到, 它依赖在 T_1 和 T_2 上所考虑的结构.

「 例如, 环 $\mathbf{R} \times \mathbf{R}$ 与 $\mathbf{C}$ 不同构 ($\mathbf{R} \times \mathbf{R}$ 不是整的, 因为有 $(1,0) \cdot (0,1) = (0,0)$). 相反地, $\mathbf{R} \times \mathbf{R}$ 与 $\mathbf{C}$ 作为加法群同构, 或者作为 $\mathbf{R}$-向量空间同构 (可在这两种情形取同一个同构, 即 $(x, y) \mapsto x + iy$). 」

设 T 为载体, $\varphi : T \to T$ 为同构, 则称其为 T 的一个自同构; T 的自同构的集合 $\mathrm{Aut}(T)$, 按照前面所说, 在复合下它是个群. 我们将注意到 $\mathrm{Aut}(T)$ 依赖在 T 上所取的结构.

「 举例说, 域 $\mathbf{C}$ 的自同构群 $\mathrm{Aut}(\mathbf{C})$ (即 $\mathbf{C}$ 的一个双射 σ, 对所有 $x, y \in \mathbf{C}$, 满足 $\sigma(1) = 1, \sigma(x+y) = \sigma(x) + \sigma(y), \sigma(xy) = \sigma(x)\sigma(y)$) 是一个我们想要去了解的极其巨大的群[21]; 将 $\mathbf{C}$ 看作 $\mathbf{R}$-向量空间的自同构群同构于系数在 $\mathbf{R}$ 中的 2×2 可逆矩阵的群 $\mathbf{GL}_2(\mathbf{R})$. 」

---

(21) 如果接受选择公理则至少如此; 否则它会只包含两个元素: 恒同及复共轭.

2.5. 核与像

• 如果 $\varphi: T_1 \to T_2$ 为载体的态射, φ 的像 $\operatorname{Im}\varphi = \{y \in T_2, \exists x \in T_1, y = \varphi(x)\}$ 是 T_2 的一个子载体, 而 φ 为满的当且仅当 $\operatorname{Im}\varphi = T_2$.

「φ 为满的当且仅当 $\operatorname{Im}\varphi = T_2$ 只是个简单的翻译罢了. 现在, 举例证明环态射 $\varphi: A_1 \to A_2$ 的像是 A_2 的子环 (其他的证明类似).

◇ 由假设, $\varphi(1) = 1$, 从而 $1 \in \operatorname{Im}\varphi$.

◇ 如果 $y_1, y_2 \in \operatorname{Im}\varphi$, 则存在 $x_1, x_2 \in A_1$ 使得 $y_1 = \varphi(x_1), y_2 = \varphi(x_2)$. 因此 $y_1 + y_2 = \varphi(x_1 + x_2)$ 以及 $y_1 y_2 = \varphi(x_1 x_2)$ 属于 $\operatorname{Im}\varphi$, 这表明它在加法和乘法下稳定.

[22] ◇ 如果 $y \in \operatorname{Im}\varphi$, 则存在 $x \in A_1$ 使得 $y = \varphi(x)$. 因而 $-y = \varphi(-x)$ 属于 $\operatorname{Im}\varphi$, 表明在过渡到相反元时稳定.

因此 $\operatorname{Im}\varphi$ 是 A_2 的加法子群, 包含 1, 且在乘法下稳定; 从而是 A_2 的子环.」

• 设 $\varphi: G_1 \to G_2$ 是一个群态射, 记 φ 的*核* $\operatorname{Ker}\varphi = \{x \in G_1, \varphi(x) = 1\}$. 因此 $\operatorname{Ker}\varphi$ 是 G_1 的一个子群, 而且 φ 为单射当且仅当 $\operatorname{Ker}\varphi = \{1\}$ (如果 $\operatorname{Ker}\varphi = \{1\}$, 我们则说它的*核为平凡的*).

「◇ 因 $\varphi(1) = 1$, 故 $1 \in \operatorname{Ker}\varphi$, 从而其非空.

◇ 若 $x, y \in \operatorname{Ker}\varphi$, 则有 $\varphi(xy) = \varphi(x)\varphi(y) = 1$, 从而 $xy \in \operatorname{Ker}\varphi$.

◇ 最后, 如果 $x \in \operatorname{Ker}\varphi$, 则 $\varphi(x^{-1}) = \varphi(x)^{-1} = 1$.

这些证明了 $\operatorname{Ker}\varphi$ 是 G_1 的子群. 现在, 设 φ 为单射, $\operatorname{Ker}\varphi$ 最多含有一个元, 这是因为它是 1 的逆像, 而它包含了 G_1 的中性元, 故 $\operatorname{Ker}\varphi = \{1\}$. 反过来, 假设 $\operatorname{Ker}\varphi = \{1\}$. 如果 $\varphi(x) = \varphi(y)$, 则 $\varphi(xy^{-1}) = \varphi(x)\varphi(y)^{-1} = 1$, 从而 $xy^{-1} \in \operatorname{Ker}\varphi$. 因为假设了 $\operatorname{Ker}\varphi = \{1\}$, 因此 $xy^{-1} = 1$, 即 $x = y$. 得出 φ 的单射性.」

• 更一般地, 载体态射 $\varphi: T_1 \to T_2$ 的核是将 φ 看作是群态射[22] 但忘记掉在 T_1 和 T_2 上其他的结构; 因此, 这样的一个态射是单的当且仅当其核为平凡的.

• 如果 $\varphi: T_1 \to T_2$ 是环同态, 则其核是 A 的理想; 如果 $\varphi: T_1 \to T_2$ 是域态射, 则 $\operatorname{Ker}\varphi = \{0\}$, 因此此态射是单射; 如果 $\varphi: T_1 \to T_2$ 是 A-模态射, K-向量空间态射, 或者 A-代数态射, 它的核都是 T_1 的一个子载体.

「我们以例子证明 (其他的证明类似), 环态射 $\varphi: A_1 \to A_2$ 的核是 A_1 的理想 (即 A_1 的一个子 A_1-模).

◇ 由于 φ 是加法群态射, 我们有 $\varphi(0) = 0$, 因此 $\operatorname{Ker}\varphi$ 包含 0, 从而非空.

◇ 如果 $x, y \in \operatorname{Ker}\varphi$, 则有 $\varphi(x - y) = \varphi(x) - \varphi(y) = 0 - 0$, 因此 $x - y \in \operatorname{Ker}\varphi$ (这已证明了 $\operatorname{Ker}\varphi$ 是 A_1 的加法子群).

◇ 如果 $a \in A_1$, $x \in \operatorname{Ker}\varphi$, 则 $\varphi(ax) = \varphi(a)\varphi(x) = \varphi(a) \cdot 0 = 0$, 证明了 $\operatorname{Ker}\varphi$ 在

---

[22] 所有不同于群的载体都特别是对规则 + 的群, 这使得在比群更为丰富的载体态射中也有 $\operatorname{Ker}\varphi = \{x \in T_1, \varphi(x) = 0\}$.

乘以 A_1 中的元时稳定, 因此是 A_1 的一个子 A_1-模, 即我们想要的结果.

最后, 如果 φ 是域态射, 且如果 $\operatorname{Ker}\varphi$ 包含了一个非零元 x, 于是由前面所证, 它包含了 $1 = xx^{-1}$, 又因由假定 $\varphi(1) = 1$, 得到在 T_2 中有 $1 = 0$, 这与 T_2 为域相矛盾. 」

• 设 $\varphi : T_1 \to T_2$ 是载体态射, 并设 T 是 T_2 的一个子载体, 则 $\varphi^{-1}(T_2)$ 是 T_1 的子载体.

「这是一个与证明核是子载体相似的证明. 仅有的不同是这个结果在环的情形仍有效, 这是因为 $T \ni 1$, 从而 $\varphi^{-1}(T) \ni 1$; 在域的情形也成立. 」

• 若 A 是个整的交换环, 包含 A 的所有域也包含了 $\operatorname{Fr}(A)$: 若 ι 是 A 到 K 的单 [23]
的环态射, 则存在唯一的从域 $\operatorname{Fr}(A)$ 到 K 的域态射 (自动为单的), 它在 A 上的限制为 ι.

「应看到 $\iota\left(\frac{a}{b}\right) = \frac{\iota(a)}{\iota(b)}$, 从而证明它定义了一个域态射. 」

2.6. 乘积与和

2.6.1. 载体的乘积

如果 $(T_i)_{i\in I}$ 是一族载体, 我们以逐次依分量定义的方式赋予其乘积 $\prod_{i\in I} T_i$ 的规则和作用 [即对乘法规则令 $(x_i)_{i\in I}(y_i)_{i\in I} = (x_i y_i)_{i\in I}$, 对加法规则令 $(x_i)_{i\in I} + (y_i)_{i\in I} = (x_i + y_i)_{i\in I}$, 而当存在一个外在作用 (在 A-模或 A-代数情形) 时对它令 $a\cdot(x_i)_{i\in I} = (a\cdot x_i)_{i\in I}$]. 中性元和取逆也可逐次依分量地得到 (即若对每个 i, y_i 为 x_i 的按 T_i 中规则的逆元, 则 $(y_i)_{i\in I}$ 是 $(x_i)_{i\in I}$ 按乘积规则的逆元).

• 在群、环、A-模、K-向量空间或者 A-代数的情形, 载体的乘积仍是载体; 相反地, 两个和两个以上的域的乘积不是整的 $[(1,0)(0,1) = (0,0)]$, 因而是环而不是域. 对于每个 j, 定义自然投射 $p_j : \prod_{i\in I} T_i \to T_j$, 它将 $(x_i)_{i\in I}$ 带到 x_j; 这是一个满的载体态射 (当 T_i 为域时为环态射).

• 乘积满足如下的泛性质: 如果 T 是一个载体且对每个 $j \in I$, $f_j : T \to T_j$ 为一个载体态射, 则对任意的 $j \in I$, 存在唯一的载体态射 $f : T \to \prod_{i\in I} T_i$, 使得 $p_j \circ f = f_j$.

「若上述为真, 则必须具有形式 $f(x) = (f_i(x))_{i\in I}$. 显然这个 f 是载体态射, 并且对任意 $j \in I$ 有 $p_j \circ f = f_j$. 」

2.6.2. 载体的直和

如果 $(M_i)_{i\in I}$ 是一族交换群 (记其规则为 $+$), 我们定义它们的直和 $\oplus_{i\in I} M_i$ 为乘积 $\prod_{i\in I} M_i$ 中那样的 $(x_i)_{i\in I}$ 构成的子群, 它们对几乎所有的 i (即除了有限个 i 外) 满足 $x_i = 0$. 因此我们对每个 j 有一个自然的单射 $\iota_j : M_j \to \oplus_{i\in I} M_i$, 将 $a \in M_j$ 带到 $(x_i)_{i\in I}$, 其中 $x_j = a$, 而当 $i \neq j$ 时 $x_i = 0$, 这是一个群态射.

如果这些 M_i 又都是 A-模, 那么 $\oplus_{i\in I} M_i$ 在 A 的作用下稳定, 因而是 $\prod_{i\in I} M_i$ 的子 A-模 (对 K-向量空间也成立).

「这些 M_i 不必互不相同: 例如, $K=\mathbf{C}$, 且若 $M_1=M_2=\mathbf{C}$, 则 $M_1\oplus M_2=\mathbf{C}^2$, 而 $\iota_1(M_1)$ (分别地, $\iota(M_2)$) 为由 $\iota_1(1)=(1,0)$ (分别地, $\iota_2(1)=(0,1)$) 生成的直线; 换句话说, $\mathbf{C}\oplus\mathbf{C}$ 等于具有标准基底的 $\mathbf{C}^2$. 」

- 如果 I 有限, 则直和等于乘积, 但当 I 不是有限的时则不然[23].

[24] • 载体的直和[24] 满足如下的*泛性质*: 如果 M 是个载体, 并设对于所有 $i\in I$, $f_i:M_i\to M$ 是载体态射, 则存在唯一的载体态射 $f:\oplus_{i\in I}M_i\to M$ 使得对任意的 $i\in I$ 有 $f\circ\iota_i=f_i$.

「如成立必定有 $f((x_i)_{i\in I})=\sum_{i\in I}f_i(x_i)$, 由于这个和是有限的, 此表达式有意义. 因此 f 显然是一个载体态射且对任意的 $i\in I$ 有 $f\circ\iota_i=f_i$. 」

- 设 M 为载体, 并设 $(M_i)_{i\in I}$ 是 M 的一族子载体, 我们构造从 $\oplus_{i\in I}M_i$ 到 M 中的一个自然载体态射使它对于所有的 i, 在 M_i 上为恒同. 我们记该态射的像为 $\sum_{i\in I}M_i$; 这是由 M_i 生成的 M 的子载体. 如果这个从 $\oplus_{i\in I}M_i$ 到 M 的自然映射为单射, 则称这些 M_i *在* M *中为直和*. 如果这个映射为同构, 则说 M *是* M_i *的直和*, 因而记为 $M=\oplus_{i\in I}M_i$, 这表明每个 $x\in M$ 可以以唯一的方式写成形式 $x=\sum_{i\in I}x_i$, 其中对所有的 i, $x_i\in M_i$, 并且对几乎所有的 i, $x_i=0$.

- 如果 $M=M_1\oplus M_2$, 则称 M_1 与 M_2 *互补*; 它的充要条件是 $M_1\cap M_2=\{0\}$ 且每一个 $x\in M$ 都是 M_1 的一个元与 M_2 的一个元的和.

2.6.3. *在一个范畴中的乘积与和*

「为了将具有相同性质的对象放在同一顶帽子下, 人们定义了*范畴*. 读者或不自觉地已经知道了一些范畴 (例如, 集合的、群的或者在 $\mathbf{R}$ 或 $\mathbf{C}$ 上向量空间的范畴; 还有许多其他的像拓扑空间的、巴拿赫空间的范畴, ……).

一个范畴 C 是一个对象 (称范畴的对象) 以及这些对象间的箭头 (称为该范畴的态射) 的集合, 满足: 如果 X 和 Y 是 C 的对象, 以 $\mathrm{Hom}_C(X,Y)$ 表示 C 中的从 X 到 Y 的态射. 则 X 到 X 的恒同 id_X 是个态射, 并且态射可以复合: 如果 X,Y,Z 为 C 的三个对象, $\mathrm{Hom}_C(X,Y)\times\mathrm{Hom}_C(Y,Z)\to\mathrm{Hom}_C(X,Z)$ 为 $(f,g)\mapsto f\circ g$, 它满足

$$f\circ\mathrm{id}_X=f,\ \mathrm{id}_Y\circ f=f \text{ 以及 } (f\circ g)\circ h=f\circ(g\circ h).$$

下面是一些最简单的范畴的例子:

— 集合的范畴; 从 X 到 Y 的态射是从 X 到 Y 的映射.

— 群的范畴; 态射为群态射.

— 交换群的范畴; 态射为群态射.

— 交换环的范畴; 态射为环态射.

---

[23]想要更深入了解乘积与直和概念差异的读者建议准备好放大镜, 参看 2.6.3 小节 (原书中的这一节排的是小号字, 故作者有此一说——译者).

[24]这里载体指的是 "交换群" "A-模" 或者 "K-向量空间".

— K-向量空间的范畴, K 为域; 态射为 K-线性映射.

— 拓扑空间的范畴; 态射为连续映射.

— 度量空间的范畴; 态射为连续映射.

— 巴拿赫 $\mathbf{K}$-空间的范畴, 其中 $\mathbf{K}=\mathbf{R}$ 或 $\mathbf{K}=\mathbf{C}$; 态射为连续的 $\mathbf{K}$-线性映射.

在一个范畴中, 利用如下的泛性质可定义乘积与和的概念 (泛性质意味着这样的对象的唯一性而非它的存在性, 后者需要分情况予以证明):

如果 C 为范畴, $(X_i)_{i\in I}$ 为 C 中对象, 这些 X_i 的乘积 $X=\prod_{i\in I}X_i$ 是 C 的一个对象, 它有态射 $p_i\in \mathrm{Hom}_C(X;X_i)$, $i\in I$, 使得如果 Y 是 C 中任何一个对象并且对所有 $i\in I$ 有 $f_i\in \mathrm{Hom}_C(Y,X_i)$, 则存在唯一的 $f\in \mathrm{Hom}_C(Y,X)$ 使得对所有的 $i\in I$, 成立 $p_i\circ f=f_i$.

这些 X_i的和 $X=\coprod_{i\in I}X_i$ 是 C 的一个对象, 它有态射 $\iota_i\in \mathrm{Hom}_C(X_i,X)$, $i\in I$, [25]
使得如果 Y 是 C 中任何一个对象并且对所有 $i\in I$ 有 $f_i\in \mathrm{Hom}_C(X_i,Y)$, 则存在唯一的 $f\in \mathrm{Hom}_C(X,Y)$ 使得对所有的 $i\in I$ 成立 $f\circ\iota_i=f_i$.

例如, 我们来证明乘积的唯一性. 如果 X (分别地, X') 具有 $p_i:X\to X_i$ (分别地, $p_i':X'\to X_i$), 而且是 X_i 的乘积, 于是特别地存在唯一的 $f:X'\to X$, 使得对所有的 i 有 $p_i\circ f=p_i'$, 同时也存在唯一的 $g:X\to X'$, 使得对所有的 i 有 $p_i'\circ g=p_i$. 因此 $f\circ g:X\to X$ 对所有的 i 满足 $p_i\circ(f\circ g)=p_i$, 它意味 $f\circ g=\mathrm{id}_X$; 这是因为 id_X 也满足同样的性质, 但由假定, 只有唯一一个 X 到 X 的态射具有此性质. 同样的推理得到 $g\circ f=\mathrm{id}_{X'}$, 故 X 与 X' 同构 (所假定 f 和 g 的唯一性, 因而只是在同构下的唯一). 这个证明可以推广到一个泛问题的任意解上.

我们说一个范畴具有乘积 (分别地, 和) 是指, 对此范畴的每个对象的偶对 (从而对每个对象的有限族) 有一个乘积 (分别地, 和). 前面所举的每个范畴都具有乘积, 这是因为可以赋予两个对象的集合式乘积以额外要求的结构. 它们也全具有和, 但是它可能有十分不同的各种形式.

— 在集合的范畴中, 一族集合 $(X_i)_{i\in I}$ 的和使它们的不交并 $\coprod_{i\in I}X_i=\bigcup_{i\in I}(\{i\}\times X_i)$.

— 在 K-向量空间的范畴中, 或者在交换群的范畴中, 和是直和, 而对有限个对象的和, 正如我们在上面已经看到过的那样, 同构于它们的乘积.

— 在群的范畴中, 两个群 A 与 B 的和是它们的自由积 $A\star B$: $A\star B$ 中的元由 A 和 B 中的元组成的有限长的字模[13] 一个等价关系得到的类的集合, 按照这个等价关系, 可将在字中的每个字母换成与它属于同一个群中满足 $x_1x_2=x$ 的两个字母 x_1,x_2, 并且反过来, 可将字中相邻两个属于同一个群的两个字母换成它们的积. 两个交换群在交换群范畴中的和因而与在群范畴中的和是不一样的. 例如我们有

[13]原文是 “modulio la relation d'équivalence selon $\cdots$”, 即对 ……取等价类的意思. 但 “模” 这个字用得太多了, 有时容易混淆; 故有时在后文中会直接用它的数学记号 mod; 在这里, 我们把 “模” 这个术语留给了代数上的 “模” 结构以及复数的范数.

$(\mathbf{Z}/2\mathbf{Z})\oplus(\mathbf{Z}/3\mathbf{Z})=(\mathbf{Z}/6\mathbf{Z})$, 而 $(\mathbf{Z}/2\mathbf{Z})\star(\mathbf{Z}/3\mathbf{Z})$ 却是一个无限群, 同构于 $\mathbf{PSL}_2(\mathbf{Z})$, 即 $\mathbf{SL}_2(\mathbf{Z})$ 对于其中心 $\{\pm\left(\begin{smallmatrix}1&0\\0&1\end{smallmatrix}\right)\}$ 的商群. 」

2.7. 等价关系

2.7.1. 等价关系与分拆

设 E 是个集合, E 的一个分拆是 E 的一族非空子集, 且两两不交, 而它们的并是 E.

例如, $\{\mathbf{R}_+^*,\mathbf{R}_-^*,\{0\}\}$ 是 $\mathbf{R}$ 的一个分拆. 设 $D\in\mathbf{N}-\{0\}$, 那么对于 $r\in\{0,\dots,D-1\}$ 的 $r+D\mathbf{Z}$ 形成 $\mathbf{Z}$ 的一个分拆.

E 上的一个关系 R 是 $E\times E$ 的一个子集. 如果 $(x,y)\in E\times E$, 我们常以 xRy 表示 $(x,y)\in R$.

E 上的一个关系 R 为一个等价关系是说, 它是自反的 (对于任意 $x\in E$ 有 xRx)、对称的 (xRy 蕴含 yRx) 以及传递的 (xRy 与 yRz 蕴含 xRz).

如果 R 是 E 上的一个等价关系, 又设 $x\in E$, x 的等价类是集合 $C_x=\{y\in E,yRx\}$. 称 E 的一个子集 C 是一个对 R 的等价类是说存在 $x\in E$, 使得 $C=C_x$. 如果 $x,y\in E$, 则 $C_x\cap C_y\neq\varnothing$ 当且仅当 xRy, 从而 $C_x=C_y$. 因此, 等价类构成了 E 的一个分拆. 反之, 如果 $(C_i)_{i\in I}$ 是 E 的一个分拆, 则由 xRy 当且仅当存在一个 $i\in I$ 使得 $\{x,y\}\subset C_i$ 定义一个关系 R, 它是一个等价关系, 其等价类为 C_i. 换句话说, 赋予集合一个等价关系等同于在此集合上做个分拆.

[26] 「例如, 上面的 $\mathbf{R}$ 的分拆对应于等价关系 "$x\sim y$ 当且仅当 x,y 具有相同的符号"; $\mathbf{Z}$ 的分拆对应于等价关系 "$a\sim b$ 当且仅当 a 和 b 在除以 D 时具有相同的余数". 」

2.7.2. 用等价关系做商

如果 R 是 E 上的一个等价关系, 定义 E 对于等价关系 R 的商 E/R 为等价类的集合. 我们有 E 到 E/R 的一个自然映射, 即将 x 映到它的等价类 (常以 $\bar{x}$ 代表); 由 E/R 的构造知这个映射是满的. E 的一个子集 S 是 E/R 的一个代表系是说它含有且只含有每个等价类中一个元(25). 换言之, $S\subset E$ 是 E/R 的一个代表系当且仅当从 E 到 E/R 的自然映射诱导了 S 到 E/R 的双射.

---

(25)如果 E/R 是个无限集, 对于代表系的存在性可能要诉求于选择公理, 这会使你摆脱窘境. 举个例子. 一个魔鬼式的独裁者羁押了无数个数学家, 记此无穷集为 I, 并给予他们以下的不同选择: 我将在每个人的背上随意写上一个实数, 要求每个人猜出隐藏在他背后的数是什么 (你们看得见其他人背上的数但不准说出来); 如果所有的人, 除了有限个外, 猜对了, 我就释放你们, 否则, 你们注定要永久地去解线性方程组. 情况看来令人十分沮丧, 但如果我们的数学家相信选择公理, 他们只需对 $\mathbf{R}^I$ 模以等价关系: 当且仅当对所有的 i, 但除去有限个外有 $x_i=y_i$, 这样的等价类集合中选取的一个代表系 S 即可. 看见在其他人背上的所有的数就足以决定我们是在什么样的等价类中了, 如果 $(s_i)_{i\in I}\in S$ 是这个等价类的代表, 对于数学家 i 这就足以让他宣布在他的背上的数是 s_i, 因为最多只有有限个数是错的.

由一个等价关系过渡到商来定义新对象是很普遍的方式之一[26]. 对于小孩, 数 5 是一个集合的等价类, 它可能与集合 {一, 二, 三, 四, 五} 建立了双射 (这不是他如此定义的理由……). 对于普通人而言, 实数是一个在小数点后有无穷多位的数, 而且因为一些数有两种写法, 应该转为商……色彩也可由商的过程来定义, 这比起数学的商过程要更加精妙…… [27]

一般来说, 我们喜欢 E/R 能继承 E 的一些性质 (即喜欢能传递到商的那些 E 的性质), 它会在我们所考虑的等价关系上加一些约束条件, 例如, 函数 $f: E \to X$ 能传递到商上当且仅当对于 E 的满足 xRy 的偶对 (x, y) 有 $f(x) = f(y)$ (这时我们定义 $\bar{f}: E/R \to X$ 为 $\bar{f}(z) = f(x)$, 其中 x 为其在 E/R 中像为 z 的任意元. 如果 $\pi: E \to E/R$ 为自然映射, 则有 $f = \bar{f} \circ \pi$; 这时, 称 f 通过 E/R 分解或 f 通过 π 分解, 这是一个相当口语化的术语, 因为它表明方程 $f = g \circ \pi$ 有解 $g = \bar{f}$.

2.8. 整数模 D 的环 $\mathbf{Z}/D\mathbf{Z}$

自此以后, D 是一个 $\geqslant 1$ 的整数. 我们以 $D\mathbf{Z}$ 表示 D 的倍数的集合. 我们在 $\mathbf{Z}$ 上定义一个叫做模 D 同余关系: 称 a 模 D 与 b 同余是指 $b - a \in D\mathbf{Z}$, 并记为 $a \equiv b[D]$ 或 $a \equiv b \bmod D$.

- $\bmod D$ 同余关系是 $\mathbf{Z}$ 上的等价关系. $\mathbf{Z}/D\mathbf{Z}$ 表示了这个等价类的集合. 一个整数在 $\mathbf{Z}/D\mathbf{Z}$ 中的像是它的 $\bmod D$ 约化.

「因为 0 是 D 的倍数, 故该关系是自反的; 又若 $b - a$ 是 D 的倍数, 则 $a - b$ 也是, 故为对称的; 若 $b - a$ 和 $c - b$ 都为 D 的倍数, 则 $c - a = (c - b) + (b - a)$ 也是. 」

- 集合 $\{0, 1, \ldots, D - 1\}$ 是 $\mathbf{Z}/D\mathbf{Z}$ 在 $\mathbf{Z}$ 中的一个代表系; 特别地, $\mathbf{Z}/D\mathbf{Z}$ 的基数为 D.

「如果 $a, b \in \{0, 1, \ldots, D - 1\}$ 不相同, 并设 $b > a$. 于是 $1 \leqslant b - a \leqslant D - 1$. 特别表示 $b - a$ 不是 D 的倍数, 证明了 a 与 b 在模 D 的不同类中, 因此 $\{0, 1, \ldots, D - 1\}$ 到 $\mathbf{Z}/D\mathbf{Z}$ 的自然映射为单射. 另外, 设 $a \in \mathbf{Z}$ 为任意整数, 并设 $r \in \{0, 1, \ldots, D - 1\}$ 为 a 除以 D 的余数, 因此 $a - r$ 是 D 的倍数, 从而 a 在 r 模 D 的同一等价类中; 从 $\{0, 1, \ldots, D - 1\}$ 到 $\mathbf{Z}/D\mathbf{Z}$ 的自然映射因而为满射. 」

- $\mathbf{Z}$ 上的加法和乘法传递到其商上, 从而赋予 $\mathbf{Z}/D\mathbf{Z}$ 加法和乘法, 在这样定义的规

---

[26] 经验表明人们在第一次遇到取商的过程时有点心情受挫的感觉, 但还是这样做了……不久前的一次, 有人定义 $\mathbf{Z}$ 作为 $\mathbf{N} \times \mathbf{N}$ 在一个等价关系下的商, 这个等价关系是: $(a, b) \sim (a', b')$ 当且仅当 $a + b' = a' + b$, 想法是 (a, b) 代表了整数 $a - b$. 三个礼拜后, 人们最终正确地写出 $2 - 3 + 5 - 7 = -3$, 对于任何一个看过温度计的人都能很好地读懂它. 为了做到这点, 应该用 $(2, 0) + (0, 3) + (5, 0) + (0, 7) = (7, 10) = (0, 3)$, 然后再用 $(+2) + (-3) + (+5) + (-7) = (-3)$ 去进行. 人们叫停了在四年级用定义向量为双点等价类的方式去伤害小学生 (和他们的父母) 情绪的做法 (一个双点 (即一个点的偶对) (A, B) 等价于 (C, D) 是说 A, B, C, D 是个平行四边形). 在最近的一段时间里, 我们再次发现那些耗尽了数学教授们假期的奇思怪想的一个不足之处: 我们所做的一切反而使得教学中的数学时间表缩减了, 趁此机会, 他们兴高采烈地把所有这些可怕的现代数学扔进了垃圾桶……

则下 $\mathbf{Z}/D\mathbf{Z}$ 是个交换环[27].

「设 $x-x'$ 和 $y-y'$ 被 D 整除, 则 $(x+y)-(x'+y')=(x-x')+(y-y')$ 和 $xy-x'y'=x(y-y')+y'(x-x')$ 都被 D 整除, 证明两个整数的加和乘模 D 的结果
[28] 只依赖它们的模 D 约化. 换言之, 加法和乘法传递到了商. 进一步说, 为证明 $\mathbf{Z}/D\mathbf{Z}$ 是环的那些恒等式在 $\mathbf{Z}$ 中早就成立; 更不用说是在 $\mathbf{Z}/D\mathbf{Z}$ 中了.」

- $a\in\mathbf{Z}$ 在 $\mathbf{Z}/D\mathbf{Z}$ 中 (对乘法) 可逆当且仅当 a 素于 D. 记 $(\mathbf{Z}/D\mathbf{Z})^*$ 为可逆元的集合; 这是个群, 其基数按习惯记作 $\varphi(D)$, 且称函数 φ 为欧拉指标函数.

「设 a 素于 D, 根据贝祖定理 (1.2 小节), 存在 $u,v\in\mathbf{Z}$ 使得 $au+Dv=1$, 这表明 a 在 $\mathbf{Z}/D\mathbf{Z}$ 中可逆, 其逆为 u. 反之, 如果在 $\mathbf{Z}/D\mathbf{Z}$ 中 $ab=1$, 表明 $ab-1$ 被 D 整除, 从而存在 $v\in\mathbf{Z}$ 使得 $ab+Dv=1$; 再由贝祖定理, 它蕴含 a 与 D 互素, 从而有结论.」

- D 为素数当且仅当 $\mathbf{Z}/D\mathbf{Z}$ 为域.

「环 $\{0\}$ 不是域 (如果 K 是域, $K-\{0\}$ 是个乘法群因而非空), 同时 1 也不是素数; 我们设 $D\geqslant 2$.

如果 $D\geqslant 2$ 不是素数, D 可分解因子 $D=ab$, 其中 $a,b\in\{2,\ldots,D-1\}$. 因此 a 和 b 在 $\mathbf{Z}/D\mathbf{Z}$ 中非零而在 $\mathbf{Z}/D\mathbf{Z}$ 中 $ab=D=0$; 环 $\mathbf{Z}/D\mathbf{Z}$ 有了零因子, 不是域.

如果 D 为素数, 且 a 不被 D 整除, 那么 a 素于 D, 从而根据前面的 •, 它在 $\mathbf{Z}/D\mathbf{Z}$ 中可逆, 得到结论.」

素数经常被记成 p, 如果我们想强调 $\mathbf{Z}/p\mathbf{Z}$ 是个域, 则记其为 $\mathbf{F}_p$. 例如, 我们谈及 $\mathbf{F}_2$ 上的向量空间而不是 $\mathbf{Z}/2\mathbf{Z}$ 上的向量空间, 后者是用来谈及充斥了互联网的那些对象[28], 包括那些有纠错码的对象.

- 基数为 p 的所有域同构于 $\mathbf{F}_p$, 故 $\mathbf{F}_p$ 是具有 p 个元素的域[29].

「设 K 为有 p 个元的域. 我们给出一个环态射 $f:\mathbf{Z}\to K$, 它将 1 映到 1. 这个环态射还特别是一个加法的群态射. 它的像是群 $(K,+)$ 的子群, 按照拉格朗日定理 (3.3 小节) 其基数是 $|K|=p$ 的因子, 且由于此像至少含有两个元, 即 0 和 1, 从而是全部 K. 由此得到 f 诱导了从 $\mathbf{Z}/\operatorname{Ker}f$ 到 K 的同构; 因 $|K|=p$, 我们有 $\operatorname{Ker}f=p\mathbf{Z}$ 从而 $K\cong\mathbf{Z}/p\mathbf{Z}=\mathbf{F}_p$. 证完.」

[29] - 如果 D' 是 D 的一个因子, 则自然映射 $\mathbf{Z}\to(\mathbf{Z}/D'\mathbf{Z})$ 可经由自然映射 $(\mathbf{Z}/D\mathbf{Z})\to$

---

(27) 考虑 $\mathbf{Z}/D\mathbf{Z}$ 的最有效方式很可能是将 $\mathbf{Z}$ 看作关系是 $D=0$ 的 $\mathbf{Z}/D\mathbf{Z}$; 因此做加法和乘法就好像在 $\mathbf{Z}$ 中那样, 但允许去掉 D 的倍数, 从而得到结果. 例如在 $\mathbf{Z}/21\mathbf{Z}$ 中, 我们有 $6\times 14=4\times 21=0$ 而 $4\times 16=1+3\times 21=1$, 证明了 6 和 14 是零因子, 而 4 可逆, 其逆为 16.

(28) 互联网很钟情于 $\mathbf{Z}/D\mathbf{Z}$, 而不满意在数十亿个 $\mathbf{F}_2$-向量空间中游荡; 互联网像是个喜欢吞食大素数的美食家, 例如, 具有公钥的 RSA 安全系统 (1977). 这个系统以及对大素数的制作是建立在 $\mathbf{Z}/D\mathbf{Z}$ 中的算术的基础上的; 这个算术比在一个小的对象上所能预期的结果要精妙得多得多.

(29) 更一般地 (参看 8.7 小节), 如果 q 是一个素数的幂, 在同构意义下, 有唯一的 q 个元素的域, 并记为 $\mathbf{F}_q$. 近年来围绕着具有一个元的域 $\mathbf{F}_1$ 有许多想象, 人们在众多现象中看到了却不明白其属性的对象 (绝不是环 $\{0\}$) 的印迹. 一些人在那里看出了一个证明黎曼猜想的关键点.

$(\mathbf{Z}/D'\mathbf{Z})$ 分解; 后者是个环态射.

「如果 D' 是 D 的因子, 那么 D 的倍数仍是 D' 的倍数. 由此推出, 若 $a \equiv b \bmod D$, 则 $a \equiv b \bmod D'$; 或者说, 自然映射 $\mathbf{Z} \to (\mathbf{Z}/D'\mathbf{Z})$ 经由自然映射 $(\mathbf{Z}/D\mathbf{Z}) \to (\mathbf{Z}/D'\mathbf{Z})$ 分解. 我们得到的是一个环态射的原因是, 所要验证的等式提升回 $\mathbf{Z}$ 时, 原来就成立.」

- 如果 a 和 b 互素, 自然映射 $\mathbf{Z}/ab\mathbf{Z} \to (\mathbf{Z}/a\mathbf{Z}) \times (\mathbf{Z}/b\mathbf{Z})$ 为环同构, 它诱导了从 $(\mathbf{Z}/ab\mathbf{Z})^*$ 到 $(\mathbf{Z}/a\mathbf{Z})^* \times (\mathbf{Z}/b\mathbf{Z})^*$ 的群同构 (中国剩余定理).

「如果 a 和 b 互素, 由上一条目 • 所述, 自然映射 $\mathbf{Z}/ab\mathbf{Z} \to (\mathbf{Z}/a\mathbf{Z}) \times (\mathbf{Z}/b\mathbf{Z})$ 是个环态射. 因为如果 $x \in \mathbf{Z}$ 的 $\bmod ab$ 约化在此同态的核中, 则表明 x 被 a 和 b 都整除, 并由 a 与 b 互素, 知其也被 ab 整除; 换言之, 该核为 0, 从而这个映射为单射. 由于所考虑的映射两端项的基数都是 ab, 故一个单射也就是一个双射, 证明了 $\mathbf{Z}/ab\mathbf{Z} \to (\mathbf{Z}/a\mathbf{Z}) \times (\mathbf{Z}/b\mathbf{Z})$ 为同构. 要结束证明只需注意, 如果 A 和 B 是两个环, 则 $(A \times B)^* = A^* \times B^*$ 即可.

事实上, 我们可以显式地写出这个逆同构. 由于 a 与 b 互素, 存在 $u, v \in \mathbf{Z}$ 使得 $1 = au + bv$. 设 $(x, y) \in (\mathbf{Z}/a\mathbf{Z}) \times (\mathbf{Z}/b\mathbf{Z})$, 并设 $\tilde{x}, \tilde{y} \in \mathbf{Z}$ 的像在 $\mathbf{Z}/a\mathbf{Z}$ 和 $\mathbf{Z}/b\mathbf{Z}$ 中分别为 x 和 y. 因此 $bv\tilde{x} + au\tilde{y}$ 在 $\mathbf{Z}/ab\mathbf{Z}$ 中的像不依赖 $\tilde{x}$ 和 $\tilde{y}$ 的选取, 再稍加计算立即知其映成 $(\mathbf{Z}/a\mathbf{Z}) \times (\mathbf{Z}/b\mathbf{Z})$ 中的 (x, y). 注意, $x \mapsto bv\tilde{x}$ 诱导了 $\mathbf{Z}/a\mathbf{Z}$ 到 $\mathbf{Z}/ab\mathbf{Z}$ 的子群 $b\mathbf{Z}/ab\mathbf{Z}$ 的同构, 而 $y \mapsto au\tilde{y}$ 诱导了 $\mathbf{Z}/b\mathbf{Z}$ 到 $\mathbf{Z}/ab\mathbf{Z}$ 的子群 $a\mathbf{Z}/ab\mathbf{Z}$ 的同构. 我们由此推出下面的结果:」

- 如果 a 和 b 互素, $\mathbf{Z}/ab\mathbf{Z}$ 则是子群 $b\mathbf{Z}/ab\mathbf{Z}$ 与 $a\mathbf{Z}/ab\mathbf{Z}$ 的直和; 另外, 我们还有加法群同构 $b\mathbf{Z}/ab\mathbf{Z} \cong \mathbf{Z}/a\mathbf{Z}$ 和 $a\mathbf{Z}/ab\mathbf{Z} \cong \mathbf{Z}/b\mathbf{Z}$. 从而作为加法群, $\mathbf{Z}/ab\mathbf{Z} \cong (\mathbf{Z}/a\mathbf{Z}) \oplus (\mathbf{Z}/b\mathbf{Z})$.

习题 2.3. — 证明, 若 $a \neq 0, b \neq 0$ 不互素, 则加群 $\mathbf{Z}/ab\mathbf{Z}$ 与 $(\mathbf{Z}/a\mathbf{Z}) \oplus (\mathbf{Z}/b\mathbf{Z})$ 不同构.

习题 2.4. — 在 $\mathbf{Z}/21\mathbf{Z}$ 中解方程 $4x + 3 = 0, 14x + 2 = 0$ 和 $14x + 7 = 0$.

习题 2.5. — 在 $\mathbf{Z}/91\mathbf{Z}$ 中解方程 $x^2 + x + 1 = 0$ (因为 91 相对较小[30], 可以逐个试

[30] 在 $\mathbf{Z}/D\mathbf{Z}$ 中解方程 $x^2 = 5$, $D = 2^{2802} - 2^{521} - 2^{2281} + 1$ 的尝试注定不会成功, 哪怕有计算机的帮助也不行. 反之, 从 $D = (2^{521} - 1)(2^{2281} - 1)$, 以及已知 $p_1 = 2^{521} - 1$ 和 $p_2 = 2^{2281} - 1$ 为素数 (这是所谓的*梅森素数*, 由罗宾逊 (Robinson) 在 1952 年发现) 出发, 可以不太费工夫算出这个方程的解, 而在计算机的帮助下再加上聪明的算法, 于是令人激动地得到这些方程的显式解. 这个解的计算建立在*二次互反律*的基础上, 这个定理由欧拉在 1783 年提出而由高斯在 1801 年证明. 先给个记号. 如果 p 是素数并且 $a \in \mathbf{Z}$ 不被 p 整除, 那么当 a 是个模 p 平方数时 (即如果方程 $x^2 = a$ 在 $\mathbf{F}_p$ 有一个解), 则令 $\left(\frac{a}{p}\right) = 1$; 如果 a 不是模 p 平方数 (即方程 $x^2 = a$ 在 $\mathbf{F}_p$ 中无解), 则令 $\left(\frac{a}{p}\right) = -1$. 二次互反律说: *如果 p 和 q 是两个非偶素数, 则* $\left(\frac{q}{p}\right) = (-1)^{(p-1)(q-1)/4}\left(\frac{p}{q}\right)$. 我们将它用到上面的 $p = p_1, q = 5$. 因为 $p_1 = 2^{521} - 1 = 2^{4 \cdot 130 + 1} - 1 = 2 \cdot (2^4)^{130} - 1$, 在 $\mathbf{F}_5$ 中它 $= 2 - 1 = 1$, 故根据二次互反律有 $\left(\frac{p_1}{5}\right) = 1$, 从而 $\left(\frac{5}{p_1}\right) = 1$. 由此我们得到方程 $x^2 = 5$ 在 $\mathbf{F}_{p_1}$ 中有两个解. 由相同的道理, 它在 $\mathbf{F}_{p_2}$ 中有两个解, 因此在 $\mathbf{Z}/D\mathbf{Z}$ 中有四个解.

试 $\mathbf{Z}/91\mathbf{Z}$ 中每个元, 看看哪个合适, 但这有点费劲).

[30] **习题 2.6.** — (i) 设 $p \in \mathscr{P}$, 即为素数. 证明如果 $p \neq 3$, 则若 $x^2+x+1=0$ 在 $\mathbf{F}_p$ 中有一个解, 则必有两个解.

(ii) (难题) 证明存在无穷多个素数 p 使得方程 $x^2+x+1=0$ 在 $\mathbf{F}_p$ 中有两个解.

(iii) 推导: 无论 $M>0$ 如何, 总存在 $D \in \mathbf{N}$ 使得 $x^2+x+1=0$ 在 $\mathbf{Z}/D\mathbf{Z}$ 有多于 M 个解.

习题 2.7. — 证明有无穷多个形如 $4n-1$ 的素数.

习题 2.8. — (i) 设 $X(p_1,\ldots,p_r,x)$ 为那些 $\leqslant x$ 的整数的集合, 其中每个整数的素因子都属于有限集合 $\{p_1,\ldots,p_r\}$. 证明 $|X(p_1,\ldots,p_r,x)| = O(\log^r x)$.

(ii) 证明整除 $4k^2+1$ 的素数有形式 $4n+1$. (可以应用费马小定理.)

(iii) 推导: 形如 $4n+1$ 的素数集为无限集.

习题 2.9. — 证明, 如果 $p \in \mathscr{P}$, 则 $\mathbf{Z}/p^n\mathbf{Z}$ 具有 $p^n - p^{n-1}$ 个可逆元. 由此请推出: 如果 $D \geqslant 2$, 则 $\varphi(D) = D \cdot \prod_{p|D}(1-\frac{1}{p})$, 其中 φ 为欧拉指标函数.

2.9. 向量空间的商以及 A-模的商

设 E 为域 K 上的向量空间, R 是 E 上的一个等价关系, 而 $F \subset E$ 是包含 0 的 R-等价类. 为了将 E 的向量空间结构传递到商上, 特别地, 当 $\lambda \in K$ 及 $x \in F$ 时应该有 $\lambda x \in F$ (由于在 E/R 中 $\lambda 0 = 0$), 并且当 $x, y \in F$ 时 $x+y \in F$ (因为 $0+0=0 \in E/R$); 换言之, F 应该是 E 的子空间. 再者, 由于 $a+0=a$ 在 E/R 中这些等价类具有形式 $a+F$.

反过来, 如果 F 是 E 的向量子空间, 我们在 E 上定义关系 $\sim_F$: $x \sim_F y$ 当且仅当 $x-y \in F$. 按习惯, 记这个商 $E/\sim_F$ 为 E/F. 由于"$x-y \in F$" $\Rightarrow$ "$\lambda x - \lambda y \in F$", 又由于"$x-y \in F$ 和 $x'-y' \in F$" $\Rightarrow$ "$(x+x')-(y+y') \in F$", E 上的向量空间结构传递给了商.

「如果 $F' \subset E$ 为 F 的补向量空间, 在 $\sim_F$ 下的等价类为 $a+F$, 其中 $a \in F'$, 而自然态射 $F' \to E/F$ 是向量空间的同构. 换言之, 在向量空间的情形, 一个商总是同构于一个子对象, 但是在进行推理中将一个商换成与它同构的子对象却常常是有害的. 举例来说, 如果 F 是 E 的一个向量子空间, F 的对偶 F^* (即 F 的在 K 中的线性形式的集合) 自然地是 E 的对偶 E^* 的商 (我们可限制 E 上的线性形式到 F 上, 从而 F^* 是 E^* 对于那些在 F 上恒为 0 的形式构成的子空间的商), 但一般来说按自然方式它并不是 E^* 的子空间.」

• 空间 E/F 满足如下的泛性质: 如果 $u: E \to E'$ 为一个 K-线性映射, 且 $\operatorname{Ker} u$ 包含了 F, 则 u 通过 E/F 分解 (即存在唯一的映射 $\bar{u}: E/F \to E'$ 使得 $u = \bar{u} \circ \pi$, 其中
[31] $\pi: E \to E/F$ 是标准投射).

• 设 $u: E \to E'$ 是线性映射, 则 u 经 $E/\operatorname{Ker} u$ 分解, 所诱导的映射 $\bar{u}: E/\operatorname{Ker} u \to \operatorname{Im} u$ 是向量空间的同构.

设 A 为环, 则以上的结果对于 A-模情形也成立: 设 R 是 A-模 M 上的一个等价关系, A-模结构传递到其商当且仅当 0 的等价类是一个子模 N, 而 $x \in M$ 的等价类是 $x+N$. 以 M/N 表示这个 A-商模; 它满足如下的泛性质: 如果 $u: M \to M'$ 是 A 线性映射且 $\operatorname{Ker} u$ 包含 N, 则 u 可通过 M/N 分解; 特别地, u 可通过 $M/\operatorname{Ker} u$ 分解, 而且所诱导的映射 $\bar{u}: M/\operatorname{Ker} u \to \operatorname{Im} u$ 是个 A-模同构.

「与在向量空间中所进行的相反, 模 M/N 一般来说不同构于 M 的一个子模. 例如, $\mathbf{Z}/D\mathbf{Z}$ 不会同构于 $\mathbf{Z}$ 的一个子模.」

2.10. 商环, 理想

在这一小节中, 总假设环是交换的.

2.10.1. 一个环对理想的商

设 A 为环, R 为 A 上的一个等价关系, 而 $I \subset E$ 为 0 的等价类. 为使 A 的环结构能传递到商, 应该特别地有: 当 $\lambda \in A$, $x \in I$ 时 $\lambda x \in I$ (因为在 A/R 中 $\lambda 0 = 0$), 并且如果 $x, y \in I$ 有 $x + y \in I$ (因为在 A/R 中 $0+0=0$); A 的一个满足这两个条件的子集叫做理想. 再者, 由于在 A/R 中有 $a+0=a$, 这些等价类必具有形式 $a+I$.

反之, 如果 I 是 A 的理想, 定义 A 上的关系 $\sim_I$ 为: $x \sim_I y$ 当且仅当 $x-y \in I$. 这是个等价关系. 商 $A/\sim_I$ 按习惯常记为 A/I. 因为 "$x-y \in I$ 和 $x'-y' \in I$" $\Rightarrow$ "$(x+x')-(y+y') \in I$" 以及 "$x-y \in I$ 和 $x'-y' \in I$" $\Rightarrow$ "$xx'-yy' = x(y-y')+y'(x-x') \in I$", 于是 A 的环结构传递到了商.

• 环 A/I 满足下面的泛性质: 如果 $f: A \to A'$ 是个环态射又若 $\operatorname{Ker} f$ 包含 I, 则 f 可通过 A/I 分解 (即存在唯一的环态射 $\bar{f}: A/I \to A'$, 使得 $f = \bar{f} \circ \pi$, 其中 $\pi: A \to A/I$ 是标准投射).

• 如果 $f: A \to A'$ 为环态射, 则 $\operatorname{Ker} f$ 是 A 的理想, f 通过 $A/\operatorname{Ker} f$ 分解, 并且诱导了环同构 $\bar{f}: A/\operatorname{Ker} f \to \operatorname{Im} f$.

读者已经知道了许多按这种方式定义的环. 譬如:

— 域 $\mathbf{F}_p$ 是 $\mathbf{Z}$ 对理想 $p\mathbf{Z}$ 的商 (p 为素数).

— 环 $\mathbf{Z}/D\mathbf{Z}$ 是 $\mathbf{Z}$ 对理想 $D\mathbf{Z}$ 的商 (D 为任意整数).

— 10 进制数的环 $\mathbf{Z}[X]/(10X-1)$ ($\mathbf{Z}[X]$ 对 $(10X-1)$ 取商相当于是对 $\mathbf{Z}$ 添加了一个满足 $10X = 1$ 的 X, 而 $a_n X^n + \cdots + a_0 \in \mathbf{Z}[X]$ 变为了 10 进制数 $\frac{a_n}{10^n} + \cdots + \frac{a_1}{10} + a_0$).

[32] — 复数域[31] $\mathbf{C}=\mathbf{R}[X]/(X^2+1)$ ($\mathbf{R}[X]$ 对理想[32] (X^2+1) 取商相当于对 $\mathbf{R}$ 添加一个满足 $X^2+1=0$ 的 X, 因而 X 恰在该商中成为 -1 的平方根).

「 还会遇到许多其他的, 例如下面的一些环.

— 高斯整数环 $\mathbf{Z}[X]/(X^2+1)$; 将 X 转换为 i 或 $-i$, 这个环则同于 $\mathbf{C}$ 的子环 $\mathbf{Z}[i]=\{a+ib, a, b\in\mathbf{Z}\}$.

— $\mathbf{Z}[X]/(X^3-2)$. 它有三种方式等同于 $\mathbf{C}$ 的一个子环: 可以将 X 转换成 $\sqrt[3]{2}$ 或 $e^{2i\pi/3}\sqrt[3]{2}$ 或 $e^{4i\pi/3}\sqrt[3]{2}$. 在第一种情形, 其像是 $\mathbf{R}$ 的一个子环, 在其他情形, 它不在 $\mathbf{R}$ 中.

— 对偶数环 $K[\varepsilon]/(\varepsilon^2)$, 其中 K 为域; $\varepsilon\neq 0$, 这是一个无穷小的代数类比[33].

— 环 $\mathbf{C}[X,Y]/(DY^2-(X^3-X))$, 它是方程为 $DY^2=X^3-X$ 的代数曲线 C_D 上的正则函数环 (如果 $f\in\mathbf{C}[X,Y]$, 由于 P 在 C_D 上恒为零, 故 f 在 C_D 上的限制只依赖 f 的像 mod 由 $P(X,Y)=DY^2-(X^3-X)$ 所生成的理想). 」

习题 2.10. — 证明, 如果 D' 是 D 的一个因子, 则 $\mathbf{Z}/D'\mathbf{Z}$ 是 $\mathbf{Z}/D\mathbf{Z}$ 对由 D' 生成的理想的商.

2.10.2. 素理想, 极大理想

重温: 一个环 A 为整环是说它不能约化为 0 (即在 A 中 $0\neq 1$) 并且没有零因子 (即 $xy=0\Rightarrow x=0$ 或 $y=0$). 称 A 的理想 I 为素理想是说 A/I 为整环, 等价于回到 A 中的 “$I\neq A$, 且 $xy\in I\Rightarrow x\in I$ 或 $y\in I$”. 特别地, 零理想 $\{0\}$ 为素理想当且仅当 A 为整环.

- 设 I 是 A 的理想, 如下条件等价 (当满足它们时, 称 I 为极大理想):

  (i) A/I 为域.

  (ii) 如果 $x\in A-I$, 则 I 与 x 生成的理想包含 1.

  (iii) 包含 I 的理想只有 A 和 I 自己.

「 如果 I 满足 (iii), 且 $x\notin I$, 则由 I 和 x 生成的理想严格地包含了 I, 故等于 A; 特别地, 它包含了 1, 证明了 (iii)$\Rightarrow$ (ii).

[33] 如果 I 满足 (ii) 且 $x\notin I$, 则存在 $b\in I$ 和 $u\in A$ 使得 $b+ux=1$. 由此得出 x 在 A/I 中可逆, 其逆为 u, 因此 A/I 中的非零元均可逆; 换言之, A/I 是域. 从而 (ii)$\Rightarrow$(i).

最后, 如果 A/I 为域且 J 是 A 的一个包含 I 的理想, 则 J/I 是 A/I 的理想因而或化为零 (蕴含 $J=I$), 或等于 A/I (蕴含 $J=A$). 由此推出了蕴含关系 (i)$\Rightarrow$ (iii),

---

[31] $\mathbf{C}$ 的这个定义属于柯西 (1847).

[32] 在一般情形, 如果 A 是个环, 而 a 是 A 的一个元, 常常以 (a) 表示由 a 生成的 A 的理想; 故有 $(a)=aA$.

[33] 由于 $\varepsilon\neq 0$ 但 $\varepsilon^2=0$, 我们很难做出比它更小的了; 如果 $P\in K[X]$ 是一个多项式, 则在 $K[\varepsilon]/(\varepsilon^2)$ 中, 像在多项式的泰勒公式的证明中那样, 有 $P(X+\varepsilon)=P(X)+P'(X)\varepsilon$. 还能期待更好的有限展开式吗?

得到结论. 」

- 一个域为整环, 因而一个极大理想为素理想, 但反过来则不对. 例如, $\mathbf{Z}[X]$ 的理想 (X) 为素理想是因为 $\mathbf{Z}[X]/(X)=\mathbf{Z}$ 为整环, 但因为 $\mathbf{Z}$ 不是域, 故其不为极大理想.

2.11. 商群

2.11.1. 作用在集合上的群

设 G 为具有中性元的群, 并设 X 为一个集合. 称 G *左作用于* X 或称有一个 G 在 X 上的*左作用*是指, 如果给出了一个从 $G\times X$ 到 X 的映射 $(g,x)\mapsto g\cdot x$ 使得对任意的 $x\in X$ 有 $1\cdot x=x$, 以及对任意的 $g,g'\in G$ 和 $x\in X$ 有 $g\cdot(g'\cdot x)=gg'\cdot x$. 注意, 这时若 $g\in G$, 则 $x\mapsto\sigma_g(x)=g\cdot x$ 是从 X 到 X 的双射, 其逆双射为 $x\mapsto\sigma_{g^{-1}}(x)=g^{-1}\cdot x$, 这是因为对于任意的 $g,g'\in G$, 我们有 $\sigma_{gg'}=\sigma_g\circ\sigma_{g'}$. 因此定义一个 G 在 X 上的作用相当于给出从 G 到 X 的*置换群* (即 X 到 X 上的双射) 的一个态射, 其中置换群的规则是复合.

称群 G *右作用于* X 上是指一个从 $G\times X$ 到 X 的映射: $(g,x)\mapsto x\star g$, 使得对任意的 $x\in X$ 有 $x\star 1=x$, 以及对任意的 $g,g'\in G$ 和 $x\in X$ 有 $(x\star g)\star g'=x\star gg'$; 我们总能将一个左作用变换成右作用 (反之亦然), 只要令 $x\star g=g^{-1}\cdot x$ 即可.

「举例. 设 K 为交换域, 群 $\mathbf{GL}_n(K)$ 在许多对象上都有自然的 (左) 作用:

— 由定义: 作用在向量空间 K^n 上.

— 由于这个作用是线性的, 它将 K^n 的向量直线[14] 转换为向量直线, 从而 $\mathbf{GL}_n(K)$ 作用于 K^n 的向量直线的集合 $\mathbf{P}^{n-1}(K)$ 上 (即 K 上的 $n-1$ 维的射影空间).

— 它所用于系数在 K 中的 $n\times n$ 矩阵的集合 $\mathbf{M}_n(K)$, 作用是左乘 (即 $A\cdot M=AM$), 或右乘 (即 $A\cdot M=MA^{-1}$), 或 *相似作用* (即 $A\cdot M=AMA^{-1}$), 它对应于基变换).

— 它作用于对称和反称矩阵的集合, 即 $A\cdot M=AM{}^{\mathrm{t}}A$.

— 群 $\mathbf{GL}_n(\mathbf{C})$ 作用在自伴矩阵 (即满足 ${}^{\mathrm{t}}M=\overline{M}$) 为 $A\cdot M=AMA^*$, 其中 $A^*={}^{\mathrm{t}}\overline{A}$. 」

习题 2.11. — 设 K 为交换域. 对 K 添加一个元 ∞, 并将 K 上的算术做如下扩张. 当 $a\neq 0$ 时, 令 $\frac{a}{0}=\infty$ (但未给 $\frac{0}{0}$ 任何意义); 当 $a\neq 0$ 或 $c\neq 0$ 时, $\frac{a\infty+b}{c\infty+d}=\frac{a}{c}$.

(i) 证明将 $v=(x,y)\in K^2-\{(0,0)\}$ 变到 $\lambda(v)=\frac{x}{y}\in K\cup\{\infty\}$ 的映射诱导了从射影直线 $\mathbf{P}^1(K)$ (即 K^2 中向量直线的集合) 到 $K\cup\{\infty\}$ 的双射.

(ii) 证明由此诱导的 $\mathbf{GL}_2(K)$ 在 $K\cup\{\infty\}$ 的作用由 $\begin{pmatrix}a&b\\c&d\end{pmatrix}\cdot z=\frac{az+b}{cz+d}$ 给出.

如果 G (左或右) 作用于 X 上, 且若 $x\in X$, x 的一个*平移*是指在 $G\times\{x\}$ 的像 [34]

[14]即通过 0 的直线或一维子空间.

中的一个点, 称 x 的平移的集合为 x 的轨道 O_x (即 $G\times\{x\}$ 在 X 中的像). G 作用下的一条轨道 O 是说对某个点 $x\in X$ 的形如 O_x 的 X 的子集合.

• 定义 X 上的关系 $\sim_G$ 为: $x\sim_G y$ 当且仅当存在 $g\in G$ 使得 $y=g\cdot x$ (如其为左作用) 或者 $y=x\star g$ (如其为右作用). 这是 X 上的一个等价关系, 其等价类为那些轨道.

「我们只处理左作用的情形. 因有 $x=1\cdot x$, 故 $\sim_G$ 自反. 若 $y=g\cdot x$, 则 $x=g^{-1}\cdot y$, 从而 $\sim_G$ 对称. 最后, 若 $y=g\cdot x$, $z=h\cdot y$, 则 $z=hg\cdot x$, 从而 $\sim_G$ 传递. 这些证明了 $\sim_G$ 是 X 上的一个等价关系. x 的等价类按 O_x 的定义就是 O_x, 从而等价类为轨道.」

商空间 $X/\sim_G$, 即轨道的集合, 按习惯, 左作用时记为 $G\setminus X$, 右作用时记为 X/G. 称 G 可迁地作用于 X 上是指它仅有一条轨道. $G\setminus X$ 或 X/G 在 X 中的一个代表系有时被称为一个基本区域.

• 如果 $x\in X$, 使 x 固定不动的 $g\in G$ (即 $g\cdot x=x$) 的集合 G_x 是 G 的一个子群, 称其为 x 的稳定子.

「由于 $1\cdot x=x$, 有 $1\in G_x$. 如果 $g\cdot x=x$, 则 $x=g^{-1}\cdot(g\cdot x)=g^{-1}\cdot x$, 因而 G_x 在取逆时稳定. 最后, 如果 $g\cdot x=x$, $h\cdot x=x$, 则 $gh\cdot x=g\cdot(h\cdot x)=g\cdot x=x$, 证明了 G_x 在 G 的群规则下稳定, 故而是 G 的子群.」

「我们考虑具有群作用的集合中元素的稳定子, 它给出了许多使人感兴趣的群.

— 如果 M 是个对称矩阵, 在作用 $A\cdot M=AM{}^{\mathrm{t}}A$ 下, M 在 $\mathbf{GL}_n(K)$ 中的稳定子是关于 M 的正交群; 如果 $M=I_n$, 则记其为 $\mathbf{O}_n(K)$. 如果 $K=\mathbf{R}$, $p+q=n$, 且若 M 为对角矩阵, 在对角线上 p 个为 1, q 个为 -1, 这样得到的群被记为 $\mathbf{O}(p,q)$; 特别地, $\mathbf{O}(n)=\mathbf{O}_n(\mathbf{R})$.

— 如果 M 为反称矩阵, 对于在作用 $A\cdot M=AM{}^{\mathrm{t}}A$ 下, M 在 $\mathbf{GL}_n(K)$ 中的稳定子是关于 M 的辛群; 当 $n=2m$ 为偶数, 而 M 是分块矩阵 $\begin{pmatrix}0 & I_m\\ -I_m & 0\end{pmatrix}$ 时, 则记这个群为 $\mathbf{Sp}_n(K)$.

— 在作用 $A\cdot M=AMA^*$ 下, I_n 在 $\mathbf{GL}_n(\mathbf{C})$ 中的稳定子是酉群 $\mathbf{U}(n)$.」

习题 2.12. — 证明, 如果 $y=g\cdot x$, 则 $G_y=gG_xg^{-1}=\{ghg^{-1},\ h\in G_x\}$. 由此推出, 当 G 有限时, 稳定子的基数在每条轨道上为常数.

习题 2.13. — (i) 证明顶点为 $A=(1,1), B=(-1,1), C=(-1,-1), D=(1,-1)$ 的正方形的等距变换群 D_4 是个 8 阶群, 并显式地写出这些元.

(ii) 设 $O=(0,0)$, $S=\{O,A,B,C,D\}$. 证明 S 在 D_4 的作用下稳定, 并确定在 D_4 作用下的这些轨道, 以及每条轨道中一个元的稳定子.

(iii) 设 T 为 S 中不同元素的偶对组成的集合. 确定 T 在 D_4 作用下的各条轨道, 以及每条轨道中一个元的稳定子.

(iv) 在上述的各种情形中, 一条轨道的基数与它的稳定子的基数之间有何关联?

2.11.2. 共轭类 [35]

- 设 G 为群, 于是 $(g,x)\mapsto g\cdot x=gxg^{-1}$ 是一个从 G 在自身上的 (左) 作用.

「如果 $g,h,x\in G$, 则 $gh\cdot x=ghx(gh)^{-1}=ghxh^{-1}g^{-1}=g\cdot(hxh^{-1})=g\cdot(h\cdot x)$. 」

如此定义的 G 在自身的作用是所谓的共轭作用. $x\in G$ 的轨道便是 x 的共轭类, x 的轨道中的元素被称为共轭于 x 的元 (因此说 x 和 y 在 G 中共轭是指存在 $h\in G$ 使得 $y=hxh^{-1}$), 而轨道的集合 $\mathrm{Conj}(G)$ 则是 G 的共轭类的集合. x 在这个作用下的稳定子被称作 x 的中心化子; 这是那些与 x 交换的 $g\in G$ 的集合.

- G 为交换群当且仅当它的每个共轭类约化成只有一个元.

「$x\in G$ 的共轭类为对所有 $g\in G$ 的 gxg^{-1} 的集合. 由于这个集合包含了 x, 故它约化成一个元当且仅当对任意的 $g\in G$, $gxg^{-1}=x$, 从而当且仅当 x 与 G 的每个元都交换. 故得结论. 」

- G 的中心 Z 是与 G 中所有元都交换的元 $x\in G$ 的集合; 这也就是那些 $x\in G$ 使得它们的共轭类都是一个点的集合; 这是 G 的一个子群.

「如果对于与任意的 $g\in G$ 有 $xg=gx$, $yg=gy$, 则 $xyg=xgy=gxy$, 这表明 xy 与 G 中每个元都交换, 从而 Z 在群的规则下稳定. 同样, 如果 $xg=gx$ 对所有的 $g\in G$ 成立, 则 $gx^{-1}=x^{-1}xgx^{-1}=x^{-1}gxx^{-1}=x^{-1}g$, 表明 Z 在取逆时稳定. 又因为它包含了中性元, 因而是 G 的子群. 其余的均在上面证明过, 故得结论. 」

习题 2.14. — (i) 设 X 为集合, G 为作用于 X 上的一个群. 如果 $g\in G$, 我们以 X_g 表示集合 $\{x\in X, g\cdot x=x\}$, 即 g 的不动点集合.

(a) 如果 $g,h\in G$, 在 g 的不动点与 hgh^{-1} 的不动点间有何关联?

(b) 证明, 如果 X 为有限集, 且如果 g,g' 在 G 中共轭, 则它们不动点的个数相同.

(ii) 设 V 为域 K 上的向量空间, G 是群. 称 G 线性作用于 V 是指 G 作用于 V, 且对所有的 $g\in G$, $v\mapsto g\cdot v$ 是 V 到 V 的线性映射 (我们因此称 V 是 G 的一个表示).

(a) 证明, 如果情形如上, 且 $g\in G$, g 的不动点集是 V 的一个子向量空间.

(b) 证明, 如果 V 是有限维的, 且若 g,g' 在 G 中共轭, 则它们的不动点是具有相同维数的子空间.

2.11.3. 群的商

设 G 为群, 且 H 是 G 的子群, 我们可使用 G 的乘法让 H 左作用于 G $(h\cdot x=hx)$ 和右作用于 G $(x\star h=xh)$. $x\in G$ 的一个左等价类有形式 $Hx=\{hx,h\in H\}$, 右等价类的形式为 $xH=\{xH,h\in H\}$. G 对 H 的 (左) 商 $H\setminus G$ 和 (右) 商 G/H, 一般来说不是群, 但 G 的乘法给了对这些商的作用 (对 $H\setminus G$ 的右作用和对 G/H 的左作用). 反之, 如果 R 是 G 上的一个等价关系使得 G 的乘法诱导了 G 在 G/R 上的左 [36]
(分别地, 右) 作用, 并且若 H 是 e 的等价类, 则 H 是 G 的子群, 而 $G/R=G/H$ (分别地, $G/R=H\setminus G$).

• 如果 G (左) 作用于集合 X, 而 $x \in X$, 并设 G_x 是 x 在 G 中的稳定子, 则 $g \mapsto g \cdot x$ 诱导了 G/G_x 到 x 的轨道 O_x 上的同构 (这是个 G-集合的同构; G-集合是指赋予了一个 G 作用的集合).

「首先注意, 如果 g_1, g_2 在 G/G_x 中有相同的像, 则存在 $h \in G_x$ 使得 $g_2 = g_1 h$, 这表明 $g_2 \cdot x = (g_1 h) \cdot x = g_1 \cdot (h \cdot x) = g_1 \cdot x$; 映射 $g \mapsto g \cdot x$ 因而可传递到商, 从而定义了映射 $\iota : G/G_x \to O_x$, 按 O_x 的定义它为满射. 现在, 若 $g_1 \cdot x = g_2 \cdot x$, 则 $g_2^{-1} g_1 \cdot x = x$, 从而 $g_2^{-1} g_1 \in G_x$; 由此得出 $g_1 \in g_2 G_x$, 因而 g_1 和 g_2 在 G/G_x 中有相同的像, 证明了 ι 为单射从而为双射. 最后, 如果 $h \in G, g \in G/G_x$, 则 $h \cdot \iota(g) = h \cdot (g \cdot x) = hg \cdot x = \iota(hg)$, 证明了 ι 与 G 的作用交换从而是个 G-集合态射.」

• x 的共轭类同构于 G/Z_x, 其中的 Z_x 是 x 的中心子.

「这是上一条目 • 的特殊情形.」

为了使 G 的结构能传递到 G/H 上, 其充要条件是, 对任意的 $x, x' \in G$ 和 $h, h' \in H$, 能找到 $h'' \in H$ 使得 $xhx'h' = xx'h''$. 因为 $h''(h')^{-1} = (x')^{-1} h x'$, 看出前面的条件等价于在对任意 $g \in G$ 的共轭 $h \mapsto ghg^{-1}$ 下 H 稳定. 如果这样, 则说 H 在 G 中是特异的 (在英法混搭语中叫做*正规的*)[15].

单群是指其正规子群只有 $\{1\}$ 和它自己的群.

• 群 G/H 满足如下泛性质: 如果 $f : G \to G'$ 为群态射, 且若 $\operatorname{Ker} f$ 包含了 H, 则 f 可通过 G/H 分解 (即存在唯一的群态射 $\bar{f} : G/H \to G'$, 使得 $f = \bar{f} \circ \pi$, 其中 $\pi : G \to G/H$ 是标准投射).

• 如果 $u : G \to G'$ 为群态射, 则 $\operatorname{Ker} u$ 在 G 中为正规的, 并且 u 可通过 $G/\operatorname{Ker} u$ 分解, 同时诱导了从 $G/\operatorname{Ker} u$ 到 $\operatorname{Im} u$ 的同构. 如果 G 为单群, 则 u 或为单射或为平凡映射 (即对任意的 $g \in G$ 有 $u(g) = 1$).

3. 有限群

3.1. 循环群

3.1.1. *循环群的结构, 元的阶*

如果 G 是具有中性元 1 的群, 且 $x \in G$; 对每个 $n \in \mathbf{Z}$, 定义 x^n 如下: 当 $n \in \mathbf{N}$ 时, 令 $x^0 = 1$, $x^{n+1} = x^n x$, 若 $n \leqslant 0$, 则 $x^n = (x^{-1})^{-n}$. 容易验证, 当 $n \in \mathbf{Z}$ 时, $x^{n+1} = x^n x, x^{n-1} = x^n x^{-1}$, 从而能对 m 归纳地证明 $x^{m+n} = x^m x^n$, 其中任
[37] 意 $m, n \in \mathbf{Z}$. 换言之, $n \mapsto x^n$ 是一个 $\mathbf{Z}$ 到 G 的群态射. 如果 x 和 y 交换, 则有 $(xy)^n = x^n y^n$, 但非交换时一般并不正确 (当 $n = 2$ 或 $n = -1$ 时 x 和 y 只能是交换情形).

[15] "特异的", 其法文是 distingué, 英文为 normal, 按国内习惯, 译文采用 "正规的".

如果 G 为交换群, 并记其规则为 $+$, 那么元素 x^n 应记为 nx, 并有 $0x=0,(-1)x=-x$.

• 如果 $x\in G$, 由 x 生成的子群 $\langle x\rangle$ 是所有的 $x^n(n\in\mathbf{Z})$ 的集合.

「实际上, 一方面用归纳立即得到, 包含 x 的一个子群也包含了所有的 $x^n(n\in\mathbf{N})$, 又由于它包含了 x^{-1}, 故也包含了当 $n\leqslant 0$ 时的 x^n; 另一方面, $x^n(n\in\mathbf{Z})$ 的集合是一个包含了 x 的群, 这是因为它是在态射 $n\mapsto x^n$ 下 $\mathbf{Z}$ 的像. 」

一个群是循环的是说它可以由单独的一个元生成, 换言之, G 为循环的当且仅当存在 $x\in G$ 使得从 $\mathbf{Z}$ 到 G 的态射 $n\mapsto x^n$ 为满射. 如果 G 为循环群, G 的一个生成元是 G 的一个元 x 使得从 $\mathbf{Z}$ 到 G 的态射 $n\mapsto x^n$ 为满射.

• $\mathbf{Z}$ 为循环群, 有两个生成元 1 和 -1. 如果 $D\geqslant 1$, 群 $\mathbf{Z}/D\mathbf{Z}$ 为循环群, 而 $\mathbf{Z}/D\mathbf{Z}$ 的生成元是 $(\mathbf{Z}/D\mathbf{Z})^*$ 中的每个元. 这就是说, 是那些与 D 互素的 (模 D 的约化) 整数.

「关于 $\mathbf{Z}$ 的论断立即可得. $\mathbf{Z}/D\mathbf{Z}$ 为循环群及 1 是它的一个生成元也立即得到. 现在, 若 $a\in\mathbf{Z}/D\mathbf{Z}$ 是一个生成元, 则特别存在 $b\in\mathbf{Z}$ 使得 $ba=1$. 那么 b 的 D 约化是 a 的逆. 反之, 若 a 可逆, 则 $n\mapsto na$ 是 $\mathbf{Z}/D\mathbf{Z}$ 到 $\mathbf{Z}/D\mathbf{Z}$ 的双射, 因此 $n\mapsto na$ 是从 $\mathbf{Z}$ 到 $\mathbf{Z}/D\mathbf{Z}$ 的满态射, 这证明了 a 是 $\mathbf{Z}/D\mathbf{Z}$ 的一个生成元. 」

• $\mathbf{C}$ 中 D 次单位根的群 $\boldsymbol{\mu}_D$ 是由 $e^{2i\pi/D}$ 生成的循环群, 而 $n\mapsto e^{2i\pi n/D}$ 诱导了群同构 $\mathbf{Z}/D\mathbf{Z}\cong\boldsymbol{\mu}_D$. 称 $\boldsymbol{\mu}_D$ 的一个生成元是一个 *D 次单位原根*, 根据前一条目 •, 这些 D 次单位原根形如 $e^{2i\pi a/D}$, 其中 a 素于 D.

• 一个无限循环群同构于 $\mathbf{Z}$; 一个基数为 D 的循环群同构(34) 于 $\mathbf{Z}/D\mathbf{Z}$. 特别地, 循环群交换.

「设 G 为循环群, 且 x 为 G 的一个生成元. 于是 $f(n)=x^n$ 定义了一个满态射 $f:\mathbf{Z}\to G$, 有两种情形: [38]

— f 为单射, 则 G 同构于 $\mathbf{Z}$;

— f 的核非零, 由于它是 $\mathbf{Z}$ 的子群, 因此有形式 $D\mathbf{Z}$, $D\geqslant 1$; f 于是可通过 $\bar f:\mathbf{Z}/D\mathbf{Z}\to G$ 分解; 因 f 为满射, 故 $\bar f$ 为满射, 又因为它已经模 $\operatorname{Ker} f$ 分解了, 故也为单射; 换言之, $\bar f$ 是 $\mathbf{Z}/D\mathbf{Z}$ 到 G 的同构, 特别地, G 与 $\mathbf{Z}/D\mathbf{Z}$ 有相同的基数.

得到结论. 」

• 如果 G 为任意一个群, $x\in G$, G 的由 x 生成的子群 $\langle x\rangle$ 按定义是个循环群. 定

(34) 从理论角度上说循环群是个完全乏味的对象. 在实践上却迥异: 如果已知一个基数 N 非常大 ($\sim 10^{100}$) 的循环群 G, 一个 G 的生成元 g, 以及 $x\in G$, 确定 $\mathbf{Z}/N\mathbf{Z}$ 中的元素 n 使得 $x=g^n$ 是非常困难的 (这是个*离散算法*的问题), 而计算 g^n 是不成问题的. 这是电子签名的基础: G,N,g 是已知的, 然后给每个人 P 一个号码 $n(P)\in\mathbf{Z}/N\mathbf{Z}$ (保密), 由此 P 制作了一个公开的签名 $s(P)=g^{n(P)}$. 两个人 P 和 Q 可按以下方式确认他们的身份: 他们各自一方, P 在计算 $s(Q)^{n(P)}$, 而 Q 在计算 $s(P)^{n(Q)}$; 如果结果相同 (即 $g^{n(P)n(Q)}$), 则 P 和 Q 确定就是 P 和 Q (否则, 这表明某个人已成功地从公开签名中发现了两个人中一个人的密码, 这被认为是不可能的). 所用到的这些循环群从总体结构上来自有限域上的椭圆曲线 (参看附录 F).

义 x 的阶为群 $\langle x\rangle$ 的基数. 如果 x 的阶为 D, 就如我们在前面所做的那样, 从 $\mathbf{Z}$ 到 G 的态射 $n\mapsto x^n$ 的核为 $D\mathbf{Z}$, 并知, x 的阶也是使得 x^n 等于中性元的最小的 $n>0$.

3.1.2. *循环群的子群*

- 如果 $D\geqslant 1$, 映射 $d\mapsto d\mathbf{Z}/D\mathbf{Z}$ 是从 D 的因子集到 $\mathbf{Z}/D\mathbf{Z}$ 的子群集之间的双射.

「如果 G 是 $\mathbf{Z}/D\mathbf{Z}$ 的子群, 考虑它在 $\mathbf{Z}$ 的逆像, 它是 $\mathbf{Z}$ 中包含 $D\mathbf{Z}$ 的一个子群; 如此, 我们得到了 $\mathbf{Z}/D\mathbf{Z}$ 的子群集合与 $\mathbf{Z}$ 中包含 $D\mathbf{Z}$ 的子群集合间的双射, 它的逆映射是 $\tilde{G}\to\tilde{G}/D\mathbf{Z}$. 由于 $\mathbf{Z}$ 的一个包含 $D\mathbf{Z}$ 的子群具有形式 $d\mathbf{Z}$, 其中的 d 是 D 的因子. 故得证. 」

- 如果 G 是个循环群, G 的每个子群都是循环群, 并且若 G 的基数为 D, 则对 D 的每个因子 D', G 恰好有一个基数为 D' 的子群.

「如果 G 为无限的, 则 G 同构于 $\mathbf{Z}$, G 的所有子群都同构于 $\mathbf{Z}$, 从而为循环群.

如果 G 为有限的, 基数为 D, 于是 G 同构于 $\mathbf{Z}/D\mathbf{Z}$, 它的子群有形式 $d\mathbf{Z}/D\mathbf{Z}$, 其中 d 是 D 的因子. 然而 $n\mapsto dn$ 诱导出 $\mathbf{Z}$ 到 $d\mathbf{Z}/D\mathbf{Z}$ 的满态射, 其核为 $D'\mathbf{Z}$, $D'=D/d$; 这表明 $d\mathbf{Z}/D\mathbf{Z}\cong\mathbf{Z}/D'\mathbf{Z}$. 由于 $d\mapsto D'=D/d$ 是 D 的因子集的置换, 故得结论. 」

3.2. 有限阿贝尔群

设 $\mathscr{P}$ 是素数的集合. 根据中国剩余定理, 如果 $D\in\mathbf{N}-\{0\}$, 则 $\mathbf{Z}/D\mathbf{Z}\cong\oplus_{p\in\mathscr{P}}(\mathbf{Z}/p^{v_p(D)}\mathbf{Z})$. 前面这个取和实际上是个有限和, 这是因为除了有限个素数外 $v_p(D)=0$. 这个结果以以下形式被推广到了有限阿贝尔群上 (其证明请参看第 10 节的 10.3 小节).

定理 3.1. — (Kronecker, 1867) *设 G 为有限阿贝尔群. 如果 $p\in\mathscr{P}$, 并设 G_p 为 G 的所有 p 幂阶的元的集合.*

(i) G_p 是 G 的子群, 对几乎所有的 p 它为零, 并且 $G=\oplus_{p\in\mathscr{P}}G_p$.

[39] *(ii) 如果 $p\in\mathscr{P}$, 则存在递减且唯一确定的有限整数序列 $a_{p,i}\geqslant 1$, 使得 $G_p\cong\oplus_i(\mathbf{Z}/p^{a_{p,i}}\mathbf{Z})$.*

注记 3.2. — 在定理的记号下, $|G|=\prod_p\prod_i p^{a_{p,i}}$, 因此对所有的 p 和 i, $|G|$ 是 $p^{a_{p,i}}$ 的倍数, 表明乘以 $|G|$ 便将 G 中每个元都化零, 这是因为它将所有的 $\mathbf{Z}/p^{a_{p,i}}\mathbf{Z}$ 化零. 换言之, 在交换群中, 一个元的阶整除群的阶 (拉格朗日定理的特殊情形).

习题 3.3. — 按上面的形式分解 $(\mathbf{Z}/108\mathbf{Z})^*$ 和 $(\mathbf{Z}/200\mathbf{Z})^*$.

习题 3.4. — (i) 设 K 为有限交换域[35]. 证明 K^* 为循环群 (我们可以考虑方程 $x^p=1$ 的解, 其中 p 是整除 $|K^*|$ 的素数并用定理 3.1).

(ii) 设 $p\neq 2$ 为素数. 证明 x 在 $\mathbf{F}_p^*$ 为平方 (即 $x=y^2$, $y\in\mathbf{F}_p^*$) 当且仅当

---

[35]这个假设是多余的, 因为所有的有限域都是交换的 (Wedderburn 定理).

$x^{(p-1)/2}=1$.

(iii) 由此推导出, -1 在 $\mathbf{F}_p^*$ 中为平方当且仅当 p 是形如 $4n+1$ 的素数.

(iv) 设 p 是形如 $4n+3$ 的素数, 证明方程 $a^2+b^2=p$ 没有解, 其中 $a,b\in\mathbf{Z}$.

习题 3.5. — (i) 设 p 为素数. 证明当 $x\equiv 1+p^k a \bmod p^{k+1}$, 且 $k\geqslant 1$ 时 (若 $p=2$, $k\geqslant 2$) 则有 $x^p\equiv 1+p^{k+1}a \bmod p^{k+2}$. 由此推导出, 当 $p\neq 2$, 且 $n\geqslant 2$ 时, 在 $(\mathbf{Z}/p^n\mathbf{Z})^*$ 中 $(1+p)^{p^{n-2}}\neq 1$; 又若 $n\geqslant 3$, 在 $(\mathbf{Z}/2^n\mathbf{Z})^*$ 中, $(1+4)^{p^{n-3}}\neq 1$.

(ii) 设 N 为从 $(\mathbf{Z}/p^n\mathbf{Z})^*$ 到 $\mathbf{F}_p^*$ (若 $p=2$, 则到 $(\mathbf{Z}/4\mathbf{Z})^*$) 的模 p 约化的核. 证明 N 同构于 $\mathbf{Z}/p^{n-1}\mathbf{Z}$ (若 $p=2$, 则同构于 $\mathbf{Z}/2^{n-2}\mathbf{Z}$).

(iii) 用习题 3.4 的结果, 证明当 $p\neq 2$ 和 $n\geqslant 1$ 时, 作为交换群有同构 $(\mathbf{Z}/p^n\mathbf{Z})^*\cong(\mathbf{Z}/(p-1)\mathbf{Z})\oplus(\mathbf{Z}/p^{n-1}\mathbf{Z})$.

(iv) 证明若 $n\geqslant 2$, 则 $(\mathbf{Z}/2^n\mathbf{Z})^*\cong(\mathbf{Z}/2\mathbf{Z})\oplus(\mathbf{Z}/2^{n-2}\mathbf{Z})$.

3.3. 拉格朗日定理及其各种形式

如果 G 为有限群, 而 H 是它的子群, 则 $h\mapsto xh$ 诱导了 H 到 xH 之间的双射, 这说明所有的右等价类全有同一个基数 $|H|$. 由于 G 是对于 $x\in G/H$ 的类 xH 的不交并, 故得到公式

$$|G|=|G/H|\cdot|H|.$$

「特别地, $|H|$ 整除 $|G|$, 它可翻译成: 」

- 如果 G 为有限群, 则 G 的每个子群的基数都整除 G 的基数 (拉格朗日定理).

「可特别用于由 $x\in G$ 生成的子群: 按定义, 这个子群的基数称为此元的阶, 从而给出了: 」

- 在有限群中, 一个元的阶总整除 G 的基数.

「最后, $|G/H|$ 也整除 $|G|$. 如果 X 是个集合, 其上有 G 作用, 而若 O 是个轨道, $x\in O$, 且 H 是 x 的稳定子, 我们已知有 $O\cong G/H$, 由此得到: 」

- 在一个有有限群作用的集合中, 一个轨道的基数整除这个群的基数; 更准确地说, [40]
轨道的基数乘以其稳定子的基数等于 G 的基数.

「特别地, 将它应用到 G 到自身的内自共轭[16] 作用, 得到: 」

- 在有限群中, 一个共轭类的基数整除群的基数.

- 如果 X 是个有限集合, 并有有限群作用其上. 可以将 X 分割成这个作用下的轨道. 如果我们按轨道各选择一个点, 并用同构 $O_x\cong G/G_x$, 其中的 G_x 是 x 的稳定子, 从而得到类公式:

$$|X|=\sum_{x\in G\backslash X}|O_x|=|G|\cdot\sum_{x\in G\backslash X}\frac{1}{|G_x|}.$$

[16] 即前面定义的共轭的另一个叫法.

习题 3.6. — 证明所有 $x \in \mathbf{F}_p^*$ 满足 $x^{p-1}=1$. 由此推导出费马小定理[36]. (即如果 $n \in \mathbf{Z}$, 则 $n^p - n$ 被 p 整除[37]).

习题 3.7. — (费马小定理的组合证明) 设 $n \geqslant 1$, X 为从 $\mathbf{Z}$ 到 $\{1,\dots,n\}$ 的映射的集合. 如果 $g \in \mathbf{Z}/p\mathbf{Z}$, $\phi \in X$, 我们定义 $g \cdot \phi$ 为 $(g\cdot\phi)(x) = \phi(x+g)$, 其中任意 $x \in \mathbf{Z}/p\mathbf{Z}$ ($\mathbf{Z}/p\mathbf{Z}$ 的规则记成加法).

(i) 验证这确实定义了一个作用.

(ii) 这个作用的不动点是哪些?

(iii) 没有退化为一个点的轨道有多少个点?

(iv) 计算这些轨道的个数, 并由此推出费马小定理.

3.4. 对称群 S_n

3.4.1. 置换

如果 $n \in \mathbf{N} - \{0\}$, 以 S_n 记 $\{1,\dots,n\}$ 自身的双射构成的群. 由于有 n 种方式来选取 1 的像, 在 1 选后 2 的像有 $n-1$ 种选择方式, 等等, 于是 S_n 的基数为 $n(n-1)\cdots 1 = n!$. 按定义, S_n 作用于 $\{1,\dots,n\}$; 它因而也可作用在 $\{1,\dots,n\}$ 的作为其子集构成的各种对象上 (一个子集 $\{i_1,\dots,i_p\}$ 在 σ 下的像是 $\{\sigma(i_1),\dots,\sigma(i_p)\}$).

[41] **习题 3.8.** — S_n 在 $\{1,\dots,n\}$ 的子集上的作用如上所述.

(i) 设 $p \leqslant n$, 那么 $\{1,\dots,p\}$ 的轨道是什么样的?

(ii) $\{1,\dots,p\}$ 稳定子是什么样的, 它的基数是多少?

(iii) 验证 n 个元的集合的 p 个元的子集的个数是 $\frac{n!}{p!(n-p)!}$.

称 S_n 中的一个元素为一个*置换*. 若 $\sigma \in S_n$, 定义 σ 的*支集*是使得 $\sigma(i) \neq i$ 的那些 $i \in \{1,\dots,n\}$ 的集合. 容易明白, *两个具有不交支集的置换可相互交换*.

我们可以把 S_n 的一个置换 σ 表示为一个两行 n 列的矩阵形式: 将 1 到 n 排在第一行, 而它们在 σ 下的像正好置于下方. 这种表示方式对于做两个置换的乘积非常方便 (不要忘记右边的矩阵先作用).

⌜ 例如, 若 σ 和 τ 为 S_6 的置换, 它们的定义为: $\sigma(1)=2, \sigma(2)=4, \sigma(3)=5, \sigma(4)=6, \sigma(5)=1, \sigma(6)=3$, 而 $\tau(1)=4, \tau(2)=2, \tau(3)=1, \tau(4)=6, \tau(5)=$

[36] 在 1640 年 10 月 18 日给 Frenicle 的信中陈述.

[37] 费马小定理不可逆: 存在一个叫做 de Carmichael 的数 n, 使得对所有的数 a, $a^n - a$ 总被 n 整除, 但 n 不是素数. 最接近的结果是由 Lucas (1876) 做的而被 Lehmer (1927) 推广的素性判别法: 如果存在 $a \in \{2,\dots,n-1\}$ 使得对 $n-1$ 的所有素因子 p 有 $a^{n-1} \equiv 1 \bmod n$ 和 $a^{(n-1)/p} \not\equiv 1 \bmod n$, 则 n 为素数. 实际上, 第一个同余式表明 a 素于 n, 且它在 $(\mathbf{Z}/n\mathbf{Z})^*$ 中的阶 m 是 $n-1$ 的一个因子; 第二个非同余式表明 $v_p(m) = v_p(n-1)$ 对所有整除 $n-1$ 的素数 p 成立, 因而 m 是 $n-1$ 的倍数, 从而 $m = n-1$. 由于 $|(\mathbf{Z}/n\mathbf{Z})^*|$ 是 a 的阶 m 的倍数, 并且 $\leqslant n-1$, 由此有 $|(\mathbf{Z}/n\mathbf{Z})^*| = n-1$, 从而 n 是素数. 取 5 便足以证明 $2^{1001}3^{1600}+1$ 是素数 (这个计算用计算机只要几秒钟; 另一方面, 对于任意的一个整数 n, 首先是要将 $n-1$ 分解因子, 这比用其他方法去证明 n 为素数要更难).

$5, \tau(6)=3$, 于是

$$\sigma=\begin{pmatrix}1&2&3&4&5&6\\2&4&5&6&1&3\end{pmatrix},\quad \tau=\begin{pmatrix}1&2&3&4&5&6\\4&2&1&6&5&3\end{pmatrix},$$

$$\sigma\tau=\begin{pmatrix}1&2&3&4&5&6\\2&4&5&6&1&3\end{pmatrix}\begin{pmatrix}1&2&3&4&5&6\\4&2&1&6&5&3\end{pmatrix}=\begin{pmatrix}1&2&3&4&5&6\\6&4&2&3&1&5\end{pmatrix}.\ 」$$

称一个置换 $\sigma \in S_n$ 是 k-循环的是指存在不同的 $i_1, \ldots, i_k$ 使得

$$\sigma(i_1)=i_2,\ \sigma(i_2)=i_3, \ldots, \sigma(i_k)=i_1, \text{若 } j \notin \{i_1, \ldots, i_k\}, \text{则 } \sigma(j)=j.$$

以 $(i_1, i_2, \ldots, i_k)$ 记如上的那种 k-循环; 它的支集为集合 $\{i_1, \ldots, i_k\}$; 它的阶为 k. 我们注意到, k-循环 $(i_1, i_2, \ldots, i_k)$ 也等于 k-循环 $(i_a, i_{a+1}, \ldots, i_{a+k-1})$, 这里的下标是 $\bmod k$ 的写法, 而 a 则是 $\mathbf{Z}/k\mathbf{Z}$ 中的任意元. 为了建立唯一的写法, 只要要求 i_1 是 $\{i_1, \ldots, i_k\}$ 中最小的元就可以了. 将上面的记号推广到 "长为 1 的循环" (等于恒同……) 有时很方便.

- 如果 σ 为 k-循环, 则 $\sigma^k = \mathrm{id}$.
- 一个置换可写成支集不交的循环的乘积.

「如果 σ 是个置换, 我们用 σ 的作用构造 $\{1, \ldots, n\}$ 的一个分拆, 即取其作用的轨道 $O_1, \ldots, O_s$ (即在由 σ 生成的 S_n 的循环子群的作用下). 如果 O_i 是其中一条基数为 k_i 的轨道, 若 a 是 O_i 中最小的元, 则考虑循环 $c_i = (a, \sigma(a), \ldots, \sigma^{k_i-1}(a))$; 这是长为 k_i 的循环, 也是 O_i 的支集, 那么 σ 便是这些 c_i, $i \in \{1, \ldots, s\}$ 的乘积. 」

由于这些循环具有两两不交的支集, 故它们之间可交换, 因而当分解一个置换为互不相交支集的循环时, 这个乘积可按任意次序安排.

「举例说, 设置换 $\sigma \in S_6$ 为 $\sigma(1)=3, \sigma(2)=2, \sigma(3)=5, \sigma(4)=6, \sigma(5)=1, \sigma(6)=4$. 于是有 $\sigma = (1,3,5)(4,6)(2) = (4,6)(2)(1,3,5)\cdots$. 在分解中通常都略去长度为 1 的循环; 前面的置换于是立即可写为 $\sigma = (1,3,5)(4,6)$ 或 $\sigma = (4,6)(1,3,5)$. 」

- S_n 的每个元都共轭于唯一的一个形如

$$(1, \ldots, \ell_1)(\ell_1+1, \ldots, \ell_1+\ell_2)\cdots(\ell_1+\cdots+\ell_{s-1}+1, \ldots, \ell_1+\cdots+\ell_{s-1}+\ell_s)$$

的元, 其中 $(\ell_1, \ldots, \ell_s)$ 是 n 的分拆 (即一个 $\geqslant 1$ 的递减序列, 其和为 n). 因此 S_n 的 [42]
共轭类与 n 的分拆之间互为双射.

「设 $\sigma \in S_n$, 以 S_n 中元 α 做的共轭 $\sigma \mapsto \alpha\sigma\alpha^{-1}$ 将一个 k-循环 $i_1 \mapsto i_2 \mapsto \cdots \mapsto i_k \mapsto i_1$ 变为 k-循环 $\alpha(i_1) \mapsto \alpha(i_2) \mapsto \cdots \mapsto \alpha(i_k) \mapsto \alpha(i_1)$. 因此出现在两个共轭置换的循环的长是一样的, 这表明所要的这种形式在共轭下的唯一性: 这是因为这些 ℓ_j 是出现在 σ 分解中的循环的长是按递减次序排列的. 那么, 可将 σ 写成循环的乘积 $\tau_1 \cdots \tau_s$, 而且这些循环的支集互不相交. 设 τ_j 的长为 ℓ_j. 我们有 $\ell_1 + \cdots + \ell_s = n$, 而交换这些 τ_j 我们可设 $\ell_1 \geqslant \ell_2 \geqslant \cdots \geqslant \ell_s$. 然后则可将 τ_j 写成形

式 $\tau_j = (i_{\ell_1+\cdots+\ell_{j-1}+1}, \ldots, i_{\ell_1+\cdots+\ell_{j-1}+\ell_j})$; 因为这些 τ_j 的支集构成了 $\{1, \ldots, n\}$ 的一个分拆, 故 $k \mapsto i_k$ 定义了 $\{1, \ldots, n\}$ 的一个置换 α. 因此 $\alpha^{-1}\sigma\alpha$ 是我们希望得到 σ 的共轭形式, 证完. 」

- 称一个 2-循环为一个对换, S_n 可由这些对换生成; 更准确地说, S_n 的每个元均是少于 $n-1$ 个对换的乘积.

「 证明由对 n 的归纳进行. 对于 $n = 1$ (和 $n = 2$), 结果自明. 如果 $n \geqslant 2$, 且如果 $\sigma \in S_n$ 满足 $\sigma(n) \neq n$, 则 $\tau = (\sigma(n), n)$ 是一个对换, 而 $\tau\sigma$ 使 n 不动, 故可将它看作是 S_{n-1} 的元. 由归纳假定, $\tau\sigma$ 是少于 $n-2$ 个对换的乘积, 这些对换的支集在 $\{1, \ldots, n-1\}$ 中, 从而 $\sigma = \tau(\tau\sigma)$ 是少于 $n-1$ 个对换的乘积. 对 $\sigma(n) = n$ 的情形直接处理即可. 证完. 」

习题 3.9. — 在 S_5 中计算 $(1,2)(2,3)(3,4)(4,5)$.

习题 3.10. — 证明 S_n 可由对换 $(1,2), (2,3), \ldots, (n-1, n)$ 生成.

习题 3.11. — 设 $\sigma \in S_n$ 的不交循环分解为 $\tau_1 \cdots \tau_s$, 并设每个 τ_i 的长为 ℓ_i. σ 的阶为多少?

习题 3.12. — (i) 在 S_n 中有多少个长为 k 的循环?

(ii) 证明 S_n 的一个元的分解中循环个数的平均值随 n 一起趋于无穷. (我们可以问有多少置换中出现了一个给定的循环.)

习题 3.13. — (难, 但很出人意料) X 的教务负责人[17] 想要测试 X 们的理解水平, 决定要进行考察. 为此, 带来了庞加莱大教室的 500 名成员, 并对他们说了这样的话: "我将你们的名字放进了在阿拉贡大教室里的标号从 1 到 500 的锁柜里, 一个柜放一个名字. 我会一个一个地叫你们进去, 要求每一个进去的人打开一个柜子去找自己的名字, 然后不要动里面的东西并关上它后返回房间, 不要和你在庞加莱大教室的其余同学做任何交流. 如果一个人发现在他开过的并且有他名字的柜子在前 250 的柜子中, 他就可以离开去休假了. 你们中没有这样找到名字的, 第二天再重新开始 (当然我会改变柜子里的东西). 现在你们有两小时来想想对策." 失望的 X 们认为每个人只有二分之一的机会碰到自己的名字, 总的来说他们只有 2^{500} 分之一的机会能明天去休假. 然而在一段时间后, X 们中的一个宣称: "不要担心, 只用一点课堂知识就知道, 我们有十分之九的机会会在周末前去休假." 你知道他所发现的理由吗?

[43] 3.4.2. *置换的符号差*

如果 $\sigma \in S_n$, 定义 σ 的*符号差* $\operatorname{sign}(\sigma)$ 为

$$\operatorname{sign}(\sigma) = \prod_{1 \leqslant i < j \leqslant n} \frac{\sigma(i) - \sigma(j)}{i - j}.$$

[17]原文是 DGAE, 相当于教务长之类的, 是 X 的专用职称; 这里的 X 如前所注是巴黎综合理工大学的昵称, 既代表人也代表学校.

- sign : $S_n \to \{\pm 1\}$ 是一个群态射.

「 如果 $\sigma, \tau \in S_n$, 我们有

$$\operatorname{sign}(\sigma\tau) = \prod_{1 \leqslant i < j \leqslant n} \frac{\sigma\tau(i) - \sigma\tau(j)}{i - j} = \left(\prod_{1 \leqslant i < j \leqslant n} \frac{\sigma\tau(i) - \sigma\tau(j)}{\tau(i) - \tau(j)} \right) \left(\prod_{1 \leqslant i < j \leqslant n} \frac{\tau(i) - \tau(j)}{i - j} \right).$$

第二项等于 $\operatorname{sign}(\tau)$, 而第一项等于 $\operatorname{sign}(\sigma)$, 这是因为 $\frac{\sigma\tau(i)-\sigma\tau(j)}{\tau(i)-\tau(j)} = \frac{\sigma\tau(j)-\sigma\tau(i)}{\tau(j)-\tau(i)}$, 从而让我们可以写成 $\operatorname{sign}(\sigma) = \prod_{1 \leqslant \tau(i) < \tau(j) \leqslant n} \frac{\sigma(\tau(i)) - \sigma(\tau(j))}{\tau(i) - \tau(j)}$. 」

- 如果 τ 为 k-循环, 则 $\operatorname{sign}(\tau) = (-1)^{k-1}$.

「 我们有 $\operatorname{sign}(\alpha\sigma\alpha^{-1}) = \operatorname{sign}(\alpha)\operatorname{sign}(\gamma)\operatorname{sign}(\alpha)^{-1} = \operatorname{sign}(\sigma)$, 表明在共轭下符号差不变, 因而所有的 k-循环具有相同的符号差. 这使我们可以算一个对换 $\tau = (n-1, n)$ 的符号差. 我们有

$$\begin{aligned}
\operatorname{sign}(\tau) &= \left(\prod_{1 \leqslant i < j \leqslant n-2} \frac{\tau(i) - \tau(j)}{i - j} \right) \left(\prod_{i \leqslant n-2} \frac{\tau(i) - \tau(n-1)}{i - (n-1)} \right) \\
&\quad \left(\prod_{i \leqslant n-2} \frac{\tau(i) - \tau(n)}{i - n} \right) \cdot \frac{\tau(n-1) - \tau(n)}{(n-1) - n} \\
&= \left(\prod_{i \leqslant n-2} \frac{i - n}{i - (n-1)} \right) \left(\prod_{i \leqslant n-2} \frac{i - (n-1)}{i - n} \right) \cdot (-1) = -1,
\end{aligned}$$

证明了对于对换结论成立. 现在 k-循环 $\sigma_k = (i_1, \ldots, i_k)$ 是对换的乘积 $(i_1, i_2) \cdots (i_{k-1}, i_k)$, 由于是 $k-1$ 个对换的乘积, 故 $\operatorname{sign}(\sigma_k) = (-1)^{k-1}$. 即为所证. 」

习题 3.14. — 证明 $\operatorname{sign}(\sigma) = (-1)^{n-\omega(\sigma)}$, 其中 $\omega(\sigma)$ 是 σ 的轨道个数.

习题 3.15. — 如果 $\sigma \in S_n$, 以 u_σ 记 $\mathbf{C}^n$ 的一个自态射, 将 $\mathbf{C}^n$ 的标准基 e_i 变换成 $e_{\sigma(i)}$.

(i) 证明 $\sigma \mapsto u_\sigma$ 是从 S_n 到 $\mathbf{GL}_n(\mathbf{C})$ 的一个群态射.

(ii) 证明, 如果 τ 是一个对换, 则 u_τ 是对于它所决定的一个超平面的对称变换.

(iii) 由此推出, 对于所有 $\sigma \in S_n$, $\det u_\sigma = \operatorname{sign}(\sigma)$.

3.4.3. 交错群

交错群 A_n 是符号差的核, 因为 sign : $S_n \to \{\pm 1\}$ 为满射, 故有 $|A_n| = \frac{1}{2}|S_n| = \frac{n!}{2}$. 一个 k-循环在 A_n 中当且仅当 k 是奇数.

- A_n 由 3-循环生成.

「 用对 n 的归纳证明它. 当 $n \leqslant 2$ 时结论显然 (为空). 设 $n \geqslant 3$, $\sigma \in A_n$. 如果 $\sigma(n) \neq n$, 则可取 3-循环 $\tau = (n, \sigma(n), c)$, 其中 $c \notin \{n, \sigma(n)\}$, 从而 $\tau^{-1}\sigma$ 将 n 固定不动, 于是根据归纳假定, 它可分解为支集在 $\{1, \ldots, n-1\}$ 中的 3-循环的乘积. 故 $\sigma = \tau(\tau^{-1}\sigma)$ 可写成为 3-循环的乘积. $\sigma(n) = n$ 的情形自明. 得证. 」

[44] • 如果 $n \geqslant 5$, A_n 中的所有 3-循环全都共轭.

「只要证明它们全都共轭于 $\sigma_0 = (1,2,3)$ 就可以了. 设 σ 是个 3-循环. 由于 3-循环在 S_n 中全都共轭, 故存在 $\alpha \in S_n$ 使得 $\sigma = \alpha\sigma_0\alpha^{-1}$. 如果 $\alpha \in A_n$, 则得结果. 否则, 因 $\tau = (4,5)$ 与 σ_0 有不交支集, 故它们交换, 从而我们有 $\beta = \alpha\tau \in A_n$, 满足 $\beta\sigma_0\beta^{-1} = \alpha\tau\sigma_0\tau^{-1}\alpha^{-1} = \alpha\sigma_0\alpha^{-1} = \sigma$, 因此证明了 σ 在 A_n 中共轭于 σ_0.」

• 群 A_5 是单群.

「设 H 是 A_5 的一个非恒同置换的正规子群, 我们要证明 $H = A_5$, 这只要证明 H 包含一个 3-循环就可以了: 由于在 A_5 中所有的 3-循环全共轭, 故包含了一个就意味着它包含了所有的 3-循环, 同时所有 3-循环生成 A_5, 故 $H = A_5$.

那么, 设 $\sigma \in H - \{1\}$. 有三种可能性: σ 是个 3-循环, 无需再证, 或者是个 5-循环, 或者是两个支集不交的对换的乘积.

• 如果 σ 是个 5-循环 (a,b,c,d,e), 设 $\tau = (a,b,c)$, 由于 H 正规, 它包含了 $\tau^{-1}\sigma^{-1}\tau$, 因而也包含了 $h = \sigma\tau^{-1}\sigma^{-1}\tau$. 但 τ^{-1} 是 3-循环 (c,b,a), 而 $\sigma\tau^{-1}\sigma^{-1}$ 是 3-循环 $(\sigma(c),\sigma(b),\sigma(a)) = (d,c,b)$. 因此 $h = (d,c,b)(a,b,c)$ 使 e 固定, 对 h 计算: $a \mapsto b \mapsto d, b \mapsto c \mapsto b, c \mapsto a \mapsto a$ 以及 $d \mapsto d \mapsto c$; 因此, 得到了 3-循环 (a,d,c).

• 如果 $\sigma = \sigma_1\sigma_2$, 其中 $\sigma_1 = (a,b)$, $\sigma_2 = (c,d)$, 而 a,b,c,d 互不相同, 又如果 $\tau = (c,d,e)$, $e \notin \{a,b,c,d\}$, 则 H 包含了 $h = \sigma\tau^{-1}\sigma^{-1}\tau$. 但 σ_1 与 σ_2 和 τ 都可交换, 因此 $h = \sigma_2\tau^{-1}\sigma_2^{-1}\tau$. 现在 $\tau^{-1}\sigma_2^{-1}\tau$ 是对换 $(\tau^{-1}(c),\tau^{-1}(d)) = (e,c)$, 因而 $h = (c,d)(e,c) = (c,e,d)$ 是个 3-循环.」

• 如果 $n \geqslant 5$, 群 A_n 是单群(38).

「设 $n \geqslant 5$, H 为 A_n 的正规子群并设 $\sigma \neq \mathrm{id}$ 为 H 中的一个元, 而 $\tau = (a,b,c)$ 是个 3-循环. 于是 H 包含了 $h = \tau\sigma\tau^{-1}\sigma^{-1}$, 它是 3-循环 τ 和 $\sigma\tau^{-1}\sigma^{-1} = (\sigma(c),\sigma(b),\sigma(a))$ 的乘积. 令 $b = \sigma(a)$, 并且, 如果 σ 不交换 a 与 $\sigma(a)$, 则令 $c \notin \{a,\sigma(a),\sigma^2(a)\}$, 于是它在 σ 下不会不动 (这样的 c 总是存在的, 否则 σ 将是个对换, 这与 $\sigma \in A_n$ 矛盾, 故不可能). 加于 c 上的条件使得 $h \neq \mathrm{id}$, 而加于 b 上的条件表明 h 的支集包含在 $\{a,\sigma(a),\sigma^2(a),c,\sigma(c)\}$ 中, 因此最多包含 5 个元. 设 X 为包含 h 的支集的, 基数为 5 的集合, 并设 $\mathrm{Perm}(X)$ 为 X 的置换群. 于是 $H \cap \mathrm{Perm}(X)$ 是 $\mathrm{Perm}(X)$ 的正规子群, 从而根据上面对于 $n = 5$ 情形的讨论, 它包含了一个 3-循环. 由此, 并因为 A_n 由那些相互共轭的 3-循环生成, 那么像上面那样, 得到 $H = A_n$.」

习题 3.16. — (i) 证明, 如果 G 是阿贝尔有限群, 且 d 整除 $|G|$, 则 G 有一个基数为 d 的群 (可用结构定理).

(ii) 证明, 如果 $f: S_5 \to S_3$ 是一个群态射, 则 $\mathrm{Im}(f)$ 只有 1 或者 2 个元.

(iii) 证明 S_5 没有 40 阶的子群.

---

(38)这是个与伽罗瓦理论紧密相关的结果, 解释了不可能找到一个一般公式来表达 $n \geqslant 5$ 次方程的根式解.

3.5. 西罗定理

柯西证明了 (参看习题 3.18), 如果 G 是阶为有限的群 (群的阶的定义是它的基数), p 是整除此阶的一个素数, 则 G 包含了一个阶为 p 的元 (因而是一个 p 阶的 (循环) 子群). 另一方面, 一个子群的阶整除所属群的阶 (拉格朗日定理), 每一个 G 的子 [45]
p-群 (一个 p-群是一个阶为 p 的幂的群) 的阶 p^a 满足 $a \leqslant v_p(|G|)$. G 的一个 p-西罗是一个阶为 $p^{v_p(|G|)}$ 的子群. (当 $v_p(|G|)=0$ 时, 这样的子群化为中性元.)

• 设 G 是个交换群, 如果它的阶被素数 p 整除, 则 G 包含了一个阶为 p 的循环子群.

「 如果 $x \in G$, 以 n_x 表示 x 的阶. 按定义, 这表示从 $\mathbf{Z}$ 到 G 的, 将 $a \in \mathbf{Z}$ 带到 x^a 的群态射的核为 $n_x\mathbf{Z}$, 因而诱导了从 $\mathbf{Z}/n_x\mathbf{Z}$ 到由 x 在 G 中生成的子群上的同构. 设 $X \subset G$ 生成 G (譬如就取 $X = G$). 由于 G 交换, 映射 $\oplus_{x\in X}(\mathbf{Z}/n_x\mathbf{Z}) \to G$, $(a_x)_{x\in X} \mapsto \prod_{x\in X} x^{a_x}$ 是一个群同态, 而由于 X 生成 G, 这个态射为满射. G 的阶因而是 $\prod_{x\in X} n_x$ 的一个因子. 因为 p 整除 $|G|$. 这意味着 p 整除其中一个 n_x, 从而 $y = x^{n_x/p}$ 的阶为 p, 由 y 生成的 G 的子群便具有阶 p. 得到结论. 」

定理 3.17. — (西罗 (Sylow), 1872) *设 G 为一有限群, 则 G 的 p-西罗非空. 另外:*

(i) G 的所有的 p-西罗共轭.

(ii) 如果 Q 是 G 的一个 p 子群, 则存在一个包含 Q 的 G 的 p-西罗; 特别地, 所有 p 阶的元均被包含在 G 的某个 p-西罗中.

「 对 $|G|$ 进行归纳证明. $|G|=1$ 的情形是显然的 (空集). 设 G 的中心为 Z, 且 $k = v_p(|G|)$.

• 如果 p 整除 Z 的阶, 则根据前一条目 • 知, Z 包含了一个 p-阶循环群 C. 对 $H = G/C$ 可应用归纳假定, H 的阶为 mp^{k-1}. 如果 P_H 是 H 的一个 p-西罗. P_H 在 G 中的逆像是一个阶为 $|P_H||C| = p^{k-1}p = p^k$ 的子群; 因而是 G 的一个 p-西罗.

• 如果 p 不整除 $|Z|$, 我们用 G 上的内自共轭 $(g \cdot x = gxg^{-1})$ 作用于 G. 由中心的定义, 该作用的轨道 (就是 G 的共轭类) 中只包含单个元的正好是那些 $\{c, c \in Z\}$. 由于 $|Z|$ 与 p 互素, 且 $|G|$ 被 p 整除, 于是存在一个不是单个元的轨道 O, 且它的基数与 p 互素. 设 $x \in O$, 并令 H 是 G 中与 x 交换的元素的集合, 我们有 $O = G/H$. 由此推出 $|H| = \frac{|G|}{|O|}$. 由于 $v_p(|O|) = 0$, 我们有 $v_p(|H|) = v_p(|G|) = k$, 又由于 $|O| > 1$, 于是 $|H| < |G|$. 归纳假定表明 H 包含了一个阶为 p^k 的子群, 从而也是 G 包含的. 得到了 p-西罗的存在性.

现在, 设 P 是 G 的一个 p-西罗, 而 Q 是 G 的一个子 p-群, 将 Q 以左平移作用于 G/P 上. 由于 P 是 p-西罗, G/P 的基数不被 p 整除, 那么, 至少有一个其基数与 p 互素的轨道 O. 但 O 具有形式 Q/H, 其中的 H 是 Q 的一个子群, 又由于 Q 为 p-群, 则 $|Q/H|$ 与 p 互素当且仅当 $H = Q$. 因此存在 $x \in G/P$ 被整个 Q 固定不动. 取 x 在 G 中的一个代表元 $\tilde{x}$, 这变为 $Q\tilde{x}P \subset \tilde{x}P$, 又或者 $Q \subset \tilde{x}P\tilde{x}^{-1}$.

如果 Q 是个 p-西罗, 则因为基数的原因, 由此得到 $Q=\tilde{x}P\tilde{x}^{-1}$. 这证明了 (i). 如果 Q 是一个子 p-群, 这表明 Q 被包含在一个阶为 p^k 的子群中, 就是说在一个 p-西罗中. (ii) 得以证明. 整个定理得证. 」

[46] **习题 3.18.** — 设 p 为素数, G 为基数被 p 整除的有限群. 让 $\mathbf{Z}/p\mathbf{Z}$ 作用于 G^p 上, 作用为 $i\cdot(x_0,\ldots,x_{p-1})=(x_i,x_{i+1},\ldots,x_{i+p-1})$ (即在将 $\mathbf{Z}/p\mathbf{Z}$ 与 $\{0,\ldots,p-1\}$ 视为等同下, 将每个指标移动 i 位). 设 X 是 G^p 的满足 $x_0\cdots x_{p-1}=1$ 的 $(x_0,\ldots,x_{p-1})$ 的子集合.

(i) 证明 X 在 $\mathbf{Z}/p\mathbf{Z}$ 下稳定. 该作用的不动点是哪些?

(ii) 证明 $|X|$ 被 p 整除; 由此推导出 G 有阶为 p 的元.

4. 多项式

4.1. 单变量的多项式

4.1.1. *多项式*

如果 A 是个交换环, 我们以 $A[X]$ 代表系数在 A 中的变量为 X 的多项式的集合, 即形如 $P=\sum_{n\in\mathbf{N}}a_nX^n$ 的集合, 但其中除有限个 $n\in\mathbf{N}$ 外全都有 $a_n=0$; 这些 a_n 是 P 的系数, 而称 P 为零 (或 $P=0$) 是说它的所有的系数都为零.

赋予 $A[X]$ 一个环结构 (甚至一个单式 A-代数) 如下. 令(39):

◇ 若 $c\in A$, 则 $c\cdot(\sum_{n\in\mathbf{N}}a_nX^n)=\sum_{n\in\mathbf{N}}(ca_n)X^n$,

◇ $(\sum_{n\in\mathbf{N}}a_nX^n)+(\sum_{n\in\mathbf{N}}b_nX^n)=\sum_{n\in\mathbf{N}}(a_n+b_n)X^n$,

◇ $(\sum_{n\in\mathbf{N}}a_nX^n)(\sum_{n\in\mathbf{N}}b_nX^n)=\sum_{n\in\mathbf{N}}c_nX^n$, 其中 $c_n=\sum_{i+j=n}a_ib_j$.

称如此得到的环为*变量为 X 的系数在 A 中的多项式环*. 我们同样定义环 $A[T],A[Y],A[X_1]$ 等, 系数在 A 中的变量为 T,Y,X_1 等的多项式环. 所有这些环都是同构的(40), 同构的方式是自然的(41), 因而是 "一样的", 但变换变量有其方便之处.

如果 $P\in A[X]$ 非零, P 的次 $\deg P$ 是使得 $a_n\neq 0$ 的最大 $n\in\mathbf{N}$; 按约定(42), 我们令 $\deg 0=-\infty$. 如果 $N\geqslant\deg P$, 则可允许忽略掉那些次 $>N$ 的项, 从而记 P 为 $a_NX^N+\cdots+a_0$ 或者 $\sum_{i=0}^{N}a_iX^i$ 的形式. 若 $\deg P=d$, 称系数 a_d 为

(39)证明了这样定义一个单式 A-代数是烦琐但不难的.

(40)这个同构将 $\sum_{n\in\mathbf{N}}a_nX^n$ 带到 $\sum_{n\in\mathbf{N}}a_nT^n$, $\sum_{n\in\mathbf{N}}a_nY^n$, 等等. 事实上, 我们可以定义系数在 A 中的多项式环而不提及变量, 即作为几乎为零的序列 $(a_n)_{n\in\mathbf{N}}$ 的集合 $A^{(\mathbf{N})}$ (也就是除有限个 n 外 $a_n=0$), 加法为 $(a_n)_{n\in\mathbf{N}}+(b_n)_{n\in\mathbf{N}}=(a_n+b_n)_{n\in\mathbf{N}}$, 而乘法为 $(a_n)_{n\in\mathbf{N}}\cdot(b_n)_{n\in\mathbf{N}}=(c_n)_{n\in\mathbf{N}}$, 其中 $c_n=\sum_{i+j=n}a_ib_j$, 但在实践中却不用这个观点, 人们宁愿用另外一个写法, 因为这个写法强烈暗示了多项式是个函数.

(41)注意如下问题: 设 A,B 为交换环. 假设存在一个环同构 $\varphi: A[X]\to B[X]$; 这意味环 A 与 B 同构吗? (同构 φ 既没有假设将 A 映到 B, 也没有假设将 X 映到 X.)

(42)理由之一是, 我们想使公式 $\deg PQ=\deg P+\deg Q$ 成立.

首项系数[18]，如果此系数为 1, 则称 P 为首 1 多项式[19]; 这时 P 的形式可写为 $X^d+a_{d-1}X^{d-1}+\cdots+a_0$.

• 如果 $P,Q\in A[X]$, 则 $\deg(P+Q)\leqslant\sup(\deg P,\deg Q)$ 和 $\deg PQ\leqslant\deg P+\deg Q$, [47]
而等式成立当且仅当 P 和 Q 的首项系数不是零因子; 如果 A 为整环, 则 $A[X]$ 也为整环, 对任意 $P,Q\in A[X]$, $\deg PQ=\deg P+\deg Q$.

「不等式 $\deg(P+Q)\leqslant\sup(\deg P,\deg Q)$ 和 $\deg PQ\leqslant\deg P+\deg Q$, 立即可得. 现设 $P=a_nX^n+\cdots+a_0$ 以及 $Q=b_mX^m+\cdots+b_0$ 分别为 n 次和 m 次的多项式 ($a_n\neq 0$ 和 $b_m\neq 0$), 乘积 PQ 中 X^{n+m} 的系数为 a_nb_m; 如果 a_n 和 b_m 都不是零因子, 则 $\deg PQ=n+m=\deg P+\deg Q$. 如果 A 为整环, 则此公式自动成立. 因此, 如果 $P\neq 0$ 且 $Q\neq 0$, 则 $PQ\neq 0$, 这证明当 A 为整环时, $A[X]$ 也如此. 」

4.1.2. 多项式函数

设 B 是个单式 A-代数 (例如 $B=A$), 则 $P=\sum_{n\in\mathbf{N}}a_nX^n\in A[X]$ 定义了一个多项式函数 $P:B\to B$, $P(x)=\sum_n a_nx^n$, 由于只有有限项非零, 其中的取和是有限的, 并且按约定 $x^0=1$ (B 中的单位). 映射 $P\mapsto P(x)$ 是从 $A[X]$ 到 B 的态射 (同样是单式 A-代数间的态射).

用 $P\in A[X]$ 定义的 B 上的函数也是个多项式 $\varphi(P)\in B[X]$, 这里的 $\varphi:A[X]\to B[X]$ 是由 $\varphi(\sum a_nX^n)=\sum\varphi(a_n)X^n$ 定义的态射, 而 $a\mapsto\varphi(a)=a\cdot 1$ 则是我们在 2.4 小节遇到过的从 A 到 B 的环态射.

「例如, 对于每个 $p\in\mathscr{P}$, $P\in\mathbf{Z}[X]$ 定义了一个在 $\mathbf{F}_p$ 上的多项式; 在研究 P 在 $\mathbf{Z}[X]$ 的分解时常会用到.

如果 V 是 K-向量空间, 且 $u\in\mathrm{End}(V)$, 则 $P\mapsto P(u)$ 是一个从 $K[X]$ 到 $\mathrm{End}[V]$ 的环态射, 它在自同态 u 的约化中起着重要的作用 (参见 10.1 小节). 」

如果 $x_0\in B$ 满足 $P(x_0)=0$, 则说 x_0 是 P (在 B 中) 的一个根, 或者说 x_0 是 P (在 B 中) 的一个零点.

• 如果 $P=a_dX^d+\cdots+a_0\in A[X]$, 其中 $d\geqslant 1, a_d\neq 0$, 又若 $x_0\in B$, 则 $P-P(x_0)$ 可在 $B[X]$ 中分解为形式 $P-P(x_0)=(X-x_0)Q$, 其中 $Q\in B[X]$, 且若在 B 中 $a_d\neq 0$, 则 $\deg Q=d-1$.

「应用公式 $X^n-x_0^n=(X-x_0)(X^{n-1}+x_0X^{n-2}+\cdots+x_0^{n-1})$. 由此得到分解 $P-P(x_0)=(X-x_0)(a_d(X^{d-1}+x_0X^{d-2}+\cdots+x_0^{d-1})+\cdots+a_2(X+x_0)+a_1)$; 得到结果. 」

• 如果 A 为整环 (譬如 A 是个域), 且非零 $P\in A[X]$ 在 A 中有不同的根 $x_1,\ldots,x_r$, 则 P 可以分解为形式 $P=(X-x_1)\cdots(X-x_r)Q$, 其中 $\deg Q=\deg P-r$; 特别地, P 在 A 中最多有(43) $\deg P$ 个不同的根; 如果 P 的次 $\leqslant n$ 却在 $n+1$ 个不同的点上取

(43) 当 A 不是整环时此结果不成立, 参看习题 2.5 和 2.6; 它当 A 非交换时也不成立, 参看习题 2.2.

[18] 将法文直译过来是"支配系数 (coefficient dominant)".

[19] 此书称其为"单式的 (unitary)".

零, 则 $P=0$.

「用对 r 的归纳论证. $r=0$ 的情形为空, 显然; 现如果 $P(x_1)=0$, 根据上面的 •, 可写 $P=P-P(x_1)=(X-x_1)P_1$, 其中 $\deg P_1=\deg P-1$. 于是有 $0=P(x_i)=(x_i-x_1)P_1(x_i)$, $i=2,\dots,r$; 因为 $x_i\neq x_1$, 且 A 为整环, 它意味着
[48] $x_i-x_1\neq 0$ 从而 $P_1(x_i)=0$. 将归纳假定用于 P_1 得到 $P_1=(X-x_2)\cdots(X-x_r)Q$, 而 $\deg Q=\deg P_1-(r-1)=\deg P-r$, 得到结论.」

- 如果 K 为无限域, $P\in K[X]$ 在 K 上恒为零, 当且仅当 $P=0$.

「这是上一个 • 的直接推论. 值得注意的是, 如果 K 为有限域, 此结果不成立: 多项式 $P=\prod_{\alpha\in K}(X-\alpha)$ 在 K 上恒为零, 但它不是零多项式.」

- 设 $\alpha_0,\dots,\alpha_n$ 为域 K 中不同的元, 且 $P\in K[X]$ 的次为 n. 于是

$$P=\sum_{i=0}^{n}P(\alpha_i)\prod_{j\neq i}\frac{X-\alpha_j}{\alpha_i-\alpha_j}$$

(拉格朗日插值多项式).

「多项式 $P=\sum_{i=0}^{n}P(\alpha_i)\prod_{j\neq i}\frac{X-\alpha_j}{\alpha_i-\alpha_j}$ 是 n 次多项式, 并在 $\alpha_0,\dots,\alpha_n$ 取零; 故它有 $n+1$ 个零点, 从而为零多项式. 得证.」

如果 $P=\sum_{i=0}^{d}a_iX^i\in K[X]$, 定义 P 的导数 P' 为 $P'=\sum_{i=0}^{d}ia_iX^{i-1}$, 并归纳地定义 P 的第 n 阶导数 $P^{(n)}$ 为 $P^{(0)}=P$, $P^{(n+1)}=(P^{(n)})'$. 因此有 $P^{(n)}=\sum_{i=0}^{d}i(i-1)\cdots(i-n+1)a_iX^{n-i}=n!P^{[n]}$, 其中 $P^{[n]}=\sum_{i=0}^{d}\binom{i}{n}a_iX^{n-i}$ 是 P 的第 n 次分导数[20].

- 如果 $P\in A[X]$ 的次数 $\leqslant d$, 且 $\alpha\in A$, 则 $P(X)=\sum_{n=0}^{d}P^{[n]}(\alpha)(X-\alpha)^n$ (多项式的泰勒公式). 如果 $d!$ 在 A 中可逆 (例如, A 是一个包含 $\mathbf{Q}$ 的域), 这个公式则可写为 $P(X)=\sum_{n=0}^{d}P^{(n)}(\alpha)\frac{(X-\alpha)^n}{n!}$.

「我们有 $X^i=(X-\alpha+\alpha)^i=\sum_{n=0}^{i}\binom{i}{n}(X-\alpha)^n\alpha^{i-n}$. 这可将 $P(X)=\sum_{i=0}^{d}a_iX^i$ 取形式 $P(X)=\sum_{i=0}^{d}a_i(\sum_{n=0}^{i}\binom{i}{n}(X-\alpha)^n\alpha^{i-n})=\sum_{n=0}^{d}(X-\alpha)^n(\sum_{i=n}^{d}\binom{i}{n}a_i\alpha^{i-n})$ $=\sum_{n=0}^{d}P^{[n]}(\alpha)(X-\alpha)^n$. 得到结论.」

4.2. 欧几里得环和主理想环

4.2.1. 欧几里得除法

- 设 $B\in A[X]$ 非零, 首项系数可逆(44). 于是每个 $P\in A[X]$ 可以以唯一的方式写为 $P=BQ+R$ 的形式, 其中 $\deg R<\deg B$ (称 R 为 P 对于 B 的欧几里得除法的余式).

「以 m 记 B 的次数, b 为 B 的首项系数; 由假设, 在 A 中有逆 b^{-1}.

(44) 当 A 为域时自动满足.

[20] 法文 “dérivée divisée”, 英文 “divided derivative”, 第 i 阶分导数即 $D_iX^n=\binom{n}{i}X^{n-i}$.

由对 $n = \deg P$ 的归纳来证明存在性. 对于 $n < m$, 可取 $Q = 0$, 于是 $R = P$. 如果 $P = a_nX^n + \cdots + a_0$, $n \geqslant m$, 则 $P - b^{-1}a_nX^{n-m}B$ 的次数 $\leqslant n-1$, 这是因为它已使得次数为 n 的项被消去. 由于归纳假定因而可写成形式 $BQ' + R$, $\deg R < m$, 从而 $P = (b^{-1}a_nX^{n-m} + Q')B + R$ 便是想要的形式.

现在, 如果 $P = BQ_1 + R_1 = BQ_2 + R_2$, 其中 $\deg R_1 < \deg B$ 与 $\deg R_2 < \deg B$, 则 $(R_1 - R_2) = B(Q_2 - Q_1)$. B 的首项系数不是零因子表明 $\deg(R_1 - R_2) = \deg B + \deg(Q_2 - Q_1)$. 但是 $\deg(R_1 - R_2) < \deg B$, 故推出 $\deg(Q_2 - Q_1) < 0$, 从而 $Q_1 = Q_2$ 及 $R_1 = R_2$. 得唯一性. 」

如果 A 是交换环, 称 A 的一个理想为主理想是说它由一个元生成. 一个主理想环是所有理想都是主理想的整环.

- **Z** 是主理想环. [49]

「一个理想特别地是一个加群, 而我们知道 **Z** 的子群均有形式 $D\mathbf{Z}$, 其中 $D \in \mathbf{N}$, 这是一个主理想, 从而 **Z** 的任意理想均为主理想. 」

- 如果 K 是交换域, 则 $K[X]$ 是主理想环.

「设 I 是 $K[X]$ 的一个非零理想, 而 $B \in I - \{0\}$ 是一个最小次的多项式. 设 $P \in I$, 而 R 为 P 对于 B 的欧几里得除法的余式. 于是由于 $P, B \in I$, $R = P - BQ \in I$, 又由余式的定义知 $\deg R < \deg B$. B 的选取表明 $R = 0$, 从而 P 是 B 的倍式, 而 $I = (B)$ 为主理想. 」

在上面的两种情形 ($A = \mathbf{Z}$ 和 $A = K[X]$) 中, A 为主理想环的事实均源自在 A 中存在欧几里得除法. 称一个被赋予欧几里得除法的环为欧几里得的 (准确地说, 它的意思是, 给予了一个映射 $N : A - \{0\} \to \mathbf{N}$ 用来度量 A 中一个元的大小, 使得若 $b \neq 0$ 及 $x \in A$, 则存在 $q \in A$ 及 $r \in A$ 满足 $N(r) < N(b)$ 或 $r = 0$, 有 $x = bq + r$; 对于 b 和 r 的唯一性则没有任何说明), 出于与上面相同的理由, 一个欧几里得环为主理想环(45).

习题 4.1. — 如果 $x \in \mathbf{R}$, 则可将 x 以唯一的方式写成 $n + u$ 的形式, 其中 $n \in \mathbf{Z}$, $u \in [-\frac{1}{2}, \frac{1}{2}[$. 这也让 $z = x + iy \in \mathbf{C}$ 以唯一的方式写成 $z = [z] + \{z\}$, 其中 $[z] = n + im$, $n, m \in \mathbf{Z}$ 而 $\{z\} = u + iv$, $u, v \in [-\frac{1}{2}, \frac{1}{2}[$.

(i) 验证 $K = \{x + iy,\ x, y \in \mathbf{Q}\}$ 是 $\mathbf{C}$ 的子域, 而 $A = \{x + iy,\ x, y \in \mathbf{Z}\}$ 是 $\mathbf{C}$ 的子环.

(ii) 如果 $z = x + iy \in K$, 令 $N(z) = x^2 + y^2$. 验证: 对于所有的 $z_1, z_2 \in K$, 有 $N(z_1z_2) = N(z_1)N(z_2)$.

(iii) 证明 u 在 A 中可逆当且仅当 $N(u) = 1$. 由此推导出 $A^* = \{1, -1, i, -i\}$.

---

(45)存在不是欧几里得的主理想环, 如 $\mathbf{Z}[\frac{1+\sqrt{-19}}{2}]$, 它们是非常罕见的; 但让这方面专家们普遍惊奇的是, 在 2009 年 Fontaine 所揭示的 p-adic 复数域的一个自然的子环是非欧几里得的主理想环 (准确地, 是环 $\mathbf{B}_{\mathrm{cris}}^{\varphi=1}$).

(iv) 如果 $a \in A$, $b \in A - \{0\}$, 令 $r = b\{\frac{a}{b}\}$. 证明 $N(r) < N(b)$. 由此推导出: 可将 a 写成 $a = bc + r$, 其中 $c, r \in A$, $N(r) < N(b)$.

(v) 证明 A 是主理想环.

4.2.2. *在主理想环中分解因子*

• 如果 A 是主理想环, 而 I 是 A 的一个非零素理想. 则 A/I 为域, 从而 A 中非零理想为极大理想当且仅当它为素理想.

「设 J 为严格包含 I 的一个理想, 并设 a 是 J 的一个生成元, 而 p 是 I 的一个生成元. 因 $I \subset J$, 故存在 $b \in A$, 使得 $p = ab$. 但 $J \neq I$, 故 $a \notin I$. I 是个素理想, 那么等式 $p = ab$ 表明 $b \in I$, 因此存在 $c \in A$, 使得 $b = pc$. 这便有了 $p(1 - ac) = 0$, A 为整环和 $p \neq 0$ 推出 a 可逆, 逆元为 c, 因此 $J = A$. 最后得到 I 为极大理想. 」

• 所有 A 的理想的递增序列稳定 (满足这个性质的环叫做诺特 (Noether) 环, 因此一个主理想环是诺特环).

[50] 「设 $(I_n)_{n\in\mathbf{N}}$ 是 A 中理想的一个序列, 令 $I = \bigcup_{n\in\mathbf{N}} I_n$. 如果 $a, b \in I$, 则存在 $n, m \in \mathbf{N}$ 使得 $a \in I_n$, $b \in I_m$; 由于序列是递增的, $a, b \in I_{\sup(n,m)}$, 从而 $a + b \in I_{\sup(m,n)} \subset I$. 又由于 I 在乘以 $\lambda \in A$ 时稳定, 表明 I 是个理想. 现在因 A 是主理想环, 故 I 为主理想, 设其为 (λ), $\lambda \in I$, 从而存在 $N \in \mathbf{N}$ 使得 $\lambda \in I_N$. 得到了 $(\lambda) \subset I_N \subset I = (\lambda)$, 故对所有 $m \geqslant N$ 都有 $I_m = I_N$. 证完. 」

• A 的真理想总包含在一个极大理想中.

「设若相反, 让 $I \neq A$ 为不包含在任何一个极大理想中的理想. 特别地, I 本身不是极大理想, 从而存在理想 $I_1 \neq A$ 并严格地包含了 I. I_1 也不包含在任何一个极大理想中, 否则包含它的极大理想也包含了 I. 重复这个过程, 便构造出一个严格递增的 A 中理想的序列 $(I_n)_{n\in\mathbf{N}}$. 这与前 • 的结论矛盾. 得到结论. 」

• 如果 $b \in A - \{0\}$, 且 p 为一个整除 b 的素元[21], 则理想 (b/p) 严格包含了 (b).

「设若相反, 则存在 $a \in A$ 使得 $b/p = ba$, 因而 $b(1 - ap) = 0$. A 为整环, 故 p 在 A 中可逆, 其逆为 a. 这与 p 为素元相矛盾. 」

称 a 和 b *互素*是说, A 中由 a 和 b 生成的理想 (a, b) 等于 A, 等价于说, 存在 $u, v \in A$ 使得 $au + bv = 1$; 这是因为 $(a, b) = \{au + bv, u, v \in A\}$, 而 A 的包含了 1 的理想等于 A. 我们常用 $(a, b) = 1$ 来表达 a 与 b 互素.

• (高斯引理)

◇ 如果 a 与 b 和 c 都互素, 则 a 与 bc 互素.

◇ 如果 a 整除 bc, 且 a 与 b 互素, 则 a 整除 c.

「如果 $(a, b) = (a, c) = 1$, 则存在 u_1, v_1 使得 $au_1 + bv_1 = 1$, 以及 u_2, v_2 使得 $au_2 + cv_2 = 1$, 从而 $1 = (au_1 + bv_1)(au_2 + cv_2) = au + bcv$, 其中 $u = au_1u_2 + bv_1u_2 + cu_1v_2$, $v = v_1v_2$.

[21]即 (p) 为素理想; u 整除 v 是指 $(v) \subset (u)$.

如果 $bc=ad$, $au+bv=1$, 则 $acu+adv=c$, 因而 $a(cu+dc)=c$, 即 a 整除 c. 得到第二个结论. 」

如果 A 是一个环, 称 $x\in A$ 为不可约的是说如果有 $x=ab$, 则蕴含 $a\in A^*$ 或者 $b\in A^*$; 换言之, x 不可约当且仅当它不能被分解因子.

• 如果 A 是主理想环, 且 $x\in A$ 非零, 则由 x 生成的理想 (x) 为素理想当且仅当 x 是不可约的.

「 如果 x 不是不可约的, 则可写为 $x=ab$, 其中 a 和 b 都不可逆. 而 x 既不整除 a 也不整除 b, 这是因为如果整除 a, 则 $a=xa'$, 因此 $x=xa'b$, 由 A 为整环得 $a'b=1$, 这与 b 不可逆的假设矛盾. 由此 (x) 不为素.

如果 x 不为素, 则存在 $a,b\in A$ 不被 x 整除而 ab 被 x 整除. 理想 (a,x) 不包含 1, 否则 x 与 a 互素, 根据高斯引理, x 整除 b; 但由于 x 不能整除 a, 故 (a,x) 不是 (x). 如果 d 是它的生成元, 则 d 整除 x 并将 x 分解为 $x=d(x/d)$. 因为 (d) 既不等于 (1) 也不等于 (x), 故 d 和 x/d 均非 A 的单位; 这表明 x 不是不可约的. 」 [51]

习题 4.2. — 设 $A=\mathbf{Z}[\sqrt{-5}]$.

(i) 证明 A 是 $\mathbf{C}$ 的子环.

(ii) 证明 2 的因子只有 $\pm1, \pm2$; 由此推出 2 不可约.

(iii) 证明 $(2,1+\sqrt{-5})$ 不是主理想, 而 2 不是素理想.

在每个非零素理想中选取一个生成元, 记它们的集合为 $\mathscr{P}_A$. 在 $\mathbf{Z}$ (分别地, $K[X]$) 的情形自然的选法就是素数集 (分别地, 首 1 不可约多项式).

• 如果 $a\in A-\{0\}$, 则存在 $u\in A^*$ 和 $p_1,\dots,p_r\in\mathscr{P}_A$ 使得 $a=up_1\cdots p_r$; 另外, 对于 $1\leqslant i\leqslant r$ 的 p_i 在不计次序下唯一. 换言之, a 可以以唯一的方式分解为素因子的乘积.

「 先证明这种分解的存在性. 如果 a 是单位, 则 $a=a$ 便是所要的分解, 无需证明. 如果 a 不是单位, 则存在 A 中包含 a 的极大理想 I, 因而有 $p_1\in\mathscr{P}_A$ 整除 a. 令 $a_1=a/p_1$; 按照上一个 •, 理想 (a_1) 严格地包含了 (a). 重复此过程, 构造了序列 $p_i\in\mathscr{P}_A$ 以及序列 $a_i\in A$, 满足 $a_{i+1}p_{i+1}=a_i$. 理想的序列 (a_i) 因而严格递增, 由 A 是诺特的, 表明这个过程驻留. 换言之, 存在 s 使得 a_s 为 A 的单位, 并且 $a=a_sp_1\cdots p_s$ 是我们想要的一个分解.

用高斯引理证明唯一性. 如果 $up_1\cdots p_r=vq_1\cdots q_s$, 其中 p_i 和 q_j 都是素数, u,v 为 A 的单位元. 高斯引理表明 p_r 整除 q_j 中的第一个从而相等, 不计次序, 可设 $p_r=q_s$, 用 $p_r=q_s$ 除等式两端 (因 A 为整环, 是可行的), 化到 $r-1$ 和 $s-1$ 的情形, 由归纳得到结论. 」

• $\mathbf{Z}^*=\{\pm1\}$, 当 K 为域时, $K[X]^*=K^*$.

「 如果 $D\in\mathbf{Z}$, 则 $|\mathbf{Z}/D\mathbf{Z}|=|D|$, 因而 $D\mathbf{Z}=\mathbf{Z}$ 当且仅当 $D=\pm1$; 换言之, $D\in\mathbf{Z}^*$ 当且仅当 $D=\pm1$.

如果 $P \in K[X]^*$, 则存在 Q 使得 $PQ = 1$. 但由此 $0 = \deg PQ = \deg P + \deg Q$, 因此 $\deg P = 0$, 得到结果. ⌟

习题 4.3. — 设 $A = K[\varepsilon]/(\varepsilon^2)$ 为对偶数环, 并设 $\varphi : A[X] \to K[X]$ 为模 ε 约化. 证明 $P \in A[X]^*$ 当且仅当 $\varphi(P) \in K^*$.

习题 4.4. — (每个形如 $4n+1$ 的素数都是两个平方数之和 (费马, 1640)). 我们用如下事实: 如果 $p \neq 2$ 是个素数, 则方程 $x^2+1=0$ 在 $\mathbf{F}_p$ 中有解当且仅当 p 形如 $4n+1$ (习题 3.4). 设 $A = \mathbf{Z}[i]$. 由习题 4.1, A 是个主理想环, $A^* = \{1, -1, i, -i\}$ 也是满足 $N(z) = 1$ 的 $z = x + iy \in A$ 的集合, 其中 $N(z) = x^2 + y^2$ 是可乘的 (即对 $z_1, z_2 \in A$, $N(z_1 z_2) = N(z_1)N(z_2)$).

以 A^+ 记 $x + iy \in A$ 的满足 $x > 0$ 和 $y \geqslant 0$ 的集合. A 的每个非零元于是可以唯一地写成 ua 形式, 其中 $u \in A^*$, $a \in A^+$. 称 q 是 A 的一个素数是说 $q \in A^+$, 且理想 (q) 为素理想. 记 $\mathscr{P}_A$ 为 A 中素数的集合, 并按习惯, $\mathscr{P}$ 表示通常的素数集合.

(i) 证明, 如果 $q \in \mathscr{P}_A$, 则 $\mathbf{Z} \cap (q)$ 是 $\mathbf{Z}$ 中的素理想. 由此推出 q 整除 $p \in \mathscr{P}$, 且
[52] $N(q) = p$ 或者 $N(q) = p^2$.

(ii) 设 $q \in A^+$, 证明如果 $N(q) \in \mathscr{P}$, 则 $q \in \mathscr{P}_A$.

(iii) 设 $p \in \mathscr{P}$ 具形式 $4n+1$. 证明存在 $a \in A - \{0\}$ 使得 $p \mid N(a)$ 和 $0 < N(a) < p^2$, 且 $\gcd(a, p)$ 在 A 中为素元, 它严格地整除 p.

(iv) 证明每个形如 $4n+1$ 的整数是两个平方数之和.

(v) 设 $p \in \mathscr{P}$ 为奇数. 证明如果 $p \notin \mathscr{P}_A$, 则存在唯一的 $q_p = x + iy \in A^+$, $x > y$, 满足 $N(q_p) = p$, 而 p 的分解为 $p = (-i) q_p q_p^*$, 其中 $q_p^* = i\overline{q_p}$.

(vi) 证明每个形如 $4n+3$ 的 $p \in \mathscr{P}$ 在 A 中也为素数.

(vii) 证明 $\mathscr{P}_A$ 中的元为以下三种: $1+i$; 形如 $4n+3$ 的 $p \in \mathscr{P}$; 以及对形如 $4n+1$ 的 $p \in \mathscr{P}$ 对应的 q_p, q_p^*.

以 $v_p(a)$ 表示 p 出现在 a 的素因子分解中的次数. 因此 $p^{v_p(a)}$ 是整除 a 的 p 的最大幂次; 因此有 $v_p(ab) = v_p(a) + v_p(b)$ 和 $v_p(a+b) \geqslant \inf(v_p(a), v_p(b))$.

若 $a_1, \ldots, a_n \in A - \{0\}$, 定义 $\gcd(a_1, \ldots, a_n) = \prod_p p^{\inf_i v_p(a_i)}$, 就是说 $\gcd(a_1, \ldots, a_n)$ 是这些 a_i 的最大因子 (允许差一个 A 中的可逆的乘法因子).

- $\gcd(a_1, \ldots, a_n)$ 是这些 a_i 生成的理想的生成元 (贝祖定理).

⌜ 先证明对于 $n = 2$ 的结果: 令 $a_1 = a$, $a_2 = b$. 显然 (a, b) 中的元素是 $\gcd(a, b)$ 的倍元; 只要证明 $d = \gcd(a, b) \in (a, b)$ 即可. 为此将 a 和 b 写为 $a = u d p_1 \cdots p_r$ 和 $b = v d q_1 \cdots q_s$, 其中 u, v 为 A 的单位, $p_1, \ldots, p_r, q_1, \ldots, q_s$ 为 $\mathscr{P}_A$ 中的元素. 由 d 的定义, 对任意的 i, j 有 $p_i \neq q_j$; 根据高斯引理知 a/d 和 b/d 互素. 因此存在 $x, y \in A$ 使得 $(a/d)x + (b/d)y = 1$, 由此有 $d = ax + by \in (a, b)$, 即为所要证明的.

现在, 由于 $\inf_{i\leqslant n} v_p(a_i) = \inf(\inf_{i\leqslant n-1} v_p(a_i), v_p(a_n))$, 我们有

$$\gcd(a_1,\ldots,a_n) = \gcd(\gcd(a_1,\ldots,a_{n-1}),a_n).$$

同样地, 理想 $(a_1,\ldots,a_n)$ 是由理想 $(a_1,\ldots,a_{n-1})$ 与 a_n 生成的, 这使我们能用归纳法从 2 推到一般情形. 」

如果 $\gcd(a_1,\ldots,a_n)=1$, 则说这些 a_i 在它们的集合中互素, 等于说 (参看上一节) 存在 $\alpha_1,\ldots,\alpha_n\in A$ 使得

$$\alpha_1 a_1+\cdots+\alpha_n a_n=1.$$

习题 4.5. — 设 $A,B,C\in \mathbf{C}[X]$, 不全为常数, 它们之间两两互素, 并满足 $A+B=C$; 设 $\Delta=AB'-BA'$ (这里的 P' 代表 P 的导数; 我们也有 $\Delta=AC'-CA'=CB'-BC'$).

(i) 证明 $\Delta\neq 0$, 且

$$\deg\Delta\leqslant\inf(\deg A+\deg B,\deg B+\deg C,\deg C+\deg A)-1.$$

(ii) 证明, 如果 z 是 ABC 的重数 $m_z\geqslant 1$ 的零点, 则作为 Δ 零点的 z 的重数是 m_z-1.

(iii) 如果 $Q\in\mathbf{C}[X]$ 非零, 以 $r(Q)$ 记它的零点的个数 (不计重数[46]). 证明, 有不等式[47] [53]

$$r(ABC)\geqslant\sup(\deg A,\deg B,\deg C)+1.$$

(iv) 证明, 如果 $n\geqslant 3$, A,B,C 为 $\mathbf{C}[X]$ 中的元, 它们之间互素, 并满足 $A^n+B^n=C^n$, 则 A,B 和 C 为常值 (对于多项式的费马定理).

4.2.3. 分解为简单元

以 F 记 A 的分式域. 如果 $A=\mathbf{Z}$, 则 $F=\mathbf{Q}$; 如果 $A=K[X]$, 则 $F=K(X)$ 是系数在 K 中的单变量的有理分式域.

---

(46)更一般地, 如果 K 为域, $P\in K[X]$ 非零, 定义 $r(P)$ 为 P 的根式 $\mathrm{rad}(P)$ 的次数, 其中 $\mathrm{rad}(P)$ 是整除 P 的不可约首 1 多项式的乘积. 例如, 如果 $K=\mathbf{R}$, 则 $\mathrm{rad}(X^5(X^2+1)^2(X-2))=X(X^2+1)(X-2)$.

(47)我们有一个在 $K[X]$ 和 $\mathbf{Z}$ 之间的词典, 它是观察在数论中是否也成立的极好向导. 在这部词典中, $\deg P$ 成为 $\log|n|$ (见下面), 而前面的断言变成 (定义一个非零整数 n 的根式 $\mathrm{rad}(n)$ 为整除 n 的素数的乘积 ($720=6!$ 的根式为 $2\cdot 3\cdot 5=30$)): 对每个 $\varepsilon>0$, 存在 $C(\varepsilon)>0$ 使得, 若 a,b,c 为非零正整数, 两两互素, 并满足 $a+b=c$, 则

$$\sup(\log|a|,\log|b|,\log|c|)\leqslant(1+\varepsilon)\log(\mathrm{rad}(abc))+C(\varepsilon).$$

这个断言以 "abc 猜想" 而知名, 它是在 1985 年提出的, 似乎至今还未被证明 (事实上, 方程 $a+b=c$ 比看起来要微妙得多……). 我们将因解释这个断言蕴含了费马定理而获得的愉悦心情留给读者. 为了说明 $\deg P$ 和 $\log|n|$ 间类比的合理性, 我们可观察 K 是有限域, 例如 $\mathbf{F}_p$ 的情形: 这时, 环 $\mathbf{F}_p[X]/P$ 的基数与 $\deg P$ 间的关联为公式 $\log|\mathbf{F}_p[X]/P|=\deg P\cdot\log p$, 于是可将其视为平行于 $\log|n|=\log|\mathbf{Z}/n\mathbf{Z}|$ 的公式.

- 设 $x=\frac{a}{b}\in F$, 其中 $a,b\in A$ 互素. 设对于所有整除 b 的 $p\in\mathscr{P}_A$ 给出一个 $(A/p)^*$ 在 A 中的代表系 S_p. 于是可以将 x 以唯一的方式写成 $x=a_0+\sum_{p|b}\sum_{i=1}^{v_p(b)}\frac{s_{p,i}}{p^i}$, 其中 $a_0\in A$, 及对所有 p 和 i, $s_{i,p}\in S_p$ (分解为简单元).

「我们对 $n(x)=\sup_{p|b}v_p(b)=-\inf_{p\in\mathscr{P}_A}v_p(x)$. 如果 $n(x)=0$, 则 $x\in A$, 那么 $x=x$ 便为所要的形式. 如果 $n(x)\geqslant 1$. 令 $c=\prod_{p|b}p^{v_p(b)}$. 从而 $cx\in A$; 由 $v_p(cx)=0$, $v_p(c_p)=0$, 得到 cx 模 p 的像 $\overline{cx}$ 和 $c_p=p^{-v_p(b)}c$ 的像 $\bar{c}_p$ 在 A/p 中都是单位元. 令 $s_p\in S_p$ 是 $\bar{c}_p^{-1}\overline{cx}$ 在 A 中的代表. 于是 $cx-c_ps_p$ 被 p 整除, 因此, $v_p(x-\frac{s_p}{p^{v_p(b)}})\geqslant -v_p(b)+1$, 而 s_p 是 S_p 中唯一使这不等式成立的元. 令 $x'=x-\sum_{p|b}\frac{s_p}{p^{v_p(b)}}$. 由前面得到 $n(x')\leqslant n(x)-1$. 这让我们能用归纳假定. 令 $i=-v_p(x)$ 时的 $s_{p,i}=s_p$, 则得到结果. 」

前面这个结果在 $A=K[X]$ 的情形特别有用. 这时, 当 P 不可约和首 1 时, 对 S_P 有一个典则的选取方法, 即如果 P 为 n 次的, 则是 $K[X]^{(n-1)}-\{0\}$. 因此有如下结果:

- 每个 $F\in K(X)$ 可以以唯一的方式写为形式 $R+\sum_{P\in\mathscr{P}_{K[X]}}\sum_{i=1}^{-v_P(F)}\frac{S_{P,i}}{P^i}$, 其中 $R\in K[X]$, 而对每个 P,i, $S_{P,i}$ 是 $K[X]$ 的次数 $<\deg P$ 的非零元[22]. 如果所有整除 F 的分母的不可约多项式的次数均为 1 (当 K 为代数闭域时, 此条件自动满足), F 可唯一地写成 $R+\sum_{\lambda\in K}\sum_{i=1}^{-v_\lambda(F)}\frac{s_{\lambda,i}}{(X-\lambda)^i}$, 其中 $R\in K[X]$, 以及对所有 λ,i, $s_{\lambda,i}\in K^*$.

习题 4.6. — (i) 设 $F=\frac{Q(X)}{(X-\lambda_0)\cdots(X-\lambda_n)}$, 其中 $\deg Q\leqslant n$, 而这些 λ_i 互不相同. 写出 F 的简单元分解.

[54] (ii) 如果 $\lambda\in K$, $Q(X)\in K[X]$, 写出 $\frac{Q(X)}{(X-\lambda)^n}$ 的简单元分解.

(iii) 如果 $F\in K(X)-\{0\}$, K 为代数闭域. 用 F 的零点函数与极点函数写出 F'/F 的简单元分解.

(iv) 设 $P\in\mathbf{C}[X]$. 证明 P' 的零点在 P 的凸包之中.

4.3. 多元多项式

4.3.1. 环 $A[X_1,\ldots,X_n]$

我们以归纳的方法定义 $A[X_1,\ldots,X_n]=A[X_1,\ldots,X_{n-1}][X_n]$, 这里的 A 是环. 于是 $P\in A[X_1,\ldots,X_n]$ 可以以唯一的方式写成 $P=\sum_{\boldsymbol{k}}a_{\boldsymbol{k}}X^{\boldsymbol{k}}$, 其中

◇ $\boldsymbol{k}=(k_1,\ldots,k_n)\in\mathbf{N}^n$,

◇ $a_{\boldsymbol{k}}\in A^n$, 除了有限个 $\boldsymbol{k}$ 外全为零,

◇ $X^{\boldsymbol{k}}=\prod_{i=1}^n X_i^{k_i}$.

如果 $\boldsymbol{i},\boldsymbol{j}\in\mathbf{N}^n$, 则令 $\boldsymbol{i}+\boldsymbol{j}=(i_1+j_1,\ldots,i_n+j_n)$. 而在 $A[X_1,\ldots,X_n]$ 中的加法和乘法如下所示:

◇ $(\sum_{\boldsymbol{k}}a_{\boldsymbol{k}}X^{\boldsymbol{k}})+(\sum_{\boldsymbol{k}}b_{\boldsymbol{k}}X^{\boldsymbol{k}})=\sum_{\boldsymbol{k}}(a_{\boldsymbol{k}}+b_{\boldsymbol{k}})X^{\boldsymbol{k}}$,

---

[22]我们通常叫做分解为部分分式.

◇ $(\sum_{\boldsymbol{k}} a_{\boldsymbol{k}} X^{\boldsymbol{k}})(\sum_{\boldsymbol{k}} b_{\boldsymbol{k}} X^{\boldsymbol{k}}) = \sum_{\boldsymbol{k}} c_{\boldsymbol{k}} X^{\boldsymbol{k}}$, 其中 $c_{\boldsymbol{k}} = \sum_{\boldsymbol{i}+\boldsymbol{j}=\boldsymbol{k}} a_{\boldsymbol{i}} b_{\boldsymbol{j}}$.

环 $A[X_1, \ldots, X_n]$ 是 $A[X_1, \ldots, X_{n-1}]$-代数, 特别是 A-代数, A 的作用由 $c \cdot (\sum_{\boldsymbol{k}} a_{\boldsymbol{k}} X^{\boldsymbol{k}}) = \sum_{\boldsymbol{k}} (ca_{\boldsymbol{k}}) X^{\boldsymbol{k}}$ 给出, 其中 $c \in A$. 显而易见的是, 在这些公式中, 变量 $X_1, \ldots, X_n$ 起着与归纳定义所能给出的构造完全不一样的作用.

如果 B 是个交换的单式 A-代数[(48)], 则 $P = \sum_{\boldsymbol{n}} a_{\boldsymbol{n}} X^{\boldsymbol{n}}$ 定义了一个多项式函数 $P : B^n \to B$ 为 $P(x) = \sum_{\boldsymbol{n}} a_{\boldsymbol{n}} \prod_{i=1}^n x_i^{n_i}$, 其中 $x = (x_1, \ldots, x_n)$, 而对于按 $\boldsymbol{n}$ 的求和, 因为除有限项外的其他项为零, 故仍为有限的. 映射 $P \mapsto P(x)$ 是一个从 $A[X_1, \ldots, X_n]$ 到 B 中的环态射 (同样是个单式 A-代数).

• 如果 K 是个无限域, 则 $P \in K[X_1, \ldots, X_n]$ 在 K^n 上恒为零当且仅当 $P = 0$.

「我们证明当 P 在 K^n 上恒为零时 $P = 0$. 证明由对 n 的归纳进行. $n = 1$ 的情形前面已经证过. 将 P 写成 $\sum_{i=0}^d P_i X_n^i$, 其中 $P_i \in K[X_1, \ldots, X_{n-1}]$. 由归纳假定, 如果 $x_1, \ldots, x_{n-1}$ 固定, 则 $P_{x_1, \ldots, x_{n-1}}(X_n) = \sum_{i=0}^d P_i(x_1, \ldots, x_{n-1}) X_n^i \in K[X_n]$ 在 K 上恒为零从而为零. 由此得到, 对所有的 i, $P_i(x_1, \ldots, x_{n-1})$ 在 K^{n-1} 上恒为零, 由归纳假定 $P_i = 0$. 由此得到 $P = 0$. 反向的证明是直接的. 证完. 」

如果 $\boldsymbol{k} \in \mathbf{N}^n$, 以 $|\boldsymbol{k}|$ 记 $\sum_{i=1}^n k_i \in \mathbf{N}$. 于是 $|\boldsymbol{k} + \boldsymbol{\ell}| = |\boldsymbol{k}| + |\boldsymbol{\ell}|$. 定义多项式 $P = \sum_{\boldsymbol{k}} a_{\boldsymbol{k}} X^{\boldsymbol{k}}$ 的总次数 $\deg P$ 为: 当 $P \neq 0$ 时是那些使 $a_{\boldsymbol{k}} \neq 0$ 的 $\boldsymbol{k}$ 中最大的 $|\boldsymbol{k}|$, 而当 $P = 0$ 时, 则 $\deg P = -\infty$. 如果 $1 \leqslant i \leqslant n$, 定义 P 对变量 X_i 的分次数 $\deg_{X_i}$ 为: 当 $P \neq 0$ 时, 是使 $a_{\boldsymbol{k}} \neq 0$ 的 $\boldsymbol{k}$ 的最大 k_i; 当 $P = 0$ 时, 则 $\deg_{X_i} P = -\infty$. [55]

• 如果 $d = \deg, \deg_{X_i}$, 则 $d(P + Q) \leqslant \sup(d(P), d(Q))$, $d(PQ) \leqslant d(P) + d(Q)$; 如果 A 为整环, 则 $A[X_1, \ldots, X_n]$ 也为整环, 且 $d(PQ) = d(P) + d(Q)$.

「对 $\deg_{X_i}$ 用单变量多项式的情形和同构 $A[X_1, \ldots, X_n] \cong A[X_1, \ldots, \widehat{X}_i, \ldots, X_n][X_i]$ 去证明即可. 关于总次数可用坐标变换 $X_i = TY_i$ 和在 $A[Y_1, \ldots, Y_n, T]$ 的 $\deg_T$ 去证明. 这时我们有 $\deg_T(P(TY_1, \ldots, TY_n)) = \deg P$. 」

称 $P = \sum_{\boldsymbol{k}} a_{\boldsymbol{k}} X^{\boldsymbol{k}}$ 是 d 次齐次的是说, 如果对每个满足 $|\boldsymbol{k}| \neq d$ 的 $\boldsymbol{k}$ 有 $a_{\boldsymbol{k}} = 0$. 每个多项式都可以以唯一的方式写成不同次数的齐次多项式的和: 如果 $P = \sum_{\boldsymbol{k}} a_{\boldsymbol{k}} X^{\boldsymbol{k}}$, 则 $P = \sum_{i \in \mathbf{N}} P_i$, 其中 $P_i = \sum_{|\boldsymbol{k}|=i} a_{\boldsymbol{k}} X^{\boldsymbol{k}}$ 是 P 的 i 次齐次部分.

习题 4.7. — 设 K 为无限域, $P \in K[X_1, \ldots, X_n]$ 的总次数为 d. 证明存在 $t_1, \ldots, t_{n-1} \in K$, 使得 $P_{t_1, \ldots, t_{n-1}} = P(X_1 + t_1 X_n, \ldots, X_{n-1} + t_{n-1} X_n, X_n)$ 对于 X_n 的次数为 d, 且首项系数属于 K^*.

4.3.2. 一个变量族的多项式

设 A 为环. 如果 I 为集合 (可为无限集[(49)]), 以 $A[X_i, i \in I]$ 记变量为 $X_i, i \in I$ 的多项式的集合. $A[X_i, i \in I]$ 的元素 P 以唯一的方式可写为形式 $\sum_{\boldsymbol{k}} a_{\boldsymbol{k}} X^{\boldsymbol{k}}$, 其中

(48) 如果想要 $P(x)Q(x) = PQ(x)$, 则需要 $x_1, \ldots, x_n$ 交换.

(49) 如果有无穷多个变量, 我们在每次运算中只用到有限个, 这使我们就像在 $A[X_1, \ldots, X_n]$ 上进行推理一样. 另外, 甚至在有限的情形, 不用去数它的个数也常常是有好处的; 举例说, 当我们想谈及一个系数是 $n \times n$ 矩阵的多项式时, 我们宁愿说指标是 $\{1, \ldots, n\} \times \{1, \ldots, n\}$ 的集合而不说是 $\{1, \ldots, n^2\}$.

◇ $\boldsymbol{k}$ 遍历集合 $\mathbf{N}^{(I)}$, 这是一个从 I 到 $\mathbf{N}$ 但只在有限个 i 上取非零值的映射 $i \mapsto n_i$ 的集合.

◇ $a_{\boldsymbol{k}} \in A$ 除了有限个 $\boldsymbol{k}$ 外全为零.

◇ $X^{\boldsymbol{k}}$ 是表示单项式 $\prod_{i\in I} X_i^{k_i}$ 的一个符号, 这个乘积实际上是个有限积, 这是因为几乎所有的指数都为零; 由约定, $X_i^0 = 1$.

下面的公式使得 $A[X_i, i \in I]$ 是个环:

◇ $(\sum_{\boldsymbol{k}} a_{\boldsymbol{k}} X^{\boldsymbol{k}}) + (\sum_{\boldsymbol{k}} b_{\boldsymbol{k}} X^{\boldsymbol{k}}) = \sum_{\boldsymbol{k}} (a_{\boldsymbol{k}} + b_{\boldsymbol{k}}) X^{\boldsymbol{k}}$.

◇ $(\sum_{\boldsymbol{k}} a_{\boldsymbol{k}} X^{\boldsymbol{k}})(\sum_{\boldsymbol{k}} b_{\boldsymbol{k}} X^{\boldsymbol{k}}) = \sum_{\boldsymbol{k}} c_{\boldsymbol{k}} X^{\boldsymbol{k}}$, 其中 $c_{\boldsymbol{k}} = \sum_{\boldsymbol{j}+\boldsymbol{\ell}=\boldsymbol{k}} a_{\boldsymbol{j}} b_{\boldsymbol{\ell}}$.

如果 $I = \{1, \ldots, n\}$, 我们则回到了上一小节的环 $A[X_1, \ldots, X_n]$.

如果 B 是个交换的单式 A-代数, 则 $P = \sum_{\boldsymbol{k}} a_{\boldsymbol{k}} X^{\boldsymbol{k}} \in A[X_i, i \in I]$ 定义了一个多项式函数 $P : B^I \to B : P(x) = \sum_{\boldsymbol{k}} a_{\boldsymbol{k}} \prod_{i\in I} x_i^{k_i}$, 这里的 $x = (x_i)_{i\in I}$, 而无限乘积 $\prod_{i\in I} x_i^{k_i}$ 实际上是个有限乘积, 原因是除了有限个外所有的项均为 1, 另外, 按 $\boldsymbol{k}$ 取和也是个有限和, 原因还是因为除有限个外所有的项为 0. 如果 $x = ((x_i)_{i\in I}) \in B^I$, 映射 $P \mapsto P(x)$ 是个从 $A[X_i, i \in I]$ 到 B 的环同态 (也同样是个 A-代数的同态).

[56] 如果 $i \in I$, 定义 P 对于变量 X_i 的次数 $\deg_{X_i} P$ 如同在 $A[X_1, \ldots, X_n]$ 中那样; 定义 P 的总次数 $\deg P$ 也如同在 $A[X_1, \ldots, X_n]$ 中那样, 但需令 $|\boldsymbol{k}| = \sum_{i\in I} k_i \in \mathbf{N}$.

注记 4.8. — 所有交换环都是单式 $\mathbf{Z}$-代数. 于是对于每个交换环 Λ, 系数在 $\mathbf{Z}$ 中的多项式间的恒等式, 诱导了在 Λ 上相应的多项式函数间的恒等式.

另外, 为了验证 $P, Q \in \mathbf{Z}[X_1, \ldots, X_n]$ 相等只要验证在 $\mathbf{C}[X_1, \ldots, X_n]$ 中 $P = Q$ 即可: 因为 $\mathbf{Z}$ 可由单射映到 $\mathbf{C}$ 中, 因此只需验证这些定义在 $\mathbf{C}^n$ 上的多项式函数是一样的即可.

例如, 设 $A = (a_{ij}), B = (b_{ij}) \in \mathbf{M}_n(\Lambda)$ 为两个矩阵, Λ 是任意一个交换环; 如果想要证明 AB 和 BA 的特征多项式相同, 只需证明 $P = \det(X - AB), Q = \det(X - BA)$ 在环 Λ_{univ} 上相等即可, 其中 Λ_{univ} 是 $1 + 2n^2$ 个变量 $X, a_{ij}, b_{ij}, 1 \leqslant i, j \leqslant n$ 的多项式环. 现在, 如果 $A \in \mathbf{M}_n(\mathbf{C})$ 可逆, 则有 $\det(X-AB) = \det(A^{-1}(X-AB)A) = \det(X-BA)$. 由此推出多项式函数 $(P - Q)R$, $R = \det A \in \Lambda_{\text{univ}}$ 在 $\mathbf{C} \times \mathbf{M}_n(\mathbf{C}) \times \mathbf{M}_n(\mathbf{C})$ 上恒为零. 从而得到, 在 Λ_{univ} 中 $(P - Q)R = 0$, 而当 $R \neq 0$, 且 Λ_{univ} 为整环时, 表明 $P = Q$.

4.4. 对称多项式

$P \in A[X_1, \ldots, X_n]$ 关于变量 $X_1, \ldots, X_n$ 对称是说对于每个置换 $\sigma \in S_n$, $P(X_{\sigma(1)}, \ldots, X_{\sigma(n)}) = P(X_1, \ldots, X_n)$. 例如, 在下面的多项式展开式

$$P(X) = \prod_{i=1}^{n} (X - X_i) = X^n - \Sigma_1 X^{n-1} + \Sigma_2 X^{n-2} + \cdots + (-1)^n \Sigma_n$$

中定义的 $\Sigma_1, \ldots, \Sigma_n$, 因 P 对 $X_1, \ldots, X_n$ 对称, 也对称; 称它们为 $X_1, \ldots, X_n$ 的初等对称函数, 在差一个符号的情况下, 它们也是以 $X_1, \ldots, X_n$ 为根的多项式的系数. 我们有

$$\Sigma_1 = X_1 + \cdots + X_n,\ \Sigma_n = X_1 \cdots X_n, \text{一般地}, \Sigma_k = \sum_{i_1 < i_2 < \cdots < i_k} X_{i_1} \cdots X_{i_k}.$$

• 设 K 为域. 如果 $P = a_n X^n + a_{n-1} X^{n-1} + \cdots + a_0 \in K[X]$, $a_n \neq 0$ 在包含 K 的一个域中有根 $\alpha_1, \ldots, \alpha_n$, 于是 $a_{n-i} = (-1)^i a_n \Sigma_i(\alpha_1, \ldots, \alpha_n)$; 特别地, P 的根的和是 $-\frac{a_{n-1}}{a_n}$, 根的积是 $(-1)^n \frac{a_0}{a_n}$, 而对所有的 i, $\Sigma_i(\alpha_1, \ldots, \alpha_n) \in K$.

「 我们有

$$\frac{1}{a_n} P = \prod_{i=1}^{n} (X - \alpha_i) = X^n + \sum_{i=1}^{n} (-1)^i \Sigma_i(\alpha_1, \ldots, \alpha_n) X^{n-i},$$

由此得到结果. 」

• 一个 $\Sigma_1, \ldots, \Sigma_n$ 的多项式是 $X_1, \ldots, X_n$ 的对称多项式; 反之, 每个 $X_1, \ldots, X_n$ 的对称多项式都是一个初等对称函数的多项式: 如果 $P \in A[X_1, \ldots, X_n]$ 是对称的, 则存在 $Q \in A[\Sigma_1, \ldots, \Sigma_n]$ 使得

$$P(X_1, \ldots, X_n) = Q(\Sigma_1(X_1, \ldots, X_n), \ldots, \Sigma_n(X_1, \ldots, X_n)).$$

「 $\Sigma_1, \ldots, \Sigma_n$ 的多项式的对称性来自 $\Sigma_1, \ldots, \Sigma_n$ 本身的对称性. 反过来的证 [57]
明由对 n 的归纳进行. $n = 1$ 的情形, 因 $X_1 = \Sigma_1$, 是个恒真命题. 设此命题对 $n-1$ 为真, 并对于 $i \leqslant n-1$, 以 $\Sigma_i^{(n-1)}$ 记 $X_1, \ldots, X_{n-1}$ 的初等对称函数. 因此对 $i \leqslant n-1$, $\Sigma_i^{(n-1)} = \Sigma_i(X_1, \ldots, X_{n-1}, 0)$, 而 $\Sigma_n(X_1, \ldots, X_{n-1}, 0) = 0$. 设 P 对 $X_1, \ldots, X_n$ 对称, 那么, $P(X_1, \ldots, X_{n-1}, 0)$ 对 $X_1, \ldots, X_{n-1}$ 对称, 因而可写成 $Q(\Sigma_1^{(n-1)}, \ldots, \Sigma_{n-1}^{(n-1)})$ 的形式. 现在令 $R = P - Q(\Sigma_1, \ldots, \Sigma_{n-1})$, 它对 $X_1, \ldots, X_n$ 对称, 由构造知 $R(X_1, \ldots, X_{n-1}, 0) = 0$. 最后的这个条件表明 R 被 X_n 整除, 从而由对称性, 被所有的 X_i 整除. 因此可将它写成 $X_1 \cdots X_n S = \Sigma_n S$ 的形式, 其中 S 也对称. 因为 R 是由 P 中被 Σ_n 整除的单项式构成的, 因而 $\deg R \leqslant \deg P$, 以及 $\deg S = \deg R - n < \deg P$. 我们因此可用对 P 的次数的归纳得到结论. 」

习题 4.9. — 设 $P \in \mathbf{Q}[X]$ 为 $n \geqslant 1$ 次的多项式, $\alpha_1, \ldots, \alpha_n \in \mathbf{C}$ 为 P 的根.

(i) 证明 $\sum_{i=1}^{n} \alpha_i^k \in \mathbf{Q}$, 其中 $k \in \mathbf{N}$.

(ii) 证明 $\prod_{i=1}^{n} (X - \alpha_i^3) \in \mathbf{Q}[X]$.

习题 4.10. — 如果 $k \geqslant 1$, 定义牛顿和 S_k 为 $S_k = X_1^k + \cdots + X_n^k$.

(i) 建立公式 $\sum_{i=1}^{n} \frac{1}{X - X_i} = \frac{nX^{n-1} - (n-1)\Sigma_1 X^{n-1} + (n-2)\Sigma_2 X^{n-2} - \cdots}{X^n - \Sigma_1 X^{n-1} + \Sigma_2 X^{n-2} - \cdots}$.

(ii) 由此推出恒等式 $\sum_{k=1}^{+\infty} S_k T^k = \frac{\Sigma_1 T - 2\Sigma_2 T^2 + 3\Sigma_3 T^3 - \cdots}{1 - \Sigma_1 T + \Sigma_2 T^2 - \Sigma_3 T^3 + \cdots}$, 并计算 S_2, S_3.

(iii) 设 $M \in M_n(\mathbf{C})$ 使得对所有 $k \geqslant 1$ 有 $\mathrm{Tr}(M^k) = 0$. 证明 M 为幂零的.

习题 4.11. — $\alpha \in \mathbf{C}$ 是代数整数的意思是说, 存在首 1 多项式 $P \in \mathbf{Z}[X]$, 使得 $P(\alpha) = 0$.

(i) 设 α, β 为两个代数整数. 证明 $\alpha + \beta$ 和 $\alpha\beta$ 也是代数整数. (可以考虑多项式 $\prod_{(i,j)\in I\times J}(X - \alpha_i - \beta_j)$ 和 $\prod_{(i,j)\in I\times J}(X - \alpha_i\beta_j)$, 其中对 $i \in I$ 的这些 α_i (分别地, 对于 $j \in J$ 的 β_j) 是一个系数在 $\mathbf{Z}$ 中的首 1 多项式 P (分别地, Q) 的根, 即 $P(\alpha) = 0$ (分别地, $Q(\beta) = 0$)).

(ii) 由此推导出代数整数构成一个环. 这个环包含 $\frac{1}{2}$ 吗?

4.5. 诺特环

称一个环 A 是诺特的是说它的每个理想的递增序列稳定 (即, 如果 $I_0 \subset I_1 \subset \cdots$ 是 A 的理想的序列, 则存在 $n_0 \in \mathbf{N}$ 使得对所有 $n \geqslant n_0$, 有 $I_n = I_{n_0}$).

一个域 K 只有两个理想 $\{0\}$ 和 K, 故为诺特的; 一个主理想环是诺特的 (见 4.2 小节); 在一个诺特环中[50], 所有的真理想都包含在一个极大理想中 (参看 4.2 小节).

如果 A 是环, 称一个 A-模 M 是有限型的是说, 存在生成 M 的有限个元 $x_1, \ldots, x_n$, 即从 $\mathbf{A}^n$ 到 M 的映射 $(a_1, \ldots, a_n) \mapsto \sum_{i=1}^n a_i x_i$ 为满射.

- A 是诺特的当且仅当 A 的所有理想为有限型的.

「假若每个理想都是有限生成的, 且 $I_0 \subset I_1 \subset \cdots$ 为 A 的一个递增序列. 于是由递增性, $I = \bigcup_{n\in\mathbf{N}} I_n$ 是 A 的一个理想, 故存在 $x_1, \ldots, x_m$ 使得 $I = (x_1, \ldots, x_m)$. 由
[58] 于 x_i 属于 I, 故存在 n_i 使得 $x_i \in I_{n_i}$; 因序列递增, 对于所有 $n \geqslant \sup_{1\leqslant i\leqslant m} n_i$, 这些 x_i 都属于 I_n. 这样 I_n 便包含了由 x_i 生成的理想 I, 从而对所有 $n \geqslant \sup_{1\leqslant i\leqslant m} n_i$ 有 $I_n = I$; 序列稳定, 因而 A 为诺特的.

反过来, 如果 I 是 A 的理想, 我们构造 I 的一序列的元如下. 从任意元 $x_0 \in I$ 开始. 如果已构造出 $x_0, \ldots, x_n$, 则以 I_n 表示由 $x_0, \ldots, x_n$ 生成的理想 $(x_0, \ldots, x_n)$. 若 $I = I_n$, 这表明 I 已由有限个元生成. 若 $I_n \neq I$, 则选取 $x_{n+1} \in I - I_n$, 从而 I_{n+1} 严格地包含了 I_n. 如果 A 为诺特的, 这个过程必停止, 否则就会得到一个严格增加的 A 的理想的序列; 故对某个 n 有 $I = I_n$, 这证明了 I 由有限个元生成.

证完.」

习题 4.12. — 设 K 为交换域, I_n 是由 $K[X,Y]$ 中所有由 (X,Y) 的 n 个元的乘积生成的理想. 证明 I_n 不能由少于 $n+1$ 个元生成. (考虑 $K[X,Y]$-模 I_n/I_{n+1}; 解此问题需要知道一个 K-向量空间的维数.)

- 如果 A 为诺特的, I 是 A 的理想, 则 A/I 为诺特的; 换言之, 诺特环的商为诺特环.

「设 J 是 A/I 的理想. 于是 J 在 A 中的逆像 $\tilde{J}$ 是 A 的一个理想; 由于 A 为诺

---

[50] 如果承认选择公理, 则在任意环中都对.

特的, 故 J 具有限个生成元, 那么由于 $\tilde{J}$ 的一组生成元的像是 J 的一组生成元, 故 J 为有限型的, 从而 A/I 为诺特的. 」

- 如果 A 为诺特的, 则 $A[X]$ 为诺特的 (希尔伯特基定理, 1890).

「设 I 为 $A[X]$ 的理想, 并设 J 为 A 中的理想, 它由 I 中的元的首项系数生成; 设 $n\in\mathbf{N}$, 令 J_n 为 I 中次数 $\leqslant n$ 的元 X^n 的系数生成的理想. 由 A 的诺特性, J 和 J_n 均为有限型的, 我们可以找到 $Q_1,\dots,Q_m\in I$, 使它们的首项系数生成 J, 还可找到 $R_{n,1},\dots,R_{n,m_n}\in I$ 使得它们的次数 $\leqslant n$, 而且它们的 X^n 的系数生成 J_n. 设 N 为这些 Q_i 的次数中的最大者. 我们来证明 I 由那些 Q_i 和那些 $n\leqslant N-1$ 的 $R_{n,j}$ 生成. 为此, 以 I' 记如此生成的理想, 然后由对 $n=\deg P$ 的归纳证明当 $P=a_nX^n+\cdots+a_0\in I$ 时有 $P\in I'$.

$\diamond$ 若 $n\leqslant N-1$, 则 $a_n\in J_n$, 故存在 $\lambda_1,\dots,\lambda_{m_n}\in A$ 使得 $P'=P-\sum_{i=1}^{m_n}\lambda_iR_{n,i}$ 的次数 $\leqslant n-1$. 由于 P 和 $R_{n,i}$ 属于 I, 故 $P'\in I$, 由归纳假设得 $P'\in I'$, 从而由 $R_{n,i}$ 是 I' 中的元, 得 $P\in I'$.

$\diamond$ 若 $n\geqslant N$, 则 $a_n\in J$, 故存在 $\lambda_1,\dots,\lambda_m\in A$ 使得 $P'=P-\sum_{i=1}^{m}\lambda_iX^{n-\deg Q_i}Q_i$ 的次数 $\leqslant n-1$. 如上面那样推理, 得到 $P\in I'$.

得到了结论. 」

- K 为域, 则 $K[X_1,\dots,X_n]$ 和 $\mathbf{Z}[X_1,\dots,X_n]$ 都是诺特环.

「用归纳和 K 与 $\mathbf{Z}$ 为诺特的, 由上面的 • 得出. 」

- 若 A 为诺特的, 则每一个有限型 A-模的子 A-模仍是有限型的.

「对 n 归纳, 先证明 A^n 的子 A-模为有限型的. $n=1$ 结果成立 (A 的所有理想均为有限型的). 假设 $n\geqslant 2$, M 是 A^n 的一个子 A-模. 记 $\pi: A^n\to A$ 为到最后一个因子的投射: $\pi(x_1,\dots,x_n)=x_n$. π 的核是 $A^{n-1}\times\{0\}$, 它自然地同构于 A^{n-1}. 设 $M_1=M\cap\operatorname{Ker}\pi$, $M_2=\pi(M)\subset A$. 那么作为 A 的子 A-模的 M_2 为有限型的, 故可找到 $x_1,\dots,x_r\in M$, 使得 $\pi(x_1),\dots,\pi(x_r)$ 生成了 M_2; 同样 M_1 也是 $\operatorname{Ker}\pi\cong A^{n-1}$ 的子 A-模, 则可由归纳假设找到 $y_1,\dots,y_s\in M_1$ 生成 M_1. 我们现在证 [59]
明 $x_1,\dots,x_r,y_1,\dots,y_s$ 生成 M, 从而得到结论. 如果 $z\in M$, 则 $\pi(z)\in M_2$, 故存在 $a_1,\dots,a_r\in A$ 使得 $\pi(z)=a_1\pi(x_1)+\cdots+a_r\pi(x_r)$. 于是 $z'=z-a_1x_1-\cdots-a_rx_r$ 满足 $\pi(z')=0$, 即 $z'\in\operatorname{Ker}\pi$. 由于 z,x_i 是 M 中的元, 故 $z'\in M$, 从而 $z\in M_1$. 于是存在 $b_1,\dots,b_s\in A$, 使得 $z=a_1x_1+\cdots+a_rx_r+b_1y_1+\cdots+b_sy_s$. 得到结果.

现在, 如果 M 是 A 上的有限型, 则 M 是 A^n 的一个商 (如果 $x_1,\dots,x_n$ 生成 M, 则 M 是 A^n 的态射 $(a_1,\dots,a_n)\mapsto\sum_{i=1}^n a_ix_i$ 的核的商, 这是因为由假定, 这个 A^n 到 M 的态射为满射). 如果 M' 是 M 的子 A-模, 它的逆像 $\widetilde{M'}$ 是 A^n 的一个子 A-模, 由前面知其也是有限型的. 但 $\widetilde{M'}$ 的有限生成元组在 M' 中的像也是 M' 的一组有限生成元, 故 M' 为有限型的. 证完. 」

5. 线性代数

在此节中 K 总是一个交换域.

5.1. 向量空间

回忆 (参看 2.2.4 节): K 上的一个向量空间 (或一个 K-向量空间) 是一个对于规则 "+" 的交换群, 并有一个 K 的作用 (即有一个从 $K\times V$ 到 V 的映射 $(\lambda,x)\mapsto\lambda\cdot x$) 满足下面的条件:

$$1\cdot x=x,\lambda\cdot(x+y)=(\lambda\cdot x)+(\lambda\cdot y),(\lambda+\mu)\cdot x=(\lambda\cdot x)+(\mu\cdot x),\lambda\cdot(\mu\cdot x)=(\lambda\mu)\cdot x,$$

其中 $x,y\in V$, $\lambda,\mu\in K$. 我们通常以 λx 记 V 中的元 $\lambda\cdot x$. 称向量空间的元为向量, 而称 K 中元为标量.

如果 V 是 K-向量空间, V 的一个子向量空间 (或简称为子空间) 是 V 的一个在 K 作用下稳定的子群; 它自然地是一个 K-向量空间, K 的作用是由 K 在 V 上的作用诱导的.

• 如果 $n\in\mathbf{N}$, 则 K^n 在作用 $\lambda\cdot(x_1,\ldots,x_n)=(\lambda x_1,\ldots,\lambda x_n)$ 下是个 K-向量空间. (如果 $n=0$, 则按约定, $K^n=\{0\}$.)

• 更一般地, 如果 I 是个集合, 我们已知, K^I 是从 I 到 K 的函数 $i\mapsto x_i$ 或 $i\mapsto x(i)$ (也记为 $(x_i)_{i\in I}$) 的集合, 而 $K^{(I)}$ 是那些几乎处处取零的这些函数的集合 (即那些 $(x_i)_{i\in I}$, 其中除有限个 i 外 $x_i=0$). K^I 和 $K^{(I)}$ 都是 K-向量空间 (其中 $(x_i)_{i\in I}+(y_i)_{i\in I}=(x_i+y_i)_{i\in I}$, $\lambda\cdot(x_i)_{i\in I}=(\lambda x_i)_{i\in I}$). 而 $K^{(I)}$ 是 K^I 的子空间, 如果 I 为无限集, 则它严格地包含在 K^I 中; 另一方面, 如果 I 为有限集, 则 $K^{(I)}=K^I$, 如果 $I=\{1,2,\ldots,n\}$, 则又回到了上面的 K^n.

• 任意一族子空间的交 $\bigcap_{i\in I}V_i$ 仍是子空间 (参看 2.3 小节). 任意一族子空间的和 $\sum_{i\in I}V_i$ 仍是一个向量子空间 (它是从 $\oplus_{i\in I}V_i$ 到 V 的线性映射 $(x_i)_{i\in I}\mapsto\sum_{i\in I}x_i$ 的像, 参看 2.6.2 节); 这也是由这些 V_i 生成的子空间. 我们称这些 V_i 在 V 中为直和是说, 如果 $(x_i)_{i\in I}\mapsto\sum_{i\in I}x_i$ 是单射; 又称 V 是这些 V_i 的直和是说, 如果此映射是个
[60] 双射 (这时记为 $V=\oplus_{i\in I}V_i$); 如果 $V=V_1\oplus V_2$, 则说 V_1 和 V_2 互补.

• 这里是一些不常见的向量空间的例子:

⌜ ◇ 如果 X 为拓扑空间, 设 $\mathbf{K}$ 为 $\mathbf{R}$ 或 $\mathbf{C}$. 连续函数 $f:X\to\mathbf{K}$ 的空间 $\mathscr{C}(X,\mathbf{K})$ 是 $\mathbf{K}^X$ 的子 $\mathbf{K}$-向量空间 (更一般地, $\mathbf{K}$ 是一个有范数的数域): 从而两个连续函数的和仍连续, 连续函数与常数的乘积仍连续.

◇ 如果 I 是 $\mathbf{R}$ 的一个区间, 具有 $\mathscr{C}^k$ $(k\in\mathbf{N}\cup\{\infty\})$ 类的函数 $f:I\to\mathbf{C}$ 的空间 $\mathscr{C}^k(I)$ 是 $\mathscr{C}(I,\mathbf{C})$ 的子 $\mathbf{C}$-向量空间.

◇ 系数在 K 中的多项式环 $K[X]$ 是 K-向量空间; 次数 $\leqslant n$, $n\in\mathbf{N}$ 的多项式的子空间也是 K-向量空间.

◇ 如果 E 是个集合, E 的子集的集族 $\mathscr{P}(E)$ 是 $K=\mathbf{F}_2$ 上的向量空间: 映射 $A\mapsto\mathbf{1}_A$ 将 $\mathscr{P}(E)$ 等同于向量空间 K^E, 而 K^E 的加法对应于在 $\mathscr{P}(E)$ 中的对称差 $(A\cup B)-(A\cap B)$. 而中性元是 $\varnothing$ (事实上这是个 $\mathbf{F}_2$-代数, 函数的乘积对应于 $\mathscr{P}(E)$ 中的交). 」

5.2. 向量空间的态射

K-向量空间的态射 $u:V_1\to V_2$[51] 也被称为线性映射. 如果 u 还是个双射, 则说它是 K-向量空间之间的同构. 如果 $V_1=V_2=V$, 我们则会谈及 V 的自同态 (在双射情形时的自同构), 以强调映射的目标空间与出发空间是同一个. 一个自同态也常常被叫做算子 (特别在泛函分析中). 我们以 $\mathrm{Hom}(V_1,V_2)$ 表示从 V_1 到 V_2 的态射的空间, 而 $\mathrm{End}(V)$ 表示 V 的自同态的空间.

• 如果 $u\in\mathrm{Hom}(V_1,V_2)$, $u'\in\mathrm{Hom}(V_2,V_3)$, 则 $u'\circ u\in\mathrm{Hom}(V_1,V_3)$; V 的自同构是在此复合下的一个群 (参看 2.4 小节); 按习惯人们宁愿将它记为 $\mathrm{GL}(V)$ ("一般线性群") 而不是 $\mathrm{Aut}(V)$.

如果 $u:V_1\to V_2$ 是 K-向量空间的态射, u 的核 $\mathrm{Ker}\,u$ 和像 $\mathrm{Im}\,u$ 的定义是 $\mathrm{Ker}\,u=\{x\in V_1,u(x)=0\}$, $\mathrm{Im}\,u=\{y\in V_2,\exists x\in V_1,u(x)=y\}$, 它们分别是 V_1 和 V_2 的子空间. 另外, u 为单射当且仅当 $\mathrm{Ker}\,u=\{0\}$, 为满射当且仅当 $\mathrm{Im}\,u=V_2$.

• $\mathrm{Hom}(V_1,V_2)$ 自然地是个 K-向量空间 (具有 $(u_1+u_2)(x)=u_1(x)+u_2(x)$ 和 $(\lambda u)(x)=\lambda u(x)$).

「 证明不过是个文字游戏. 」

• 赋予 $+$ 和 $\circ$ 的 $\mathrm{End}(V)$ 是环, 甚至是 K-代数, 它的 $\mathrm{GL}(V)$ 是其可逆元的群 (参看 2.2.2 节).

「 由于 $\mathrm{End}(V)$ 已经是个 K-向量空间, 只涉及证明复合对于加法的结合律连同恒等式 $u\circ(\lambda u')=\lambda(u\circ u')=(\lambda u)\circ u'$.

◇ 对所有 $x\in V$, 有 $((u_1+u_2)\circ u')(x)=(u_1+u_2)(u'(x))=u_1(u'(x))+u_2(u'(x))=$ [61]
$(u_1\circ u'+u_2\circ u')(x)$, 从而 $(u_1+u_2)\circ u'=u_1\circ u'+u_2\circ u'$.

◇ 由线性, $(u\circ(u_1'+u_2'))(x)=u((u_1'+u_2')(x))=u(u_1'(x)+u_2'(x))=u(u_1'(x))+u(u_2'(x))$; 由此推导出公式 $u\circ(u_1'+u_2')=u\circ u_1'+u\circ u_2'$.

◇ 由线性, $(u\circ(\lambda u'))(x)=u((\lambda u')(x))=u(\lambda u'(x))=\lambda u(u'(x))$, 从而 $u\circ(\lambda u')=\lambda(u\circ u')$; 同样有 $((\lambda u)\circ u')(x)=(\lambda u)(u'(x))=\lambda u(u'(x))$, 从而 $(\lambda u)\circ u'=\lambda(u\circ u')$. 」

如果 $u\in\mathrm{End}(V)$, 称 $\lambda\in K$ 是 u 的一个特征值是说, 如果存在非零的 $x\in V$ 使得 $u(x)=\lambda x$. 如果 $\lambda\in K$ 是 u 的一个特征值, 与 λ 关联的特征空间是指满足 $u(x)=\lambda x$ 的 $x\in V$ 的集合 V_λ; 于是 V_λ 也是 $u-\lambda\,\mathrm{id}$ 的核, 因此是 V 的一个向量子空间; 称 V_λ 中的元素为具有特征值 λ 的特征向量, 而称 $x\in V$ 是一个特征向量当且

[51] 回顾一下 2.4 和 2.5 小节的关于态射的基本性质, 特别是有关核和像的内容.

仅当存在 $\lambda\in K$ 使得 $u(x)=\lambda x$.

- 如果对于 $i\in I$ 的 λ_i 是 u 的不同的特征值, 则这些 V_{λ_i} 在 V 中为直和.

「设 $J\subset I$ 为有限集, 且对 $j\in J$, $x_j\in V_{\lambda_j}$ 有 $\sum_{j\in J}x_j=0$. 我们要用对于 $|J|$ 的归纳证明这些 $x_j=0$, 从而证明以上断言. 如果 $|J|=1$ 无需证. 现假设 $|J|\geqslant 2$. 于是 $0=u(\sum_{j\in J}x_j)=\sum_{j\in J}\lambda_j x_j$; 如果 $j_0\in J$, 我们有 $\sum_{j\in J-\{j_0\}}(\lambda_j-\lambda_{j_0})x_j=0$. 由归纳假定, 得到 $(\lambda_j-\lambda_{j_0})x_j=0$; 但对于 $j\neq j_0$ 有 $\lambda_j-\lambda_{j_0}\neq 0$, 故 $x_j=0$. 得到结论.」

5.2.1. 位似态射, 投射, 对称态射

- 如果 $\lambda\in K$, 我们仍以 λ 表示关于 λ 的一个位似态射: 它是 $\lambda\in\mathrm{End}(V)$ 中对所有 $v\in V$ 满足 $\lambda(v)=\lambda v$ 的元. 如果 $u\in\mathrm{End}(V)$, 我们有 $\lambda\circ u=\lambda u=u\circ\lambda$, 那么关于 λ 的位似态射在 $\mathrm{End}(V)$ 的中心中 (即它与 $\mathrm{End}(V)$ 中的每个元交换); 关于 1 的位似态射是 $\mathrm{End}(V)$ 关于乘法的中性元.

「对所有 $v\in V$, 我们有 $\lambda\circ u(v)=\lambda(u(v))=\lambda u(v)=(\lambda u)(v)$ 和 $u\circ\lambda(v)=u(\lambda(v))=u(\lambda v)=\lambda u(v)=(\lambda u)(v)$. 因此 $\lambda\circ u=\lambda u=u\circ\lambda$. 其他的也由此推出.」

- 称 $p\in\mathrm{End}(V)$ 是一个投射是说, 我们有 $p\circ p=p$. 如果 p 是个投射, 则 $\mathrm{Im}\,p$ 与 $\mathrm{Ker}\,p$ 互补, 并且如果 $v_1\in\mathrm{Im}\,p$, $v_2\in\mathrm{Ker}\,p$, 则有 $p(v_1+v_2)=v_1$; 特别地, $\mathrm{Im}\,p$ 是 p 的不动点的集合; 另外 p 的特征值为 0 和 1, 除非 $p=0$ (分别地, $p=1$), 这时 0 (分别地, 1) 是唯一的特征值.

反之, 如果 V_1,V_2 为 V 的两个互补的子空间, 由 $p(v_1+v_2)=v_1$, $v_1\in V_1, v_2\in V_2$ 定义的映射 $p:V\to V$ 是一个投射, 其像是 V_1, 核是 V_2: 这是到 V_1 上的平行于 V_2 的投射.

「可将 $v\in V$ 写成 $v=v_1+v_2$, 其中 $v_1=p(v)\in\mathrm{Im}\,p$, $v_2=v-p(v)\in\mathrm{Ker}\,p$, 这是因为 $p(v-p(v))=p(v)-p\circ p(v)=p(v)-p(v)=0$. 另外, 如果 $v\in\mathrm{Im}\,p\cap\mathrm{Ker}\,p$, 则因为 $v\in\mathrm{Im}\,p$, 有 $v=p(v')$, 从而 $p(v)=p\circ p(v')=p(v')=v$, 同时因 $v\in\mathrm{Ker}\,p$, 故 $p(v)=0$, 因此 $v=0$. 由此得到 $\mathrm{Im}\,p$ 和 $\mathrm{Ker}\,p$ 为 V 的互补子空间, 并且它们是具有特征值 0 和 1 的特征空间; 因此除了 0 和 1 外它没有其他的特征值. 至于其他的断言立即可得.」

[62] - 称 $s\in\mathrm{End}(V)$ 是一个对称态射是说, 有 $s\circ s=1$. 如果 s 对称, 则 V 是特征值分别为 1 和 -1 的特征空间 V^+ 和 V^- 的直和, 并有 $s(v_1+v_2)=v_1-v_2$, 其中 $v_1\in V^+$, $v_2\in V^-$.

反之, 如果 V_1,V_2 是 V 的互补子空间, 定义映射 $s:V\to V$ 为: 对于 $v_1\in V_1$, $v_2\in V_2$, $s(v_1+v_2)=v_1-v_2$, 则 s 是个对称态射, 它满足 $\mathrm{Ker}(s-1)=V_1$, $\mathrm{Ker}(s+1)=V_2$: 这是相对于 V_1 而平行于 V_2 的对称态射, 如果 p 是到 V_1 上的平行于 V_2 的投射, 则有 $s=2p-1$.

「设 $p=\frac{s+1}{2}$. 则 $p\circ p=\frac{(s+1)\circ(s+1)}{4}=\frac{s\circ s+s\circ 1+1\circ s+1}{4}=\frac{1+s+s+1}{4}=p$. 由于 $s(v)=v$ 等价于 $p(v)=v$, $s(v)=-v$ 等价于 $p(v)=0$, 故由此可推出关于投射的那个

论断. 特别地, 有 $v_1 = p(v) = \frac{v+s(v)}{2}$ 和 $v_2 = (1-p)(v) = \frac{v-s(v)}{2}$. (适当修改对于投射的证明, 我们也可进行直接推理.) 」

习题 5.1. — 以 $\mathscr{C}^\infty(\mathbf{R})$ 代表 $\mathscr{C}^\infty$ 类函数 $\phi: \mathbf{R} \to \mathbf{C}$ 的 $\mathbf{C}$-向量空间. 设 $u: \mathscr{C}^\infty(\mathbf{R}) \to \mathscr{C}^\infty(\mathbf{R})$ 和 $v: \mathscr{C}^\infty(\mathbf{R}) \to \mathscr{C}^\infty(\mathbf{R})$ 为由 $u(\phi) = \phi'$, $(v(\phi))(x) = \int_0^x \phi(t)dt$ 定义的映射.

(i) 证明 u 和 v 是线性的.

(ii) $u \circ v$ 是什么? 证明 $v \circ u$ 是一个投射, 并确定它的核和像.

习题 5.2. — 以 $\mathscr{C}(\mathbf{R})$ 代表连续的 $\phi: \mathbf{R} \to \mathbf{C}$ 的 $\mathbf{C}$-向量空间. 如果 $\phi \in \mathscr{C}(\mathbf{R})$, 我们以 $s(\phi)$ 记由 $(s(\phi))(x) = \phi(-x)$ 定义的函数.

(i) 证明 s 是 $\mathscr{C}(\mathbf{R})$ 的一个对称态射.

(ii) 称 $\phi \in \mathscr{C}(\mathbf{R})$ 是偶函数是指对所有 $x \in \mathbf{R}$ 有 $\phi(-x) = \phi(x)$, 是奇函数表示 $\phi(-x) = -\phi(x)$. 证明所有 $\phi \in \mathscr{C}(\mathbf{R})$ 可以写为形式 $\phi = \phi^+ + \phi^-$, 其中 $\phi^+ \in \mathscr{C}(\mathbf{R})$ 为偶函数, 而 $\phi^- \in \mathscr{C}(\mathbf{R})$ 为奇函数.

5.3. 无关族, 生成元族, 基

设 V 为 K-向量空间, $(v_i)_{i\in I}$ 为 V 中的一族元素. 称 $v \in V$ 为 v_i 的一个线性组合是说, 如果 v 是在 $K^{(I)}$ 到 V 的一个映射的像中, 这个映射将 $(x_i)_{i\in I}$ 映成 $\sum_{i\in I} x_i v_i$.(注意, 这个和实际上是有限的, 这是因为只有有限个 $x_i \neq 0$; 另外, $(x_i)_{i\in I} \mapsto \sum_{i\in I} x_i v_i$ 是以显然的方式成为线性的); 换言之, v 是这些 v_i 的线性组合是说, 存在有限集 $J \subset I$ 和对每个 $j \in J$ 的 $x_j \in K$, 使得 $v = \sum_{j\in J} x_j v_j$.

• v_i 的线性组合的集合 $\mathrm{Vect}(v_i, i \in I)$ 是 V 中包含这些 v_i 的最小向量子空间; 换言之, 这是由这些 v_i 生成的子空间. 称这些 v_i 形成 V 的一个生成元族是说, 这些 v_i 生成的 V 的向量子空间是整个 V, 等价于说, 从 $K^{(I)}$ 到 V 的映射 $(x_i)_{i\in I} \mapsto \sum_{i\in I} x_i v_i$ 是满射.

「 v_i 的线性组合的集合是映射 $(x_i)_{i\in I} \mapsto \sum_{i\in I} x_i v_i$ 下 $K^{(I)}$ 的像; 因此它是 V 的向量子空间. 另外, 如果 V' 是 V 中包含这些 v_i 的子空间, 则 V' 也包含了所有这些 v_i 的线性组合, 这是因为它在乘以 K 中一个元以及加法下稳定. 」

• 称这些 v_i 构成一个无关族[23] 是说, 从 $K^{(I)}$ 到 V 的映射 $(x_i)_{i\in I} \mapsto \sum_{i\in I} x_i v_i$ 为单射, 否则我们说这个族是相关的. 由于一个线性映射为单射当且仅当它的核为零, 故这些 v_i 构成一个无关族当且仅当对于有限的 $J \subset I$, $\sum_{j\in J} x_j v_j$ 为零蕴含这些 x_j 全为零. [63]

• 如果这些 v_i 构成一个无关族, 且若 $v \in V$ 不属于 $\mathrm{Vect}(v_i, i \in I)$, 那么由 v 和这些 v_i 形成的族仍是无关的.

[23]原文用的是 "famille libre", 即自由族.

「设 $J \subset I$ 为有限集, v 和这些 v_i 的线性组合 $xv + \sum_{j\in J} x_j v_j = 0$. 如果 $x \neq 0$, 则得到 $v = \sum_{j\in J} \frac{-x_j}{x} v_j$, 这表明 $v \in \mathrm{Vect}(v_i, i \in I)$, 与假设矛盾. 因而 $x = 0$, 从而 $\sum_{j\in J} x_j v_j = 0$, 但这些 v_j 构成无关族, 蕴含对所有的 j 有 $x_j = 0$. 得到结果. 」

- 称这些 v_i 构成 V 的一个基族[24] 是说, 它们是一族无关的生成元, 这等价于说, 线性映射 $(x_i)_{i\in I} \mapsto \sum_{i\in I} x_i v_i$ 是从 $K^{(I)}$ 到 V 上的同构. 换言之, 这些 v_i 形成了 V 的一组基当且仅当 V 中的每个元可以以唯一的方式写成形如 $\sum_{i\in I} x_i v_i$ 的表达式. 称 x_i 是在基 v_i 下 v 的坐标 (除有限个外它们都为零).

- 如果 $n \geqslant 1$, 向量 $e_i = (0, \ldots, 1, 0, \ldots, 0)$ (1 在第 i 个位置). 对于 $1 \leqslant i \leqslant n$, 构成 K^n 的一组基; 这是 K^n 的标准基 (特别地, $\varnothing$ 是向量空间 $\{0\}$ 的基).

「每个 $x = (x_1, \ldots, x_n) \in K^n$ 可以以唯一的方式写成 e_i 的一个线性组合, 即 $x = \sum_{i=1}^n x_i e_i$. 」

- 对于 $n \in \mathbf{N}$, 单项式 X^n 构成了 $K[X]$ 的一个基族; 这是 $K[X]$ 的标准基; 同样, $i \leqslant n$ 的 X^i 构成了次数 $\leqslant n$ 的多项式空间 $K[X]^{(n)}$ 的基.

- 更一般地, 定义函数 $e_i : I \to K$ 为: 当 $i = j$ 时 $e_i(j) = 1$, 而当 $i \neq j$ 时 $e_i(j) = 0$; 则对于 $i \in I$ 的这些 e_i 构成 $K^{(I)}$ 的一个基族; 这是 $K^{(I)}$ 的标准基.

- 设 $u : V_1 \to V_2$ 为 K-向量空间态射. 如果 $(e_i)_{i\in I}$ 是 V_1 的一个基族, 则

  ◇ u 为满射当且仅当 $(u(e_i))_{i\in I}$ 是 V_2 的生成元族.

  ◇ u 为单射当且仅当 $(u(e_i))_{i\in I}$ 是 V_2 的一个无关族.

  ◇ u 为双射当且仅当 $(u(e_i))_{i\in I}$ 是 V_2 的一个基族.

「$\mathrm{Im}\, u$ 是由这些 $u(e_i)$ 生成的 V_2 的子空间, 这是因为这些 e_i 生成了 V_1; 由此得到第一个断言.

$\sum_{i\in I} \lambda_i e_i \in \mathrm{Ker}\, u$ 当且仅当 $\sum_{i\in I} \lambda_i u(e_i) = 0$. 因此 $\mathrm{Ker}\, u$ 不化为 $\{0\}$ (等价于 u 不是单的) 当且仅当这些 $u(e_i)$ 是一个相关族; 得到第二个断言.

最后一个论断来自前两个. 证完. 」

习题 5.3. — 设 $\alpha_0, \ldots, \alpha_n \in K$ 互不相同. 证明拉格朗日内插多项式 $Q_i = \prod_{j\neq i} \frac{X-\alpha_j}{\alpha_i-\alpha_j}$ 构成 $K[X]^{(n)}$ 在 K 上的基. P 在这组基上的坐标是什么?

习题 5.4. — (i) 证明二项式多项式 $\binom{X}{n}$ 构成 $\mathbf{C}[X]$ 的一个基族, 并且 $\binom{X}{i}$, $i \leqslant n$ 构成 $\mathbf{C}[X]^{(n)}$ 的一组基.

[64] (ii) 设 $P \in \mathbf{C}[X]^{(n)}$. 在基 $\binom{X}{i}$, $i \leqslant n$ 上计算 P 的坐标. (注意当 $i \geqslant 1$ 时有 $\binom{X+1}{i} - \binom{X}{i} = \binom{X}{i-1}$.)

(iii) 推导: 如果 $P(0), P(1), \ldots, P(n) \in \mathbf{Z}$, 则对于每个 $k \in \mathbf{Z}$ 有 $P(k) \in \mathbf{Z}$.

习题 5.5. — 证明对于 $a \in \mathbf{R}$, 映射 $x \mapsto |x-a|$ 构成了 $\mathscr{C}(\mathbf{R})$ 中的一个无关族.

---

[24] 中文中有时说 "一组基" 或直接称 "基", 当基的基数为无限时也称为 "基族", 没有统一的名称. 这里采用的是: 当明确是有限维时用 "一组基", 否则用 "基族".

习题 5.6. — 证明以下从 $\mathbf{R}$ 到 $\mathbf{C}$ 的函数族在 $\mathscr{C}(\mathbf{R})$ 中无关:

(i) 对于 $a \in \mathbf{R}$ 的族 $x \mapsto e^{ax}$. (观察在 $+\infty$ 的性态.)

(ii) 对于 $a \in \mathbf{R}$ 的族 $x \mapsto e^{iax}$. (对 e^{-iax} 积分.)

(iii) 对于 $\lambda \in \mathbf{C}$ 的族 $x \mapsto e^{\lambda}x$. (求导或平移.)

(iv) 证明对于 $a \in \mathbf{R}_+^*$ 的族 $x \mapsto \sin ax$ 和 $x \mapsto \cos ax$ 是无关的, 并且所生成的空间不包含非零常值函数.

习题 5.7. — 设 $k \in \mathbf{N}$. 定义 $]-1,1[$ 上的多对数 $\mathrm{Li}_k(x)$ 为 $\mathrm{Li}_k(x) = \sum_{n \geqslant 1} \frac{x^n}{n^k}$. 证明对于 $k \in \mathbf{N}$ 的 Li_k 构成一个无关族. (计算 $x \frac{d}{dx} \mathrm{Li}_k$.)

习题 5.8. — 一个群 G 的线性特征标 χ 是一个 G 到 $\mathbf{C}^*$ 的群态射.

(i) 证明群 G 的线性特征标构成一个无关族. (在最小长度的关系中将 g 替换为 hg.)

(ii) 重求习题 5.6 的结果.

习题 5.9. — 证明 p 为素数的 $\log p$ 在 $\mathbf{Q}$ 上线性无关.

5.4. 有限维向量空间

5.4.1. 向量空间的维数

设 V 是 K-向量空间, 称 V 是有限维的是说它具有一个有限的生成元族. 与之相反的情形, 则称 V 是无限维的.

- 一个有限维 K-向量空间具有基: 我们可以从有限生成元族中选出一组基[52].

「设 $(v_i)_{i \in I}$ 是一个有限生成元族. 可分为两种情形:

◇ 这是个无关族, 从而是组基, 无需再做什么.

◇ 存在一个零的线性组合 $\sum_{i \in I} x_i v_i$, 而 x_i 不全为零. 设 $i_0 \in I$ 使得 $x_{i_0} \neq 0$; 于是 v_{i_0} 属于那些 $i \in I - \{i_0\}$ 的 v_i 生成的子空间, 那么, 由于 V 是由 $i \in I$ 的 v_i 生成的, 故这些 $i \in I - \{i_0\}$ 的 v_i 构成了 V 的生成元族.

在第二种情形中, 我们已成功地从 $(v_i)_{i \in I}$ 中提取出一个严格的更小 (对于包含关系) 的生成元族. 在没有达到第一种情形前一直重复这个过程, 得到一个严格递减 (按包含关系) 的生成元族的序列, 由于 I 的基数被假设为有限, 故这个过程经有限步后停止, 而由上面的讨论知, 所得到的族是基, 并且由构造知它是从这些 v_i 的族中抽取出来的. 」

如果 V 是有限维的, 定义 V 的维数是 V 的基的基数的最小者.

- 如果 V 是 n 维的, 则 V 的所有基的基数全为 n.

「由对 n 的归纳进行证明.如果 $n = 0$, 命题的陈述为空. 于是设 V 的维数 $n \geqslant 1$, [65]

(52) 选择公理可以让我们从一族无限生成元中对无限维空间做同样的事.

并设 $e_1,\ldots,e_n$ 为 V 的一组基. 又设 $v_1,\ldots,v_m$ 是 V 的另一组基; 从而有 $m\geqslant n$. 我们要证明 $m=n$. 由于 $v_1,\ldots,v_m$ 是个生成元族, 故存在 i 使得 v_i 不属于由 $e_2,\ldots,e_n$ 生成的子空间 W, 而且可以经过对 v_i 的重排序, 不妨设它是 v_1. 将 v_i 按基 e_j 写为 $v_i=\sum_{j=1}^n x_{i,j}e_j$, 而由于 $v_1\notin W$, 故 $x_{1,1}\neq 0$, 这让我们可以定义向量 $f_i=v_i-\frac{x_{i,1}}{x_{1,1}}v_1$, 其中 $2\leqslant i\leqslant m$. 由构造知, 这些 f_i 属于 W. 我们来证明它们构成了 W 的基, 如果得证, 那么由于 W 的维数是 $n-1$ (因为它有基 $e_2,\ldots,e_n$, 从而维数 $\leqslant n-1$, 再由归纳假定知维数恰为 $n-1$) 并且族 f_i 的基数 (即 $m-1$) 等于 $n-1$, 得到想要的 $m=n$, 因此就证明了命题.

◇ 如果 $\sum_{i=2}^m\lambda_i f_i=0$, 则有 $(-\sum_{i=2}^m\lambda_i\frac{x_{i,1}}{x_{1,1}})v_1+\sum_{i=2}^m\lambda_i v_i=0$, 因此, 由于这些 v_i 是个无关族, 故 $\lambda_2=\cdots=\lambda_m=0$. 由此得到这些 f_i 构成了无关族.

◇ 由于这些 v_i 构成了 V 的生成元族, 我们便可将每个 $v\in W$ 写成 $\sum_{i=1}^n\lambda_i v_i=\sum_{i=2}^n\lambda_i f_i+(\lambda_1-\sum_{i=2}^m\lambda_i\frac{x_{i,1}}{x_{1,1}})v_1$. v 和这些 f_i 属于 W 这个事实导致了 $(\lambda_1-\sum_{i=2}^m\lambda_i\frac{x_{i,1}}{x_{1,1}})v_1$ 属于 W, 并且因为按假设 v_1 不属于 W, 从而表明 $\lambda_1-\sum_{i=2}^m\lambda_i\frac{x_{i,1}}{x_{1,1}}=0$, 于是 $v=\sum_{i=2}^n\lambda_i f_i$. 由此得到这些 f_i 构成了 W 的一个生成元族, 从而得到结论. 」

- 如果 V_1 和 V_2 为有限维的, 则 $V_1\oplus V_2$ 也是, 并且 $\dim(V_1\oplus V_2)=\dim V_1+\dim V_2$.

「 如果 $e_1,\ldots,e_n$ 是 V_1 的一组基, $f_1,\ldots,f_m$ 是 V_2 的一组基, 则 $e_1,\ldots,e_n,f_1,\ldots,f_m$ 是 $V_1\oplus V_2$ 的一组基. 」

- 如果 $v_1,\ldots,v_r$ 是一个无关族, 则可找到一组包含 $v_1,\ldots,v_r$ 的基; 准确地说, 如果 $w_1,\ldots,w_s$ 是 V 的一个生成元族, 我们便可以在 $v_1,\ldots,v_r$ 上添加一些 w_i, 将其完善为 V 的一组基 (不完全基定理).

「设 X 为 $\{1,\ldots,s\}$ 的子集 I 的集合, 使得 $v_1,\ldots,v_r$ 与那些 $i\in I$ 的 w_i 合起来是个无关族. 设 $J\subset X$ 是在包含关系下的极大元, 则 $v_1,\ldots,v_r$ 和 $j\in J$ 的 w_j, 按假设, 是一个无关族. 设它们生成的子空间为 W. 然而由于 J 为极大元, W 也必包含了那些 $i\notin J$ 的 w_i; 因此 W 包含了所有的 w_i, 但 w_i 是 V 的生成元族, 故等于 V. 故 $v_1,\ldots,v_r$ 和 $j\in J$ 的 w_j 构成一个 V 的生成元族因而为一组基. 证完. 」

- 如果 V 的维数为 n, V 的无关族最多只有 n 个元; V 的维数因而是 V 的无关族的基数中的最大者.

「 考虑到一组基有 n 个元, 立即从上面得到. 」

- 如果 V 不是有限维的, 则 V 具有无限的无关族.

「我们首先注意到, 一个无限族为无关族当且仅当它的所有有限子族为无关族 (一个线性组合只涉及有限个向量). 为了构造一个无限的无关族, 只要归纳地构造向量 $v_1,\ldots,v_n,\ldots$ 使得对于所有的 n 的 $v_1,\ldots,v_n$ 无关即可. 为此只要对于已知的无关族 $v_1,\ldots,v_n$, 取不属于 $v_1,\ldots,v_n$ 生成的子空间 v_{n+1}. 由于 V 不具有有限生成元族 (从而 $v_1,\ldots,v_n$ 不可能生成整个 V), 故这样做是可能的. 」

[66] • 如果 V 的维数为 n, 并且 $v_1,\ldots,v_n$ 为 V 的向量, 则

$$v_1,\ldots,v_n \text{ 为无关族 } \Leftrightarrow v_1,\ldots,v_n \text{ 为生成元族 } \Leftrightarrow v_1,\ldots,v_n \text{ 为一组基.}$$

「 如果 $v_1,\ldots,v_n$ 为无关族, 但不是生成元族, 则可将其完善为一组基, 其基数 $> n$, 矛盾; 从而 $v_1,\ldots,v_n$ 也是生成元族. 如果 $v_1,\ldots,v_n$ 是生成元族但不是无关的, 则可从其中抽选出一组基, 其基数 $< n$, 又矛盾. 因此 $v_1,\ldots,v_n$ 无关. 」

• 如果 V 是有限维的, W 是 V 的向量子空间, 则 W 也是有限维的, 且有 $\dim W \leqslant \dim V$, 其中的等式成立当且仅当 $W = V$.

「 W 的一个无关族也是 V 的无关族, 因此所有 W 的无关族的基数 $\leqslant \dim V$. 由此知 W 为有限维的, 且 $\dim W \leqslant \dim V$; 现在设 $\dim W = \dim V$. 于是 W 的一组基也是 V 的基数为 $\dim V$ 的无关族; 由上面 • 知它也是 V 的基; 从而得到 $W = V$. 证完. 」

• 如果 V 为有限维的, W 为 V 的子空间, 则 W 有补空间, 如果 W' 为 W 的一个补空间, 则 $\dim W' = \dim V - \dim W$.

「 为了构造 W 的一个补空间(53), 只要从 W 的一组基 $e_1,\ldots,e_r$ 出发, 将其完善为 V 的一组基 $e_1,\ldots,e_n$, 并取 W' 为 $e_{r+1},\ldots,e_n$ 生成的子空间: 如果 $x = x_1e_1 + \cdots + x_ne_n \in V$, 则 $x = y + y'$, 其中 $y = x_1e_1 + \cdots + x_re_r \in W$, $y' = x_{r+1}e_{r+1} + \cdots + x_ne_n \in W'$. 于是 $V = W + W'$, 另外, 如果 $x \in W \cap W'$, 我们则可将 x 写成形式 $x_1e_1 + \cdots + x_re_r$, 也可写成 $x_{r+1}e_{r+1} + \cdots + x_ne_n$. 因此有 $x_1e_1 + \cdots + x_re_r - x_{r+1}e_{r+1} - \cdots - x_ne_n = 0$, 由于这些 e_i 无关, 它表明 $x_1 = \cdots = x_n = 0$; 因此得到 $W \cap W' = \{0\}$, 从而 $V = W \oplus W'$.

最后, 如果 W' 是 W 的一个补空间, 则有 $V = W \oplus W'$, 因此 $\dim V = \dim W + \dim W'$, 那么 $\dim W' = \dim V - \dim W$. 」

5.4.2. 态射

• 设 $u: V_1 \to V_2$ 为 K-向量空间的态射, 则 V_1 为有限维的当且仅当 $\mathrm{Ker}\, u$ 和 $\mathrm{Im}\, u$ 都是有限维的. 此时有 $\dim V_1 = \dim(\mathrm{Ker}\, u) + \dim(\mathrm{Im}\, u)$. (称 $\mathrm{Im}\, u$ 的维数为 u 的秩, 记为 $\mathrm{rk}\, u$; 前面的这个公式因而也可写为 $\dim V_1 = \dim(\mathrm{Ker}\, u) + \mathrm{rk}\, u$.)

「 假定 V_1 为有限维的. 由于 $\mathrm{Ker}\, u$ 是 V_1 的子空间, 故它是有限维的, 又因为 $\mathrm{Im}\, u$ 由 V_1 的基的像生成, 故它也是有限维的.

现假定 $\mathrm{Ker}\, u$ 和 $\mathrm{Im}\, u$ 是有限维的. 选取 $\mathrm{Ker}\, u$ 的基 $e_1,\ldots,e_r$ 和 $\mathrm{Im}\, u$ 的基 $f_1,\ldots,f_s$, 以及 f_i 在 V_1 中的提升 g_i (即一个 $g_i \in V_1$ 使得 $u(g_i) = f_i$). 我们要证明 $e_1,\ldots,e_r,g_1,\ldots,g_s$ 是 V_1 的基, 这样便可同时证明 V_1 为有限维的以及 $\dim V_1 = \dim(\mathrm{Ker}\ u) + \dim(\mathrm{Im}\, u)$.

◇ 如果 $\sum_{i=1}^r \lambda_i e_i + \sum_{j=1}^s \mu_j g_j = 0$, 我们用 u 于此关系给出 $\sum_{j=1}^s \mu_j f_j = 0$, 表明所有的 $\mu_j = 0$, 从而有 $\sum_{i=1}^r \lambda_i e_i = 0$, 这又表明这些 λ_i 全为零. 所以 $e_1,\ldots,e_r,g_1,\ldots,g_s$ 是个无关族.

(53)如果接受选择公理则在无限维时可进行同样的构造.

[67] ◇ 如果 $v \in V_1$, 则存在 $\mu_1, \ldots, \mu_s$ 使得 $u(v) = \sum_{j=1}^s \mu_j f_j$. 于是 $v - \sum_{j=1}^s \mu_j g_j$ 属于 $\operatorname{Ker} u$, 也存在 $\lambda_1, \ldots, \lambda_r$ 使得 $v - \sum_{j=1}^s \mu_j g_j = \sum_{i=1}^r \lambda_i e_i$. 由此知 $e_1, \ldots, e_r, g_1, \ldots, g_s$ 是一个生成元族.

得到结论. 」

如果 $u : V_1 \to V_2$ 是有限维 K-向量空间的一个态射.

◇ 如果 u 为满射, 则 $\dim V_1 \geqslant \dim V_2$.

◇ 如果 u 为单射, 则 $\dim V_1 \leqslant \dim V_2$.

◇ 如果 u 为同构, 则 $\dim V_1 = \dim V_2$: 两个同构的空间具有相同的维数.

「 如果 u 为满射, 则 $\operatorname{Im} u = V_2$, 且 $\dim V_1 - \dim V_2 = \dim(\operatorname{Ker} u) \geqslant 0$. 如果 u 为单射, 则 $\operatorname{Ker} u = 0$, 从而 $\operatorname{Im} u$ 的维数为 $\dim V_1$; 由于它是 V_2 的子空间, 故有 $\dim V_1 \leqslant \dim V_2$. 最后, 如果 u 是同构, 则 u 为满射和单射, 从而 $\dim V_1 \geqslant \dim V_2$ 且 $\dim V_1 \leqslant \dim V_2$, 从而 $\dim V_1 = \dim V_2$. 」

• 如果 V_1, V_2 为有限维 K-向量空间 W 的子 K-空间, 则 $V_1 + V_2$ 和 $V_1 \cap V_2$ 是有限维的, 并且

$$\dim(V_1 + V_2) + \dim(V_1 \cap V_2) = \dim V_1 + \dim V_2 \quad (\text{Grassmann}, 1862).$$

「 将前面一个 • 用于 $u : V_1 \oplus V_2 \to W$, 其定义为 $u(x, y) = x + y$; u 的像为 $V_1 + V_2$, 核为 $(x, -x)$ 的集合, 其中 $x \in V_1 \cap V_2$ (因而同构于 $V_1 \cap V_2$, 特别具相同维数). 由于 $\dim(V_1 \oplus V_2) = \dim V_1 + \dim V_2$, 故得结论. 」

• 设 $u : V_1 \to V_2$ 为 K-向量空间的态射. 如果 $\dim V_1 = \dim V_2 < +\infty$, 则

$$u \text{ 为单射 } \Leftrightarrow u \text{ 为满射 } \Leftrightarrow u \text{ 为同构},$$

$$u \text{ 可逆 } \Leftrightarrow u \text{ 有一个右逆 } \Leftrightarrow u \text{ 有一个左逆}.$$

「 如果 u 为单射, 则 $\dim(\operatorname{Ker} u) = 0$, $\dim(\operatorname{Im} u) = \dim V_1 = \dim V_2$, 因而 $\operatorname{Im} u = V_2$, 于是 u 为满射. 如果 u 为满射, 则有 $\dim(\operatorname{Im} u) = \dim V_2 = \dim V_1$, 于是 $\dim(\operatorname{Ker} u) = 0$, 即 u 为单射.

现在, 如果 $u \circ v = \mathrm{id}$, 这特别表明 u 为满射, 从而为双射; 故右逆的存在性表明 u 可逆. 如果 $v \circ u = \mathrm{id}$, 这特别表明 u 为单射从而为双射; 故左逆的存在性表明 u 可逆.

注意, 这个结果在无限维情形不成立 (参见习题 5.1). 」

5.5. 对偶

5.5.1. 对偶空间, 正交, 转置态射

如果 V 是 K-向量空间,V 上的一个线性形式是一个从 V 到 K 的线性映射. 以 V^* 记 V 的对偶, 即 V 上的线性形式的空间 $\operatorname{Hom}(V, K)$ (作为 $\operatorname{Hom}(V_1, V_2)$ 的特殊情形, 它是个 K-向量空间). 如果 $\lambda \in V^*$, $x \in V$, 我们常常以 $\langle \lambda, x \rangle$ 表示 K 的

元 $\lambda(x)$, 这是建立 V 与 V^* 对称性的一种表达方式. 事实上, 如果 $x \in V^*$, 则按照 V^* 上向量空间结构的定义, 映射 $\lambda \mapsto \langle \lambda, x\rangle$ 是线性的,它给了我们一个自然映射[54] [68] $\iota_V : V \to (V^*)^* : \langle \iota_V(x), \lambda\rangle = \langle \lambda, x\rangle$, 它显然是线性的.

如果 W 是 V 的向量子空间, 我们定义 W 在 V^* 中的正交 $W^\perp$ 为那些 $\lambda \in V^*$ 的集合满足 $\langle \lambda, x\rangle = 0, \forall x \in W$ (因而它是对所有 $x \in W$ 的 $\iota_V(x)$ 的核的交, 从而证明它是 V^* 的子空间). 对称地, 如果 W 是 V^* 的向量子空间, 则定义 W 在 V 中的正交 $W^\perp$ 为对所有 $\lambda \in W$ 的使得 $\langle \lambda, x\rangle = 0$ 的那些 $x \in V$ 的集合. 立刻可知, 当 $W \subset V$ 或 $W \subset V^*$ 时有 $W \subset (W^\perp)^\perp$.

如果 $u : V_1 \to V_2$ 为线性映射, 定义 u 的转置 ${}^{\mathrm t}u : V_2^* \to V_1^*$ 为 ${}^{\mathrm t}u(\lambda) = \lambda \circ u$; 因此对所有 $x \in V_1$ 和 $\lambda \in V_2^*$ 有 $\langle {}^{\mathrm t}u(\lambda), x\rangle = \langle \lambda, u(x)\rangle$.

- 如果 $u : V_1 \to V_2$ 和 $v : V_2 \to V_3$ 为线性映射, 则 ${}^{\mathrm t}(v \circ u) = {}^{\mathrm t}u \circ {}^{\mathrm t}v$.

「有 $\langle \lambda, v \circ u(x)\rangle = \langle {}^{\mathrm t}v(\lambda), u(x)\rangle = \langle {}^{\mathrm t}u \circ {}^{\mathrm t}v(\lambda), x\rangle$; 故有此结果. 」

5.5.2. 有限维空间的对偶

这一小节中总假设空间是有限维的.

- 如果 V 的维数为 n, 则 V^* 也是 n 维的; 准确地说, 如果 $e_1, \ldots, e_n$ 是 V 的一组基, 则存在 V^* 的一组 (唯一的) 基 $e_1^*, \ldots, e_n^*$ 使得 $\langle e_i^*, e_i\rangle = 1$, 而当 $i \neq j$ 时 $\langle e_i^*, e_j\rangle = 0$.

「设 $\lambda \in V^*$, $a_i = \langle \lambda, e_i\rangle$. 于是由线性性, $\langle \lambda, x\rangle = a_1x_1 + \cdots + a_nx_n$, 其中 $x = x_1e_1 + \cdots + x_ne_n$; 反之, 如果 $(a_1, \ldots, a_n) \in K^n$, 则 $x \mapsto a_1x_1 + \cdots + a_nx_n$ 是满足 $\langle \lambda, e_i\rangle = a_i$ 的唯一的线性形式. 换言之, 即 $\lambda \mapsto (\langle \lambda, e_1\rangle, \ldots, \langle \lambda, e_n\rangle)$ 是 V^* 到 K^n 上的同构. 由这个断言推出, $e_1, \ldots, e_n$ 的对偶基是 K^n 的标准基在此同构下的逆像. 」

- 自然映射 $\iota_V : V \to (V^*)^*$ 是同构; 换言之, V^* 的对偶是 V. 另外, 如果 $e_1, \ldots, e_n$ 是 V 的一组基, 且 $e_1^*, \ldots, e_n^*$ 是 V^* 的对于 $e_1, \ldots, e_n$ 的对偶基, 则 V 的对偶于 $e_1^*, \ldots, e_n^*$ 的基是 $e_1, \ldots, e_n$.

「设 $x = x_1e_1 + \cdots + x_ne_n \in \operatorname{Ker} \iota_V$; 于是对所有 $\lambda \in V^*$ 有 $\langle \lambda, x\rangle = 0$, 从而对所有 i 有 $0 = \langle e_i^*, x\rangle = x_i$. 从而有 $\operatorname{Ker} \iota_V = 0$, 这证明了 ι_V 为单射. 由于 $\dim(V^*)^* = \dim V^* = \dim V$, 那么 ι_V 的单性便推出了它的双射性. 由此得到结论 (即得到了基的对偶性的断言). 」

- 如果 $u : V_1 \to V_2$ 为线性映射, 则 ${}^{\mathrm t}({}^{\mathrm t}u) = u$.

「${}^{\mathrm t}({}^{\mathrm t}u)$ 是从 $(V_1^*)^*$ 到 $(V_2^*)^*$ 的一个态射, 为了将它看作从 V_1 到 V_2 的态射, 应该使用自然的恒同映射 $\iota_{V_1} : V_1 \cong (V_1^*)^*$ 和 $\iota_{V_2} : V_2 \cong (V_2^*)^*$. 这就是说, 对所有 $x \in V_1$ 和 $\lambda \in V_2^*$ 有 $\langle {}^{\mathrm t}({}^{\mathrm t}u)(\iota_{V_1}(x)), \lambda\rangle = \langle \iota_{V_1}(x), {}^{\mathrm t}u(\lambda)\rangle = \langle {}^{\mathrm t}u(\lambda), x\rangle = \langle \lambda, u(x)\rangle = \langle \iota_{V_2}(u(x)), \lambda\rangle$, 这给出了 ${}^{\mathrm t}({}^{\mathrm t}u) \circ \iota_{V_1} = \iota_{V_2} \circ u$, 从而得到结果. 」

[54] 如我们将在后面见到的, 这个映射当 V 为有限维空间时是个同构, 这使我们可以将 V 与它的对偶 V^* 视为等同, 因而 V 与 V^* 起着完全对称的作用; 如果 V 为无限维的, 情况更为复杂: 如果我们有选择公理, 则 ι_V 为单射, 但远非满射, 这是因为 $(V^*)^*$ 有一个比 V 的基数大得多的基数; 如果我们不承认选择公理, 则只能对于这样的 $V^* = \{0\}$ 去构造那些空间了.

[69] • 如果 W 为 V 的子空间, 则 $\dim W^{\perp}=\dim V-\dim W$. 特别地 $V^{\perp}=\{0\}$.

「设 $e_1,\ldots,e_r$ 是 W 的基, 将其完善成 V 的基 $e_1,\ldots,e_n$ (根据不完全基定理, 这是可能的). 于是 $W^{\perp}$ 为由 $e_{r+1}^*,\ldots,e_n^*$ 生成的 V^* 的子空间 (事实上, 我们有 $0=\langle e_j^*,e_i\rangle$, 其中 $j\geqslant r+1, i\leqslant r$, 由线性性, 它证明了 $e_j^*\in W^{\perp}$; 反过来如果 $\lambda=\sum_{j=1}^n\lambda_j e_j^*\in W^{\perp}$, 则有 $0=\langle\lambda,e_i\rangle=\lambda_i$, $i\leqslant r$, 这证明了这些 e_j^*, $j\geqslant r+1$ 生成了 $W^{\perp}$). 断言得证. 」

• 如果 W 是 V 的子空间, 则 $(W^{\perp})^{\perp}=W$.

「我们有 $W\subset(W^{\perp})^{\perp}$; 因为 $\dim(W^{\perp})^{\perp}=\dim V^*-\dim W^{\perp}=\dim V-(\dim V-\dim W)=\dim W$, 故等号成立. 」

• 如果 $u:V_1\to V_2$ 为线性映射, 则

$$\operatorname{Ker}{}^{\mathrm t}u=(\operatorname{Im}u)^{\perp},\quad \operatorname{Im}{}^{\mathrm t}u=(\operatorname{Ker}u)^{\perp},\quad \operatorname{rk}{}^{\mathrm t}u=\operatorname{rk}u.$$

「$\lambda\in(\operatorname{Im}u)^{\perp}\Leftrightarrow\langle\lambda,u(x)\rangle=0,\forall x\in V_1\Leftrightarrow\langle{}^{\mathrm t}u(\lambda),x\rangle,\forall x\in V_1\Leftrightarrow{}^{\mathrm t}u(\lambda)\in V_1^{\perp}$, 并且由于 $V_1^{\perp}=\{0\}$, 上面的最后一个性质等价于 $\lambda\in\operatorname{Ker}{}^{\mathrm t}u$. 由此推出了断言中的第一个等式. 第二个等式则由上式交换 ${}^{\mathrm t}u$ 与 u 的位置得到; 因为 ${}^{\mathrm t}({}^{\mathrm t}u)=u$, 这个交换是可行的; 再取它们的正交即可.

最后, $\operatorname{rk}{}^{\mathrm t}u=\dim(\operatorname{Im}{}^{\mathrm t}u)=\dim(\operatorname{Ker}u)^{\perp}=\dim V_1-\dim(\operatorname{Ker}u)=\dim(\operatorname{Im}u)=\operatorname{rk}u$. 」

6. 行列式

行列式和交错多重线性形式在各种不同的场合中常常相互交叉. 在线性代数中, 它们用来决定一些向量是否相关 (6.2 小节), 或者一些多项式是否有公共零点 (两个多项式的结式, 9.2.1 节), 给出线性方程组的解公式 (克拉默公式, 9.1.1 节); 在几何中, 可以用它们来计算体积 ($\mathbf{R}^n$ 中的向量 $v_1,\ldots,v_n$ 张成的平行六面体的体积是它们的行列式的绝对值, 习题 III.3.11).

6.1. 交错多重线性形式

设 V 为 K-向量空间. V 上的一个*双线性形式* f 是从 $V\times V$ 到 K 的一个映射, 使得 $x\mapsto f(x,y)$ 对于每个固定的 $y\in V$ 为线性的 (即 f 对第一个变量为线性的), 同时 $y\mapsto f(x,y)$ 对于每个固定的 $x\in V$ 为线性的 (即 f 对第二个变量为线性的). 更一般地, V 上的一个 *k-线性形式* f 是从 $V^k=V\times\cdots\times V$ 到 K 的映射, 它对于每个变量都是线性的, 这意味着, 对于任意的 $i\in\{1,\ldots,k\}$, 对于每个 $(v_1,\ldots,\hat v_i,\ldots,v_k)\in V^{k-1}$[55], $v_i\mapsto f(v_1,\ldots,v_k)$ 为线性的.

[55] 我们用标准的记号 $(v_1,\ldots,\hat v_i,\ldots,v_k)$ 表示从 $(v_1,\ldots,v_k)$ 中抽去 v_i 后剩下的 $(k-1)$-元组.

称一个 k-线性形式 f 为交错的是说当交换两个相邻向量时它改变符号: 即对于每个 $i \in \{1, \ldots, k\}$ 和 $(v_1, \ldots, v_k) \in V^k$,

$$f(v_1, \ldots, v_i, v_{i+1}, \ldots, v_k) = -f(v_1, \ldots, v_{i+1}, v_i, \ldots, v_k).$$

「 因为 S_k 由对换 $(i, i+1)$, $1 \leqslant i \leqslant k-1$ 生成, 我们得到: 」

• 如果 f 为交错 k-线性形式, 则对每个 $\sigma \in S_k$, $(v_1, \ldots, v_k) \in V^k$ 有 [70]

$$f(v_{\sigma(1)}, \ldots, v_{\sigma(k)}) = \operatorname{sign}(\sigma) f(v_1, \ldots, v_k).$$

「 应用上面的 •, 将两个相等的项带到前两个位置, 我们得到: 」

• 如果 f 为交错 k-线性形式, 则当 v_i 中有两个相等时 $f(v_1, \ldots, v_k) = 0$.

• 如果 f 为交错 k-线性形式, 则如果在一个 v_i 上加上其他 v_j 的线性组合, 或者将 v_i 的倍数加在其他的 v_j 上, f 不变:

$$f(v_1, \ldots, v_{i-1}, v_i + \sum_{j \neq i} \lambda_j v_j, v_{i+1}, \ldots, v_k) = f(v_1, \ldots, v_k),$$

$$f(v_1 + \lambda_1 v_i, \ldots, v_{i-1} + \lambda_{i-1} v_i, v_i, v_{i+1} + \lambda_{i+1} v_i, \ldots, v_k + \lambda_k v_i) = f(v_1, \ldots, v_k).$$

「 作为例子, 我们证明第二个公式. k-线性形式表明左端的像等于 $f(v_1, \ldots, v_k) + \sum_{I \subset \{1, \ldots, k\} - \{i\}, I \neq \varnothing} (\prod_{j \in I} \lambda_j) f(v_{1,I}, \ldots, v_{k,I})$, 其中当 $j \in I \cup \{i\}$ 时 $v_{j,I} = v_i$, 否则 $v_{j,I} = v_j$. 由于 $I \neq \varnothing$, 故至少有两个 $v_{j,I}$ 相等, 从而对所有 I 有 $f(v_{1,I}, \ldots, v_{k,I}) = 0$, 断言得证. 」

6.2. n 个向量的行列式

以下设 V 的维数为 n. 设 $e_1, \ldots, e_n$ 为 V 的一组基.

• 如果 $x = \sum_{i=1}^n x_i e_i$, f 是 V 上的线性形式, 则 $f(x) = \sum_{i=1}^n x_i f(e_i)$; 又若 $x = \sum_{i=1}^n x_i e_i$, $y = \sum_{j=1}^n y_j e_j$, f 为双线性形式, 则 $f(x, y) = \sum_{i=1}^n \sum_{j=1}^n x_i y_j f(e_i, e_j)$. 更一般地, 如果 $x_j = \sum_{i=1}^n x_{j,i} e_i$, 而 f 是 k-线性的, 则

$$f(x_1, \ldots, x_k) = \sum_{1 \leqslant i_1, \ldots, i_k \leqslant n} x_{1,i_1} \cdots x_{k,i_k} f(e_{i_1}, \ldots, e_{i_k}). \tag{6.1}$$

「 对于线性形式的断言直接可得. 而如果 f 是双线性的, 则对于第二个变量的线性性给出 $f(\sum_{i=1}^n x_i e_i, \sum_{j=1}^n y_j e_j) = \sum_{j=1}^n y_j f(\sum_{i=1}^n x_i e_i, e_j)$; 利用对第一个变量的线性性, 我们得到 $f(\sum_{i=1}^n x_i e_i, \sum_{j=1}^n y_j e_j) = \sum_{i=1}^n \sum_{j=1}^n x_i y_j f(e_i, e_j)$. 对于 k-线性形式的证明可用对于 k 的归纳进行, 这时只要利用对于最后一个变量的线性性即可. 」

• 如果 V 的维数等于 n, V 上的交错 n-线性形式的空间 $\det V^*$ 的维数等于 1. 另外, 如果 $e_1,\ldots,e_n$ 是 V 的一组基, 则存在 $\det V^*$ 的唯一的元 $\det_{e_1,\ldots,e_n}$ (在基 $e_1,\ldots,e_n$ 中的 n 个向量的行列式) 使得在 $(e_1,\ldots,e_n)$ 上取值为 1, 并且有:

◇ $\det_{e_1,\ldots,e_n}(v_1,\ldots,v_n)=0$ 当且仅当 $v_1,\ldots,v_n$ 是个相关族.

◇ $\det_{e_1,\ldots,e_n}(v_1,\ldots,v_n)\neq 0$ 当且仅当 $v_1,\ldots,v_n$ 为一组基.

◇ 如果 $f_1,\ldots,f_n$ 是 V 的另一组基, 则对于每个 $(v_1,\ldots,v_n)\in K^n$ 有

$$\det_{f_1,\ldots,f_n}(v_1,\ldots,v_n)=\frac{\det_{e_1,\ldots,e_n}(v_1,\ldots,v_n)}{\det_{e_1,\ldots,e_n}(f_1,\ldots,f_n)}.$$

「 利用前一个 • 可以从公式 (6.1)(其中 $k=n$) 中消去有两个 i_j 相同的那些 $(i_1,\ldots,i_n)$, 从而有一个在 $(i_1,\ldots,i_n)$ 上的取和, 其中所有的分量互不相同, 换言之, 就是在 $\{1,\ldots,n\}$ 的置换上取和 (如果这些 i_j 全不相同, 则存在唯一的 $\sigma\in S_n$ 使得对每个 $j\in\{1,\ldots,n\}$ 有 $i_j=\sigma(j)$). 由于 $f(e_{\sigma(1)},\ldots,e_{\sigma(n)})=\mathrm{sign}(\sigma)f(e_1,\ldots,e_n)$,
[71] 我们得到:

$$f(v_1,\ldots,v_n)=f(e_1,\ldots,e_n)\left(\sum_{\sigma\in S_n}\mathrm{sign}(\sigma)\prod_{i=1}^{n}x_{i,\sigma(i)}\right),\quad v_i=\sum_{j=1}^{n}x_{i,j}e_j.$$

以 $\det_{e_1,\ldots,e_n}$ 记形式 $(v_1,\ldots,v_n)\mapsto\sum_{\sigma\in S_n}\mathrm{sign}(\sigma)\prod_{i=1}^{n}x_{i,\sigma(i)}$. 那么, 以上的公式可改写为 $f=f(e_1,\ldots,e_n)\det_{e_1,\ldots,e_n}$, 这证明了 $\det V^*$ 的维数最多为 1, 当 $\det_{e_1,\ldots,e_n}$ 为交错形式时, 它是个生成元.

我们有 $\det_{e_1,\ldots,e_n}(e_1,\ldots,e_n)=1$, 这是因为和号中所有的项除去对应于 $\sigma=\mathrm{id}$ 外全为零, 这证明了 $\det_{e_1,\ldots,e_n}\neq 0$. 另外, 如果 $\tau\in S_n$, 则

$$\det_{e_1,\ldots,e_n}(v_{\tau(1)},\ldots,v_{\tau(n)})=\sum_{\sigma\in S_n}\mathrm{sign}(\sigma)\prod_{j=1}^{n}x_{\tau(j),i_{\sigma(j)}}.$$

将 $\sigma(j)$ 写成 $\sigma\tau^{-1}(\tau(j))$, 从而 $\mathrm{sign}(\sigma)$ 可写为 $\mathrm{sign}(\sigma\tau^{-1})\,\mathrm{sign}(\tau)$; 做变量替换 $j'=\tau(j)$, $\sigma'=\sigma\tau^{-1}$. 我们得到

$$\begin{aligned}\det_{e_1,\ldots,e_n}(v_{\tau(1)},\ldots,v_{\tau(n)})&=\mathrm{sign}(\tau)\left(\sum_{\sigma'\in S_n}\mathrm{sign}(\sigma')\prod_{j'=1}^{n}x_{j',i_{\sigma'(j')}}\right)\\&=\mathrm{sign}(\tau)\det_{e_1,\ldots,e_n}(v_1,\ldots,v_n).\end{aligned}$$

这证明了 $\det_{e_1,\ldots,e_n}$ 为交错的. 由于 $\det_{e_1,\ldots,e_n}\neq 0$, 知 $\det V^*$ 的维数至少为 1, 从而正好为 1, 而 $\det_{e_1,\ldots,e_n}$ 为基.

如果 $f\in\det V^*$, 则存在 $\lambda\in K$ 使得 $f=\lambda\det_{e_1,\ldots,e_n}$, 又如果 $f(e_1,\ldots,e_n)=1$, 表明 $\lambda=1$, 故 f 具有上面所定义的形式 $\det_{e_1,\ldots,e_n}$ (特别地, 得到这样形式的唯一性).

现在, 如果 $f_1,\ldots,f_n$ 为 V 的另一组基, 则存在 $\lambda\in K$ 使得 $\det_{f_1,\ldots,f_n}=\lambda\det_{e_1,\ldots,e_n}$: 因为 $\det_{e_1,\ldots,e_n}$ 是 $\det V^*$ 的基, 而 $\det_{f_1,\ldots,f_n}$ 是其中一个元. 将两端在

$(f_1,\ldots,f_n)$ 上取值, 得到 $1=\lambda\det_{e_1,\ldots,e_n}(f_1,\ldots,f_n)$ (特别地, $\det_{e_1,\ldots,e_n}(f_1,\ldots,f_n)\neq 0$), 于是 $\lambda=\frac{1}{\det_{e_1,\ldots,e_n}(f_1,\ldots,f_n)}$.

如果 $v_1,\ldots,v_n$ 为无关组, 于是为一组基, 由前面知 $\det_{e_1,\ldots,e_n}(v_1,\ldots,v_n)\neq 0$. 如果 $v_1,\ldots,v_n$ 为相关组, 我们可将 v_i 中的一个表示为其他的线性组合, 从而 $\det_{e_1,\ldots,e_n}(v_1,\ldots,v_n)=0$ (对于任意的交错形式均成立).

证完. 」

- $\det_{e_1,\ldots,e_n}(v_1,\ldots,v_n)=\sum_{\sigma\in S_n}\mathrm{sign}(\sigma)\prod_{i=1}^n x_{i,\sigma(i)},\quad v_i=\sum_{j=1}^n x_{i,j}e_j$.

「 在前一个 • 的证明过程中已经得到了. 」

习题 6.1. — 设 V 为 n 维向量空间, $e_1,\ldots,e_n$ 为 V 的一组基. 记 $\wedge^k V^*$ 为 V 上的交错 k-线性形式的空间.

(i) 如果 $1\leqslant i_1<\cdots<i_k\leqslant n$, 定义 $e_{i_1}^*\wedge\cdots\wedge e_{i_k}^*$ 为

$$(e_{i_1}^*\wedge\cdots\wedge e_{i_k}^*)(v_1,\ldots,v_k)=\sum_{\sigma\in S_k}\mathrm{sign}(\sigma)\prod_{j=1}^k x_{j,i_{\sigma(j)}},\quad 其中\ v_j=\sum_{i=1}^n x_{j,i}e_i, 1\leqslant j\leqslant k.$$

证明 $e_{i_1}^*\wedge\cdots\wedge e_{i_k}^*$ 为交错的.

(ii) 计算 $(e_{i_1}^*\wedge\cdots\wedge e_{i_k}^*)(e_{\ell_1},\ldots,e_{\ell_k}),\quad 1\leqslant \ell_1<\cdots<\ell_k\leqslant n$. 推导出这些 $e_{i_1}^*\wedge\cdots\wedge e_{i_k}^*$ 构成 $\wedge^k V^*$ 的一组基.

(iii) 证明 $\wedge^k V^*$ 是 $\binom{n}{k}$ 维空间并且 $e_{i_1}^*\wedge\cdots\wedge e_{i_k}^*$ 构成一组基.

6.3. 自同态的行列式 [72]

我们假设 V 的维数总为 n.

- 如果 $u\in\mathrm{End}(V)$, 则存在唯一的 $\lambda\in K$ 使得对于任意的 $f\in\det V^*$ 和 $v_1,\ldots,v_n\in V$ 有 $f(u(v_1),\ldots,u(v_n))=\lambda f(v_1,\ldots,v_n)$. 称这个 λ 为 u 的行列式, 记为 $\det u$; 我们有

◇ $\det u=\det_{e_1,\ldots,e_n}(u(e_1),\ldots,u(e_n))$, 其中 $e_1,\ldots,e_n$ 为 V 的一组基;

◇ $\det u=0\Leftrightarrow u$ 不是单射 $\Leftrightarrow u$ 不是满射 $\Leftrightarrow u$ 不是双射;

◇ $\det u\neq 0\Leftrightarrow u$ 为单射 $\Leftrightarrow u$ 为满射 $\Leftrightarrow u$ 为双射;

◇ $\det u\circ v=\det u\det v$, 其中 $u,v\in\mathrm{End}(V)$.

「 由于 f 是 n-线性的而 u 为线性的, 故映射 $(v_1,\ldots,v_n)\mapsto f_u(v_1,\ldots,v_n)=f(u(v_1),\ldots,u(v_n))$ 是 n-线性的. 另外, 因为 f 为交错的, 故它也是交错的, 从而 $f\mapsto f_u$ 是从 $\det V^*$ 到自己的一个映射. 设 e 是 $\det V^*$ 的基; 以 $\det u$ 记 K 中定义为 $e_u=(\det u)e$. 由于 $f\mapsto f_u$ 具有显然的线性性, 则对于所有的 $f\in\det V^*$ 有 $f_u=(\det u)f$, 因此对所有的 $f\in\det V^*$ 和 $v_1,\ldots,v_n\in V$ 有 $f(u(v_1),\ldots,u(v_n))=(\det u)f(v_1,\ldots,v_n)$.

将上面的恒等式用于 $f = \det_{e_1,\ldots,e_n}$ 和 $v_i = e_i$, 其中 $e_1,\ldots,e_n$ 是 V 的一组基. 由此得到公式 $\det u = \det_{e_1,\ldots,e_n}(u(e_1),\ldots,u(e_n))$. 那么由此可知, $\det u = 0$ 当且仅当 $u(e_1),\ldots,u(e_n)$ 是一组相关元, 从而当且仅当 u 不是单射 (参看 5.2 小节). 由此推出前两个 $\diamond$ (参看 5.4.2 节), 下一个由上一个的等价命题的否定形式得到.

最后, 我们有

$$\begin{aligned}\det u\circ v &= \det_{e_1,\ldots,e_n}(u(v(e_1)),\ldots,u(v(e_n)))\\ &= (\det u)\det_{e_1,\ldots,e_n}(v(e_1),\ldots,v(e_n)) = \det u \det v.\end{aligned}$$ 」

7. 矩阵

7.1. 系数在域中的矩阵

设 K 为交换域. 如果 n,m 是 $\geqslant 1$ 的整数, 以 $\mathbf{M}_{n\times m}(K)$ 表示系数在 K 中的 n 行 m 列矩阵 $A=(a_{i,j})_{i\leqslant n,j\leqslant m}(\forall i,j,\ a_{i,j}\in K)$ 的集合. 为了便于计算, 常常将 $A=(a_{i,j})_{i\leqslant n,j\leqslant m}$ (如果 n,m 已经明确, 可简单地记为 $(a_{i,j})$) 写成 $n\times m$ 表格形式:

$$A=\begin{pmatrix} a_{1,1} & \ldots & a_{1,m}\\ \vdots & & \vdots\\ a_{n,1} & \ldots & a_{n,m}\end{pmatrix}.$$

$n\times m$ 矩阵的集合 $\mathbf{M}_{n\times m}(K)$ 按自然方式成为一个向量空间, 其加法和对于标量的乘法是按分量逐个进行的:

$$(a_{i,j})_{i\leqslant n,j\leqslant m}+(b_{i,j})_{i\leqslant n,j\leqslant m}=(a_{i,j}+b_{i,j})_{i\leqslant n,j\leqslant m},\quad \lambda(a_{i,j})_{i\leqslant n,j\leqslant m}=(\lambda a_{i,j})_{i\leqslant n,j\leqslant m}.$$

- $\dim \mathbf{M}_{n\times m}(K)=nm$.

「 $(a_{i,j})\mapsto(b_k)_{k\leqslant nm}$, $b_{m(i-1)+j}=a_{i,j}$ 是 $\mathbf{M}_{n\times m}(K)$ 到 K^{nm} 上的同构. 」

如果 $A=(a_{i,j})\in\mathbf{M}_{n\times m}(K)$, 记 ${}^{\mathrm t}A=({}^{\mathrm t}a_{i,j})\in\mathbf{M}_{m\times n}(K)$, 其中 ${}^{\mathrm t}a_{i,j}=a_{j,i}$, 称
[73] 其为 A 的转置矩阵 (这是对于对角线的对称变换). 例如,

$$\text{若 } A=\begin{pmatrix}2&4&6\\3&5&7\end{pmatrix},\quad \text{则 } {}^{\mathrm t}A=\begin{pmatrix}2&3\\4&5\\6&7\end{pmatrix}.$$

我们将 K^n 等同于 $n\times 1$ 矩阵的集合 (即 n 行 1 列), 但为了节省空间, 我们将 K^n 中的元写成 ${}^{\mathrm t}(x_1,\ldots,x_n)$ 的形状 (即 $1\times n$ 矩阵的转置). 一般地, 以 X,Y 记 K^n 的一般的元; K^n 的标准基则记为 $e_1^{(n)},\ldots,e_n^{(n)}$ (或者在维数明显时直接记为 $e_1,\ldots,e_n$).

如果 $A=(a_{i,j})_{i\leqslant n,j\leqslant m}\in \mathbf{M}_{n\times m}(K)$, 以 u_A 表示从 K^m 到 K^n 的态射: $u_A({}^{\rm t}(x_1,\ldots,x_m))={}^{\rm t}(y_1,\ldots,y_n)$, 其中 $y_i=\sum_{j=1}^m a_{i,j}x_j$, 于是对于 $j\in\{1,\ldots,m\}$, A 的第 j 列是 $u_A(e_j^{(m)})$.

- $A\mapsto u_A$ 是从 $\mathbf{M}_{n\times m}(K)$ 到 $\mathrm{Hom}(K^m,K^n)$ 上的向量空间之间的同构, 其逆同构是将 $u:K^m\to K^n$ 映成矩阵 $\mathrm{Mat}(u)$, 它的第 j 列为 $u(e_j^{(m)})\in K^n$.

「 $A\mapsto u_A$ 的线性性的证明只是个文字游戏. 另外, 如果 $u(e_j^{(m)})=\sum_{i=1}^n a_{i,j}e_i^{(n)}$, $x=\sum_{j=1}^m x_je_j^{(m)}$, 则

$$u(x)=\sum_{j=1}^m x_ju(e_j^{(m)})=\sum_{j=1}^m x_j(\sum_{i=1}^n a_{i,j}e_i^{(n)})=\sum_{i=1}^n(\sum_{j=1}^m x_ja_{i,j})e_i^{(n)}.$$

这是我们所熟知的 u_A 的公式, 其中 $A=(a_{i,j})\in\mathbf{M}_{n\times m}(K)$, 得到结果. 」

7.2. 矩阵的乘积

如果 $A=(a_{i,j})\in\mathbf{M}_{n\times m}(K)$, $B=(b_{j,k})\in\mathbf{M}_{m\times \ell}(K)$, 定义它们的乘积 $AB\in\mathbf{M}_{n\times\ell}$ 为 $AB=(c_{i,k})$, 其中 $c_{i,k}=\sum_{j=1}^m a_{i,j}b_{j,k}$.

- 如果 $X\in K^m=\mathbf{M}_{m\times 1}(K)$, 则 $u_A(X)=AX$.
- $u_{AB}=u_A\circ u_B$.

「 由线性性, 只要证明 $u_A\circ u_B$ 与 u_{AB} 在 K^ℓ 的标准基上相同即可, 这可由以下得到:

$$\begin{aligned}u_A\circ u_B(e_k^{(\ell)})&=u_A(\sum_{j=1}^m b_{j,k}e_j^{(m)})=\sum_{j=1}^m b_{j,k}u_A(e_j^{(m)})\\&=\sum_{j=1}^m b_{j,k}(\sum_{i=1}^n a_{i,j}e_i^{(n)})=\sum_{i=1}^n(\sum_{j=1}^m a_{i,j}b_{j,k})e_i^{(n)}=u_{AB}(e_k^{(\ell)}).\end{aligned}$$ 」

- 矩阵的乘积满足结合律以及对加法的分配律:

$$A(BC)=(AB)C,\ A(B_1+B_2)=AB_1+AB_2 \text{ 以及 } (A_1+A_2)B=A_1B+A_2B.$$

「要证明 $A(BC)=(AB)C$, 只要证明 $u_{A(BC)}=u_{(AB)C}$ 即可, 但这表明 $u_{A(BC)}=u_A\circ u_{BC}=u_A\circ u_B\circ u_C$, 而 $u_{(AB)C}=u_{AB}\circ u_C=u_A\circ u_B\circ u_C$. 我们以同样的方法证明另外两个公式, 只需注意由 u_A 的线性性, 有 $u_A\circ(u_{B_1}+u_{B_2})=(u_A\circ u_{B_1})+(u_A\circ u_{B_2})$, 又由定义有 $(u_{A_1}+u_{A_2})\circ u_B=(u_{A_1}\circ u_B)+(u_{A_2}\circ u_B)$. 」

- ${}^{\rm t}(AB)={}^{\rm t}B{}^{\rm t}A$.

「令 $AB=C=(c_{i,k})$. 又令 ${}^{\rm t}a_{j,k}=a_{k,j}$, ${}^{\rm t}b_{i,j}=b_{j,i}$, ${}^{\rm t}c_{k,i}=c_{i,k}$, 使得 ${}^{\rm t}A=({}^{\rm t}a_{j,k})$, [74]
${}^{\rm t}B=({}^{\rm t}b_{i,j})$, ${}^{\rm t}C=({}^{\rm t}c_{i,k})$. 于是有 ${}^{\rm t}c_{i,k}=c_{k,i}=\sum_{j=1}^m a_{k,j}b_{j,i}=\sum_{j=1}^m {}^{\rm t}b_{i,j}\,{}^{\rm t}a_{j,k}$, 我们已经认出右端的项就是 ${}^{\rm t}B\,{}^{\rm t}A$ 的系数; 得到结果. 」

7.3. 线性代数的基本定理

- 定义耦合 $\langle\,,\rangle : K^n \times K^n \to K$ 为 $\langle X,Y\rangle = {}^{\mathrm{t}}XY$, 其中 $K^n = \mathbf{M}_{n\times 1}(K)$. 它将 K^n 对偶地等同于 K^n (即对 K^n 上的每个线性形式, 存在唯一的 $X \in K^n$, 使得它具有 $Y \mapsto {}^{\mathrm{t}}XY$ 形式).

「 K^n 上的一个线性形式可表示为 ${}^{\mathrm{t}}(y_1,\ldots,y_n) \mapsto a_1y_1 + \cdots + a_ny_n$, 其中 ${}^{\mathrm{t}}(a_1,\ldots,a_n) \in K^n$ 是唯一确定的; 它因而也就是形如 $Y \mapsto {}^{\mathrm{t}}XY$ 的映射, 其中 $X = {}^{\mathrm{t}}(a_1,\ldots,a_n)$ 唯一确定. 」

如果 $A \in \mathbf{M}_{n\times m}(K)$, 利用前面的等同 $(K^n)^* = K^n$, $u_A : K^m \to K^n$ 的转置态射 ${}^{\mathrm{t}}u_A$ 则是一个从 K^n 到 K^m 的态射.

- ${}^{\mathrm{t}}u_A = u_{{}^{\mathrm{t}}A}$; 换言之, 转置的矩阵等于矩阵的转置.

「 它来自

$$\langle X, u_A(Y)\rangle = \langle X, AY\rangle = {}^{\mathrm{t}}XAY = {}^{\mathrm{t}}({}^{\mathrm{t}}AX)Y = \langle {}^{\mathrm{t}}AX, Y\rangle = \langle u_{{}^{\mathrm{t}}A}(X), Y\rangle. \quad 」$$

向量空间 V 的一族向量的秩指的是由这族向量生成的子空间的维数; 也是它的无关子族的基数的最大者. 一个矩阵 A 的秩 $\operatorname{rk} A$ 是它的列向量的秩; 因此我们有 $\operatorname{rk} A = \operatorname{rk} u_A$.

- 一个矩阵的秩等于它的转置的秩; 换言之, 它的列生成的子空间的维数等于它的行生成的子空间的维数,

「 此结论来自 $\operatorname{rk} A = \operatorname{rk} u_A = \operatorname{rk} {}^{\mathrm{t}}u_A = \operatorname{rk} {}^{\mathrm{t}}A$ (参看 5.5.2 节). 」

- K^m (分别地, K^n) 中与由 A 的行向量 (分别地, 列向量) 生成的子空间正交的子空间的维数是 $m - \operatorname{rk} A$ (分别地, $n - \operatorname{rk} A$).

「 如果 W 是 K^d 的子空间, 则 $\dim W + \dim W^{\perp} = d$ (参看 5.5.2 节), 而且由行和列向量生成的子空间的维数都等于 $\operatorname{rk} A$, 由此得到结论. 」

7.4. 线性映射的矩阵

如果 V 是 n 维向量空间, 所选的基 $\boldsymbol{e} = (e_1,\ldots,e_n)$ 给出了同构 $\iota_{\boldsymbol{e}} : V \cong K^n$, 即将一个向量 $x \in V$ 映成 K^n 中由 x 在 $\boldsymbol{e}$ 下的表达式中坐标的构成的元; 它的逆同构是 ${}^{\mathrm{t}}(x_1,\ldots,x_n) \mapsto x_1e_1 + \cdots + x_ne_n$. 以 $\boldsymbol{e} \setminus x$[56] 记表示为 $n \times 1$ 矩阵的 $\iota_{\boldsymbol{e}}(x)$. 更一般地, 如果 $\boldsymbol{v} = (v_1,\ldots,v_m)$ 是 V 的一个向量的 m-元组, 以 $\boldsymbol{e} \setminus \boldsymbol{v}$ 表示一个 $n \times m$ 矩阵, 其列为 $\boldsymbol{e} \setminus v_1,\ldots,\boldsymbol{e} \setminus v_m$.

如果 $u : V_1 \to V_2$ 是一个态射. 我们以 $u{\cdot}x$ 代替 x 在 u 下的像 $u(x)$. 同样地, 如果 $\boldsymbol{v} = (v_1,\ldots,v_m)$ 是 V_1 中向量的 m-元组, 则以 $u{\cdot}\boldsymbol{v}$ 表示 m-元组 $(u{\cdot}v_1,\ldots,u{\cdot}v_m)$. 如

[56] 这不是个标准的记号, 但它却有一些相当好的性质: 一组基是在高维情形时的度量单位, 而为了度量一个向量, 我们以这个度量单位来对一个向量进行比较, 但因为这是在非交换的场合, 必须确定是对哪些位进行比较的.

果现在 V_1 为 m 维, V_2 为 n 维, 且如果 $\boldsymbol{e}=(e_1,\ldots,e_m)$ 是 V_1 的基, $\boldsymbol{f}=(f_1,\ldots,f_n)$ 为 V_2 的基, 定义 u 相对于基 $\boldsymbol{e}$ 和 $\boldsymbol{f}$ 的矩阵为 $\boldsymbol{f}\setminus u\cdot\boldsymbol{e}$; 因此这个矩阵的列是在基 $f_1,\ldots,f_n$ 下 $u(e_1),\ldots,u(e_m)$ 的表达式. [75]

- 如果 $x\in V_1$, 则有 $\boldsymbol{f}\setminus u\cdot x=(\boldsymbol{f}\setminus u\cdot\boldsymbol{e})(\boldsymbol{e}\setminus x)$[57].

「设 A 为矩阵 $\boldsymbol{f}\setminus u\cdot\boldsymbol{e}$. 要证明的这个等式等价于 $\iota_{\boldsymbol{f}}(u(x))=u_A(\iota_{\boldsymbol{e}}(x))$; 由线性性, 只需对 $e_1,\ldots,e_m$ 证明即可. 它于是归结到一个纯粹的回到对 $\iota_{\boldsymbol{e}},\iota_{\boldsymbol{f}}$ 和 u_A 的翻译练习. 注意, 这个结果可重写为 $u_A=\iota_{\boldsymbol{f}}\circ u\circ\iota_{\boldsymbol{e}}^{-1}$. 」

- 如果 $\boldsymbol{e}$ 和 $\boldsymbol{f}$ 为 V 的两组基, 从 $\boldsymbol{e}$ 到 $\boldsymbol{f}$ 的转移矩阵是指矩阵 $\boldsymbol{f}\setminus\boldsymbol{e}$, 它的列是 $\boldsymbol{e}$ 在基 $\boldsymbol{f}$ 下的表示向量[58]. 如果 $x\in V$, 则有 $\boldsymbol{f}\setminus x=(\boldsymbol{f}\setminus\boldsymbol{e})(\boldsymbol{e}\setminus x)$. 换言之, 从 x 在基 $\boldsymbol{e}$ 的坐标出发, 乘以 $\boldsymbol{e}$ 到 $\boldsymbol{f}$ 的转移矩阵便得到 x 在基 $\boldsymbol{f}$ 下的坐标.

「只要将上一个 • 用于 $\mathrm{id}:V\to V$, 其中的出发空间 V 的基为 $\boldsymbol{e}$, 而目标空间 V 的基为 $\boldsymbol{f}$. 」

- 如果 $V_1,\ldots,V_k$ 为有限维空间, $\boldsymbol{e}_i$ 为 V_i 的基, 而 $u_i:V_i\to V_{i+1}$, $1\leqslant i\leqslant k-1$ 为态射, 则

$$\boldsymbol{e}_k\setminus(u_{k-1}\circ\cdots\circ u_1)\cdot\boldsymbol{e}_1=(\boldsymbol{e}_k\setminus u_{k-1}\cdot\boldsymbol{e}_{k-1})\cdot(\boldsymbol{e}_{k-1}\setminus u_{k-2}\cdot\boldsymbol{e}_{k-2})\cdots(\boldsymbol{e}_2\setminus u_1\cdot\boldsymbol{e}_1).$$

「只需证明 $k=3$ 的情形即可: 一般情形由归纳得到. 如果 V_i 的维数为 n_i, 则给出一个同构 $\iota_i=\iota_{\boldsymbol{e}_i}:V_i\cong K^{n_i}$. 以 A 记矩阵 $\boldsymbol{e}_3\setminus u_2\cdot\boldsymbol{e}_2$, 以 B 记矩阵 $\boldsymbol{e}_2\setminus u_1\cdot\boldsymbol{e}_1$, C 记矩阵 $\boldsymbol{e}_3\setminus(u_2\circ u_1)\cdot\boldsymbol{e}_1$. 于是由构造知 $u_A=\iota_3\circ u_2\circ\iota_2^{-1}, u_B=\iota_2\circ u_1\circ\iota_1^{-1}, u_C=\iota_3\circ(u_2\circ u_1)\circ\iota_1^{-1}$. 因此所要结果是对于恒等式 $u_A\circ u_B=(\iota_3\circ u_2\circ\iota_2^{-1})\circ(\iota_2\circ u_1\circ\iota_1^{-1})=\iota_3\circ u_2\circ u_1\circ\iota_1^{-1}=u_C$ 的翻译, 它等价于 $AB=C$. 」

- 如果 $\boldsymbol{e}$ 和 $\boldsymbol{f}$ 为 V 的两组基, 则 $(\boldsymbol{f}\setminus\boldsymbol{e})(\boldsymbol{e}\setminus\boldsymbol{f})=1$. 换言之, 从 $\boldsymbol{e}$ 到 $\boldsymbol{f}$ 的转移函数和从 $\boldsymbol{f}$ 到 $\boldsymbol{e}$ 的转移函数互逆.

「将前一个 • 应用于 $V_1=V_2=V_3=V$ 和 $u_2=u_1=\mathrm{id}$, 并将 $\boldsymbol{f}$ 赋予第一个 V 为基, $\boldsymbol{e}$ 赋予第二个 V 为基, $\boldsymbol{f}$ 赋予第三个 V 为基. 」

- 设 $u:V\to V'$ 为态射. 如果 $\boldsymbol{e}$ 和 $\boldsymbol{f}$ 为 V 的两组基, $\boldsymbol{e}'$ 和 $\boldsymbol{f}'$ 为 V' 的两组基, 则

$$\boldsymbol{f}'\setminus u\cdot\boldsymbol{f}=(\boldsymbol{f}'\setminus\boldsymbol{e}')(\boldsymbol{e}'\setminus u\cdot\boldsymbol{e})(\boldsymbol{e}\setminus\boldsymbol{f}).$$

换言之, 如果 M 是 u 在基 $\boldsymbol{e}$ 和 $\boldsymbol{e}'$ 下的矩阵, M' 是 u 在基 $\boldsymbol{f}$ 和 $\boldsymbol{f}'$ 下的矩阵, P' 是从 $\boldsymbol{e}'$ 到 $\boldsymbol{f}'$ 的转移矩阵, P 是从 $\boldsymbol{f}$ 到 $\boldsymbol{e}$ 的转移矩阵, 则有 $M'=P'MP^{-1}$.

「只要将上面的结果应用于 $V_1=V_2=V, V_3=V_4=V'$, 并将 $\boldsymbol{f}$ 赋予 V_1, $\boldsymbol{e}$ 赋予 V_2, $\boldsymbol{e}'$ 赋予 V_3, $\boldsymbol{f}'$ 赋予 V_4 为基, 而取 $u_1=\mathrm{id}, u_2=u, u_3=\mathrm{id}$ 即可. 」

- 设 $u:V\to V$ 为自同态. 如果 $\boldsymbol{e}$ 是 V 的基, u 在基 $\boldsymbol{e}$ 下的矩阵是指矩阵 $\boldsymbol{e}\setminus u\cdot\boldsymbol{e}$. [76]

---

[57] 因此我们用右端中的基 $\boldsymbol{e}$ 去 "化简" 左端; 这对于所允许的这些表达式构成了相当强的约束: 为了能够进行化简, 这个基出现在分子中的项应该在出现在分母中的项的前面.

[58] 注意, 一般地, 我们知道 x 和 f_i 在基 $\boldsymbol{e}$ 下的坐标, 因而容易写出此矩阵 $P=\boldsymbol{e}\setminus\boldsymbol{f}$; 由下面的 •, 我们有 $\boldsymbol{f}\setminus\boldsymbol{e}=(\boldsymbol{e}\setminus\boldsymbol{f})^{-1}$, 故换基的公式为 $X'=P^{-1}X$, 其中 $X=\boldsymbol{e}\setminus x$, $X'=\boldsymbol{f}\setminus x$.

如果 $\boldsymbol{e}$ 和 $\boldsymbol{f}$ 是 V 的基, 则

$$\boldsymbol{f}\setminus u\cdot\boldsymbol{f}=(\boldsymbol{f}\setminus\boldsymbol{e})(\boldsymbol{e}\setminus u\cdot\boldsymbol{e})(\boldsymbol{e}\setminus\boldsymbol{f}).$$

换言之, 如果以 M 表示 u 在基 $\boldsymbol{e}$ 下的矩阵, M' 表示它在基 $\boldsymbol{f}$ 下的矩阵, P 表示从 $\boldsymbol{e}$ 到 $\boldsymbol{f}$ 的转移矩阵, 则 $M'=PMP^{-1}$.

「这个公式对应于前面的 • 的特殊情形: $V=V',\boldsymbol{e}=\boldsymbol{e}'.\boldsymbol{f}=\boldsymbol{f}'$; 按定义, 翻译过来就是 $\boldsymbol{f}\setminus\boldsymbol{e}=P$, 从而 $\boldsymbol{e}\setminus\boldsymbol{f}=P^{-1}$. 」

7.5. 方阵

如果 $n\geqslant 1$, 将 $\mathbf{M}_{n\times n}(K)$ 简单地记为 $\mathbf{M}_n(K)$. 依前所述, 这是一个 n^2 维单式 K-代数, 其单位元为 1_n (如果 n 给定, 一般简记为 1), 它在对角线上为 1, 而在其他位置为 0 (其相关联的 K^n 的自同态 u_{1_n} 是恒同映射):

$$1_n=\begin{pmatrix}1&0&\dots&0\\0&1&\dots&0\\\vdots&\vdots&&\vdots\\0&0&\dots&1\end{pmatrix}.$$

- 如果 $A\in\mathbf{M}_n(K)$, 则

$$A\text{ 可逆}\Leftrightarrow A\text{ 右可逆}\Leftrightarrow A\text{ 左可逆}.$$

「A 可逆 (分别地, 有一个右逆, 分别地, 有一个左逆) 当且仅当对于 u_A 也同样如此; 由于它是有限维的, 故这三个条件等价 (参看 5.4.2 节). 」

称一个形如 $\lambda\cdot 1_n$, $\lambda\in K$ 的矩阵为标量, 通常简记为 λ; 如果 $A=\lambda$ 为标量, 则 u_A 是以 λ 为比率的位似态射, 我们对于每个 $B\in\mathbf{M}_n(K)$ 有 $AB=BA=\lambda B$.

一个 $n\times n$ 矩阵是对角的是指所有在非对角线位置上的系数全为零 (一个标量矩阵是对角矩阵), 一个 $n\times n$ 矩阵是上三角的 (分别地, 下三角的) 是说, 所有对角线下面 (分别地, 上面) 的系数全为零 (一个对角矩阵同时是上三角的和下三角的).

「例如下面的 D,A 和 B 分别为对角、上三角和下三角的矩阵:

$$D=\begin{pmatrix}1&0&0\\0&2&0\\0&0&0\end{pmatrix},\quad A=\begin{pmatrix}1&2&3\\0&2&4\\0&0&5\end{pmatrix},\quad B=\begin{pmatrix}1&0&0\\5&2&0\\2&0&5\end{pmatrix}.$$

称一个矩阵是三角的是说它或是上三角的或是下三角的. 」

- 如果 A 为下三角的 (分别地, 上三角的), 则 ${}^{t}A$ 为上三角的 (分别地, 下三角的).

[77] • 两个对角矩阵的乘积仍是对角的, 两个上三角 (分别地, 下三角) 矩阵的乘积仍是

上 (分别地, 下) 三角的, 在这三种情形中, 乘积矩阵的对角线上的系数是那两个对角线上系数的乘积.

「 A 为对角矩阵当且仅当对于每个 $i \in \{1, \ldots, n\}$, Ke_i 在 u_A 下稳定. 由于这个条件在复合下稳定, 从而得到第一个论断. 同样地, A 为上三角矩阵当且仅当对于每个 $i \in \{1, \ldots, n\}$, K^n 的子空间 $V_i = Ke_1 \oplus \cdots \oplus Ke_i$ 在 u_A 下稳定. 由于这个条件在复合下稳定, 由此可推出两个上三角矩阵 $A = (a_{i,j})$ 和 $B = (b_{i,j})$ 的乘积仍是上三角矩阵 $C = (c_{i,j})$. 另外, $u_B(e_i) - b_{i,i}e_i \in V_{i-1}$, 那么由于 V_{i-1} 在 u_A 下稳定, 故有 $u_A(u_B(e_i)) - b_{i,i}u_A(e_i) \in V_{i-1}$. 我们推断 $u_C(e_i) - a_{i,i}b_{i,i}e_i \in V_{i-1}$, 从而 $c_{i,i} = a_{i,i}b_{i,i}$, 这正是我们要证明的. 至于两个下三角矩阵的乘积可用其转置加以证明. 证完. 」

- 一个三角矩阵为幂零 (分别地, 幂幺) 的当且仅当它的对角上的系数为 0 (分别地, 为 1); 又若 A 为幂零的, 则 $A^n = 0$.

「 因为 A 为幂幺的当且仅当 $A - 1$ 为幂零的, 故只要处理幂零情形就够了. 现在, A^m 的对角线上的系数是 A 的对角线上的系数的 m 次幂. 如果存在 m 使得 $A^m = 0$, 则表明 A 的对角线上的系数为零. 反之, 如果这些系数为零, 令 $V_i = Ke_1 \oplus \cdots \oplus Ke_i$, 则有 $u_A(V_i) \subset V_{i-1}$. 由此得到 $u_{A^k}(K^n) \subset V_{n-k}$, 从而 $A^n = 0$; 结论得证. 」

称 $A \in \mathbf{M}_n(K)$ 为对称的 (分别地, 反称的) 是说 ${}^{\mathrm{t}}A = A$ (分别地, ${}^{\mathrm{t}}A = -A$).

- 每个 $A \in \mathbf{M}_n(K)$ 可以唯一地表示为一个对称矩阵和一个反称矩阵的和.

「 $A \mapsto {}^{\mathrm{t}}A$ 是 K-向量空间 $\mathbf{M}_n(K)$ 的一个对称态射, 而这些对称矩阵 (分别地, 反称矩阵) 是这个对称态射下对应于特征值 1 (分别地, -1) 的特征空间. 得到结果. 」

7.6. 方阵的行列式

7.6.1. 矩阵的迹和行列式

如果 $A = (a_{i,j})_{1 \leqslant i,j \leqslant n} \in \mathbf{M}_n(K)$, 以 $\operatorname{Tr} A$ 表示它的迹 (它是对角线上系数的和 $\sum_{i=1}^n a_{i,i}$).

- $\operatorname{Tr}(AB) = \operatorname{Tr}(BA)$.

「 如果 $A = (a_{i,j}), B = (b_{j,k})$, 则 $\operatorname{Tr}(AB) = \sum_{i=1}^n (\sum_{j=1}^n a_{i,j}b_{j,i})$, 而 $\operatorname{Tr}(BA) = \sum_{j=1}^n (\sum_{k=1}^n b_{j,k}a_{k,j})$, 只要在第二个和中将指标 k 换成 i 就得到我们想要的等式. 」

如果 $A = (a_{i,j})_{1 \leqslant i,j \leqslant n} \in \mathbf{M}_n(K)$, 定义它的行列式 $\det A$ 为

$$\det A = \sum_{\sigma \in S_n} \operatorname{sign}(\sigma) \prod_{i=1}^n a_{i,\sigma(i)}.$$

则 $\det A$ 也是 A 的行向量在 K^n 的标准基中的行列式 (6.2 小节); 因而也是自同态 u_A 的行列式 (6.3 小节).

- $\det(\lambda A) = \lambda^n \det A$, 其中 $A \in \mathbf{M}_n(K)$, $\lambda \in K$. [78]

「 这是 n 个向量的行列式的 n-线性性的推论. 」

• 如果 V 在 K 上的维数为 n, $u \in \operatorname{End}(V)$, 则 u 的行列式等于 u 在任意一组基中的矩阵的行列式.

「若 $e_1, \ldots, e_n$ 是 V 的基, 则 u 在基 $e_1, \ldots, e_n$ 中的矩阵的行为 $u(e_1), \ldots, u(e_n)$ 在基 $e_1, \ldots, e_n$ 上的表达式, 此结果推出 $\det u = \det_{e_1,\ldots,e_n}(u(e_1), \ldots, u(e_n))$ (参看 6.3 小节). 」

• 如果 $A \in \mathbf{M}_n(K)$, 则

$$\det A \neq 0 \Leftrightarrow u_A \text{ 为双射} \Leftrightarrow A \text{ 可逆}.$$

以 $\mathbf{GL}_n(K)$ 记满足以上性质的 $n \times n$ 矩阵的集合; 这是环 $\mathbf{M}_n(K)$ 的可逆元的群.

「$\det A \neq 0 \Leftrightarrow \det u_A \neq 0 \Leftrightarrow u_A$ 为双射 $\Leftrightarrow u_A$ 有逆元 $v \Leftrightarrow A$ 有逆矩阵 $\operatorname{Mat}(v)$. 」

• 如果 $A, B \in \mathbf{M}_n(K)$, 则 $\det(AB) = (\det A)(\det B)$ (Cauchy, 1815).

「我们有 $u_{AB} = u_A \circ u_B$; 由 6.3 小节知 $\det(u \circ v) = (\det u)(\det v)$, 故 $\det u_{AB} = \det(u_A \circ u_B) = (\det u_A)(\det u_B) = (\det A)(\det B)$. 」

• $\mathbf{SL}_n(K) = \{A \in \mathbf{M}_n(K), \det A = 1\}$ 是 $\mathbf{GL}_n(K)$ 的子群.

「根据前一个 •, $A \mapsto \det A$ 是从 $\mathbf{GL}_n(K)$ 到 K^* 的群态射, 而 $\mathbf{SL}_n(K)$ 是这个态射的核, 故是 $\mathbf{GL}_n(K)$ 的子群. 」

习题 7.1. — 以 B (分别地, D) 记对角线上所有系数非零的上三角矩阵 (分别地, 对角矩阵) 的集合, $U \subset B$ 为那些对角线上为 1 的矩阵的集合.

(i) 证明一个对角矩阵 A 可逆当且仅当它属于 D. 这时 A 的逆是怎样的矩阵? 由此推出 D 是 $\mathbf{GL}_n(K)$ 的子群.

(ii) 证明 $T \in B$ 可以唯一地写为形如 AN 的矩阵乘积, 其中 $A \in D$, $N \in U$.

(iii) 由此推出 B 是 $\mathbf{GL}_n(K)$ 的子群.

(iv) 证明 $T \mapsto A$ 是一个从 B 到 D 的群态射. 它的核是什么? 由此推出 U 是 $\mathbf{GL}_n(K)$ 的子群.

• 称 $\lambda \in K$ 是 $A \in \mathbf{M}_n(K)$ 的一个特征值是说它是 u_A 的特征值, 它等价于 $u_A - \lambda$ 不可逆, 即等价于 $\det(\lambda - A) = 0$.

7.6.2. 计算行列式的方法

• $\det A = \det {}^{\mathrm{t}}A$.

「如果 $\sigma \in S_n$, 则有 $\operatorname{sign}(\sigma) = \operatorname{sign}(\sigma^{-1})$. 因此

$$\det A = \sum_{\sigma \in S_n} \operatorname{sign}(\sigma^{-1}) \prod_{i=1}^{n} a_{\sigma^{-1}(\sigma(i)), \sigma(i)},$$

从而得到 $\det A = \sum_{\tau \in S_n} \operatorname{sign}(\tau) \prod_{i=1}^{n} a_{\tau(i'), i'} = \sum_{\tau \in S_n} \operatorname{sign}(\tau) \prod_{i=1}^{n} a'_{i', \tau(i')}$, 在变量变换 $\tau = \sigma^{-1}$, $i' = \sigma(i)$ 下, 这里的 $a'_{i,j} = a_{j,i}$ 是 ${}^{\mathrm{t}}A$ 的第 i 行第 j 列的元. 我们看到右端的项就是 $\det {}^{\mathrm{t}}A$ 的定义, 从而断言得证. 」

- 如果 A 为三角矩阵, 那么它的行列式是对角线上各项的乘积.

「如果 $\sigma \neq \mathrm{id}$, 则至少存在一个 i 使得 $\sigma(i) > i$, 以及一个 i 使得 $\sigma(i) < i$, 从而当 [79]
A 为上或下三角矩阵时, 项 $\prod_{i=1}^{n} a_{i,\sigma(i)} = 0$. 那么只有 $\sigma = \mathrm{id}$ 的项对 $\det A$ 有贡献.」

- 将 A 中一个给定行的倍数加在其他行上, 或将其中一列的倍数加在其他列上, $\det A$ 不变; 如果对 A 的行或列做置换, 则相应的行列式是该置换符号乘以原行列式.

「关于列的断言来自行列式是矩阵的列向量的交错线性形式; 而对于行向量的论断只需转置即可.」

例如, 交换下面行列式的第一行与最后一行, 然后在第二行 (分别地, 第三行) 中减去第一行的 3 倍 (分别地, 2 倍), 再将第 3 行的 2 倍加到最后一行上, 得到:

$$\begin{vmatrix} 0 & 1 & 2 & 0 \\ 3 & 2 & -1 & 5 \\ 2 & 4 & 3 & -2 \\ 1 & 3 & 2 & -1 \end{vmatrix} = -\begin{vmatrix} 1 & 3 & 2 & -1 \\ 3 & 2 & -1 & 5 \\ 2 & 4 & 3 & -2 \\ 0 & 1 & 2 & 0 \end{vmatrix} = -\begin{vmatrix} 1 & 3 & 2 & -1 \\ 0 & -7 & -7 & 8 \\ 0 & -2 & -1 & 0 \\ 0 & 1 & 2 & 0 \end{vmatrix}$$

$$= \begin{vmatrix} 1 & -1 & 2 & 3 \\ 0 & 8 & -7 & -7 \\ 0 & 0 & -1 & -2 \\ 0 & 0 & 2 & 1 \end{vmatrix} = \begin{vmatrix} 1 & -1 & 2 & 3 \\ 0 & 8 & -7 & -7 \\ 0 & 0 & -1 & -2 \\ 0 & 0 & 0 & -3 \end{vmatrix}$$

$$= 1 \cdot 8 \cdot (-1) \cdot (-3) = 24.$$

如果 $A \in \mathbf{M}_n(K)$, $1 \leqslant \alpha, \beta \leqslant n$, 并记 $A_{\alpha,\beta}$ 为从 A 中去掉第 α 行和第 β 列的 $(n-1) \times (n-1)$ 矩阵, 以 $|A_{\alpha,\beta}|$ 表示其行列式.

- 如果 $\alpha \in \{1, \ldots, n\}$, 则 $\det A = \sum_{\beta=1}^{n} (-1)^{\alpha+\beta} a_{\alpha,\beta} |A_{\alpha,\beta}|$ (按第 α 行展开). 如果 $\beta \in \{1, \ldots, n\}$, 则 $\det A = \sum_{\alpha=1}^{n} (-1)^{\alpha+\beta} a_{\alpha,\beta} |A_{\alpha,\beta}|$ (按第 β 列展开).

「按列展开的这个断言可以用转置返回到关于按行展开的断言.

令 $\lambda(A) = \sum_{\beta=1}^{n} (-1)^{\alpha+\beta} a_{\alpha,\beta} |A_{\alpha,\beta}|$. 我们应证明对于每个 A $\lambda(A) = \det A$ 成立.

◇ 如果 $A = 1_n$, 则当 $\alpha \neq \beta$ 时有 $|A_{\alpha,\beta}| = 0$; 这是因为从矩阵中去掉了两个 1, 它只剩下 $n-2$ 个非零系数, 从而 $n-1$ 个系数的乘积总为零; 当 $\beta = \alpha$ 时则有 $A_{\alpha,\beta} = 1_{n-1}$, 从而 $|A_{\alpha,\beta}| = 1$. 因此得到 $\lambda(1_n) = 1 = \det 1_n$.

◇ 最后, 只需证明 $A \mapsto \lambda(A)$ 对于 A 的行向量是交错 n-线性形式即可, 原因是, 只存在唯一的这种形式在 K^n 的标准基上取值为 1. 这个公式显然是 n-线性的; 我们来验证 $\lambda(A)$ 在交换它的相邻两列时改变符号. 设 $k \in \{1, \ldots, n-1\}$, 及 A' 为交换 A 中 k 列与 $k+1$ 列后的矩阵. 于是除了 $\beta = k$ 或 $\beta = k+1$ 外有 $|A'_{\alpha,\beta}| = -|A_{\alpha,\beta}|$, 而因为 $a'_{\alpha,k} = a_{\alpha,k+1}$ 和 $a'_{\alpha,k+1} = a_{\alpha,k}$, 故有 $|A'_{\alpha,k}| = |A_{\alpha,k+1}|$ 和 $|A'_{\alpha,k+1}| = |A_{\alpha,k}|$. 因此得到 $\lambda(A') = \sum_{\beta \neq k,k+1} (-1)^{\alpha+\beta+1} a_{\alpha,\beta} |A_{\alpha,\beta}| + (-1)^{\alpha+\beta} a_{\alpha,k+1} |A_{\alpha,k+1}| + (-1)^{\alpha+\beta+1} a_{\alpha,k} |A_{\alpha,k}| = -\sum_{\beta} (-1)^{\alpha+\beta} a_{\alpha,\beta} |A_{\alpha,\beta}| = -\lambda(A)$.

断言得证.

[80] 例如, 先对第一行展开然后对第一列展开那些 3×3 行列式, 最后用公式

$$\begin{vmatrix} a & b \\ c & d \end{vmatrix} = ad-bc,$$

得到

$$\begin{aligned}
\begin{vmatrix} 0 & 1 & 2 & 0 \\ 3 & 2 & -1 & 5 \\ 2 & 4 & 3 & -2 \\ 1 & 3 & 2 & -1 \end{vmatrix} &= -\begin{vmatrix} 3 & -1 & 5 \\ 2 & 3 & -2 \\ 1 & 2 & -1 \end{vmatrix} + 2\begin{vmatrix} 3 & 2 & 5 \\ 2 & 4 & -2 \\ 1 & 3 & -1 \end{vmatrix} \\
&= -\left(3\begin{vmatrix} 3 & -2 \\ 2 & -1 \end{vmatrix} - 2\begin{vmatrix} -1 & 5 \\ 2 & -1 \end{vmatrix} + \begin{vmatrix} -1 & 5 \\ 3 & -2 \end{vmatrix}\right) \\
&\quad + 2\left(3\begin{vmatrix} 4 & -2 \\ 3 & -1 \end{vmatrix} - 2\begin{vmatrix} 2 & 5 \\ 3 & -1 \end{vmatrix} - \begin{vmatrix} 2 & 5 \\ 4 & -2 \end{vmatrix}\right) \\
&= -(3\cdot 1 - 2\cdot(-9) + 1\cdot(-13)) + 2\cdot(3\cdot 2 - 2\cdot(-17) + 1\cdot(-24)) \\
&= -8+32 = 24.
\end{aligned}$$

」

• 设 $\operatorname{cof}(A) = ((-1)^{\alpha+\beta}|A_{\alpha,\beta}|)_{\alpha,\beta\leqslant n}$ 为 A 的余子式矩阵, 而 ${}^{\mathrm{t}}\operatorname{cof}(A)$ 为其转置. 于是 $A\,{}^{\mathrm{t}}\operatorname{cof}(A) = (\det A)\cdot 1_n = {}^{\mathrm{t}}\operatorname{cof}(A)A$; 如果 $\det A \neq 0$, 则 $A^{-1} = \frac{1}{\det A}\,{}^{\mathrm{t}}\operatorname{cof}(A)$.

「按 α 行展开得到 $\det A = \sum_{j=1}^{n}(-1)^{\alpha+\beta}x_{\alpha,j}|A_{\alpha,j}|$. 如果 $\alpha' \neq \alpha$, 则 $\sum_{j=1}^{n}(-1)^{\alpha+\beta}x_{\alpha',j}|A_{\alpha,j}|$ 是将 A 的第 α 行换成 α' 行后所得矩阵的行列式, 又因为如此得到的矩阵有两行相等, 故其行列式为 0. 因此, 当 $\alpha' \neq \alpha$ 时 $\sum_{j=1}^{n}x_{\alpha',j}|A_{\alpha,j}| = 0$. 那么上面的等式等价于 $A\,{}^{\mathrm{t}}\operatorname{cof}(A) = (\det A)\cdot 1_n$. 公式 $(\det A)\cdot 1_n = {}^{\mathrm{t}}\operatorname{cof}(A)A$ 则只需将行换成列, 用同样的方法可得到证明.」

• 设 $\alpha_1,\dots,\alpha_n \in K$. 范德蒙德行列式 $\operatorname{VdM}(\alpha_1,\dots,\alpha_n)$ 是第 i 行为 $1,\alpha_i,\dots,\alpha_i^{n-1}$ 的行列式; 我们有 $\operatorname{VdM}(\alpha_1,\dots,\alpha_n) = \prod_{i<j}(\alpha_j-\alpha_i)$, 因而 $\operatorname{VdM}(\alpha_1,\dots,\alpha_n) = 0$ 当且仅当有两个 α_i 相等.

「用第一行去减其他的行, 则在第一列中除第一个系数外全为 0, 然后用 $\alpha_1\times$ 第 i 列去减第 $i+1$ 列, 其中 $1\leqslant i\leqslant n-1$. 于是可以从第 i 行中提出因子 $\alpha_i-\alpha_1$, 故其中出现的行列式等于 $\operatorname{VdM}(\alpha_2,\dots,\alpha_n)$, 从而 $\operatorname{VdM}(\alpha_1,\dots,\alpha_n) = \operatorname{VdM}(\alpha_2,\dots,\alpha_n)\prod_{i=2}^{n}(\alpha_i-\alpha_1)$. 归纳可得到结论.」

习题 7.2. — 证明如果 $A\in \mathbf{M}_n(K)$ 是反称的且 n 为奇数, 则 $\det A = 0$.

习题 7.3. — (柯西行列式) 设对于 $1\leqslant i,j\leqslant n$ 有 K 中元 a_i, b_j, 使得对所有 i,j 有 $a_i+b_j\neq 0$. 计算矩阵 $C(a_1,\dots,a_n,b_1,\dots,b_n) = (\frac{1}{a_i+b_j})$. (可以将第一行移到其他行上.)

习题 7.4. — (循环行列式) 设 $a_0,\ldots,a_{n-1}\in\mathbf{C}$, $A=(a_{r(i+j)})_{0\leqslant i,j\leqslant n-1}$, 其中 $r(k)\in\{0,\ldots,n-1\}$ 是 k 除以 n 的余数. 证明[59] $\det A$ 是这些 a_i 的线性形式的乘积. (可以考虑 A 乘以 $B=(\eta^{ij})_{0\leqslant i,j\leqslant n-1}$, 其中 $\eta=e^{2i\pi/n}$.)

习题 7.5. — (i) 设 $a\in\mathbf{C}^*$, 且若 $n\geqslant 1$, 则设 $A_n\in\mathbf{M}_n(\mathbf{C})$ 为在对角线上为 $a+a^{-1}$, 而正好在对角线下和上为 1, 其他处处为 0 的矩阵. 证明当 $a\neq\pm1$ 时, $\det A=\frac{a^{n+1}-a^{-1-n}}{a-a^{-1}}$. 当 $a=\pm1$ 时, $\det A_n$ 是什么? [81]

(ii) 设 U_n 是一个 $n\times n$ 矩阵, 它在对角线上为 0, 而正好在对角线下和上为 -1, 其他处处为 0. 证明这个矩阵的特征值为 $2\cos\frac{k\pi}{n+1}$, $1\leqslant k\leqslant n$.

习题 7.6. — 设 $A=(a_{i,j})\in\mathbf{M}_n(\mathbf{Z})$, 其中 $a_{i,j}=\gcd(i,j)$. 证明 $\det A=\prod_{i=1}^n\varphi(i)$, 其中 φ 是欧拉指标函数. (我们可从 $\sum_{d|n}\varphi(d)=n$ 着手.)

7.6.3. 矩阵秩的计算

如果 $A\in\mathbf{M}_{n\times m}(K)$, $r\leqslant\inf(n,m)$. A 的一个 r 阶子式是由 A 的 r 行和 r 列得到的 $r\times r$ 矩阵的行列式 (有 $\binom{n}{r}\binom{m}{r}$ 个这种子式, 由在 n 中任选 r 行和 m 中任选 r 列得到一个).

- 设 $v_1,\ldots,v_r$ 是 K^n 中的向量, 而 $A\in\mathbf{M}_{n\times r}(K)$ 是以 $v_1,\ldots,v_r$ 为列向量的矩阵. 那么 $v_1,\ldots,v_r$ 为无关族当且仅当 $r\leqslant n$, 且存在 A 的一个 r 阶非零子式.

「由于 K^n 的一个无关族最多只有 n 个元, 故 $r\leqslant n$ 是必需的. 假设满足了此条件. 设 $I\subset\{1,\ldots,n\}$ 的基数为 r, 只看 A 中指标在 I 中的行得到的子式在可能差一个符号下等于由 $v_1,\ldots,v_r$ 和那些 $j\notin I$ 的 e_j 构成的行列式. 结论来自不完全基定理, 由它知 $v_1,\ldots,v_r$ 为无关族当且仅当可以以 e_j 补充到 $v_1,\ldots,v_r$ 上得到 K^n 的一组基.」

- 设 $A\in\mathbf{M}_{n\times m}(K)$, A 的秩是 A 的非零子式的阶数的最大者.

「这是上一个 • 的不同陈述. 由于 A 的子式和 ${}^{t}A$ 的子式是一样的, 因此一个矩阵的秩等于对它的转置的秩.」

7.7. 系数在一个环中的矩阵

如果 Λ 是一个交换环, 以 $\mathbf{M}_{n\times m}(\Lambda)$ 表示系数在 Λ 中的 n 行和 m 列的矩阵. 于是按自然方式, $\mathbf{M}_{n\times m}(\Lambda)$ 是一个 Λ-模, 其加法和标量乘法是逐分量定义的.

如果 $A=(a_{i,j})\in\mathbf{M}_{n\times m}(\Lambda)$, $B=(b_{j,k})\in\mathbf{M}_{m\times l}(\Lambda)$, 定义 A 和 B 的乘积 AB 为 $AB=(c_{i,k})\in\mathbf{M}_{n\times l}(\Lambda)$, 其中 $c_{i,k}=\sum_{j=1}^m a_{i,j}b_{j,k}$.

为简便, 以 $\mathbf{M}_n(\Lambda)$ 记系数在 Λ 中的 $n\times n$ 方阵的集合, 如果 $A\in\mathbf{M}_n(\Lambda)$, 定义

[59] 如果在 a_i 的指标中用 $\mathbf{Z}/n\mathbf{Z}$ 替换 $\{0,\ldots,n-1\}$, 矩阵 A 成了这些 a_{i+j}, $i,j\in\mathbf{Z}/n\mathbf{Z}$ 的矩阵. 还可以将 $\mathbf{Z}/n\mathbf{Z}$ 换成任意的有限群 G, 将行列式看成 a_{gh}, $g,h\in G$ 构成的矩阵的行列式 (得到了一个 $|G|$ 个变量的 $|G|$ 次齐次多项式). 弗罗贝尼乌斯 (Frobenius) 对这个行列式的因式分解是特征标理论的一个源头; 这个理论通过舒尔 (Schur) 引理的现代表述已完全隐藏了这一点.

它的矩阵 $\det A$ 为通常的公式

$$\det A=\sum_{\sigma\in S_n}\operatorname{sign}(\sigma)\prod_{i=1}^{n}a_{i,\sigma(i)}.$$

7.2, 7.5 和 7.6 小节的所有公式在当前的架构下都成立. 如此的理由在于, 我们可以考虑将这些公式中所涉及的矩阵的系数当作变量, 从而去证明这些系数在 $\mathbf{Z}$ 中的这些变量的多项式相等. 为此, 只要证明它们所定义的复多项式函数是同样的就可以了, 而这一点由如下事实确定: 我们感兴趣的那些公式对于系数在 $\mathbf{C}$ 中的矩阵都成立. 所
[82] 涉及的论断如下:

- $A(BC)=(AB)C$, $A(B_1+B_2)=AB_1+AB_2$, $(A_1+A_2)B=A_1B+A_2B$.
- ${}^{\mathrm{t}}(AB)={}^{\mathrm{t}}B\,{}^{\mathrm{t}}A$.
- 如果 $A=\lambda$ 为标量, 则 $AB=BA=\lambda B$, 其中 $B\in\mathbf{M}_n(\Lambda)$.
- 两个对角矩阵的乘积 (分别地, 上三角矩阵, 分别地, 下三角矩阵) 是对角矩阵 (分别地, 上三角矩阵, 分别地, 下三角矩阵).
- $\det(AB)=(\det A)(\det B)$, $\det A=\det{}^{\mathrm{t}}A$.
- 如果 A 为三角矩阵, 它的行列式是对角线上的元的乘积.
- 一个矩阵的行列式是该矩阵的列向量或行向量的交错多重线性形式; 它在将一行 (分别地, 列) 的倍数加到其他行 (分别地, 列) 上时, 或者将其他行 (分别地, 列) 的线性组合加到这一行 (列) 时, 保持不变.
- 一个矩阵的行列式可由按行 (分别地, 列) 展开来计算.
- $A\,{}^{\mathrm{t}}\operatorname{cof}(A)=(\det A)1_n={}^{\mathrm{t}}\operatorname{cof}(A)A$.
- 范德蒙德行列式 $\operatorname{VdM}(\alpha_1,\ldots,\alpha_n)=\prod_{i<j}(\alpha_j-\alpha_i)$.

「 例如, 如果我们想要对 $A=(a_{i,j}),B=(b_{i,j})\in\mathbf{M}_n(\Lambda)$ 证明公式 $\det(AB)=(\det A)(\det B)$, 其中 Λ 任意, 则可先从系数在 $\mathbf{Z}$ 中的变量 $A_{i,j}$ 和 $B_{i,j}$, 其中 $1\leqslant i,j\leqslant n$ 的多项式环 Λ_{univ} 着手 (如果 $n=2$, 则有 $\Lambda_{\text{univ}}=\mathbf{Z}[A_{1,1},A_{1,2},A_{2,1},A_{2,2},B_{1,1},B_{1,2},B_{2,1},B_{2,2}]$). 令 $A_{\text{univ}}=(A_{i,j})$, $B_{\text{univ}}=(B_{i,j})$; 它们是 $\mathbf{M}_n(\Lambda_{\text{univ}})$ 中的元, 而我们将它们看作是一对 $n\times n$ *泛矩阵*, 意思是说, 对任意交换环 Λ, $\mathbf{M}_n(\Lambda)$, λ 中的每对元素可由 $A_{i,j}$ 和 $B_{i,j}$ 取 Λ 中的值得到. 于是, 因为如果 $A,B\in\mathbf{M}_n(\mathbf{C})$ 有 $\det(AB)=(\det A)(\det B)$, 便得到 $R=\det(A_{\text{univ}}B_{\text{univ}})-(\det A_{\text{univ}})(\det B_{\text{univ}})$ 恒为零. 我们因而有 $R=0$, 而这个由 R 定义的多项式函数在任意环 Λ 上恒为零便证明了对于任意 $A,B\in\mathbf{M}_n(\Lambda)$ 和任意 Λ $\det(AB)=(\det A)(\det B)$ 成立. 」

习题 7.7. — 我们在环 $\mathbf{Z}[X_1,\ldots,X_n]$ 中讨论.

(i) X_n 在 $\operatorname{VdM}(X_1,\ldots,X_n)$ 的次是多少, 它的首项系数是什么? (可按最后一行展开.)

(ii) 计算 $\operatorname{VdM}(X_1,\ldots,X_n)$; 由此得出 $\operatorname{VdM}(\alpha_1,\ldots,\alpha_n)=\prod_{i<j}(\alpha_j-\alpha_i)$, 其中

$\alpha_1, \ldots, \alpha_n$ 属于任意交换环 Λ.

如果 Λ 为环, 则 $\mathbf{M}_n(\Lambda)$ 也为环, 同样也是个单式 Λ-代数, 这是因为其乘法是结合的, 而且对于加法是分配的 (参看上面的第一个 •).

• $A \in \mathbf{M}_n(\Lambda)$ 可逆当且仅当 $\det A \in \Lambda^*$; 以 $\mathbf{GL}_n(\Lambda)$ 记环 $\mathbf{M}_n(\Lambda)$ 中的可逆元的集合.

「如果 B 是 A 的逆, 由于 $\det(AB) = (\det A)(\det B)$, 故 $\det B$ 是 $\det A$ 的逆; 反之, 如果 $\det A$ 可逆, 则 A 可逆, 且其逆元为 $(\det A)^{-1}\, {}^{\mathrm{t}}\mathrm{cof}(A)$. 」 [83]

• 满足 $\det A = 1$ 的 $A \in \mathbf{M}_n(\Lambda)$ 的集合 $\mathbf{SL}_n(\Lambda)$ 是 $\mathbf{GL}_n(\Lambda)$ 的子群.

「它是群态射 $A \to \det A$ 的核. 」

• 设 $\varphi : \Lambda_1 \to \Lambda_2$ 为环态射, 则 $(a_{i,j}) \mapsto (\varphi(a_{i,j}))$ 诱导了环态射 $\varphi : \mathbf{M}_n(\Lambda_1) \to \mathbf{M}_n(\Lambda_2)$ 和群态射 $\varphi : \mathbf{GL}_n(\Lambda_1) \to \mathbf{GL}_n(\Lambda_2)$ 和 $\varphi : \mathbf{SL}_n(\Lambda_1) \to \mathbf{SL}_n(\Lambda_2)$.

「证明有点乏味但完全是照单抓药. 」

习题 7.8. — 证明 $\mathbf{M}_n(\Lambda)$ 的对角线系数全可逆的三角矩阵的集合 $B(\Lambda)$ 是 $\mathbf{GL}_n(\Lambda)$ 的子群.

习题 7.9. — 设 $D \geqslant 1$ 为整数.

(i) 设 $\Gamma(D)$ 为 $\left(\begin{smallmatrix} a & b \\ c & d \end{smallmatrix}\right) \in \mathbf{SL}_2(\mathbf{Z})$ 使得 D 整除 $a-1, d-1, b$ 和 c 的集合. 证明它是 $\mathbf{SL}_2(\mathbf{Z})$ 的子群.

(ii) 设 $\Gamma_0(D)$ 为 $\left(\begin{smallmatrix} a & b \\ c & d \end{smallmatrix}\right) \in \mathbf{SL}_2(\mathbf{Z})$ 使得 D 整除 c 的集合. 证明它是 $\mathbf{SL}_2(\mathbf{Z})$ 的子群.

7.7.1. 特征多项式和迹

如果 $A \in \mathbf{M}_n(\Lambda)$, 定义 A 的特征多项式 $\mathrm{Char}_A \in \Lambda[X]$ 为 $X - A \in \mathbf{M}_n(\Lambda[X])$ 的行列式.

• 如果 $A = (a_{i,j}) \in \mathbf{M}_n(\Lambda)$ 是上三角矩阵, 则 $\mathrm{Char}_A = \prod_{i=1}^n (X - a_{i,i})$.

「$X - A$ 是上三角的; 它的行列式因而是对角线上的项 $X - a_{1,1}, \ldots, X - a_{n,n}$ 的乘积. 」

• 矩阵和它的转置具有相同的特征多项式.

「我们有 ${}^{\mathrm{t}}(X - A) = X - {}^{\mathrm{t}}A$, 因而 $\det(X - {}^{\mathrm{t}}A) = \det(X - A)$. 」

• 两个相似矩阵具有相同的特征多项式: $\mathrm{Char}_{PAP^{-1}} = \mathrm{Char}_A$, 其中 $P \in \mathbf{GL}_n(\Lambda)$.

「如果 $B = P^{-1}AP$, 则 $X - B = P^{-1}(X - A)P$, 这是因为 X 是个标量矩阵, 从而 $\det(X - B) = (\det P^{-1})(\det(X - A))(\det P) = \det(X - A)$. 」

• 如果 Λ 是个域 K, A 的特征值是 Char_A 的根.

「$\lambda \in K$ 是 A 的一个特征值当且仅当 $u_A - \lambda$ 非可逆, 因而当且仅当 $\det(\lambda - A) = 0$. 」

• $\mathrm{Char}_A = X^n - (\mathrm{Tr}\,A)X^{n-1} + \cdots + (-1)^n \det A$; 特别地, Char_A 为 n 次首 1 多项式.

「 Char_A 的常数项为 $\det(-A) = (-1)^n \det A$. 现在回到行列式的定义上, 我们看到组成 X^n 和 X^{n-1} 的项是那些对应于 $\sigma = \mathrm{id}$ 的项. 由此知 $\mathrm{Char}_A - \prod_{i=1}^n (X - a_{i,i})$ 的次数 $\leqslant n-2$, 因而 $\mathrm{Char}_A = X^n - (\sum_{i=1}^n a_{i,i})X^{n-1} + \cdots$. 得到结论. 」

• $\mathrm{Char}_{AB} = \mathrm{Char}_{BA}$, 其中 $A, B \in \mathbf{M}_n(K)$; 特别地, $\mathrm{Tr}(AB) = \mathrm{Tr}(BA)$.

「 $\mathrm{Char}_{AB} = \mathrm{Char}_{BA}$ 已在注记 4.8 中建立. 公式 $\mathrm{Tr}(AB) = \mathrm{Tr}(BA)$ 来自它们 $n-1$ 次的项相等. 」

[84] • 如果 V 是个有限维的 K-向量空间, 且 $u \in \mathrm{End}(V)$, 则 u 在一组基上的矩阵的特征多项式不依赖这组基的选取; 记其为 Char_u, 称其为 u 的特征多项式; u 的特征值是 Char_u 的根.

「 由于 u 在两组不同基上的矩阵 A 和 B 是相似的 $(B = PAP^{-1})$, 而相似的矩阵具有相同的特征多项式, 故它与基的选取无关; 其余的断言随所选 V 的任一组基就能得到. 」

• 如果 Char_u 在 K 中可分解为单因子, 则存在 V 的一组基, 使 u 在此基上的矩阵为上三角阵; 其对角线上的系数则是 Char_u 的算上重数的根 (即 u 的特征值).

「 第二个断言是 $\mathrm{Char}_A = \prod_{i=1}^n (X - a_{i,i})$, $A = (a_{i,j})$ 为上三角矩阵的推论.

第一个断言的证明可由对 $n = \dim V$ 的归纳进行; 如果 $n = 1$, 无需证明. 设 $n \geqslant 2$. 由于 Char_u 可分解为单因子, u 至少有一个特征值 λ_1. 设 e_1 是对应于 λ_1 的特征向量, 令 $V_1 = Ke_1$. 设 W 是 V_1 在 V 中的补空间, 而 p 是到 W 的平行于 V_1 的投射. 于是 $p \circ u$ 在 W 上的限制是 W 的一个自同态, 按归纳假定我们得到了 W 的一组基 $e_2, \ldots, e_n$ 使得 $p \circ u$ 的矩阵 A_1 在此基下为上三角阵. 那么, 在基 $e_1, e_2, \ldots, e_n$ 下 u 的矩阵为 $\left(\begin{smallmatrix} \lambda_1 & C \\ 0 & A_1 \end{smallmatrix}\right)$, 其中 $C = (\alpha_2, \ldots, \alpha_n)$, 而 $\alpha_k e_1 = u(e_k) - p \circ u(e_k)$ 是 $u(e_k)$ 到 V_1 上的平行于 W 的投射; 因此它是上三角的, 故得结论. 」

定理 7.10. — (凯莱–哈密顿, 1858) 如果 Λ 为交换环, 且 $A \in \mathbf{M}_n(\Lambda)$, 则 $\mathrm{Char}_A(A) = 0$; 换言之, 一个矩阵被它的特征多项式化为零.

「 设 Λ_{univ} 为环 $\mathbf{Z}[X_{i,j}, 1 \leqslant i, j \leqslant n]$, 而 $A_{\mathrm{univ}} = (X_{i,j}) \in \mathbf{M}_n(\Lambda_{\mathrm{univ}})$, $B_{\mathrm{univ}} = \mathrm{Char}_{A_{\mathrm{univ}}}(A_{\mathrm{univ}}) \in \mathbf{M}_n(\Lambda_{\mathrm{univ}})$. 只要证明 $B_{\mathrm{univ}} = 0$ 即可 (因为 $\mathrm{Char}_A(A)$ 是 B_{univ} 在 $X_{i,j} = a_{i,j}$, $1 \leqslant i, j \leqslant n$ 的值). 为此, 只要证明由 B_{univ} 的系数定义的多项式函数在 $\mathbf{M}_n(\mathbf{C})$ 上恒为零即可. 换言之, 可设 $\Lambda = \mathbf{C}$.

由于 $\mathbf{C}$ 为代数闭域, 故存在 (参看前一个 •)$\mathbf{C}^n$ 的一组基 $f_1, \ldots, f_n$, 在此基上 u_A 的矩阵 $(c_{i,j})$ 是上三角阵, 从而 $\mathrm{Char}_A = \prod_{i=1}^n (X - c_{i,i})$. 如果 $1 \leqslant i \leqslant n$, 令 V_i 为由 $f_1, \ldots, f_i$ 生成的子空间 (因而有 $V_n = \mathbf{C}^n$, $V_0 = \{0\}$). 由于 $(c_{i,j})$ 是上三角阵, 故 $(u_A - c_{i,i})(V_i) \subset V_{i-1}$, 那么, 用一点归纳便可证明当 $k \leqslant n$ 时, $(\prod_{i=k}^n (u_A - c_{i,i}))(\mathbf{C}^n) \subset V_{k-1}$. 对 $k = 1$, 它证明了 $(\mathrm{Char}_A(u_A))(\mathbf{C}^n) = \{0\}$, 因此

$\mathrm{Char}_A(u_A)=0$, 并因为 $\mathrm{Char}_A(u_A)=0$ 是以 $\mathrm{Char}_A(A)$ 为相伴矩阵的自同态, 故 $\mathrm{Char}_A(A)=0$. 」

如果 $\dim V=n$, 我们则有 $\mathrm{Char}_u(X)=X^n-(\mathrm{Tr}\,u)X^{n-1}+\cdots+(-1)^n\det u$, 其中 $\mathrm{Tr}\,u$ 按定义是 u 的迹: 它是 u 在 V 的任意基上的矩阵的对角线上的系数和.

- 如果 $u_1,u_2\in\mathrm{End}(V)$, 则 $\mathrm{Tr}(u_1u_2)=\mathrm{Tr}(u_2u_1)$.

「选取一组基便可将此断言化成关于矩阵的相关断言. 」

7.8. 分块矩阵 [85]

如果 $\boldsymbol{n}=(n_1,\ldots,n_r)$, 令 $|\boldsymbol{n}|=n_1+\cdots+n_r$. 如果 $\boldsymbol{n}=(n_1,\ldots,n_r)$, $\boldsymbol{m}=(m_1,\ldots,m_s)$, 而 $A=(a_{\alpha,\beta})\in\mathbf{M}_{|\boldsymbol{n}|\times|\boldsymbol{m}|}(\Lambda)$, 我们则可将 A 写成 $(A_{i,j})_{i\leqslant r,j\leqslant s}$ 形式, 其中

$$A_{i,j}=(a_{\alpha,\beta})_{n_1+\cdots+n_{i-1}+1\leqslant\alpha\leqslant n_1+\cdots+n_i,m_1+\cdots+m_{j-1}+1\leqslant\beta\leqslant m_1+\cdots+m_j}\in\mathbf{M}_{n_i\times m_j}(\Lambda).$$

「举例来说, 设 $n=3=1+2$, $m=4=1+3$:

$$\begin{pmatrix}1&2&3&4\\0&5&2&7\\8&1&2&4\end{pmatrix}=\begin{pmatrix}A_{1,1}&A_{1,2}\\A_{2,1}&A_{2,2}\end{pmatrix},$$

$$A_{1,1}=(1),\quad A_{1,2}=(2,3,4),\quad A_{2,1}=\begin{pmatrix}0\\8\end{pmatrix},\quad A_{2,2}=\begin{pmatrix}5&2&7\\1&2&4\end{pmatrix}.$$ 」

按块的分解诱导了从 $\mathbf{M}_{|\boldsymbol{n}|\times|\boldsymbol{m}|}(\Lambda)$ 到 $\mathbf{M}_{\boldsymbol{n}\times\boldsymbol{m}}(\Lambda)$ 的同构, 后者表示块矩阵 $(A_{i,j})_{i\leqslant r,j\leqslant s}$, 其中 $A_{i,j}\in\mathbf{M}_{n_i\times m_j}(\Lambda)$, Λ 任意.

现在, 如果 $\boldsymbol{\ell}=(\ell_1,\ldots,\ell_t)$, 则可用前面的这个同构定义分块矩阵的乘积

$$\mathbf{M}_{\boldsymbol{n}\times\boldsymbol{m}}(\Lambda)\times\mathbf{M}_{\boldsymbol{m}\times\boldsymbol{\ell}}(\Lambda)\cong\mathbf{M}_{|\boldsymbol{n}|\times|\boldsymbol{m}|}(\Lambda)\times\mathbf{M}_{|\boldsymbol{m}|\times|\boldsymbol{\ell}|}(\Lambda)\to\mathbf{M}_{|\boldsymbol{n}|\times|\boldsymbol{\ell}|}(\Lambda)\cong\mathbf{M}_{\boldsymbol{n}\times\boldsymbol{\ell}}(\Lambda).$$

- 可以按照分块矩阵来计算这个乘积: 如果 $A=(A_{i,j})_{i\leqslant r,j\leqslant s}$, $B=(B_{j,k})_{j\leqslant s,k\leqslant t}$ 是两个分块矩阵, 其中 $A_{i,j}\in\mathbf{M}_{n_i\times m_j}(\Lambda)$, $B_{j,k}\in\mathbf{M}_{m_j\times\ell_k}(\Lambda)$, 则乘积 $C=AB$ 是一个分块矩阵 $(C_{i,k})_{i\leqslant r,k\leqslant t}$, 其中 $C_{i,k}=\sum_{j=1}^{s}A_{i,j}B_{j,k}$.

例如, 如果按照行 $X_{i,A}^*=(a_{i,1},\ldots,a_{i,m})$ 来分割矩阵 $A\in\mathbf{M}_{n\times m}(\Lambda)$, 并按照列 $X_{k,B}={}^{\mathrm{t}}(b_{1,k},\ldots,b_{m,k})$ 来分割矩阵 $B=\mathbf{M}_{m\times\ell}(\Lambda)$, 则 AB 是由 $X_{i,A}^*X_{k,B}=\sum_{j=1}^{m}a_{i,j}b_{j,k}$ 构成的分块矩阵 (它的块是 1×1 矩阵).

「公式 $AB=(X_{i,A}^*X_{k,B})_{i\leqslant n,k\leqslant\ell}$ 按乘积的定义立即可知这是两个矩阵的乘积. 由此, 当将 A' 和 A'' 分割成行, 将 B' 和 B'' 分割成列时, 我们有 $\binom{A'}{A''}(B',B'')=\begin{pmatrix}A'B'&A'B''\\A''B'&A''B''\end{pmatrix}$. 现设 $A=(a_{i,j})\in\mathbf{M}_{n\times m}(\Lambda)$ 被分割成 $A=(A'\ \ A'')$, 其中 $A'=(a_{i,j})\in\mathbf{M}_{n\times m_1}(\Lambda)$, $A''=(a_{i,j+m_1})\in\mathbf{M}_{n\times m_2}(\Lambda)$, 又如果 $B=(b_{j,k})\in\mathbf{M}_{m\times\ell}(\Lambda)$ 被

分割成 $B = \binom{B'}{B''}$, 其中 $B' = (b_{j,k}) \in \mathbf{M}_{m_1\times\ell}(\Lambda)$, $B'' = (b_{j+m_1,k}) \in \mathbf{M}_{m_2\times\ell}(\Lambda)$, 恒等式 $AB = A'B' + A''B''$ 是分解 $\sum_{j=1}^{m} a_{i,j}b_{j,k} = \sum_{j=1}^{m_1} a_{i,j}b_{j,k} + \sum_{j=1}^{m_2} a_{i,j+m_1}b_{j+m_1,k}$ 的翻版. 因此我们已经在分割成两块的情形验证了结果. 一般的情形可由对行和列的分割块数进行归纳得到: 当将一个行块或一个列块再分割成两块时, 便加进了我们已经会处理的 1×2 和 2×1 的块乘积. 」

如果 $n = m, r = s, n_1 = m_1, \ldots, n_r = m_r$, 我们便得到了分块方阵. 简单地, 以 $\mathbf{M}_{\boldsymbol{n}}(\Lambda)$ 记 $\boldsymbol{n}\times\boldsymbol{n}$ 分块方阵,. 两个 $\mathbf{M}_{\boldsymbol{n}}(\Lambda)$ 中的元的乘积仍是 $\mathbf{M}_{\boldsymbol{n}}(\Lambda)$ 中的元.

称一个分块方阵为对角的 (分别地, 上三角的, 分别地, 下三角的) 是说在对角线外 (分别地, 下面, 分别地, 上面) 的块均为零; 称它为三角的是说它是上或下三角的.

- 两个对角 (分别地, 上三角, 分别地, 下三角) 分块矩阵的乘积仍是对角的 (分别地,
[86] 上三角的, 分别地, 下三角的) 分块矩阵.

「 如果 $i \in \{1,\ldots,r\}$, 以 V_i 记 $K^{|\boldsymbol{n}|}$ 的由 $e_{n_1+\cdots+n_{i-1}+1},\ldots,e_{n_1+\cdots+n_i}$ 生成的子空间. 于是, A 为对角分块矩阵当且仅当对所有 $i\in\{1,\ldots,s\}$, V_i 在 u_A 下稳定, 而 A 为上三角矩阵当且仅当对于所有的 $i\in\{1,\ldots,r\}$, $K^{|\boldsymbol{n}|}$ 的子空间 $V_1\oplus\cdots\oplus V_i$ 在 u_A 下稳定. 由于这些条件在复合下稳定, 故可得出前两个断言. 至于下三角情形用转置就可得到. 」

- 分块三角矩阵的行列式是对角线上的块的行列式的乘积.

「 下三角情形通过转置可化为上三角情形. 另外用归纳立即表明只要处理 2×2 分块情形就可以了. 于是, 设 $A = (A_{i,j}) \in \mathbf{M}_{(n_1,n_2)}(\Lambda)$ 是上三角矩阵. 以 $(a_{\alpha,\beta})_{\alpha,\beta\leqslant n_1+n_2}$ 记 A 的系数. 按 A 是分块上三角矩阵的假定, 当 $\alpha\leqslant n_1$ 且 $\beta > n_1$ 时 $a_{\alpha,\beta}=0$. 于是在 $\det A = \sum_{\sigma\in S_{n_1+n_2}} \operatorname{sign}(\sigma)\prod_{\alpha=1}^{n_1+n_2} a_{\alpha,\sigma(\alpha)}$ 中, 仅有的非零项是那些对应于使 $I_1 = \{1,\ldots,n_1\}$ 稳定, 从而也使 $I_2 = \{n_1+1,\ldots,n_1+n_2\}$ 稳定的 σ 项. 这样的一个置换因而可写成 $\sigma_1\sigma_2$ 形式, 其中 σ_i 是 I_i 中的置换但却看作是 $\{1,\ldots,n_1+n_2\}$ 的将 I_{3-i} 固定不动的置换, 而这个写法诱导了从 $\operatorname{Perm}(I_1)\times\operatorname{Perm}(I_2)$ 到 $S_{n_1+n_2}$ 中使 I_1 和 I_2 稳定的子群的同构. 由于 $\operatorname{sign}(\sigma_1\sigma_2) = \operatorname{sign}(\sigma_1)\operatorname{sign}(\sigma_2)$, 我们得到了所要的结果:

$$
\begin{aligned}
\det A &= \sum_{\sigma_1,\sigma_2}\prod_{i=1}^{2}\operatorname{sign}(\sigma_i)\prod_{i=1}^{2}\prod_{\alpha\in I_i} a_{\alpha,\sigma_i(\alpha)} \\
&= \prod_{i=1}^{2}\left(\sum_{\sigma_i}\operatorname{sign}(\sigma_i)\prod_{\alpha\in I_i} a_{\alpha,\sigma_i(\alpha)}\right) = \prod_{i=1}^{2}\det A_{i,i}. \quad 」
\end{aligned}
$$

8. 有关 (交换) 域论的几个论述

这一节中的所有域都设为交换的.

- 如果 F 为域, 且 $\varphi: F\to A$ 是个环态射, 其中 $A\neq\{0\}$, 于是 φ 为单射. 称从域

F 到环 $A \neq \{0\}$ 的态射为 F 在 A 中的嵌入. 如果 $F \subset K$ 均为域, 且 φ 为 F 在 A 中的嵌入, φ 到 K 的一个扩张是从 K 到 A 中的一个嵌入, 使得它在 F 上的限制为 φ.

• 如果 K 为域, 且 $\iota : A \to K$ 为一个环间的单射 (从而 A 为整环), 如果令 $\iota(\frac{a}{b}) = \frac{\iota(a)}{\iota(b)}$, 则 ι 可扩张为从 $\mathrm{Fr}(A)$ 到 K 的一个域间的单射.

• 如果 F 为域, 则存在唯一的从 $\mathbf{Z}$ 到 F 的环态射. 如果这个态射为单射, 我们则称 F 具有特征 0, 这时 F 包含了 $\mathrm{Fr}(\mathbf{Z}) = \mathbf{Q}$. 在相反的情形, 由于 $\mathbf{Z}$ 在 F 中的像是个整环 (故是 $\mathbf{Z}$ 的一个商, 从而具有 $\mathbf{Z}/D\mathbf{Z}$ 形式), 因此存在一个素数 p 使得它的像为具有 p 个元的域 $\mathbf{F}_p$; 这时我们称 F 具有特征 p. 故 F 是一个 $\mathbf{F}_p$-空间, 特别地, 对于每一个 $x \in F$ 有 $px = 0$.

• 如果 F 的特征为 p, 则 $\varphi : F \to F : \varphi(x) = x^p$ 是一个域态射 (弗罗贝尼乌斯态射). [87]

「我们有 $\varphi(1) = 1, \varphi(xy) = (xy)^p = x^p y^p = \varphi(x)\varphi(y)$, 且因为 $\binom{p}{i}$ 当 $1 \leqslant i \leqslant p-1$ 时被 p 整除, 故有 $\varphi(x+y) = (x+y)^p = x^p + \sum_{i=1}^{p-1} \binom{p}{i} x^i y^{p-i} + y^p = x^p + y^p = \varphi(x) + \varphi(y)$. 得到结论.」

我们记得, 如果 F 是个域, 而 $P \in F[X]$ 不可约, 则 P 生成的理想是个极大理想, 从而 $F[X]/(P)$ 为域, 这给我们提供了一个构造域的办法. 更一般地, 如果 A 是交换环, 且 I 是异于 A 的理想, 则可找到一个包含了 I 的极大理想(60) $\mathfrak{m}$, 从而 $A/\mathfrak{m}$ 为域.

8.1. 有限子扩张

如果 F 和 K 为满足 $F \subset K$ 的域, 那么我们就称 F 是 K 的一个子域而 K 则是 F 的一个扩域. 于是 K 是 F 上的一个向量空间, 称它的作为 F 上的向量空间的维数为扩域 K/F 的次数 $[K:F]$. 如果 $[K:F] < +\infty$, 则说 K 是 F 的有限扩域; 称相反的情形为 K 为 F 的无限扩域.

如果 K 为域, 而 Z 是 K 的一个子集, 则包含 Z 的所有子域 (分别地, 子环) 的交是个子域 (分别地, 子环): 这是 K 的由 Z 生成的子域 (分别地, 子环).

— 如果 F 是 K 的一个子域, 而 $\alpha \in K$, 我们分别记 $F(\alpha)$ 和 $F[\alpha]$ 为 K 的由 F 和 α 生成的子域和子环.

— 更一般地, 如果 $\alpha_1, \ldots, \alpha_n \in K$, 分别以 $F(\alpha_1, \ldots, \alpha_n)$ 和 $F[\alpha_1, \ldots, \alpha_n]$ 记由 F 和 $\alpha_1, \ldots, \alpha_n$ 生成的子域和子环.

— 如果 F_1, F_2 为 K 的两个子域, 以 $F_1 \cdot F_2$ 表示由它们生成的 K 的子域.

• 如果 K/F 为扩域, 而 M 是 K 的 $\geqslant 1$ 的有限维 F-子向量空间; 如果它在乘法下稳定, 则 M 是 K 的子域.

「M 是 K 的 F-子向量空间的假定表明它是一个加法子群. 由于它在乘法下稳定, 故只要证明 $1 \in M$ 且 M 的所有非零元 γ 的逆均在 M 中即可. 设 $\alpha \in M - \{0\}$. M 到 M 的映射 $x \mapsto \gamma x \alpha$ 为 F-线性形式; 另外因为 γ 在 K 中可逆, 故它是个单

(60) 对于任意一个环, 这种环的存在性依赖选择公理.

射; 又因为 M 是有限维的, 故它又是个满射; 从而存在 x' 使得 $\gamma x'\alpha=\alpha$. 于是得到 $\gamma x'=1$, 因此 $1\in M$, 并且 x' 是 γ 的逆. 证完. 」

- 如果 K 是 F 的有限扩域, 且 L 是 K 的有限扩域, 则 L 是 F 的有限扩域, 并且 $[L:F]=[L:K][K:F]$.

「假定 $[K:F]=r,[L:K]=s$. 设 $\alpha_1,\ldots,\alpha_r$ 为 K 在 V 上的一组基, $\beta_1,\ldots,\beta_s$ 为 L 在 K 上的一组基. 对于 $1\leqslant i\leqslant r,1\leqslant j\leqslant s$, $\alpha_i\beta_j$ 是 L 中的元; 我们将证明它们构成了 L 在 K 上的一组基, 从而得到结论.

[88] • 设 $x\in L$. 由于这些 β_i 构成 L 在 K 上的一组基, 故可将 x 写成 $x=\sum_{j=1}^{s}x_j\beta_j$, 其中 $x_j\in K$, 又因为 α_i 构成 K 在 F 上的一组基, 我们则可将每个 x_j 写成 $\sum_{i=1}^{r}x_{j,i}\alpha_i$, 其中 $x_{i,j}\in F$. 由此得到 $x=\sum_{j=1}^{s}\sum_{i=1}^{r}x_{j,i}\alpha_i\beta_j$ 是 $\alpha_i\beta_j$ 的系数在 F 中的线性组合, 从而这些 $\alpha_i\beta_j$ 是 L 在 F 上的一个生成元族.

• 如果 $\sum_{j=1}^{s}\sum_{i=1}^{r}x_{j,i}\alpha_i\beta_j=0$, $x_{j,i}\in F$, 我们便有 $\sum_{j=1}^{s}(\sum_{i=1}^{r}x_{j,i}\alpha_i)\beta_j=0$. 然而这些 β_j 是 K 上的无关族, 故对所有的 i 有 $\sum_{i=1}^{r}x_{j,i}\alpha_i=0$, 又由于 α_i 构成 F 上的无关族, 且 $x_{j,i}\in F$, 故得到 $x_{j,i}$ 全为零, 证明了 $\alpha_i\beta_j$ 是 F 上的无关族.

证完. 」

- 设 F 为域, L 是 F 的扩域. 如果 F_1,F_2 是包含在 L 中的 F 的两个有限扩域, 则存在 L 中的 F 的有限扩域 K, 并且它包含了 F_1,F_2, 特别地, $F_1\cdot F_2$ 是 F 的有限扩域.

「如果 $1=\alpha_1,\ldots,\alpha_r$ (分别地, $1=\beta_1,\ldots,\beta_s$) 是 F_1 (分别地, F_2) 的一个生成元族. 则可取 K 为 L 的由 $\alpha_i\beta_j$ 生成的 F-子向量空间. 事实上, 由于它包含了 $\alpha_i=\alpha_i\beta_1$ (分别地, $\beta_j=\alpha_1\beta_j$), 故 K 包含了 F_1 (分别地, F_2); 再者

— K 在 F 上的维数 $\leqslant rs$, 故有限,

— 如果 $\alpha\in F_1,\beta\in F_2$, 则 K 包含了 $\alpha\beta$ (只要写出 $\alpha=\sum_{i=1}^{r}a_i\alpha_i$ 和 $\beta=\sum_{j=1}^{s}b_j\beta_j$, 其中 a_i,b_j 属于 F, 然后展开这个乘积); 它因而包含那些 $(\alpha_i\beta_j)(\alpha_k\beta_\ell)=(\alpha_i\alpha_k)(\beta_j\beta_\ell)$, 这证明了它在乘法下稳定.

现在可由第一个 • 得到结论. 」

8.2. 代数性, 超越性

- 下面的条件等价:

(a) $F(\alpha)/F$ 为有限扩域,

(b) 存在扩域 K 中的一个包含 α 的有限扩域 F',

(c) 存在非零的多项式 $P\in F[X]$ 使得 $P(\alpha)=0$.

称 α 在 F 上是代数的, 或 α 代数于 F, 是说它满足上述条件, 否则则说 α 在 F 上为超越的.

「

• (a)⇒ (b) 显然 (取 $F'=F(\alpha)$), 而因为 $F(\alpha)\subset F'$, 反向也显然.

• 如果 $\alpha \in F'$, 且 $[F':F]=d$, 则 $1,\alpha,\ldots,\alpha^d$ 是 d 维 F-向量空间 F' 的一个相关族. 因而存在不全为零的 $a_0,\ldots,a_d \in F$ 使得 $\sum_{i=0}^d a_i\alpha^i=0$, 那么我们可取 $P=\sum_{i=1}^d a_iX^i$, 从而证明了 (b)⇒ (c).

• 如果 $P \in F[X]$ 为 $n \geqslant 1$ 次多项式, 且 $P(\alpha)=0$. 我们可将 α^n 写成 $\alpha^n=a_{n-1}\alpha^{n-1}+\cdots+a_0$, 其中 $a_0,\ldots,a_{n-1}\in F$. 由此得到, 由 $1,\alpha,\ldots,\alpha^{n-1}$ 生成的 K 的 F-子向量空间 M 在乘以 α 下稳定; 因而在乘以 α^i, $i\in\mathbf{N}$ 下稳定, 于是在乘以线性组合 $\sum_{i=0}^{n-1}\lambda_i\alpha^i$ 下稳定. 换言之, 它在乘法下稳定, 而因为它在 F 上为有限维的, 故按照 8.1 小节的第一个 •, 它是 K 的子域. 即得到了 (c)⇒ (b). 证完. 」

• 如果 α 代数于 F, 使得 $Q(\alpha)=0$ 的 $Q\in F[X]$ 的集合是 $F[X]$ 中的一个非零理想; 它的首 1 生成元 P (称为 α 的极小多项式) 是个不可约多项式, 而且 $F(\alpha)$ 同构于 $F[X]/(P)$.

「 使得 $Q(\alpha)=0$的 $Q\in F[X]$ 的集合是 $F[X]$ 的一个理想这个断言是显而易见 [89]
的; 它为非空的是由于按假定, α 是个代数元. 如果 P 是个首 1 生成元, 且 $P=P_1P_2$, 其中 P_1 和 P_2 也是首 1 的, 由于 L 为域, 这意味着 $P_1(\alpha)=0$ 或者 $P_2(\alpha)=0$. 因此 P 整除 P_1 或 P_2; 因次数的缘故它们相等; 故 P 不可约.

现在, $F(\alpha)$ 作为包含 F 和 α 的 K 的子环包含了系数在 F 中的 α 的多项式; 换言之, 它包含了在映射 $Q\mapsto Q(\alpha)$ 下的 $F[X]$ 的像 L. 但是这个映射的核是由 P 生成的理想; 因而诱导了域 $F[X]/(P)$ 到 L 上的同构, 于是 L 是包含 F 和 α 的 K 的子域, 而 $F(\alpha)$ 也是这样的, 故 $L=F(\alpha)$. 得证. 」

• 如果 α 代数于 F, 且 P 是它的极小多项式, 则 $[F(\alpha):F]=\deg P$ (称它是 α 在 F 上的次数).

「 设 $P=X^d+a_{d-1}X^{d-1}+\cdots+a_0\in F[X]$, 它不可约. 考虑到前一个 •, 只需证明 $K=F[X]/(P)$ 是 F 的 d 次扩域即可. 为此, 只需证明 $1,X,\ldots,X^{d-1}$ 是 K 在 F 上的一组基就可以了.

• 它们构成了一个无关族, 否则存在不全为零的 $b_0,\ldots,b_{d-1}$, 使得 $\sum_{i=0}^{d-1}b_iX^i=0$, 由此推出 P 整除 $\sum_{i=0}^{d-1}b_iX^i$, 因次数之故, 矛盾.

• 为了证明它们是生成元族, 只需证明对所有的 $n\in\mathbf{N}$, X^n 是 $1,X,\ldots,X^{d-1}$ 的线性组合即可. 当 $n\leqslant d-1$ 时显然; 对 $n\geqslant d$, 如果 $X^{n-1}=\sum_{i=0}^{d-1}c_{n-1,i}X^i$, 则有 $X^n=\sum_{i=0}^{d-1}c_{n-1,i}X^{i+1}=\sum_{i=0}^{d-1}c_{n,i}X^i$, 其中 $c_{n,i}=c_{n-1,i-1}-a_i$, 因此可由归纳得到结论. 」

称在 F 上的代数元 $\alpha,\beta\in K$ 在 F 上共轭是说它们的极小多项式相同. 特别地, 两个共轭元的次数相等. 如果 $\alpha\in K$ 在 F 上的极小多项式为 P, 则 α 在 K 中的共轭元是 P 的属于 K 的那些根. 如果 K 为代数闭域, 且 α 的次数为 d, 则 α 在 K 中有 d 个共轭元, 其中计入了重数. 称 α 为可分的是说它的极小多项式没有重根. 当 F 特征为 0 时这自动成立, 但当 F 特征为 p 时则不然.

「 如果 P 不可约, 则它当 $P'\neq 0$ 时与 P' 互素 (否则将整除 P', 但 $\deg P'<\deg P$,

矛盾), 因而当 $P' \neq 0$ 时, P 没有重根. 如果 F 的特征为 0, 这个条件自动满足, 但在特征为 p 的情形如在 $\mathbf{F}_p$ 上的 $X^p - T$ 这个例子所示则不是如此. 」

- 如果 α 为在 F 上的超越元, 则 $F(\alpha)$ 同构于一个变元的有理分式域 $F(T)$.

「将 T 映成 α 的从 $F[T]$ 到 K 的环态射的核为零, 这是因为 α 是超越元. 因此它可延拓为从域 $F(T)$ 到 K 的环同态:$\frac{P}{Q} \mapsto \frac{P(\alpha)}{Q(\alpha)}$. 因为 $F(T)$ 为域, 它在此态射下的像 L 也是一个域, 从而此态射是从 $F(T)$ 到 L 上的同构.

现在, L 包含了 F 和 α; 因而也就包含了 $F(\alpha)$. 反之, $F(\alpha)$ 包含了对任意 n 的 α^n, 从而包含了对任意 $P \in F[X]$ 的 $P(\alpha)$, 因而也就包含了对任意 $P \in F[X]$ 和任意 $Q \in F[X] - \{0\}$ 的 $\frac{P(\alpha)}{Q(\alpha)}$; 它包含了 L, 故 $L = F(\alpha)$. 证完. 」

[90] 8.3. 代数扩张, 整闭包

- 如果 α 和 β 代数于 F, 则 $\alpha+\beta, \alpha\beta$ 也代数于 F; 当 $\alpha \neq 0$ 时, α^{-1} 也如此. K 中的所有代数于 F 的元的集合 (称为 F 在 K 中的整闭包[25]) 因而是 K 的子域.

「α^{-1} 的代数性因它属于 F 的有限扩域 $F(\alpha)$ 这个事实. 现在, 如果 α 和 β 代数于 F, 则 $F(\alpha)$ 和 $F(\beta)$ 为 F 的有限扩域, 并且根据 8.1 小节的第三个 •, 存在一个包含 $F(\alpha)$ 和 $F(\beta)$ 的, 包含在 K 中的, F 的有限扩域 L. 于是 L 包含了 $\alpha+\beta, \alpha\beta$, 它证明了 $\alpha+\beta$ 和 $\alpha\beta$ 代数于 F. 得到结论. (我们可以利用根的对称函数来得到此结果, 参看习题 4.11.) 」

称扩域 K/F 是代数的是说每个 $\alpha \in K$ 都代数于 F; 在相反的情形则称扩域 K/F 为超越的.

- 如果 L/K 和 K/F 为代数扩域, 则 L/F 也是代数的.

「设 $\alpha \in L$. 按假定, α 代数于 K, 故存在 $P \in K[X]$, $\deg P \geqslant 1$ 使得 $P(\alpha) = 0$. 另外, 作为代数扩域 K 的由 P 的系数和 F 生成的子域 F' 是 F 的一个有限扩域. 因而有 $[F'(\alpha) : F'] \leqslant \deg P$, 故 $[F'(\alpha) : F]$ 有限; 更不用说 $[F(\alpha) : F]$ 是有限的了, 这证明了 α 是 F 上的代数元. 证完. 」

设 K/F 是个扩域. 称 $P \in F[X]$ 在 K 中完全分解或称 P 的所有根在 K 中, 是说可以将 P 写成次数为 1 的因子的乘积.

称 K 为代数闭域是说每个 $P \in K[X]$ 均可在 K 中完全分解, 等价于说, $K[X]$ 中的不可约多项式的次数全为 1, 又或者说对每个次数 $n \geqslant 1$ 的多项式 $P \in K[X]$ 在 K 中有 n 个根 (算上重数). 这由对次数的归纳立即可得: 只需证明每个次数 $\geqslant 1$ 的多项式 $P \in K[X]$ 在 K 中至少有一个根即可. 复域 $\mathbf{C}$ 是代数闭域的基本例子 (代数基本定理, 参看习题 8.3 的证明).

- 一个域为代数闭域当且仅当它没有其他的代数扩域.

「设 $P \in F[X]$ 为不可约多项式, 则由 $F[X]/(P)$ 是 $\deg P$ 次代数扩域, 得到结论. 」

[25] 一般称 F 为在 K 中的代数闭包而把整闭包的名字专门用于环的情形.

称 K 为 F 的代数闭包是说 K 为代数闭域, 且 K 是 F 的代数扩域. 例如, $\mathbf{C}$ 是 $\mathbf{R}$ 的代数闭包. 我们将在下一节看到, 对于固定的 $P \in K[X]$, 如何构造包含 P 的所有根的 F 的代数扩域, 并且在 8.8 小节中还会看到如何用添加所有 $P \in K[X]$ 的所有根的方法构造 F 的代数闭包 (如果从任意域出发则要求利用选择公理, 但如果从 $\mathbf{C}$ 的一个子域出发, 如同下一个 • 的证明那样, 就不需要了).

• 如果 K/F 为一个扩域, 且 K 为代数闭域, 则 F 在 K 中的整闭包 $\overline{F}$ 是 F 的一个代数闭包. 例如, 代数数的集合 $\overline{\mathbf{Q}}$ (即那些代数于 $\mathbf{Q}$ 的 $\alpha \in \mathbf{C}$ 的集合) 是 $\mathbf{Q}$ 的一 [91]
个代数闭包.

「只需证明 $\overline{F}$ 是代数闭域就可以了. 设 $P \in \overline{F}[X]$, 不可约. 如果 $\deg P = n > 1$, 则 P 在 K 中有个不属于 $\overline{F}$ 的根, 而 $\overline{F}(\alpha)$ 是包含在 K 中的 $\overline{F}$ 的一个代数扩域, 且严格地包含了 $\overline{F}$. 由于 $\overline{F}$ 代数于 F, 故由前面的 • 知 $\overline{F}(\alpha)$ 也代数于 F, 从而与 $\overline{F}$ 的定义相矛盾, 断言得证.」

习题 8.1. — (i) 证明 $X^3 + X + 1$ 在 $\mathbf{Q}[X]$ 中不可约 (可以先证明, 如若 $X^3 + X + 1$ 在 $\mathbf{Q}$ 中有一个根, 则必属于 $\mathbf{Z}$).

(ii) 设 $\alpha \in \mathbf{C}$ 满足 $\alpha^3 + \alpha + 1 = 0$, 且 $K \subset \mathbf{C}$ 是 $\mathbf{Q}$ 的一个包含 α 的有限扩域. 证明 $[K : \mathbf{Q}]$ 被 3 整除.

(iii) 证明 α 不属于 $\mathbf{C}$ 的由 $\mathbf{Q}$ 和那些 $\sqrt{n}$, $n \in \mathbf{N}$ 生成的子域.

习题 8.2. — (i) 证明 $\mathbf{Q}(\sqrt{2}, \sqrt{3})$ 是 $\mathbf{Q}$ 的 4 次扩域.

(ii) 设 $\alpha_1, \alpha_2, \alpha_3$ 为 $X^3 - 2$ 在 $\mathbf{C}$ 中的根. 证明 $[\mathbf{Q}(\alpha_1, \alpha_2, \alpha_3) : \mathbf{Q}] = 6$.

(iii) 设 K/F 为一扩域, 且 $\alpha, \beta \in K$ 代数于 F, 次数分别为 r 和 s. 证明, 如果 r 和 s 互素, 则 α 在 $F(\beta)$ 上的次数为 r. 此结果在 $(r, s) \neq 1$ 还成立吗?

8.4. 用直尺和圆规作图

希腊人曾热衷于用直尺和圆规构图, 他们留给我们三个令他们头疼的问题, 即

◇ 倍立方问题: 构作一个立方体其体积为已知立方体体积的一半.

◇ 三分角问题: 将一个角切分为三等分 (用直尺和圆规平分一个角是很容易的).

◇ 圆变方问题: 构作一个正方形其面积等于已知圆盘的面积.

前两个问题已经由 Wantzel (1837) 解决 (否定的: 倍立方和任意角的三等分都是不可构图的), 而第三个问题也由 Lindemann (1882) 解决 (否定的: 不可能进行圆变方的构图), 他证明了 π 是个超越数 (参看附录 E, 那里有这个超越性的证明). 为了解释是如何证明这些结果的[61], 我们需要对这些问题进行更准确的阐述.

如果 I 是基数 $\geqslant 2$ 的一个对应于复平面上点的集合, 我们作联结 I 中所有两个点

[61] 有许多业余数学家很难接受这个断言的真正意义, 他们相信之所以没有解是因为没有找到一个特别的方法, 一定存在其他的方法让他们可以从正面解决这些问题.

间的连线, 以及圆心在 I 中的一个点而半径为 I 中两点间距离的圆. 记 I' 为 I 与这些直线和如此得到的圆的交点的集合. 然后归纳地定义平面中点集的一个递增序列: $I^{[0]}=I, I^{[n+1]}=(I^{[n]})'$. 我们说 P 是从 I 出发用直尺和圆规可构作的是指它属于某个 $I^{[n]}$ ($I^{[n]}$ 是那些小于 n 步可构作的点的集合). 我们可以对复平面的点做一些标记上的改变而假设 I 包含了 0 和 1. 立方加倍要求从 0 和 1 出发构作出 $\sqrt[3]{2}$, 而三分角则要求从 0, 1 和 $e^{i\alpha}$ 出发构作 $e^{i\alpha/3}$, 至于圆变方所要求的是从 0 和 1 出发构作 $\sqrt{\pi}$.

[92] 就像假定 I 包含了 0 和 1 那样, 我们用一点技巧就可证明从 I 出发的可构作的数是 $\mathbf{C}$ 的一个子域.[譬如, 要证明 z 是可构作的当且仅当它的实部和虚部都是可构作的, 并利用构作实数的乘法和除法的泰勒斯定理 (可作平行于一条通过已知点的直线的平行线)]. 进而, 对给出圆和直线的相交的方程稍加分析便可证明, 用由 I 中的元的实部和虚部生成的域的一系列 2 次扩域便得到了可构作数的域 (进一步的一点技巧还能证明, 反过来, 所有由 I 中的元的实部和虚部生成的域的一系列 2 次扩域得到的域的每个元都是可构作的).

要证明倍立方的不可能性, 只需证明 $\sqrt[3]{2}$ 不属于 $\mathbf{C}$ 的任何一个由 $\mathbf{Q}$ 出发的一系列 2 次扩域得到的域 L 即可. $\sqrt[3]{2}$ 在 $\mathbf{Q}$ 上的次数为 3, 而 L 的次数 2^n 不能被 3 整除, 故得结果.

同样地, 譬如我们可以证明边长为 3, 4, 5 的三角形的锐角不能被三等分. 实际上, 设 $\beta=\frac{3+4i}{5}$, 则 $\beta=\frac{2+i}{2-i}$, 而 $2+i$ 和 $2-i$ 分别生成了 $\mathbf{Z}[i]$ 的不同素理想, 从而 $v_{2+i}(\beta)=1$, 这证明了 β 在 $\mathbf{Q}(i)=\mathbf{Q}(\beta)$ 中不是一个立方, 从而 $x^3-\beta=0$ 在 $\mathbf{Q}(i)[X]$ 中不可约. 于是 β 的立方根在 $\mathbf{Q}(i)$ 中的次数为 3, 那么便不是从 β 出发的可构作元 (它的实部和虚部均为有理数). 但存在可三分的角: 例如 $(\frac{-4+3i}{5})^3=\frac{117+44i}{125}$; 故边长为 117, 44, 125 的直角三角形的角可三等分.

8.5. 超越度

设 K/F 为扩域. 称 $x_1,\ldots,x_n\in K$ 为代数无关的是说不存在 F 上的非零多项式 $P\in F[X_1,\ldots,X_n]$ 使得 $P(x_1,\ldots,x_n)=0$ (如果 $n=1$, 则回到超越元的定义); 这也可以说成是从 $F[X_1,\ldots,X_n]$ 到 K 的环同态 $P\mapsto P(x_1,\ldots,x_n)$ 的单性, 或者说成对每个 i, x_i 是 $F(x_1,\ldots,\hat{x}_i,\ldots,x_n)$ 上的超越元. 在这时, K 中由 F 和 $x_1,\ldots,x_n$ 生成的子域同构于 n 个变量的分式域 $F(X_1,\ldots,X_n)$.

称 $x_1,\ldots,x_n$ 是 K 在 F 上的一组超越基是说这些 x_i 为代数无关的并且 K 是 $F(x_1,\ldots,x_n)$ 上的代数扩域; 称 K 在 F 上具有有限超越度是说它具有 F 上的一组有限超越基; 称与此相反的情形为 K 在 F 上有无穷超越度. 如果 K 在 F 上具有有限超越度, 则定义 K/F 的超越度为超越基的最小基数. 超越度为 0 的扩域从而是代数扩域.

- 如果 K/F 的超越度为 n, 则 K/F 的所有超越基的基数都为 n, 而 $x_1,\ldots,x_n$ 为一组超越基当且仅当它们在 F 上代数无关.

「以对 n 的归纳进行证明. 对 $n=0$, 断言归结为一个代数扩域不含有超越元. 如果 $n\geqslant 1$, 且 $x_1,\ldots,x_n$ 和 $y_1,\ldots,y_m$ 为 K 在 F 上的两组超越基, 于是存在 j 使得 y_j 为 $F'=F(x_1,\ldots,x_{n-1})$ 上的超越元, 不然 K 就会是 F' 的代数扩域, 与 $x_1,\ldots,x_n$ 的代数无关性假定相矛盾. 重新对这些 y_j 排序, 不妨设 $j=m$; 于是 y_m 为 F' 上的超越元, 但在 $F'(x_n)$ 上为代数元. 从而 y_m 在 $F'(x_n)$ 上的极小多项式 [93]
$y_m^d+f_{d-1}y_m^{d-1}+\cdots+f_0$ 的系数 f_i 不全属于 F'. 乘以分母的最小公倍数得到一个形如 $0=P(x_n,y_m)\in F'[X,Y]$ 的方程, 其对 X 的次数 $\geqslant 1$, 这便证明了 x_n 是 $F'(y_m)$ 上的代数元, 因此 $x_1,\ldots,x_{n-1},y_m$ 是 K 在 F 上的一组超越基. 这样, $x_1,\ldots,x_{n-1}$ 和 $y_1,\ldots,y_{m-1}$ 是 K 在 $F(y_m)$ 上的两组超越基, 从而按照归纳假定有 $n-1=m-1$, 即 $n=m$. 第一个断言得证.

如果 $x_1,\ldots,x_n$ 为 F 上的代数无关组, 而 $y_1,\ldots,y_n$ 为 K 在 F 上的一组超越基, 我们则可用这些 y_i 去补充 $x_1,\ldots,x_n$ 的办法来得到一组超越基 (只要取 $\{1,\ldots,n\}$ 中使得这些 x_j 和这些 $y_i, i\in I$ 为代数无关的最大子集 I: I 的极大性保证了在这些 x_j 和 $y_i(i\in I)$ 生成的域 F' 上, 其他的元 y_i 为代数元). 但根据前面所证, 这样得到的一组基应该具有基数 n, 并且它包含了这些 x_j, 这便证明了 $x_1,\ldots,x_n$ 是 K 在 F 上的一组超越基. 证完.」

8.6. 构造代数扩域

• 如果 $P\in F[X]$ 不可约, 则 $K=F[X]/(P)$ 是 F 的一个有限扩域, 在此域中 P 有一个根.

「在前面的小节中我们已证明过 K 是 F 的有限扩域 (次数为 $\deg P$). 另外, 在 K 中有 $P(X)=0$ (由构造得到), 因此 X 是 P 在 K 中的根.」

• $K=F[X]/(P)$ 是具有如下性质的 F 的 "最小" 扩域 (称其为 P 的*裂变域* (Le corps de rupture)): 如果 ι 是 F 在一个域 L 中的嵌入, 则 ι 在 $K=F[X]/(P)$ 上的所有延拓的集合与(62) P^ι 在 L 的根的集合间存在双射; 特别地, 如果 L 包含了 P^ι 的一个根, 则存在一个这样的延拓, 并且最多有 $[K:F]$ 个这种延拓.

「如果 $\alpha\in L$, 则存在唯一的从 $F[X]$ 到 L 的环态射使得在 F 上与 ι 相合并将 X 映到 α (即将 $Q(X)$ 映到 $Q^\iota(\alpha)$). 这个态射可通过 $F[X]/(P)=K$ 分解 (从而给出了一个 ι 在 K 上的延拓) 当且仅当 $P^\iota(\alpha)=0$, 这给予我们 ι 在 K 上所有延拓与 P^ι 在 L 中的所有根之间的一个双射.」

• 设 K/F 为有限扩域, ι 是 F 在域 L 中的嵌入. 如果 L 为代数闭域, 则存在(63) ι 到 K 的一个延拓, 若 L 为任意的, 则最多有 $[K:F]$ 这种延拓.

---

(62)如果 $Q=\sum_{i=0}^n a_iX^i\in F[X]$, 记 Q^ι 为 $L[X]$ 中的元 $\sum_{i=0}^n \iota(a_i)X^i$; 直接得到: $Q\mapsto Q^\iota$ 是从 $F[X]$ 到 $L[X]$ 的环态射.

(63)这个结果对于无限扩域也成立: 见后文. 如果令 L 为一个包含 F 的代数闭域, 并假设所考虑的 F 的所有代数扩域均是 L 的子域, 则是如此.

「设 $\alpha_1,\ldots,\alpha_n$ 为使得 $K=F(\alpha_1,\ldots,\alpha_n)$ 的元 (例如取作为 F 上向量空间的 K
[94] 的一组基). 对 n 进行归纳. $n=0$ 对应 $K=F$, 断言显见. 设 $F'=F(\alpha_1,\ldots,\alpha_{n-1})$, 而 $P\in F'[X]$ 为 α_n 的极小多项式. 根据上一个 •, 在 ι 在 K 上的延拓的集合与 $\iota'(P)$ 在 L 中所有的根按 ι' 取的并集间存在一个双射, 其中 ι' 是 ι 在 F' 上的延拓.

• 如果 L 为代数闭的, 这个集合对于每个 ι' 非空, 因而对 ι 到 F' 的每个延拓至少有一个到 K 上的延拓 ι, 因而证明 ι 至少有一个到 K 的延拓.

• 如果 L 任意, 对于 ι' 的每个选取, $\iota(P)$ 在 L 中最多只有 $[K:F']$ 个根, 而因为按归纳假定, ι' 的选取最多有 $[F':F]$ 个, 由此推出 ι 到 K 的延拓最多有 $[K:F][F':F]=[K:F]$ 个. 得到结论. 」

• 如果 $P_1,\ldots,P_n\in F[X]$ 为首 1 多项式, 则存在 F 的一个有限扩域 K, 使得这些 P_j 在其中完全分解. 换言之, 存在 F 的一个包含了这些 P_j 的所有根的有限扩域 (如果它由这些 P_j 的根生成, 则称此扩域为 $P_1,\ldots,P_n$ 的分解域; 如果 L 是包含 F 的代数闭域, 则由 F 和这些 P_j 的根生成的 L 的子域便是 $P_1,\ldots,P_n$ 的分解域).

「考虑多项式 $P=P_1\cdots P_n$, 则将任意 n 的情形化为 $n=1$ 的情形. 我们一个接一个地添加 P 的根来构造 K; 如此得到的扩域是由 P 的根生成的, 因而是 P 的分解域. 如果 P 的所有不可约因子的次数都为 1, 则无需证. 否则选取 P 的次数 $\geqslant 2$ 的一个不可约因子 Q_1 并令 $K_1=F[X]/(Q_1)$, 从而使得 Q_1 (因而 P) 得到了在 K_1 中的一个次数为 1 的因子. 现在将 P 在 K_1 中分解因子并重新开始: 如果这时 P 的不可约因子的次数均为 1, 就无需再做, 否则选取次数 $\geqslant 2$ 的不可约因子 Q_2, 并令 $K_2=K_1[X]/(Q_2)$. 由于在每一步, 次数为 1 的不可约因子的个数都严格增加, 最多在 $d-1$ 步之后[64], 于是得到一个 P 在其中的所有不可约因子的次数均为 1 的域, 即为所求. 」

• 如果 K/F 为 $P_1,\ldots,P_n$ 的分解域, 且 ι 是 F 在一个域 L 中的嵌入映射, 而在 L 中 $\iota(P_i)$ 完全分解, 则存在 ι 到 K 的一个延拓.

「设 $P=P_1\cdots P_n$. 由假定 P 在 K 中有 $P=\prod_{i=1}^d(X-\alpha_i)$ 形式, 且有 $K=F(\alpha_1,\ldots,\alpha_d)$. 对 i 归纳证明可将 ι 延拓到 $F_i=F(\alpha_1,\ldots,\alpha_i)$. $i=0$ 无需证. 如果 $i\geqslant 0$, 记 $Q_i\in F_i[X]$ 为 α_{i+1} 在 F_i 上的极小多项式. 于是 Q_i 整除 P, 从而 $\iota_i(Q_i)$ 整除 $\iota(P)$, 其中 ι_i 是 ι 到 F_i 的一个延拓. 由于按假定 $\iota(P)$ 在 L 是可完全分解的, $\iota_i(Q_i)$ 则在 L 中有所有的根, 而每次根的选取都给了我们一个 ι 到 F_{i+1} 的延

[64] 注意, 这个过程可能在少于 $d-1$ 时便结束.

• 如果 $P(X)=X^p-1\in\mathbf{Q}[X]$, p 为一素数, 则 $P=(X-1)(X^{p-1}+\cdots+1)$, 而如果将多项式 $X^{p-1}+\cdots+1$ 的一个根添加到 $\mathbf{Q}$ 上 (即一个 p-次单位元根 ζ), 则 P 有形如 $P=(X-1)\prod_{i=1}^{p-1}(X-\zeta^i)$ 的分解. 因此这时只需一步.

• 如果 $P(X)=X^p-2\in\mathbf{Q}[X]$, 且添加 P 的一个根 α 到 $\mathbf{Q}$ 上, 则 P 分解为 $P=(X-\alpha)(X^{p-1}+\alpha X^{p-1}+\cdots+\alpha^{p-1})$. 如果添加 P 的第二个根 β, 则 $\zeta=\frac{\beta}{\alpha}$ 是一个 p-次单位元根, 从而 P 在 $\mathbf{Q}(\alpha,\beta)[X]$ 中具有 $(X-\alpha)\prod_{i=1}^{p-1}(X-\alpha\zeta^i)$ 形式. 这时只需两步.

• 相反地, 如果从 $P\in\mathbf{Q}[X]$ 随机地选取, 则一般地应该有 $d-1$ 步才得到 P 的所有根 (希尔伯特的不可约性定理, 1892).

拓. 证完. 」 [95]

- 两个分解域同构[65].

「设 K_1, K_2 为 $P_1, \ldots, P_n$ 的两个分解域. 前一个 • 给出了 K_1 到 K_2 的嵌入, 也给了 K_2 到 K_1 的嵌入, 但 $[K_1 : F] \leqslant [K_2 : F] \leqslant [K_1 : F]$. 从而 $[K_1 : F] = [K_2 : F]$. 于是这两个嵌入同构, 得证. 」

习题 8.3. — 设 $P \in \mathbf{R}[X]$ 首 1, 次数 $n \geqslant 1$, 且 L 为 $\mathbf{R}$ 的包含 $\mathbf{C}$ 的有限扩域, 而在 L 中 P 分解为 $P = \prod_{i=1}^{n}(X - \alpha_i)$. 如果 $t \in \mathbf{R}$, 以 $Q_t \in L[X]$ 表示多项式 $\prod_{i<j}(X - \alpha_i - \alpha_j - t\alpha_i\alpha_j)$.

(i) 证明 $Q_t \in \mathbf{R}[X]$.

(ii) 如果 $v_2(\deg P) \geqslant 1$, 比较 $v_2(\deg Q_t)$ 与 $v_2(\deg P)$, 其中 v_2 表示 2-adic 赋值; 用对 $r = v_2(\deg P)$ 的归纳推导出 P 在 $\mathbf{C}$ 中有一个根. (可由证明 $\mathbf{C}[X]$ 中一个 2 次多项式在 $\mathbf{C}$ 中有两个根着手.)

(iii) 证明 $\mathbf{C}$ 为代数闭域.

8.7. 有限域

如果 F 是个有限域, 则 F 的特征不可能是 0, 因而具有特征 p, p 是个素数, 而 F 是 $\mathbf{F}_p$ 的一个有限扩域. 后面我们将以 φ 记在所有特征为 p 的域上的弗罗贝尼乌斯态射 $x \mapsto x^p$. 如果 $i \in \mathbf{N}$, 以 φ^i 记 φ 的 i 次复合; 这是个域态射 $x \mapsto x^{p^i}$.

- 如果 K 的特征为 p, 且 $i \in \mathbf{N}$, 则 $\{x \in K, \varphi^i(x) = x\}$ 是 K 的一个子域, 而当 $i = 1$ 时它等于 $\mathbf{F}_p$.

「由于 φ^i 是个域态射, 则它的不动点的集合在加法, 乘法以及取逆下稳定; 故是 K 的子域.

现在, $\varphi(x) = x^p$, 因而方程 $\varphi(x) = x$ 在 K 中最多只有 p 个根; 由于按照费马小定理这些解的集合包含了 $\mathbf{F}_p$, 故被 φ 固定的 K 的子域正好是 $\mathbf{F}_p$. 」

- F 的基数是 p 的幂: 如果 $[F : \mathbf{F}_p] = n$, 则 $|F| = p^n$.

「如果 $[F : \mathbf{F}_p] = n$, 并选取 F 在 $\mathbf{F}_p$ 上的一组基, 它便给出了从 $\mathbf{F}_p^n$ 到 F 的一个双射; 从而 $|F| = |\mathbf{F}_p^n| = p^n$. 」

- 设 $P \in \mathbf{F}_p[X]$ 为一个不可约的 d 次首 1 多项式, 并设 K 为 $\mathbf{F}_p$ 的一个扩域, 使得在其中 P 有一个根 α. 于是 $\varphi^d(\alpha) = \alpha$, 并且在 $K[X]$ 中 $P = \prod_{i=0}^{d-1}(X - \varphi^i(\alpha))$; 换言之, α 的共轭元为 α^{p^i}, $0 \leqslant i \leqslant d-1$.

「将 P 写成 $X^d + a_{d-1}X^{d-1} + \cdots + a_0$, 并将 φ 作用于等式 $P(\alpha) = 0$. 由于 $a_i \in \mathbf{F}_p$, 故对所有 i, $\varphi(a_i) = a_i$, 而由于 φ 是个域态射, 从而 $P(\varphi(\alpha)) = 0$. 这表明 $\varphi(\alpha)$ 是 P 的根. 由归纳, 同样地, 对所有 $i \in \mathbf{N}$, $\varphi^i(\alpha)$ 都是根.

(65) 分解域的结构是伽罗瓦理论的研究对象.

[96] 由于 P 的次数有限, 映射 $i \mapsto \varphi^i(\alpha)$ 不是单的, 从而存在 $i < j$ 使得 $\varphi^i(\alpha) - \varphi^j(\alpha) = 0$. 因为 $\varphi^i(\alpha) - \varphi^j(\alpha) = \varphi^i(\alpha - \varphi^{j-i}(\alpha))$, 由此知存在 $k \geqslant 1$ 使得 $\varphi^k(\alpha) = \alpha$, 而对于 $0 \leqslant i \leqslant k-1$, 这些 $\varphi^i(\alpha)$ 两两各异. 因此 $Q = \prod_{i=0}^{k-1}(X - \varphi^i(\alpha)) = X^k + b_{k-1}X^{k-1} + \cdots + b_0$ 整除 P.

要得到结论, 只需证明 P 整除 Q 即可. 而由于 P 不可约, 故 P 是 α 在 $\mathbf{F}_p$ 上的极小多项式, 同时又因为 $Q(\alpha) = 0$, 故只需证明 Q 的系数在 $\mathbf{F}_p$ 中即可. 但 b_{k-i} 是 Q 的根的初等对称多项式, 即 $b_{k-i} = \pm\Sigma_i(\alpha, \varphi(\alpha), \ldots, \varphi^{k-1}(\alpha))$, 而由于 $\varphi^k(\alpha) = \alpha$ 以及 Σ_i 对于置换的不变性, 所以 $\varphi(\Sigma_i(\alpha, \varphi(\alpha), \ldots, \varphi^{k-1}(\alpha))) = \Sigma_i(\varphi(\alpha), \ldots, \varphi^k(\alpha))$ 等于 $\Sigma_i(\alpha, \varphi(\alpha), \ldots, \varphi^{k-1}(\alpha))$. 由此推导出 $\Sigma_i(\alpha, \varphi(\alpha), \ldots, \varphi^{k-1}(\alpha))$ 属于 $\mathbf{F}_p$ 从而 b_{k-i} 也属于它. 得到结论. 」

• 设 K 是特征为 p 的域. 如果 F 是 K 的一个有限子域, 其基数为 q, 则 $F = \{\alpha \in K, \alpha^q = \alpha\}$.

「令 $q = p^n$, 其中 $[F : \mathbf{F}_p] = n$. 设 $\alpha \in F$. 于是 $d = [\mathbf{F}_p(\alpha) : \mathbf{F}_p]$ 整除 n, 又因为根据前一个 • 有 $\alpha^{p^d} = \alpha$, 故 $\alpha^q = \alpha$. 换言之, 有 $F \subset \{\alpha \in K, \alpha^q = \alpha\}$.

这个包含关系实际上是个等式, 这是因为 $|F| = q$, 而一个 q 次多项式在 K 中最多只有 q 个根, 故 $|\{\alpha \in K, \alpha^q = \alpha\}| \leqslant q$. 」

习题 8.4. — 设 F 的基数为 q, $P \in F[X]$ 为 d 次不可约的首 1 多项式, 而 K 是 F 的一个扩域, 在其中 P 有一个根 α. 证明 $\alpha^{q^d} = \alpha$, 并且在 $K[X]$ 中, $P = \prod_{i=0}^{d-1}(X - \alpha^{q^i})$.

• 如果 $q = p^n$, 则在同构意义下存在唯一的基数为 q 的域 $\mathbf{F}_q$. 另外, $\mathbf{F}_q$ 的自同构为 $\mathrm{id}, \varphi, \ldots, \varphi^{n-1}$, 并且, $\mathbf{F}_{p^d} \subset \mathbf{F}_{p^n}$ 当且仅当 $d \mid n$.

「根据前一个 •, 一个基数为 q 的域是 $X^q - X$ 的分解域; 由此推出 $\mathbf{F}_q$ 的存在性.

现在, $\mathrm{id}, \varphi, \ldots, \varphi^{n-1}$ 是 $\mathbf{F}_q$ 到 $\mathbf{F}_q$ 的使得 $\mathbf{F}_p$ 不动的嵌入, 而因为最多存在 $[\mathbf{F}_q : \mathbf{F}_p] = n$ 个这样的嵌入, 只需证明它们全都不同就可证明它们就是 $\mathbf{F}_q$ 的全部自同构. 如果 $\varphi^i = \varphi^j, j > i$, 则有 $\varphi^{j-i} = \mathrm{id}$, 即对于所有 $x \in \mathbf{F}_q$, 当 $j - i < n$ 时有 $x^{p^{j-i}} = x$; 但因为多项式 $X^{p^{j-i}} - X$ 最多只有 p^{j-i} 个根, 这不可能发生. 由此得到结果.

最后, 如果 $\mathbf{F}_{p^d} \subset \mathbf{F}_{p^n}$, 则 $d = [\mathbf{F}_{p^d} : \mathbf{F}_p]$ 整除 $n = [\mathbf{F}_{p^n} : \mathbf{F}_p]$. 反之, 若 $d \mid n$, φ^d 的不动点 (即 $\mathbf{F}_{p^d}$) 也是 φ^n 的不动点, 从而 $\mathbf{F}_{p^d} \subset \mathbf{F}_{p^n}$. 」

• 如果对于每个 n 选取一个 $\mathbf{F}_{p^{n!}}$ 在 $\mathbf{F}_{p^{(n+1)!}}$ 中的嵌入, 则 $\overline{\mathbf{F}}_p = \bigcup_{n \in \mathbf{N}} \mathbf{F}_{p^{n!}}$ 是 $\mathbf{F}_p$ 的一个代数闭包(66).

「设 $P \in \overline{\mathbf{F}}_p[X]$. 于是存在 $n \in \mathbf{N}$ 使得 $P \in \mathbf{F}_{p^{n!}}[X]$. 那么又存在 $\mathbf{F}_{p^{n!}}$ 的扩域 K 使得 P 在其中完全分解; K 是个有限域, 从而有形式 $\mathbf{F}_{p^m}$, 它包含在 $\mathbf{F}_{p^{m!}}$ 中, 从而在

(66) 如果 n 整除 m, 则有 $\mathbf{F}_{p^n} \subset \mathbf{F}_{p^m}$. 而每个 n 都整除 0, 这让我们稍许大胆地, 希望对每个 n 能够有一个 "包含" 关系 $\mathbf{F}_{p^n} \subset \mathbf{F}_{p^0}$, 从而有一个 $\overline{\mathbf{F}}_p$ 在 $\mathbf{F}_1$ 中的 "包含". 于是 "一个元素" 的域 $\mathbf{F}_1$, 如果存在, 应该是一个十分巨大的对象, 这是因为它应该 "包含" 对于所有 p 的 $\overline{\mathbf{F}}_p$ (Zagier 的评注).

$\overline{\mathbf{F}}_p$ 中, 由此得到 P 在 $\overline{\mathbf{F}}_p$ 中完全分解, 这证明了 $\overline{\mathbf{F}}_p$ 为代数闭域. 因为 $\mathbf{F}_{p^{n!}}$ 是 $\mathbf{F}_p$ 的代数扩域, 从而 $\overline{\mathbf{F}}_p$ 也是, 故是 $\mathbf{F}_p$ 的代数闭包. 」

8.8. 一个域的代数闭包 [97]

• 如果 L 为域 K 的代数扩域使得所有 $P \in K[X]$ 在其中都有一个根, 则 L 是 K 的一个代数闭包.

「 只需证明 L 为代数闭域即可. 设 $P \in L[X]$ 不可约, 且 $L' = L[X]/(P)$, 而 $\alpha \in L'$ 为 X 在 L' 中的像. 因为 L 代数于 K, 故 α 代数于 K; 以 Q 记其极小多项式, 并选取 L' 的一个有限扩域 L'' 使得 Q 在其中完全分解, 从而可分解为 $Q(X) = \prod_{i=1}^d (X - \alpha_i)$, $\alpha_1 = \alpha$.

• 如果 K 为有限域, 断言的假设条件表明 α_i 中的某个必定属于 L, 于是我们可直接证明 (参看 8.7 小节) 其他的 α_j 为这个 α_i 的幂, 特别地, 有 $\alpha \in L$. 这证明了在这种情形下的断言.

• 设 K 为无限域. 如果 $t_1, \ldots, t_d \in K$, 则多项式 $R_{\boldsymbol{t}}(X) = \prod_{\sigma \in S_d}(X - (t_1\alpha_{\sigma(1)} + \cdots + t_d\alpha_{\sigma(d)}))$ 对于 $\alpha_1, \ldots, \alpha_d$ 对称 (容易弄清); 它的系数是这些 t_i 和 Q 的系数的多项式, 从而 $R_{\boldsymbol{t}}(X) \in K[X]$. 由假设条件得到, 存在 $\sigma \in S_d$ 使得 $t_1\alpha_{\sigma(1)} + \cdots + t_d\alpha_{\sigma(d)} \in L$, 它等价于 $t_{\tau(1)}\alpha_1 + \cdots + t_{\tau(d)}\alpha_d \in L$, 其中 $\tau = \sigma^{-1}$.

设 $W = \{(t_1, \ldots, t_d) \in K^n, t_1\alpha_1 + \cdots + t_d\alpha_d \in L\}$. 于是 W 是 K^n 的一个向量子空间, 并由前面所述有 $K^n = \cup_{\tau \in S_d} u_\tau(W)$, 其中 $u_\tau : K^n \to K^n$ 是由公式 $u_\tau(t_1, \ldots, t_d) = (t_{\tau(1)}, \ldots, t_{\tau(d)})$ 定义的自同态. 因为 K 为无限域, 由习题 8.5 得到这些 $u_\tau(W)$ 中的一个等于 K^n, 因而 $W = K^n$. 于是推出 α 属于 L, 得到结论. 」

• 所有的域 K 都有一个代数闭包 (Steiniz, 1910).

「 考虑具有无限多个变量的多项式环 $K[X_P, \deg P \geqslant 1]$ (每个非常值的 $P \in K[X]$ 对应一个变量). 对非常值的 $P \in K[X]$, 由 $P(X_P)$ 生成的理想不包含 1 (实际上, 如果包含 1, 则会有关系 $1 = \sum Q_P P(X_P)$, 其中 Q_P 几乎全为零; 这个关系只涉及 X_P 的一个有限集合, 故对应于多项式 P 的一个有限集合 Z, 我们因此可以构造 K 的一个有限扩域, 使得 $P \in Z$ 在其中有一个根 α_P; 如果让等式 $1 = \sum Q_P P(X_P)$ 在 $X_P = \alpha_P$ 取值, 则得到 $1 = 0$, 矛盾, 从而证明 1 不在该理想中); 于是存在一个包含它的极大理想 I. $K[X_P, \deg P \geqslant 1]$ 对于 I 的商环 L 是个域, 并代数[67] 于 K: 由构造知, 在 L 中 $P(X_P) = 0$, 并且每个非常值的 $P \in K[X]$ 在 L 中均有一个根, 即 X_P. 那么由前一个 • 知 L 是 K 的代数闭包. 」

习题 8.5. — 设 F 为无限域, V 为 F 上的一个向量空间. 设 $W_1, \ldots, W_n$ 为 V 的向量子空间, 使得 $W = W_1 \cup \cdots \cup W_n$ 为 V 的向量子空间. 证明存在 $i \in \{1, \ldots, n\}$ 使

---

[67] $K[X_P, \deg P \geqslant 1]$ 对这些 $P(X_P)$ 生成的理想取商等于添加了每个非常值的多项式的一个根. 如此得到的环不是一个域, 这是因为这样添加的根不是协调一致的, 但用极大理想取商则恢复了一致性.

得对所有的 $j \in \{1, \ldots, n\}$ 有 $W_j \subset W_i$.

• 设 K/F 为代数扩域. 如果 L 为代数闭域, ι 是 F 在 L 中的嵌入态射, 则 ι 有一个在 K 上的延拓.

[98] 「 可以将 K写成环 $F[X_\alpha, \alpha \in K]$ 对理想 I 的商, 其中 I 是由这些 α 间的关系多项式生成的理想 (即 I 是那些多项式 $P((X_\alpha)_{\alpha\in K})$ 的集合, 它们对所有 $\alpha \in K$ 当 $X_\alpha = \alpha$ 时为 0).

由 I 在 ι 下的像生成的 $L[X_\alpha, \alpha \in K]$ 中的理想 I' (将 ι 作用于多项式的系数) 不包含 1: 如果 $1 = \sum_\alpha Q_\alpha \iota(P_\alpha)$, 其中的和为有限的, 而 $Q_\alpha \in L[X_\alpha, \alpha \in K]$, $P_\alpha \in I$, 于是我们可选取 L 在 $\iota(F)$ 上的一组包含了 1 的基 (这里需用选择公理), 并将 Q_α 的系数用这组基写出; 只看基中的元 1 的分量, 便给了我们一个关系式 $1 = \sum_\alpha R_\alpha \iota(P_\alpha)$, 其中 R_α 的系数都在 $\iota(F)$ 中; 由此得到在 $F[X_\alpha, \alpha \in K]$ 中的关系式 $1 = \sum_\alpha \iota^{-1}(R_\alpha) P_\alpha$. 由于 I 不包含 1, 这是不可能的.

存在极大理想 $\mathfrak{m}$ 包含 I', 而 $L[X_\alpha, \alpha \in K]/\mathfrak{m}$ 是 L 的代数扩域 (它由 X_α 生成, 而当 $P_\alpha \in F[X]$ 是 α 的极小多项式时, 有 $\iota(P_\alpha)(X_\alpha) = 0$; 那么, 由于 L 为代数闭域, 故 L 到 $L[X_\alpha, \alpha \in K]/\mathfrak{m}$ 的单射是一个同构. 所求的嵌入 $\iota : K \to L$ 从而可按如下方式得到: 以自然映射 $K \cong F[X_\alpha, \alpha \in K]/I \to L[X_\alpha, \alpha \in K]/I'$ 复合从 $L[X_\alpha, \alpha \in K]/I'$ 到 $L[X_\alpha, \alpha \in K]/\mathfrak{m}$ 的自然映射, 然后再复合由从 L 到 $L[X_\alpha, \alpha \in K]/\mathfrak{m}$ 的单射诱导的同构 $L[X_\alpha, \alpha \in K]$ 的逆映射. 」

• 如果 K 和 K' 为 F 的两个代数闭包, 则存在由 F 的恒同映射诱导的 K 到 K' 上的同构; 换言之, 一个域的代数闭包在同构下是唯一的[68]

「 上面的 • 给出了一个单射 $\iota : K \to K'$; 以 L 记 K 在 ι 下的像, 并使 L 为 F 在 K' 中的代数闭包. 设 $\alpha \in K'$. 由于 α 代数于 F, 从而更是代数于 L, 但 L 为代数闭域, 故 $\alpha \in L$. 因此 $L = K'$, 这样 ι 便是满射. 得证. 」

• 如果 $\overline{F}$ 是 F 的一个代数闭包, 且 $\alpha, \beta \in \overline{F}$ 在 F 上共轭, 则存在 $\overline{F}$ 的一个同构, 它使得 F 不动, 并将 α 映到 β.

「 设 $P \in F[X]$ 为 α 的极小多项式; 由于 α 和 β 共轭, 故它也是 β 的极小多项式. 作为同构于 $F[X]/(P)$ 的 F 的两个扩域 $F(\alpha)$ 和 $F(\beta)$, 我们令 ι 为 F 的恒同映射所诱导的从 $F(\alpha)$ 到 $F(\beta)$ 的同构. 由于 $\overline{F}$ 代数于 $F(\alpha)$, 并且是代数闭域, 故可将 ι 延拓为从 $\overline{F}$ 到 $\overline{F}$ 的嵌入; 上一个 • 的证明表明这个嵌入是个同构. 证完. 」

9. 方程组

许多问题都归结为寻求多变元的多个方程的公共解. 在这一节中我们将弄清在上一节中讲述的线性代数是如何在线性或多项式方程组的情形中来解决这类问题的.

---

[68] 因此, 用定冠词 “la” 来修饰 “F 的代数闭包” 可能会引起误导.

9.1. 线性方程组 [99]

9.1.1. 一般理论

一个具 m 个未知元的 n 个线性方程 $\sum_{j=1}^{m} a_{i,j}x_j = 0$, $1 \leqslant i \leqslant n$, 可以写成 $AX = 0$ 形式, 其中 $A = (a_{i,j}) \in \mathbf{M}_{n\times m}(K)$, $X = {}^{\mathrm{t}}(x_1, \ldots, x_m) \in \mathbf{M}_{m\times 1}(K) = K^m$; 换言之, 就是计算 $u_A : K^m \to K^n$ 的核. 定义这个方程组的秩为矩阵 A 的秩.

• 如果 $A \in \mathbf{M}_{n\times m}(K)$ 的秩为 r, 则方程组 $AX = 0$ 的解的集合是 K^m 的 $m-r$ 维的子空间.

「 我们有 $\dim(\mathrm{Ker}\, u_A) + \dim(\mathrm{Im}\, u_A) = m$. 由于 $\dim(\mathrm{Im}\, u_A) = \mathrm{rk}\, u_A = \mathrm{rk}\, A = r$, 得到 $\dim(\mathrm{Ker}\, u_A) = m - r$, 从而得证. 」

常常遇到的我们感兴趣的方程由两部分组成 (即有形式 $\sum_{j=1}^{m} a_{i,j}x_j = y_i$), 这时它给出了形如 $AX = Y$ 的方程组, 其中 $Y = {}^{\mathrm{t}}(y_1, \ldots, y_n)$.

• 如果 $A \in \mathbf{M}_{n\times m}(K)$ 的秩为 r, 则

◇ 如果 Y 不在 u_A 的像中, 则方程组 $AX = Y$ 无解;

◇ 如果 Y 在 u_A 的像中, 且若 $X_0 \in K^m$ 满足 $u_A(X_0) = Y$ 从而 $AX_0 = Y$, 则方程组 $AX = Y$ 的解集为 $X_0 + \mathrm{Ker}\, u_A = \{X_0 + X, AX = 0\}$; 换言之, 要得到 $AX = Y$ 的解只要对于它的一个特解 X_0 加上没有非齐次部分的该方程组 $AX = 0$ 的一个解即可.

「 由于 $u_A(X) = AX$, 第一种情形就是 $\mathrm{Im}(u_A)$ 的定义. 在第二种情形中, 只需注意 $A(X - X_0) = 0$ 即可, 其中 $AX = AX_0 = Y$. 」

• 特别有趣的一个情形是 $n = m$ (未知元的个数等于方程的个数), 并且方程组的秩为 n (它等价于 $\det A \neq 0$ 或者说该方程组 $AX = 0$ 以 0 为唯一解); 称这样的方程组为*克拉默的*. 如果 $Y = {}^{\mathrm{t}}(y_1, \ldots, y_n) \in K^n$, 则方程 $AX = Y$ 有唯一的解 $X = {}^{\mathrm{t}}(x_1, \ldots, x_n) \in K^n$, 且有 $x_k = \frac{\det A_k}{\det A}$, 其中 A_k 是将 A 的第 k 列置换为 Y 得到的矩阵 (*克拉默公式*, 1750).

「 如果此方程组的秩为 n, 这表明 u_A 的秩也为 n, 从而 u_A 为满射从而为双射. 换言之, 方程 $u_A(X) = Y$ 等价于 $AX = Y$, 因而在 K^n 中有且只有一个解. 此解为 $X = A^{-1}Y$, 因此克拉默公式可由公式 $A^{-1} = \frac{1}{\det A}\,{}^{\mathrm{t}}\mathrm{cof}(A)$ 得到. 但我们用另外的方法去做.

记 A 的列为 $X_1, \ldots, X_n$. 方程组 $AX = Y$ 可重写为 $\sum_{i=1}^{n} x_i X_i = Y$; 因为 $\det A = \det(X_1, \ldots, X_n) \neq 0$, 于是克拉默公式等价于等式 $\sum_{i=1}^{n} \det(X_1, \ldots, X_{i-1}, Y, X_{i+1}, \ldots, X_n) X_i = \det(X_1, \ldots, X_n) Y$. 我们令 $Y = X_0$, 并将 X_i 按在行列式中指标递增次序排序, 然后重写此要证的等式使其更具有对称性 (这要求将在第 i 位的 Y 移到第一位, 从而对前 i 个向量构成一个 i-循环, 这使得在对应的行列式前要乘以 $(-1)^{i-1}$), 并将所有的项移到右端. 我们于是得到 $0 = \sum_{i=0}^{n} (-1)^i \det(X_0, \ldots, \widehat{X}_i, \ldots, X_n)$. 如果我们观察右端的第 j 个坐标, 则看出它是一个 i 列为 X_i (对于从 1 到 n 行)

[100] 和 X_i 的第 j 个坐标 (在第 0 行) 构成的 $(n+1)\times(n+1)$ 行列式按照第 0 行的展开; 但它的第 0 和 j 行相等, 故此行列式为零. 由此知右端为零, 证完. 」

• 如果 $A\in \mathbf{M}_{n\times m}(K)$ 的秩为 r, 则可用克拉默公式写出方程组 $AX=0$ 的解: 只要挑出一个非 0 的 r 阶子式, 并将那些在该子式中不涉及的未知元转移到右端, 得到一个具有非齐次部分的 r 个未知元的 r 个方程的克拉默方程组.

习题 9.1. — 证明 $x\mapsto \log(x+a)$, $a>0$ 在从 $\mathbf{R}_+$ 到 $\mathbf{C}$ 的函数中构成一个无关族. (Dériver.)

习题 9.2. — 设 $(x_{i,j})_{0\leqslant i,j\leqslant n+1}$ 是一个复数方阵. 称此方阵满足平均性是说每个内部的数是围绕在它周围的 8 个数的平均值 (即对于 $1\leqslant i,j\leqslant n$, $x_{i,j}=\frac{1}{8}\sum_{(a,b)\in\{-1,0,1\}^2-\{(0,0)\}}x_{i+a,j+b}$).

(i) 证明如果 $(x_{i,j})$ 满足平均性, 则 $|x_{i,j}|$ 在方阵的边缘达到极大值 (极大值原理).

(ii) 证明如果 $(x_{i,j})$ 满足平均性, 且在边缘上的 $x_{i,j}=0$, 则对所有的 i,j 都有 $x_{i,j}=0$.

(iii) 由此推出, 对每次在边缘上选取的值, 存在唯一的方阵满足平均性, 而其边缘为所选的值.

9.1.2. 高斯 (列主元) 消去法

克拉默公式对于研究线性方程组的解理论非常有用; 例如了解这些解是如何依赖带参数的方程组的系数变化的. 实际上, 如果要求一个线性方程组的解, 一般地, 我们应用高斯 (列主元) 消去法 (la méthode du pivot de Gauss), 这是一个冠在一个显见的方法上的有点过于显要的名字……它是一个按如下方式进行的算法[69] (求解方程组 $AX=Y$, 其中 $A=(a_{i,j})\in\mathbf{M}_{n\times m}(K)$ 和 $Y={}^{\mathrm{t}}(y_1,\dots,y_n)\in K^n$):

⋄ 如果对所有 i,j, $a_{i,j}=0$, 且对所有 i, $y_i=0$, 则所有的 $X\in K^m$ 都是解, 而若 y_i 中有一个不为 0, 则它无解.

⋄ 如果 $a_{i,j}$ 不全为零. 则选一个不为零的 a_{i_1,j_1} (此即主元); 方程 $\sum_{j=1}^m a_{i_1,j}x_j=$
[101] y_{i_1} 可将 x_{j_1} 表达为其他的 x_j 的函数: 事实上, 有 $x_{j_1}=\frac{1}{a_{i_1,j_1}}\Big(y_{i_1}-\sum_{j\neq j_1}a_{i_1,j}x_j\Big)$. 于是我们可将 x_{j_1} 的值代入其他的方程, 只考虑这些方程, 则得到 $m-1$ 个变量的 $n-1$ 个等式的方程组 (因为 x_{i_1} 已经消去), 这时对它们可应用前面的方法.

这样下去, 直到在 r, $r\leqslant\inf(n,m)$ 步之后, 发现了一个形如

$$x_{j_1}=\ell_1(Y)+\sum_{j\neq j_1}\alpha_{i_1,j}x_j,\ x_{j_2}=\ell_2(Y)+\sum_{j\neq j_1,j_2}\alpha_{i_2,j}x_j,\dots,x_{j_r}=\ell_r(Y)+\sum_{j\neq j_1,\dots,j_r}\alpha_{i_r,j}x_j,$$

[69] 人们当然不会对一个相当大的线性方程组的求解算法去亲手计算 (从 5×5 开始的用手求解就确实已冗长难耐), 但它可安全地交给一个计算机去完成. 要注意求数值方程组的解要求注意主元的选取: 除以某个很小的数是十分危险的. 另外, 某些问题需要去解非常巨大的方程组, 而我并不知道该如何做才能保证在给定输入数据不会出现错误 (譬如, 对于 1000×1000 的方程组, 要求输入一百万个数据, 这便要花不少时间, 非常令人厌烦, 从而会导致不经意的错误……).

$$0=\ell_{r+1}(Y)=\cdots=\ell_n(Y)$$

的方程组, 其中 $\alpha_{i,j}$ 为 K 中的元素, ℓ_i 为 K^n 上的线性形式 (如果 $r=n$, 则没有第二行). 令 $J=\{1,\ldots,m\}-\{j_1,\ldots,j_r\}$; $|J|=m-r$. 那么, 显然, 对于至少一个 $i\in\{r+1,\ldots,n\}$ 有 $\ell_i(Y)\neq 0$ 的情形这种形式的方程组无解. 而如果对于所有的 $i\in\{r+1,\ldots,n\}$, $\ell_i(Y)=0$ (当 $r=n$ 时条件为空), 于是对所有的 $(x_j)_{j\in J}\in K^J$, 方程组有唯一的解: 最后一个方程给出了 x_{j_r}; 将此 x_{j_r} 的值代入前一个方程得到 $x_{j_{r-1}}$, 等等.

对所有 $j\in J$ 令 $x_j=0$, 于是给出了方程 $AX=Y$ 的一个特解 X_0. 对于 $k\in J$ 的其他的 $m-r$ 个 X_k, 令 $x_k=1$, 而当 $i\in J-\{k\}$ 时令 $x_i=0$. 对于 $k\in J$ 的这些 X_k-X_0 是方程 $AX=0$ 的解, 它给出了向量空间 $\operatorname{Ker}u_A$ 的一组基. 映射 $(x_k)_{k\in J}\mapsto X_0+\sum_{k\in J}x_k(X_k-X_0)$ 便是由 K^J 到方程组 $AX=Y$ 的解集的一个双射, 由此给了它一个参量描述.

9.1.3. 高斯消去法与在矩阵上的计算

虽然高斯消去法没有给出线性方程组的唯一确定的解法, 但我们还是可利用它来证明真正的结果.

如果 $\sigma\in S_n$, 以 P_σ 记将 K^n 中的 e_i 映到 $e_{\sigma(i)}$ 的自同态 u_σ 的 $n\times n$ 矩阵. 这个矩阵在每行和每列上正好只有一个 1, 其他的所有系数均为 0; 称这样的矩阵为置换.

- $\sigma\mapsto P_\sigma$ 是 S_n 到 $\mathbf{GL}_n(K)$ 的一个群态射.

「这是习题 3.15(i) 的翻版. 」

- 如果 $A\in\mathbf{M}_{n\times m}(K)$, 则以置换 $P_\sigma,\sigma\in S_m$ (分别地, $\sigma\in S_n$) 右 (分别地, 左) 乘 A 给出了置换 A 的列 (分别地, 行) 的运算; 准确地说, AP_σ 的第 j 列是 A 的第 $\sigma(j)$ 列, 而 $P_\sigma A$ 的第 i 行是 A 的第 $\sigma^{-1}(i)$ 行.

「我们有 $u_A\circ u_\sigma(e_j)=u_A(e_{\sigma(j)})$; 由此推出关于 AP_σ 列的断言. 同样地, $u_\sigma\circ u_A(e_j)=u_\sigma\left(\sum_{i=1}^n a_{i,j}e_i\right)=\sum_{i=1}^n a_{i,j}e_{\sigma(i)}=\sum_{i=1}^n a_{\sigma^{-1}(i),j}e_i$; 推出了关于 $P_\sigma A$ 行的断言. 」

设 $I_{n,m}(r)$ 为一个 $n\times m$ 矩阵, 其系数除了对角线上前 r 个为 1 外其他全为 0. [102]

- 如果 $A\in\mathbf{M}_{n\times m}(K)$ 的秩为 r, 则存在置换矩阵 $P\in\mathbf{GL}_n(K)$ 和 $P'\in\mathbf{GL}_m(K)$, 以及下三角阵 $T\in\mathbf{GL}_n(K)$ 和上三角阵 $T'\in\mathbf{GL}_m(K)$, 使得 $TPAP'T'=I_{n,m}(r)$.

「采用 (列主元) 消去法. 进行未知元的置换 (等同于置换 A 的列, 即以一个置换矩阵 P' 右乘 A), 并置换这些方程 (等同于置换 A 的行, 即以一个置换矩阵 P 左乘 A), 于是我们可假定 $i_1=j_1=1,\ldots,i_r=j_r=r$ (由于可取 $a_{1,1}$ 为主元, 这特别表明 $a_{1,1}\neq 0$). 将 x_1 的值代入后面的其他方程相当于左乘以下的矩阵

$$T_1 = \begin{pmatrix} \dfrac{1}{a_{1,1}} & 0 & \dots & 0 \\ \dfrac{-a_{2,1}}{a_{1,1}} & 1 & \dots & 0 \\ \vdots & \vdots & & \vdots \\ \dfrac{-a_{n,1}}{a_{1,1}} & 0 & \dots & 1 \end{pmatrix} \text{从而得到} A' = T_1 A = \begin{pmatrix} 1 & a'_{1,2} & \dots & a'_{1,m} \\ 0 & a'_{2,2} & \dots & a'_{2,m} \\ \vdots & \vdots & & \vdots \\ 0 & a'_{n,2} & \dots & a'_{n,m} \end{pmatrix}.$$

再以下面矩阵左乘 A:

$$T_2 = \begin{pmatrix} 1 & 0 & \dots & 0 \\ 0 & \dfrac{1}{a'_{2,2}} & \dots & 0 \\ \vdots & \vdots & & \vdots \\ 0 & \dfrac{-a'_{n,2}}{a'_{2,2}} & \dots & 1 \end{pmatrix} \text{从而得到} A'' = T_2 T_1 A = \begin{pmatrix} 1 & a'_{1,2} & a'_{1,3} & \dots & a'_{1,m} \\ 0 & 1 & a''_{2,3} & \dots & a''_{2,m} \\ \vdots & \vdots & \vdots & & \vdots \\ 0 & 0 & a''_{n,3} & \dots & a''_{n,m} \end{pmatrix}.$$

在 r 步之后, 得到了 $A^{(r)} = TA$, 其中 $A^{(r)}$ 的在对角线上方的系数或在 r 行上方的系数全都为 0, 而对角线上的系数 $a_{1,1}^{(r)}, \dots, a_{r,r}^{(r)}$ 全都为 1, 而 T 是个下三角的可逆矩阵, 这是因为 $T = T_r \cdots T_1$, 而 T_j 为下三角可逆矩阵 (j 列之外的系数在对角线上为 1, 在其他地方为 0, 而 j 行的对角线系数是第 j 个主元的逆, 从而可逆). 于是我们可对 $A^{(r)}$ 的转置按同样步骤进行, 并留意到我们可以取对角线上的系数作为后继的主元, 从而找到一个可逆的下三角矩阵 T_0 使得 $T_0^{\mathrm{t}} A^{(r)} = I_{m,n}(r)$. 于是 $A^{(r)}\,{}^{\mathrm{t}}T_0 = I_{n,m}(r)$, 从而 $TA^{\mathrm{t}}T_0 = I_{n,m}(r)$, 但 $T' = {}^{\mathrm{t}}T_0$ 是个可逆的上三角矩阵, 故断言得证. 」

习题 9.3. — (i) 证明 $\mathrm{rk}(UAV) = \mathrm{rk}\,A$, 其中 $A \in \mathbf{M}_{n\times m}(K)$, $U \in \mathbf{GL}_n(K)$ 和 $V \in \mathbf{GL}_m(K)$.

(ii) 设 $G = \mathbf{GL}_n(K) \times \mathbf{GL}_m(K)$. 证明 $((U,V),M) \mapsto (U,V)\cdot M = UMV^{-1}$ 定义了 G 在 $\mathbf{M}_{n\times m}(K)$ 上的作用.

(iii) 这个作用有多少轨道?

9.2. 多项式方程组

设 $P_1, \dots, P_n \in K[X_1, \dots, X_m]$. 如果 L 为包含 K 的一个域, 我们以 $V(L)$ 记方程组 $P_1(x) = \cdots = P_n(x) = 0$ 在 L^m 中的解的集合.

如果 $P_1, \dots, P_n$ 均为一次的, 如此的方程组便是一个具有非齐次部分的线性方程
[103] 组, 那么列主元消去法给予我们对 $V(K)$ 一个描述: 如果 $V(K)$ 非空, 于是经可能的变量置换, 则存在 $d \in \{0, 1, \dots, m\}$ 使得从 K^m 到 K^d 的投射诱导了一个从 $V(K)$ 到 K^d 上的满射, 而 $x \in K^d$ 的逆像恰好由一个点构成, 于是可以从 x 开始逐次地解 $m - d$ 个单变量的一次方程得到.

在一般情形, 如果 K 为代数闭域, 消元理论则提供了一个类似于 $V(K)$ 的描述. 为了使结果更具美感, 需做一个变量的线性变换 $X_i=\sum_{j=1}^m a_{i,j}Y_j$, $A=(a_{i,j})\in\mathbf{GL}_m(K)$, 它比坐标置换要更广泛一点, 然而却不会对我们原方程组的解的描述带来实质性的不妥: 通过将 X_i 表达为 Y_j 的函数, 从变化后的方程组的解出发再去解克拉默方程组, 从而得到我们想要的原方程组的解. 于是解集合的描述如下所示(70): 如果 $V(K)$ 非空, 于是经可能的变量的线性变换, 存在 $d\in\{0,1,\ldots,m\}$ 使得从 K^m 到 K^d 的投射诱导了从 $V(K)$ 到 K^d 的一个满射, 而 $x\in K^d$ 的逆像有限, 它可以由 x 出发通过逐次解 $m-d$ 个单变元的多项式方程计算得到, 这里的多项式的次数与 x 无关.

9.2.1. *两个多项式的结式, 判别式*

以 $\mathbf{Z}[\mathbf{A},\mathbf{B}]$ 表示系数在 $\mathbf{Z}$ 中的未知量为 $A_0,\ldots,A_n,B_0,\ldots,B_m$ 的多项式环. 以 $P_{\mathbf{A}},Q_{\mathbf{B}}$ 分别记 $\mathbf{Z}[\mathbf{A},\mathbf{B},X]$ 中的元 $A_nX^n+\cdots+A_0$ 和 $B_mX^m+\cdots+B_0$ (从而 $P_{\mathbf{A}},Q_{\mathbf{B}}$ 分别为次数 $\leqslant n$ 和 $\leqslant m$ 的*泛多项式*).

我们以 $\mathrm{Sylv}_{n,m}$ 表示这样的矩阵, 它的列为在基 $X^{n+m-1},\ldots,1$ 下的 $X^{m-1}P_{\mathbf{A}}$, $\ldots,P_{\mathbf{A}},X^{n-1}Q_{\mathbf{B}},\ldots,Q_{\mathbf{B}}$ 的坐标; 称这样的矩阵为 $P_{\mathbf{A}}$ 和 $Q_{\mathbf{B}}$ 的*西尔维斯特* (Sylvester) *矩阵*: 例如当 $n=3,m=2$ 时, 我们得到矩阵

$$\begin{pmatrix} A_3 & 0 & B_2 & 0 & 0\\ A_2 & A_3 & B_1 & B_2 & 0\\ A_1 & A_2 & B_0 & B_1 & B_2\\ A_0 & A_1 & 0 & B_0 & B_1\\ 0 & A_0 & 0 & 0 & B_0 \end{pmatrix}.$$

记西尔维斯特矩阵 $\mathrm{Sylv}_{n,m}$ 的行列式为 $\mathrm{Res}_{n,m}\in\mathbf{Z}[\mathbf{A},\mathbf{B}]$; 这是泛多项式 P_{A} 和 $Q_{\mathbf{B}}$ 的*结式*.

- 存在 $U,V\in\mathbf{Z}[\mathbf{A},\mathbf{B},X]$ 使得 $\mathrm{Res}_{n,m}=UP_{\mathbf{A}}+VQ_{\mathbf{B}}$.

「对此行列式最后一行加上其他行的线性组合, 在其中第 i 行的系数是 X^{n+m-i}. 这没有改变行列式的值, 而最后一行变为 $(X^{m-1}P_{\mathbf{A}},\ldots,P_{\mathbf{A}},X^{n-1}Q_{\mathbf{B}},\ldots,Q_{\mathbf{B}})$. 以最 [104]
后一行展开此行列式便得到我们要的等式.」

如果 Λ 是个环, $P=a_nX^n+\cdots+a_0$ 和 $Q=b_mX^m+\cdots+b_0$ 为 $\Lambda[X]$ 中的元: 定义 P 和 Q 的*结式* $\mathrm{Res}_{n,m}(P,Q)\in\Lambda$ 为 $\mathrm{Res}_{n,m}$ 在 $(a_0,\ldots,a_n,b_0,\ldots,b_m)$ 的值; 它因而也是 P 和 Q 的西尔维斯特矩阵的行列式 (由 $\mathrm{Sylv}_{n,m}$ 在 $(a_0,\ldots,a_n,b_0\ldots,b_m)$ 的取值得到). 如果 $P,Q\in K[X]$ 的次数分别为 n 和 m, 则 P 和 Q 的结式为 $\mathrm{Res}_{n,m}(P,Q)$ (就是说, 尽管有时并未明确提及, 整数 n 和 m 总表示了多项式 P 和 Q 的次数).

- 存在 $U,V\in\Lambda[X]$ 使得 $\mathrm{Res}_{n,m}(P,Q)=UP+VQ$.

---

(70) 从集合论的观点看这是一个相对满意的描述, 然而从解的几何观点来看则全然不是; 它构成了代数几何的一个课题. 在非代数闭域 K (譬如 $\mathbf{Q}$ 或有限域) 上的这样一个方程组的解的研究是极为微妙的, 这则是算数代数几何的课题; 令人十分惊讶的是, 同一个方程组在包含 K 的代数闭域 (例如 $\mathbf{C}$ 对于 $K=\mathbf{Q}$) 上的解的几何对于在 K 上解的大小有着极强的影响 (对此还没有完全弄清楚).

「只要将关系式 $\mathrm{Res}_{n,m} = UP_A + VQ_B$ 限定在 $(a_0, \ldots, a_n, b_0, \ldots, b_m)$ 即可. 」

在后面总假定环 Λ 是个域 K. 如果 $a_n = b_m = 0$, 则西尔维斯特矩阵的第一行为零, 故结式为零. 因此在后面总假定 $a_n \neq 0$ 或者 $b_m \neq 0$.

• 以下的条件等价:

◇ $\mathrm{Res}_{n,m}(P, Q) = 0$,

◇ $\gcd(P, Q) \neq 1$,

◇ 存在一个包含 K 的域, 在其中 P 和 Q 有公共根,

◇ P 和 Q 在所有包含 K 的代数闭域中都有公共根.

「令 $D = \gcd(P, Q)$. 如果 $D \neq 1$, 且 L 是包含 K 的一个代数闭域, 则 D 在 L 中被分解, 且 D 的每个根均是 P 和 Q 的公共根; 因此第二个条件蕴含了第四个, 而它显然蕴含了第三个. 现在, 如果 α 是 P 和 Q 在包含 K 的域 L 中的一个公共根, 则 α 代数于 K, 从而 α 的极小多项式整除 P 和 Q, 这证明了第三个条件蕴含了第二个, 从而最后的三个条件等价.

西尔维斯特矩阵是从 $K[X]^{(m-1)} \oplus K[X]^{(n-1)}$ 到 $K[X]^{(n+m-1)}$ 的映射 $(U, V) \mapsto UP + VQ$ 在标准基下的矩阵. 如果 $D \neq 1$, 我们则可将 P 和 Q 分解为 $P = DP_1$ 和 $Q = DQ_1$, 因而 $P_1 \in K[X]^{(n-1)}$, $Q_1 \in K[X]^{(m-1)}$, 且 $(Q_1, -P_1)$ 在 $(U, V) \mapsto UP + VQ$ 的核中, 这证明了 $\mathrm{Res}_{n,m}(P, Q) = 0$, 从而第二个条件蕴含了第一个. 反之, 如果 P 和 Q 互素, 于是 $UP + VQ = 0$ 表明 P 整除 V, Q 整除 U, 但因为 $a_n \neq 0$ 或 $b_m \neq 0$, 又因为 $\deg U \leqslant m - 1$, $\deg V \leqslant n - 1$, 故有 $U = 0$ 或者 $V = 0$ (从而 $U = V = 0$). 这推出 $(U, V) \mapsto UP + VQ$ 为单射, 从而为双射, 得到 $\mathrm{Res}_{n,m}(P, Q) \neq 0$. 故第一个条件蕴含了第二个. 证完. 」

• 如果 $a_n \neq 0$ 且 $b_m \neq 0$, 而 L 为 K 的一个扩域, 在其中 P 和 Q 被分解为 $P = a_n \prod_{i=1}^n (X - \alpha_i)$ 和 $Q = b_m \prod_{j=1}^m (X - \beta_j)$, 则

$$\mathrm{Res}_{n,m}(P, Q) = a_n^m b_m^n \prod_{i=1}^n \prod_{j=1}^m (\alpha_i - \beta_j) = a_n^m \prod_{i=1}^n Q(\alpha_i) = (-1)^{nm} b_m^n \prod_{j=1}^m P(\beta_j).$$

「我们有 $\mathrm{Res}_{n,m}(P, Q) = \det_{X^{n+m-1}, \ldots, 1}(X^{m-1}P, \ldots, P, X^{n-1}Q, \ldots, Q)$. 将 X^iQ 写成 $PA_i + Q_i$, 其中当 $i + m - n \geqslant 0$ 时 $\deg Q_i \leqslant n - 1, \deg A_i = i + m - n \leqslant m - 1$
[105] (否则, $A_i = 0$). 因此 PA_i 是 $X^{m-1}P, \ldots, P$ 的线性组合, 而从 X^iQ 中减去 PA_i 不改变此行列式, 它相当于用 Q_i 去替代 X^iQ. 如此得到的矩阵为三角的分块矩阵 $\left(\begin{smallmatrix} A_1 & 0 \\ A_2 & B \end{smallmatrix}\right)$, 其中 $A_1 \in \mathbf{M}_m(K), A_2 \in \mathbf{M}_{n \times m}(K), B \in \mathbf{M}_n(K)$; 另外, A_1 是下三角的, 其中 a_n 在对角线上, 从而得到了 $\mathrm{Res}_{n,m}(P, Q) = a_n^m \det B$.

现在, B 是将 Q 乘以 $K[X]/(P)$ 的运算在基 $X^{n-1}, \ldots, 1$ 下的矩阵. 而 X 乘以 $K[X]/(P)$ 的特征多项式为 P (习题 10.4); 由此推出乘以 X 运算的特征值为 $\alpha_1, \ldots, \alpha_n$, 因此乘以 Q 的特征值为 $Q(\alpha_1), \ldots, Q(\alpha_n)$. 由于行列式是特征值的乘积 (10.1.6 节), 我们得到 $\det B = \prod_{i=1}^n Q(\alpha_i)$. 由此推出了前两个等式. 最后一个由交换

P 和 Q 的角色得到. 」

• 定义 $\Delta_n \in \mathbf{Z}[\mathbf{A}]$ 为 $\Delta_n = (-1)^{n(n-1)/2}\,\mathrm{Res}_{n,n-1}(P_{\mathbf{A}}, P'_{\mathbf{A}})$; 这是 n 次泛多项式的判别式. 如果 Λ 为环, $P = a_nX^n + \cdots + a_0 \in \Lambda[X]$, 定义 Λ 的判别式 $\Delta(P)$ 为 Δ_n 在 $a_0, \ldots, a_n$ 的值.

• 如果 K 为域, L 为 K 的一个扩域, 其中 $P = X^n + \cdots + a_0 \in K[X]$ 可分解为 $\prod_{i=1}^n (X - \alpha_i)$, 于是 $\Delta(P) = \prod_{i<j}(\alpha_i - \alpha_j)^2$, 而且, $\Delta(P) = 0$ 当且仅当 P 有一个重根.

「 我们有 $\mathrm{Res}_{n,m}(P, P') = \prod_{i=1}^n P'(\alpha_i) = \prod_{i=1}^n \prod_{j\neq i}(\alpha_i - \alpha_j)$. 公式 $\Delta(P) = \prod_{i<j}(\alpha_i - \alpha_j)^2$ 由重组 (i,j) 项和 (j,i) 项得到. 其余部分直接可得. 」

9.2.2. *消元法*

设 K 为无限域, $P_1, \ldots, P_n \in K[X_1, \ldots, X_m]$. 如果 L 为 K 的扩域, 且 $A = (a_{i,j}) \in \mathbf{GL}_m(K)$, 我们以 $V_A(L)$ 表示方程组 $P_{1,A}(y) = \cdots = P_{n,A}(y) = 0$ 在 L^m 中的解集, 其中 $P_{1,A}, \ldots, P_{n,A} \in K[Y_1, \ldots, Y_m]$ 为由 $P_1, \ldots, P_n$ 出发经变量的线性变换 $X = AY$ 得到的多项式 (即有 $X_i = \sum_{j=1}^m a_{i,j}Y_j, 1 \leqslant i \leqslant m$).

称一个多项式方程组为 d 维三角的是说它具有 $Q_1(x) = \cdots = Q_{m-d}(x) = 0$ 形式, 其中 $Q_i \in K[X_1, \ldots, X_{d+i}]$ 为 X_{d+i} 的首 1 多项式. 这样的方程组是完全可解的 (如果你已经会解单变量的方程): 如果固定 $x_1, \ldots, x_d$, 则其他的 x_i 可由逐次解一个单变量的方程得到 (特别地, 如果 $x_1, \ldots, x_d$ 固定, 则 $x_{d+1}, \ldots, x_m$ 只有有限个解).

定理 9.4. — *这些 $V_A(L)$ 必属于两种 (相互排斥的) 情形之一:*

◇ *对所有包含 K 的代数闭域 L, $V_A(L) = \varnothing$.*

◇ *存在坐标变换 $X = AY$, 一个整数 $d \in \{0, \ldots, m\}$ 以及一个 d 维三角方程组 $Q_1(y) = \cdots = Q_{m-d}(y) = 0$, 使得如果 L 是一个包含 K 的代数闭域, 则 $V_A(L)$ 包含在此方程组的解集中并映满 L^d; 如果 $c_1, \ldots, c_d \in L^d$ 是使得 $y = (y_1, \ldots, y_m) \in V_A(L)$ 满足 $y_1 = c_1, \ldots, y_d = c_d$ 的集合, 则其非空且有限.*

「 证明由对 m 的归纳进行. 其思路与高斯消去法相同. 我们需要有一个方程使其 [106]
中显现 X_m, 并利用它消去其他方程中的 X_m, 而这可应用结式来达到. 为了使结果尽可能地看起来舒服, 这些多项式应该假定是首 1 的: 在线性方程组的情形, 只需在变量置换后除以 X_m 的系数即可, 而在一般的情形, 则要求施行变量的线性变换.

对 $m = 1$, 有两种情形: 或者所有的 P_i 为零 (这种情形属于定理的两个情形中的第二种, 因为每个 $x \in L$ 都是解, 因而没有 Q_i), 或者它们中有一个不为零 (这时这些 P_i 生成的理想为由某个首 1 多项式 Q 生成的主理想, 从而这个方程组的解为 Q 的根; 如果 $Q = 1$, 则是断言中两个选项的第一种情形, 如果 $Q \neq 1$, 则是第二种情形中的 $d = 0$ 和 $Q_1 = Q$).

现在假设 $m \geqslant 2$. 如果所有这些 P_i 为零, 则这是二选一中第二种情形的 $d = m$, 并且因为所有的 $x \in L^m$ 都是解, 故而没有 Q_i. 在相反的情形, 在对 P_i 可能的重排序下, 不妨设 $P_1 \neq 0$. 如果 $\deg P_1 = 0$, 则 P_1 为常值, 从而 $P_1(x) = 0$ 在任何一个包含 K 的域 L 中都无解, 因而是二选一的第一种情形. 如果 $\deg P_1 = k_1 \geqslant 1$, 在一个可能的变量线性变换和乘以 K^* 中一个元的运算下, 可设 (参看习题 4.7) P_1 对于 X_m 是个首 1 多项式.

为使表达更紧凑, 我们令 $X = (X_1, \ldots, X_m)$, 以及 $X' = (X_1, \ldots, X_{m-1})$; 因而 $X = (X', X_m)$. 另外. 后面我们总让 L 表示包含 K 的一个代数闭域. 定义 $P \in K[T, X]$ 为 $P = P_2 + TP_3 + \cdots + T^{n-2}P_n$, 并以 R 表示 P_1 和 P 相对于 X_m 的结式. 我们可以将 R 表示为 P 和 P_1 生成的 $K[T, X]$ 的理想; 于是有一个形如 $R = UP + VP_1$ 的关系式, 其中 $U = U_0 + U_1T + \cdots$, $V = V_0 + V_1T + \cdots$, 而这些 U_i 和 V_i 是 $K[X]$ 中的元. 按 T 的幂等同等式两端, 得到 $R_0 = U_0P_2 + V_0P_1$, $R_1 = U_0P_3 + U_1P_2 + V_1P_1$, 等等, 这表明, 如果 $x = (x', x_m) \in L^m$ 是方程组 P_i 的解, 则 x' 便是方程组 R_i 的一个解.

反之, 如果 $x' \in L^{m-1}$ 是这些 R_i 的方程组的解, 则对于所有的 $t \in K$, 多项式 $P_1(x', X_m)$ 和 $P(t, x', X_m)$ 的结式为零, 这时 $P_1(x', X_m)$ 的首项系数不为零, 因为它已经被赋予了值 1, 这表明 $P_1(x', X_m)$ 与 $P(t, x', X_m)$ 在 L 中有一个公共零点. 于是 $P_1(x', X_m)$ 的零点为有限个且与 t 无关; 由此得到其中有一个 a 对于无穷多个 t 都是 $P(t, x', X_m)$ 的根, 因而多项式 $P(T, x', a)$ 有无穷多个零点, 从而恒等于零. 这表明 $P_2(x', a) = \cdots = P_n(x', a)$, 并且由于 $P_1(x', a) = 0$, 它证明了对于 $x' \in L^{m-1}$ 的以下条件: "x' 是 R_i 的方程组的解" 和 " 存在 $a \in L$ 使得 (x', a) 是 P_i 的方程组的解" 的等价性.

我们已经成功地消去了 X_m, 并构造了一个 $X' = (X_1, \ldots, X_{m-1})$ 的多项式方程组, 使得它们的解 $V'(L)$ 正好是原始的方程组的投射. 那么我们便可将归纳假定应用到这个方程组. 在一个可能的变量线性变换 $X' = A'Y'$ (它不改变 X_m) 下, 我们不妨假设它满足以下的二择一的条件:

⋄ 对所有的 L 有 $V'(L) = \varnothing$, 从而 $V(L) = \varnothing$, 因此是在定理的二择一的条件中的第一个.

[107] ⋄ 存在一个整数 $d \in \{0, \ldots, m-1\}$ 和一个维数为 d 的三角方程组 $Q_1(x) = \cdots = Q_{m-1-d}(x) = 0$, 使得对所有的 L, $V'(L)$ 包含在这个方程组的解集中并映满 L^d. 因此 $Q_1(x) = \cdots = Q_{m-1-d}(x) = P_1(x) = 0$ 是维数为 d 的三角方程组, 而 $V(L)$ 则包含在这个方程组的解集中, 并按照上面的等价性映满了 L^d.

结论得证. ⌟

推论 9.5. — (Hilbert 零点定理, 1893) 如果 $P_1, \ldots, P_n \in K[X_1, \ldots, X_m]$, 且方程组 $P_1(x) = \cdots = P_n(x) = 0$ 在 K 的一个代数闭包中无解, 则由 $P_1, \ldots, P_n$ 生成的 $K[X_1, \ldots, X_m]$ 中的理想包含了 1[71], 并且此方程组在任何包含 K 的域中均无解.

---

[71] 即存在 $U_1, \ldots, U_n \in K[X_1, \ldots, X_m]$, 使得 $U_1P_1 + \cdots + U_nP_n = 1$.

「如果此理想不包含 1, 则它就包含在一个极大理想 $\mathfrak{m}$ 中, 于是方程组 $P_1(x) = \cdots = P_n(x) = 0$ 在域 $L_0 = K[X_1, \ldots, X_m]/\mathfrak{m}$ 中有一个解, 即 $(X_1, \ldots, X_m)$ 的像; 这样, 它便在这个域的一个代数闭包中有解; 因为 L_0 包含了 K, 故这是一个包含了 K 的代数闭域. 于是我们便处于定理 9.4 的二择一条件的第二个, 因此这个方程组在所有包含 K 的代数闭域中均有解.」

• 如果 K 为代数闭域, 则 $K[X_1, \ldots, X_m]$ 的每个极大理想都具有 $\mathfrak{m}_x = (X_1 - x_1, \ldots, X_m - x_m)$ 形式, 其中 $x = (x_1, \ldots, x_m) \in K^m$, 且 $x \mapsto \mathfrak{m}_x$ 是从 K^m 到 $K[X_1, \ldots, X_m]$ 的极大理想的集合的一个双射.

「形如 $(X_1 - x_1, \ldots, X_m - x_m)$ 的理想 I 是个极大理想 (由于这些常数构成了 I 在 $K[X_1, \ldots, X_m]$ 中的一个补, 故对 I 的商为 K).

反过来, 设 I 是 $K[X_1, \ldots, X_m]$ 的一个极大理想. 由于 $K[X_1, \ldots, X_m]$ 是诺特的, 故 I 为有限型的; 设 $P_1, \ldots, P_n$ 生成 I. 由于 I 不含 1, 从而存在 $x = (x_1, \ldots, x_m) \in K^m$ 是方程组 $P_1(x) = \cdots = P_n(x) = 0$ 的解. 由于 $P(x) = 0$ 表明 P 在理想 $(X_1 - x_1, \ldots, X_m - x_m)$ 中 (将 X_i 写成 $(X_i - x_i) + x_i$, 然后展开); 由此得到 I 包含在 $(X_1 - x_1, \ldots, X_m - x_m)$ 中, 因此由极大性, 它们相等. 第一个断言得证.

我们由上推出了 $x \mapsto \mathfrak{m}_x$ 是满的. 它的单性由如下得到: 如果 $x = (x_1, \ldots, x_m)$ 和 $y = (y_1, \ldots, y_m)$ 不同, 则存在 i 使得 $x_i \neq y_i$, 于是 $\mathfrak{m}_x + \mathfrak{m}_y$ 包含了 $x_i - y_i = (X_i - y_i) - (X_i - x_i)$, 从而也包含了 1, 这证明了 $\mathfrak{m}_x \neq \mathfrak{m}_y$.」

设 K 为代数闭域. 如果 I 是 $K[X_1, \ldots, X_m]$ 的一个理想, 我们以 $V(I)$ 记那些对所有 $P \in I$ 满足 $P(x) = 0$ 的 $x \in K^m$ 的集合 (只要对生成 I 的 P_i 满足此条件即可); 称这是由 I 定义的 K^m 的代数子簇. 如果 $x \in V(I)$, 从 $K[X_1, \ldots, X_m]$ 到 K 的环态射: $P \mapsto P(x)$ 在 I 上恒为零, 因而它经由 $K[X_1, \ldots, X_m]/I$ 分解; 它的像为 K, 而它的核便是 $K[X_1, \ldots, X_m]/I$ 的一个极大理想 $\mathfrak{m}_x$.

• 映射 $x \mapsto \mathfrak{m}_x$ 是从 $V(I)$ 到 $K[X_1, \ldots, X_m]/I$ 的极大理想的集合的一个双射[72].

$K[X_1, \ldots, X_m]/I$ 的极大理想与 $K[X_1, \ldots, X_m]$ 中包含 I 的极大理想间存在一个双 [108]
射. ($K[X_1, \ldots, X_m]/I$ 的一个极大理想在 $K[X_1, \ldots, X_m]$ 中的逆像是 $K[X_1, \ldots, X_m]$ 中的极大理想). 根据前一个 •, 一个这样的理想具有 $(X_1 - x_1, \ldots, X_m - x_m)$ 形式, 其中 $x = (x_1, \ldots, x_m) \in K^m$; 于是它是满足 $P(x) = 0$ 的 $P \in K[X_1, \ldots, X_m]$ 的理想, 并且, 它包含 I 当且仅当 $x \in V(I)$. 这些包含 I 的 $K[X_1, \ldots, X_m]$ 的极大理想便与 $V(I)$ 间有一个双射. 由此得到结果.

(72)这个由点到极大理想的双射是格罗滕迪克 (Grothendieck) 的概形理论 (1955) 的源头: 如果 A 是个环, 定义拓扑空间 Spec A (A 的素谱) 为 A 的素理想的集合, 并赋予其扎里斯基 (Zariski) 拓扑 (在这个拓扑下一个闭集是个形如 $V(I)$ 的子集合, 其中 I 为 A 的理想, 而 $V(I)$ 为 A 中所有包含 I 的素理想的集合). 这时环 A 成为了 Spec A 上的连续函数环; $f \in A$ 在理想 $\mathfrak{p}$ 的取值为 f 在 $A/\mathfrak{p}$ 中的像 (严格地说, 是在域 $A_\mathfrak{p}/\mathfrak{p}A_\mathfrak{p}$ 中的像——译注.). 在格罗滕迪克之前曾有过许多对此的尝试, 但唯有他成功地得到了一个完全令人满意的理论, 在那里 (与前人相反) 没有对所考虑的环加任何条件, 并将素理想替代了极大理想; 这给予了概形理论一个十分惊人的可塑性和丰富内涵.

10. 自同态的约化

在 10.1 小节中, 将不加证明地回忆 (和完善) 在预科班上看到过的有关自同态约化的内容 (对角化, 化若尔当形式 ……). 在 10.2 小节中则将解释如何用主理想环上挠模的结构定理 (在 10.3 小节中证明) 找出这些结果. 这个新方法的好处在于没有对域 K 加任何假设条件, 而在预科班的处理方法则或多或少假定 K 是代数闭的 (这必定会想到 $\mathbf{C}$ 的情形 (参看习题 8.3, 定理 V.4.15 和习题 V.3.13, VI.3.21, V.3.2), 但 $\mathbf{F}_2$ 则远非如此).

10.1. 一般情形

设 K 为交换域, V 为有限维 K-向量空间.

10.1.1. 自同态

以 $\mathrm{End}(V)$ 表示 V 的自同态的集合, 就是说, 线性映射 $u: V \to V$ 的集合. 赋予加法 $(u_1+u_2)(x) = u_1(x) + u_2(x)$, 以及自同态的复合运算. $\mathrm{End}(V)$ 是一个非交换环 (除去维数 1 的情形), 并以恒同映射 $\mathrm{id}: V \to V$ (参看 5.1 小节) 作为单位元 (记为 1). 关于 λ 的位似映射是映射 $v \mapsto \lambda v$. 我们将它简记为 λ, 这与将恒同映射 (记为 1) 可以看作是关于 1 的位似映射是一致的.

10.1.2. 凯莱–哈密顿定理

如果 $u \in \mathrm{End}(V)$, 则以 $\det(u) \in K$ 记其行列式 (参看 6.3 小节). 如果 $u_1, u_2 \in \mathrm{End}(V)$, 则 $\det(u_1u_2) = \det(u_1)\det(u_2)$. 以 $\mathrm{Char}_u(X)$ 记 u 的特征多项式, 其定义为
[109] $\mathrm{Char}_u(X) = \det(X-u)$ (参看 7.7.1 节). 如果 V 的维数为 d, 则这是一个 d 次多项式, 它的展开式由

$$\mathrm{Char}_u(X) = X^d - \mathrm{Tr}(u)X^{d-1} + \cdots + (-1)^d \det(u)$$

给出, 其中 $\mathrm{Tr}(u)$ 按定义是 u 的迹. 对于 $u_1, u_2 \in \mathrm{End}(V)$, 我们有 $\mathrm{Tr}(u_2u_1) = \mathrm{Tr}(u_1u_2)$.

使得 $P(u) = 0$ 的 $P \in K[X]$ 的集合是 $K[X]$ 的一个理想, 并且由于 $\mathrm{End}(V)$ 的维数为 $(\dim V)^2$, 从而 $1, u, \ldots, u^{(\dim V)^2}$ 为一个无关族, 因此这个理想非零. 以 Min_u 记此理想的首 1 生成元. 按照凯莱–哈密顿定理 (1858), Char_u 在 u 取零; 换言之, Char_u 是极小多项式的倍式 (参看推论 10.8).

10.1.3. 自同构

如果 $u \in \mathrm{End}(V)$, u 的核和像按定义为

$$\mathrm{Ker}(u) = \{v \in V, u(v) = 0\} \text{ 和 } \mathrm{Im}(u) = \{v \in V, \exists v' \in V, u(v') = v\};$$

它们是 V 的子向量空间, 并且有如下的等价关系 (参看 5.4.2 节):

$$\det u \neq 0 \Leftrightarrow \mathrm{Ker}(u) = 0 \Leftrightarrow u \text{ 为单射} \Leftrightarrow u \text{ 为双射} \Leftrightarrow u \text{ 为满射} \Leftrightarrow \mathrm{Im}(u) = V.$$

V 的一个自同构是 $\mathrm{End}(V)$ 中满足上面等价条件的一个元. 以 $\mathrm{GL}(V) \subset \mathrm{End}(V)$ 记 V 的自同构的集合. 这是环 $\mathrm{End}(V)$ 中所有可逆元的群.

10.1.4. 矩阵

如果 V 的维数为 d, 且选取了 V 的一组基 $e_1, \ldots, e_d$, 于是每个元 $u \in \mathrm{End}(V)$ 可以相伴以一个在基 $e_1, \ldots, e_d$ 下的它的矩阵 (参看 7.4 小节). 它是 $\mathbf{M}_d(K)$ 中的一个元 $(a_{i,j})_{1 \leqslant i,j \leqslant d}$, 按定义为 $u(e_j) = \sum_{i=1}^d a_{i,j} e_i$. u 的迹因而是 u 的矩阵的对角线系数的和 $\sum_{i=1}^d a_{i,i}$; 这个和与基的选取无关. 群 $\mathrm{GL}(V)$ 等同于群 $\mathbf{GL}_d(K)$, 即系数在 K 中的可逆的 (等价于其行列式非零) $d \times d$ 矩阵群.

如果 $f_1, \ldots, f_d$ 是 V 的另一组基, 且 P 是由 $f_1, \ldots, f_d$ 在 $e_1, \ldots, e_d$ 下表达式为列构成的矩阵, 那么 u 在基 $e_1, \ldots, e_d$ 和 $f_1, \ldots, f_d$ 下的相伴矩阵分别为 M 和 M', 则它们之间有相关公式 $M' = P^{-1} M P$.

10.1.5. 特征空间

设 $u \in \mathrm{End}(V)$. 称 $\lambda \in K$ 是 u 的一个特征值是说 $u - \lambda$ 不是可逆的, 等价于说 $\mathrm{Ker}(u - \lambda) \neq 0$, 因而存在非零的 $v \in V$ 使得 $u(v) = \lambda v$; 称这样的 v 是 u 对特征值 λ 的一个特征向量 (参看 5.2 小节). u 的谱 $\mathrm{Spec}\, u$ 是 u 的所有特征值的集合. 它也是 u 的特征多项式 $\mathrm{Char}_u(X) = \det(X - u)$ 的根的集合.

如果 $\lambda \in \mathrm{Spec}\, u$, 称核 $\mathrm{Ker}(u - \lambda)$ 为与特征值 λ 相伴的特征空间. 称 u 是可对角化的是说有 $V = \oplus_{\lambda \in \mathrm{Spec}\, u} \mathrm{Ker}(u - \lambda)$. 它等价于说, 存在 V 的一组 (由特征向量构成的) 基 $(e_i)_{i \in I}$, 使得 u 在此基上是一个对角矩阵 (即对于 $i \neq j$ 有 $a_{i,j} = 0$). u 的 [110]
极小多项式是 $(X - \lambda)$ 的乘积 (推论 10.9); 特别地, 它的所有的零点都在 K 中, 并且这些零点为单的. 反之, 如果存在 $P \in K[X]$, 它的所有零点为单的且都属于 K, 并且 $P(u) = 0$, 则 u 可对角化 (推论 10.9).

如果 $\lambda \in \mathrm{Spec}\, u$, 序列 $\mathrm{Ker}(u - \lambda)^k$ 递增, 因而驻定 (即从某个秩后固定). 以 e_λ 表示使得对于 $k' \geqslant k$ 有 $\mathrm{Ker}(u - \lambda)^{k'} = \mathrm{Ker}(u - \lambda)^k$ 的最小的 k. 于是称 $\mathrm{Ker}(u - \lambda)^{e_\lambda}$ 为与 λ 相伴的特征子空间.[26] 如果 Char_u 在 K 中完全分解, 则 V 是特征子空间的直和 $\oplus_{\lambda \in \mathrm{Spec}\, u} V_\lambda$ (推论 10.10). 以 d_λ 记 V_λ 的维数; 称其为特征值 λ 的重数, 它也是 Char_u 作为多项式的根的重数.

10.1.6. 化为若尔当形式

对于 λ 的 r 阶若尔当块 $J_{\lambda,r}$ 是一个 $r \times r$ 矩阵, 它在对角线上全为 λ, 对角线上方为 1, 而其余的系数全为 0. $J_{\lambda,r}$ 的特征和极小多项式都等于 $(X - \lambda)^r$. 称一个矩阵具有若尔当形式是说它是分块对角的, 并且每个块是若尔当块 (每个块不必同样大小, 也不必与同一个 λ 相关联).

我们可以找到 V_λ 的一组基, 使得 u 在此基上的矩阵具有若尔当形式 (习题 10.5 和推论 10.11). 这些块的大小 $r_{\lambda,1} \geqslant r_{\lambda,2} \geqslant \cdots \geqslant r_{\lambda,k_\lambda}$ 因而与基的选取无关, 并且有 $r_{\lambda,1} = e_\lambda$, 以及 $\sum_{j=1}^{k_\lambda} r_{\lambda,j} = d_\lambda \geqslant e_\lambda$. 将这些 V_λ 的基按 $\lambda \in \mathrm{Spec}\, u$ 并列, 那么如果

[26] 请读者特别注意 "特征子空间" 与特征空间的区别, 它们有时用同一个符号表示, 但意思大不相同.

Char_u 完全分解, 则 u 的矩阵便具有若尔当形式. 由此得到 u 的极小多项式 Min_u 和特征多项式 Char_u 具有如下形式:

$$\mathrm{Min}_u(X) = \prod_{\lambda \in \mathrm{Spec}\, u} (X-\lambda)^{e_\lambda} \text{ 以及 } \mathrm{Char}_u(X) = \prod_{\lambda \in \mathrm{Spec}\, u} (X-\lambda)^{d_\lambda}.$$

由若尔当形式的存在性也可推出 $\mathrm{Tr}(u)$ (分别地, $\det(u)$) 是 u 的特征值的带重数的和 (分别地, 乘积).

10.2. $K[X]$ 上的挠模和自同态的约化

10.2.1. 环与模

对于下面所回顾的这些 • 的完整内容可参看 §2. 如果 A 是一个环 (具有单位元 1), 一个 A-模 M 是一个对于加法 $+$ 的交换群, 并具有一个 A 的作用 $(a,x) \mapsto ax$, 满足:

$$0x = 0,\ 1x = x,\ a(x+y) = ax + ay,\ (a+b)x = ax + bx,\ (ab)x = a(bx),$$

其中 $x, y \in M$, 而 $a, b \in A$.

• 如果 A 是个交换域, 则回到了向量空间的定义, 而且在交换环上的模的理论与在交换域上的向量空间的理论间有很大的相似之处. 一个大的不同点是, $ax = 0$, $a \neq 0$ 并不意味着 $x = 0$.

[111] • 所有交换环自然地是个 $\mathbf{Z}$-模, 其中 nx 归纳地定义为: $0x = 0, (n+1)x = nx + x$, $n \in \mathbf{N}$, 而当 $n \leqslant 0$ 时, 定义为 $nx = -((-n)x)$.

• 如果 A 为交换环, A 的一个子 A-模就是 A 的一个理想.

• 如果 K 为交换域, 且 V 是一个 K-向量空间, 则 V 是环 $\mathrm{End}(V)$ (当 $\dim V \geqslant 2$ 时非交换) 上的一个模.

• 如果 $(M_i)_{i\in I}$ 是一个 A-模族, A 在交换群 $\oplus_{i\in I} M_i$ 和 $\prod_{i\in I} M_i$ 上有自然的作用, 从而使它们为 A-模.

• 如果 $M' \subset M$ 为两个 A-模, 则交换的商群 M/M' 具有一个 A 的作用, 从而为 A-模.

• A-模间的态射 $u: M_1 \to M_2$ 是一个与 A 的作用交换的加群的一个态射 (即 $u(ax) = au(x)$, 其中 $x \in M_1$, $a \in A$); 如果 A 是个交换域, 则回到了向量空间之间的线性映射.

• 如果 $u: M_1 \to M_2$ 是个 A-模态射, 则 $\mathrm{Ker}\, u$ 和 $\mathrm{Im}\, u$ 都是 A-模, 并且 u 诱导了 $M_1/\mathrm{Ker}\, u$ 到 $\mathrm{Im}\, u$ 的一个 A-模同构. 特别地, u 为单射当且仅当 $\mathrm{Ker}\, u = \{0\}$, 而 u 为满射当且仅当 $\mathrm{Im}\, u = M_2$.

如果 M 是一个 A-模, 且对于 $i \in I$ 有 M 的子 A-模 M_i, 则这些 M_i 的交仍是一个 A-模. 这让我们可以定义由一族 M 中的元 $(e_j)_{j\in J}$ 生成的子 A-模为 M 的所有包

含这些 e_j 的子模的交. 像在向量空间的情形那样, 这个模是这些 e_j 的系数在 A 中的有限线性组合的集合.

除了一个 (重要的) 例外, 即当 V 为向量空间时的环 $\mathrm{End}(V)$ 外, 我们所考虑的所有的环都是交换的; *除非明确指出, 在后文中的"环"总是指"交换环"*.

称一个 A-模 M 是*有限型*的是说存在 M 中的元的一个有限集合 $e_1,\ldots,e_d$, 使得 $(a_1,\ldots,a_d)\to a_1e_1+\cdots+a_de_d$ 是从 A^d 到 M 的一个满射; 换言之, 如果 M 具有一组有限生成元, 则它为有限型的. 与向量空间情形的一个本质差别在于, 一个 A-模, 一般说来, 不具有 A 上的基. 一个具有有限基的模被称作*有限型自由的*.

- 一个有限型自由 A-模 M 同构于 A^r, 其中 $r\in\mathbf{N}$ 唯一确定, 被称作 M 的*秩*.

「按定义, 一个有限型自由 A-模 M 同构于对某个 r 的 A^r (选取了一组基 $e_1,\ldots,e_r$ 便给出了一个从 A^r 到 M 的同构 $(x_1,\ldots,x_r)\mapsto\sum_{i=1}^r x_ie_i$). 因此在于要证明 $A^r\cong A^s$ 蕴含 $r=s$.

假定 $s>r$, 并以 $B\in M_{s\times r}(A)$ 表示同构 $A^r\to A^s$ 的矩阵, 而 $C\in M_{r\times s}(A)$ 表示它的逆的矩阵; 于是我们有 $BC=1s$, 从而 $\det BC=1$. 另外, BC 的 s 个列是 C 的 r 个列 $c_1,\ldots,c_r$ 的线性组合. 应用行列式的乘法, 这时将它们看作列的线性函数, 则 $\det BC$ 是形如 $\det(c_{j_1},\ldots,c_{j_s})$ 这些项的线性组合. 由于 $s>r$, 这些 j_k 中必定有两个相等, 故这些项等于零. 那么便得到 $\det BC=0$, 矛盾, 从而断言得证.」 [112]

称 A-模 M 为一个*挠模*是说, 对每个 $x\in M$ 可以找到 $a\in A-\{0\}$, 使得 $ax=0$. 一个非零的挠 A-模是不具有基的模的例子: 多于一个元的任意组都是相关的. 挠模的典型例子是 A/I 或者更一般的 J/I, 其中 $I\subset J$ 为 A 的理想且 $I\neq\{0\}$; 譬如, $\mathbf{Z}/D\mathbf{Z}$, $D\geqslant 2$ 是一个挠 $\mathbf{Z}$-模.

- 如果 A 为整环, 且 M 为 A-模, 挠元的集合 M_{tors} (即 $x\in M$ 使得存在 $a\in A-\{0\}$ 满足 $a\cdot x=0$ 的集合) 是 M 的一个子挠 A-模 (它是 M 的最大的子挠 A-模).

「如果 $ax=0, a\neq 0$; $by=0, b\neq 0$, 则 $ab(x+y)=0$ 且 $ab\neq 0$; 因此 M_{tors} 是 $(M,+)$ 的子群. 另外, 如果 $ax=0$, 则 $a(\lambda x)=0$. 这证明了 M_{tors} 在 A 的作用下稳定. 从而得到断言.」

习题 10.1. — (i) 设 A 为诺特整环, 且 M 为有限型 A-模. 证明存在 $a\in A-\{0\}$ 使得对所有的 $x\in M_{\mathrm{tors}}$ 有 $ax=0$.

(ii) 设 M 是有限型 $\mathbf{Z}$-模. 证明 M_{tors} 为有限的. 一个挠 $\mathbf{Z}$-模一定是有限的吗?

10.2.2. $K[X]$ 上的挠模的结构

设 K 为交换域. 如下面的定理 10.3 的讨论所表明的, 一个具有 K-线性自同态 u 的一个有限维 K-向量空间与一个有限型的挠 $K[X]$-模是同一回事. 由于下面的结构定理 (定理 10.3), 这种观点的改变特别有意思, 而读者可以将它与有限阿贝尔群的结构定理 (定理 3.1) 进行比较 (我们将在 10.3 小节中同时证明这两个定理).

称一个多项式 $P\in K[X]$ 为*不可约的*是说它的次数 $\geqslant 1$ 且不能被分解为

$P = Q_1Q_2$ 的形式, 其中 $Q_1, Q_2 \in K[X], \deg Q_1 \geqslant 1, \deg Q_2 \geqslant 1$. 一个域 K 为代数闭域当且仅当 $K[X]$ 的所有不可约多项式的次数等于 1; $\mathbf{R}[X]$ 的不可约多项式的次数为 1 或 2, 而 $\mathbf{Q}[X]$ 或 $\mathbf{F}_p[X]$ 的不可约多项式的次数可任意. 以 $\mathscr{P}_{K[X]}$ 表示 $K[X]$ 的次数 $\geqslant 1$ 的不可约首 1 多项式的集合.

如果 $Q \in K[X]$, 以 $K[X]/Q$ (替代 $K[X]/QK[X]$ 或 $K[X]/(Q)$) 表示 $K[X]$ 对于由 Q 生成的理想的商.

习题 10.2. — 证明当 $Q \in \mathscr{P}_{K[X]}$ 时, $K[X]/Q$ 是域.

定理 10.3. — 设 M 为有限型挠 $K[X]$-模. 如果 $P \in \mathscr{P}_{K[X]}$, 且设 M_P 为被 P 的幂化零的元 x 的集合.

(i) M_P 是 M 的一个子 $K[X]$-模, 除了有限个 $P \in \mathscr{P}_{K[X]}$ 它们全为零, 并且 $M = \oplus_{P\in\mathscr{P}_{K[X]}} M_P$.

[113] (ii) 存在 $r_P \in \mathbf{N}$ 和唯一的递减的整数组 $a_{P,i} \geqslant 1$, 使得

$$M_P = \oplus_{1\leqslant i\leqslant r_P} K[X]/P^{a_{P,i}}.$$

10.2.3. 例子

设 M 为有限型的挠 $K[X]$-模, 并设 $e_1, \ldots, e_d$ 生成 M. 按定义, 这等价于说 $(x_1, \ldots, x_d) \mapsto x_1e_1 + \cdots + x_de_d$ 是从 $K[X]^d$ 到 M 的满射. 另外, 如果对于 $i \in \{1, \ldots, d\}$ 有 $P_i \in K[X] - \{0\}$ 使得 $P_ie_i = 0$ (因为 M 为挠模, 存在这样的 P_i), 于是前面的这个映射的核包含了 $P_1 \times \cdots \times P_d$, 因此 M 是 $(K[X]/P_1) \times \cdots \times (K[X]/P_d)$ 的一个商模, 而 $(K[X]/P_1) \times \cdots \times (K[X]/P_d)$ 是一个维数是 $\deg P_1 \cdots \deg P_d$ 的有限维 K-向量空间. 由此推导出 M 是一个有限维的 K-向量空间. 另外, 在 M 上乘以 X 是 K-线性的, 它赋予了 M 一个 $\mathrm{End}(M)$ 中的特殊元 u_M.

反过来, 如果 V 是一个有限维 K-向量空间, 且 u 是 V 的一个自同态, 则 $P \mapsto P(u)$ 诱导了从 $K[X]$ 到 $\mathrm{End}(V)$ 的一个环态射. 由于 V 是一个 $\mathrm{End}(V)$-模, 它赋予了 V 一个 $K[X]$ 的作用 (其中 $P \in K[X]$ 以 $P(u) \in \mathrm{End}(V)$ 作用), 这让我们将 V 看作为一个 $K[X]$-模; 按照这个构造, 我们有 $u_V = u$. 另外, 因为 $\mathrm{Min}_u \in K[X]$ 将所有的 V 中的元化为零, 故 $K[X]$-模 V 是个挠模: Min_u 对 V 化零是由于按定义, Min_u 的作用是 $\mathrm{Min}_u(u)$ 作用在 V 上, 但 $\mathrm{Min}_u(u) = 0$.

- 如果 V 是个有限维 K-向量空间, $u, u' \in \mathrm{End}(V)$ 共轭 (即存在 $g \in \mathrm{GL}(V)$ 使得 $u' = gug^{-1}$) 当且仅当它们相关联的 $K[X]$-模为同构.

「 这是个纯粹的翻译练习. 如果 M 和 M' 为 $K[X]$-模, 一个 $K[X]$-模同构 $\iota : M \cong M'$ 是一个与 X 的作用交换的 K-线性映射, 翻译过来即 $u_{M'} \circ \iota = \iota \circ u_M$. 现在若 M 和 M' 分别与 (V, u) 和 (V, u') 相关联, 则作为 K-向量空间有 $M = M' = V$, 而 $u_M = u, u_{M'} = u'$. 假设条件 $M \cong M'$ 则翻译为存在 $\iota \in \mathrm{GL}(V)$, 满足 $u' \circ \iota = \iota \circ u$, 这便翻译成 $u' = gug^{-1}$, $g = \iota^{-1}$. 为了证明当 $u' = gug^{-1}$ 时有 $M \cong M'$, 只需将前面的翻译按反方向推回去即可. 」

例题 10.4. — (循环模) 设 $Q = X^d + a_{d-1}X^{d-1} + \cdots + a_0 \in K[X]$, $d \geqslant 1$, 并设 $M = K[X]/Q$. 于是在基 $1, X, \ldots, X^{d-1}$ 下 u_M 的矩阵为

$$A_Q = \begin{pmatrix} 0 & \ldots & 0 & -a_0 \\ 1 & \ldots & 0 & -a_1 \\ \vdots & & \vdots & \vdots \\ 0 & \ldots & 1 & -a_{d-1} \end{pmatrix},$$

而 u_M 的极小多项式和特征多项式都等于 Q.

「由构造, $Q(X)$ 乘以 M 为零, 因此 $Q(u_M) = 0$, 这表明 u_M 的极小多项式整除 Q. 另外, 如果 $P(u_M) = 0$, 则特别地, $P(u_M) \cdot 1 = P(X)$ 在 $M = K[X]/Q$ 中为零, 从而 P 是 Q 的倍式. 这证明了 u_M 的极小多项式正是 Q.

u_M 的特征多项式即 $X - u_M$ 的行列式, 可以按其最后一列展开. $X + a_{d-1}$ 的系数是一个下三角的 $(d-1) \times (d-1)$ 矩阵的行列式, 其中的 X 在对角线上, 从而等于 [114] X^{d-1}. 如果 $i \geqslant 2$, a_{d-i} 的系数是 $(-1)^{i-1} \times$ 一个块对角矩阵, 其中的一个块是 X 在对角线上的下三角 $(d-i) \times (d-i)$ 矩阵, 而其余的是 -1 在对角线上的 $(i-1) \times (i-1)$ 上三角矩阵; 因此等于 $(-1)^{i-1}X^{d-i}(-1)^{i-1} = X^{d-i}$, 于是有

$$\det(X - u_M) = (X + a_{d-1})X^{d-1} + a_{d-2}X^{d-2} + \cdots + a_0 = Q(X).$$

」

例题 10.5. — (幂零模) 设 $\lambda \in K$, 且 $M = K[X]/(X-\lambda)^d$. 于是在基 $f_1 = (X-\lambda)^{d-1}, f_2 = (X-\lambda)^{d-2}, \ldots, f_d = 1$ 下 u_M 的矩阵是个若尔当块 $J_{\lambda,d}$.

「我们有 $X(X-\lambda)^{d-i} = (X-\lambda)^{d-(i-1)} + \lambda(X-\lambda)^{d-i}$, 当 $i \neq 1$ 时它可翻译为 $u_M(f_i) = f_{i-1} + \lambda f_i$, 而因为 $(X-\lambda)^d = 0$, 又有 $u_M(f_1) = \lambda f_1$. 」

10.2.4. 对自同态约化的应用

引理 10.6. — 设 $(Q_i)_{i\in I}$ 是 $K[X]$ 中次数 $\geqslant 1$ 的元的一个有限族. 如果 $M = \oplus_{i\in I} K[X]/Q_i$, 则 u_M 的极小多项式是这些 $Q_i, i \in I$ 的最小公倍式 (lcm), 而 u_M 的特征多项式是对于 $i \in I$ 的 Q_i 的乘积.

「u_M 的极小多项式特别地应该零化 $K[X]/Q_i$; 因此按照例题 10.4 的结果, 应该被 Q_i 整除, 从而被这些 Q_i 的 lcm 整除. 反之, Q_i 的最小公倍式被 Q_i 整除; 从而对于所有 i, 它零化 $K[X]/Q_i$, 因此是 u_M 的极小多项式的倍式; 于是得到了关于极小多项式的断言.

为了计算 u_M 的特征多项式, 我们需注意到, 每个 $K[X]/Q_i$ 在 u_M 作用下稳定, 从而 u_M 的矩阵是分块对角的, 其中对于 i 的每块对应了 u_M 在 $K[X]/Q_i$ 上的作用. 由于一个分块对角矩阵的特征多项式是各块的特征多项式的乘积, 那么由例题 10.4 的结果得到断言. 」

设 V 是一个有限维向量空间并具有一个自同态 u. 我们可以假定 V 是一个有限型 $K[X]$-挠模, 而 u 是乘以 X 的作用. 如果以 $\operatorname{Spec} u$ 表示使得 $V_P \neq 0$ (定理 10.3 的记号) 的 $P \in \mathscr{P}_{K[X]}$ 的集合, 由引理 10.6 我们得到以下结果.

推论 10.7. — 如果 $a_{P,i}$ 为定理 10.3 所定义的那些整数, 则

$$\operatorname{Min}_u(X) = \prod_{P \in \operatorname{Spec} u} P^{a_{P,1}} \text{ 以及 } \operatorname{Char}_u(X) = \prod_{P \in \operatorname{Spec} u} P^{a_{P,1}+\cdots+a_{P,r_P}}.$$

推论 10.8. — (凯莱–哈密顿) u 的极小多项式整除 u 的特征多项式.

「按前面的结果, 这就是不等式 $a_{P,1} \leqslant a_{P,1} + \cdots + a_{P,r_P}$ 的直接翻译. 」

推论 10.9. — 以下的条件等价:

(i) u 可对角化.

(ii) u 被一个没有重根的完全分解的多项式零化.

[115] (iii) $\operatorname{Spec} u$ 由次数为 1 的多项式构成, 并且[73] $\operatorname{Min}_u = \prod_{\lambda \in \operatorname{Spec} u}(X - \lambda)$.

(iv) 在分解 $V \cong \oplus_{P \in \operatorname{Spec} u}(\oplus_{1 \leqslant i \leqslant r_P} K[X]/P^{a_{P,i}})$ 中, $\operatorname{Spec} u$ 的元的次数为 1, 且这些 $a_{P,i}$ 全等于 1.

「(iii) 和 (iv) 的等价性来自推论 10.7.

如果 u 可对角化, 则 V 是它的特征空间的 V_λ 按 $\lambda \in \operatorname{Spec} u$ 的直和. 于是 $u - \lambda$ 在 V_λ 上为零, 从而 $\prod_{\lambda \in \operatorname{Spec} u}(u - \lambda)$ 在所有这些 V_λ 上为零, 因而在 V 上也为零. 由于 $\prod_{\lambda \in \operatorname{Spec} u}(X - \lambda)$ 是完全分解的, 并无重因子, 这证明了 (i)⇒ (ii).

由于 Min_u 整除所有零化 u 的多项式, 那么条件 (ii) 便推出 Min_u 是完全分解的, 且无重因子. 根据推论 10.7 推出 $\operatorname{Spec} u$ 中的元都有 $X - \lambda$ 形式, $\lambda \in K$, 并且 $V \cong \oplus_{\lambda \in \operatorname{Spec} u}(K[X]/(X - \lambda))^{d_\lambda}$, 这证明了 (i)⇒ (iv).

最后, 由于 X 的作用是将 λ 在 $K[X]/(X-\lambda)$ 做乘法, 故可看出 $(K[X]/(X-\lambda))^{d_\lambda}$ 被包含在 λ 的特征空间中, 从而同构 $V \cong \oplus_{\lambda \in \operatorname{Spec} u}(K[X]/(X - \lambda))^{d_\lambda}$ 等价于有一组由特征向量组成的基; 这证明了 u 可对角化, 从而证明了 (iv)⇒ (i).

证完. 」

推论 10.10. — 如果 V 是个有限维 K-向量空间, 且 $u \in \operatorname{End}(V)$ 被一个完全分解的多项式所零化, 则 V 是 u 的特征子空间的直和.

「由上面相同的理由, u 的极小多项式是完全分解的, 因而 $\operatorname{Spec} u$ 的元具有 $X - \lambda$ 形式, $\lambda \in K$. 定理 10.3 的 (i) 给予我们 V 的一个形如 $\oplus_\lambda V_{X-\lambda}$ 的分解, 而 $V_{X-\lambda}$ 正是那些被 $u - \lambda$ 的某次幂消零的元 $x \in V$ 构成的; 换言之, $V_{X-\lambda}$ 是与特征值 λ 相伴的 u 的特征子空间, 于是由 $V = \oplus_\lambda V_{X-\lambda}$ 得到结论. 」

---

[73] 令一次多项式 $X - \lambda$ 等同于根 λ.

推论 10.11. — 如果 V 是有限维的 K-向量空间, 且 $u\in\operatorname{End}(V)$ 被一个完全分解的多项式零化, 则存在一组 V 的基, 使得 u 在此基上的矩阵具有若尔当形式.

「像上面一样, 由定理 10.3 得到了一个分解 $V\cong\oplus_{i\in I}K[X]/(X-\lambda_i)^{a_i}$ (这些 λ_i 中有些可能相等). 按照例题 10.5, 以 X 乘以 $K[X]/(X-\lambda_i)^{a_i}$ 的矩阵可取若尔当形式.」

推论 10.12. — (邓福德 (Dunford) 分解) 如果 V 为有限维 K-向量空间, 且 $u\in\operatorname{End}(V)$ 被一个完全分解的多项式零化, 则 u 可以以唯一的方式分解为 $u=D+N$ 的形式, 其中 D 为对角化的, 而 N 为幂零的, 并且 D 和 N 可交换.

「这些假设条件表明 V 是 u 的特征子空间 V_λ 的直和. 设 $D\in\operatorname{End}(V)$, 定义为 $D(x)=\lambda x$, $x\in V_\lambda$. 因此按构造, D 是可对角化的, 并且因为 u 使得这些 V_λ 稳定, 而 D 在 V_λ 上的限制是一个位似变换, 故 D 与 u 可交换. 另外, 由 V_λ 的定义知 $u-\lambda$ 在 V_λ 上为幂零的, 因此 $u-D$ 在 V 上为幂零的 (在 V_λ 上有 $(u-D)^{e_\lambda}=0$, 从而在 V 上 $(u-D)^e=0$, 其中 $e=\sup_\lambda e_\lambda$). 最后, 由于 D 与 u 交换, 故它也与 $u-D$ 交换. [116]
这便证明了 $u=D+N$, 其中 $N=u-D$, 是我们所要的分解. (也可以利用存在一组基使得在此基上 u 的矩阵具有若尔当形式: 我们有 $A=D+N$, 其中 D 是具有与 A 在对角线上相同系数的对角矩阵, 而 N 是个上三角矩阵, 它在对角线上的系数全为 0, 从而是幂零的 (如果 $\dim V=d$, 则 $N^d=0$); D 和 N 的交换性则可逐块验证.)

反过来, 如果 D 和 N 可交换, 则它们与 u 也交换, 从而与所有 u 的多项式交换. 设 λ 是 u 的一个特征值, 而 V_λ 是相应的特征子空间. 如果 $x\in V_\lambda$, 则有 $0=D((u-\lambda)^{e_\lambda}(x))=(u-\lambda)^{e_\lambda}(D(x))$, 从而 V_λ 在 D 作用下稳定. 现在, 由假设条件, $u-D$ 为幂零的, 因此它在 V_λ 上的限制也为幂零的. 另外, 按定义, $u-\lambda$ 在 V_λ 上也为幂零的, 再由 u 和 D 的交换性知 $u-D$ 和 $u-\lambda$ 可交换, 由此得到 $D-\lambda=(u-\lambda)-(u-D)$ 在 V_λ 上为幂零的 (参看习题 2.1). 最后, D 按假定可对角化, 它便被一个无重根的完全分解的多项式 P 零化. D 在 V_λ 的限制也就被 P 零化, 因而是对角化的; 因此 $D-\lambda$ 也如此, 那么从 $D-\lambda$ 的幂零性得到, 在 V_λ 上有 $D=\lambda$. 唯一性得证.」

邓福德分解对于计算一个自同态 (或一个矩阵) 的幂特别有用: 由于 D 和 N 可交换, 而且有 $N^d=0$, 故二项式公式成为 $u^n=D^n+nD^{n-1}N+\cdots+\binom{n}{d-1}D^{n-d+1}N^{d-1}$, 又如果给出一组基使在其下 D 为对角形, 则容易算出 D 的幂. 例如, 应用此去研究一个 $X_{n+1}=AX_n$, $A\in\mathbf{M}_d(K)$ 类型的递归序列, 这包含了满足 $u_{n+d}=a_1u_{n+d-1}+\cdots+a_du_n$, $n\in\mathbf{N}$ 这种类型的递归关系的数值序列; 它们对应于[74] 取 $X_n={}^{\mathrm t}(u_n,\ldots,u_{n+d-1})$ 和

[74]这是说, 为了研究这样的一个序列, 最好去考虑母级数 $\sum_{n=0}^{+\infty}u_nT^n$, 对它乘以 $1-a_1T-\cdots-a_dT^d$ 以得到一个多项式 P, 然后去分解有理分式 $\frac{P}{1-a_1T-\cdots-a_dT^d}$ 为简单元.

$$A=\begin{pmatrix}0 & 1 & \dots & 0\\ \vdots & \ddots & \ddots & \vdots\\ 0 & \dots & 0 & 1\\ a_d & \dots & a_2 & a_1\end{pmatrix}.$$

10.3. 主理想环上的挠模

环 $\mathbf{Z}$ 和 $K[X]$ 均为主理想环 (参看 §4.2.1), 在这种情形下得到的定理 10.13 有作为推论的定理 3.1 和 10.3.

设 A 为主理想环 (参看 §4.2.2), 且设 $\mathscr{P}_A$ 为 A 的非零素理想的集合. 对 $\mathscr{P}_A$ 中每个元选定一个生成元, 并将 $\mathscr{P}_A$ 等同于这些生成元的集合. 如果 $p\in\mathscr{P}_A$, 则 A/p 是域.

另外, A 的每个非零元 x 可以以唯一的方式分解为 $x=u\prod_{p\in\mathscr{P}_A}p^{v_p(x)}$ 形式, 其中 u 在 A 中可逆. 如果 $x_1,\ldots,x_n\in A$, $\gcd(x_1,\ldots,x_n)$ 为理想 $(x_1,\ldots,x_n)$ 的生成元 $\prod_{p\in\mathscr{P}_A}p^{\inf_i(v_p(x_i))}$: 这个理想为 A (等价于 $x_1,\ldots,x_n$ 互素) 当且仅当对所有的 $p\in\mathscr{P}_A$ 有 $\inf_i(v_p(x_i))=0$.

[117] 如果 M 为 A-模, 且 $a\in A$, 我们以 $aM\subset M$ 表示 M 在 A-模态射 $x\mapsto ax$ 下的像. 这是 M 的子 A-模, 而特别地, 由构造, 商 M/aM 被 a 化零; A 在 M/aM 上的作用可通过 A/a 分解, 使得 M/aM 成为一个 A/a-模. 特别地, 如果 $p\in\mathscr{P}_A$, 则 M/pM 是域 A/p 上的向量空间.

定理 10.13. — 设 M 为一有限型挠 A-模. 如果 $p\in\mathscr{P}_A$, 并设 M_p 为那些 $x\in M$ 的集合, 它们每个被 p 的某次幂化零.

(i) M_p 是 M 的一个子 A-模, 除去有限个 p 外它全为零, 并且 $M=\oplus_{p\in\mathscr{P}_A}M_p$.

(ii) 如果 $r_p=\dim_{A/p}(M/pM)$, 则存在唯一的整数的递减族 $a_{p,i}\geqslant 1$, $1\leqslant i\leqslant r_p$ 使得 $M_p=\oplus_{1\leqslant i\leqslant r_p}A/p^{a_{p,i}}$.

⌜ 如果 $p^ax=0$ 和 $p^by=0$, 则对任意的 $\lambda,\mu\in A$ 有 $p^{\sup(a,b)}(\lambda x+\mu y)=0$. 从而 M_p 是 M 的一个子 A-模.

设 $x_1,\ldots,x_d$ 生成了 M. 如果 $i\in\{1,\ldots,d\}$, 并设 $\lambda_i\in A$ 使得 $\lambda_ix_i=0$; 令 $\lambda=\lambda_1\cdots\lambda_d$. 对任意的 $x\in M$ 于是有 $\lambda x=0$. 如果 $p\in\mathscr{P}_A$ 不整除 λ, 且若 $x\in M_p$ 被 p^a 化零, 则 x 被 A 中由 λ 和 p^a 生成的理想 (λ,p^a) 中的任意元化零, 这就是说, 被整个 A 化零, 这是因为 λ 和 p^a 互素. 于是有 $x=0$, 那么, 如果 p 不整除 λ, 则 $M_p=0$.

令 $\mathscr{P}_A(\lambda)\subset\mathscr{P}_A$ 为 λ 的素因子的集合, 并设 $\lambda=\prod_{p\in\mathscr{P}_A(\lambda)}p^{n_p}$ 为 λ 的素因子分解. 这些 $\frac{\lambda}{p^{n_p}}$, $p\in\mathscr{P}_A(\lambda)$ 互素. 因此根据贝祖定理, 存在 A 的元 α_p 使得有 $\sum_{p\in\mathscr{P}_A(\lambda)}\alpha_p\frac{\lambda}{p^{n_p}}=1$. 由此推出, 可以将 M 的每个元 x 分解为 $\sum_{p\in\mathscr{P}_A(\lambda)}x_p$, 其中

$x_p = \frac{\alpha_p \lambda}{p^{n_p}} x$, 而因为 x_p 被 p^{n_p} 化零, 故 $x_p \in M_p$. 总体来说, 有 $M = \sum_{p \in \mathscr{P}_A(\lambda)} M_p$.

最后, 如果 $x_p \in M_p$, $p \in \mathscr{P}_A(\lambda)$, 且若 $\sum_{p \in \mathscr{P}_A(\lambda)} x_p = 0$, 则 $x_p = -\sum_{\ell \neq p} x_\ell$ 同时被 p^{n_p} 和 $p^{-n_p}\lambda$ 化零, 而这两个元, 按照 n_p 的定义, 互素. 因此对于任意的 p, $x_p = 0$. 完成了 (i) 的证明.

转而证明 (ii). 先证明可以只考虑 M_p 便可计算出 r_p. 如果 $\ell \in \mathscr{P}_A$ 不同于 p, 那么乘以 p 便诱导出 M_ℓ 上的一个满射: 事实上, 存在 n 使得 $\ell^n M_\ell = 0$, 而由于 p 与 ℓ^n 互素, 故存在 $a, b \in A$ 使得 $ap + b\ell^n = 1$. 因此, 在 M_ℓ 上乘以 a 和 p 的作用是互逆的, 故 $M_\ell / pM_\ell = 0$. 由此可知 r_p 也是 M_p/pM_p 在 A/p 上的维数.

(ii) 的证明可分两步进行. 先由对 $r = r_p$ 归纳 (当 $r = 0$ 时为空) 证明存在所要的分解形式, 然后仍用归纳证明族 $a_{p,i}$ 的唯一性.

如果 $x \in M_p$, 以 $n(x)$ 表示使得 $p^n x = 0$ 的最小的 n. 因此 $p^{n(x)}x = 0$, 但如果 $n(x) \geqslant 1$, 有 $p^{n(x)-1}x \neq 0$. 设对于所有 $x \in M_p$, $e_1 \in M_p$ 是使其相应的 $n(x)$ 为最大者 (由于对所有的 $x \in M_p$ 有 $n(x) \leqslant n_p$, 故存在这样的 e_1), 记 $a_1 = n(e_1)$. 令 $N = M_p/(A/p^{a_1})e_1$. 于是根据下面的引理 10.14 (其中 $M = M_p$, $M' = pM_p$ 以及 $M'' = (A/p^{a_1})e_1$), N/pN 是 M_p/pM_p 对于由 e_1 的像生成的子 (A/p)-向量空间商, 并且由于这个像非零 (否则, 就会有 $e_1 = pf$, 而 $n(f) = n(e_1) + 1 > n(e_1)$), 由此推导出 $\dim_{A/p}(N/pN) = r - 1$, 故而可以应用对于 N 的归纳假定. 因此存在 $\bar{e}_2, \ldots, \bar{e}_r \in N$ 和 $a_2 \geqslant \cdots \geqslant a_r$ 使得 $N = \oplus_{2 \leqslant i \leqslant r}(A/p^{a_i})\bar{e}_i$

设 $e'_i \in M_p$ 是 $\bar{e}_i$ 的一个任意的提升. 于是我们有 $p^{a_i}e'_i = b_i e_1, b_i \in A$ 在 [118]
$\bmod p^{a_1}$ 下有确定的定义. 因为 $p^{a_1}e'_i = 0$, 由此推导出 $p^{a_1 - a_i}b_i \in p^{a_1}A$, 从而 $b_i \in p^{a_i}A$. 令 $c_i = p^{-a_i}b_i \in A$, 并令 $e_i = e'_i - c_i e_1$. 于是有 $p^{a_i}e_i = 0$. 现在, 设 $x \in M_p$, 并设 $\bar{x}$ 为其在 N 中的像. 因此存在唯一的 $\lambda_2 \in A/p^{a_2}, \ldots, \lambda_r \in A/p^{a_r}$ 使得 $\bar{x} = \lambda_2\bar{e}_2 + \cdots + \lambda_r\bar{e}_r$. 由于 $p^{a_i}e_i = 0$, 故 M_p 的元 $\lambda_i e_i$ 确有定义, 并且 $x - \sum_{i=2}^r \lambda_i e_i \in (A/p^{a_1})e_1$, 从而 $M_p = (A/p^{a_1})e_1 + ((A/p^{a_2})e_2 \oplus \cdots \oplus (A/p^{a_r})e_r)$. 另外, 因为交 $(A/p^{a_1})e_1 \cap ((A/p^{a_2})e_2 \oplus \cdots \oplus (A/p^{a_r})e_r)$ 中的元在 N 中的像为零, 并且 $x \mapsto \bar{x}$ 诱导了从 $(A/p^{a_2})e_2 \oplus \cdots \oplus (A/p^{a_r})e_r$ 到 N 上的一个双射, 故这个交为零. 所以 $M_p = (A/p^{a_1})e_1 \oplus ((A/p^{a_2})e_2 \oplus \cdots \oplus (A/p^{a_r})e_r)$. 由于 $a_1 \geqslant a_2$, 这便给了 M_p 一个我们所要的分解.

还剩下 $a_{p,i}$ 的唯一性要证. 假设 $M_p = \oplus_{1 \leqslant i \leqslant r}(A/p^{a_i})e_i = \oplus_{1 \leqslant j \leqslant s}(A/p^{b_i})f_j$, 其中 $a_1 \geqslant \cdots \geqslant a_r \geqslant 1$ 以及 $b_1 \geqslant \cdots \geqslant b_s \geqslant 1$. 令 $n(M_p)$ 为对所有 $x \in M_P$ 的 $n(x)$ 的最大者. 于是 $n(M_p) = a_1$, $n(M_p) = b_1$, 故 $a_1 = b_1$. 现在就可将 e_1 写成 $e_1 = \sum_{j=1}^s \lambda_j f_j$, 并由于 $p^{a_1 - 1}e_1 \neq 0$, 这表明存在 j 使得 $p^{a_1-1}\lambda_j f_j \neq 0$. 特别有 $p^{a_1-1}f_j \neq 0$, 这证明了 $b_j \geqslant a_1 = b_1$, 从而 $b_j = b_1$. 不妨置换这些 f_j, 从而不妨假定 $j = 1$. 性质 $p^{a_1-1}\lambda_1 f_1 \neq 0$ 于是表明 (因为 $a_1 = b_1$) $\lambda_1 \notin pA$, 从而 λ_1 与 p 和 p^{a_1} 互素, 因此在 A/p^{a_1} 中可逆. 以 μ_1 记其逆, 这让我们将 f_1 写成 $\mu_1 e_1 - \sum_{j=2}^s \mu_1\lambda_j f_j$, 这也证明了我们有 $M_p = (A/p^{b_1})e_1 \oplus_{2 \leqslant j \leqslant s} (A/p^{b_j})f_j$. 由此推

导出 $M_p/(A/p^{b_1})e_1 = \oplus_{2\leqslant i\leqslant r}(A/p^{a_i})e_i = \oplus_{2\leqslant j\leqslant s}(A/p^{b_j})f_j$, 于是由归纳立即可得到, 对所有的 i, 有 $a_i = b_i$ (从而也有 $r = s$). 证完. 」

引理 10.14. — 设 M 为一个 A-模, 而 M', M'' 为 M 的两个子模. 于是:

(i) $M' + M'' = \{x + y, x \in M', y \in M''\}$ 是 M 的一个子模;

(ii) M' 在 M/M'' 中的像为[75] $M'/(M' \cap M'')$, 而 M'' 在 M/M' 中的像为 $M''/(M' \cap M'')$;

(iii) A-模 $(M/M'')/(M'/(M' \cap M''))$ 和 $(M/M')/(M''/(M' \cap M''))$ 自然地同构于 $M/(M' + M'')$; 特别地, 它们之间是同构的.

「 (i) 立即可得. 现在 M' 在 M 中的单射与 M 到 M/M'' 的投射的复合给出了一个 A-模态射, 其核为 $M' \cap M''$; 其像因而同构于 $M'/(M' \cap M'')$. 在另一种情况中以同样的论证方法, 但交换 M' 与 M'' 的角色便证明了 (ii).

最后, M' 在 $(M' + M'')/M''$ 的自然映射为满射 (如果 $x \in M'$, $y \in M''$, 则 $x + y$ 的像也是 x 的像), 而它的核是 $M' \cap M''$. M' 在 M/M'' 的像因而也是 $(M' + M'')/M''$, 这表明

$$(M/M'')/(M'/(M' \cap M'')) = (M/M'')/((M' + M'')/M'') = M/(M' + M'').$$

(M 到 $M/(M' + M'')$ 投射的核包含了 M', 因而这个投射可经过 M/M' 分解; 由于这个诱导的映射为满射, 从而它的核为 $(M' + M'')/M''$, 这给出了上面的同构 $(M/M'')/((M' + M'')/M'') = M/(M' + M'')$.) 由此推导出 (iii). 」

[119] **习题 10.15.** — 设 G 为群, 而 G', G'' 为 G 的两个不同的子群.

(i) 证明 $G' \cap G''$ 和 $G'G'' = \{xy, x \in G', y \in G''\}$ 为 G 的不同子群.

(ii) 证明 $(G/G')/(G''/(G' \cap G''))$ 和 $(G/G'')/(G'/(G' \cap G''))$ 同构.(可以将它们与 $G/(G'G'')$ 相比较.)

10.4. 主理想环上的模

仍旧假定 A 是主理想环. 我们将研究有限型 A-模的结构定理, 而这里的模不一定是挠模. 一个这样的模 M 可分解为 $M = A^r \oplus M_{\text{tors}}$ 这样的形式 (参看 §10.4.3), 其中 M_{tors} 是 M 的挠元的集合, 它是一个有限型的挠模 (它的写法可利用定理 10.13), 其中 r 为 M 的秩. 特别地, 一个有限型的交换群 M 可以分解为 $M = \mathbf{Z}^r \oplus M_{\text{tors}}$ 形式, 其中 M_{tors} 是一个有限群 (参看习题 10.1).

10.4.1. 矩阵的运算

如果 $M \in \mathbf{M}_{n\times m}(A)$, 且若 $j \leqslant \inf(n, m)$, 以 $I_j(M)$ 表示 M 的 j 阶子式生成的理想.

[75] 更准确地说, "自然地同构于".

- $I_j(UMV) = I_j(M)$, 其中 $U \in \mathbf{GL}_n(A)$, $V \in \mathbf{GL}_m(A)$.

「只要证明由 j 阶子式生成的理想在对 M 左乘和右乘一个可逆矩阵时不变, 并且只要处理这两种情形中的一种就可以了, 因为另一种情形可通过转置得到. MV 的一列是 M 的列的系数在 A 中的线性组合. 因此 MV 的一个子式, 如果看成是 MV 的列的交错形式, 是系数在 A 中的 M 的子式的一个线性组合, 因此 $I_j(MV) \subset I_j(M)$. 如果 V 可逆, 我们则可将此应用在 M 和 V 被替换成 MV 和 V^{-1} 的情形, 从而它们相互包含. 由此得到结果. 」

如果 $s = \inf(n, m)$, 以 $\mathrm{Diag}(\delta_1, \ldots, \delta_s)$ 表示矩阵 $(a_{i,j}) \in \mathbf{M}_{n\times m}(A)$, 其定义为:$a_{i,i} = \delta_i$, $i \leqslant s$, 而如果 $i \neq j$, 则 $a_{i,j} = 0$ (如果 $n = m$, 这个类型的矩阵是对角矩阵).

- 设 $M \in \mathbf{M}_{n\times m}(A)$.

⋄ 存在 $\delta_1, \ldots, \delta_s$ 使得 $\delta_1 \mid \delta_2 \mid \cdots \mid \delta_s$, 以及 $I_1(M) = (\delta_1), I_2(M) = (\delta_1\delta_2), \ldots$, 并且这些 δ_j 在 A 的一个可逆元的乘法因子下唯一确定 (称这些 δ_j 为 M 的初等因子).

⋄ 存在 $U \in \mathbf{GL}_n(A)$ 和 $V \in \mathbf{GL}_m(A)$ 使得 $UMV = \mathrm{Diag}(\delta_1, \ldots, \delta_s)$.

「如果 $\delta_1 \mid \delta_2 \mid \cdots \mid \delta_s$, 我们注意到有 $I_j(\mathrm{Diag}(\delta_1, \ldots, \delta_s)) = (\delta_1 \cdots \delta_j)$. 那么第一个断言来自第二个及前面的结果.

转而证明第二个断言. 我们构造 $G = \mathbf{GL}_n(A) \times \mathbf{GL}_m(A)$ 在 $\mathbf{M}_{n\times m}(A)$ 的作用为 $(U, V) \cdot M = UMV^{-1}$. 所要证明的断言可以叙述如下: 在 G 作用的轨道中 (这个轨道是对于 $(U, V) \in G$ 下 UMV^{-1} 的集合, 又因为如果 $(U, V) \in G$, 则 $(U, V^{-1}) \in G$, 故该轨道就是 UMV 的集合), 存在一个矩阵 $\mathrm{Diag}(\delta_1, \ldots, \delta_s), \delta_1 \mid \delta_2 \mid \cdots \mid \delta_s$. 我们将用对 s 的归纳来证明存在这样的矩阵 M_0[76]; $s = 0$ 的情形为空. [120]

如果 $M = (a_{i,j}) \in \mathbf{M}_{n\times m}(A)$, 以 $\delta(M)$ 表示这些 $a_{i,j}$ 的 gcd(这是 $I_1(M)$ 的一个生成元), 如果 $U \in \mathbf{GL}_n(A)$ 和 $V \in \mathbf{GL}_m(A)$, 则有 $\delta(UMV) = \delta(M)$, 这是因为 $I_1(UMV) = I_1(M)$.

如果 $a \in A - \{0\}$, 以 $\ell(a)$ 记 a 的长, 即 a 的计入重数的素因子的个数 (例如, 如果 $A = \mathbf{Z}, a = -120 = -2^3 \cdot 3 \cdot 5$, 则 $\ell(a) = 3 + 1 + 1 = 5$). 如果 $M = (a_{i,j}) \in \mathbf{M}_{n\times m}(A)$, 以 $\ell(M)$ 表示 $\ell(a_{i,j})$ 中的最小者, 故可选数偶 (i, j) 使得 $\ell(M) = \ell(a_{i,j})$. 通过对于 M 左乘和右乘置换矩阵, 它仍在 M 的轨道中, 可设此 $(i, j) = (1, 1)$, 从而 $\ell(a_{1,1}) = \inf_{i,j} \ell(a_{i,j})$. 由于 $\delta(M)$ 整除 $a_{1,1}$, 故 $\ell(a_{1,1}) \geqslant \ell(\delta(M))$, 于是有两种情形:

⋄ $\ell(a_{1,1}) = \ell(\delta(M))$, 这表明 $a_{1,1} = \alpha\delta(M)$, 其中 α 是 A 中的一个单位元,

---

(76) 如果确实知道了 A 的两个元 a 和 b 的最大公因子 d 的表达式 $d = au + bv$, 这个证明则提供了 U, V 和 M_0 的构造算法; 如果 A 是欧几里得的, 则可利用欧几里得算法来做. 我们甚至可以结合这两个算法以极小化 UMV 系数来替代系数的长度; 这能用来证明, 可以让 U 和 V 为某类矩阵的乘积: 这些矩阵的对角线上为 1, 而非对角线上只有一个非零的系数. 这个结果在今天完全可以用一台计算机来计算一个 $\mathbf{Z}^n$ 的子 $\mathbf{Z}$-模或者 $(K[X])^n$ 的一个子 $K[X]$-模的初等因子.

从而 $a_{1,1}$ 整除每一个 $a_{i,j}$. 于是可以将 M 写成形如 $\begin{pmatrix}\alpha\delta(M) & \alpha\delta(M)v\\ \alpha\delta(M)u & \delta(M)M'\end{pmatrix}$ 的分块矩阵, 其中 $u\in\mathbf{M}_{(n-1)\times 1}(A), v\in\mathbf{M}_{1\times(m-1)}(A), M'\in\mathbf{M}_{(n-1)\times(m-1)}(A)$. 令 $U_0=\begin{pmatrix}\alpha^{-1} & 0\\ -u & 1_{n-1}\end{pmatrix}, V_0=\begin{pmatrix}1 & -v\\ 0 & 1_{m-1}\end{pmatrix}$; 于是 $U_0MV_0=\begin{pmatrix}1 & 0\\ 0 & \delta(M)M_0'\end{pmatrix}$. 现在, 可以将归纳假定用于 M_0', 并找出 $U'\in\mathbf{GL}_{n-1}(A)$ 和 $V'\in\mathbf{GL}_{m-1}(A)$ 使得 $U'M_0'V'=\mathrm{Diag}(\delta_1',\ldots,\delta_{s-1}')$, 其中 $\delta_1'\mid\cdots\mid\delta_{s-1}'$. 如果 $U=\begin{pmatrix}1 & 0\\ 0 & U'\end{pmatrix}$, 而 $V=\begin{pmatrix}1 & 0\\ 0 & V'\end{pmatrix}$, 则 $UU_0MV_0V=\begin{pmatrix}\delta(M) & 0\\ 0 & \delta(M)U'M_0'V'\end{pmatrix}=\mathrm{Diag}(\delta(M),\delta(M)\delta_1',\ldots,\delta(M)\delta_{s-1}')$ 便是想要的形式.

◇ $\ell(a_{1,1})>\ell(\delta(M))$. 这时, 我们要构造 $U\in\mathbf{GL}_n(A)$ 和 $V\in\mathbf{GL}_m(A)$ 使得 $\ell(UMV)<\ell(M)$, 这让我们可以替代 M 重新由 UMV 开始. 由于 $\ell(M)$ 不能无限降低, 在有限步之后, 我们又回到了 $\ell(M)=\ell(\delta(M))$ 的情形, 由前面所证便得结论.

◇ 假定 $\ell(a_{1,1})>\ell(\delta(M))$ 表明存在 $a_{i,j}$ 使得 $\ell(\gcd(a_{1,1},a_{i,j}))<\ell(a_{1,1})$ (否则对于每个 (i,j), $a_{1,1}$ 整除 $a_{i,j}$, 于是有 $a_{1,1}\mid\delta(M)$, 从而 $\ell(a_{1,1})\leqslant\ell(\delta(M))$). 有三种情形:

◇ 存在 j 使得 $a_{1,1}$ 不能整除 $a_{1,j}$. 通过右乘一个置换矩阵不妨设 $j=2$. 由贝祖定理, 存在 $u,v\in A$ 使得 $ua_{1,1}+va_{1,2}=\alpha$, 其中 $\alpha=\gcd(a_{1,1},a_{1,2})$ (因而有 $\ell(\alpha)<\ell(M)$). 设 V 为分块矩阵 $\begin{pmatrix}V' & 0\\ 0 & 1_{m-2}\end{pmatrix}$, 其中 $V'=\begin{pmatrix}u & -(a_{1,2}/\alpha)\\ v & a_{1,1}/\alpha\end{pmatrix}$. 因为 α 整除 $a_{1,1}$ 和 $a_{1,2}$, 故 V' 的系数在 A 中, 并且它的行列式等于 1. 由此得到 $V\in\mathbf{GL}_m(A)$ (甚至 $V\in\mathbf{SL}_n(A)$). 另外, 如果 $MV=(b_{i,j})$, 则有 $b_{1,1}=ua_{1,1}+va_{1,2}=\alpha$, 从而 $\ell(MV)<\ell(M)$. 这是我们要的结果.

◇ 存在 j 使得 $a_{1,1}$ 不能整除 $a_{j,1}$. 取转置则化为上面的情形.

[121] ◇ 对于所有的 j, $a_{1,1}$ 整除 $a_{1,j}$ 和 $a_{j,1}$. 此时我们可找到可逆的 U 和 V 使得 UMV 是一个形如 $\begin{pmatrix}a_{1,1} & 0\\ 0 & M'\end{pmatrix}$ 的分块矩阵 (参看 $\ell(a_{1,1})=\ell(\delta(M))$ 的情形). 若有必要可将 M 换作 UMV, 从而不妨设 $M=\begin{pmatrix}a_{1,1} & 0\\ 0 & M'\end{pmatrix}$. 假设条件 $\ell(a_{1,1})>\ell(\delta(M))$ 表明存在不能整除 $a_{1,1}$ 的 $a_{i,j}$, 而对 M 乘以 $\begin{pmatrix}1 & 0\\ 0 & U'\end{pmatrix}$ 和 $\begin{pmatrix}1 & 0\\ 0 & V'\end{pmatrix}$, 其中 U' 和 V' 为置换矩阵, 则可以假设 $a_{1,1}$ 不能整除 $a_{2,2}$. 像前面那样, 存在 $u,v\in A$ 使得 $\ell(ua_{1,1}+va_{2,2})<\ell(a_{1,1})$. 然而我们有 $\begin{pmatrix}1 & 0\\ u & 1\end{pmatrix}\begin{pmatrix}a & 0\\ 0 & d\end{pmatrix}\begin{pmatrix}1 & 0\\ v & 1\end{pmatrix}=\begin{pmatrix}a & 0\\ au+dv & d\end{pmatrix}$; 由此得到, 如果 U 和 V 为分块矩阵 $U=\begin{pmatrix}U' & 0\\ 0 & 1_{n-2}\end{pmatrix}$, $V=\begin{pmatrix}V' & 0\\ 0 & 1_{m-2}\end{pmatrix}$, 其中

$U' = \begin{pmatrix} 1 & 0 \\ u & 1 \end{pmatrix}$, $V' = \begin{pmatrix} 1 & 0 \\ v & 1 \end{pmatrix}$, 于是 UMV 在它的系数中有 $ua_{1,1} + va_{2,2}$ (第 2 行, 第 1 列), 因此 $\ell(UMV) < \ell(M)$; 得到了所要的结果. 」

10.4.2. 自由模的子模

以 F 记 A 的分式域.

• 设 Λ 是 A^n 的一个子 A-模, 则存在 A^n 在 A 上的一组基 $f_1, \ldots, f_n$, 一个整数 $r \leqslant n$, 以及 A 的非零元 $\delta_1 \mid \delta_2 \mid \cdots \mid \delta_r$ 使得 $\delta_1 f_1, \ldots, \delta_r f_r$ 为 Λ 在 A 上的一组基. 另外, r 和 $\delta_1, \ldots, \delta_r$ 以唯一的方式被确定 (称 r 为 A-模 Λ 的秩; 它是由 Λ 在 F^n 生成的子 F-向量空间的维数).

「设 r 为 Λ 在 F^n 中生成的子 F-向量空间的维数. Λ 的 m, $m \geqslant r$ 个元在 A^n 的在 A 上的标准基上, 可表示为一个 $n \times m$ 矩阵, 所有可能的这些矩阵的 r 阶子式生成了一个理想, 记其为 I. 由于 A 是诺特的, 故存在这种矩阵的一个有限族 $(M_j)_{j \in J}$ 使得它们的 r 阶子式生成 I, 于是如果用 Λ 中出现在这些 M_j 中的所有元素得到的一个矩阵 M, 则具有性质: 它的 r 阶子式生成 I.

根据前一个 •, 可以找到矩阵 $U \in \mathbf{GL}_n(A)$ 和 $V \in \mathbf{GL}_m(A)$ 使得 $UMV = \mathrm{Diag}(\delta_1, \ldots, \delta_s)$, 其中对于 $j \geqslant r+1$ 有 $\delta_j = 0$, 且 $(\delta_1, \ldots, \delta_r) = I$. 但以 V 右乘相当于给出了 M 的列的线性组合, 它给出 Λ 的其他元, 而以 U 左乘相当于改变用以计算 A^n 中元素的坐标的 A^n 在 A 上的基. 因此找到了 A^n 在 A 上的一组基 $f_1, \ldots, f_n$ 使得 $\delta_1 f_1, \ldots, \delta_r f_r$ 属于 Λ. 另外, 如果 $x_1, \ldots, x_m \in \Lambda$, 则这些 x_j 在 f_i 这组基上的矩阵的 r 阶子式也是 UM' 的 r 阶子式, 这里的 M' 是这些 x_j 在 A^n 的标准基上的矩阵, 并且因为 $I_r(UM') = I_r(M')$, 则从 I 的定义和 $(\delta_1, \ldots, \delta_r) = I$ 得到 $\Delta = \delta_1 \cdots \delta_n$ 整除 x_j 在基 f_j 下的矩阵的每个 r 阶子式. 我们将证明这表明 $\delta_1 f_1, \ldots, \delta_r f_r$ 是 Λ 在 A 上的一组基, 这便能证明存在性.

因为 $f_1, \ldots, f_r$ 在 F 上为一个无关族, 那么 $\delta_1 f_1, \ldots, \delta_r f_r$ 也如此, 并且因为由 r 的定义, V 的维数为 r, 因此它是 V 在 F 上的一组基. 如果 $x \in \Lambda$, 则可以以唯一的方式将 x 写成 $\sum_{i=1}^r \lambda_i \delta_i f_i$ 形式, 其中 $\lambda_1, \ldots, \lambda_r \in F$, 而我们要去证明, 对于每个 j, $\lambda_j \in A$. 以 $\delta_1 f_1, \ldots, \delta_r f_r, x$ 在基 $f_1, \ldots, f_n$ 下为列的矩阵的 r 阶子式属于 A, 并根据上面的讨论, 它们被 Δ 整除. 考虑仅仅保持前 r 行但移去第 j 列而得到的子式, 由此推导出 $\Delta\lambda_j$ 被 Δ 整除, 这证明了 $\lambda_j \in A$, 从而 $\delta_1 f_1, \ldots, \delta_r f_r$ 生成了 Λ.

存在性于是得证. 唯一性可将 10.4.3 节应用于 $M = A^n/\Lambda$ 得到. 」

• 一个有限秩自由 A-摸的子 A-模是一个具更小秩的自由模.

「这是上一个 • 的稍弱一点的改述. 」

F^n 的一个子 A-模如果为有限型的, 并生成 F^n, 则称其为一个格 (或一个 A-格); [122]
例如 A^n 是 F^n 的一个格: 它是标准格.

• 如果 Λ 是 F^n 的一个格, 则存在 A^n 在 A 上的一组基 $f_1, \ldots, f_n$ 和 $\delta_1, \ldots, \delta_n \in F^*$, 使得 $\delta_1 f_1, \ldots, \delta_n f_n$ 是 Λ 在 A 上的一组基; 特别地, F^n 的一个格是在 A 上的秩为 n

的自由模, 并且 Λ 在 A 上的一组基也是 F^n 在 F 上的一组基.

「设 $x_1,\dots,x_m$ 在 A 上生成 Λ. 于是存在 $b_i\in A-\{0\}$ 使得 $b_ix_i\in A^n$[如果 $x_i=\sum_{j=1}^n\frac{a_{i,j}}{b_{i,j}}e_j$, 则可取 $b_i=\prod_{j=1}^n b_{i,j}$], 从而对于所有的 i 有 $bx_i\in A^n$, 其中 $b=\prod_{i=1}^m b_i$. 因此推出, $b\Lambda$ 是 A^n 的一个子 A-模, 又由于它生成了 F^n, 它的秩为 n, 那么便存在 A^n 在 A 上的一组基 $f_1,\dots,f_n$ 和 $\delta'_1,\dots,\delta'_n\in A$, 使得 $\delta'_1f_1,\dots,\delta'_nf_n$ 是 $b\Lambda$ 在 A 上的一组基. 所以 $b^{-1}\delta'_1f_1,\dots,b^{-1}\delta'_nf_n$ 便是 Λ 在 A 上的基.」

• 如果 Λ_1,Λ_2 是 F^n 的两个格, 且 $\Lambda_1\subset\Lambda_2$, 则存在 Λ_2 在 A 上的一组基 $f_1,\dots,f_n$ 和 $\delta_1,\dots,\delta_n\in A$, 使得 $\delta_1f_1,\dots,\delta_nf_n$ 是 Λ_1 在 A 上的一组基.

「按照上一个 •, Λ_2 是在 A 上的秩为 n 的自由模. 并且按照前面那样, 基的选取可使其化成 $\Lambda_2=A^n$ 的情形.」

习题 10.16. — 设 $n\geqslant 2$, 而 $a_1,\dots,a_n\in\mathbf{Z}$ 为互素的集合. 证明存在 $A\in\mathbf{SL}_n(\mathbf{Z})$, 其中的第一列为 ${}^{\mathrm{t}}(a_1,\dots,a_n)$.

10.4.3. 有限型模

• 如果 M 是个有限型 A-模, 则存在 $r\in\mathbf{N},\delta_1,\dots,\delta_s\in A$, 其中 $\delta_1\notin A^*$, 而 $\delta_1\mid\delta_2\mid\cdots\mid\delta_s$, 使得 $M\cong A^r\oplus A/\delta_1\oplus\cdots\oplus A/\delta_s$. 另外, 理想 $(\delta_1),\dots,(\delta_s)$ 被唯一确定.

「设 $x_1,\dots,x_n$ 为 M 的一个生成元族. 因而给出了从 A-模 A^n 到 M 的一个满态射:$(a_1,\dots,a_n)\mapsto\sum_{i=1}^n a_ix_i$. 以 Λ 记其核, 从而有 $M\cong A^n/\Lambda$. 根据前一小节, 存在 A^n 的一组基 $f_1,\dots,f_n$ 及 A 中的元 $\delta'_1,\dots,\delta'_t$, 满足 $\delta'_1\mid\cdots\mid\delta'_t$, 使得 $\delta'_1f_1,\dots,\delta'_tf_t$ 是 Λ 在 A 上的一组基. 因此 $M\cong A/\delta'_1\oplus\cdots\oplus A/\delta'_t\oplus A^{n-t}$, 从而由此推出了存在性, 其中的 $r=n-t$, 在这里已经去掉了那些为单位的 δ'_i.

转到唯一性上. 我们要证明: 如果有 A-模同构 $M\cong A^n\oplus A/(\delta_1)\oplus\cdots\oplus A/(\delta_s)$ 和 $M\cong A^m\oplus A/(\delta'_1)\oplus\cdots\oplus A/(\delta'_{s'})$, 其中 $s,s'\in\mathbf{N}$, $\delta_1\mid\delta_2\mid\cdots\mid\delta_s,\delta'_1\mid\delta'_2\mid\cdots\mid\delta'_{s'}$, 则 $n=m,s=s'$ 并且对于所有 $i\leqslant s$ 有 $(\delta_i)=(\delta'_i)$. 首先我们注意到, $A/(\delta_1)\oplus\cdots\oplus A/(\delta_s)$ 和 $A/(\delta'_1)\oplus\cdots\oplus A/(\delta'_{s'})$ 都同构于 M 的子模 M_{tors}. 这些同构因而诱导了 $A^n\cong M/M_{\mathrm{tors}}\cong A^m$, 从而 $n=m$.

于是问题化到 $M=M_{\mathrm{tors}}$ 和 $n=m=0$ 的情形. 如果 $p\in\mathscr{P}_A$, 令 $a_{p,i}=v_p(\delta_{s-i})$ 和 $b_{p,i}=v_p(\delta'_{s'-i})$. 由于 $\delta_{s-i-1}\mid\delta_{s-i}$, 故 $a_{p,i}\geqslant a_{p,i+1}$, 而 $\delta'_{s'-i-1}\mid\delta'_{s'-i}$, 故 $b_{p,i}\geqslant b_{p,i+1}$. 根据中国剩余定理, 我们有 $A/(\delta_{s-i})\cong\oplus_{p\in\mathscr{P}_A}A/p^{a_{p,i}}$ 和 $A/(\delta'_{s'-i})\cong\oplus_{p\in\mathscr{P}_A}A/p^{b_{p,i}}$, 从定理 10.13 中的唯一性得出, 对所有的 p,i 有 $a_{p,i}=b_{p,i}$, 这证明了对所有的 i 有 $(\delta_{s-i})=(\delta'_{s'-1})$, 从而 $s=s'$, 以及对所有的 i, $(\delta_i)=(\delta'_i)$.」

• 如果 $A\in\mathbf{M}_n(K)$, 则具有一个由 K^n 的自同态 u_A 对应的 $K[X]$-模, 它是 $(K[X])^n$ 对于由 $Xe_i-u_A(e_i)$ 生成的子 $K[X]$-模的商模 M, 其中 $e_1,\dots,e_n$ 是 K^n 和 $K[X]^n$
[123] 的标准基. 我们于是可以利用在 10.4.1 节中所描述的算法将 M 做成一个好的形式, 或者确定它的极小多项式和它的特征多项式.

「 因为 $X^n e_i$ 在自然映射 $K^n \subset (K[X])^n \to M$ 下的像与 $u_A^n(e_i)$ 的像相同, 其中 $n \in \mathbf{N}$, 故这个自然映射为满的. 它也是单的: 因为在 $(K[X])^n$ 中 $\sum_{i=1}^n \lambda_i e_i = \sum_{i=1}^n P_i(Xe_i - u_A(e_i))$, 如果观察最高次项, 表明这些 P_i 为零, 从而这些 λ_i 也为零; 于是是个双射, 从而对于在 M 中以 X 做乘法对应了 u_A 在 K^n 上的作用.

现在, 如果 $M \cong (K[X]/P_1) \oplus \cdots \oplus (K[X]/P_n)$, 其中 $P_1 \mid \cdots \mid P_n$, 则以 X 做乘法的极小多项式是 P_n, 而它的特征多项式为 $P_1 \cdots P_n$ (引理 10.6). 」

10.5. 标量扩张

自同态的约化最适宜在代数闭域上进行; 人们可以通过扩张标量进到那里: 例如, 一个 $\mathbf{R}$-向量空间可以复化为一个 $\mathbf{C}$-向量空间.

10.5.1. 实向量空间的复化

如果 V 为一 $\mathbf{R}$-向量空间, 以 $V_{\mathbf{C}}$ 表示 $\mathbf{R}$-向量空间 $V \oplus iV$ ($V_{\mathbf{C}}$ 的一个元可以以唯一的方式写成 $x + iy$ 形式, $x, y \in V$; 特别地, V 是 $V_{\mathbf{C}}$ 的子 $\mathbf{R}$-向量空间. 可将 $V_{\mathbf{C}}$ 做成一个 $\mathbf{C}$-向量空间[77]: 将 $a + ib \in \mathbf{C}$ 以一个明显的公式 $(a + ib)(x + iy) = (ax - by) + i(ay + bx)$ 作用于 $V_{\mathbf{C}}$; 如此得到的 $\mathbf{C}$-向量空间便是 $\mathbf{R}$-向量空间的复化.

- 如果 V 是有限维的, 且 $e_1, \ldots, e_n$ 为 V 在 $\mathbf{R}$ 上的一组基, 则它也是 $V_{\mathbf{C}}$ 在 $\mathbf{C}$ 上的基.

「我们可以以唯一的方式将 V 中的每个元写成 $\sum_{k=1}^n x_k e_k$ 形式, 其中 $x_1, \ldots, x_n \in \mathbf{R}$, 从而也可将 $V_{\mathbf{C}} = V \oplus iV$ 中的元写成 $\sum_{k=1}^n x_k e_k + i \sum_{k=1}^n y_k e_k$, 其中 $x_1, \ldots, x_n, y_1 \ldots, y_n \in \mathbf{R}$, 这证明了可以将 $V_{\mathbf{C}}$ 中的每个元写成 $\sum_{k=1}^n z_k e_k$, $z_k = x_k + iy_k \in \mathbf{C}$. 」

- $V_{\mathbf{C}}$ 满足下面的泛性质: 如果 $u : V \to W$ 是一个 $\mathbf{R}$-线性映射, 其中 W 是一个 $\mathbf{C}$-向量空间, 则存在唯一的 $\mathbf{C}$-线性映射 $u_{\mathbf{C}} : V_{\mathbf{C}} \to W$, 其中的 $u_{\mathbf{C}}$ 在 V 上的限制为 u.

「 如果 $u_{\mathbf{C}} : V_{\mathbf{C}} \to W$ 是 $\mathbf{C}$-线性的, 并且在 V 上与 u 相同, 则 $u_{\mathbf{C}}(x + iy) = u(x) + iu(y)$, $x, y \in V$; 由此得到了由扩张 u 到 $V_{\mathbf{C}}$ 上的 $\mathbf{C}$-线性映射 $u_{\mathbf{C}}$ 的唯一性. 现在, 公式 $u_{\mathbf{C}}(x+iy) = u(x)+iu(y)$ 以显然的方式定义了从 $V_{\mathbf{C}}$ 到 W 的一个 $\mathbf{R}$-线性映射; 它的 $\mathbf{C}$-线性性来自如下的计算: $u_{\mathbf{C}}((a+ib)(c+iy)) = u_{\mathbf{C}}((ax-by)+i(ay+bx)) = u(ax-by)+iu(ay+bx) = (au(x)-bu(y))+i(au(y)+bu(x)) = (a+ib)(u(x)+iu(y)) = (a + ib)u_{\mathbf{C}}(x + iy)$. 存在性得证. 」

如果 $u : V_1 \to V_2$ 是一个 $\mathbf{R}$-向量空间的态射, 将 u 与 V_2 到 $V_{2,\mathbf{C}}$ 的单射复合, 则前面的 • 表明它以唯一的方式扩张为一个 $\mathbf{C}$-线性映射 $u_{\mathbf{C}} : V_{1,\mathbf{C}} \to V_{2,\mathbf{C}}$, 如果 V_1, V_2 是有限维的, 且 $e_1, \ldots, e_m$ 是 V_1 在 $\mathbf{R}$ 上的一组基 (从而也是 $V_{1,\mathbf{C}}$ 在 $\mathbf{C}$ 上的一组基), 而 $f_1, \ldots, f_n$ 是 V_2 的一组基 (从而也是 $V_{2,\mathbf{C}}$ 在 $\mathbf{C}$ 上的一组基), u 和 $u_{\mathbf{C}}$ 在这两组基 [124]
上的矩阵是一样的, 其原因在于 $u_{\mathbf{C}}(e_j) = u(e_j)$. 特别地, 如果 $V_1 = V_2$, 则 u 和 $u_{\mathbf{C}}$ 有

[77] 我们把验证如此得到了一个 $\mathbf{C}$-向量空间的工作留给读者.

一样的特征多项式, 从而有一样的 (实) 特征值.

- 如果 $u \in \mathrm{End}(V)$ 没有特征值, 则 u 使得一个 2 维子空间稳定.

「如果 u 没有特征值, 则 $u_{\mathbf{C}}$ 的特征值全非实数. 如果 $\lambda = a + ib, b \neq 0$ 是 $u_{\mathbf{C}}$ 的一个非实的特征值, 且 $z = x + iy \in V_{\mathbf{C}} - \{0\}, x, y \in V$ 是 $u_{\mathbf{C}}$ 对应于特征值 λ 的一个特征向量, 于是 $u(x) + iu(y) = (a + ib)(x + iy) = (ax - by) + i(ay + bx)$, 从而 $u(x) = ax - by$ 和 $u(y) = ay + bx$. 另外 x 和 y 之间不是线性的, 因为如果 $y = cx$, 则得出 $u(x) = (a - bc)x$ 和 $cu(x) = (ac + b)x$, 因而 $ac + b = ca - bc^2$, 故 $b = 0$. 于是得到由 x 和 y 生成的平面在 u 下稳定, 而 u 在此平面的基 x, y 下的矩阵为 $\begin{pmatrix} a & b \\ -b & a \end{pmatrix}$.」

- 如果 μ 是 $V_{\mathbf{C}}$ 的一个特征值, 则 $\bar{\mu}$ 也是, 且 μ 与 $\bar{\mu}$ 的重数相同; 如果 $u_{\mathbf{C}}$ 可对角化, 且它的特征值 (以重数重复) 为 $\lambda_1, \ldots, \lambda_r, \mu_1, \bar{\mu}_1, \ldots, \mu_s, \bar{\mu}_s$, 其中 $\lambda_1, \ldots, \lambda_r$ 为实数, 而 $\mu_j = a_j + ib_j$, $a_j, b_j \in \mathbf{R}$, 且 $b_j \neq 0$, 则存在 V 的一组基, 使得在其下 u 的矩阵是分块对角阵 $\mathrm{Diag}\left(\lambda_1, \ldots, \lambda_r, \begin{pmatrix} a_1 & b_1 \\ -b_1 & a_1 \end{pmatrix}, \ldots, \begin{pmatrix} a_s & b_s \\ -b_s & a_s \end{pmatrix}\right)$.

「由于 $\mathbf{C}$ 为代数闭域, $u_{\mathbf{C}}$ 的特征值 (带重数) 是 $\mathrm{Char}_{u_{\mathbf{C}}} = \mathrm{Char}_u$ 的根. 第一个断言来自 $\mathrm{Char}_u \in \mathbf{R}[X]$.

我们可以假定 V 是一个 $\mathbf{R}[X]$-挠模, 而 u 是乘以 X 的作用, 从而定理 10.3 给予我们一个分解 $V \cong \oplus_{P \in \mathrm{Spec}\, u} (\oplus_{1 \leqslant i \leqslant r_P} \mathbf{R}[X]/P^{a_{P,i}})$, 其中这些 P 不可约 (次数为 1 或 2). 另外, 根据中国剩余定理, 如果 $P = (X - \mu)(X - \bar{\mu})$, 且 $\mu \neq \bar{\mu}$, 则按照推论 10.9 的 (i) 与 (iv) 的等价性, $\mathbf{C}[X]/P^{a_{P,i}} \cong (\mathbf{C}[X]/(X - \mu)^{a_{P,i}}) \oplus (\mathbf{C}[X]/(X - \bar{\mu})^{a_{P,i}})$. $u_{\mathbf{C}}$ 可对角化的假定表明这些 $a_{P,i}$ 全都等于 1. 由此得到一个分解 $V \cong (\oplus_{i=1}^r \mathbf{R}[X]/(X - \lambda_i)) \oplus (\oplus_{j=1}^s \mathbf{R}[X]/(X^2 - 2a_jX + a_j^2 + b_j^2))$, 而要完成证明只需注意到, 因为 $X(X - a) = a(X - a) - bb + (X^2 - 2aX + a^2 + b^2)$, 而 $Xb = b(X - a) + ab$, 那么在 $\mathbf{R}[X]/(X^2 - 2aX + a^2 + b^2)$, $b \neq 0$ 的基 $X - a$, b 下, 乘以 X 这个作用的矩阵是 $\begin{pmatrix} a & b \\ -b & a \end{pmatrix}$, 就可得到结论.」

10.5.2. 将标量扩张到一个扩域上

设 $K \subset L$ 为域, 且 V 是个 K-向量空间, 我们可以通过扩张 K 的标量到 L 中将 V 变换为一个 L-向量空间 (如果 $K = \mathbf{R}, L = \mathbf{C}$, 这个运算对应于在上一小节讨论的一个实向量空间的复化); 我们得到的 L-向量空间 V_L (也可记为 $L \otimes_K V$) 是 V 的从 K 到 L 的标量扩张; 它被如下的泛性质特征描述 (在同构下唯一): V 是生成 V_L 的一个子 K-向量空间, 并且如果 $u: V \to W$ 是一个从 V 到一个 L-向量空间的 K-线性映射, 则存在唯一的 L-线性映射 $u_L: V_L \to W$ 使其在 V 上的限制为 u.

「如果 V_L 和 V_L' 是 V 的两个标量扩张, 它们特别地是 L-向量空间; 于是 $\mathrm{id}: V \to V$ 以唯一的方式扩张为 L-线性映射 $u: V_L \to V_L'$ 和 $u': V_L' \to V_L$. 这样, $u' \circ u: V_L \to V_L$ 是一个 L-线性映射, 它在 V 上的限制为恒同映射; 由这样一个映射

的唯一性知道 $u' \circ u$ 是 V_L 的恒同映射. 同样地, $u \circ u'$ 也是 V'_L 的恒同映射, 这证明 [125]
了 u 和 u' 是互逆的同构映射, 从而 V_L 在同构下被唯一确定 (如果存在).

我们还需构造出 V_L. 为此, 我们考虑 L-向量空间 $L^{(V)}$, 它是从 V 到 L 的只取有限个非零值的所有映射的集合. 如果 $x \in V$, 以 e_x 表示 $L^{(V)}$ 中定义为 $e_x(x) = 1$ 而对所有的 $y \neq x$, 有 $e_x(y) = 0$ 的元. 于是 $(e_x)_{x \in V}$ 是 $L^{(V)}$ 的一组基. 定义 V_L 为 $L^{(V)}$ 对一个子 L-向量空间 R 的商空间, 其中 R 由对 $x, y \in V$ 的 $e_{x+y} - e_x - e_y$, 以及对 $x \in V, \lambda \in K$ 的 $e_{\lambda x} - \lambda e_x$ 生成. 如果 $x \in V$, 以 $\iota_L(x)$ 表示 e_x 在 V_L 中的像. 由构造, ι_L 是 K-线性的 (如果 $x, y \in V$ 和 $\lambda \in K$, 在 V_L 中有 $e_{x+y} - e_x - e_y = 0$, $e_{\lambda x} - \lambda e_x = 0$). 另外, 像下面 • 所证明的, ι_L 是单射, 这让我们将 V 与它在 V_L 中 ι_L 的像等同, 从而将 V 看作是 V_L 一个子 K-向量空间. 因为这些 e_x 生成了 $L^{(V)}$, 那么它们的像便生成了 V_L, 因此 V 生成了 V_L. 最后, 如果 $u : V \to W$ 是 K-线性的, 且 W 是一个 L-向量空间, 我们定义一个 L-线性映射 $\tilde{u}_L : L^{(V)} \to W$ 为: 对于 $x \in V$, $\tilde{u}_L(e_x) = u(x)$ (因为这些 e_x 构成了 $L^{(V)}$ 的一组基, 这样的映射存在且唯一). 所以 $\tilde{u}_L(e_{x+y} - e_x - e_y) = u(x+y) - u(x) - u(y) = 0$ 和 $\tilde{u}_L(e_{\lambda x} - \lambda e_x) = u(\lambda x) - \lambda u(x) = 0$, 其中 $x, y \in V$, $\lambda \in K$. 因此 $R \subset \operatorname{Ker} \tilde{u}_L$, 从而 $\tilde{u}_L$ 经由 $L^{(V)}/R = V_L$ 分解, 并且如此得到的 L-线性映射 $u_L : V_L \to W$, 按构造, 在 V 上与 u 相同. 因为 V 生成了 V_L, 故最多只有一个这样的映射, 这便证明了 V_L 满足所要的泛性质. 」

• 如果 $v_1, \ldots, v_n \in V$ 在 V_L 中 (在 L 上) 相关, 则它们也在 V 中相关 (在 K 上); 如果它们在 V 中无关 (在 K 上), 则它们在 V_L 中也无关 (在 L 上); 如果 $(e_i)_{i \in I}$ 为 V 在 K 上的一组基, 它也是 V_L 在 L 上的一组基.

「前两个断言通过词句对换只需证其中一个即可; 而第三个可由第二个得到, 因为它蕴含 $(e_i)_{i \in I}$ 在 V_L 中无关 (在 L 上), 另外, 由于 $(e_i)_{i \in I}$ 是一个 V 的生成元族, 而 V 生成了 V_L, 故它也是 V_L 的生成元族, 从而是 V_L 的基. 因此只要证明第一个断言即可.

如果在 V_L 中有 $\sum_{i=1}^n x_i v_i = 0$, 这表明在 $L^{(V)}$ 中给出了一种关系式

$$S = \sum_{i=1}^n x_i e_{v_i} - \left(\sum_{x,y} \mu_{x,y}(e_{x+y} - e_x - e_y) + \sum_{\lambda,z} \nu_{\lambda,z}(e_{\lambda z} - \lambda e_z) \right),$$

其中 $\mu_{x,y}, \nu_{\lambda,z}$ 是 L 中的元, 除去它们中有限个外全为零, 又, 这些 x, y, z 是 V 中的元, 而 λ 属于 K. 有这些 $x_i, \mu_{x,y}$ 和 $\nu_{\lambda,z}$ 生成的子 K-向量空间在 K 上是有限维的; 在其中选取一组基 $f_1, \ldots, f_r$. 在这组基上分解这些 $x_i, \mu_{x,y}$ 和 $\nu_{\lambda,z}$, 使得 S 取 $S = \sum_{j=1}^r S^{(j)} f_j$ 形式, 其中

$$S^{(j)} = \sum_{i=1}^n x_i^{(j)} e_{v_i} - \left(\sum_{x,y} \mu_{x,y}^{(j)}(e_{x+y} - e_x - e_y) + \sum_{\lambda,z} \nu_{\lambda,z}^{(j)}(e_{\lambda z} - \lambda e_z) \right) \in K^{(V)},$$

从而只要证明 $S=0$ 蕴含了 $S^{(1)}=\cdots=S^{(r)}=0$ 即可, 其原因在于它蕴含了在 V 中对所有的 j 有 $\sum_{i=1}^{n} x_i^{(j)} v_i=0$; 如果这些 x_j 不全为零, 则存在一个 j 使得这些 $x_i^{(j)}$ 不全为零, 这便证明了如果 $v_1,\ldots,v_n$ 都在 V_L 中, 则它们在 V 中相关.

那么, 设 $S^{(j)}=\sum_x \lambda_{j,x} e_x$, $1\leqslant j\leqslant r$ 是 $K^{(V)}$ 中的元, 使得在 $L^{(V)}$ 中有 $\sum_{j=1}^{r} f_j S^{(j)}=0$. 于是 $\sum_x(\sum_{j=1}^{r}\lambda_{j,x} f_j)e_x=0$; 那么, 由于这些 e_x 构成 $L^{(V)}$ 在 L 上的一组基, 故对于每个 x 有 $\sum_{j=1}^{r}\lambda_{j,x} f_j=0$. 又因为这些 f_j 构成 K 上的无关族, 故对所有的 j,x 有 $\lambda_{j,x}=0$. 得到了结论. 」

[126] 10.5.3. 将标量扩张到一个环上

如果 M 是环 A 上的模, 且 $\varphi: A\to B$ 为一个环态射, 我们可以将 A 的标量扩张到 B, 以得到一个 B-模 M_B (也记为 $B\otimes_A M$), 它带有一个 A-线性映射 $\iota: M\to M_B$ (即 $\iota(ax)=\varphi(a)\iota(x), a\in A, x\in M$), 并满足如下的泛性质: 如果 $u: M\to M'$ 是一个从 M 到一个 B-模 M' 的 A-线性映射, 则存在唯一的 B-线性映射 $u_B: M_B\to M'$ 使得 $u_B\circ\iota=u$. 我们像构造 V_L 那样构造 M_B: 它是 $B^{(M)}$ 对于由 $e_{x+y}-e_x-e_y$ 和 $e_{ax}-\varphi(a)e_x$, 其中 $x,y\in M, a\in A$, 生成的子模的商模. 因此 M_B 由 $\iota(M)$ 在 B 上生成, 但一般地, ι 不是单射.

例如, 如果 $A=\mathbf{Z}$, 而 $B=\mathbf{F}_p$, 则 $M_B=M/pM$, 而 ι 是模 p 约化.

如果 $A=\mathbf{Z}$, 而 $B=\mathbf{Q}$, 且 M 是个挠 $\mathbf{Z}$-模, 则 $M_B=0$: 事实上, 如 $x\in M$, 而 $n\in\mathbf{N}-\{0\}$ 使得在 M 中 $nx=0$, 则在 M_B 中有 $n\iota(x)=\iota(nx)=0$, 又因为 n 在 B 中可逆, 这表明 $\iota(x)=0$; 因而有 $\iota(M)=0$, 由此得到 $M_B=0$.

如果 $A=\mathbf{Z}$, 而 $B=\mathbf{Q}$, 且 $M=\mathbf{Z}^n$, 则 $M_B=\mathbf{Q}^n$. 而 ι 是包含映射: 事实上, 如果 u 是从 $\mathbf{Z}^n$ 到一个 $\mathbf{Q}$-向量空间 V 的一个 $\mathbf{Z}$-态射, 则从 $\mathbf{Q}^n$ 到 V 的一个将 e_i 映到 $u(e_i)$ 的 $\mathbf{Q}$-线性映射是唯一的在 $\mathbf{Z}^n$ 上与 u 相同的映射.

如果 A 为主理想环, 而 $B=\mathrm{Fr}(A)$, 则可按前面的同一方式进行. 由此得到, 如果 M 是个有限型 A-模, 则 M_B 是一个维数等于 M 的秩的 B-向量空间, 这给出了对于 M 的秩的一个有点概念化的定义.

10.5.4. 对于相似矩阵的应用

• 设 $A,B\in\mathbf{M}_n(K)$. 如果存在包含 K 的域 L 及 $Q\in\mathbf{GL}_n(L)$, 使得 $B=QAQ^{-1}$, 则存在 $P\in\mathbf{GL}_n(K)$, 使得 $B=PAP^{-1}$; 换言之, 如果存在一个 K 的扩域, 在其中 A 和 B 相似, 则 A 和 B 也在 K 中相似.

「以 u 和 u' 分别表示 $V=K^n$ 与 A 和 B 相伴的自同态; 而 V_L 的自同态 u_L 和 u'_L 分别是由标量扩张诱导的, 它们仍然相伴于 A 和 B. 我们涉及的是要证明, 如果 u_L 和 u'_L 共轭, 则 u 和 u' 也共轭. 转向相伴的 $K[X]$ 和 $L[X]$-模, 于是它化为证明, 如果 M 和 M' 为两个 $K[X]$-模, 且如果 $L[X]$-模 M_L 和 M'_L 同构, 则 $M\cong M'$. 换言之, 我们应该证明, 如果 M 是一个 $K[X]$-模, 关于 $L[X]$-模的知识可以在 M 中找到 (在同构意义下).

我们有 $M\cong\oplus_{P\in\mathscr{P}_{K[X]}}(\oplus_{i\in\mathbf{N}}(K[X]/P^i)^{n_{P,i}})$, 其中 $n_{P,i}$ 为几乎全为零的整数且

被唯一确定 ($K[X]$ 上的挠模结构定理). 由此得到 $M_L = \oplus_{P\in\mathscr{P}_{K[X]}}(\oplus_{i\in\mathbf{N}}(L[X]/P^i)^{n_{P,i}})$. 现在, 每个 $P \in \mathscr{P}_{K[X]}$ 可以以唯一的方式分解为 $P = \prod_{Q\in\mathscr{P}_P} Q^{e_Q}$, 其中 $\mathscr{P}_P$ 是 $L[X]$ 中所有整除 P 的首 1 不可约多项式的集合. 中国剩余定理给了我们一个同构 $L[X]/P^i \cong \oplus_{Q\in\mathscr{P}_P} L[X]/Q^{e_Q i}$, 而 M_L 因此有

$$M_L = \oplus_{P\in\mathscr{P}_{K[X]}}(\oplus_{Q\in\mathscr{P}_P}(\oplus_{i\in\mathbf{N}}(L[X]/Q^{e_Q i})^{n_{P,i}})),$$

而因为这些 $\mathscr{P}_P$ 两两不交, 则对于任意整除 P 的 $Q \in \mathscr{P}_{L[X]}$ 有 $n_{P,i} = n_{Q,i}/e_Q$. 可以从 $n_{Q,i}$ 找出这些 $n_{P,i}$, 从而可以从作为 $L[X]$-模的 M_L 得到作为 $K[X]$-模的 M 的结构. 证完. ⌟

习题 10.17. — 设 $A, B \in \mathbf{M}_n(\mathbf{Q})$. 假定存在 $P_0 \in \mathbf{GL}_n(\mathbf{C})$ 使得 $A = P_0 B P_0^{-1}$.

(i) 设 $M_1, \ldots, M_r \in \mathbf{M}_n(\mathbf{Q})$ 在 $\mathbf{Q}$ 上无关; 证明 $M_1, \ldots, M_r$ 在 $\mathbf{C}$ 上无关. (我们感兴趣的是在 $U_{i,j}$ 构成的基上的矩阵 M_k, 其中 $U_{i,j}$ 是除了 $a_{i,j}$ 为 1 外其他的系数均为 0 的矩阵.)

(ii) 证明, 满足 $AM = MB$ 的矩阵 $M \in \mathbf{M}_n(\mathbf{C})$ 的集合 $E_\mathbf{C}$ 是一个 $\mathbf{C}$-向量空间, [127] 它具有一组由 $\mathbf{M}_n(\mathbf{Q})$ 中的元 $M_1, \ldots, M_r$ 构成的基.

(iii) 设 $Q(X_1, \ldots, X_r) = \det(X_1 M_1 + \cdots + X_r M_r)$. 证明 $Q \in \mathbf{Q}[X_1, \ldots, X_r]$, 且 $Q \neq 0$.

(iv) 推导: 存在 $P \in \mathbf{GL}_n(\mathbf{Q})$ 使得 $A = PBP^{-1}$.

11. 拓扑

一般拓扑的概念直接进入到了数学的每一个分支, 而且自豪斯多夫的工作 (1906) 之后它们已逐步被接受. 在这些拓扑空间中, 度量空间形成了一个具有特别好的性质的对象的范畴. (它们中间的赋范向量空间是一个特别基本的情形[78].) 它是由弗雷歇 (1906) 定义的, 在那里, 序列常常对一般拓扑空间使用集合论语言的证明起着简化作用. 每遇这种情形, 我们会将在一般情形下的一个正常的证明在度量空间情形下再次进行, 以便使方法多样化.

11.1. 拓扑空间

11.1.1. 开集, 闭集, 邻域

如果 X 是个集合, X 上的一个拓扑 $\mathscr{T}$ 是一个包含 X 和 $\varnothing$ 的 X 的一个子集的集族, 这个集族在有限交和任意并下稳定. 这些性质可翻译为:

- $\varnothing \in \mathscr{T}$ 和 $X \in \mathscr{T}$;

[78] 但是仍然有许多完全自然的距离的例子并不是由所承载空间上的一个范数诱导的; 譬如, 地球上的距离便不是由空间上的一个范数诱导的 (至少地球还没有变平坦 ……).

- 如果 I 为一有限集合, 且对于 $i\in I$ 有 $U_i\in\mathscr{T}$, 则 $\cap_{i\in I}U_i\in\mathscr{T}$;
- 如果 I 为任意集合, 且对 $i\in I$ 有 $U_i\in\mathscr{T}$, 则 $\cup_{i\in I}U_i\in\mathscr{T}$.

如果 $(X,\mathscr{T})$ 是一个拓扑空间 (即具有一个拓扑 $\mathscr{T}$ 的集合), 称 $\mathscr{T}$ 的元为开集. 称 $F\subset X$ 为闭集是说它的补集为开集. 因此 X 和 $\varnothing$ 也是闭集, 而闭集在有限交和任意并下是稳定的.

一个拓扑 $\mathscr{T}$ 的一个开集基是 $\mathscr{T}$ 的一个子集 $\mathscr{B}$, 使得 $\mathscr{T}$ 中的每一个元都是 $\mathscr{B}$ 中的元的并. 例如, 在一个度量空间中 (见后面), 开球构成一个开集基.

如果 $(X,\mathscr{T})$ 为拓扑空间, 且 $x\in X$, 则 x 的一个邻域是指 X 的一个包含了一个开集的子集, 而同时这个开集包含了 x. 因此, 一个集合为开集当且仅当它是它的每点的邻域.

[128] x 的一个邻域基是 x 的一个邻域族, 使得每个包含 x 的开集都包含这个族中的一个元. 例如, 在度量空间中, 以 x 为中心的开球或者半径非零的以 x 为中心的闭球构成了 x 的一个邻域基.

11.1.2. 例子

- 在集合 X 上的离散拓扑是 $\mathscr{T}=\mathscr{P}(X)$, 即 X 的所有子集的集族. 等价地, 如果 X 的单个元都为开集, 则 X 具有的是离散拓扑 (事实上, X 的每个子集都是它所含单个元的并).
- X 上的最粗拓扑是以 X 和 $\varnothing$ 为仅有的开集的拓扑.
- $\mathbf{R}$ 上的自然拓扑是以开线段为开集基的拓扑.
- 设 E 是具有一个范数 $\|\ \|$ 的 $\mathbf{R}$ 或 $\mathbf{C}$ 上的向量空间, E 上与 $\|\ \|$ 相伴的拓扑是以开球构成开集基的拓扑.
- $\mathbf{C}^n$ 上的扎里斯基拓扑以如下方式定义: $F\subset\mathbf{C}^n$ 为闭集当且仅当存在一个多项式族 $P_i\in\mathbf{C}[X_1,\ldots,X_n]$, $i\in I$, 使得 F 是这些 P_i 的公共零点 (即 $F=\cap_{i\in I}\{z\in\mathbf{C}^n, P_i(z)=0\}$). 因此 X 是个扎里斯基闭集 (取一空集族), $\varnothing$ 为扎里斯基闭集 (譬如取 $P_1=X_1$, $P_2=X_1-1$), 并且任意多个扎里斯基闭集的交仍为扎里斯基闭集 (如果 F_j, $j\in J$ 是族 $(P_{i,j})_{i\in I_j}$ 的零点, 则 $\cap_{j\in J}F_j$ 是 $(P_{i,j})_{j\in J,i\in I_j}$ 的公共零点集), 在定义 $\mathbf{C}^n$ 中的扎里斯基拓扑的开集为扎里斯基闭集的补集后, 便得到了一个拓扑, 其闭集为扎里斯基闭集.
- 我们可以赋予任意一个以有限子集的补集为开集的拓扑, 称其为滤形拓扑 (la topologie du filtre), 这时一个非空子集为开集当且仅当它具有一个有限补集.

11.1.3. 拓扑的比较

如果 $\mathscr{T}_1$ 和 $\mathscr{T}_2$ 为 X 上的两个拓扑, 称 $\mathscr{T}_1$ 比 $\mathscr{T}_2$ 更细是说, $\mathscr{T}_1$ 包含了 $\mathscr{T}_2$. 细的终极拓扑是离散拓扑, 反过来, 最不细的是最粗拓扑. 应注意如下的事实, 即如果有两个任意的拓扑, 没有理由认为它们间一定谁比谁更细 (参看习题 17.3).

11.2. 度量空间

如果 X 是个集合, 映射 $d: X\times X\to \mathbf{R}_+$ 是 X 上的一个距离是说它满足了如下的性质:

- $d(x,y)=0$ 当且仅当 $x=y$ (分离性).
- 对任意的 $x,y\in X$ 有 $d(x,y)=d(y,x)$ (对称性).
- 对任意的 $x,y,z\in X$ 有 $d(x,z)\leqslant d(x,y)+d(y,z)$ (三角不等式). [129]
- 如果距离满足不等式 $d(x,z)\leqslant \sup(d(x,y),d(y,z))$, 则称其为超度量或非阿基米德度量. 它比三角不等式更强.

如果 $x\in X$ 以及 $r>0$, 称 $B(x,r)=\{y\in X, d(x,y)\leqslant r\}$ 为以 x 为中心 r 为半径的闭球, 而称 $B(x,r^-)=\{y\in X, d(x,y)<r\}$ 为以 x 为中心 r 为半径的开球.

- 一个开球包含了以它中的任一点为中心的一个开球.

「三角不等式表明, 如果 $r>0$, 且 $y\in B(x,r^-)$, 令 $s=r-d(x,y)$, 则 $B(y,s^-)\subset B(x,r^-)$. 」

- 由 $\varnothing$ 和开球 (任意多个) 的并构成的集合 $\mathscr{T}_d$ 是一个 X 上的拓扑, 而 $U\in\mathscr{T}_d$ 当且仅当对任意的 $x\in U$, 存在 $r>0$ 使得 $B(x,r^-)\subset U$.

「由构造, $\mathscr{T}_d$ 包含了 $\varnothing$ 和 X, 并在任意并下稳定. 故只需证明 $\mathscr{T}_d$ 在有限交下稳定即可. 设 $U\in\mathscr{T}_d$ 非空, 且 $x\in U$. 由 $\mathscr{T}_d$ 的定义知, 存在 $y\in X$ 及 $r>0$ 使得 $B(y,r^-)\subset U$, 且 $x\in B(y,r^-)$; 上一个 • 表明, 存在 $s>0$ 使得 $B(x,s^-)\subset B(y,r^-)$. 如果 $(U_i)_{i\in I}$ 是 $\mathscr{T}_d$ 中的一个有限族, 且 $x\in\cap_{i\in I}U_i$, 则对每个 i, 存在 $s_i>0$ 使得 $B(x,s_i^-)\subset U_i$, 那么当 $s=\inf_{i\in I}s_i$ 时 (因 I 有限, 故 $s\neq 0$), 则 $\cap_{i\in I}U_i$ 包含了 $B(x,s^-)$, 故得到在有限交下的稳定性. 」

我们一般以 (X,d) 来代替如此得到的拓扑空间 $(X,\mathscr{T}_d)$. 称如此得到的拓扑空间为度量空间.

X 上的两个距离等价是说它们定义了相同的拓扑.

称一个拓扑空间 $(X,\mathscr{T})$ 是可度量化的是说在 X 上存在一个距离 d 使得 $\mathscr{T}=\mathscr{T}_d$.

- 在一个度量空间中闭球为闭集.

「如果 $x\notin B(x_0,r)$, 且设 $s=d(x_0,x)-r$, 则 $s>0$, 那么 $B(x_0,r)$ 的补集便包含了 $B(x,s^-)$. 由此推出这个补集为开集, 故 $B(x_0,r)$ 为闭集. 」

- 如果 (X,d) 是个度量空间, 且 $x\in X$, 则 $B(x,r^-)$ 构成 x 的一个邻域基; 对于 $B(x,r), r>0$ 此结论仍然成立.

「上面已经看到, 如果 U 是个包含 x 的非空开集, 则 U 包含了一个开球 $B(x,r^-)$, 其中 $r>0$, 这证明了这些 $B(x,r^-)$ 构成了 x 的一个邻域基. 另外, $B(x,r^-)$ 包含了 $B(x,r/2)$, 而它又包含了 $B(x,(r/2)^-)$, 这便证明了 $B(x,r)$ 构成了 x 的一个邻域基. 」

- 集合 X 上的两个距离 d_1 和 d_2 是等价的当且仅当对于每个 $x \in X$, 每个中心 x 的 d_1 的开球都包含了一个中心 x 的 d_2 的开球, 反之也如此.

「如果 d_1 和 d_2 等价, 那么对 d_1 的开球 $B(x, r_1^-)$ 对 d_2 也是开的, 从而包含对 d_2 的一个开球 $B(x, r_2^-)$, 这证明了两个蕴含关系中的一个. 反过来, 如果每个对 d_1 的中心 x 的开球包含了对 d_2 的中心 x 的开球, 且设 $U \neq \varnothing$ 是个对 d_1 的开集, 则
[130] $U = \cup_{x \in U} B(x, r_{1,x}^-)$, 其中这些 $B(x, r_{1,x}^-)$ 是对 d_1 的开球. 于是 $B(x, r_{1,x}^-)$ 包含了对 d_2 的开球 $B(x, r_{2,x}^-)$, 从而 U 是这些 $B(x, r_{2,x}^-)$ 的并. 由此得到另一个蕴含关系.」

- 如果 d 是 X 上的一个距离, 则存在一个等价于 d 的距离 d' 使得对于所有 $x, y \in X$ 有 $d'(x, y) \leqslant 1$.

「只要令 $d'(x, y) = \inf(d(x, y), 1)$ 即可. 因为我们有

$$\begin{aligned} d'(x,y) + d'(y,z) &= \inf(d(x,y) + d(y,z), 1 + d(y,z), d(x,y) + 1, 2) \\ &\geqslant \inf(d(x,z), 1) = d'(x,z), \end{aligned}$$

它证明了 d' 是个距离. 又因为对于 d 和 d' 的半径 $\leqslant 1$ 的球是相同的, 故 d' 与 d 等价.」

习题 11.1. — 证明, 如果 (X, d) 是个度量空间, 且 $x \in X$, 则对于 $j \in \mathbf{N}$, $B(x, 2^{-j})$ 构成了 x 的一个邻域基.

习题 11.2. — 设 X 是个集合. 定义 $d : X \times X \to \mathbf{R}_+$ 为: 若 $x = y$, 则 $d(x, y) = 0$, 若 $x \neq y$, 则 $d(x, y) = 1$. 证明 d 是 X 上的距离 (称为*平凡距离*). 它的相伴拓扑是什么?

习题 11.3. — 设 $f : \mathbf{R} \to \mathbf{R}$ 的定义为 $f(x) = \frac{x}{1+|x|}$. 证明 $(x, y) \mapsto d'(x, y) = |f(x) - f(y)|$ 是 $\mathbf{R}$ 上的一个距离, 并等价于通常的距离 $d(x, y) = |x - y|$.

11.3. 连续性

设 X 和 Y 为两个拓扑空间, $f : X \to Y$ 为一个映射, 且 $x \in X$; 称 f *在 x 连续*是说, 对于 Y 中任一包含 $f(x)$ 的开集 V, 存在 X 的一个包含 x 的开集 U 使得 $f(U) \subset V$. 等价地, f 在 x 连续是说, 对于 $f(x)$ 在 Y 中的任意邻域 V, 存在 x 的一个邻域 U 使得 $f(U) \subset V$. 为此只需对于 $f(x)$ 的一个邻域基中的 V 去验证即可.

称 $f : X \to Y$ 为*连续的*是说它在每点 $x \in X$ 均连续.

称 $f : X \to Y$ 为一个*同胚态射*是说它是一个连续的双射, 且它的逆 $f^{-1} : Y \to X$ 也是连续的. 称 X 和 Y 是同胚[79] 的是说存在一个同胚态射 $f : X \to Y$.

如果 (X, d) 是个度量空间, 而 $(Y, \mathscr{T})$ 是个拓扑空间, 且 $x_0 \in X$. 返回定义可以看到, $f : X \to Y$ 在 x_0 连续当且仅当对于 Y 的每个包含 $f(x_0)$ 的开集 U, 存在 $\delta > 0$ 使得 $d(x_0, x) < \delta$ 蕴含了 $f(x) \in U$. 如果 Y 也是度量空间, 则可翻译成 (选其一):

[79] 证明两个拓扑空间不是同胚的一般说来是远非显然的 (请读者试证明一个轮胎和一个足球不同胚): 代数拓扑 (庞加莱的位相分析) 提供了做这些工作的工具.

- 对于每个 $\varepsilon > 0$, 存在 $\delta = \delta(x, \varepsilon) > 0$ 使得 $d_X(x_0, x) < \delta \Rightarrow d_Y(f(x_0), f(x)) < \varepsilon$;
- 对于每个 $j \in \mathbf{N}$, 存在 $\delta = \delta(x, j) > 0$ 使得 $d_X(x_0, x) < \delta \Rightarrow d_Y(f(x_0), f(x)) \leqslant 2^{-j}$.

称 $f: X \to Y$ 为在 X 上一致连续的是说, 对于每个 $\varepsilon > 0$, 存在 $\delta(\varepsilon) > 0$ 使得 $d_X(x, x') < \delta$ 蕴含 $d_Y(f(x), f(x')) < \varepsilon$. 连续性与一致连续性间的差别在于后者的 δ 不依赖 x; 特别地, 一致连续为连续. [131]

如果 $\kappa \in \mathbf{R}_+$. 称 $f: X \to Y$ 是 κ-利普希茨的[27] (或者关于 κ 是利普希茨的) 是说对于任意的 $x, x' \in X$ 有 $d_Y(f(x), f(x')) \leqslant \kappa d_X(x, x')$. 一个利普希茨映射是一致连续的, 从而是连续的.

习题 11.4. — 设 $(X.d)$ 为度量空间. 证明 $d: X \times X \to \mathbf{R}$ 连续.

- 以下条件等价:

(i) $f: X \to Y$ 连续;

(ii) 存在 Y 的一个开集基 $\mathscr{B}$ 使得每个 $U \in \mathscr{B}$ 在 f 下的逆像是 X 的开集;

(iii) Y 的每个开集在 f 下的逆像为 X 的开集;

(iv) Y 的每个闭集的逆像是 X 的闭集.

「 (iii) 和 (iv) 的等价来自: 补集的逆像是逆像的补集 (如果 $A \subset Y$, 则 $f^{-1}(Y - A) = X - f^{-1}(A)$).

如果 f 连续, 且 V 为 Y 的一个开集, 若 $y \in V \cap f(X)$, 则对于每个满足 $f(x) = y$ 的 $x \in X$ 存在 X 的一个包含 x 的开集 U_x, 满足 $f(U_x) \subset V$. 于是 $U = \cup_{y \in V \cap f(X)} (\cup_{x \in f^{-1}(y)} U_x)$ 是包含 $\cup_{y \in V \cap f(X)} f^{-1}(y) = f^{-1}(V)$ 的开集, 从而满足 $f(U) \subset V$, 这证明了 $f^{-1}(V) \subset U$, 从而 $f^{-1}(V)$ 为开集. 由此得到了 (i)$\Rightarrow$ (ii), 同样立即可得 (iii)$\Rightarrow$ (i) (如果 V 包含 $f(x)$ 的开集, 则 $U = f^{-1}(V)$ 是 X 中包含 x 的开集, 并且满足 $f(U) \subset V$), 这证明了 (i) 与 (iii) 的等价性.

(iii)$\Rightarrow$ (ii) 立即可得. 反之, 设 $\mathscr{B}$ 是 Y 的一个开集基, 而 V 是 Y 的一个开集. 于是存在 $\mathscr{B}$ 的一族元 $(V_i)_{i \in I}$ 使得 $V = \cup_{i \in I} V_i$. 于是有 $f^{-1}(V) = \cup_{i \in I} f^{-1}(V_i)$, 从而若 $f^{-1}(V_i)$ 对于每个 i 为开集, 则 $f^{-1}(V)$ 也同样为开集. 由此推出了 (ii) 与 (iii) 的等价性. 得到结论. 」

- 设 X, Y, Z 为拓扑空间. 如果 $f: X \to Y$ 在 x 连续, 又如果 $g: Y \to Z$ 在 $f(x)$ 连续, 则 $g \circ f$ 在 x 连续; 如果 $f: X \to Y$ 和 $g: Y \to Z$ 连续, 则 $g \circ f: X \to Z$ 连续.

「 设 W 是 Z 的包含 $g(f(x))$ 的一个开集. 由于 g 在 $f(x)$ 连续, 故存在 Y 的一个包含 $f(x)$ 的开集 V, 满足 $g(V) \subset W$, 又由于 f 在 x 连续, 故存在 X 的一个包含 x 的开集 U 满足 $f(U) \subset V$. 因此 $g \circ f(U) \subset W$, 从而证明了第一个断言; 第二个是它的直接推论. 」

---

[27]我们则常说 “f 满足关于 κ 的利普希茨条件”.

11.4. 子空间, 乘积空间, 商空间

11.4.1. 诱导拓扑

如果 $(X,\mathscr{T})$ 是一个拓扑空间, 且 $Y\subset X$, 则 $\mathscr{T}_Y=\{U\cap Y,U\in\mathscr{T}\}$ 是 Y 上的一个拓扑, 称其为诱导拓扑. 换言之, 一个拓扑空间的子集自然地成为一个拓扑空间.

[132] 11.4.2. 乘积拓扑

如果 $(X,\mathscr{T}_i)_{i\in I}$是一族拓扑空间 (可能无穷维), $X=\prod_{i\in I}X_i$ 上的乘积拓扑是指使得对于 $i\in I$ 的自然投射 $p_i:X\to X_i$ 为连续的最不细的拓扑. 明确地说, 对于这个拓扑的一个开集基由 $\prod_{i\in J}U_i\times\prod_{i\in I-J}X_i$ 构成, 其中 J 扫过 I 的所有有限子集, 而对于 $i\in J$ 的 U_i 是 X_i 的开集.

• 如果 Y 为拓扑空间, 则 $f:Y\to\prod_{i\in I}X_i$ 连续当且仅当对所有 $i\in I$, $p_i\circ f:Y\to X_i$ 连续.

「由于连续映射的复合仍连续, 那么如果 $f:Y\to\prod_{i\in I}X_i$ 连续, 则对任意的 $i\in I$, $p_i\circ f:Y\to X_i$ 连续. 反过来, 如果对于 $i\in I$, $p_i\circ f$ 连续, 且若 $U=\prod_{i\in J}U_i\times\prod_{i\in I-J}X_i$ 是上面定义的开集基中的一个元, 其中的 J 为有限集, 则 $f^{-1}(U)=\cap_{i\in J}(p_i\circ f)^{-1}(U_i)$ 作为有限个开集的交是一个开集. 这表明 f 连续. 得到结论.」

应注意到, $x\mapsto f(x,y)$ 对于每个 y 在 X 上连续以及 $y\mapsto f(x,y)$ 对于每个 x 在 Y 上的连续不足以证明 f 在 $X\times Y$ 上连续. 例如, 如果定义 $f:\mathbf{R}\times\mathbf{R}\to\mathbf{R}$ 为: 当 $(x,y)\neq(0,0)$ 时 $f(x,y)=\frac{xy}{x^2+y^2}$, 而 $f(0,0)=0$, 则 f 对每个单独的变量都是连续的, 但它在 $(0,0)$ 不连续: 因为 $f(\varepsilon,\varepsilon)=\frac{1}{2}$, 从而 $f^{-1}(]-\frac{1}{2},\frac{1}{2}[)$ 包含了 $(0,0)$ 但不包含任何形如 $(\varepsilon,\varepsilon)$ 的点, 因此不可能是开集.

• 如果 (X,d_X) 和 (Y,d_Y) 是两个度量空间, 则 $X\times Y$ 上每个定义了乘积拓扑的距离都等价于 $d_{X\times Y}((x,y),(x',y'))=\sup(d_X(x,x'),d_Y(y,y'))$ (譬如另一个距离 $\sqrt{d_X(x,x')^2+d_Y(y,y')^2}$).

「这个 $d_{X\times Y}$ 使 $X\times Y$ 中的一个球是 X 中的一个球与 Y 中的一个球的乘积, 这证明了它所定义的拓扑就是乘积拓扑.」

• 可数个度量空间的乘积是可度量化的. 更准确地说, 若 $(X_n,d_n),n\in\mathbf{N}$ 是度量空间, 则在 $X=\prod_{n\in\mathbf{N}}X_n$ 上定义 d 为 $d((x_n)_{n\in\mathbf{N}},(y_n)_{n\in\mathbf{N}})=\sum_{n\in\mathbf{N}}\frac{1}{2^n}\inf(d_n(x_n,y_n),1)$, 它是一个诱导了乘积拓扑的距离.

「设 $x=(x_n)_{n\in\mathbf{N}},y=(y_n)_{n\in\mathbf{N}},z=(z_n)_{n\in\mathbf{N}}$ 是 X 的元. 不妨以 d_n' 替换 d_n, 其中 $d_n'(x_n,y_n)=\inf(d_n(x_n,y_n),1)$ (参看 11.2 小节的最后面的 •), 于是可以假定对于 $x_n,y_n\in X_n$ 有 $d_n(x_n,y_n)\leqslant1$, 因此 $d(x,y)=\sum_{n\in\mathbf{N}}\frac{1}{2^n}d_n(x_n,y_n)$.

◇ 如果 $d(x,y)=0$, 则对于每个 n 有 $d_n(x_n,y_n)=0$, 从而 $x_n=y_n$, 故 $x=y$.

◇ 因为对任意的 n 有 $d_n(x_n,y_n)=d_n(y_n,x_n)$, 故 $d(x,y)=d(y,x)$.

◇ $d(x,z)=\sum_{n\in\mathbf{N}}\frac{1}{2^n}d_n(x_n,z_n)\leqslant\sum_{n\in\mathbf{N}}\frac{1}{2^n}(d_n(x_n,y_n)+d_n(y_n,z_n))=d(x,y)+$

$d(y,z)$.

这证明了 d 是 X 上的一个距离. 现在, 设 U 是 (X,d) 的一个开集且设 $x=(x_n)_{n\in\mathbf{N}}\in U$. 于是存在 $r>0$ 使得 U 包含 $B_X(x,4r^-)$. 设 N 使得 $\frac{1}{2^N}\leqslant 2r$; 因此 $\sum_{n\leqslant N}\frac{1}{2^n}r+\sum_{n\geqslant N+1}\frac{1}{2^n}\leqslant 2r+\frac{1}{2^N}\leqslant 4r$, 而 U 包含了 $\prod_{n\leqslant N}B_{X_n}(x_n,r^-)\times\prod_{n\geqslant N+1}X_n$, 它对于乘积拓扑而言是个开集. 由此推出 U 对于乘积拓扑是一个开集.

反过来, 如果 U 对于乘积拓扑是个开集, 并设 $x=(x_n)_{n\in\mathbf{N}}\in U$, 则存在 $r>0$ 及 $N\in\mathbf{N}$ 使得 U 包含了 $\prod_{n\leqslant N}B_{X_n}(x_n,r^-)\times\prod_{n\geqslant N+1}X_n$. 因此, 由于 $d(x,y)<\frac{r}{2^N}$ 蕴含 $d(x_n,y_n)<\frac{2^n r}{2^N}\leqslant r$, $n\leqslant N$, 故 U 包含了 $B_X(x,\frac{r^-}{2^N})$, 从而对于 d 而言, U 是开集. 证完. 」

11.4.3. 商拓扑 [133]

如果 X是个拓扑空间, $\sim$ 是 X 上的一个等价关系; 定义 $X/\sim$ 上的商拓扑为: U 是 $X/\sim$ 的开集当且仅当它在 X 中的逆像在 X 中为开集. 这是使得典范满态射 $\pi:X\to X/\sim$ 连续的最细拓扑.

- 如果 Y 是一个拓扑空间, 则 $f:X/\sim\to Y$ 连续当且仅当 $f\circ\pi:X\to Y$ 连续.

「 $f:X/\sim\to Y$ 连续当且仅当 $f^{-1}(U)$ 对于 Y 中的开集 U 为开集, 由商拓扑的定义, 这等价于对于 Y 中每个开集 U, $\pi^{-1}(f^{-1}(U))$ 在 X 上为开集. 因此等价于 $f\circ\pi:X\to Y$ 连续. 」

习题 11.5. — $\mathbf{R}/\mathbf{Q}$ 上的商拓扑是怎样的?

「这里有几个可通过取商构造的空间. 请读者准备剪刀和胶水, 看一看这前三个像什么样子, 并且请在互联网上搜索 (譬如 R. Ferréol 的 `http://www.mathcurve.com/surfaces/surfaces.shtml`) 后两个的图像 (它们不能真正嵌入到 $\mathbf{R}^3$ 中).

— 圆柱: 它是 $[0,1]\times[0,1]$ 对于等价关系 $(x,0)\sim(x,1)$, $x\in[0,1]$ 的商.

— 默比乌斯带: 它是 $[0,1]\times[0,1]$ 对于等价关系 $(x,0)\sim(1-x,1)$, $x\in[0,1]$ 的商.

— 环面: 它是 $[0,1]\times[0,1]$ 对于等价关系 $(x,0)\sim(x,1)$, $x\in[0,1]$ 和 $(0,y)\sim(1,y)$, $y\in[0,1]$ 的商. 这也是 $\mathbf{R}^2$ 与 $\mathbf{Z}^2$ 的商环或两圆乘积 $(\mathbf{R}/\mathbf{Z})^2$.

— 克莱因瓶: 它是 $[0,1]\times[0,1]$ 对于等价关系 $(x,0)\sim(x,1)$, $x\in[0,1]$ 和 $(0,y)\sim(1,1-y)$, $y\in[0,1]$ 的商.

— 实射影平面: 它是 $\mathbf{R}^3$ 中的单位球面对于等价关系 $x\sim -x$ 的商; 它同胚于 $[0,1]\times[0,1]$ 对于等价关系 $(x,0)\sim(1-x,1)$, $x\in[0,1]$ 和 $(0,y)\sim(1,1-y)$, $y\in[0,1]$. 」

11.5. 分离空间

称一个拓扑空间是*分离的*是说, 对于任何两个 $x\neq y$ 的点 $x,y\in X$, 可以找到 X 的开集 U,V 使得 $x\in U$, $y\in V$ 并且 $U\cap V=\varnothing$. 譬如, 离散空间是分离的 (取

$U=\{x\}, V=\{y\}$), 而最粗拓扑不可分离 (除非 X 只有 0 个元或 1 个元). 在一个分离空间中, 点都是闭的, 但反过来则不真[80].

[134] • 度量空间是分离的.

「如果 $x \neq y$, 我们有 $d(x,y)>0$, 如果令 $r=\frac{1}{2}d(x,y)$, 则由三角不等式得 $B(x,r^-)\cap B(y,r^-)=\varnothing$.」

• 如果 X_i 分离, 则 $X=\prod_{i\in I} X_i$ 分离.

「如果 $x=(x_i)_{i\in I}$ 与 $y=(y_i)_{i\in I}$ 是 X 的两个不同元, 则存在 $j\in I$ 使得 $x_j\neq y_j$, 而由于 X_j 是分离的, 故在 X_j 中存在分别包含 x_j 和 y_j 的不交开集 U_j 和 V_j. 因此 $U=U_j\times\prod_{i\neq j} X_j$ 和 $V=V_j\times\prod_{i\neq j} X_i$ 是 X 中分别包含 x 和 y 的不交开集. 由此得到 X 的分离性.」

• X 分离当且仅当对角形 $\Delta=\{(x,x), x\in X\}$ 是 $X\times X$ 中的闭集.

「如果 X 是分离的, 则对任意不同的点 $x,y\in X$, 存在不交的开集 $U_{x,y}, V_{x,y}$ 满足 $x\in U_{x,y}$ 和 $y\in V_{x,y}$. 条件 "$U_{x,y}, V_{x,y}$ 不交" 等价于开集 $W_{x,y}=U_{x,y}\times V_{x,y}$ 在 $X\times X$ 中与 Δ 不交. 另外, $W_{x,y}$ 包含了 (x,y), 这表明对于 $x\neq y$ 的 $W_{x,y}$ 的并等于 $(X\times X)-\Delta$, 作为开集的并它是一个开集, 从而得到 Δ 为闭集.

反之, 如果 Δ 为闭集, 则 $(X\times X)-\Delta$ 为开集. 乘积拓扑的定义表明如果 $(x,y)\in(X\times X)-\Delta$ (即如果 $x\neq y$), 则存在 X 的开集 U,V 使得 $U\times V\subset(X\times X)-\Delta$ 和 $(x,y)\in U\times V$. 因此 $x\in U, y\in V$ 且 $U\cap V=\varnothing$. 得到了 X 的分离性.」

习题 11.6. — 证明, 如果 $f: X\to Y$ 为单射且连续, 又设 Y 是分离的, 则 X 也是分离的.

「由于分离条件 "$d(x,y)=0\Rightarrow x=y$", 一个度量空间是分离的. 如果去掉了这个分离条件, 得到的是一个*半距离*, 它又可以定义一个拓扑 $\mathscr{T}_d$, 其中的非空开集是开球的任意并. 拓扑空间 $(X,\mathscr{T}_d)$ 不必是分离的 (如果 $x\neq y$, 而 $d(x,y)=0$, 则 X 的每个包含 x 的开集也包含 y). 譬如, §III.2 中的空间 $\mathscr{L}^1(\mathbf{R}^m)$ 和 $\mathscr{L}^2(\mathbf{R}^m)$ 便是这样的空间.

我们可以通过将距离等于零的两个点等同的方法, 从 (X,d) 构造一个分离的空间, 准确的方式是, 定义 X 上关系 $\sim$ 为 $x\sim y$ 当且仅当 $d(x,y)=0$; 由 d 的对称性和三角不等式知关系 $\sim$ 是一个等价关系. 另外, 由三角不等式, 如果 $x\sim x', y\sim y'$, 则总有 $d(x,y)=d(x',y')$. 由此得到, d 定义了关系 $\sim$ 的等价类的集合 $X/\sim$ 上的一个距离, 而 (X,d) 的分离性指的是具有由 d 诱导的距离的集合 $X/\sim$ 的分离性.

---

[80] 例如, 在赋予了扎里斯基拓扑的 $\mathbf{C}^n$ 上的点都是闭的, 因为 $z=(z_1,\ldots,z_n)$ 是多项式组 $X_i-z_i, i\in\{1,\ldots,n\}$ 的公共零点, 由于它的非空扎里斯基开集都是稠密的 (对扎里斯基拓扑与通常拓扑均如此), 故根本不是分离的. 直到韦伊的著作 (1952) 和塞尔的著作 (以 GAGA 知名的 *Géométrie algébrique et géométrie analytique*, 1956), 人们才意识到这个拓扑远非是一种病态的好奇心的结果, 通过这个拓扑以代数的方式重新发现了利用通常拓扑能够定义的大部分不变量. 这成了格罗滕迪克革命的起始点.

这种构造的一个例子是在本书中将遇到的 (参看 §III.2) 从 $\mathscr{L}^1(\mathbf{R}^m)$ 到 $L^1(\mathbf{R}^m)$ 的过程, 或者从 $\mathscr{L}^2(\mathbf{R}^m)$ 到 $L^2(\mathbf{R}^m)$ 的过程. 」

11.6. 内核, 闭包, 稠密

如果 X 是一个拓扑空间, 而 $Y \subset X$, 则 X 的所有含于 Y 内的开集的并 $\mathring{Y}$ 是一个开集, 因而是含于 Y 中的最大开集; 称其为 Y 的*内核*. 说 Y 为*内部空*是指 $\mathring{Y} = \varnothing$.

同样地, X 的所有包含 Y 的闭集的交 $\overline{Y}$ 是一个闭集, 称其为 Y 的*闭包*. 称 Y 在 X 中*稠密*是说 $\overline{Y} = X$. 等价的说法是, Y 在 X 中稠密当且仅当对于 X 中所有非空开集 U 有 $Y \cap U \neq \varnothing$, 又或者当且仅当 X 的所有点在它的每个邻域中至少有 Y 的一个点. 如果 (X, d) 是个度量空间, 则又可翻译为: Y 在 X 中稠密当且仅当对于每个 [135] $x \in X$ 和 $\varepsilon > 0$, 存在 $y \in Y$ 使得 $d(x, y) < \varepsilon$.

- $\mathbf{Q}$ 在 $\mathbf{R}$ 和 $\mathbf{Q}_p$ 中稠密 (由构造知).
- 多项式稠密于 $[0,1]$ 上的连续函数的空间, 这个空间被赋予了一致收敛性的范数 $\|\phi\|_\infty = \sup_x |\phi(x)|$ (魏尔斯特拉斯定理, 习题 II.1.10).
- 如果 X 的拓扑为最粗拓扑, 则每个点都在 X 中稠密.
- 如果 Y 在 X 中稠密, 且设 Z 是分离的, 并且 $f, g : X \to Z$ 连续且在 Y 上它们相等, 则 $f = g$.

「 设 A 为那些满足 $f(x) = g(x)$ 的 $x \in X$ 的集合, 由于 A 包含了 Y 而 Y 又在 X 中稠密, 于是只要证明 A 为 X 的闭集即可: 这表明 $A = X$. 但 A 是 $Z \times Z$ 的对角形 $\Delta = \{(z, z), z \in Z\}$ 在映射 $x \mapsto (f(x), g(x))$ 的逆像. 这个映射是连续的, 并由 Z 为分离的假定知 Δ 在 $Z \times Z$ 中为闭集, 故作为闭集的连续函数逆像的 A 也为闭集. 」

习题 11.7. — 设 X 为拓扑空间. 证明 $Y \subset X$ 为内部空当且仅当它的补集在 X 中稠密.

习题 11.8. — (i) 证明如果 Y_1 在 X_1 中稠密, Y_2 在 X_2 中稠密, 则 $Y_1 \times Y_2$ 在 $X_1 \times X_2$ 中稠密.

(ii) 设 $f : Y \to Z$ 是度量空间之间的一个连续映射. 证明如果 X 在 Y 中稠密, 且 f 在 X 上的限制是一个等距映射, 则 f 也是等距的.

习题 11.9. — (i) 证明, 如果 U 为开集, 则 U 的闭包的内核包含 U, 然而并不总相等, 但 U 的闭包的内核的闭包是 U 的闭包.

(ii) 证明, 如果 F 是闭集, 则 F 的内核的闭包被包含在 F 中, 然而并不总相等, 但是 F 的内核的闭包的内核是 F 的内核.

习题 11.10. — 证明 $A = \{(n, e^n), n \in \mathbf{N}\}$ 在赋予了扎里斯基拓扑的 $\mathbf{C}^2$ 中稠密. 在通常拓扑下的 $\mathbf{C}^2$ 中它是稠密的吗?

11.7. 拓扑空间中的序列

11.7.1. *序列, 子序列*

设 X 是个拓扑空间. 如果 $(x_n)_{n\in\mathbf{N}}$ 是 X 中的序列, 并设 $a\in X$. 称 x_n *趋向* a, 或称 x_n *有极限* a 是说, 对 a 的每个邻域, 存在 $N\in\mathbf{N}$, 使得当 $n\geqslant N$ 时 $x_n\in V$. 显然只需对于 a 的一个邻域基验证这一点就可以了.

「可以以任意一个集合 I 替换 $\mathbf{N}$: 称 $(x_i)_{i\in I}$ 当 $i\to\infty$ 时趋向 a (即按照有限子集的补集的滤形拓扑) 是说对于 a 的每个邻域 V, 使得 $x_i\notin V$ 的 $i\in I$ 的集合为有限集.」

如果 X 是分离的, 按照分离空间的定义, 一个序列最多只有一个极限. 我们注意到, 如果空间不是分离的, 则不一定是这种情况. 称一个序列是*收敛的*是说它至少有一
[136] 个极限. 我们在分离空间时使用记号 $\lim_{n\to+\infty}x_n=a$, 从而这个极限是唯一的.

「我们引进拓扑空间 $\overline{\mathbf{N}}=\mathbf{N}\cup\{+\infty\}$, 它的开集是 $\mathbf{N}$ 中的子集, 并添加 $\mathbf{N}$ 的有限集在 $\overline{\mathbf{N}}$ 的补集, 利用它我们可得到对于收敛序列的一个漂亮重述: $\lim_{n\to+\infty}x_n=a$ 当且仅当序列 x_n 可扩张为从 $\overline{\mathbf{N}}$ 到 X 的一个在 $+\infty$ 取值 a 的连续函数 (即由将 n 映成 x_n, 而 $+\infty$ 映成 a 的从 $\overline{\mathbf{N}}$ 到 X 的映射是连续的). 对它的证明是一个简单的练习.」

称一个序列 $(y_n)_{n\in\mathbf{N}}$ 是 $(x_n)_{n\in\mathbf{N}}$ 的*子序列*是说, 存在当 n 趋向 $+\infty$ 时趋向 $+\infty$ 的 $\varphi:\mathbf{N}\to\mathbf{N}$, 使得对于所有的 $n\in\mathbf{N}$, 有 $y_n=x_{\varphi(n)}$.

- 如果 a 是 $x=(x_n)_{n\in\mathbf{N}}$ 的极限, 则 a 也是每个子序列的极限.

「设 $\varphi:\mathbf{N}\to\mathbf{N}$ 当 n 趋向 $+\infty$ 时趋向 $+\infty$, 这意味着, 令 $\varphi(+\infty)=+\infty$, 则 φ 可连续地扩张到 $\overline{\mathbf{N}}$. 如果 a 是 x 的一个极限, 那么 x 也可通过令 $x(+\infty)=a$ 连续地扩张到 $\overline{\mathbf{N}}$, 从而 $x\circ\varphi$ 在 $\overline{\mathbf{N}}$ 连续, 意味着 a 是子序列 $(x_{\varphi(n)})_{n\in\mathbf{N}}$ 的极限.

我们也可以不用 $\overline{\mathbf{N}}$ 而返回原定义. 如果 V 是 a 的一个邻域, 则存在 $N\in\mathbf{N}$ 使得对于 $n\geqslant N$ 有 $x_n\in V$. 另外, 如果 $\varphi:\mathbf{N}\to\mathbf{N}$ 当 n 趋向 $+\infty$ 时趋向 $+\infty$, 则存在 $N'\in\mathbf{N}$ 使得当 $n\geqslant N'$ 时 $\varphi(n)\geqslant N$. 因此对于每个 $n\geqslant N'$ 有 $x_{\varphi(n)}\in V$, 这便证明了 $(x_{\varphi(n)})_{n\in\mathbf{N}}$ 趋向 a.」

- 设 $X=\prod_{i\in I}X_i$ 是分离拓扑空间的乘积, 且 $u^{(n)}=(u_i^{(n)})_{i\in I}, n\in\mathbf{N}$ 是 X 中的元的序列, 而 $a=(a_i)_{i\in I}\in X$. 则 $u^{(n)}\to a$ 当且仅当对所有的 $i\in I$, $u_i^{(n)}\to a_i$.

「蕴含关系 "$u^n\to a$" ⇒ "对于每个 $i\in I, u_i^{(n)}\to a_i$" 是投射 $X\to X_i$ 的连续性的一个推论. 反之, 假设对于每个 $i\in I$, 有 $u_i^{(n)}\to a_i$. 令 U 是 X 的包含 a 的一个开集. 于是 U 包含了 $\prod_{i\in J}U_i\times\prod_{i\in I-J}X_i$, 其中 J 为有限集, 而对于 $i\in J$, U_i 是 X_i 的包含 a_i 的一个开集. 由于 $u_i^{(n)}\to a_i$, 故存在 $N_i\in\mathbf{N}$ 使得对于 $n\geqslant N_i$, 有 $u_i^{(n)}\in U_i$, 因此对于每个 $n\geqslant\sup_{i\in J}N_i$ 成立 $u^{(n)}\in U$. 由此推出 $u^{(n)}\to a$. 证完.」

11.7.2. 序列和连续性

- 如果 $f: X \to Y$ 连续, $x = (x_n)_{n\in\mathbf{N}}$ 是 X 中的元的一个以 a 为极限的序列, 则 $(f(x_n))_{n\in\mathbf{N}}$ 以 $f(a)$ 为极限.

「序列 x 可扩张为从 $\overline{\mathbf{N}}$ 到 X 的一个连续函数, 它在 $+\infty$ 取值 a, 而由于 f 连续, 故 $f\circ x$ 在 $\overline{\mathbf{N}}$ 上连续, 这意味着 $f(a)$ 是序列 $(f(x_n))_{n\in\mathbf{N}}$ 的极限.

我们也可以不用 $\overline{\mathbf{N}}$ 而说, 如果 V 是 $f(a)$ 的一个邻域, 则由 f 的连续性知 $f^{-1}(V)$ 包含了 a 的一个邻域 U, 并且存在 $N\in\mathbf{N}$ 使得当 $n\geqslant N$ 时 $x_n\in U$, 这表明当 $n\geqslant N$ 时 $f(x_n)\in V$.」

- 如果 X 为度量空间, 则 $f: X\to Y$ 在 x 连续当且仅当对于每个 X 的元的趋向 x 的序列 $(x_n)_{n\in\mathbf{N}}$, 序列 $(f(x_n))_{n\in\mathbf{N}}$ 趋向 $f(x)$.

「已经证明过 (在一般拓扑空间的情形), 如果 $f: X\to Y$ 在 x 连续, 则对于每个趋向 x 的 X 中的元的序列 $(x_n)_{n\in\mathbf{N}}$, 序列 $(f(x_n))_{n\in\mathbf{N}}$ 趋向 $f(x)$. 现在, 如果 f 在 x 不连续, 则存在 $f(x)$ 的一个邻域 V, 使得, 对于每个 $n\in\mathbf{N}$, 存在 $x_n\in B(x,2^{-n})$ 有 [137]
$f(x_n)\notin V$. 于是在 X 中虽然 $x_n\to x$, 但却有 $f(x_n)\not\to f(x)$. 换言之, 由此推出, 如果对每个 X 中的元的趋向 x 的序列 $(x_n)_{n\in\mathbf{N}}$, 序列 $(f(x_n))_{n\in\mathbf{N}}$ 趋向 $f(x)$, 则 f 在 x 连续. 断言得证.」

注意, 对于一般的拓扑空间而言, 用序列来刻画连续性的这种方法没有什么太大的用处.

习题 11.11. — 设 X 为度量 (或可度量化的) 空间.

(i) 设 $Z\subset X$. 证明 $a\in X$ 在 Z 的闭包 $\overline{Z}$ 中当且仅当存在一个 Z 中的元的序列 $(x_n)_{n\in\mathbf{N}}$ 以 a 为极限.

(ii) 证明 Z 在 X 中稠密当且仅当每个 $a\in X$ 都是 Z 中的元的一个序列的极限.

(iii) 证明, 如果 Y 是一个度量空间且设 f,g 是从 X 到 Y 的两个映射使得对于每个 $x\in Z$ 有 $f(x)=g(x)$, 其中 Z 在 X 中稠密, 则 $f=g$.

12. 紧性

12.1. 紧空间

称一个拓扑空间是紧的是说, 如果它是分离的, 并且 X 的所有开覆盖中可以取出一个有限子覆盖[81]. 换言之, (分离的)X 为紧的是说对于 X 的任意满足 $\cup_{i\in I}U_i = X$ 的开集族 $(U_i)_{i\in I}$, 存在一个有限族 $J\subset I$ 使得 $\cup_{i\in J}U_i = X$. 通过取补集, 则看到 (分离的)X 的紧性等价于 X 的所有交为空的闭集族中可取出一个交为空的有限族.

- 一个具有离散拓扑的有限集合是紧的.

[81] 博雷尔在 1894 年就已经清楚知道了紧性的概念 (对于测度问题, 参看习题 12.1 的 (ii), 在那里博雷尔在称作测度理论的基本定理中提到了它; 还有库赞也提到了它 (在多复变函数的应用中).

- 在 $\overline{\mathbf{N}} = \mathbf{N} \cup \{+\infty\}$ 上赋予拓扑: 开集是 $\mathbf{N}$ 的子集, 以及 $\overline{\mathbf{N}}$ 中补集为 $\mathbf{N}$ 中有限集的集合, 则它是个紧空间.

「 $\overline{\mathbf{N}}$ 是分离的: 如果 $x \neq y$, 则或者 $x \neq +\infty$ 或者 $y \neq +\infty$, 这表明两个单点集 $\{x\}$ 和 $\{y\}$ 中有一个在 $\overline{\mathbf{N}}$ 中为开集, 因此它的补集也为开集. 另外, 如果 $(U_i)_{i\in I}$ 是 $\overline{\mathbf{N}}$ 的一个开覆盖, 则 U_i 中有一个包含了 $+\infty$, 其补集为有限集; 从而从此覆盖中取出了一个有限的子覆盖. 」

- 线段 $[0,1]$ 为紧集.

「 设 $(U_i)_{i\in I}$ 是 $[0,1]$ 的一个开覆盖族. 设 A 为满足使 $[0,a]$ 可以被有限个 U_i 覆盖的 $a \in [0,1]$ 的集合, 而设 M 为 A 的上确界. 由假设条件知, 存在 $i(M) \in I$ 及 $\varepsilon > 0$ 使得 $]M-\varepsilon, M+\varepsilon[\cap[0,1] \subset U_{i(M)}$, 那么由 M 的定义存在 $a \in]M-\varepsilon, M[$ 和有限集 $J \subset I$, 使得 $[0,a] \subset \cup_{i\in J} U_i$. 但是对于任意的 $b \in [M, M+\varepsilon[\cup[0,1]$ 有 $[0,b] \subset \cup_{i\in J\cup\{i(M)\}} U_i$, 从而 $[M, M+\varepsilon[\cap[0,1] \subset A$. 由 M 的定义, 它表明 $M=1$, 得到结论. 」

[138] **习题 12.1.** — (i) 设 X 是 $[0,1]$ 的一个可数子集. 证明, 对于所有的 $\varepsilon > 0$, 存在一个开线段 $]a_n, b_n[$ 的序列使得 $\sum_{n\in\mathbf{N}}(b_n - a_n) < \varepsilon$ 和 $\cup_{n\in\mathbf{N}}]a_n, b_n[$ 包含 X.

(ii) 设对于 $n \in \mathbf{N}$, $]a_n, b_n[$ 是一个开线段的序列使得 $[0,1] \subset \cup_{n\in\mathbf{N}}]a_n, b_n[$. 证明 $\sum_{n\in\mathbf{N}}(b_n - a_n) > 1$. (我们承认这个结果对于一个有限族为真.)

(iii) 证明 $[0,1]$ 和 $\mathbf{R}$ 不是可数的.

12.2. 紧性与序列

如果 X 为拓扑空间, 而 $(x_n)_{n\in\mathbf{N}}$ 是 X 中的一个序列; 称 $a \in X$ 是序列 $(x_n)_{n\in\mathbf{N}}$ 的聚点[28]是说, a 的每个邻域都包含了该序列的无穷多项. 这等价于说, 对所有的 k, a 在集合 $\{x_n, n \geqslant k\}$ 的闭包 F_k 中. 特别地, 因为对所有 $k \in \mathbf{N}$ 的闭集 F_k 的交为闭集, 故一个序列的聚点集是个闭集.

- 如果 X 是个度量空间, 则 a 是序列 $(x_n)_{n\in\mathbf{N}}$ 的一个聚点当且仅当可以抽出 $(x_n)_{n\in\mathbf{N}}$ 的一个子序列以 a 为极限.

「 如果能够取出 $(x_n)_{n\in\mathbf{N}}$ 的一个以 a 为极限的子序列 $(x_{\varphi(n)})_{n\in\mathbf{N}}$, 且若 V 是 a 的一个邻域, 则对于足够大的所有 n 有 $x_{\varphi(n)} \in V$; 这证明了 a 是这个序列的一个聚点 (注意, 这时并没有用到 X 是度量空间这个事实). 反之, 如果 X 是度量的, 且 a 是序列 $(x_n)_{n\in\mathbf{N}}$ 的一个聚点, 则对于所有 $n \in \mathbf{N}$, 在 $B(a, 2^{-n})$ 中存在该序列的无限多项, 从而可以选取 $\varphi(n) \geqslant n$, 使得 $x_{\varphi(n)} \in B(a, 2^{-n})$. 因此序列 $(x_{\varphi(n)})_{n\in\mathbf{N}}$ 是序列 $(x_n)_{n\in\mathbf{N}}$ 的一个子序列, 并收敛于 a. 断言得证. 」

- 在一个紧空间中的所有序列均具有聚点; 在紧度量空间可在每个序列中抽出一个收敛的子序列.

[28] 在这里所用的法文是 “valeur d’ adhérence”.

「设 X 为紧空间, 且 $(x_n)_{n\in\mathbf{N}}$ 是 X 中的一个序列. 设对 $n\in\mathbf{N}$, F_n 为集合 $\{x_{n+p}, p\in\mathbf{N}\}$ 的闭包; 由定义, 这些 F_n 的交是序列 $(x_n)_{n\in\mathbf{N}}$ 的聚点集. 有限个 F_n 的交非空, 这是因为当 n 充分大时它包含了 x_n. X 的紧性保证了对于所有的 $n\in\mathbf{N}$ 的闭集 F_n 的交非空. 断言得证.」

习题 12.2. — (i) 证明在一个紧空间中, 具有唯一的聚点的序列收敛.

(ii) 此结果在 $\mathbf{R}$ 中成立吗?

• 一个度量空间 X 为紧的当且仅当每个 X 中的序列具有聚点[82] (博雷尔–勒贝格定理).

「我们已经说过, 在一个紧空间中 (甚至非度量的), 每个序列都有聚点; 我们要证明在度量空间时这个断言的逆成立. 设 $(U_i)_{i\in I}$ 为 X 的一个开覆盖. 于是, 对于任意的 $x\in X$, 存在 $k(x)\geqslant 0$ 和 $i\in I$, 使得 $B(x,r(x)^-)\subset U_i$, 其中 $r(x)=2^{-k(x)}$. 我们 [139]
要证明可以从覆盖 U_i 中抽出一个有限覆盖, 而这只要证明可以对于由 $B(x,r(x)^-)$ 构成的覆盖能抽出有限的覆盖即可.

为此, 归纳地构造一个 X 中满足如下条件的元 x_n 的序列:

◇ $x_n\in Y_n$, 其中 Y_n 是 $\cup_{j\leqslant n-1}B(x_j,r(x_j)^-)$,

◇ $k(x_n)\leqslant k(y)$, 其中任意 $y\in Y_n$.

如果这个过程停止了, 则这些 $B(x_j,r(x_j)^-), j\leqslant n-1$ 便覆盖了 X, 这是我们所要的. 否则, 序列 $(x_n)_{n\in\mathbf{N}}$ 有一个聚点 y_0, 且因为 Y_n 为闭集而 $x_{n+p}\in Y_n$, 故对任意的 $n\in\mathbf{N}$ 有 $y_0\in Y_n$. 由序列 $(x_n)_{n\in\mathbf{N}}$ 的构造知, 对任意的 $n,p\in\mathbf{N}$ 有 $d(x_n,x_{n+p})\geqslant 2^{-k(x_n)}$. 由于可以从序列 $(x_n)_{n\in\mathbf{N}}$ 中抽出一个柯西子序列, 于是得到 $k(x_n)\to\infty$. 特别地, 存在 n 使得 $k(x_n)\geqslant k(y_0)+1$, 这与 x_n 的构造矛盾 (因为 $y_0\in Y_n$). 由此得到结论.」

12.3. 紧空间的基本性质

下面是些常用的断言.

12.3.1. 拓扑空间的紧集

• 设 X 为紧空间, 则 $Y\subset X$ 为紧集当且仅当 Y 为闭集.

「假定 Y 为闭集, 且 $(U_i)_{i\in I}$ 是 Y 的一个开覆盖[83]. 由定义对于每个 $i\in I$ 存

[82] 这种刻画有时被作为紧空间的定义. 在试图证明一个 (度量) 空间为紧空间时, 它实际上比用开覆盖的刻画更加容易处理. 相比较而言, 如果利用一个空间的紧性得出一些结果, 一般来说用开覆盖的刻画则更加自然而强有力.

[83] 如果 X 是个度量空间, 则可用序列. 由于 X 为紧集, 一个 Y 中的序列 $(y_n)_{n\in\mathbf{N}}$ 有一个在 X 中的聚点, 而当 Y 为闭集时, 这个聚点则在 Y 中, 证明了 Y 为紧集. 反之, 若 Y 为紧集, 且 a 在 Y 的闭包中, 则存在 Y 中的序列 $(y_n)_{n\in\mathbf{N}}$, 使其具有在 X 中的极限 a, 从而它在 X 中仅有的聚点为 a. 因为假定了 Y 为紧集, 这个序列具有在 Y 中的聚点, 而应用它则在 X 中仅有的聚点为 a, 这表明 $a\in Y$, 从而推出 Y 是闭集.

在 X 的一个开集 V_i 使得 $U_i = V_i \cap Y$, 又因为 $U = X - Y$ 是开集, 故这些 $V_i, i \in I$ 和 U 构成了 V 的一个开覆盖. 但 X 由假定为紧集, 因而存在有限的 $J \subset I$ 使得 $X \subset U \cup (\cup_{i\in J} V_i)$, 其中 U_i 对于 $i \in J$ 构成了 Y 的一个开覆盖; 由于它们是从原来的覆盖中抽取出来的, 故得到了 Y 的紧性.

反过来, 假定 $Y \subset X$ 为紧集. 设 $a \notin Y$. 由于 X 分离, 于是对 $y \in Y$, 存在开集 U_y, V_y 使得 $y \in U_y$, $a \in V_y$ 且 $U_y \cap V_y = \varnothing$. 对于 $y \in Y$ 的这些 U_y 是 Y 的一个开覆盖, 从而存在有限的 $J \subset Y$ 使得 $Y \subset \cap_{y\in J} U_y$. 然而 $V = \cap_{y\in J} V_y$ 是 X 中包含 a 的一个开集并与 Y 不交, 从而表明 a 不属于 Y 的闭包 $\overline{Y}$. 因此 $\overline{Y} \subset Y$, 即 Y 为闭集. 」

- 设 Y 分离. 在连续映射 $f : X \to Y$ 下 X 的紧集的像为紧集.

「设 $(U_i)_{i\in I}$ 是 $f(X)$ 的一个开覆盖[84]. 由定义, 如果 $i \in I$, 则存在 Y 的开集 U_i' 使得 $U_i = U_i' \cap f(X)$, 又由于 f 连续, $V_i = f^{-1}(U_i')$ 是 X 的开集, 并且 $(V_i)_{i\in I}$ 是 X
[140] 的一个开覆盖. 但 X 为紧集, 故存在有限的 $J \subset I$ 使得这些 $V_i, i \in J$ 覆盖了 X, 而对于 $i \in J$ 的这些 U_i 便构成了 $f(X)$ 的一个有限开覆盖, 而它们是从原来的覆盖中抽取出来的, 故得到了 $f(X)$ 的紧性. 」

- 如果 X 为紧空间, 且 $f : X \to Y$ 为连续的双射, 其中 Y 分离, 则 f 是个同胚.

「以 $g : Y \to X$ 表示 f 的逆映射, 于是对于 $F \subset X$ 有 $g^{-1}(F) = \{y \in Y, \exists x \in F, g(y) = x\} = \{y \in Y, \exists x \in F, y = f(g(y)) = f(x)\} = f(F)$. 我们想要证明, 当 F 在 X 为闭集时, $g^{-1}(F)$ 为闭集. 然而 $g^{-1}(F) = f(F)$, 而因为 F 是在紧空间的闭集, 故 F 为紧集, 又因 Y 分离, 故 $f(F)$ 为紧集, 从而为闭集. 断言得证. 」

- 如果 X 为紧集, 且 $f : X \to \mathbf{R}$ 连续, 则 f 达到它的极大值和极小值.

「由于 X 为紧集而 f 连续, 这表明 $f(X)$ 为紧集, 从而具有有限的下和上确界. 否则可以构造出 $f(X)$ 的一个趋向 $\pm\infty$ 的序列, 从而不具有在 $f(X)$ 中的聚点), 但因为它是闭集, 应该包含了它们. 证完. 」

- 如果 X_1 和 X_2 为紧空间, 则 $X_1 \times X_2$ 也为紧空间.

「设 $(U_i)_{i\in I}$ 是 $X_1 \times X_2$ 的一个开覆盖[85]. 如果 $y \in X_2$, 并设 $I(y)$ 是对于那些 $i \in I$ 中使得 $U_i \cap (X_1 \times \{y\}) \neq \varnothing$ 的集合. 如果 $i \in I(y)$, 且若 $(a, y) \in U_i$, 则存在 X_1 中包含 a 的开集 $V_{i,y,a}$, 以及 X_2 中包含 y 的开集 $W_{i,y,a}$, 使得 $U_i \supset V_{i,y,a} \times W_{i,y,a}$. 对于所有 $i \in I$ 的 U_i 是 $X_1 \times X_2$ 的开覆盖, 而对于 $i \in I(y)$ 和 $(a, y) \in U_i$ 的 $V_{i,y,a}$ 构成 X_1 的一个开覆盖. 但 X_1 为紧集, 故存在 (i, a) 的有限集 $J(y)$, 其中

---

[84] 如果 X 和 Y 都是度量空间, 则可利用序列进行推理. 设 $(y_n)_{n\in\mathbf{N}}$ 是 $F(Y)$ 的一个序列, 并设当 $n \in \mathbf{N}$ 时有 $x_n \in X$ 使得 $y_n = f(x_n)$. 因为 X 为紧集, 故序列 $(x_n)_{n\in\mathbf{N}}$ 具有一个聚点 $a \in X$, 又因为 f 连续, 故 $f(a)$ 是序列 $(y_n)_{n\in\mathbf{N}}$ 的一个聚点, 这证明了 $f(X)$ 的紧性.

[85] 如果 X_1 和 X_2 为度量空间, 我们则可借助序列进行推理. 设 $(x_n, y_n)_{n\in\mathbf{N}}$ 是 $X_1 \times X_2$ 的元的序列. 由于 X_1 为紧集, 故从序列 $(x_n)_{n\in\mathbf{N}}$ 中提取一个子序列 $(x_{\varphi(n)})_{n\in\mathbf{N}}$, 它在 X_1 中有极限 a. 由于 X_2 为紧集, 故从序列 $(y_{\varphi(n)})_{n\in\mathbf{N}}$ 中提取一个子序列 $(y_{\psi(n)})_{n\in\mathbf{N}}$, 它在 X_2 中有极限 b, 因此 $(x_{\psi(n)}, y_{\psi(n)})_{n\in\mathbf{N}}$ 具有在 $X_1 \times X_2$ 中的极限 (a, b): 因为 $(x_{\psi(n)})_{n\in\mathbf{N}}$ 是从 $(x_{\varphi(n)})_{n\in\mathbf{N}}$ 中提取的, 从而在 X_1 中趋向 a. 换言之, 序列 $(x_n, y_n)_{n\in\mathbf{N}}$ 有一个聚点.

$i \in I(y)$, $(a,y) \in U_i$, 使得 $X_1 = \cup_{(i,a)\in J(y)} V_{i,y,a}$. 令 $W_y = \cap_{(i,a)\in J(y)} W_{i,y,a}$. 这是包含 y 的 X_2 中的开集, 且对于任意的 $(i,a) \in J(y)$, U_i 包含了 $V_{i,y,a} \times W_y$. 因为 X_2 为紧集, 故可找到有限集 Y 使得 $X_2 = \cup_{y\in Y} W_y$, 从而

$$\cup_{y\in Y} \cup_{(i,a)\in J(y)} U_i \supset \cup_{y\in Y}\big(\cup_{(i,a)\in J(y)} V_{i,y,a} \times W_y\big) = \cup_{y\in Y}(X_1 \times W_y) = X_1 \times X_2.$$

这证明了可以从覆盖 U_i 中抽取出一个有限的子覆盖. 」

- 可数个度量紧空间的乘积仍为紧空间[86].

「设 X_i, $i \in \mathbf{N}$ 为紧的度量空间, $X = \prod_{i\in\mathbf{N}} X_i$. 由于可数个度量空间的乘积是可度量化的 (§11.4.2), 只需证明 X 的每个序列 $(x_n)_{n\in\mathbf{N}}$ 具有收敛的子序列即可.

将 $x_n \in X = \prod_{i\in\mathbf{N}} X_i$ 写为 $x_n = (x_{n,i})_{i\in\mathbf{N}}$ 形式, 其中 $x_{n,i} \in X_i$, $i \in \mathbf{N}$. 由于 X_0 为紧集, 故抽取一个子序列 $(x_{\varphi_0(n)})_{n\in\mathbf{N}}$ 使得 $(x_{\varphi_0(n),0})_{n\in\mathbf{N}}$ 在 X_0 中有极限 a_0. 由相同的推理, 可以从序列 $(x_{\varphi_0(n)})_{n\in\mathbf{N}}$ 中抽取出一个子序列 $(x_{\varphi_1(n)})_{n\in\mathbf{N}}$, 使得 [141] $(x_{\varphi_1(n),1})_{n\in\mathbf{N}}$ 在 X_1 有极限 a_1, 并因为 $(x_{\varphi_1(n),0})_{n\in\mathbf{N}}$ 是从 $(x_{\varphi_0(n),0})_{n\in\mathbf{N}}$ 中抽取的, 故仍有 $x_{\varphi_1(n),0} \to a_0$. 归纳地可定义 $a_k \in X_k$ 以及一个从 $(x_{\varphi_{k-1}(n)})_{n\in\mathbf{N}}$ 中抽取的子序列 $(x_{\varphi_k(n)})_{n\in\mathbf{N}}$, 使得对于所有的 $i \leqslant k$ 有 $x_{\varphi_k(n),i} \to a_i$. 于是序列 $(x_{\varphi_n(n)})_{n\in\mathbf{N}}$ (按对角线抽取) 是 $(x_n)_{n\in\mathbf{N}}$ 的子序列, 并且对于 $n \geqslant k$, 也是 $(x_{\varphi_k(n)})_{n\in\mathbf{N}}$ 的子序列. 由此得到, 对于每个 $i \in \mathbf{N}$, 有 $x_{\varphi_n(n),i} \to a_i$, 从而在 X 中 $x_{\varphi(n)} \to a$, 其中 $a = (a_i)_{i\in\mathbf{N}}$. 断言得证. 」

习题 12.3. — 证明 $[0,1]$ 是序列紧的.

12.3.2. *度量空间的紧集*

- 如果 E 是个度量空间, 则 E 的一个紧集 X 在 E 中为闭集, 且有界, 但反过来则不成立.

「 我们已经知道, 一个紧集总是闭的. 另外, 如果 X 为紧集, 且若 $x_0 \in X$, 则 $x \mapsto d(x_0,x)$ 是 X 上的一个连续函数, 而由于在紧空间上的一个连续实函数是有界的, 故它有界. 换言之, 存在 $M \in \mathbf{R}_+$ 使得 $X \subset B(x_0,M)$, 即 X 有界.

设 E 为 $\mathbf{R}$ 的线段 $[-1,1[$, 其上具有由 $\mathbf{R}$ 的绝对值诱导的距离; 这是个度量空间. 于是 $X = [0,1[$ 是 E 与 $\mathbf{R}$ 中闭集 $\mathbf{R}_+$ 的交, 故 X 为闭集, 而由于从 X 的开覆盖 $U_n = X \cap]\frac{-1}{2}, 1-\frac{1}{n}[$ 抽取不出一个有限的子覆盖, 因而它不是紧的. 」

- 如果 E 是 $\mathbf{R}$ 或 $\mathbf{C}$ 上的一个有限维向量空间, 则 E 的紧集就是所有的有界闭集.

「 由 $\mathbf{R}^n$ 上范数 $\|\,\|_\infty$ 的定义知, $\mathbf{R}^n$ 的一个有界集合包含在 $[-M,M]^n$ 中, 这里的 M 是个充分大的数. 因为 $[-M,M]$ 是 $[0,1]$ 在连续映射 $x \mapsto (2x-1)M$ 下的像, 故它为紧集, 从而作为紧空间乘积的 $[-M,M]^n$ 也为紧集. 由于紧空间的闭集为紧集, 因此 $(\mathbf{R}^n, \|\,\|_\infty)$ 的有界闭集为紧集. 对于任意的有限维 $\mathbf{R}$ 或 $\mathbf{C}$-向量空间的这个结果可由如下事实得到: 有限维 $\mathbf{R}$-向量空间的任意两个范数都等价 (参看 17.4 小节), 因

[86] 更一般地, 紧集的乘积总为紧的 (Tychonov, 1935), 但这一般情形的证明颇为精巧并要用到选择公理.

此有界闭集在任何一个范数下都是有界闭集.」

- 一个度量空间的非空紧集上的连续函数是一致连续的 (海涅定理[87], 1872).

「设 X, Y 为度量空间, $f: X \to Y$ 是一致连续的是说,

$$\forall \varepsilon > 0, \exists \delta > 0, \text{使得 } d_X(x, x') < \delta \Rightarrow d_Y(y, y') < \varepsilon.$$

假定 X 为紧集. 设 $\varepsilon > 0$. 由于对于每个 $x \in X$, f 连续, 故存在 $\delta_x > 0$, 使得 $d_X(x, x') < 2\delta_x \Rightarrow d_Y(f(x), f(x')) < \frac{\varepsilon}{2}$, 球 $B_X(x, \delta_x^-)$ 构成了 X 的一个覆盖[88]; 因而
[142] 可以抽取出一个有限覆盖 $X = \cup_{x \in J} B_X(x, \delta_x^-)$, 其中 $J \subset X$ 是个有限集. 由构造知, 当 $x' \in X$ 时, 存在 $x \in J$ 使得 $d_X(x, x') < \delta_x$. 令 $\delta = \inf_{x \in J} \delta_x$. 如果 $x_1, x_2 \in X$ 使得 $d_X(x_1, x_2) < \delta$, 且若 $x \in J$ 使得 $d_X(x, x_1) < \delta_x$, 则 $d_X(x, x_2) < 2\delta_x$, 因而 $d_Y(f(x), f(x_1)) < \frac{\varepsilon}{2}$ 以及 $d_Y(f(x), f(x_2)) < \frac{\varepsilon}{2}$, 故 $d_Y(f(x_1), f(x_2)) < \varepsilon$. f 的一致连续性得证.」

习题 12.4. — 设 $f: [a, b] \to \mathbf{R}$ 为可微函数.

(i) 证明, 如果 $f(a) = f(b)$, 则存在 $c \in]a, b[$ 使得 $f'(c) = 0$ (罗尔定理).

(ii) 在一般情形, 证明存在 $c \in]a, b[$ 使得 $f(b) - f(a) = f'(c)(b - a)$ (有限增量定理[89]).

(iii) 由此推导出, 当对于所有 $c \in]a, b[$ 有 $f'(c) > 0$ 时, f 在 $[a, b]$ 上严格递增.

习题 12.5. — 设 $(E, \| \|)$ 是有限维赋范向量空间. 称 $f: E \to \mathbf{C}$ 在无穷远趋向 0 是说, 对于每个 $\varepsilon > 0$, 存在 $M > 0$, 使得当 $\|x\| \geqslant M$ 时 $|f(x)| < \varepsilon$. 证明, 如果 $f: E \to \mathbf{C}$ 连续且在无穷远趋向 0, 则 f 有界, 而 $|f|$ 达到极大值.

习题 12.6. — 设 (X, d) 是个度量空间. 如果 $F \subset X$, 而 $x \in X$, 我们定义 x 到 F 的距离 $d(x, F)$ 为 $d(x, y), y \in F$ 的下确界.

(i) 证明 $x \mapsto d(x, F)$ 连续, 甚至满足在 X 上的 1-利普希茨条件.

(ii) 证明 $d(x, F) = 0$ 当且仅当 x 在 F 的闭包 $\overline{F}$ 中.

(iii) 由此推出, 如果 F_1 和 F_2 为不交闭集, 则存在不交开集 U_1, U_2 满足 $F_1 \subset U_1$, $F_2 \subset U_2$.

---

[87] 事实上, 这个定理在线段上连续函数的情形已在 1854 年由狄利克雷证明, 但海涅的名字却赋予了一致连续性; 狄利克雷因此纠正了柯西在连续函数的柯西积分中的错误, 在那里柯西错误地使用了 ε 和 δ 犯了将连续性和一致连续性混淆的错误.

[88] 由于我们在度量空间上进行讨论, 故可转移到序列上去, 假设 X 为紧集, 而 $f: X \to Y$ 连续但不一致连续. 不满足上面所谓一致连续性的定义, 表明存在 $\varepsilon > 0$ 使得对于任意的 $n \in \mathbf{N}$, 存在 $(x_n, x_n') \in X \times X$ 使得 $d_X(x_n, x_n') \leqslant 2^{-n}$ 以及 $d_Y(f(x_n), f(x_n')) \geqslant \varepsilon$. 由于假定了 X 为紧集, 故 $X \times X$ 也为紧集, 那么序列 $(x_n, x_n')_{n \in \mathbf{N}}$ 具有在 $X \times X$ 中的聚点 (a, b). 又因为 $d_X(x_n, x_n') \to 0$, 故有 $a = b$, 由 f 的连续性知 $(f(a), f(b))$ 是序列 $(f(x_n), f(x_n'))$ 在 $Y \times Y$ 中的聚点. 因为 $f(a) = f(b)$, 而对于任意 $n \in \mathbf{N}$ 有 $d_Y(f(x_n), f(x_n')) \geqslant \varepsilon$. 故矛盾 (实际上, $(y, y') \mapsto d_Y(y, y')$ 在 $Y \times Y$ 上连续, 而序列 $(f(x_n), f(x_n'))_{n \in \mathbf{N}}$ 的一个聚点 (c, c') 应该满足 $d_Y(c, c') \geqslant \varepsilon > 0$). 得到结论.

[89] 见习题 15.6 中对它的推广.

(iv) 定义 F_1 和 F_2 间的距离 $d(F_1,F_2)=\inf_{x\in F_1,y\in F_2} d(x,y)$. 证明, 如果 F_1 和 F_2 为不交紧集, 则 $d(F_1,F_2)>0$.

(v) 证明, 如果 $F_1\cap F_2=\varnothing$, 且 F_1 为闭集而 F_2 为紧集, 则 $d(F_1,F_2)\neq 0$.

(vi) 构造 $\mathbf{R}$ 或 $\mathbf{R}^2$ 的不交闭集, 使其距离为 0.

习题 12.7. — 设 X 为紧度量空间, $f: X\to X$ 为压缩映射 (即满足 $d(f(x),f(y))<d(x,y)$, $x\neq y$ 的映射).

(i) 证明 f 有唯一的不动点 x_0.

(ii) 证明, 如果 $x\in X$, 并设 $f^n=f\circ f\circ\cdots\circ f$ (n 重), 则 $f^n(x)\to x_0$.

(iii) 证明 $f^n\to x_0$ 在 X 上是一致收敛的 (即当 $n\to\infty$ 时 $\sup_{x\in X} d(f^n(x),x_0)\to 0$).

习题 12.8. — (难题) 设 X 为度量空间. 证明, 如果每个从 X 到 $\mathbf{R}$ 的连续函数均有界, 则 X 为紧空间.

12.3.3. *局部紧性* [143]

一个空间的紧性是个非常好的性质, 但却鲜有满足的. 然而在应用中常常只需在局部具有这个性质: 称一个空间是*局部紧*的是说, 在每个点都具有一个由紧集构成的邻域基.

- $\mathbf{R}$, $\mathbf{C}$, 更一般地, $\mathbf{R}$ 或 $\mathbf{C}$ 上的有限维向量空间都是局部紧的.
- 一个紧空间是局部紧的.

「设 X 为紧的, 且 $x\in X$. 由于 X 是分离的, 故对于 $x\neq y$ 存在具有分别含有 x 和 y 的不交开集 $U_{x,y}$ 和 $V_{x,y}$. 于是 y 不属于 $U_{x,y}$ 的闭包 $F_{x,y}$, 从而, 如果 V 是包含 x 的一个开集, 而 F 是其补集, 则 $F\cap(\cap_{y\in(X-\{x\})}F_{x,y})=\varnothing$. 然而 F 作为紧空间的闭集是个紧集, 从而对于所有的 y, $F\cap F_{x,y}$ 在 F 中为闭集; 由此知道, 存在 $X-\{x\}$ 的一个有限子集 Y 使得 $F\cap(\cap_{y\in Y}F_{x,y})=\varnothing$. 令 $U_V=\cap_{y\in Y}U_{x,y}$; 于是 U_V 作为有限个开集的交是个开集, 并包含了 x, 因为它的闭包 F_V 被包含在闭集 $F_{x,y}$, $y\in Y$ 中, 故此闭包被包含在 V 中. 由于 F_V 为紧集, 那么由前面的论证知道, 每个包含 x 的开集 V 必包含一个紧集 F_V, 而它自身也包含了一个包含了 x 的开集 U_V. 这证明了这些紧集构成了 x 的一个邻域基. 证完. 」

12.4. 完全实直线

12.4.1. *有序拓扑空间 $\overline{\mathbf{R}}$ 和 $\overline{\mathbf{R}}_+$*

以 $\overline{\mathbf{R}}=\mathbf{R}\cup\{\pm\infty\}$ 表示完全实直线[29]. 按照自然的方式将 $\leqslant$ 扩张为 $\overline{\mathbf{R}}$ 上的一个全序关系: 对于任意的 $a\in\overline{\mathbf{R}}$ 约定 $-\infty\leqslant a\leqslant+\infty$. 我们赋予 $\overline{\mathbf{R}}$ 一个拓扑: 取开集

[29]法文是 “la droite réelle achevée”, 相当于添加一些元的紧化. “achevée” 的意思是完全的; 我们很少用这个词, 有时会说成 “添加 $\pm\infty$ 的紧化”.

基为 $]a,b[,\ a<b\in\mathbf{R}; [-\infty,a[,]a,+\infty], a\in\mathbf{R}$. 在 $\mathbf{R}$ 上所构造的这个拓扑就是我们常用的拓扑.

• 一个实数序列 x_n 在 $\overline{\mathbf{R}}$ 中趋向 $+\infty$ 当且仅当在经典意义下趋向 $+\infty$ (对于 $-\infty$ 的断言相同).

「由于 $]a,+\infty]$ 构成了 $+\infty$ 的一个邻域基, 故在 $\overline{\mathbf{R}}$ 中 $x_n\to+\infty$ 当且仅当对于任意的 $a\in\mathbf{R}$, 存在 $N\in\mathbf{N}$ 使得当 $n\geqslant N$ 时 $x_n\in]a,+\infty]$. 」

• 拓扑空间 $\overline{\mathbf{R}}$ 与 $[-1,1]$ 作为有序空间和作为拓扑空间都同构; 特别地, 它是紧的, 可度量化的, 并且 $\overline{\mathbf{R}}$ 的所有非空子集具有上下确界.

「定义从 $\overline{\mathbf{R}}$ 到 $[-1,1]$ 的映射 $x\mapsto f(x)$ 为: 当 $x\in\mathbf{R}$ 时 $f(x)=\frac{x}{1+|x|}$, 而 $f(+\infty)=1, f(-\infty)=-1$. 这是一个严格递增的同胚映射, 其逆 g 为: 当 $x\in]-1,1[$ 时 $g(x)=\frac{x}{1-|x|}$, 而 $g(1)=+\infty, g(-1)=-\infty$ (留给读者去证明 f 和 g 是互逆的连续映射). 」

• $\overline{\mathbf{R}}$ 中的一个递增 (分别地, 递减) 序列 $(x_n)_{n\in\mathbf{N}}$ 收敛于 $\{x_n, n\in\mathbf{N}\}$ 的上 (分别地, 下) 确界.

[144] • 如果 $X\subset\overline{\mathbf{R}}$ 非空, 则 $\sup X$ 和 $\inf X$ 均在 X 的闭包中.

「利用严格递增的同胚 $f:\overline{\mathbf{R}}\to[-1,1]$, 化为证明对于 $X\subset[-1,1]$ 的相同论断. 现若 X 的上确界 M 属于 X 自然也属于它的闭包. 如果 M 不属于 X, 则对于每个 $n>0$ 存在 $x_n\in X$ 满足 $M-2^{-n}<x_n<M$, 这表明 M 是 X 的一个序列的极限, 从而在其闭包中. 得到结论. 」

以 $\overline{\mathbf{R}}_+$ 表示完全半直线. 它是满足 $x\geqslant 0$ 的 $x\in\overline{\mathbf{R}}$ 的集合. 令 $x+(+\infty)=+\infty, x\in\overline{\mathbf{R}}_+$, 则以显然的方式将加法扩张到了 $\overline{\mathbf{R}}_+$.

「由于 $\overline{\mathbf{R}}_+$ 的每个递增序列有在 $\overline{\mathbf{R}}_+$ 中的极限, 故得到: 」

• 每个项在 $\overline{\mathbf{R}}_+$ 中的级数 $\sum_{n\in\mathbf{N}}u_n$ 都在 $\overline{\mathbf{R}}_+$ 中收敛. 如果这些 u_n 都在 $\mathbf{R}_+$ 中, 则 $\sum_{n\in\mathbf{N}}u_n<\infty$ 当且仅当级数 $\sum_{n\in\mathbf{N}}u_n$ 在通常意义下收敛.

12.4.2. 上极限, 下极限

$\overline{\mathbf{R}}$ 中的序列 $(x_n)_{n\in\mathbf{N}}$ 具有一个被称作序列 x_n 的上极限的最大聚点 $\limsup x_n$ 和称作序列 x_n 的下极限的最小聚点 $\liminf x_n$. 另外, $(x_n)_{n\in\mathbf{N}}$ 收敛当且仅当它的上下极限相等, 而序列的极限从而是上下极限的这个公共值(90).

「$\overline{\mathbf{R}}$ 的紧性表明它中的一个序列 $(x_n)_{n\in\mathbf{N}}$ 的聚点集合非空. 由于这个集合为闭集, 故这个集合的上下确界仍然是聚点; 换言之, $\overline{\mathbf{R}}$ 的每个序列 $(x_n)_{n\in\mathbf{N}}$ 具有最大和最小聚点. 又因为 $\overline{\mathbf{R}}$ 是一个紧的度量空间, 于是一个序列收敛当且仅当它具有唯一的聚点, 因而当且仅当它的上下极限相等. 由此得到结论. 」

• 我们也有 $\limsup x_n=\inf_{k\in\mathbf{N}}(\sup_{n\geqslant k}x_n)$ 和 $\liminf x_n=\sup_{k\in\mathbf{N}}(\inf_{n\geqslant k}x_n)$.

(90)这看起来是在重复叙述, 但设置 $\limsup x_n$ 和 $\liminf x_n$ 在对序列 $(x_n)_{n\in\mathbf{N}}$ 未加任何假定条件时是非常有用的.

「 为了不单独处理有一个极限是无穷的情形, 我们利用前面的同胚映射 $f:\overline{\mathbf{R}}\to[-1,1]$ 将序列化成在 $[-1,1]$ 中取值的情形. 设 $a=\limsup x_n, b=\inf_{k\in\mathbf{N}}(\sup_{n\geqslant k}x_n)$, 并设 $\varepsilon>0$. 由于 a 是一个聚点, 故对于每个 $k\in\mathbf{N}$ 存在整数 $n\geqslant k$, 使得 $|x_n-a|<\varepsilon$. 因此对每个 $k\in\mathbf{N}$ 有 $\sup_{n\geqslant k}x_n\geqslant a-\varepsilon$, 从而对于每个 $\varepsilon>0$ 有 $b\geqslant a-\varepsilon$. 由此得到 $b\geqslant a$. 另外, 由于 a 是最大的聚点, 故只有有限个 n 使得 $x_n\geqslant a+\varepsilon$, 从而当 k 充分大时, $\sup_{n\geqslant k}x_n\leqslant a+\varepsilon$, 因而对任意的 $\varepsilon>0$, $b\leqslant a+\varepsilon$. 由此得到 $b\leqslant a$, 证明了第一个等式. 第二个的证明以同样方式进行只是将不等号反过来. 」

12.5. 拓扑空间 $T=\mathbf{R}/\mathbf{Z}$ [145]

作为 $\mathbf{R}$ 的加法子群的 $\mathbf{Z}$, 可以考虑对于它的商 $\mathbf{R}/\mathbf{Z}$; 这是个交换群. 我们赋予其以商拓扑, 使它成为一个拓扑空间.

- 设 $\pi:\mathbf{R}\to\mathbf{R}/\mathbf{Z}$ 为自然的映射, 于是映射 $f\mapsto f\circ\pi$ 是从 $\mathbf{R}/\mathbf{Z}$ 上的函数的集合到 $\mathbf{R}$ 上的对所有 $n\in\mathbf{N}$ 和 $x\in\mathbf{R}$ 满足 $f(x+n)=f(x)$ 的函数 f 的集合间的一个双射. 换言之, $\mathbf{R}/\mathbf{Z}$ 上的一个函数与 $\mathbf{R}$ 上周期为 1 的周期函数是同一个东西. 另外, 由商拓扑的定义, $\mathbf{R}/\mathbf{Z}$ 上的一个函数连续当且仅当 $f\circ\pi$ 在 $\mathbf{R}$ 上连续. 就是说, $\mathbf{R}/\mathbf{Z}$ 上的连续函数空间 $\mathscr{C}(\mathbf{R}/\mathbf{Z})$ 自然地等同于 $\mathbf{R}$ 上的周期为 1 的连续周期函数空间.
- 映射 $x\mapsto\exp(2i\pi x)$ 诱导了从 $\mathbf{R}/\mathbf{Z}$ 到 $[0,1]/(0\sim1)$ 的一个同胚, 即由具有商拓扑的这个空间到具有 $\mathbf{C}$ 的诱导拓扑的圆(91) $S^1=\{z\in\mathbf{C},|z|=1\}$ 上的同胚. 特别地, $\mathbf{R}/\mathbf{Z}$ 是一个紧的度量空间.

「 记 $\pi:\mathbf{R}\to\mathbf{R}/\mathbf{Z}$ 为这个自然映射, 而 $f:\mathbf{R}\to S^1$ 为映射 $x\mapsto\exp(2i\pi x)$. 由于 f 是周期为 1 的周期函数, 因而其以显然的方式诱导了 $\mathbf{R}/\mathbf{Z}$ 到 S^1 的一个双射 $\bar f$, 并由构造得到 $f=\bar f\circ\pi$. 另外, 因为 f 是从 $\mathbf{R}$ 到 $\mathbf{C}$ 的连续映射, 故 $\bar f$ 从 $\mathbf{R}/\mathbf{Z}$ (具有商拓扑) 到 S^1 (具有 $\mathbf{C}$ 的诱导拓扑) 也是连续的. 由于 $\bar f$ 为单射, 而且由于可度量化知 S^1 分离, 从而 $\mathbf{R}/\mathbf{Z}$ 也是分离的 (参看习题 11.6).

从 $[0,1]$ 到 $\mathbf{R}$ 的映射 $x\mapsto x$ 连续, 那么它与 π 的复合便是从 $[0,1]$ 到 $\mathbf{R}/\mathbf{Z}$ 的一个满的连续映射. 由于模 $\mathbf{Z}$ 在 $[0,1]$ 中仅有的关系是 $0\sim1$, 于是这个连续映射通过取商诱导了一个连续的单射 $\iota:[0,1]/(0\sim1)\to\mathbf{R}/\mathbf{Z}$, 并且因为它是满的, 故是从 $[0,1]/(0\sim1)$ 到 $\mathbf{R}/\mathbf{Z}$ 的连续双射. 但由于 $\mathbf{R}/\mathbf{Z}$ 分离, 从而像前面一样得出 $[0,1]/(0\sim1)$ 分离. 由于 $[0,1]$ 为紧集, 且根据商拓扑的定义知从 $[0,1]$ 到 $[0,1]/(0\sim1)$ 的自然映射连续, 再根据 12.3.1 节最后的两个 •, 我们得到

- $[0,1]/(0\sim1)$ 为紧的;
- $\iota:[0,1]/(0\sim1)\to\mathbf{R}/\mathbf{Z}$ 是一个同胚, 并且 $\mathbf{R}/\mathbf{Z}$ 为紧的;
- $\bar f:\mathbf{R}/\mathbf{Z}\to S^1$ 为同胚.

证完. 」

---

(91)形象地说, 将一线段的两个端点联结便是一个圆.

这些各种等同关系让我们将在一个拓扑空间的闭路 γ 可选择性地看作:

- 一个连续映射 $\gamma: S^1 \to X$,
- 一个周期为 1 的周期连续映射 $\gamma: \mathbf{R} \to X$,
- 一个连续映射 $\gamma: \mathbf{R}/\mathbf{Z} \to X$,
- 一个满足 $\gamma(1) = \gamma(0)$ 的连续映射 $\gamma: [0,1] \to X$.

本书中多采用最后一个描述.

[146] 13. 连通性

13.1. 连通集

- 如果 X 为拓扑空间, 则如下的性质等价:

(i) 从 X 到 $\{0,1\}$ (具有离散拓扑) 的连续映射为常值;

(ii) X 到离散拓扑空间 Y 的任意连续映射为常值;

(iii) X 不能表示为两个非空不交开集的并;

(iv) X 不能表示为两个非空不交闭集的并;

(v) 如果 $Y \subset X$ 既开又闭, 则 $Y = \varnothing$ 或 $Y = X$.

「 (ii)⇒ (i) 是由于 $\{0,1\}$ 正是一个离散集. 反之, 若 Y 离散, 则所有映射 $g: Y \to \{0,1\}$ 都连续; 由此得到, 如果 X 满足 (i) 和 $f: X \to Y$ 连续, 那么每个复合映射 $g \circ f: X \to \{0,1\}$ 均为常值, 从而表明 f 为常值. 故 (i) 和 (ii) 等价.

现设 $f: X \to \{0,1\}$ 连续, 于是由于 $\{0\}$ 和 $\{1\}$ 在 $\{0,1\}$ 中为不交开集, 故 $U_1 = f^{-1}(\{0\})$ 和 $U_2 = f^{-1}(\{1\})$ 以及 $X = U_1 \cup U_2$. 反之, 若 U_1 和 U_2 为不交开集, 且 $X = U_1 \cup U_2$, 则定义映射 $f: X \to \{0,1\}$ 为: 当 $x \in U_1$ 时 $f(x) = 0$, 而当 $x \in U_2$ 时 $f(x) = 1$. 这是个连续映射. 由此得到, 存在 $f: X \to \{0,1\}$ 为非常值的连续映射当且仅当可以将 X 表达为两个非空的不交开集的并: 因此推出 (i) 与 (ii) 的等价性. 其余的性质与 (iii) 的等价性立即可得. 」

称一个拓扑空间 X 是连通的是说它非空, 且满足上面的等价条件之一 (从而全部).

- 如果 X_1 和 X_2 为两个连通集, 且满足 $X_1 \cap X_2 \neq \varnothing$, 则 $X_1 \cup X_2$ 连通.

「设 $f: X_1 \cup X_2 \to \{0,1\}$ 连续. 那么 f 在 X_1 和 X_2 上的限制也都连续, 从而都为常值. 因为假定了 $X_1 \cap X_2 \neq \varnothing$, 故可取 $y \in X_1 \cap X_2$, 因此 f 在 X_1 和 X_2 上取值为 $f(y)$; 这表明它在 $X_1 \cup X_2$ 上为常值. 得到 $X_1 \cup X_2$ 的连通性. 」

如果 X 为任意拓扑空间, $x \in X$, 以上讨论使我们可以定义 x 在 X 中的连通分支 C_x 为 X 的包含 x 的最大连通子集; 这是包含 x 的所有连通子集的并. 称每个形如 $C_x, x \in X$ 的子集为 X 的连通分支. 另外我们有: $y \in C_x$ 当且仅当 $C_y = C_x$, 从而

X 的连通分支形成了 X 的一个分拆, 即分拆为连通分支. 称一个集合为完全不连通的是说所有的连通分支都是一个单点.

- 在 $\mathbf{R}$ 中的连通子集为线段 (每一种线段, 即 $[a,b],[a,b[,]a,b],]a,b[$, $a,b\in\mathbf{R}$, 同样还有半直线或 $\mathbf{R}$, 以及已经得到的那些线段中将 a 或 b 取值 $\pm\infty$).

「如果 $X\subset\mathbf{R}$ 不是一个线段, 则存在 $a\notin X$ 以及 $x_1,x_2\in X$, 使得 $x_1<a$ 和 $x_2>a$. 于是 $U_1=X\cap]-\infty,a[$ 和 $U_2=X\cap]a,+\infty[$ 为 X 中的非空的不交开集, , 其并为 X, 这表明 X 不连通. 换言之, 如果 X 连通, 则 X 是个线段.

现在设 $a\leqslant b$, 而 $f:[a,b]\to\{0,1\}$ 连续. 若有必要, 不妨以 $1-f$ 替代 f, 故可设 [147] $f(a)=0$. 令 $X=\{x\in[a,b],f(x)=1\}$, 并且, 如果 X 非空, 则设 c 为 X 的下确界. 按照 c 的定义, 存在 X 中的一个序列以 c 为极限 (如果 $c\in X$, 则可取常序列 c), 又因为 f 连续, 我们有 $f(c)=1$. 特别地, 有 $c\neq a$, 从而如果 $x\in[a,c[$, 便由 c 的定义知 $f(x)=0$. 由于 f 连续, c 又在 $[a,c[$ 的闭包中, 这表明 $f(c)=0$. 由此矛盾证明 X 为空集, 从而 f 在 $[a,b]$ 上为常值. 得到了线段 $[a,b]$ 的连通性.

为了证明 $[a,b[$ 连通, 我们取趋向 b 的递增序列 b_n, 并将 $[a,b[$ 写为线段 $[a,b_n]$ 的并, 根据前面所证, 它们为连通集. 因为交为非空的连通集的并仍为连通集, 故 $[a,b[$ 连通. 其余情形按同样方式处理便得结论. 」

- 连通集在连续映射下的像仍为连通集.

「如果 X 连通, $f:X\to Y$ 连续, 且 $g:f(X)\to\{0,1\}$ 连续, 则 $g\circ f:X\to\{0,1\}$ 连续, 从而由 X 连通知 f 为常值. 因为 $f:X\to f(X)$ 为满射, 这表明 g 为常值, 由此得到 $f(X)$ 的连通性. 」

- 设 $f:[a,b]\to\mathbf{R}$ 连续. 如果 $f(a)$ 和 $f(b)$ 的符号相反, 则存在 $x\in[a,b]$ 使得 $f(x)=0$ (中值定理).

「由于 $[a,b]$ 连通, 它在 f 下的像因而是 $\mathbf{R}$ 的一个线段, 由假定这个像包含了一个正实数和一个负实数, 故包含了 0. 」

- 如果 X 和 Y 连通, 则 $X\times Y$ 连通.

「设 $f:X\times Y\to\{0,1\}$ 连续. 如果 $x\in X$, f 在 $\{x\}\times Y$ 上的限制连续, 因而为常值, 同样地, 如果 $y\in Y$, f 在 $X\times Y$ 上的限制连续, 因而为常值. 这表明如果 $(x_1,y_1),(x_2,y_2)\in X\times Y$, 则 $f(x_2,y_2)=f(x_2,y_1)=f(x_1,y_1)$, 因此 f 为常值, 从而 $X\times Y$ 连通. 」

- 如果 X 为拓扑空间, 且 $Y\subset X$ 连通, 则 Y 在 X 中的闭包 $\overline{Y}$ 连通.

「设 $f:\overline{Y}\to\{0,1\}$ 连续. 由于 Y 连通, 故 f 在 Y 上的限制为常值. 设 $a\in\{0,1\}$ 为 Y 的像, 于是 $f^{-1}(a)$ 为在 $\overline{Y}$ 中的包含 Y 的闭集, 由闭包的定义知它等于 $\overline{Y}$. 换言之, f 为常值. 由此得到 $\overline{Y}$ 的连通性. 」

- 一个拓扑空间的连通分支为闭集.

习题 13.1. — (i) 是否可以找到一个连续映射 $f:\mathbf{R}\to\mathbf{R}$ 对每个值正好取两遍?

(ii) 对于哪个 $n \geqslant 1$ 可以找到正好取值 n 遍的连续函数 $f: \mathbf{R} \to \mathbf{R}$?

13.2. 道路连通性

称一个拓扑空间为*道路连通的*[30] 是说, 对于任意 $x, y \in X$, 存在连续映射 $u:[0,1] \to X$ 使得 $u(0)=x, u(1)=y$ (即如果我们可以用一条连续的道路联结 X 的
[148] 任意一对元). 如果 X_1, X_2 为道路连通的, 且 $X_1 \cap X_2$ 非空, 则 $X_1 \cup X_2$ 也为道路连通的: 我们可以用一条连续道路将 $X_1 \cup X_2$ 中任意一点联结到它们相交部分中的一点, 因而可以联结 $X_1 \cup X_2$ 中的任意两点. 像前面那样, 因而我们可以谈及 X 的*道路连通分支*.

- 道路连通空间为连通的(92), 但存在不是道路连通的连通集.

「设 X 为道路连通的, 而 $x_0 \in X$. 由假定, 对每个 $x \in X$, 存在连续映射 $u:[0,1] \to X$ 满足 $u(0)=x_0$ 和 $u(1)=x$. 由于 $[0,1]$ 连通, 而一个连通集的连续像仍连通, 故 x 在 x_0 的连通分支中. 因此 x_0 的连通分支是整个 X, 故其连通.

至于非道路连通的连通空间见 19 节诡谲特例. 」

- $\mathbf{R}^n$ 的连通开集为道路连通的.

「设 U 为 $\mathbf{R}^n$ 中的连通开集, $x_0 \in U$, 而 X 为 x_0 的道路连通分支. 令 $x \in X$. 由于 U 为开集, 故存在 $r>0$ 使得 $B(x,r)$ 包含在 U 中. 如果 $y \in B(x,r)$, 则线段 $[x,y]$ 在 U 中, 且由于存在在 U 中的联结 x_0 与 x 的连续道路, 故只要将这条道路与线段 $[x,y]$ 复合便得到了在 U 中的联结 x_0 与 y 的道路. 由此得到 y 属于 X, 因而 $B(x,r)$ 在 X 中, 这证明了 X 为开集. 现设 x 属于 X 在 U 中的闭包, 而 $r>0$ 使得 $B(x,r)$ 包含在 U 中. 由闭包的定义, 存在 $y \in X \cap B(x,r)$, 且因为线段 $[y,x]$ 包含在 U 中, 从而由上得知 $x \in X$, 这证明了 X 为闭集. 证明了 X 在 U 中既开又闭, 而又非空, 再加上假设了 U 连通, 故表明 $X=U$. 得到结论. 」

- $\mathbf{R}^n$ 的开集是可数个连通开集的并. $\mathbf{R}$ 的开集是可数个开线段的并.

「设 U 是 $\mathbf{R}^n$ 的一个开集. 如果 $x \in U$, 则存在 $r>0$ 使得 $B(x,r) \subset U$, 而由于 $B(x,r)$ 道路连通 (线段也如此), x 的连通分支包含了 $B(x,r)$. 由此得知 U 的连通分支为开集. 现在, $\mathbf{R}^n$ 的一个开集包含了一个其坐标全为有理数的点, 且 U 的连通分支是互不相交的, 从而得到从这些连通分支的集合到 $\mathbf{Q}^n$ 的一个映射, 它在它们中每一个中选取一个有理坐标的点. 由于 $\mathbf{Q}^n$ 可数, 表明 U 的连通分支的集合可数. 第一个断言得证. 第二个则是个直接推论: 因为 $\mathbf{R}$ 的一个连通开集是一个开线段. 」

习题 13.2. — 证明, 如果 $n \geqslant 2$, 且 U 为 $\mathbf{R}^n$ 的一个连通开集, 则 $U-\{x\}$ 连通, 其中任意 $x \in U$.

习题 13.3. — (i) 证明 $\mathbf{R}$ 和 $\mathbf{R}^2$ 不同胚; 以及 $[0,1]$ 与 $[0,1]^2$ 不同胚.

(92) 主要兴趣在道路连通性; 比较而言这个连通性用起来要容易得多.

[30] 书中用的术语是 “弧连通”(connexe par arcs).

(ii) 证明 $[0,1]$ 和圆 $C=\{z\in\mathbf{C},|z|=1\}$ 不同胚.

习题 13.4. — 证明 $[0,1]$ 和 $]0,1[$ 不同胚. [149]

习题 13.5. — 设 X 为 $\mathbf{R}^2$ 的一个子集, 它由半径为 1 的三个圆构成, 而这三个圆的中心是一个边长为 2 的等边三角形的顶点 (每个圆因而与其他两个相切). 设 Y 由三个半径为 1, 中心分别为 $(0,0),(2,0),(4,0)$ 的圆构成. 证明 X 和 Y 不同胚.

习题 13.6. — (难题)

(i) 设 $(F_n)_{n\in\mathbf{N}}$ 是 $\mathbf{R}^2$ 中的连通闭集构成的一个递减序列 $F_{n+1}\subset F_n$, 并且 $F=\cap_{n\in\mathbf{N}}F_n$.

(a) 给出 F 为不连通集的例子.

(b) 证明, 若 F_0 为紧集, 则 F 连通.

(ii) 设 $(x_n)_{n\in\mathbf{N}}$ 是 $\mathbf{R}^2$ 中的元的序列使得 $d(x_{n+1},x_n)\to 0$.

(a) 证明, 若此序列有界, 则其聚点集连通.

(b) 如果此序列不是有界的仍必为这样吗?

习题 13.7. — (难题; 它的解答要利用本书后面才会引进的收缩空间的概念) 证明圆柱面与默比乌斯带不同胚.

14. 完备性

14.1. 柯西序列

设 (X,d) 为度量空间. 称一个序列是*柯西的* (或称其满足*柯西判别准则*) 是说, $\{x_k,k\geqslant n\}$ 的直径当 $n\to\infty$ 时趋向 0, 它可等价地化成下面的其中一种表达方式:

- 对于任意的 $\varepsilon>0$, 存在 $N\in\mathbf{N}$, 使得当 $n\geqslant N$ 和 $p\in\mathbf{N}$ 时, $d(x_{n+p},x_n)<\varepsilon$.
- $\lim_{n\to+\infty}\big(\sup_{p\in\mathbf{N}}d(x_{n+p},x_n)\big)=0$.

注意, 一个柯西序列必是有界的.

习题 14.1. — (i) 证明, 如果 d 是超度量 (或非阿基米德) 的, 则 $(x_n)_{n\in\mathbf{N}}$ 是柯西序列当且仅当 $d(x_{n+1},x_n)\to 0$.

(ii) 构造 $\mathbf{R}$ 中的一个序列, 它满足 $d(x_{n+1},x_n)\to 0$, 但不是柯西序列.

- 至少具有一个聚点的柯西序列有极限.

「 设 $(x_n)_{n\in\mathbf{N}}$ 是个柯西序列. 假设 a 为它的一个聚点. 由于 X 为度量空间, 故存在 $(x_n)_{n\in\mathbf{N}}$ 的子序列 $(x_{\varphi(n)})_{n\in\mathbf{N}}$ 以 a 为极限. 令 $\varepsilon>0$. 由于 $(x_n)_{n\in\mathbf{N}}$ 为柯西序列, 故存在 $N_0\in\mathbf{N}$ 使得 $d(x_{m+p},x_m)<\varepsilon$, 其中 $m\geqslant N_0,p\in\mathbf{N}$. 因为 $\varphi(n)$ 趋向 $+\infty$, 故存在 $N_1\in\mathbf{N}$ 使得当 $n\geqslant N_1$ 时 $\varphi(n)\geqslant N_0$, 又因为 $x_{\varphi(n)}\to a$, 故存在 $N_2\geqslant N_1$ 使

得当 $n \geqslant N_2$ 时 $d(x_{\varphi(n)}, a) < \varepsilon$. 于是当 $n \geqslant N_2, p \in \mathbf{N}$ 时, $d(x_{\varphi(n)+p}, a) < 2\varepsilon$, 因此, 当 $m \geqslant \varphi(N_2)$ 时 $d(x_m, a) < 2\varepsilon$. 由此得到 $x_n \to a$. 证完. 」

称空间 (X, d) 是完备的是说, 所有的柯西序列都具有一个聚点, 等于说, 具有一个极限. 下面的判别准则让我们只需考虑 "按范数" 收敛的序列.

- (X, d) 完备当且仅当条件 $\sum_{n=0}^{+\infty} d(x_{n+1}, x_n) < +\infty$ 蕴含 $(x_n)_{n\in\mathbf{N}}$ 有极限.

[150] 「如果 $\sum_{n=0}^{+\infty} d(x_{n+1}, x_n) < +\infty$, 则当 $n \to +\infty$ 时, $\sup_{p\in\mathbf{N}} d(x_n, x_{n+p}) \leqslant \sum_{k=0}^{+\infty} d(x_{n+k+1}, x_{n+k})$ 趋向 0: 因为它被一个收敛级数的部分和所控制. 由此得到序列 $(x_n)_{n\in\mathbf{N}}$ 是柯西序列, 而 (X, d) 完备, 从而收敛.

反过来, 如果每个满足 $\sum_{n=0}^{+\infty} d(x_{n+1}, x_n) < +\infty$ 的序列 $(x_n)_{n\in\mathbf{N}}$ 有极限, 且若 $(y_n)_{n\in\mathbf{N}}$ 是个柯西序列, 于是可从其中抽取一个子序列 $(y_{\varphi(n)})_{n\in\mathbf{N}}$ 使得对所有 $n \in \mathbf{N}$, 有 $\sup_{p\in\mathbf{N}} d(y_{\varphi(n+p)}, y_{\varphi(n)}) \leqslant 2^{-n}$. 于是只要在此柯西序列的定义中取 $\varphi(n)$ 为对应于 $\varepsilon = 2^{-n}$ 的 N 即可. 序列 $x_n = y_{\varphi(n)}$ 满足 $\sum_{n=0}^{+\infty} d(x_{n+1}, x_n) < +\infty$; 因而收敛, 并且由于它是 $(y_n)_{n\in\mathbf{N}}$ 的子序列, 这证明了 $(y_n)_{n\in\mathbf{N}}$ 有一个聚点, 是柯西序列, 从而有极限. 得到了 X 的完备性. 」

- 如果 (X, d) 完备, 且若 Y 为 X 的闭子集, 则 (Y, d) 也完备.

「如果 $(x_n)_{n\in\mathbf{N}}$ 是 Y 的柯西序列, 则这也是 X 的柯西序列, 因而在 X 中有极限; 但 Y 为闭集, 故此极限属于 Y. 由此得到 Y 的完备性. 」

- 一个紧度量空间是完备的.

「如果 $(x_n)_{n\in\mathbf{N}}$ 是度量空间 X 的柯西序列, 则因 X 为紧的, $(x_n)_{n\in\mathbf{N}}$ 有一个聚点, 从而由上一个 • 知其收敛, 这证明了 X 为完备的. 」

根据前面这个 •, 不管定义一个空间拓扑的度量是什么, 紧空间总是完备的. 但一般并不成立: *完备性是一个度量性质而不是拓扑性质*.

习题 14.2. — (i) 证明 $d'(x, y) = |f(y) - f(x)|, f(x) = \frac{x}{1-|x|}$ 是 $]-1, 1[$ 上的一个距离, 它等价于通常的距离.

(ii) 证明 $]-1, 1[$ 在 d' 下完备但在通常距离下不完备.

- $\mathbf{R}$ 是完备的.

「设 $(x_n)_{n\in\mathbf{N}}$ 是 $\mathbf{R}$ 中的一个柯西序列. 特别地, 它是有界的, 从而存在 $M > 0$ 使得 $(x_n)_{n\in\mathbf{N}}$ 在 $[-M, M]$ 中取值. 由于 $[-M, M]$ 为紧集, 故 $(x_n)_{n\in\mathbf{N}}$ 有聚点, 从而由柯西序列的性质有极限. 证完. 」

- 如果 X 和 Y 都完备, 则 $X \times Y$ 也完备.

「如果 $(x_n, y_n)_{n\in\mathbf{N}}$ 是 $X \times Y$ 的一个柯西序列, 则 $(x_n)_{n\in\mathbf{N}}$ 是 X 中的柯西序列, 而 $(y_n)_{n\in\mathbf{N}}$ 是 Y 中的柯西序列; 设 a 和 b 分别为 $(x_n)_{n\in\mathbf{N}}$ 和 $(y_n)_{n\in\mathbf{N}}$ 的极限, 那么 (x_n, y_n) 便趋向 (a, b). 从而的得到 $X \times Y$ 的完备性. 」

14.2. 完备空间的主要性质

在一个完备空间上进行研讨的好处主要在于存在性的问题极其容易解决. 后面的不动点定理可应用于许多讨论对象的存在性 (微分方程的解, 实、复和 p-adic 系数多项式的根, $\mathscr{C}^1$ 类函数的局部逆, ……). 贝尔引理是另一个神奇的工具, 它对难于找出显式表达式的一个解的那些问题给出了无穷多个解的存在性(93); 它的使用比起不动点 [151]
定理的使用需要更多的技巧.

- 在一个完备空间中, 一个严格收缩的映射具有唯一的不动点, 并且每个点的迭代序列趋向这个不动点 (不动点定理).

「 设 (X,d) 为完备度量空间, 而 $f: X \to X$ 是一个严格收缩的映射 (即存在 $\alpha < 1$ 使得对任意的 $x, y \in X$ 有 $d(f(x), f(y)) \leqslant \alpha d(x,y)$), 又设 $x \in X$. 归纳定义序列 $(x_n)_{n\in\mathbf{N}}$ 为 $x_0 = x, x_{n+1} = f(x_n), n \in \mathbf{N}$ (令 f^n 为 f 的 n 次复合 $f \circ \cdots \circ f$, 则也有 $x_n = f^n(x)$). 设 $a = d(x_0, x_1)$. 由归纳立即得到 $d(x_n, x_{n+1}) \leqslant \alpha^n a, n \in \mathbf{N}$. 因此如果 $p, n \in \mathbf{N}$, 则

$$d(x_{n+p}, x_n) \leqslant d(x_n, x_{n+1}) + \cdots + d(x_{n+p-1}, x_{n+p}) \leqslant a(\alpha^n + \cdots + \alpha^{n+p-1}) \leqslant \alpha^n \frac{a}{1-\alpha}.$$

因为当 n 趋向 $+\infty$ 时 α^n 趋向 0, 故序列 $(x_n)_{n\in\mathbf{N}}$ 是柯西序列. 以 ℓ 记其极限. 一个收缩映射特别是个连续映射, 因而有

$$f(\ell) = f(\lim_{n\to+\infty} x_n) = \lim_{n\to+\infty} f(x_n) = \lim_{n\to+\infty} x_{n+1} = \ell,$$

这证明了 ℓ 是 f 的一个不动点. 于是我们已经证明了, 如果 x 是 X 的任意一个点, 则 x 经由 f 的迭代趋向 f 的一个不动点. 现在设 x 和 y 是 f 的两个不动点, 则有 $d(x,y) = d(f(x), f(y)) \leqslant \alpha d(x,y)$, 因此 $d(x,y) = 0$ 从而 $x = y$, 由此得到 f 具有唯一的不动点. 结论得证. 」

- 在完备空间中, 一些非空的直径趋向 0 的闭集形成的一个嵌套序列的交为非空的, 且为一个单点 (闭集套定理).

「 设 (X,d) 为完备度量空间, 且 $(F_n)_{n\in\mathbf{N}}$ 是一个闭集套序列 (即对所有 $n \in \mathbf{N}$, $F_{n+1} \subset F_n$), 其中的闭集非空, 且直径趋向 0 (X 的一个子集的直径是对于 $x, y \in Y$ 的 $d(x,y)$ 的上确界).

对于每个 $n \in \mathbf{N}$ 选取 F_n 的一个 x_n, 并以 d_n 记 F_n 的直径. 由假设条件知, 当 n 趋向 $+\infty$ 时, d_n 趋向 0. 另外, 对于任意的 $p, n \in \mathbf{N}$, x_{n+p} 和 x_n 均为 F_n 中的元, 故 $d(x_{n+p}, x_n) \leqslant d_n$. 因此 $(x_n)_{n\in\mathbf{N}}$ 是柯西序列. 由于假定了 X 是完备的, 这个序列便具有极限 x. 又若固定 m, 则当 $n \geqslant m$ 时 $x_n \in F_n \subset F_m$, 而因为 F_m 为闭集, 故 $x \in F_m$. 这对于所有的 $m \in \mathbf{N}$ 都成立, 故 $x \in F = \cap_{n\in\mathbf{N}} F_n$, 即证明了 F 非空. 最后,

(93)我们陷入到了一个准神学式的问题: 即如果我们不能够从中拿出一个元素来, 难道我们可以真正宣布已经证明了一个集合是非空的吗?

若 x,y 为 F 中的两个元, 则对于所有 $n\in\mathbf{N}$ 有 $x,y\in F_n$, 从而 $d(x,y)\leqslant d_n$, n 任意. 故由 $d(x,y)$ 为零推出 $x=y$, 得到结论. 」

• 在一个完备空间中, 可数个稠开集的交仍为稠的, 特别为非空的 (贝尔引理).

「设 (X,d) 为完备度量空间, 且 $(U_n)_{n\in\mathbf{N}}$ 是 X 的一个稠的开集序列. 我们的目的是要证明, 如果 $x_0\in X$, 以及 $r_0>0$, 则 $B(x_0,r_0^-)\cap(\cap_{n\in\mathbf{N}}U_n)$ 非空. 为此, 我们构造一个闭球的序列 $B(x_n,r_n)$, 满足:

$$0<r_{n+1}\leqslant\frac{r_n}{2}\ 和\ B(x_{n+1},r_{n+1})\subset U_{n+1}\cap B(x_n,r_n^-).$$

假定已经构造了 $B(x_n,r_n)$. 由于 U_{n+1} 在 X 中稠密, 故 $U_{n+1}\cap B(x_n,r_n^-)$ 非空. 任取 $x_{n+1}\in U_{n+1}\cap B(x_n,r_n^-)$. 因为 $U_{n+1}\cap B(x_n,r_n^-)$ 为开集, 故存在 $r_{n+1}\in]0,\frac{r_n}{2}]$
[152] 使得 $B(x_{n+1},2r_{n+1}^-)\subset U_{n+1}\cap B(x_n,r_n^-)$, 因此 $B(x_{n+1},r_{n+1})\subset U_{n+1}\cap B(x_n,r_n^-)$, 于是, 对于 $n+1$ 完成了构造.

现在由构造知, 这些 $B(x_n,r_n)$ 构成了一个闭集套序列 (因为已经有 $B(x_{n+1},r_{n+1})\subset B(x_n,r_n^-)$), 而且其直径趋向 0 (因为 $r_{n+1}\leqslant\frac{r_n}{2}$), 从而当 $n\geqslant1$ 时有 $B(x_n,r_n)\subset B(x_0,r_0^-)\cap(\cap_{k\leqslant n}U_k)$, 这表明 $\cap_{n\in\mathbf{N}}B(x_n,r_n)$ 包含在

$$\cap_{n\in\mathbf{N}}(B(x_0,r_0^-)\cap(\cap_{k\leqslant n}U_k))=B(x_0,r_0^-)\cap(\cap_{n\in\mathbf{N}}U_n)$$

之中, 而由闭集套定理知 $\cap_{n\in\mathbf{N}}B(x_n,r_n)$ 非空, 故断言得证. 」

贝尔引理常常用于补集.

• 在一个完备空间中可数个内核为空的闭集的并仍然内核为空; 换言之, 如果可数个闭集的并的内核非空, 则至少其中一个闭集的内核非空.

习题 14.3. — (i) 证明 $\mathbf{R}$ 中可数个稠开集的交是个不可数集.

(ii) 能够找到 $\mathbf{R}$ 上的连续函数序列 $(f_n)_{n\in\mathbf{N}}$ 使得对于 $n\in\mathbf{N}$ 的 $f_n(x)$ 的序列对于每个无理数 x 有界, 而对有理数 x 非有界吗?

14.3. 度量空间的完备化

一个度量空间不必是完备的, 但却可以以唯一的方式使其完备. 更准确地说:

• 如果 (X,d) 是度量空间, 则在同构意义下存在一个包含 X 并将其作为子空间的唯一的完备度量空间 $(\widehat{X},d)$, 满足如下的*泛性质*: 从 X 到一个完备的度量空间 Y 的每个一致连续的映射 f 可以唯一地延拓为从 $\widehat{X}$ 到 Y 的连续映射.

称这个空间为 X 的*完备化*. 完备空间是自己的完备化; 更一般地, 如果 X 在 Y 中稠密, 且若 Y 完备, 则 Y 是 X 的完备化.

唯一性来自下面的一个更广的 (非常有用的) 结果, 它用于 Y 和 Z 是 X 的两个完备化, 以及 f 是 X 上恒同映射的情形, 并且由于 f 在 X 上同构, 故所得到的 $f:Y\to Z$ 也是个同构 (参看习题 11.8).

• 设 (Y,d_Y) 和 (Z,d_Z) 是两个完备空间. 如果 X 在 Y 中稠密, 且若 $f:X\to Z$ 满足: 存在 $\rho>0$ 使得对于所有 $x\in X$, f 在 $B_X(x,\rho)$ 上一致连续, 则 f 可以以唯一的方式延拓为 Y 到 Z 的一个连续映射.

「设 $y\in Y$, 而 $(x_n)_{n\in\mathbf{N}}$ 是 X 的一个序列, 当 n 趋向 $+\infty$ 时它趋向 y. 于是 $(x_n)_{n\in\mathbf{N}}$ 是个柯西序列, 从而存在 $n\in\mathbf{N}$ 使得 $x_n\in B_X(x_{n_0},\rho)$, 其中 $n\geqslant n_0$ 任意. 因为假定了 f 在 $B_X(x_{n_0},\rho)$ 一致连续, 故 $(f(x_n))_{n\in\mathbf{N}}$ 是 Z 中的柯西序列, 而 Z 完备, 故这个序列有极限, 而且此极限不依赖以 y 为极限的序列 $(x_n)_{n\in\mathbf{N}}$ 的选取 (否则可以构造这样一个序列, 使得 $(f(x_n))_{n\in\mathbf{N}}$ 有两个聚点). 记此极限为 $f(y)$.

现在, 设 $\varepsilon>0$, 并设 $x_0\in X$. 由于 f 在 $B_X(x_0,\rho)$ 上一致连续, 故存在 $\delta>0$, 使得当 $d_Y(x,x')<\delta$, $x,x'\in B_X(x_0,\rho)$ 时有 $d_Z(f(x),f(x'))\leqslant\varepsilon$. 如果 $y_1,y_2\in B_Y(x_0,\rho)$ 满足 $d_Y(y_1,y_2)<\delta$, 且若 $(x_{1,n})_{n\in\mathbf{N}}$ 和 $(x_{2,n})_{n\in\mathbf{N}}$ 为 X 中分别收敛于 y_1 和 y_2 的序 [153] 列, 则当 n 充分大时有 $x_{1,n},x_{2,n}\in B_X(x_0,\rho)$ 和 $d_Y(x_{1,n},x_{2,n})<\delta$. 因此对于充分大的 n 有 $d_Z(f(x_{1,n}),f(x_{2,n}))\leqslant\varepsilon$, 这证明了 f 在 $B_Y(x_0,\rho)$ 上一致连续. 由于 X 在 Y 中稠密, 故对于这些 $x_0\in X$ 的 $B_X(x_0,\rho)$ 覆盖了 Y, 从而有结论. 」

存在性由强行添加所有柯西序列的极限的方式来证明[94].

「为此, 以 $\mathrm{Cauchy}(X)$ 记 X 的所有柯西序列的集合. 如果 $\hat{x}=(x_n)_{n\in\mathbf{N}}$ 和 $\hat{y}=(y_n)_{n\in\mathbf{N}}$ 是 $\mathrm{Cauchy}(X)$ 中的两个元. 序列 $(d(x_n,y_n))_{n\in\mathbf{N}}$ 是 $\mathbf{R}$ 中的柯西序列: 因为由三角不等式有

$$\begin{aligned}|d(x_{n+p},y_{n+p})|&=|d(x_{n+p},y_{n+p})-d(x_n,y_{n+p})+d(x_n,y_{n+p})-d(x_n,y_n)|\\&\leqslant d(x_{n+p},x_n)+d(y_{n+p},y_n).\end{aligned}$$

由于 $\mathbf{R}$ 完备, 这个序列有极限, 记其为 $\hat{d}(\hat{x},\hat{y})$. 进而, 如果 $\hat{x}=(x_n)_{n\in\mathbf{N}},\hat{y}=(y_n)_{n\in\mathbf{N}},\hat{z}=(z_n)_{n\in\mathbf{N}}$ 是 $\mathrm{Cauchy}(X)$ 的三个元, 对三角不等式 $d(x_n,z_n)\leqslant d(x_n,y_n)+d(y_n,z_n)$ 取极限便证明了对 $\hat{d}$ 的三角不等式 $\hat{d}(\hat{x},\hat{z})\leqslant\hat{d}(\hat{x},\hat{y})+\hat{d}(\hat{y},\hat{z})$. 同样地, $\hat{d}$ 也满足对称性 $\hat{d}(\hat{x},\hat{y})=\hat{d}(\hat{y},\hat{x})$, 但它不满足距离的分离性 (即由 $\hat{d}(\hat{x},\hat{y})=0$ 推不出 $\hat{x}=\hat{y}$). 事实上, 十分清楚的是, $\hat{d}(\hat{x},\hat{y})=0$ 等价于 $\hat{x}$ 和 $\hat{y}$ 有同一极限. 这让我们在 $\mathrm{Cauchy}(X)$ 上引进了关系 $\sim$: 定义 $\hat{x}\sim\hat{y}$ 当且仅当 $\hat{d}(\hat{x},\hat{y})=0$, 这使 $\sim$ 成为一个等价关系, 从而让我们考虑 $\mathrm{Cauchy}(X)$ 对此等价关系的商空间 $\widehat{X}$ (相当于将 $\mathrm{Cauchy}(X)$ 中满足 $\hat{d}(\hat{x},\hat{y})=0$ 的两个元 $\hat{x},\hat{y}$ 视为相等的). 」

现在只需验证我们所构造的就是我们所要的.

「三角不等式表明当 $\hat{x}\sim\hat{x}',\hat{y}\sim\hat{y}'$ 时有 $\hat{d}(\hat{x},\hat{y})=\hat{d}(\hat{x}',\hat{y}')$, 转移到商空间上便证明了它定义了 $\widehat{X}$ 上的一个距离: 因为由 $\widehat{X}$ 的定义, $\hat{d}(\hat{x},\hat{y})=0$ 表明 $\hat{x}=\hat{y}$.

将 $x\in X$ 等同于 $\widehat{X}$ 中的常序列 $\iota(x)=(x_n)_{n\in\mathbf{N}}$, 其中对所有 $n\in\mathbf{N}$ 有 $x_n=x$. 如果 $x,y\in X$, 则有 $\hat{d}(x,y)=\hat{d}(\iota(x),\iota(y))=\lim_{n\to+\infty}d(x,y)=d(x,y)$, 这证明

---

[94] 许多数学对象都由此种方式得到, 由 $\mathbf{R}$ 开始: 它由 $\mathbf{Q}$ 对于通常的距离 $d(x,y)=|x-y|$ 的完备化得到, 其中 $|x-y|$ 是 $x-y$ 的绝对值; 而 $\mathbf{Q}_p$ 则是 $\mathbf{Q}$ 对于 p-adic 范数的完备化.

了 $\hat{d}$ 在 X 上诱导了 d. 另外, 如果 $\hat{x}=(x_n)_{n\in\mathbf{N}}$ 是 Cauchy(X) 中的一个元, 则 $\hat{d}(\hat{x},\iota(x_k))=\lim_{n\to+\infty}d(x_n,x_k)\leqslant\sup_{n\geqslant k}d(x_n,x_k)$, 而由于 $(x_n)_{n\in\mathbf{N}}$ 为柯西序列, 故 $\sup_{n\geqslant k}d(x_n,x_k)$ 当 k 趋向 $+\infty$ 时趋向 0. 从而在 $\widehat{X}$ 中有 $\hat{x}=\lim_{k\to+\infty}x_k$, 这证明了 X 在 $\widehat{X}$ 中稠密.

还需证明 $\widehat{X}$ 完备. 为此, 令 $(\hat{x}_n)_{n\in\mathbf{N}}$ 是 $\widehat{X}$ 中的一个柯西序列. 由于 X 在 $\widehat{X}$ 中稠密, 故对于任意的 $n\in\mathbf{N}$ 可以找到 X 的元 x_n, 使得 $\hat{d}(\hat{x}_n,x_n)\leqslant 2^{-n}$. 令 $\hat{x}=(x_n)_{n\in\mathbf{N}}$. 我们有

$$\begin{aligned}d(x_n,x_{n+p})&=\hat{d}(x_n,x_{n+p})\\&\leqslant\hat{d}(x_n,\hat{x}_n)+\hat{d}(\hat{x}_n,\hat{x}_{n+p})+\hat{d}(\hat{x}_{n+p},x_{n+p})\leqslant 2^{1-n}+\hat{d}(\hat{x}_n,\hat{x}_{n+p}),\end{aligned}$$

并且由于序列 $(\hat{x}_n)_{n\in\mathbf{N}}$ 为柯西序列, 故由此得到 $\hat{x}\in$ Cauchy(X). 另外有

$$\hat{d}(\hat{x}_n,\hat{x})\leqslant\hat{d}(\hat{x}_n,x_n)+\hat{d}(\hat{x}_n,\hat{x})\leqslant 2^{-n}+\lim_{m\to+\infty}d(x_n,x_m)\leqslant 2^{-n}+\sup_{p\in\mathbf{N}}d(x_n,x_{n+p}),$$

[154] 并且因为 $(x_n)_{n\in\mathbf{N}}$ 是柯西序列, 故 $\sup_{p\in\mathbf{N}}d(x_n,x_{n+p})\to 0$. 换言之, 在 $\widehat{X}$ 中 $\hat{x}_n\to\hat{x}$. 由此得到 $\widehat{X}$ 的完备性. 」

15. 数值级数

在这一节中, 我们将转而复习复数级数的理论. 它涉及积分理论的一个特别情形 (在一个可数的离散集合上的积分), 这是一个在陈述论断时应该想到的观点.

15.1. 正项级数

设 I 是个可数集(95). 如果 $(x_i)_{i\in I}$ 是 $\overline{\mathbf{R}}_+$ 中的一族元, 则记 $\sum_{i\in I}x_i\in\overline{\mathbf{R}}_+$ 为集合 $\sum_{i\in J}x_i$ 的上确界, 其中 J 遍历 I 的有限子集: 这是级数 $\sum_{i\in I}x_i$ 的和 (以相同的方式记一个级数与它的和有时会被混淆, 但这就是我们所采用的体系). 称级数 $\sum x_i$ 是收敛的或它收敛是说 $\sum_{i\in I}x_i<+\infty$; 在相反的情形则说该级数是发散的或说它发散.

• 如果 $\sum_{i\in I}x_i$ 收敛, 则当 $i\to\infty$ 时 $x_i\to 0$(96), 但存在满足当 $i\to\infty$ 时 $x_i\to 0$ 的族 x_i 使得级数 $\sum_{i\in I}x_i$ 不收敛(97).

「 我们有 $\frac{1}{n}\to 0$ 而 $\sum_{n\geqslant 1}\frac{1}{n}=+\infty$ (见后面(98)), 第二个断言得证. 对第一个断言, 我们用反证法: 若 $x_i\not\to 0$, 则存在 $k\in\mathbf{N}$ 和一个 I 的无限子集 I' 使得对于所有的

(95)我们同样可以定义 $\overline{\mathbf{R}}_+$ 的不可数个元的和, 但由于 $\overline{\mathbf{R}}_+-\{0\}=\cup_{n\in\mathbf{N}}[2^{-n},+\infty]$, 可以看出它是两个互斥的情形之一:

- 存在 $n\in\mathbf{N}$ 使得 $[2^{-n},+\infty]$ 包含了不可数个 x_i, 于是 $\sum_{i\in I}x_i=+\infty$,
- 使得 $x_i\neq 0$ 的 i 的集合 J 可数, 且 $\sum_{i\in I}x_i=\sum_{i\in J}x_i$.

因而对于收敛级数的研讨便化为可数的情形.

(96)这等于说, 对于每个 $\varepsilon>0$, 满足使 $|x_i|>\varepsilon$ 的 i 的集合有限.

(97)这种不一致的关系在 p-adic 世界中, 或更一般地, 在超度量情形中便消失了 (20.4.1 节).

(98)调和级数 $\sum_{n\geqslant 1}\frac{1}{n}$ 的发散性应归于 N.Oresme(1360).

$i \in I'$ 有 $x_i \geqslant 2^{-k}$; 于是对于 I 的每个包含在 I' 中的有限子集 J 有 $\sum_{i\in J} x_i \geqslant 2^{-k}|J|$, 因而 $\sup_{J\subset I'} \sum_{i\in J} x_i = +\infty$, 这证明了 $\sum_{i\in I} x_i = +\infty$, 得到结论. 」

- 如果对所有的 i 有 $x_i \leqslant y_i$, 则 $\sum_{i\in I} x_i \leqslant \sum_{i\in I} y_i$ (和的单调列).

「对于每个有限子集 $J \subset I$ 有 $\sum_{i\in J} x_i \leqslant \sum_{i\in J} y_i$. 于是这些 $\sum_{i\in J} x_i$ 的集合的上确界小于那些 $\sum_{i\in J} y_i$ 的集合的上确界. 」

- 如果 $\sum_{i\in I} x_i < +\infty$, 则对于每个 $\varepsilon > 0$, 存在有限子集 $I(\varepsilon) \subset I$ 使得 $\sum_{i\in J} x_i \leqslant \varepsilon$, 其中 $J \subset I - I(\varepsilon)$ 为所有的有限集 (一个收敛级数的余项和趋向 0).

「设 $S = \sum_{i\in I} x_i$. 由 S 的定义, 存在有限的 $I(\varepsilon)$ 使得 $\sum_{i\in I(\varepsilon)} x_i \geqslant S - \varepsilon$. 现在, 如果 $J \subset I - I(\varepsilon)$ 有限, 则有 $(\sum_{i\in J} x_i) + (\sum_{i\in I(\varepsilon)} x_i) = \sum_{i\in J\cup I(\varepsilon)} x_i \leqslant S$, 从而 $\sum_{i\in J} x_i \leqslant \varepsilon$. 取上确界则知我们对于不是有限的 $J \subset I - I(\varepsilon)$ 仍有 $\sum_{i\in J} x_i \leqslant \varepsilon$. 」

- 如果 $n \mapsto i(n)$ 为 $\mathbf{N}$ 到 I 的一个双射, 则 $\sum_{i\in I} x_i$ 是部分和 $\sum_{n\leqslant N} x_{i(n)}$ 序列的 [155] 极限. 换言之, 我们可以对一个正项级数按任意次序取和: 正数的加法是交换的!

「令 $S = \sum_{i\in I} x_i$, 于是 $y_N = \sum_{n\leqslant N} x_i$ 是个递增序列; 从而它在 $\overline{\mathbf{R}}_+$ 中有极限 ℓ, 它也是集合 $\{y_N, N \in \mathbf{N}\}$ 的上确界. 显然, 这个集合包含在 $\sum_{i\in J} x_i$ 构成的集合中, 这里的 J 遍历 I 的有限子集; 由此得到两个上确界间的不等式 $\ell \leqslant S$. 反之, 设 $M < S$. 由 S 的定义存在有限集 $J \subset I$ 使得 $\sum_{i\in J} x_i \geqslant M$, 并且因为 $n \mapsto i(n)$ 为满的, 故存在 $N \in \mathbf{N}$ 使得 $J \subset \{i(n), n \leqslant N\}$; 因此有 $y_N \geqslant M$ 从而 $\ell \geqslant M$. 这对于所有的 $M < S$ 都成立, 故而得到了不等式 $\ell \geqslant S$. 结论可得. 」

- 如果 $\lambda, \mu \in \mathbf{R}_+$, 则 $\sum_{i\in I}(\lambda x_i + \mu y_i) = \lambda(\sum_{i\in I} x_i) + \mu(\sum_{i\in I} y_i)$, 在其中我们约定 $0 \cdot (+\infty) = 0$, 而若 $a > 0$, 则 $a \cdot (+\infty) = +\infty$ (取和的线性性).

「只要选取一个从 $\mathbf{N}$ 到 I 的双射 $n \mapsto i(n)$, 并对有限和的等式 $\sum_{n\leqslant N}(\lambda x_{i(n)} + \mu y_{i(n)}) = \lambda(\sum_{n\leqslant N} x_{i(n)}) + \mu(\sum_{n\leqslant N} y_{i(n)})$ 取极限即可. 」

- 设对于 $j \in J$, 这些 I_j 构成 I 的一个分拆, 则 $\sum_{i\in I} x_i = \sum_{j\in J}(\sum_{i\in I_j} x_i)$. 换言之, 在一个正项级数中, 可以随意重新组合它的项: 正数的加法是可结合的!

「设 $S = \sum_{i\in I} x_i$, 而 $S_j = \sum_{i\in I_j} x_i, j \in J$. 在证明 $S = \sum_{j\in J} S_j$ 之前, 先证明, 如果 K 为有限集, 而对于 $k \in K$, Y_k 是 $\overline{\mathbf{R}}_+$ 中一个具有上确界 M_k 的子集, 则这些 $\sum_{k\in K} y_k$ 对于 $(y_k)_{k\in K}$ 遍历 $\prod_{k\in K} Y_k$ 的集合的上确界 M 为 $\sum_{k\in K} M_k$. 事实上, 对于所有的 k, 有 $y_k \leqslant M_k$, 因此对于每个 $(y_k)_{k\in K} \in \prod_{k\in K} Y_k$ 有 $\sum_{k\in K} y_k \leqslant \sum_{k\in K} M_k$, 从而给出了不等式 $M \leqslant \sum_{k\in K} M_k$. 反过来, 如果 $M' < \sum_{k\in K} M_k$, 则可将 M' 写成 $\sum_{k\in K} M'_k$, 其中对每个 k, $M'_k < M_k$, 并且存在 $y_k \in Y_k$ 使得 $y_k \geqslant M'_k$, 这表明 $\sum_{k\in K} y_k \geqslant M'$, 从而 $M \geqslant M'$, 故有不等式 $M \geqslant \sum_{k\in K} M_k$.

先可将上面的结果用于 J 的有限子集 K 以及对于每个 $k \in K$ 的 $\sum_{i\in I'} x_i$ 的集合 Y_k, 这里的 I' 遍历满足 $M_k = \sum_{i\in I_k} x_i$ 的 I_k 的有限子集. 由于 $\sum_{k\in K} y_k$ 对于遍历 $(y_k)_{k\in K} \in \prod_{k\in K} Y_k$ 的集合包含在 $\sum_{i\in L} x_i$ 对于 L 遍历 I 的有限子集的集族之中, 于是对于 J 的所有限子集 K 有 $\sum_{k\in K} S_k \leqslant S$, 由此得到不等式 $\sum_{j\in J} S_j \leqslant S$.

反过来, 设 $M < S$. 于是存在有限子集 $L \subset I$ 使得 $\sum_{i\in L} x_i \geqslant M$, 以及有限子集 $K \subset J$ 使得 $L \subset \cup_{k\in K} I_k$. 因此有 $M \leqslant \sum_{k\in K} S_k$, 从而 $M \leqslant \sum_{j\in J} S_j$; 因此得到不等式 $S \leqslant \sum_{j\in J} S_j$; 结论得证. 」

- 如果 $(x_{i,j})_{(i,j)\in I\times J}$ 为正项, $\sum_{j\in J}(\sum_{i\in I} x_{i,j}) = \sum_{(i,j)\in I\times J} x_{i,j} = \sum_{i\in I}(\sum_{j\in J} x_{i,j})$ (关于正项级数的富比尼定理).

「 这是上一个 • 的特殊情形: 将 $I \times J$ 分拆为 $I \times \{j\}$ 对于 $j \in J$ 的并, 或者 $\{i\} \times J$ 对于 $i \in I$ 的并. 」

- 如果 $(x_i^{(n)})_{i\in I}, n \in \mathbf{N}$ 为 $\overline{\mathbf{R}}_+$ 中的一个族的递增序列[99], 则 $\lim_{n\to+\infty} \sum_{i\in I} x_i^{(n)} = \sum_{i\in I}(\lim_{n\to+\infty} x_i^{(n)})$ (级数的单调收敛性定理).

[156] 「 令 $x_{0,i} = x_i^{(0)}$, 及当 $n \geqslant 1$ 时 $x_{n,i} = x_i^{(n)} - x_i^{(n-1)}$ (并约定 $(+\infty) - (+\infty) = 0$). 递增条件表明 $x_{n,i} \in \overline{\mathbf{R}}_+$, 从而有 $x_i^{(N)} = \sum_{n\leqslant \mathbf{N}} x_{n,i}$, 从而对于 $i \in I$ 有 $\lim_{n\to+\infty} x_i^{(n)} = \sum_{n\in\mathbf{N}} x_{n,i}$. 现在由取和的线性性有 $\sum_{i\in I} x_i^{(n)} = \sum_{j\leqslant n} \sum_{i\in I} x_{j,i}$, 因而 $\lim_{n\to+\infty} \sum_{i\in I} x_i^{(n)} = \sum_{j\in\mathbf{N}} \sum_{i\in I} x_{j,i}$. 根据富比尼定理, 它也等于 $\sum_{i\in I} \sum_{j\in\mathbf{N}} x_{j,i}$, 就是说等于 $\sum_{i\in I}(\lim_{n\to+\infty} x_i^{(n)})$. 断言得证. 」

- 设 $(x_i)_{i\in I}$ 和 $(y_i)_{i\in I}$ 为两个正数族. 假定存在 $C \in \mathbf{R}_+^*$ 使得对所有的 i, $x_i \leqslant Cy_i$. 于是 $\sum_{i\in I} y_i$ 收敛蕴含了 $\sum_{i\in I} x_i$ 收敛, 而 $\sum_{i\in I} x_i$ 发散蕴含了 $\sum_{i\in I} y_i$ 发散.

「 对于 I 的每个有限子集 J 有 $\sum_{i\in J} x_i \leqslant C \sum_{i\in J} y_i$, 因此 $\sum_{i\in I} x_i \leqslant C \sum_{i\in I} y_i$. 由此得到结果. 」

以上的判别准则再配合上后面关于一些参照级数的结果, 让我们可以证明大部分不是特别怪异的级数的收敛或发散性.

15.2. 一些标准级数

- 几何级数. 设 $a \in \mathbf{R}_+^*$. 于是 $\sum_{n\in\mathbf{N}} a^n$ 当 $a < 1$ 时收敛, 而当 $a \geqslant 1$ 时发散.

「 如果 $a \geqslant 1$, 则序列 a^n 不趋向 0, 故而发散. 如果 $a < 1$, 则对于每个 N, $\sum_{n\leqslant N} a^n = \frac{1-a^{N+1}}{1-a} \leqslant \frac{1}{1-a}$, 从而收敛 (其和等于 $\frac{1}{1-a}$). 」

- 黎曼级数. 设 $s \in \mathbf{R}$. 于是 $\sum_{n\geqslant 1} \frac{1}{n^s}$ 当 $s > 1$ 时收敛, 而当 $s \leqslant 1$ 时发散.

「 有多种证明此结果的方法. 最自然的或许是将该级数与函数 x^{-s} 的积分进行比较.

- 如果 $s > 1$, 则在 $[n-1, n]$ 上 $x^{-s} \geqslant n^{-s}$ 成立, 由此得到 $\sum_{n=1}^N n^{-s} \leqslant 1 + \sum_{n=2}^N \int_{n-1}^n x^{-s}dx \leqslant 1 + \int_1^N x^{-s}dx = 1 + \frac{1}{s-1}(1 - N^{1-s}) \leqslant 1 + \frac{1}{s-1}$, 这证明了此级数收敛.

- 如果 $s = 1$, 则在 $[n, n+1]$ 上成立 $\frac{1}{n} \geqslant \frac{1}{x}$, 从而 $\sum_{n=1}^N \frac{1}{n} \geqslant \sum_{n=1}^N \int_n^{n+1} \frac{1}{x}dx = \log(N+1)$, 这证明了此级数发散.

我们还注意到, 如果令 $u_n = \log(n+1) - \log n - \frac{1}{n} = \log\left(1 + \frac{1}{n}\right) - \frac{1}{n}$, 则

[99] 即 $x_i^{(n)} \leqslant x_i^{(n+1)}$, 其中 $i \in I$ 以及所有 $n \in \mathbf{N}$.

$u_n = O(\frac{1}{n^2})$; 又由于按前面结果有 $\sum_{n\geqslant 1}\frac{1}{n^2} < +\infty$, 故证明了级数 $\sum_{n\geqslant 1} u_n$ 收敛. 然而 $\sum_{n=1}^N u_n = \log(N+1) - \sum_{n=1}^N \frac{1}{n}$; 因此得知通项为 $\sum_{n=1}^N \frac{1}{n} - \log N$ 的序列当 $N\to+\infty$ 时有极限 (称此极限为欧拉常数; 常记其为 γ), 特别地, 表明 $\sum_{n\geqslant 1}\frac{1}{n}$ 发散.

• 如果 $s<1$, 则有 $\frac{1}{n^s}\geqslant\frac{1}{n}$, 于是由 $\sum_{n\geqslant 1}\frac{1}{n}$ 的发散推出 $\sum_{n\geqslant 1}\frac{1}{n^s}$ 发散.」

习题 15.1. — 设 $(a_n)_{n\in\mathbf{N}}$ 是 $\mathbf{R}_+^*$ 中的序列, 使得 $\sum_{n\in\mathbf{N}} a_n = +\infty$. 如果 $n\in\mathbf{N}$, 以 S_n 记部分和 $\sum_{i\leqslant n} a_i$.

(i) 证明 $\sum_{n\in\mathbf{N}}\frac{a_n}{S_n^2} < +\infty$. (将它与一个积分比较.)

(ii) 证明 $\sum_{n\in\mathbf{N}}\frac{a_n}{S_n} = +\infty$. (分 $\limsup\frac{a_n}{S_n} = 1$ 与 $\limsup\frac{a_n}{S_n} < 1$ 的情形.)

• 多变量的黎曼级数. 设 $d\in\mathbf{N}$, $\|\ \|$ 是 $\mathbf{R}^d$ 上的一个范数 (譬如欧几里得范数), 又设 $s\in\mathbf{R}$. 于是 $\sum_{\boldsymbol{n}}\frac{1}{\|\boldsymbol{n}\|^s}$ 当 $s>d$ 时收敛, 而当 $s\leqslant d$ 时发散, 其中的和号取 $\boldsymbol{n} = (n_1,\ldots,n_d)\in\mathbf{Z}^d - \{(0,\ldots,0)\}$.

「由于 $\mathbf{R}^d$ 上所有的范数均等价, 故只需对其中一种进行证明即可, 譬如 [157] $\|(x_1,\ldots,x_d)\| = \sup_{1\leqslant i\leqslant d}|x_i|$. 如果 $N\in\mathbf{N}$, 则有 $(2n+1)^d-(2n-1)^d$ 个 d-重组 $\boldsymbol{n}$ 满足 $\|\boldsymbol{n}\| = n$, 那么我们讨论的这个级数的收敛性等价于 $\sum_{n\geqslant 1}\frac{(2n+1)^d-(2n-1)^d}{n^s}$ 的收敛性. 由于 $(2n+1)^d-(2n-1)^d = 2d(2n)^{d-1}+O(n^{d-2})$, 此收敛性等价于 $\sum_{n\geqslant 1}\frac{n^{d-1}}{n^s}$ 的收敛性, 从而由通常的黎曼级数的收敛性得到结论.」

15.3. 绝对收敛的级数

如果 $z\in\mathbf{C}$, 以 $\mathrm{Re}^+(z)$ 记 $\mathbf{R}_+$ 中的元 $\sup(0,\mathrm{Re}(z))$. 于是有[100]

$$z = \sum_{k=0}^{3}\boldsymbol{i}^k\,\mathrm{Re}^+(\boldsymbol{i}^{-k}z) \quad \text{以及 } 0\leqslant \sup_{0\leqslant k\leqslant 3}\mathrm{Re}^+(\boldsymbol{i}^{-k}z)\leqslant |z|\leqslant \sum_{k=0}^{3}\mathrm{Re}^+(\boldsymbol{i}^{-k}z).$$

设 I 是个可数集. 如果 $(x_i)_{i\in I}$ 是 $\mathbf{C}$ 中的一族元, 那么称级数 $\sum_{i\in I}x_i$ 绝对收敛是说 $\sum_{i\in I}|x_i| < +\infty$(即这些模的级数收敛). 从上面的式子可知, 这个条件等价于对于 $k\in\{0,1,2,3\}$ 成立 $\sum_{i\in I}\mathrm{Re}^+(\boldsymbol{i}^{-k}x_i) < +\infty$, 而我们定义级数 $\sum_{i\in I}x_i$ 的和为

$$\sum_{i\in I}x_i = \sum_{k=0}^{3}\boldsymbol{i}^k\left(\sum_{i\in I}\mathrm{Re}^+(\boldsymbol{i}^{-k}x_i)\right).$$

• $\sum_{i\in I}x_i$ 绝对收敛当且仅当它满足柯西判别准则: 对于每个 $\varepsilon>0$, 存在有限集 $I(\varepsilon)\subset I$, 使得对于每个有限的 $J\subset I - I(\varepsilon)$ 有 $|\sum_{i\in J}x_i|\leqslant\varepsilon$.

「如果 $\sum_{i\in I}|x_i| < +\infty$ 且 $\varepsilon>0$, 于是, 按照 $\sum_{i\in I}x_i$ 的定义, 它是有限部分和的上确界, 因此存在有限集 $I(\varepsilon)\subset I$ 使得 $\sum_{i\in I(\varepsilon)}|x_i|\geqslant(\sum_{i\in I}|x_i|)-\varepsilon$. 故而有 $\sum_{i\in I-I(\varepsilon)}|x_i|\leqslant\varepsilon$, 从而对于所有的有限集 $J\subset I-I(\varepsilon)$ 有 $|\sum_{i\in J}x_i|\leqslant\varepsilon$, 这表明 $\sum_{i\in I}x_i$ 满足柯西判别准则.

[100] 在这一小节中, 我们以 $\boldsymbol{i}$ 记 -1 的平方根, 而继续用 i 表示在级数中的项的指标.

如果 $\sum_{i\in I}|x_i|=+\infty$, 则存在 $k\in\{0,1,2,3\}$ 使得 $\sum_{i\in I}\mathrm{Re}^+(\boldsymbol{i}^{-k}x_i)=+\infty$, 并且如有必要以 $\boldsymbol{i}^{-k}x_i$ 替代 x_i, 不妨假定 $k=0$. 设 $I'=\{i\in I,\mathrm{Re}(x_i)>0\}$, 由于当 $\mathrm{Re}(x_i)\leqslant 0$ 时 $\mathrm{Re}^+(x_i)=0$, 故有 $\sum_{i\in I'}\mathrm{Re}(x_i)=\sum_{i\in I}\mathrm{Re}^+(x_i)=+\infty$, 由此得到, 对于任意有限的 $J\subset I$, 存在 $J'\subset I'-(J\cap I')$, 其中 $\sum_{i\in J'}\mathrm{Re}(x_i)\geqslant 1$, 从而 $|\sum_{i\in J'}x_i|\geqslant 1$, 表明 $\sum_{i\in I}x_i$ 不满足柯西判别准则. 得到结论. 」

- 如果 $\sum_{i\in I}x_i$ 绝对收敛, 且 $n\mapsto i(n)$ 是 $\mathbf{N}$ 到 I 的一个双射, 则 $\sum_{i\in I}x_i$ 是部分和序列 $\sum_{n\leqslant N}x_{i(n)}$ 的极限. 换言之, 可以按任意次序对一个绝对收敛级数求和.

「 我们有 $\sum_{n\leqslant N}x_{i(n)}=\sum_{k=0}^{3}\boldsymbol{i}^k\left(\sum_{n\leqslant N}\mathrm{Re}^+(\boldsymbol{i}^{-k}x_{i(n)})\right)$, 于是从正项级数的情形得到 $\sum_{n\leqslant N}\mathrm{Re}^+(\boldsymbol{i}^{-k}x_{i(n)})\to\sum_{i\in I}\mathrm{Re}^+(\boldsymbol{i}^{-k}x_i)$. 由此得到结果. 」

- 如果 $\sum_{i\in I}x_i$ 绝对收敛, 则 $|\sum_{i\in I}x_i|\leqslant\sum_{i\in I}|x_i|$.

「选取一个从 $\mathbf{N}$ 到 I 的双射, 并对有限和的不等式 $|\sum_{n\leqslant N}x_{i(n)}|\leqslant\sum_{n\leqslant N}|x_{i(n)}|$ 取极限即可. 」

[158] • 如果 $\sum_{i\in I}x_i$ 和 $\sum_{i\in I}y_i$ 为两个绝对收敛的级数, 且 $\lambda,\mu\in\mathbf{C}$, 则 $\sum_{i\in I}(\lambda x_i+\mu y_i)$ 也绝对收敛, 并且 $\sum_{i\in I}(\lambda x_i+\mu y_i)=\lambda(\sum_{i\in I}x_i)+\mu(\sum_{i\in I}y_i)$ (和的线性性).

「 我们有 $|\lambda x_i+\mu y_i|\leqslant|\lambda||x_i|+|\mu||y_i|$, 因此由正项级数和的线性性有 $\sum_{i\in I}|\lambda x_i+\mu y_i|\leqslant\sum_{i\in I}|\lambda||x_i|+|\mu||y_i|=|\lambda|(\sum_{i\in I}|x_i|)+|\mu|(\sum_{i\in I}|y_i|)<+\infty$. 由此得到 $\sum_{i\in I}(\lambda x_i+\mu y_i)$ 的绝对收敛性.

最后, 如果选取从 $\mathbf{N}$ 到 I 的一个双射, 并且对恒等式 $\sum_{n\leqslant\mathbf{N}}(\lambda x_{i(n)}+\mu y_{i(n)})=\lambda(\sum_{n\leqslant\mathbf{N}}x_{i(n)})+\mu(\sum_{n\leqslant\mathbf{N}}y_{i(n)})$ 取极限, 则得到所要的公式. 」

- 如果 $\sum_{i\in I}x_i$ 绝对收敛, 且若对于 $j\in J$ 的所有 I_j 构成了一个 I 的分拆, 则:

◇ 对于每个 $j\in J$, 级数 $\sum_{i\in I_j}x_i$ 也绝对收敛,

◇ 如果 $S_j=\sum_{i\in I_j}x_i$, 则级数 $\sum_{j\in J}S_j$ 绝对收敛,

◇ $\sum_{i\in I}x_i=\sum_{j\in J}(\sum_{i\in I_j}x_i)$. 换言之, 在一个绝对收敛级数中可以随意重组它的项.

「 如果 $j\in J$, 则有 $I_j\subset I$, 从而 $\sum_{i\in I_j}|x_i|\leqslant\sum_{i\in I}|x_i|$, 这表明 $\sum_{i\in I_j}x_i$ 绝对收敛; 另外, 级数 $\sum_{i\in I_j}x_i$ 的和 S_j 满足 $|S_j|\leqslant\sum_{i\in I_j}|x_i|$. 应用正项级数的情形得到 $\sum_{j\in J}|S_j|\leqslant\sum_{j\in J}(\sum_{i\in I_j}|x_i|)=\sum_{i\in I}|x_i|<+\infty$, 于是得到级数 $\sum_{j\in J}S_j$ 的绝对收敛性.

现在设 $\varepsilon>0$, 并设基数为 M 的有限集 $I(\varepsilon)\subset I$ 满足 $\sum_{i\in I-I(\varepsilon)}|x_i|\leqslant\varepsilon$. 我们有 $(\sum_{i\in I}x_i)-(\sum_{i\in I(\varepsilon)}x_i)=\sum_{i\in I-I(\varepsilon)}x_i$ (事实上, 可以选取一个从 $\mathbf{N}$ 到 I 的双射 $n\mapsto i(n)$ 使得 $[0,M-1]$ 与 $I(\varepsilon)$ 为双射, 而 $[M,+\infty[$ 与 $I-I(\varepsilon)$ 为双射, 于是对恒等式 $\sum_{n\leqslant\mathbf{N}}x_{i(n)}=\sum_{n=0}^{M-1}x_{i(n)}+\sum_{i=M}^{N}x_{i(n)}$ 取极限便得到了 $\sum_{i\in I}x_i=\sum_{i\in I(\varepsilon)}x_i+\sum_{i\in I-I(\varepsilon)}x_i$); 由此推出 $|(\sum_{i\in I}x_i)-(\sum_{i\in I(\varepsilon)}x_i)|\leqslant\varepsilon$.

现设 $I_j(\varepsilon)=I_j\cap I(\varepsilon)$, 并设 $J(\varepsilon)=\{j\in J,I_j(\varepsilon)\neq\varnothing\}$; 于是 $J(\varepsilon)$ 是 J 的一个有限子集, 且由于上面相同的理由得到 $|(\sum_{j\in J}S_j)-(\sum_{j\in J(\varepsilon)}S_j)|\leqslant\sum_{j\in J-J(\varepsilon)}|S_j|\leqslant$

$\sum_{j\in J-J(\varepsilon)}\sum_{i\in I_j}|x_i|$. 又如果 $j\in J(\varepsilon)$, 则有 $|S_j-(\sum_{i\in I_j(\varepsilon)}x_i)|\leqslant\sum_{j\in I_j-I_j(\varepsilon)}|x_i|$, 留意到当 $j\in J(\varepsilon)$ 时 $I(\varepsilon)$ 是这些 $I_j(\varepsilon)$ 的并, 那么它便给出了

$$\begin{aligned}|(\sum_{j\in J}S_j)-(\sum_{i\in I(\varepsilon)}x_i)|&\leqslant|(\sum_{j\in J}S_j)-(\sum_{j\in J(\varepsilon)}S_j)|+\sum_{j\in J(\varepsilon)}|S_j-(\sum_{i\in I_j(\varepsilon)}x_i)|\\&\leqslant(\sum_{j\in J-J(\varepsilon)}\sum_{i\in I_j}|x_i|)+\sum_{j\in J(\varepsilon)}\sum_{i\in I_j-I_j(\varepsilon)}|x_i|=\sum_{i\in I-I(\varepsilon)}|x_i|\leqslant\varepsilon.\end{aligned}$$

因此 $|(\sum_{i\in I}x_i)-(\sum_{j\in J}S_j)|\leqslant 2\varepsilon$, $\varepsilon>0$, 从而 $(\sum_{i\in I}x_i)=(\sum_{j\in J}S_j)$. 故得证. 」

- 如果 $\sum_{(i,j)\in I\times J}x_{i,j}$ 绝对收敛, 则:

  ◇ 对于每个 $i\in I$, $\sum_{j\in J}x_{i,j}$ 绝对收敛, 而 $\sum_{i\in I}(\sum_{j\in J}x_{i,j})$ 也绝对收敛,

  ◇ 对于每个 $j\in J$, $\sum_{i\in I}x_{i,j}$ 绝对收敛, 而 $\sum_{j\in J}(\sum_{i\in I}x_{i,j})$ 也绝对收敛,

  ◇ $\sum_{j\in J}(\sum_{i\in I}x_{i,j})=\sum_{(i,j)\in I\times J}x_{i,j}=\sum_{i\in I}(\sum_{j\in J}x_{i,j})$ (关于级数的富比尼定理).

  「 这是前面的 • 的特殊情形: 将 $I\times J$ 分拆为 $I\times\{j\}$, $j\in J$ 的并, 或者 $\{i\}\times J$, $i\in I$ 的并. 」

- 设 $(x_i^{(n)})_{i\in I}$ 为对于 $n\in\mathbf{N}$ 的复数族. 假设:

  ◇ $x_i^{(n)}$ 当 $n\to+\infty$ 时有极限,

  ◇ 存在 $(y_i)_{i\in I}$ 使得对所有的 n 和 i 有 $|x_i^{(n)}|\leqslant y_i$, 并且 $\sum_{i\in I}y_i<+\infty$ (即被 [159]
$\sum y_i$ 控制). 于是 $\sum_{i\in I}|x_i|<+\infty$, 并且 $\sum_{i\in I}x_i=\lim_{n\to+\infty}\sum_{i\in I}x_i^{(n)}$ (控制收敛性定理).

  「 取极限得到 $|x_i|\leqslant y_i$; 由此得到 $\sum_{i\in I}x_i$ 的绝对收敛性. 现设 $\varepsilon>0$. 由于收敛级数的余项趋向 0, 故存在有限集 $I(\varepsilon)\subset I$ 使得 $\sum_{i\in I-I(\varepsilon)}y_i\leqslant\varepsilon$. 设 n_0 为满足当 $n\geqslant n_0$ 和 $i\in I(\varepsilon)$ 时有 $|x_i^{(n)}-x_i|\leqslant\frac{\varepsilon}{|I(\varepsilon)|}$ 的整数 (这样的 n_0 的存在性来自假设 $x_i^{(n)}\to x_i$ 以及 $I(\varepsilon)$ 的有限性). 当 $n\geqslant n_0$ 时我们有

$$\begin{aligned}|\sum_{i\in I}x_i-\sum_{i\in I}x_i^{(n)}|&\leqslant\sum_{i\in I(\varepsilon)}|x_i-x_i^{(n)}|+\sum_{i\in I-I(\varepsilon)}|x_i|+\sum_{i\in I-I(\varepsilon)}|x_i^{(n)}|\\&\leqslant|I(\varepsilon)|\frac{\varepsilon}{|I(\varepsilon)|}+2\sum_{i\in I-I(\varepsilon)}y_i\leqslant 3\varepsilon.\end{aligned}$$

由此得到 $\lim_{n\to+\infty}\sum_{i\in I}x_i^{(n)}=\sum_{i\in I}x_i$; 故有结论. 」

15.4. 幂级数

一个幂级数[31]是形如 $F(z)=\sum_{n\in\mathbf{N}}a_nz^n$ 的级数, 其中 $(a_n)_{n\in\mathbf{N}}$ 为一个复数序列, 而 z 在 $\mathbf{C}$ 中变化.

[31]在这里所用的法文是 “série entière”, 直译过来是 “整级数”, 可能因为与整函数有关系吧.

- 存在唯一的 $\rho(F) \in \overline{\mathbf{R}}_+$ 使得 $\sum_{n\in\mathbf{N}} a_n z^n$ 当 $|z| < \rho(F)$ 时绝对收敛, 并且对于 $n \in \mathbf{N}$ 和当 $|z| > \rho(F)$ 时 $\sum_{n\in\mathbf{N}} a_n z^n$ 无界 (从而 $\sum_{n\in\mathbf{N}} a_n z^n$ 发散). 称这个 $\rho(F)$ 为 F 的收敛半径.

「设 X 为使得 $(a_n z^n)_{n\in\mathbf{N}}$ 无界的 $z \in \mathbf{C}$ 的集合. 由于 $|a_n z^n|$ 是 $|z|$ 的增函数, 故对于 $z_0 \in X$, 当 $|z| \geqslant |z_0|$ 时有 $z \in X$. 以 $\rho(F)$ 记对于 $z \in X$ 的 $|z|$ 的集合的下确界. 如果 $|z| > \rho(F)$, 则由 $\rho(F)$ 的定义, 存在 $z_0 \in X$ 满足 $|z_0| < |z|$, 从而 $(a_n z^n)_{n\in\mathbf{N}}$ 无界. 如果 $|z| < \rho(F)$, 并且若 $|z| < |z_0| < \rho(F)$, 于是 $(a_n z_0^n)_{n\in\mathbf{N}}$ 有界, 故存在 $C > 0$ 使得对每个 $n \in \mathbf{N}$ 有 $|a_n z^n| \leqslant |a_n z_0^n| \left(\frac{|z|}{|z_0|}\right)^n \leqslant C\left(\frac{|z|}{|z_0|}\right)^n$. 由于 $\frac{|z|}{|z_0|} < 1$, 故而 $\sum_{n\in\mathbf{N}} a_n z^n$ 绝对收敛. 证完. 」

- $\rho(F)^{-1} = \limsup |a_n|^{1/n}$.

「如果 $|z| < \rho(F)$, 则序列 $|a_n z^n|$ 趋向 0, 从而从某一阶开始 $\leqslant 1$. 从而 $|a_n z^n|^{1/n} \leqslant 1$, 于是 $\limsup |a_n|^{1/n} \leqslant \frac{1}{|z|}$, 因此给出了不等式 $\limsup |a_n|^{1/n} \leqslant \rho(F)^{-1}$.

如果 $|z| > \rho(F)$, 则序列 $(a_n z^n)_{n\in\mathbf{N}}$ 无界, 从而存在无穷多个 n 使得 $|a_n z^n| \geqslant 1$, 故 $\limsup |a_n|^{1/n} \geqslant \frac{1}{|z|}$, 这给出了反向的不等式 $|a_n|^{1/n} \geqslant \rho(F)^{-1}$, 于是得到结论. 」

- 函数 $x \mapsto F(x) = \sum_{n\in\mathbf{N}} a_n x^n$ 是 $]-\rho(F), \rho(F)[$ 上的 $\mathscr{C}^\infty$ 类, 它的 k 阶导数是具有与 F 相同收敛半径的幂级数 $\sum_{n\in\mathbf{N}} k!\binom{n+k}{k} a_{n+k} x^n$.

「$\sum_{n\in\mathbf{N}} \binom{n+k}{k} a_{n+k} x^n$ 与 $\sum_{n\geqslant k} \binom{n}{k} a_n x^n$ 具有相同的收敛半径 (只需乘以 x^k 并改变指标即可), 而因为当 $n \to +\infty$ 时, $\binom{n}{k}^{1/n} = \exp(\frac{1}{n}\log\binom{n}{k}) \to 1$, 所以根据前面关于 $\rho(F)$ 的公式, 它与 $\sum_{n\in\mathbf{N}} a_n x^n$ 有相同的收敛半径.

[160] 现在, 根据带有积分余项的泰勒公式, 有 $(x+h)^n = x^n + nhx^{n-1} + h^2\int_0^1 (1-t)n(n-1)(x+th)^{n-2}dt$; 由此得到控制函数 $|\frac{(x+h)^n - x^n}{h} - nx^{n-1}| \leqslant |h|\binom{n}{2}(|x|+|h|)^{n-2}$. 如果 $|x| < \rho(F)$, 则可选取 $\delta > 0$ 使得 $|x| + \delta < \rho(F)$, 从而对于每个 $h \in]-\delta, \delta[$ 得到

$$\left|\frac{F(x+h) - F(x)}{h} - \sum_{n\in\mathbf{N}} n a_n x^{n-1}\right| \leqslant C|h|,$$

其中

$$C = \sum_{n\in\mathbf{N}} |a_n| \binom{n}{2} (|x| + \delta)^{n-2} < +\infty,$$

因为按照前面所述, $|x| + \delta < \rho(F)$, 并且 $\sum_{n\in\mathbf{N}} \binom{n}{2} |a_n| z^{n-2}$ 具有收敛半径 $\rho(F)$. 由此可知 F 对 x 是可微的, 并具有导数 $\sum_{n\in\mathbf{N}} n a_n x^{n-1}$. 应用归纳立即可推出 F 在 $]-\rho(F), \rho(F)[$ 上属于 $\mathscr{C}^\infty$ 类, 其 k 阶导数为 $\sum_{n\in\mathbf{N}} (n+k)\cdots(n+1) a_{n+k} x^n$, 故得结论. 」

15.5. 复指数函数

- 如果 $z \in \mathbf{C}$, 则级数 $\sum_{n\in\mathbf{N}} \frac{z^n}{n!}$ 绝对收敛; 以 e^z 或 $\exp(z)$ 记其和.

「如果 a 是 $|z|$ 的整数部分, 则 $n! \geqslant a!(a+1)^{n-a}$, 因而 $|\frac{z^n}{n!}| \leqslant C(\frac{|z|}{(a+1)})^n$, 其中 $C = \frac{(a+1)^a}{a!}$. 因为 $\frac{|z|}{a+1} < 1$, 故知此级数绝对收敛. 」

- 指数函数 $z \mapsto e^z$[或 $z \mapsto \exp(z)$] 满足以下性质:

◇ 这是一个从 $(\mathbf{C}, +)$ 到 $(\mathbf{C}^*, \times)$ 中的群态射 (即 $e^{z_1+z_2} = e^{z_1}e^{z_2}$, 因而有 $e^0 = 1, e^{-z} = 1/e^z$).

◇ 它在 $\mathbf{R}$ 上的限制是到 $\mathbf{R}_+^*$ 上的一个群同构, 并且当 $x \to +\infty$ 时 $e^x \to +\infty$, 而当 $x \to -\infty$ 时 $e^x \to 0$ (甚至当 $x \to +\infty$ 时 $x^{-N}e^x \to +\infty$, 而当 $x \to -\infty$ 时 $x^N e^x \to 0$); 另外, $x \mapsto e^x$ 是微分方程 $y' = y$ 的解.

◇ 它在 $i\mathbf{R}$ 上的限制是到群 $U = \{z \in \mathbf{C}^*, |z| = 1\}$ 上的一个满态射, 而它的核是 $2i\pi\mathbf{Z}$, 其中 $\pi = \int_{-\infty}^{+\infty} \frac{dx}{1+x^2}$(101); 如果 $a \in \mathbf{R}$, 则 $t \mapsto e^{it}$ 在 $[a, a+2\pi[$ 上的限制是单位圆 U 的一个参数化.

◇ 从 $\mathbf{C}$ 到 $\mathbf{C}^*$ 的态射 $z \mapsto e^z$ 是满的, 其核为 $2i\pi\mathbf{Z}$; 指数函数是个周期为 $2i\pi$ 的周期函数.

「$\sum_{(k,m)\in\mathbf{N}^2} \frac{|z_1|^k}{k!}\frac{|z_2|^m}{m!} = \sum_{k\in\mathbf{N}}(\sum_{n\in\mathbf{N}} \frac{|z_1|^k}{k!}\frac{|z_2|^m}{m!}) = \sum_{k\in\mathbf{N}} \frac{|z_1|^k}{k!}e^{|z_2|} = e^{|z_1|}e^{|z_2|} < +\infty$. 级数 $\sum_{(k,m)\in\mathbf{N}^2} \frac{z_1^k}{k!}\frac{z_2^m}{m!}$ 绝对收敛, 故我们可随意组合它的项. 先对 m 取和, 然后再对 k, 由此看出它的和是 $\exp(z_1)\exp(z_2)$, 而对于 $m+k=n$ 取和则得到

$$\sum_{(k,m)\in\mathbf{N}^2} \frac{z_1^k}{k!}\frac{z_2^m}{m!} = \sum_{n\in\mathbf{N}}(\sum_{k=0}^{n} \frac{1}{n!}\binom{n}{k} z_1^k z_2^{n-k}) = \sum_{n\in\mathbf{N}} \frac{(z_1+z_2)^n}{n!} = \exp(z_1+z_2),$$

这证明了第一个 ◇.

现在考虑第二个 ◇. 因为 $x \mapsto x^n$ 对于每个 n 是严格递增的, 故在此公式中 exp 在 $\mathbf{R}_+$ 上也是严格递增的, 并且因为 $e^x \geqslant \frac{x^{N+1}}{(N+1)!}$, 这证明了当 $x \to +\infty$ 时 $x^{-N}e^x \to +\infty$. 由此得到, $x \mapsto e^x$ 是从 $\mathbf{R}_+$ 到 $[1, +\infty[$ 上的严格递增的双射. 由于 $e^x = 1/e^{-x}$ 和 $x^N e^x = (-1)^n/((-x)^{-N}e^{-x})$, 由此推出 $x \mapsto e^x$ 是从 $\mathbf{R}_-$ 到 $]0,1]$ [161]
上的严格递增的双射, 并且当 $x \to -\infty$ 时 $x^N e^x \to 0$. 最后, $x \mapsto e^x$ 的导数是 $\sum_{n\geqslant 1} \frac{nx^{n-1}}{n!} = \sum_{n\geqslant 1} \frac{x^{n-1}}{(n-1)!} = e^x$, 这证明了第二个 ◇.

由 $z \mapsto \bar{z}$ 的连续性, 我们有 $\exp(\bar{z}) = \overline{\exp(z)}$. 由此得到 $u = e^{it}$ 的复共轭是 e^{-it}, 其中 $t \in \mathbf{R}$, 从而由 $|u|^2 = u\bar{u} = e^{it}e^{-it}$ 知 $|u| = 1$; $i\mathbf{R}$ 在 exp 下的像因此包含在 U 中. 另外, $x \mapsto e^{it} = \sum_{n\in\mathbf{N}} \frac{(it)^n}{n!}$ 的导数是 $\sum_{n\geqslant 1} \frac{in(it)^{n-1}}{n!} = i\sum_{n\in\mathbf{N}} \frac{(it)^n}{n!} = ie^{it}$; 那么 $t \mapsto e^{if(t)}$ 的导数便是 $if'(t)e^{if(t)}$. 设 $g(t) = e^{if(t)}(\frac{1-t^2}{1+t^2} + i\frac{2t}{1+t^2})$, 其中 $f(t) = -2\int_0^t \frac{dx}{1+x^2}$ (其导数 $f'(t) = \frac{-2}{1+t^2}$). 我们有 $g'(t) = e^{if(t)}(\frac{-4t}{(1+t^2)^2} + i\frac{2(1-t^2)}{(1+t^2)^2}) + i\frac{-2}{1+t^2}e^{if(t)}(\frac{1-t^2}{1+t^2} + i\frac{2t}{1+t^2}) = 0$. 这证明了函数 $t \mapsto g(t)$ 在 $\mathbf{R}$ 上为常数, 而它在 0 取值 1, 故有 $e^{-if(t)} = \frac{1-t^2}{1+t^2} + i\frac{2t}{1+t^2}, t \in \mathbf{R}$. 但 $\frac{1-t^2}{1+t^2} + i\frac{2t}{1+t^2}$ 是单位圆 $U - \{-1\}$ 与通

---

(101) 这是数 π 可以采用的定义之一. 由于 $t \mapsto e^{it}$ 是单位圆在 $[-\pi, \pi[$ 上的一个参数化, 按照上面的证明中所建立的, 有 $(e^{it})' = ie^{it}$, 故此圆的长等于 $\int_{-\pi}^{\pi} |(e^{-it})'| dt = \int_{-\pi}^{\pi} dt = 2\pi$. 这个定义等价于远古时的定义.

过 -1 的斜率为 t 的直线的交点, 由此得知 $t \mapsto e^{if(t)}$ 诱导出从 $\mathbf{R}$ 到 $U-\{-1\}$ 上的一个双射, 而 $t \mapsto e^{it}$ 则诱导出从 $]-\pi,\pi[$ 到 $U-\{-1\}$ 的一个双射, 并且通过取极限, 有 $e^{i\pi}=e^{-i\pi}=-1$; 于是得到 $t \mapsto e^{it}$ 是从 $\mathbf{R}$ 到 U 上的一个满射. 又, $e^{2i\pi}=e^{i\pi}(e^{-i\pi})^{-1}=1$, 这证明了 $t \mapsto e^{it}$ 的核包含了 $2\pi\mathbf{Z}$. 还有, 如果 $t<2\pi$, 则有 $t=a-b$, 其中 $-\pi<a,b<\pi$, 而因为 $t \mapsto e^{it}$ 在 $]-\pi,\pi[$ 上为单射, 故 $e^{it}=e^{ia}/e^{ib}\neq 1$; 因此 $t \mapsto e^{it}$ 的核恰为 $2\pi\mathbf{Z}$ (参看习题 15.2 的 (i)). 最后, 如果 $a\in\mathbf{R}$, 且 $n=[\frac{a+\pi}{2\pi}]$, 我们可将 $[a,a+2\pi[$ 切成 $[a,(2n+1)\pi[$ 和 $[(2n+1)\pi,a+2\pi[$, 而 $[(2n+1)\pi,a+2\pi[$ 是从 $[-\pi,a-2n\pi[$ 经平移 $2(n+1)\pi$ 得到的, $[a,(2n+1)\pi[$ 则是从 $[a-2n\pi,\pi[$ 经平移 $2n\pi$ 得到的. 我们可证明 $t\mapsto e^{it}$ 是在 $[a,a+2\pi[$ 上对 U 的参数化: 这只要注意到, 根据前面所述, 当 $a=-\pi$ 时是对的, 然后利用 $t\mapsto e^{it}$ 的 2π 周期性和 $[-\pi,a-2n\pi[$ 与 $[a-2n\pi,\pi[$ 是 $[-\pi,\pi[$ 的一个分拆的事实即可.

为了证明 $z\to e^z$ 为满射, 只要将 $w\in\mathbf{C}^*$ 写为 $w=|w|\frac{w}{|w|}$ 的形式; 故而根据第二和第三个 •, 存在 $x,y\in\mathbf{R}$ 使得 $e^x=|w|$ 以及 $e^{iy}=\frac{w}{|w|}$, 从而有 $e^{x+iy}=w$. 最后, $e^{x+iy}=1$ 表明 $|e^{x+iy}|=1$, 故 $e^x=1$, 因而 $x=0$; 于是 exp 的核包含在 $i\mathbf{R}$ 中, 那么根据第三个 •, 这个核等于 $2i\pi\mathbf{Z}$. 」

习题 15.2. — (i) 设 Λ 是 $(\mathbf{R},+)$ 的一个子群. 证明 Λ 要么稠于 $\mathbf{R}$, 否则具有 $\mathbf{Z}\cdot a=\{na,n\in\mathbf{Z}\}$ 形式, 其中 $a\in\mathbf{R}_+$.

(ii) 是否存在 $n\in\mathbf{N}$ 使得有 10-进位表示 $2^n=3141592a_0a_1\cdots$?

(iii) 证明 a^2-2b^2 在 $(a,b)\in\mathbf{N}^2$ 中的解为 (a_n,b_n), $n\in\mathbf{N}$, 满足 $a_n+b_n\sqrt{2}=(3+2\sqrt{2})^n$. (可以先验证, 如果 $a_1,b_1,a_2,b_2\in\mathbf{Z}$ 满足 $a_1^2-2b_1^2=1$ 和 $a_2-2b_2^2=1$, 则当 $a_3+b_3\sqrt{2}=(a_1+b_1\sqrt{2})(a_2+b^2\sqrt{2})$ 时有 $a_3^2-2b_3^2=1$.)

15.6. 发散级数的和

有许多自然的级数虽然不是绝对收敛的, 却可以赋予它某种意义. 尽管有了一个在此意义下的如何处置各种问题的武器库, 但仍然要求注意取和的准确意义 (参看习题 15.5).

最简单的情形是关于一个部分和 $\sum_{n\leqslant N}x_n$ 收敛的级数 $\sum_{n\in\mathbf{N}}x_n$; 称这样的一个级数是条件收敛[32]的, 并定义其和为这个部分和序列的极限 (显然在此意义下的和也给出了此级数为绝对收敛时的和). 在同样的想法下, 一个傅里叶级数 $\sum_{n\in\mathbf{Z}}a_ne^{2i\pi nx}$
[162] 的和常常看成是对称和 $\sum_{n=-N}^{N}a_ne^{2i\pi nx}$ 的极限 (如果存在). 注意, 在第一种情形中, $\sum_{n\leqslant N}x_n$ 的条件收敛性表明当 $n\to+\infty$ 时 $x_n\to 0$, 但由级数 $\sum_{n\in\mathbf{N}}\frac{1}{n+1}$ 的例子证明这个条件不是充分的. 一个简单却罕见的一般性结果是下面的关于交错级数的.

• 设 $(u_n)_{n\in\mathbf{N}}$ 是 $\mathbf{R}_+$ 中的一个趋向 0 的递减序列, 则级数 $\sum_{n\in\mathbf{N}}(-1)^nu_n$ 条件收敛 (莱布尼茨判别准则).

[32] 书中用的是 “半收敛” (semi-convergente).

「以 S_N 记部分和 $\sum_{n\leqslant N}(-1)^n u_n$. 我们将利用阿贝尔求和公式[102] $\sum_{n=0}^N a_n b_n = \sum_{n=0}^N(\sum_{i=0}^n a_i)(b_n - b_{n+1}) + b_{N+1}\sum_{i=0}^N a_i$, 要证明它只需注意项 b_n 的因子当 $n=0$ 时为 a_0, 当 $1 \leqslant n \leqslant N$ 时, 则 $\sum_{i=0}^n a_i - \sum_{i=0}^{n-1} a_i = a_n$ 而当 $n = N+1$ 时, 则有 $\sum_{i=0}^N a_i - \sum_{i=0}^N a_i = 0$ 即可. 将此公式用于 $a_n = (-1)^n$, $b_n = u_n$, 并令 $s_n = \sum_{i=0}^n a_i = \frac{1}{2}(1+(-1)^n)$; 于是得到 $S_N = \sum_{n=0}^N s_n(u_n - u_{n+1}) + s_N u_{N+1}$. 由于 u_n 递减, 故级数 $\sum_{n\in\mathbf{N}}(u_n - u_{n+1})$ 是个收敛的正项级数, 其和为 $u_0 - \lim_{N\to+\infty} u_N = u_0$; 因为对所有的 n, $|s_n| \leqslant 1$, 从而知 $\sum_{n\in\mathbf{N}} s_n(u_n - u_{n+1})$ 绝对收敛, 因此 $\sum_{n\leqslant N} s_n(u_n - u_{n+1})$ 有极限, 最后, 还有 $s_N u_{N+1} \to 0$, 于是证明了 S_N 趋向级数 $\sum_{n\in\mathbf{N}} s_n(u_n - u_{n+1})$ 的和. 断言得证. 」

- 例子[103]: $\sum_{n\in\mathbf{N}} \frac{(-1)^n}{2n+1} = 1 - \frac{1}{3} + \frac{1}{5} - \frac{1}{7} + \cdots = \frac{\pi}{4}$.

「可将 $S_N = \sum_{n\leqslant N} \frac{(-1)^n}{2n+1}$ 写成

$$S_N = \sum_{n\leqslant N}\int_0^1 (-x^2)^n dx = \int_0^1 \frac{1-(-x^2)^{N+1}}{1+x^2}dx = \frac{\pi}{4} - \int_0^1 \frac{(-x^2)^{N+1}}{1+x^2}dx.$$

但 $|\frac{(-x^2)^{N+1}}{1+x^2}| \leqslant x^{2N+2}$, 因此 $|\int_0^1 \frac{(-x^2)^{N+1}}{1+x^2}dx| \leqslant \frac{1}{2N+3}$, 它表明当 $N\to+\infty$ 时

$$\int_0^1 \frac{(-x^2)^{N+1}}{1+x^2}dx \to 0.$$

」

习题 15.3. — 证明 $\sum_{n=1}^{+\infty} \frac{(-1)^{n-1}}{n}$ 条件收敛, 其和为 $\log 2$.

习题 15.4. — (i) 设 $\sum_{n\in\mathbf{N}} u_n$ 是和为 S 的条件收敛级数. 证明 $\sum_{n\in\mathbf{N}} u_n x^n$ 在 $x\in]-1,1[$ 上绝对收敛, 并且 $S = \lim_{x\to1^-}(\sum_{n\in\mathbf{N}} u_n x^n)$[104]. (利用阿贝尔求和公式.)

(ii) 如果 $\sum_{n\in\mathbf{N}} a_n$ 和 $\sum_{n\in\mathbf{N}} b_n$ 为两个级数, 定义它们的柯西乘积 $\sum_{n\in\mathbf{N}} c_n$ 为 $c_n = \sum_{i+j=n} a_i b_j$. 证明, 如果 $\sum_{n\in\mathbf{N}} a_n$ 和 $\sum_{n\in\mathbf{N}} b_n$ 绝对收敛, 则 $\sum_{n\in\mathbf{N}} c_n =$ [163]
$(\sum_{n\in\mathbf{N}} a_n)\cdot(\sum_{n\in\mathbf{N}} b_n)$.

(iii) 如果级数 $\sum_{n\in\mathbf{N}} a_n, \sum_{n\in\mathbf{N}} b_n$ 和 $\sum_{n\in\mathbf{N}} c_n$ 都条件收敛, 则 $\sum_{n\in\mathbf{N}} c_n = (\sum_{n\in\mathbf{N}} a_n)\cdot(\sum_{n\in\mathbf{N}} b_n)$.

(iv) 给出一个例子, 使得 $\sum_{n\in\mathbf{N}} a_n$ 和 $\sum_{n\in\mathbf{N}} b_n$ 条件收敛, 但 $\sum_{n\in\mathbf{N}} c_n$ 不是. 在 1^- 的极限存在吗? 如果存在, 其值等于多少?

习题 15.5. — 设 $\sum_{n\in\mathbf{N}} x_n$ 为条件收敛但非绝对收敛的实级数.

---

[102] 也可以不用它, 但此公式对于研究级数极其有用; 它是部分积分法的离散类比.

[103] 这个公式总的来说应归于莱布尼茨 (1682), 他为此而感到非常自豪; 但在其几个世纪前, 印度喀拉拉邦的马德哈瓦 (Madhava)(约 1350—约 1425) 已经发现了它. 这个公式是所有有关 L 函数在整数取值的先行者: 如果 $\chi_4 : (\mathbf{Z}/4\mathbf{Z})^* \to \{\pm1\}$ 是狄利克雷特征标 (参看 VII.4 小节), 它的定义是: $\chi_4(1)=1, \chi_4(-1)=-1$, 而与其相伴的 L 函数是 $L(\chi_4, s) = 1 - \frac{1}{3^s} + \frac{1}{5^s} - \frac{1}{7^s} + \cdots$, 而马德哈瓦–莱布尼茨公式则成为 $L(\chi_4, 1) = \frac{\pi}{4}$.

[104] 这个习题表明 $\lim_{x\to1^-}(\sum_{n\in\mathbf{N}} u_n x^n)$ 的这种收敛方法与自然求和有相同的结果 (如果收敛的话), 但是它可以用于对更多类的级数求和, 包括对那些 u_n 不趋向 0 的级数. 习题 15.6 也用了这个方法.

(i) 证明对每个 $\ell \in \mathbf{R}$, 存在一个双射 $\varphi: \mathbf{N} \to \mathbf{N}$ 使得 $\lim_{N\to+\infty} \sum_{n\leqslant N} x_{\varphi(n)} = \ell$.

(ii) 证明从 $\mathbf{N}$ 到 $\mathbf{N}$ 的这些双射构成的群不可数.

我们常常将交错级数的部分和换成 $S'_N = \frac{1}{2}(S_N + S_{N+1})$ 来扩充它的收敛性 (显然 S'_N 收敛, 且当 S_N 收敛时有与 S_N 相同的极限), 并立刻以对 k 的归纳重新定义一个序列 $S^{[k]} = (S_N^{[k]})_{N\in\mathbf{N}}$ 为 $S_N^{[0]} = S_N$, 而 $S_N^{[k]} = \frac{1}{2}(S_N^{[k-1]} + S_{N+1}^{[k-1]})$, $k \geqslant 1$; 从而我们有 $S_N^{[k]} = \frac{1}{2^k}(\sum_{j=0}^{k}\binom{k}{j}S_{N+j})$. 举例来说, 从 $\sum_{n\in\mathbf{N}}(-1)^n(n+1)$ 出发, 我们得到 $S^{[0]} = (1,-1,2,-2,3,-3,4,-4,5,-5,\dots)$, $S^{[1]} = (0,\frac{1}{2},0,\frac{1}{2},0,\frac{1}{2},0,\frac{1}{2},\dots)$, 而 $S^{[2]} = (\frac{1}{4},\frac{1}{4},\frac{1}{4},\frac{1}{4},\dots)$, 因此得到欧拉公式 $1-2+3-4+5-6+7-8+\cdots = \frac{1}{4}$. 请读者大胆地将同样的方法用于 $1-4+9-16+25-36+\cdots$. 下面的习题给出了这种现象的一种解释.

习题 15.6. — 我们感兴趣的是级数 $\sum_{n\in\mathbf{N}}(-1)^n f(n)$, 其中 $f:\mathbf{R}_+ \to \mathbf{R}$ 是一个函数. 以 $S^{[k]}, k\in\mathbf{N}$ 记这个级数像上面那样的部分和. 以归纳定义函数 $f^{[k]}$ 的序列: 令 $f^{[0]} = f, f^{[k+1]} = f^{[k]}(x+1) - f^{[k]}(x)$.

(i) 建立恒等式 $S_N^{[k]} - S_{N-1}^{[k]} = \frac{(-1)^{N+k}}{2^k} f^{[k]}(N)$.

(ii) 如果 P 是个次数 $\leqslant k$ 的多项式, $P^{[k]}$ 是什么?

(iii) 假定 f 属于 $\mathscr{C}^k$ 类. 设 $a\in\mathbf{R}_+$. 证明存在 $c\in[a,a+k]$ 使得有 $f^{[k]}(a) = f^{(k)}(c)$, 其中 $f^{(k)}$ 表示 f 的 k 阶导数. (可以考虑与 f 在 $a, a+1, \dots, a+k$ 取相同值的多项式.)

(iv) 设 $f(x) = (x+1)^{-s}, s\in\mathbf{R}$. 证明存在 k 使得 $S^{[k]}$ 具有极限 $F(s)$.

(v) 证明 $F(s) = (1-2^{1-s})\zeta(s)$, 其中 $\zeta(s) = \sum_{n\geqslant 1}\frac{1}{n^s}$, $s>1$.

(vi) 对 $s<1$, 定义 $\zeta(s)$ 为 $\zeta(s) = \frac{1}{1-2^{1-s}}F(s)$(105). 证明 $\zeta(-m)\in\mathbf{Q}$, 其中 $m\in\mathbf{N}$.(106)

16. 函数的收敛性

16.1. 单收敛

设 X 和 Y 是两个拓扑空间, 一个函数序列 $f_n: X\to Y$ 单收敛于 f 是说对于每个 $x\in X$ 序列 $f_n(x)$ 在 Y 中有极限 $f(x)$. 这时, 我们称 f 是序列 f_n 的单极限[33].

「实际上, 了解隐藏在单收敛背后的拓扑没有多大的用处. 这个拓扑没有任何神秘之处: 它就是从 X 到 Y 的函数空间 Y^X 的乘积拓扑. 事实上, 以下的条件等价:

- 对每个 $x\in X$ 有 $f_n(x)\to f(x)$;

(105) 这是将收敛的黎曼 ζ 函数延拓的一种方式; 稍后我们将看到更为成熟的方法 VII.3 小节.

(106) 例如像欧拉曾写出过的, $\zeta(-1) = \frac{-1}{12}$, 从而 $1+2+3+4+5+\cdots = -\frac{1}{12}$.

[33] 我们也常说为 "逐点收敛" "逐点的极限".

• 对每个有限的子集 $I \subset X$ 有 $(f_n(x))_{x\in I} \to (f(x))_{x\in I}$; [164]

• 对每个有限子集 $I \subset X$ 和 Y^I 的每个包含了 $(f(x))_{x\in I}$ 的形如 $U = \prod_{x\in I} U_x$ 的开集, 存在 $N \in \mathbf{N}$ 使得当 $n \geqslant N$ 时有 $(f_n(x))_{x\in I} \in U$;

• 对于每个有限子集即 $I \subset X$ 和 Y^I 的每个包含了 $(f(x))_{x\in X}$ 的形如 $U = (\prod_{x\in I} U_x) \times (\prod_{x\notin I} Y)$ 的开集, 存在 $N \in \mathbf{N}$ 使得当 $n \geqslant N$ 时有 $(f_n(x))_{x\in X} \in U$;

• 在 Y^X 中 $f_n \to f$.

按照下面的习题, 在从 $\mathbf{R}$ 到 $\mathbf{C}$ 的函数集 $\mathbf{C}^{\mathbf{R}}$ 中的连续函数对于乘积拓扑而言是稠密的. 然而贝尔证明了从 $\mathbf{R}$ 到 $\mathbf{C}$ 的连续函数的单极限至少在一点连续. 因此存在 $\mathbf{C}^{\mathbf{R}}$ 中不是一个连续函数序列的单极限的元, 但这只有当 $\mathbf{C}^{\mathbf{R}}$ 上的拓扑不能由距离定义时这才有可能. 这便解释了, 存在是连续函数的单极限的单极限的函数, 但却并不是连续函数的单极限的现象 (习题 II.1.11). 」

习题 16.1. — 证明从 $\mathbf{R}$ 到 $\mathbf{C}$ 的连续函数的集合在 $\mathbf{C}^{\mathbf{R}}$ (具有乘积拓扑) 中稠密.

16.2. 一致收敛性

设 X 为一集合, Y 是个度量空间 (譬如 $Y = \mathbf{C}$). 又设 f 和 $f_n, n \in \mathbf{N}$ 是 X 到 Y 中的函数, 称 f_n 在 X 上一致收敛于 f 或者称 f 是 f_n 的一致极限是说有 $\lim_{n\to+\infty}(\sup_{x\in X} d_Y(f(x), f_n(x))) = 0$. 也可将其以下面的方式重新叙述为: 对于每个 $\varepsilon > 0$ 存在 $N = N(\varepsilon)$ 使得当每个 $n \geqslant N$ 和所有 $x \in X$ 时有 $d_Y(f(x), f_n(x)) < \varepsilon$.

它与单收敛性的差别是 $N(\varepsilon)$ 对于每个 $x \in X$ 都是相同的; 特别地, 一致收敛蕴含了单收敛.

• 如果 X 是个拓扑空间, 而 $f_n \to f$ 在 X 上一致收敛, 并且对每个 n, f_n 在 x_0 连续, 则 f 也在 x_0 连续. 如果这些 f_n 在 X 上连续, 则 f 在 X 上连续.

「设 $\varepsilon > 0$, 而 $n \in \mathbf{N}$ 使得 $\sup_{x\in X} d_Y(f(x), f_n(x)) < \varepsilon$. 由于 f_n 在 x_0 连续, 故存在 X 的包含 x_0 的开集 V 使得 $d_Y(f_n(x), f_n(x_0)) < \varepsilon$. 因此对于所有 $x \in V$ 有

$$d_Y(f(x), f(x_0)) \leqslant d_Y(f(x), f_n(x)) + d_Y(f_n(x), f_n(x_0)) + d_Y(f_n(x_0), f(x_0)) < 3\varepsilon.$$

由此推出 f 在 x_0 的连续性. 第二个断言也立即得到. 」

习题 16.2. — 设 $u = (u_k)_{k\in\mathbf{N}}$ 和 $u^{(n)} = (u_k^{(n)})_{k\in\mathbf{N}}, n \in \mathbf{N}$ 为在 $\mathbf{C}$ 中取值的序列. 假定 $u^{(n)} \to u$ 在 N 上一致收敛, 且对每个 n, $\lim_{k\to+\infty} u_k^{(n)} = 0$. 证明 $\lim_{k\to+\infty} u_k = 0$.

习题 16.3. — (i) 证明 $(a_n)_{n\in\mathbf{N}} \mapsto \sum_{n\in\mathbf{N}} \frac{a_n}{10^{n+1}}$ 在 $\{0,1,\ldots,9\}^{\mathbf{N}}$ 上连续.

(ii) 由此推断 $[0,1]$ 为紧集.

如果 X 为集合, Y 为度量空间. 称函数序列 $f_n : X \to Y$ 满足在 X 上的柯西一致性判别准则是说, 如果 $\lim_{n\to+\infty}(\sup_{x\in X, p\in\mathbf{N}} d_Y(f_n(x), f_{n+p}(x))) = 0$.

• 如果 X 为拓扑空间, Y 为完备度量空间, 并且 $(f_n)_{n\in\mathbf{N}}$ 是 X 到 Y 的一个满足柯 [165]

西判别准则的连续函数序列, 则 $(f_n)_{n\in\mathbf{N}}$ 有一个连续的单极限 f, 并且 f_n 在 X 上一致收敛于 f.

「如果 $x\in X$, 则由于 Y 为完备的, 且 $(f_n(x))_{n\in\mathbf{N}}$ 是个柯西序列, 从而有一个极限 $f(x)$. 令 $\delta_n=\sup_{x\in X,p\in\mathbf{N}} d_Y(f_{n+p}(x),f_n(x))$; 由假定, 我们有 $\delta_n\to 0$. 取极限表明对所有的 x 有 $d_Y(f(x),f_n(x))\leqslant\delta_n$, 并且因为 $\delta_n\to 0$, 这证明了 $f_n\to f$ 是在 X 上一致的. 而连续函数的一致极限仍是连续的, 故得结论. 」

习题 16.4. — 设 $(E,\|\ \|)$ 是个赋范向量空间 (在 $\mathbf{R}$ 或 $\mathbf{C}$ 上). 称 $f:E\to\mathbf{C}$ *在无穷远趋向* ℓ 是说, 对于任意的 $\varepsilon>0$ 存在 $M>0$ 使得对于满足 $\|x\|>M$ 的所有 x 有 $|f(x)-\ell|<\varepsilon$. 设 f 和对 $n\in\mathbf{N}$ 的 f_n 都是从 E 到 $\mathbf{C}$ 的函数. 假定 $f_n\to f$ 在 E 上一致收敛, 且 f_n 在无穷远趋向 ℓ_n. 证明 $(\ell_n)_{n\in\mathbf{N}}$ 有极限 $\ell\in\mathbf{C}$, 而 f 在无穷远趋向 ℓ.

习题 16.5. — 设 $f:[0,1]\to\mathbf{C}$ 连续.

(i) 证明 $f_n=\sum_{i=0}^{2^n-1}f(\frac{i}{2^n})\mathbf{1}_{[i/2^n,(i+1)/2^n[}$ 在 $[0,1[$ 上一致趋向 f.

(ii) 证明 $u_n=\frac{1}{2^n}\sum_{i=0}^{2^n-1}f(\frac{i}{2^n})$ 当 $n\to+\infty$ 时有极限 (柯西积分的定义).

17. 赋范向量空间

17.1. 赋范域

设 K 为域, K 上的一个*范数*是指从 K 到 $\mathbf{R}_+$ 的一个映射 $x\mapsto|x|$, 它满足如下的三个性质:

$$\text{(i) } |x|=0\Leftrightarrow x=0,\quad \text{(ii) } |xy|=|x||y|,\quad \text{(iii) } |x+y|\leqslant|x|+|y|.$$

称一个满足不等式 $|x+y|\leqslant\sup(|x|,|y|)$ 的范数为*超度量*.

这一类的域的例子显然有具有通常范数的 $\mathbf{R}$ 和 $\mathbf{C}$, 但也有其他的一些, 譬如将在 20.4 小节中看到的, 被赋予了范数 $|\ |_p$ 的 p-adic 数的域 $\mathbf{Q}_p$, 或者 §V.1 中的环 $K[[T]]$ 的分式域 $K((T))$. 奥斯特洛夫斯基定理 (定理 G.2.1) 对所有能赋予 $\mathbf{Q}$ 上的范数进行了分类.

如果 K 是一个有范数 $|\ |$ 的域, 而 x,y 是 K 的两个元; 令 $d(x,y)=|x-y|$. 那么范数的性质 (i)—(iii) 使得 d 成为 K 上的一个距离, 因而定义了 K 上的一个拓扑. 称域 K 上的两个距离是等价的是说它们定义了 K 上同一个拓扑. 称一个范数是*平凡的*是说它在 K 上诱导的拓扑是离散的 (于是对于任意的 $x\neq 0$ 有 $|x|=1$). 称 K 是*完备的*是说对于这个距离 d 而言是完备的 ($\mathbf{R}$ 和 $\mathbf{C}$ 是完备的; $\mathbf{Q}_p$ 和 $K((T))$ 也是).

17.2. 范数与连续线性映射

设 $(\mathbf{K},|\ |)$ 为一个完备的赋范域 (譬如, $\mathbf{R}$ 或 $\mathbf{C}$). 如果 E 是 $\mathbf{K}$ 上的一个向量空间, E 上的一个*范数* $\|\ \|$ 是指一个从 E 到 $\mathbf{R}_+$ 的映射 $x\mapsto\|x\|$, 满足

(i) $\|x\| = 0$ 当且仅当 $x = 0$;

(ii) 如果 $x \in E$, $\lambda \in \mathbf{K}$, 则 $\|\lambda x\| = |\lambda| \cdot \|x\|$; [166]

(iii) 如果 $x, y \in E$, 则 $\|x + y\| \leqslant \|x\| + \|y\|$.

如果 $\|\ \|$ 是 E 上的一个范数, 则由 $d(x, y) = \|x - y\|$ 定义的 $d : E \times E \to \mathbf{R}_+$ 是 E 上的一个距离, 从而可以将一个赋范向量空间 $(E, \|\ \|)$ 看成是度量空间的一个特殊情形.

• 如果 $(E, \|\ \|_E)$ 和 $(F, \|\ \|_F)$ 是两个赋范向量空间, 而 $u : E \to F$ 是个线性映射, 则下面的条件等价:

(i) u 连续;

(ii) u 一致连续;

(iii) 存在 $M \in \mathbf{R}_+$ 使得对于任意的 $x \in E$ 有 $\|u(x)\|_F \leqslant M \cdot \|x\|_E$.

「如果 u 连续, F 的包含 0 的开单位球在 E 中的逆像从而是 E 中包含了 0 的一个邻域, 因此包含了一个开球 $B(0, r^-)$, $r > 0$. 换言之, $\|x\|_E < r$ 蕴含了 $\|u(x)\|_F < 1$, 因此对于任意的 $x \in E - \{0\}$ 有

$$\|u(x)\|_F = \frac{\|x\|_E}{r} \cdot \|\frac{r}{\|x\|_E} u(x)\|_F \leqslant \frac{\|x\|_E}{r}.$$

由此得到蕴含关系 (i)⇒ (iii)(这里的 $M = \frac{1}{r}$). 现在, 如果对于任意的 $x \in E$ 有 $\|u(x)\|_F \leqslant M \cdot \|x\|_E$, 于是 u 满足对 M 的利普希茨条件, 从而一致连续. 由此得到蕴含关系 (iii)⇒ (ii), 而 (ii)⇒ (i) 是显见的, 故得结论. 」

• 如果 $(E, \|\ \|_E)$ 和 $(F, \|\ \|_F)$ 是两个赋范向量空间, 其中 F 完备, 而 $u : E \to F$ 为连续的线性映射, 则 u 可连续地延拓为从 E 的完备化 $\widehat{E}$ 到 F 的一个连续的线性映射.

「这是 $\widehat{E}$ 的泛性质的推论. 」

17.3. 算子的范数

如果 $(E, \|\ \|_E)$ 和 $(F, \|\ \|_F)$ 是两个赋范向量空间, 而 $u : E \to F$ 是个连续的线性映射, u 的*算子范数* $\|u\|$ 是指集合 $\{\|x\|_E^{-1} \|u(x)\|_F ; x \in E - \{0\}\}$ 的上确界. 因此对于任意的 $x \in E$ 有 $\|u(x)\|_F \leqslant \|u\| \cdot \|x\|_E$, 而 $\|u\|$ 是具有这个性质的最小实数.

• 算子范数是由 E 到 F 中的连续的线性映射的向量空间 $\mathrm{Hom}(E, F)$ 的一个范数.

「如果 $\|u\| = 0$, 则对每个 x, $u(x) = 0$, 故 $u = 0$. 如果 $u \in \mathrm{Hom}(E, F), \lambda \in \mathbf{K}$, 则

$$\begin{aligned}\|\lambda u\| &= \sup_{x \in E - \{0\}} \|x\|_E^{-1} \|\lambda u(x)\|_F = \sup_{x \in E - \{0\}} |\lambda| \cdot \|x\|^{-1} \|u(x)\|_F \\ &= |\lambda| \sup_{x \in E - \{0\}} \|x\|_E^{-1} \|u(x)\|_F = |\lambda| \cdot \|u\|.\end{aligned}$$

注意到此便有, 如果 $u, v \in \mathrm{Hom}(E, F)$, 则

$$\begin{aligned}\|u+v\| &= \sup_{x\in E-\{0\}} \|x\|_E^{-1}\|u(x)+v(x)\|_F \leqslant \sup_{x\in E-\{0\}} \|x\|_E^{-1}(\|u(x)\|_F+\|v(x)\|_F)\\ &\leqslant (\sup_{x\in E-\{0\}} \|x\|_E^{-1}\|u(x)\|_F) + (\sup_{x\in E-\{0\}} \|x\|_E^{-1}\|v(x)\|_F) = \|u\|+\|v\|.\end{aligned}$$

」

[167] • 算子范数是 E 的连续的线性自同态环 $\mathrm{End}(E)$ 上的一个代数范数.

「考虑到上一个 •, 我们只需验证不等式 $\|u\circ v\| \leqslant \|u\|\cdot\|v\|$. 那么按照 $\|u\|$ 和 $\|v\|$ 的定义, 对于每个 $x\in E$ 我们有 $\|u\circ v(x)\|_E \leqslant \|u\|\cdot\|v(x)\|_E \leqslant \|u\|\cdot\|v\|\cdot\|x\|_E$. 于是得到所要的不等式. 」

习题 17.1. — (i) 我们赋予 $E=\mathbf{R}^n$ 或者 $\mathbf{C}^n$ 一个范数 $\|\ \|_\infty$, 其定义为 $\|x\|_\infty = \sup_{1\leqslant j\leqslant n}|x_j|$, 其中 $x=(x_1,\ldots,x_n)$. 设 $u: E\to E$ 为线性的, 而 $(a_{i,j})_{1\leqslant i,j\leqslant n}$ 是 u 的矩阵. 证明 $\|u\|_\infty = \sup_{1\leqslant i\leqslant n}\sum_{j=1}^n |a_{i,j}|$.

(ii) 证明 $1-u$ 当 $1\leqslant i\leqslant n$ 有 $\sum_{j=1}^n |a_{i,j}|<1$ 时可逆.(将 $(1-u)^{-1}$ 表达为 u 的一个级数.)

17.4. 范数的等价

E 上的两个范数 $\|\ \|_1$ 和 $\|\ \|_2$ 等价是说, 从 $(E,\|\ \|_1)$ 到 $(E,\|\ \|_2)$ 的恒同映射是个同胚 (即它与它的逆均连续). 根据前一小节, 这等价于存在 $C>0$ 使得对于所有的 $x\in E$ 成立 $C^{-1}\|x\|_1 \leqslant \|x\|_2 \leqslant C\|x\|_1$.

• 设 E 为 $\mathbf{K}$ 上的有限维向量空间. 则 E 上的所有范数均等价, 并且 E 在它们中任一个范数下都是完备的.

「由于 $\mathbf{K}$ 为完备的, 故只需证明 E 上的每个范数都等价于范数 $\|\ \|_\infty$ 即可, 这里

$$\|x_1e_1+\cdots+x_ne_n\|_\infty = \sup(|x_1|,\ldots,|x_n|).$$

为此对 E 的维数进行归纳. 如果它的维数等于 1, 则无需证. 不然, 设 $\|\ \|$ 为 E 上的一个范数. 由三角不等式得到

$$\|x_1e_1+\cdots+x_ne_n\| \leqslant (\|e_1\|+\cdots+\|e_n\|)\sup(|x_1|,\ldots,|x_n|),$$

这证明了左边的不等式. 对另一边用归谬法证明. 假设存在一个序列 $x_1^{(k)}e_1+\cdots+x_n^{(k)}e_n$ 在范数 $\|\ \|$ 下趋向 0 但在 $\|\ \|_\infty$ 下不趋向 0. 于是存在 $C>0$, $i\in\{1,\ldots,n\}$, 和一个无限子序列使得有 $|x_i^{(k)}|\geqslant C$, 从而通项为 $v_k=\frac{x_1^{(k)}}{x_i^{(k)}}e_1+\cdots+\frac{x_n^{(k)}}{x_i^{(k)}}e_n$ 的序列在 $\|\ \|$ 下也趋向 0. 由此得到 e_i 位于 $W=\mathrm{Vect}(e_1,\ldots,e_{i-1},e_{i+1},\ldots,e_n)$ 的闭包中, 按归纳假定它为完备的, 这表明 $e_i\in W$, 但因这些 e_i 是 E 的一组基, 故不可能. 」

- 上面的那个断言在无穷维时是绝对错误的: 在无穷维的空间 E 上的范数不都是等价的(107), 而 E 可能在它们中某个范数下为完备的, 但在它们中 "相当多的范数" 下不是完备的.

习题 17.2. — 设 $E=\mathscr{C}([0,1])$ 为从 $[0,1]$ 到 $\mathbf{C}$ 的连续函数空间. [168]

(i) 证明, 如果 $\phi\in E$, 则 $\|\phi\|_\infty=\sup_{x\in[0,1]}|\phi(x)|$ 有限, 并且 $\|\ \|_\infty$ 是 E 上使得 E 为完备的一个范数.

(ii) 证明定义为 $\|\phi\|_1=\int_0^1|\phi(t)|dt$ 的 $\|\ \|_1$ 是 E 上的一个范数, 在其下 E 不是完备的.

(iii) 范数 $\|\ \|_\infty$ 与 $\|\ \|_1$ 等价吗?

习题 17.3. — (i) 证明, 如果 $\mathscr{T}_1$ 和 $\mathscr{T}_2$ 是 X 上的两个拓扑, 则 $\mathscr{T}_1$ 细于 $\mathscr{T}_2$ 当且仅当 $\mathrm{id}:(X,\mathscr{T}_1)\to(X,\mathscr{T}_2)$ 连续.

(ii) 设 $\mathscr{T}_1$ 是具有紧支集的连续函数空间 $\mathscr{C}_c(\mathbf{R})$ 上的一个拓扑, 它由范数 $\|\ \|_1$ 定义, 而 $\mathscr{T}_\infty$ 由 $\|\ \|_\infty$ 定义. 证明这两个拓扑 $\mathscr{T}_1$ 和 $\mathscr{T}_\infty$ 谁也不比谁细.

17.5. 算子的谱范数

设 $(E,\|\ \|)$ 是个赋范向量空间, 而 $u:E\to E$ 为连续的线性映射; 记 u 的 n 重复合 $u\circ u\circ\cdots\circ u$ 为 u^n.

- 序列 $(\|u^n\|^{1/n})_{n\geqslant 1}$ 有极限, 称此极限为算子 u 的谱范数[34], 并记为 $\|u\|_{\mathrm{sp}}$.

「 我们有 $\|u^{n+m}\|\leqslant\|u^n\|\cdot\|u^m\|$, 其中任意 $n,m\geqslant 1$; 下面的习题 17.4, 经过取对数, 证明了序列 $(\|u^n\|^{1/n})_{n\geqslant 1}$ 有极限. 」

习题 17.4. — 设 $(a_n)_{n\geqslant 1}$ 是一个实数序列. 假设对于所有的 $n,k\geqslant 1$ 成立 $a_{n+k}\leqslant a_n+a_k$. 证明序列 $(\frac{a_n}{n})_{n\geqslant 1}$ 有极限.

- 如果 $\|\ \|_1$ 和 $\|\ \|_2$ 是 E 上的两个等价的范数, 则 $\|u\|_{1,\mathrm{sp}}=\|u\|_{2,\mathrm{sp}}$, 其中 $u:E\to E$ 为任意连续的线性映射 (对于 $\|\ \|_1$ 和 $\|\ \|_2$, 这两个条件等价).

「 等价性表明, 对于所有 $x\in E$ 存在 $C>1$ 使得 $C^{-1}\|x\|_1\leqslant\|x\|_2\leqslant C\|x\|_1$. 由此得到 $\|u^n\|_2=\sup_{x\neq 0}\frac{\|u^n(x)\|_2}{\|x\|_2}\leqslant\sup_{x\neq 0}\frac{C\|u^n(x)\|_1}{C^{-1}\|x\|_1}=C^2\|u^n\|_1$. 因此对于 $n\geqslant 1$ 有 $\|u^n\|_2^{1/n}\leqslant C^{2/n}\|u^n\|_1^{1/n}$, 再取极限便给出了不等式 $\|u\|_{2,\mathrm{sp}}\leqslant\|u\|_{1,\mathrm{sp}}$. 相反的不等式只要调换 $\|\ \|_1$ 和 $\|\ \|_2$ 的位置便可得到. 」

- 如果(108) $\mathbf{K}=\mathbf{R}$ 或 $\mathbf{C}$, 且 E 是有限维的, 则 $\|u\|_{\mathrm{sp}}=\sup_{\lambda\in\mathrm{Spec}\,u}|\lambda|$.

---

(107)泛函分析中的基本问题之一正是选取所考虑问题的一个有界的范数函数.

(108)这个断言当 $\mathbf{K}$ 是任意完备赋范域时也成立, 但其证明需要延拓 $|\ |$ 到 $\mathbf{K}$ 的一个包含 u 的特征值的扩域上; 为此可利用在 20.4.5 中的技术.

[34]我们常称其为 "谱模".

「由于 E 为有限维的, 所有的范数均等价, 从而根据上一个 • 可以选用任一个范数来计算 $\|\ \|_{\mathrm{sp}}$.

先假设 $\mathbf{K}=\mathbf{C}$. 取 u 的矩阵为若尔当形式, 这表明存在一组基 $e_{\lambda,i}$, 其中 λ 带重数地遍历 $\operatorname{Spec} u$, 而 $1\leqslant i\leqslant a(\lambda)$ (从而 $\sum_\lambda a_\lambda=\dim E$), 满足 $u(e_{\lambda,i})=\lambda e_{\lambda,i}+e_{\lambda,i-1}$ (按约定, 当 $j\leqslant 0$ 时 $e_{\lambda,j}=0$). 于是对于所有的 $n\geqslant 1$ 和所有的 $i\leqslant a(\lambda)$, 有 $u^n(e_{\lambda,i})=\sum_{j\leqslant a(\lambda)-1}\binom{n}{j}\lambda^{n-j}e_{\lambda,i-j}$. 赋予 E 以范数 $\|\sum_{\lambda,i}x_{\lambda,i}e_{\lambda,i}\|=\sup_{\lambda,i}|x_{\lambda,i}|$. 选取 $\mu\in\operatorname{Spec} u$ 使得 $|\mu|$ 为 $\{|\lambda|,\lambda\in\operatorname{Spec} u\}$ 中最大者, 那么我们必须证明 $\|u\|_{\mathrm{sp}}=|\mu|$.

• $u^n(e_{\mu,1})=\mu^n e_{\mu,1}$, 从而对于 $n\geqslant 1$, $\|u^n\|\geqslant|\mu|^n$, 即 $\|u^n\|^{1/n}\geqslant|\mu|$. 由此得到 $\|u\|_{\mathrm{sp}}\geqslant|\mu\|$.

[169] • 如果 $x=\sum_{\lambda,i}x_{\lambda,i}e_{\lambda,i}$, 则 $\|u^n(x)\|\leqslant\|x\|\sum_{\lambda,i}\|u^n(e_{\lambda,i})\|$. 现在, 如果 $a=\sup_\lambda a(\lambda)$, 则有 $\|u^n(e_{\lambda,i})\|\leqslant\sum_{j\leqslant a(\lambda)-1}\binom{n}{j}|\lambda|^{n-j}\leqslant|\mu|^n\sum_{j\leqslant a-1}\binom{n}{j}=|\mu|^n\binom{n+1}{a-1}$. 因此得到 $\|u^n\|\leqslant(\dim E)|\mu|^n\binom{n+1}{a-1}$; 对其取 n 次根并取极限便证明了 $\|u\|_{\mathrm{sp}}\leqslant|\mu|$.

$\mathbf{K}=\mathbf{C}$ 的情形断言得证. 如果 $\mathbf{K}=\mathbf{R}$, 则可选取基使得 $E=\mathbf{R}^n$, 并赋予范数 $\|\ \|_\infty$. 如果 $u:E\to E$ 为线性的, 记 $u_{\mathbf{C}}:\mathbf{C}^n\to\mathbf{C}^n$ 为一个 $\mathbf{C}$-线性映射使得其矩阵为 u 原来的矩阵. 由习题 17.1, 则有 $\|u\|_\infty=\|u_{\mathbf{C}}\|_\infty$. 利用对于 u^n 的这个恒等式, 然后取 n 次根, 并取极限, 便得到 $\|u\|_{\mathrm{sp}}=\|u_{\mathbf{C}}\|_{\mathrm{sp}}$, 从而化为上面处理过的 $\mathbf{K}=\mathbf{C}$ 的情形. 」

习题 17.5. — (i) 设 $u=\begin{pmatrix}0&1\\0&0\end{pmatrix}$ 和 $v=\begin{pmatrix}0&0\\1&0\end{pmatrix}$ (作用在 $E=\mathbf{R}^2$ 上). 计算 $\|u\|_{\mathrm{sp}},\|v\|_{\mathrm{sp}},\|uv\|_{\mathrm{sp}}$ 和 $\|u+v\|_{\mathrm{sp}}$.

(ii) 设 $(E,\|\ \|_{\mathrm{sp}})$ 是一个赋范向量空间, 而 u,v 为 E 上的两个连续的线性算子, 并且它们可交换. 证明 $\|uv\|_{\mathrm{sp}}\leqslant\|u\|_{\mathrm{sp}}\|v\|_{\mathrm{sp}}$, 以及 (难题)$\|u+v\|_{\mathrm{sp}}\leqslant\|u\|_{\mathrm{sp}}+\|v\|_{\mathrm{sp}}$ (可以化成 $\|u\|_{\mathrm{sp}}<1$ 和 $\|v\|_{\mathrm{sp}}<1$ 的情形).

17.6. 赋范向量空间的单位球

假设 $\mathbf{K}=\mathbf{R}$ 或 $\mathbf{C}$.

• 如果 E 是有限维的, 则单位闭球是个紧集.

「按定义, 单位闭球有界, 又因为它是闭的, 且是在有限维空间中, 故为紧集. 」

• 设 E 为赋范向量空间. 如果单位闭球 $B(0,1)$ 是个紧集, 则 E 是个有限维空间 (里斯 (Riesz) 定理,1918).

「如果 $B(0,1)$ 为紧集, 则可以从 $B(0,1)$ 的覆盖 $B(x,(\frac{1}{2})^-)$, $x\in B(0,1)$ 中取出一个有限覆盖. 换言之, 可以找到 E 的一个有限子集 $\{e_i,i\in I\}$ 使得 $B(0,1)\subset\cup_{i\in I}B(e_i,\frac{1}{2})$. 我们来证明这些 $(e_i)_{i\in I}$ 生成的空间 E' 等于 E, 从而断言得证. 由于 E' 为闭集, 而其维数有限, 故完备 (17.4 小节), 因而只需证明 E' 在 E 中是稠密的即可. 于是设 $x\in E$, 且设有 $a\in\mathbf{R}$ 和 $y\in E'$ 使得 $\|x-y\|\leqslant 2^{-a}$ (存在这样的一对数:

只要取 $y=0$, 而 a 足够小到使 $\|x\|\leqslant 2^{-a}$). 于是有 $2^a(x-y)\in B(0,1)$, 并且由族 $(e_i)_{i\in I}$ 的定义知存在 $i\in I$ 使得 $\|2^a(x-y)-e_i\|\leqslant \frac{1}{2}$. 于是便有 $y'=y+2^{-a}e_i\in E'$ 以及 $\|x-y'\|\leqslant 2^{-a-1}$, 这使得我们可以归纳地构造出一个 E' 中的序列 $(y_n)_{n\in\mathbf{N}}$, 它满足 $\|x-y_n\|\leqslant 2^{-n-a}$, 从而证明了 x 在 E' 的闭包中. 断言得证. 」

习题 17.6. — 设 $\mathbf{K}$ 为一个完备赋范域, E 是一个 $\mathbf{K}$-赋范向量空间.

(i) 证明 $\mathbf{K}$ 为局部紧的当且仅当 $B(0,1)$ 为紧的.

(ii) 证明如果 $\mathbf{K}$ 为局部紧的且 E 为有限维的, 则 $B_E(0,1)$ 为紧的.

(iii) 证明, 反过来, 如果 $B_E(0,1)$ 为紧的, 则 $\mathbf{K}$ 为局部紧的且 E 为有限维的.

17.7. 双线性连续映射 [170]

如果 $(E_1,\|\ \|_1)$ 和 $(E_2,\|\ \|_2)$是两个赋范向量空间, 那么拓扑空间 $E_1\times E_2$ 仍然是一个赋范向量空间, 它的乘积拓扑就是与范数 $\|(x_1,x_2)\|=\sup(\|x_1\|_1,\|x_2\|_2)$ 相伴的拓扑, 或者相伴于其他与此等价的范数, 譬如 $\|(x_1,x_2)\|=(\|x_1\|_1^2+\|x_2\|_2^2)^{1/2}$.

• 设 $(E_1,\|\ \|_1)$, $(E_2,\|\ \|_2)$ 和 $(F,\|\ \|_F)$ 是赋范向量空间, $b:E_1\times E_2\to F$ 为双线性映射. 则

(i) b 连续当且仅当存在 $C>0$ 使得 $\|b(x_1,x_2)\|_F\leqslant C\cdot\|x_1\|_1\cdot\|x_2\|_2$, 其中任意 $x_1\in E_1, x_2\in E_2$.

(ii) 如果 F 完备, b 连续, 则 b 可连续地延拓为从 $E_1\times E_2$ 的完备化 $\widehat{E_1}\times\widehat{E_2}$ 到 F 的一个双线性映射.

「 如果 b 连续, 则存在 $r_1,r_2>0$ 使得 $b^{-1}(B_F(0,1^-))$ 包含了 $B_{E_1}(0,r_1^-)\times B_{E_2}(0,r_2^-)$. 换言之, 当 $\|x_1\|_1<r_1$ 和 $\|x_2\|_2<r_2$ 时, $\|b(x_1,x_2)\|_F<1$. 双线性性表明

$$\|b(x_1,x_2)\|_F=\frac{\|x_1\|_1\cdot\|x_2\|_2}{r_1r_2}\|b(\frac{r_1}{\|x_1\|_1}x_1,\frac{r_2}{\|x_2\|_2}x_2)\|_F\leqslant\frac{\|x_1\|_1\cdot\|x_2\|_2}{r_1r_2}.$$

反之, 如果存在 $C>0$ 使得 $\|b(x_1,x_2)\|_F\leqslant C\cdot\|x_1\|_1\cdot\|x_2\|_2$, 其中任意 $x_1\in E_1$, $x_2\in E_2$, 于是

$$\|b(x_1+h_1,x_2+h_2)-b(x_1,x_2)\|_F\leqslant C(\|x_1\|_1\cdot\|h_2\|_2+\|h_1\|_1\cdot\|x_2\|_2+\|h_1\|_1\cdot\|h_2\|_2),$$

这表明 b 在 $B_{E_1}(x_1,1^-)\times B_{E_2}(x_2,1^-)$ 上满足对于 $C\cdot(\|x_1\|_1+\|x_2\|_2+1)$ 的利普希茨条件. 于是证明了 b 连续 (从而完成了 (i) 的证明), 然后便可由 14.3 小节的第二个 • 推出 (ii). 」

习题 17.7. — 设 $\mathbf{K}$ 是个完备赋范域.

(i) 证明 $(a,b)\mapsto a+b$ 和 $(a,b)\mapsto ab$ 在 $\mathbf{K}^2$ 上连续.

(ii) 证明, 如果 X 为一拓扑空间, 而 $f:X\to\mathbf{K}$ 和 $g:X\to\mathbf{K}$ 连续, 则 $f+g:X\to\mathbf{K}$ 和 $fg:X\to\mathbf{K}$ 连续.

18. 准希尔伯特空间

在本节中总假定 $\mathbf{K}=\mathbf{R}$ 或 $\mathbf{C}$.

18.1. 标量积

设 E 是 $\mathbf{K}$ 上的一个向量空间.

• E 上的一个标量积[35]是指一个映射 $\langle,\rangle : E\times E\to\mathbf{K}$, 它是:

—半双线性的, 也就是说, 对于 y 是线性的 (即 $\langle x,y_1+y_2\rangle=\langle x,y_1\rangle+\langle x,y_2\rangle$ 和 $\langle x,\lambda y\rangle=\lambda\langle x,y\rangle$, 其中 $\lambda\in\mathbf{K},x,y,y_1,y_2\in E$) 并且对于 x 是半线性的(109) (即 $\langle x_1+x_2,y\rangle=\langle x_1,y\rangle+\langle x_2,y\rangle$ 和 $\langle\lambda x,y\rangle=\bar{\lambda}\langle x,y\rangle$, 其中 $\lambda\in\mathbf{K},x,y,x_1,x_2\in E$);

—对称的[36], 即对于任意的 $x,y\in E$, $\langle y,x\rangle=\overline{\langle x,y\rangle}$;

—正定的, 即对于任意的 $x\in E$ 有 $\langle x,x\rangle\geqslant 0$, 并且 $\langle x,x\rangle=0$ 当且仅当 $x=0$.

[171] • 准希尔伯特空间是指赋予了一个标量积的向量空间. 如果 E 是准希尔伯特空间, 定义 $\|\ \|:E\to\mathbf{R}$ 为 $\|x\|=\langle x,x\rangle^{1/2}$. 那么 $\|\ \|$ 是个范数, 并对所有的 $x,y\in E$ 有 $|\langle x,y\rangle|\leqslant\|x\|\cdot\|y\|$ (柯西–施瓦茨不等式): $\mathbf{R}$-双线性映射 $(x,y)\mapsto\langle x,y\rangle$ 是从 $E\times E$ 到 $\mathbf{K}$ 的连续映射.

「$\|x+ty\|^2=\|x\|^2+2t\mathrm{Re}(\langle x,y\rangle)+t^2\|y\|^2$ 对于所有的 $t\in\mathbf{R}$ 总 $\geqslant 0$; 从而其判别式 $\leqslant 0$, 于是对于 $x,y\in E$ 给出 $|\mathrm{Re}(\langle x,y\rangle)|\leqslant\|x\|\cdot\|y\|$. 选取 $\theta\in\mathbf{R}$ 使得 $e^{-i\theta}\langle x,y\rangle\in\mathbf{R}_+$. 以 $e^{i\theta}x$ 和 y 替代 x,y 来用前面的不等式, 得到 $|\langle x,y\rangle|=\mathrm{Re}(\langle e^{i\theta}x,y\rangle)\leqslant\|e^{i\theta}x\|\cdot\|y\|$; 柯西–施瓦茨不等式得证. 三角不等式可如下得到:

$$\|x+y\|^2=\|x\|^2+2\,\mathrm{Re}(\langle x,y\rangle)+\|y\|^2\leqslant\|x\|^2+2\|x\|\cdot\|y\|+\|y\|^2=(\|x\|+\|y\|)^2.$$

恒等式 $\|\lambda x\|=|\lambda|\|x\|$ 直接可得, 于是 $\|\ \|$ 是个范数. 证完. 」

• 分别赋予通常的标量积 $\langle x,y\rangle=\sum_{i=1}^n\bar{x}_iy_i$ 和 $\langle x,y\rangle=\sum_{i=1}^n x_iy_i$ 的 $\mathbf{C}^n$ 和 $\mathbf{R}^n$ 都是准希尔伯特空间. 如果利用恒等关系 $\mathbf{K}^n=M_{n\times 1}(\mathbf{K})$, 则通常的标量积也可写成 $\langle X,Y\rangle={}^{\mathrm{t}}\overline{X}Y$ (分别地, $\langle X,Y\rangle={}^{\mathrm{t}}XY$), 其中 $X={}^{\mathrm{t}}(x_1,\ldots,x_n)$, $Y={}^{\mathrm{t}}(y_1,\ldots,y_n)$ 是 $\mathbf{C}^n$ (分别地, $\mathbf{R}^n$) 中的元.

• 如果 E 是个实的准希尔伯特空间, 则可将 E 上的标量积 $\langle\ \rangle$ 延拓到 E 的复化 $E_{\mathbf{C}}=E\oplus iE$ 上: 令 $\langle x'+iy',x+iy\rangle_{\mathbf{C}}=\langle x,x'\rangle-i\langle y',x\rangle+i\langle x',y\rangle+\langle y',y\rangle$, 它使得 E_C 成了一个复准希尔伯特空间.

习题 18.1. — 证明 $(f,g)\mapsto\langle f,g\rangle=\int_0^1\overline{f(t)}g(t)dt$ 是 $\mathscr{C}([0,1])$ 上的一个标量积.

(109) 如果 $\mathbf{K}=\mathbf{R}$, 则 $\bar{x}=x$, 从而半双线性就是双线性.

[35] 也常称为内积.

[36] 我们常称其为“共轭对称”, 以示与“对称”的区别. 请读者注意.

18.2. 正交性

以下总假定 E 是个实的或复的准希尔伯特空间.

- 如果 $\langle x,y\rangle = 0$, 则称 $x,y \in E$ 正交. 如果 x,y 正交, 则它们满足毕达哥拉斯关系[110] $\|x+y\|^2 = \|x\|^2 + \|y\|^2$. 在一般情形, 它满足中位数恒等式 $\|x\|^2 + \|y\|^2 = 2\|\frac{x+y}{2}\|^2 + \frac{1}{2}\|x-y\|^2$, 这只要展开右端便立即得证.

- 称 E 中的一个族 $(e_i)_{i\in I}$ 法正交是说, 对于每个 i 有 $\|e_i\| = 1$, 而且对于 $i \neq j$, e_i 和 e_j 正交. 于是对于 $x = \sum_{i\in I} x_i e_i$ 和 $y = \sum_{i\in I} y_i e_i$, 其中 $(x_i)_{i\in I}, (y_i)_{i\in I} \in \mathbf{K}^{(I)}$, 有 $\langle x,y\rangle = \sum_{i\in I} \bar{x}_i y_i$, 而 $\|x\| = \sum_{i\in I} |x_i|^2$.

- 如果 F 是 E 的一个向量子空间, 且 $x \in E$, 则最多存在 F 的一个元 $p_F(x)$ 使得 $x - p_F(x)$ 与整个 F 正交; 称这个元 $p_F(x)$ (如果存在) 为 x 在 F 上的正交投影.

「如果 $y_1, y_2 \in F$ 使得 $x - y_1$ 和 $x - y_2$ 均正交于整个 F, 于是 $y_1 - y_2 = (x-y_2) - (x-y_1)$ 正交于 F, 但因为 $y_1 - y_2 \in F$, 故有 $\langle y_1 - y_2, y_1 - y_2\rangle = 0$, 它表明 $y_1 = y_2$. 」

- 如果 F 是 E 的一个有限维子空间, 并具有一组法正交基 $(e_1, \ldots, e_d)$, 于是 p_F 处处有定义, 并且 $p_F(x) = \sum_{i=1}^{d} \langle e_i, x\rangle e_i$. 特别地, 当 $x \in F$ 时, 它在基 $(e_1, \ldots, e_d)$ 下的坐标为 $\langle e_i, x\rangle$, 并且 $\|x\|^2 = \sum_{i=1}^{d} |\langle e_i, x\rangle|^2$. [172]

「设 $y = \sum_{i=1}^{d} \langle e_i, x\rangle e_i$. 则对于所有的 j 有 $\langle e_j, x-y\rangle = \langle e_j, x\rangle - \sum_{i=1}^{d} \langle e_i, x\rangle \langle e_j, e_i\rangle = 0$. 由此得到 $x - y$ 与每一个 e_j 都正交, 从而由线性性, 与整个 F 正交. 另外, 由构造知 $y \in F$, 故 $y = p_F(x)$. 得到结论. 」

- 施密特正交化过程可叙述为: 如果 $(f_i)_{i\in I}$ 是 E 的一个无关族, 其中 I 为可数集, 则可由此构造出由这些 f_i 生成的空间 F 的一组法正交基.

「通过排列 I 中的元, 问题可化成 I 是 $\mathbf{N}$ 中包含 0 的一个区间段的情形. 以 F_n 表示 F 中由 $i \leqslant n$ 的那些 f_i 生成的子空间. 现在对 n 归纳地构造 F 的一组法正交元 e_i 使得 $(e_0, \ldots, e_n)$ 为 F_n 的一组 (法正交) 基. 为此, 令 $e_0 = \frac{1}{\|f_0\|} f_0$ 并假设 $e_0, \ldots, e_{n-1}$ 已经构造好了 (从而 F_{n-1} 已有了一组法正交基); 记 $g_n = f_n - p_{F_{n-1}}(f_n)$. 因为 $f_n \notin F_{n-1}$, 而且已假设这些 f_j 是无关族, 故有 $g_n \neq 0$. 令 $e_n = \frac{1}{\|g_n\|} g_n$. 由构造知, g_n (从而 e_n) 与每个 $i \leqslant n-1$ 的 e_i 正交, 并且 $\|e_n\| = 1$, 这便完成了我们的归纳构造. 」

- E 的每个有限维的子空间都具有法正交基.

「只需应用上面的施密特正交化于任一组基即可. 」

- 如果 E 是 n 维的, 且 $e_1, \ldots, e_n$ 是 E 的一组法正交基, 则 $x \in E$ 在该组基上的坐标为 $\langle e_1, x\rangle, \ldots, \langle e_n, x\rangle$, 并且对于 $x, y \in E$, $\langle x,y\rangle = \sum_{i=1}^{n} \overline{\langle e_i, x\rangle} \langle e_i, y\rangle$; 换言之, 一个 $\mathbf{K}$ 上的 n 维准希尔伯特空间同构于具有通常标量积的 $\mathbf{K}^n$.

---

(110) 如果 $\mathbf{K} = \mathbf{R}$, 则毕达哥拉斯关系导出正交性 (毕达哥拉斯的 "定理", 可怜的毕达哥拉斯 ……); 但 $\mathbf{K} = \mathbf{C}$ 则不再能推导出: 展开 $\|x+y\|^2$, 得到 $\langle x,y\rangle + \langle y,x\rangle = 0$, 我们由此可以推出 $\langle x,y\rangle$ 是个纯虚数.

「我们有 $\langle e_i, \sum_{j=1}^{n} \lambda_j e_j \rangle = \lambda_i$. 由此推出结论. 」

- 如果 F 是 E 的一个有限维子空间, 则到 F 上的正交投射 p_F 处处有定义, 并且是线性的, 还满足 $p_F \circ p_F = p_F$; 因此这是一个像为 F, 核为 F 的正交空间 $F^{\perp}$ (即使得对于每个 $y \in F$ 满足 $\langle x, y \rangle$ 的 $x \in E$ 的集合) 的投射, 而 $F^{\perp}$ 是 F 的补空间. 进一步有:

◇ $\|p_F(x)\| \leqslant \|x\|$, 其中 $x \in E$.

◇ $\|x - p_F(x)\| \leqslant \|x - y\|$, 其中任意 $y \in F$; 换言之, $\|x - p_F(x)\|$ 是 x 到 F 的距离 $d(x, F)$.

「要证明 p_F 处处有定义, 只要取 F 的法正交基 $e_1, \ldots, e_d$, 并应用上一个 •, 由此得到 $p_F(x) = \sum_{i=1}^{d} \langle e_i, x \rangle e_i$; 由此并利用 $\langle , \rangle$ 对第二个变量的线性性得到 $p_F(x)$ 的线性性.

现在, 对于 $x \in F$ 我们有 $p_F(x) = x$ (因为 $x - x$ 与整个 F 正交), 又按定义知 $p_F(x) \in F$, 故由此得出关系式 $p_F \circ p_F = p_F$. 于是得到 p_F 是一个投射, 而按前面所述它的像为 F. 回到定义我们看出 $p_F(x) = 0$ 当且仅当 x 正交于 F, 因此 $\operatorname{Ker} p_F = F^{\perp}$.

最后, 因 $x - p_F(x)$ 与 $p_F(x)$ 正交, 故有 $\|p_F(x)\|^2 = \|x\|^2 - \|x - p_F(x)\|^2$, 于
[173] 是 $\|p_F(x)\| \leqslant \|x\|$; 如果 $y \in F$, 则 $x - p_F(x)$ 与 $y - p_F(x)$ 正交, 从而 $\|x - y\|^2 = \|x - p_F(x)\|^2 + \|p_F(x) - y\|^2$, 由此得到 $\|x - y\| \geqslant \|x - p_F(x)\|$.

证完. 」

如果 $v_1, \ldots, v_n \in E$, 而 $G(v_1, \ldots, v_n) = (\langle v_i, v_j \rangle)_{1 \leqslant i,j \leqslant n} \in \mathbf{M}_n(\mathbf{C})$ 为 $v_1, \ldots, v_n$ 的格拉姆 (Gram) 矩阵; 称它的行列式 $|G(v_1, \ldots, v_n)|$ 为 $v_1, \ldots, v_n$ 的格拉姆行列式.

- $|G(v_1, \ldots, v_n)| = d(v_1, \operatorname{Vect}(v_2, \ldots, v_n))^2 |G(v_2, \ldots, v_n)|$.

「将 v_1 写成形如 $v_1^{\perp} + \sum_{j=2}^{n} \lambda_j v_j$ 的向量, 其中 $v^{\perp}$ 与 $F = \operatorname{Vect}(v_2, \ldots, v_n)$ 正交, 因而 $v_1^{\perp} = v_1 - p_F(v_1)$. 如果在格拉姆矩阵的第一列减去其他列的线性组合, 则 $|G(v_1, \ldots, v_n)|$ 不变, 其中线性组合的第 j 列的系数为 λ_j; 这个作用是将 $\langle v_i, v_1 \rangle$ 换作了 $\langle v_i, v_1^{\perp} \rangle$. 但如果 $i \geqslant 2$, 则 $\langle v_i, v_1^{\perp} \rangle = 0$, 而 $\langle v_1, v_1^{\perp} \rangle = \|v_1^{\perp}\|^2$; 那么按第一列展开 $|G(v_1, \ldots, v_n)|$, 则得到公式 $|G(v_1, \ldots, v_n)| = \|v_1^{\perp}\|^2 |G(v_2, \ldots, v_n)|$. 注意到 $\|v_1^{\perp}\| = d(v_1, F)$ 便得到结论. 」

- $G(v_1, \ldots, v_n)$ 的秩等于 $v_1, \ldots, v_n$ 的秩; 特别地, $v_1, \ldots, v_n$ 是一个无关族当且仅当它的格拉姆行列式不为零.

「对于这些 v_i 可重排序从而交换格拉姆矩阵的行和列而不改变它的秩, 因此可以假设 $v_1, \ldots, v_r$ 为无关族, 而对于 $j \geqslant r + 1$ 有 $v_j = \sum_{j=1}^{r} a_{i,j} v_i$. 如果以 $X_j = {}^{\mathrm{t}}(\langle v_1, v_j \rangle, \ldots, \langle v_n, v_j \rangle)$ 为此格拉姆矩阵的第 j 列, 那么 $\langle , \rangle$ 对第二个变量的线性性便给出了关系式: 对于 $j \geqslant r + 1$, $X_j = \sum_{j=1}^{r} a_{i,j} X_i$. 由此得到该矩阵列的秩 $\leqslant r$, 从而此格拉姆矩阵的秩 $\leqslant r$.

另外, 左上角的 $r \times r$ 子式是 $v_1, \ldots, v_r$ 的格拉姆行列式. 按照前一个 •, 它等

于 $\prod_{i=1}^r d(v_i, F_{i-1})^2$, 其中 F_{i-1} 是由 $v_1, \ldots, v_{i-1}$ 生成的空间; 因为 $v_i \notin F_{i-1}$ 而 $v_1, \ldots, v_k$ 为无关族, 故此子式非零. 于是这个格拉姆矩阵的秩 $\geqslant r$. 得到结论. 」

习题 18.2. — 设 $A = (a_{i,j}) \in \mathbf{M}_n(\mathbf{C})$. 请将 ${}^t\overline{A}A$ 表示为一个格拉姆矩阵; 由此推出 $|\det A|^2 \leqslant \prod_{j=1}^n (|a_{1,j}|^2 + \cdots + |a_{n,j}|^2)$.

习题 18.3. — (i) 设 $A = (a_{i,j}) \in \mathbf{M}_n(\mathbf{R})$ 的非对角线上的系数等于 $k \geqslant 0$, 而且对角线上的系数 $k_1, \cdots, k_n$ 对所有的 i 满足 $k_i > 0$ 且 $k_i \geqslant k$, 但最多只有一个 i 使得等号成立. 证明 A 可逆.(可以关注 $AX = 0$ 的解的符号.)

(ii) 设 I 是 $\{1, \ldots, m\}$ 的一个非空子集的一个集族, 使得存在 $k \in \mathbf{N}$ 满足对于所有 $E, E' \in I$, $E \neq E'$ 有 $|E \cap E'| = k$. 证明 $|I| \leqslant m$.

(iii) 如果 $k \geqslant 1$, 可能出现 $|I| = m$ 吗?

18.3. 酉性

18.3.1. 酉自同态

称 E 的一个自同态 u 是酉自同态是说对所有 $x, y \in E$, 满足 $\langle u(x), u(y)\rangle = \langle x, y\rangle$.

- u 是酉自同态当且仅当它是等距的 (即对所有的 $x \in E$ 有 $\|u(x)\| = \|x\|$).

「如果 u 是酉的, 则对所有 x 有 $\|u(x)\|^2 = \langle u(x), u(x)\rangle = \langle x, x\rangle = \|x\|^2$, 因此 u 为等距的.

如果 u 为等距的, 于是 $\|u(x)+u(y)\|^2 - \|u(x)\|^2 - \|u(y)\|^2 = \|x+y\|^2 - \|x\|^2 - \|y\|^2$, 因此对于所有 $x, y \in E$ 有 $\mathrm{Re}(\langle u(x), u(y)\rangle) = \mathrm{Re}(\langle x, y\rangle)$. 将此用于以 ix 和 y 替代 x, y 得到 $\mathrm{Im}(\langle u(x), u(y)\rangle) = \mathrm{Im}(\langle x, y\rangle)$, 从而 $\langle u(x), u(y)\rangle = \langle x, y\rangle$. 故证明了 u 是酉 [174]
自同态. 」

- 如果 E 为有限维的, 则酉自同态构成 $\mathrm{GL}(E)$ 的一个子群.

「以 H 表示酉自同态的集合. 于是 H 包含了 id 从而非空. 如果 $u, v \in H$, 则 $\|u \circ v(x)\| = \|u(v(x))\| = \|v(x)\| = \|x\|$, 这证明了 $u \circ v$ 为等距的, 故而为酉的. 最后, 如果 $u \in H$, 因为 $u(x) = 0$ 表明 $\|x\| = \|u(x)\| = 0$, 故 $\mathrm{Ker}\, u = \{0\}$, 因此 u 为单射, 而因为是在有限维的情形, 这表明 u 是个双射. 如果 $u^{-1} \in \mathrm{GL}(E)$ 为其逆, 则因为 u 为等距的, 故对任意 x 有 $\|x\| = \|u \circ u^{-1}(x)\| = \|u^{-1}(x)\|$, 这证明了 u^{-1} 是等距的, 因而是酉的, 那么 H 的所有元都有在 H 中的逆. 得到结论. 」

- 如果 $u \in \mathrm{End}(E)$ 为酉自同态, 且 F 是 E 的一个有限维的子空间, 它在 u 下稳定, 则 $F^\perp$ 也在 u 下稳定.

「如果 u 为酉的, 则 u 为等距的, 从而 u 为单射; 它在 F 上的限制自然也是单射, 而由于 F 为有限维的, 故它是个双射. 如果 $y \in F$, 于是存在 $u^{-1}(y) \in F$ 使得 $u(u^{-1}(y)) = y$. 由此可知, 如果 $x \in F^\perp$, 则 $\langle x, u^{-1}(y)\rangle = 0$ 因而 $\langle u(x), y\rangle = \langle u(x), u(u^{-1}(y))\rangle = \langle x, u^{-1}(y)\rangle$, $y \in F$. 这等价于 $u(x) \in F^\perp$. 断言得证. 」

- 如果 E 在 $\mathbf{C}$ 上为有限维的, 且 $u \in \mathrm{End}(E)$ 是个酉自同态, 则 u 的特征值的模为 1, 并存在一个法正交基使得在此基上 u 为对角的.

「如果 $u(x)=\lambda x$, 且 $x \neq 0$, 则等式 $\|u(x)\|=\|x\|$ 可化为 $|\lambda|=1$. 故 u 的这些特征值的模均为 1. 对 $n=\dim E$ 进行归纳, 我们来证明一个酉算子 u 可在一个法正交基上被对角化. 如果 $n=1$, 所有的非零 x 都是特征向量而 $e_1=\frac{1}{\|x\|}x$ 是构成法正交基的特征向量. 如果 $n \geqslant 2$, 则由于 E 是有限维的, 故 u 具有一个特征值 λ_1. 那么对于特征值 λ_1 便存在 u 的一个特征向量 e_1, 满足 $\|e_1\|=1$, 并且 $\mathbf{C}e_1$ 的正交补空间 F 的维数为 $n-1$, 并在 u 下稳定. u 在 F 上的限制 u_F 是酉的, 因而由归纳假定可得到 F 的一组法正交基 $e_2,\ldots,e_n$, 使得在此基上 u_F 是对角的, 所以 $e_1,\ldots,e_n$ 是 E 的一组法正交基, 在此基上 u 是对角的.」

- 一个对称态射 s 是酉的当且仅当对于特征值 1 和 -1 的所有特征向量的空间 V^+ 与 V^- 是正交的; 如果这样, 则称 s 是一个相对于 V^+ 的*正交对称态射*.

「根据前一个 •, 如果 s 为酉态射, 则 s 可在一组法正交基上被对角化, 从而相伴于两个不同特征值的特征空间正交. 反之, 如果 V^+ 和 V^- 正交, 则 s 对称, 而因为 $V=V^+\oplus V^{-1}$, 并且对于 $v^+\in V^+, v^-\in V^-$ 有 $\|s(v^++v^-)\|^2=\|v^+-v^-\|^2=\|v^+\|^2+\|v^-\|^2=\|v^++v^-\|^2$, 故得到 s 为酉的.」

习题 18.4. — 假设 E 在 $\mathbf{K}$ 上是有限维的.

(i) 如果 $v_1 \neq v_2$, 但 $\|v_1\|=\|v_2\|$. 证明存在一个正交的, 相对于一个超平面的对称态射 s 使得 $s(v_1)=v_2$.

(ii) 对 n 归纳证明, 所有行列式为 ± 1 的酉自同态 u 最多是 n 个相对于超平面的
[175] 正交对称态射的复合 (这里容许 $n=0$).

18.3.2. *酉群和它的子群*

称 $P=(a_{i,j})\in \mathbf{M}_n(\mathbf{K})$ 是个*酉矩阵*是说 ${}^{\mathrm{t}}\overline{P}P=1$. 一个实的酉矩阵也被称作*正交矩阵*, 由于 $\overline{P}=P$, 条件变为 ${}^{\mathrm{t}}PP=1$.

- 如果 $P=(a_{i,j})\in \mathbf{M}_n(\mathbf{K})$, 则以下条件等价:

  ◇ P 为酉矩阵,

  ◇ P 的列构成 $\mathbf{K}^n$ 的一组法正交基,

  ◇ P 的行构成 $\mathbf{K}^n$ 的一组法正交基.

「如果 P 为一个矩阵, 则 ${}^{\mathrm{t}}\overline{P}P$ 是 P 的列的格拉姆矩阵. 因而 ${}^{\mathrm{t}}\overline{P}P=1$ 当且仅当 P 的列向量构成一组法正交基. 现在, 如果 ${}^{\mathrm{t}}\overline{P}P=1$, 则 $P\,{}^{\mathrm{t}}\overline{P}=1$, 因此 $\overline{P}\,{}^{\mathrm{t}}P=1$ (应用复共轭). 由此知 P 是酉矩阵当且仅当 ${}^{\mathrm{t}}P$ 是酉矩阵, 按前面所述, 它等价于 ${}^{\mathrm{t}}P$ 的列即 P 的行构成 $\mathbf{K}^n$ 的一组法正交基.」

- 如果 P 是酉矩阵, 则 $u_P:\mathbf{K}^n\to\mathbf{K}^n$ 为酉自同态. 反之, 如果 E 为有限维的, 且 $u\in\mathrm{End}(E)$ 是酉自同态, 则 u 在一组法正交基上的矩阵是酉矩阵.

「如果 $X,Y\in\mathbf{K}^n$, 则有 $\langle u_P(X),u_P(Y)\rangle=\langle PX,PY\rangle={}^{\mathrm{t}}(\overline{PX})PY={}^{\mathrm{t}}\overline{X}\,{}^{\mathrm{t}}\overline{P}PY$

$= {}^{\mathrm{t}}\overline{X}Y = \langle X,Y\rangle$, 其中 P 为酉矩阵; 因此 u_P 为酉自同态.

反过来, 如果 u 为酉自同态, 则一组法正交基 $e_1,\ldots,e_n$ 的像 $u(e_1),\ldots,u(e_n)$, 由于 $\langle u(e_i),u(e_j)\rangle = \langle e_i,e_j\rangle$, 仍旧是组法正交基. 因为映射 $x\mapsto \boldsymbol{e}\backslash x$ 将一个在其坐标下的列为基的向量转换为以 $e_1,\ldots,e_n$ 为基是从准希尔伯特空间 E 到 $\mathbf{K}^n$ 的一个同构, 这里的 $\mathbf{K}^n$ 被赋予了通常的标量积, 由此得到 $\boldsymbol{e}\backslash u\cdot e_1,\ldots,\boldsymbol{e}\backslash u\cdot e_n$ 是 $\mathbf{K}^n$ 的一组法正交基, 从而 u 在基 $e_1,\ldots,e_n$ 下的矩阵 $\boldsymbol{e}\backslash u\cdot\boldsymbol{e}$ (即其列分别为 $\boldsymbol{e}\backslash u\cdot e_1,\ldots,\boldsymbol{e}\backslash u\cdot e_n$) 按照前一个 • 所述, 是个酉矩阵. 断言得证. 」

以 $\mathbf{U}(n)\subset\mathbf{GL}_n(\mathbf{C})$ 表示酉矩阵的集合, 而 $\mathbf{O}(n)\subset\mathbf{GL}_n(\mathbf{R})$ 为正交矩阵的集合.

• $\mathbf{U}(n)$ 和 $\mathbf{O}(n)$ 分别是 $\mathbf{GL}_n(\mathbf{C})$ 和 $\mathbf{GL}_n(\mathbf{R})$ 的子群; 它们与 $\mathbf{SL}_n(\mathbf{C})$ 的交 $\mathbf{SU}(n)$ 和 $\mathbf{SO}(n)$ 也分别是子群: 分别称 $\mathbf{U}(n),\mathbf{O}(n),\mathbf{SU}(n)$ 和 $\mathbf{SO}(n)$ 为 (n 阶的) *酉群, 正交群, 特殊酉群和特殊正交群*.

「 $P\mapsto u_P$ 诱导了从 $\mathbf{U}(n)$ 到 $\mathrm{GL}(\mathbf{C}^n)$ 中一个子群的同构,

这个子群是由在通常标量积下的所有酉自同态构成的; 由此得到 $\mathbf{U}(n)$ 是个群. 因为子群的交仍是群, 故作为 $\mathbf{U}(n)\cap\mathbf{GL}_n(\mathbf{R})$ 的 $\mathbf{O}(n)$ 也是群, 同样地, $\mathbf{SU}(n)$ 和 $\mathbf{SO}(n)$ 都是群. 」

• 如果 $Q\in\mathbf{U}(n)$, 则存在 $P\in\mathbf{U}(n)$ 和一个对角线上的系数为模 1 的对角矩阵 D, 使得 $Q = PDP^{-1} = PD\,{}^{\mathrm{t}}\overline{P}$.

「 由于 $u_Q:\mathbf{C}^n\to\mathbf{C}^n$ 是个酉自同态, 故在一组法正交基上可对角化而且它的所有特征值模为 1; 直接将此翻译过来即可. 」

习题 18.5. — 证明 $\mathbf{U}(n)$ 和 $\mathbf{SU}(n)$ 道路连通.

• 如果 $P\in\mathbf{SO}(2)$, 则存在唯一的 $\theta\in\mathbf{R}/2\pi\mathbf{Z}$ 使得 P 为*以角 θ 旋转*的矩阵 $R_\theta = \begin{pmatrix}\cos\theta & -\sin\theta\\ \sin\theta & \cos\theta\end{pmatrix}$, 而 $\theta\mapsto\begin{pmatrix}\cos\theta & -\sin\theta\\ \sin\theta & \cos\theta\end{pmatrix}$ 诱导了从群 $\mathbf{R}/2\pi\mathbf{Z}$ 到 $\mathbf{SO}(2)$ 上的同构. [176]

「 如果 $P = \begin{pmatrix}a & c\\ b & d\end{pmatrix}$, 列的正交性化为 $ac+bd=0$, 因而存在 $\lambda\in\mathbf{R}$ 使得 $(c,d)=\lambda(-b,a)$. 由于 $\det P = 1$, 故有 $\lambda(a^2+b^2)=1$, 又由于这些列的范数为 1, 故 $a^2+b^2=1$ 以及 $\lambda=1$. 现在 $a^2+b^2=1$ 表明存在 $\theta\in\mathbf{R}/2\pi\mathbf{Z}$, 满足 $\cos\theta=a,\sin\theta=b$.

由此得到 $\theta\mapsto R_\theta$ 是从 $\mathbf{R}/2\pi\mathbf{Z}$ 到 $\mathbf{SO}(2)$ 的一个双射. 又因为 R_θ 是将 $\mathbf{C}$ 看作 $\mathbf{R}$ 上以 $1,i$ 为基的空间时的乘以 $e^{i\theta}$ 这个映射的矩阵, 而 $\theta\mapsto e^{i\theta}$ 是个群态射, 故而 $\theta\mapsto R_\theta$ 是群态射. 」

• 如果 $P\in\mathbf{O}(2)-\mathbf{SO}(2)$, 则 P 是个正交对称映射的矩阵.

「 由于 $\det P=-1$, 故 P 的特征多项式的两个根是实数, 又由于它们模 1, 且它们的积为 -1, 从而这两个根为 1 和 -1. 由此得到断言. 」

• 如果 $P \in \mathbf{SO}(n)$, 则存在 $Q \in \mathbf{O}(n)$ 和除去次序和符号外被唯一确定的 $\theta_1, \ldots, \theta_m \in \mathbf{R}/2\pi\mathbf{Z}$, $m = [\frac{n}{2}]$, 使得 QPQ^{-1} 为分块对角矩阵 $\mathrm{Diag}(R_{\theta_1}, \ldots, R_{\theta_m})$ 或者 $\mathrm{Diag}(1, R_{\theta_1}, \ldots, R_{\theta_m})$, 按 n 为偶数或奇数而定.

「设 $\lambda_1, \ldots, \lambda_r, \mu_1, \bar{\mu}_1, \ldots, \mu_s, \bar{\mu}_s$ 为 P 的特征值, 其中按重数进行了重复排列, 而 λ_i 为实数, μ_i 为非实数. 由于 P 是酉矩阵, 故有 $\lambda_i = \pm 1$, 而 $\mu_j \bar{\mu}_j = 1$, 又由 $\det P = 1$, 故有偶数个 λ_i 等于 -1.

Q 的存在性可由对 n 的归纳得到. 如果 $n = 1$, 结论平凡, 如果 $n = 2$, 这是前面的 • 中的结果. 现在有两种情形:

• 1 是 u_P 的特征值: 如果 f_1 是被 u_P 固定的范数为 1 的向量, 则正交于 f_1 的超平面 W 在 u_P 下稳定. 由此得到: 如果 $f_2, \ldots, f_n$ 是 W 的一组法正交基, 且如果 Q_0 是列为 $f_1, \ldots, f_n$ 的矩阵, 那么 $Q_0 \in \mathbf{O}(n)$ 并且 $Q_0^{-1} P Q_0$ 具有 $\begin{pmatrix} 1 & 0 \\ 0 & P_1 \end{pmatrix}$ 形式, 其中 $P_1 \in \mathbf{SO}(n-1)$. 现在可以对 P_1 应用归纳假定找出 $Q_1 \in \mathbf{O}(n-1)$ 使得 $Q_1 P_1 Q_1^{-1}$ 是由旋转组成的分块对角矩阵. 如果 $Q_2 = \begin{pmatrix} 1 & 0 \\ 0 & Q_1 \end{pmatrix}$, 则 $Q_2 \in \mathbf{O}(n-1)$ 且 $Q_2 Q_0^{-1} P Q_0 Q_2^{-1}$ 为所要的形式 (如果 n 为偶数, 这两个 1 组合构成了旋转了角度 0 的矩阵). 取 $Q = Q_2 Q_0^{-1}$ 即可.

• 1 不是 u_P 的特征值, 这时 u_P 固定了 $\mathbf{C}^n$ 的一个平面 (或许会包含在相伴于 -1 的特征空间中), 而因为 u_P 是酉自同态且不具有特征值 1, 故它在此平面上的限制是一个旋转. 于是, 此平面的正交补在 u_P 下稳定从而可以应用归纳假定到 u_P 的限制的在一组法正交基上的矩阵, 像上面一样得到 Q 的存在性.

在不计次序和符号下这些 θ_j 的唯一性来自 R_θ 的特征值是 $e^{i\theta}$ 和 $e^{-i\theta}$: 这些 $e^{\pm\theta_j}$ (如果 n 为奇数, 则应该加上 1) 是 P 的按重数重复的特征值. 」

习题 18.6. — 证明 $\mathbf{SO}(n)$ 道路连通. $\mathbf{O}(n)$ 又如何?

18.3.3. 矩阵的岩泽 (Iwasawa) 分解

• 我们可以以唯一的方式将每个 $A \in \mathbf{GL}_n(\mathbf{C})$ (分别地, 每个 $A \in \mathbf{GL}_n(\mathbf{R})$) 写成 $A = PM$ 形式(111), 其中 $M \in \mathbf{GL}_n(\mathbf{C})$ (分别地, $M \in \mathbf{GL}_n(\mathbf{R})$) 是对角线上系数 > 0 的上三角矩阵, 而 P 是酉 (分别地, 正交) 矩阵.

[177] 「设 $v_1, \ldots, v_n \in \mathbf{K}^n$ 为 A 的列. 由于 A 可逆, 故 $v_1, \ldots, v_n$ 是 $\mathbf{K}^n$ 的一组基, 而施密特正交化给出了一组法正交基 $f_1 = b_{1,1}v_1, f_2 = b_{2,2}v_2 + b_{1,2}v_1, \ldots, f_n = b_{n,n}v_n + b_{1,n}v_1 + \cdots + b_{n-1,n}v_{n-1}$, 其中 $b_{i,i}$ 为 > 0 的实数 (我们有 $b_{i,i} = \frac{1}{\|v_i - p_{i-1}(v_i)\|}$, 其中 p_{i-1} 是到由 $v_1, \ldots, v_{i-1}$ 生成的子空间上的投射). 如果以 P 记列为这些 f_j 的矩阵, 而 M 记在对角线上和它上面的系数为这些 $b_{i,j}$ 的上三角矩阵, 那么上面的关系式就化成了 $AM = P$. 但 P 是酉 (分别地, 正交) 矩阵, 而 M^{-1} 为上三角矩阵, 从而

(111)可以将 M 写成 DN 形式, 其中 D 为对角系数 > 0 的对角矩阵, 而 N 是对角系数为 1 的上三角矩阵, 这给出了分解 $A = PDN$. 这样的分解在一个相当广泛的架构中存在; 它以岩泽分解而知名.

$A = PM^{-1}$ 被写成了所要的形式.

现在, 如果 $P_1M_1 = P_2M_2$, 其中 P_1, P_2 为酉矩阵, M_1, M_2 为对角系数 > 0 的上三角矩阵, 则 $B = P_2^{-1}P_1 = M_2M_1^{-1}$ 同时是酉的和对角系数 > 0 的上三角矩阵. 由此得到其特征值同时为模 1 与 > 0 的实数; 因此它们全都等于 1, 并且因为 $B = P_2^{-1}P_1$ 是酉的, 故可对角化, 这表明 $B = 1$, 从而 $P_1 = P_2, M_1 = M_2$. 得到了唯一性. 证完. 」

习题 18.7. — (i) 证明 $\mathbf{GL}_n(\mathbf{C})$ 和 $\mathbf{SL}_n(\mathbf{C})$ 是道路连通的.

(ii) 证明 $\mathbf{SL}_n(\mathbf{R})$ 道路连通. $\mathbf{GL}_n(\mathbf{R})$ 又如何呢?

习题 18.8. — (i) 证明 $\mathbf{U}(n)$ 是 $\mathbf{GL}_n(\mathbf{C})$ 的一个子群.

(ii) 设 M 是对角系数为 1 的上三角矩阵. 证明 $(M-1)^n = 1$; 由此推导出 M^m 是 m 的一个多项式, 以及序列 M^k 有界当且仅当 $M = 1$.

(iii) 证明 $\mathbf{U}(n)$ 是 $\mathbf{GL}_n(\mathbf{C})$ 的一个极大紧子群: 如果 H 是 $\mathbf{GL}_n(\mathbf{C})$ 的一个包含 $\mathbf{U}(n)$ 的紧子群, 则 $H = \mathbf{U}(n)$.

18.4. 自伴算子, 埃尔米特矩阵

18.4.1. 自伴算子的约化

设 $u \in \mathrm{End}(E)$ 是 E 上的一个算子. 如果对于所有的 $x, y \in E \langle u(x), y\rangle = \langle x, u(y)\rangle$ 成立, 则称 u 是埃尔米特的或者自伴的.

• 如果 $u : E \to E$ 是自伴的, 且 F 是 E 的一个在 u 下稳定的子空间, 则 $F^\perp$ 在 u 下稳定.

「 设 $x \in F^\perp$. 于是由于 $u(F) \subset F$, 对所有 $y \in F$ 有 $\langle x, u(y)\rangle = 0$. 因为 u 是自伴的, 故对所有的 $y \in F$ 有 $\langle u(x), y\rangle = \langle x, u(y)\rangle = 0$, 因此 $u(x) \in F^\perp$. 」

• 如果 $u : E \to E$ 是自伴的, 则 u 的 (如果 E 是实的, 则 $u_\mathbf{C}$ 的) 特征值是实的.

「 先处理 $\mathbf{K} = \mathbf{C}$ 的情形. 如果 $x \neq 0$ 是对应特征值 λ 的一个特征向量, 则关系式 $\langle x, u(x)\rangle = \langle u(x), x\rangle$ 成为 $\langle x, \lambda x\rangle = \langle \lambda x, x\rangle$, 因此 $\lambda\|x\|^2 = \overline{\lambda}\|x\|^2$. 由此得到 λ 为实数.

如果 $\mathbf{K} = \mathbf{R}$, 则可扩张 u 为 E 的复化空间 $E_\mathbf{C} = E \oplus iE$ 的一个自同态, 这个复化空间是准希尔伯特的复空间. 逐次地应用 $u_\mathbf{C}$ 的定义, $\langle , \rangle_\mathbf{C}$ 的定义, u 是自伴的性质, $\langle , \rangle_\mathbf{C}$ 的定义, 以及最后 $u_\mathbf{C}$ 的定义, 如果 $z = x + iy$, $z' = x' + iy' \in E_\mathbf{C}$, 则得到 [178]

$$\begin{aligned}\langle u_\mathbf{C}(z'), z\rangle_\mathbf{C} &= \langle u(x') + iu(y'), x + iy\rangle_\mathbf{C}\\ &= \langle u(x'), x\rangle - i\langle u(y'), x\rangle + i\langle u(x'), y\rangle + \langle u(y'), y\rangle\\ &= \langle x', u(x)\rangle - i\langle y', u(x)\rangle + i\langle x', u(y)\rangle + \langle y', u(y)\rangle\\ &= \langle x' + iy', u(x) + iu(y)\rangle_\mathbf{C} = \langle z', u_\mathbf{C}(z)\rangle_\mathbf{C},\end{aligned}$$

因此 $u_\mathbf{C}$ 是自伴的, 那么, 由前面所证表明其特征值是实的. 」

• 一个位似态射为埃尔米特的当且仅当其比率为实数; 一个投射为埃尔米特的当且仅当它是个正交投射 (即其核与像正交, 到一个有限维子空间的正交投射属于这种情形), 另外, 一个对称态射为埃尔米特的当且仅当它是正交的.

「 必要性由前两个 • 得到; 至于充分性几乎直接可得. 」

• 如果 E 是有限维的, 且 $u: E \to E$ 为自伴的, 则 u 可在一组法正交基上被对角化.

「 用对 $n = \dim E$ 的归纳证此断言. 如果 $n = 1$, 直接得结果. 如果 $n \geqslant 2$, 则 u 至少有一个特征值 λ_1 (当 E 为复空间时, 因为 E 是有限维的, 故这是显然的; 如果 E 是实的, 则 $u_{\mathbf{C}}$ 有一个特征值, 按照前一个 • 的证明, 它是实的, 因而 u 具有一个特征值 (见 §10.5.1). 设 e_1 为其满足 $\|e_1\| = 1$ 的相应特征向量, 又设 F 是 $\mathbf{C}e_1$ 的正交子空间. 由于 $\mathbf{C}e_1$ 在 u 下稳定, 故 F 也在 u 下稳定, 从而可对它应用归纳假定: 存在 F 的一组由 u 的特征向量构成的法正交基 $e_2, \ldots, e_n$. 因此 $e_1, \ldots, e_n$ 是 E 的由 u 的特征向量构成的法正交基. 这证明了 u 在一组法正交基上被对角化了. 」

18.4.2. 矩阵的和埃尔米特形式的约化

称 $A = (a_{i,j}) \in \mathbf{M}_n(\mathbf{C})$ 为埃尔米特的, 是说 $A = {}^{\mathrm{t}}\overline{A}$, 它等于对所有 i, j 有 $a_{i,j} = \overline{a_{j,i}}$. 另外当 A 为埃尔米特的时也称它是自伴的 (A 的伴随矩阵是指 $A^* = {}^{\mathrm{t}}\overline{A}$). 注意, 如果 $A \in \mathbf{M}_n(\mathbf{R})$, 则 A 是埃尔米特的当且仅当它是对称的 (即 ${}^{\mathrm{t}}A = A$).

• 如果 $A \in \mathbf{M}_n(\mathbf{C})$ 为埃尔米特的, 且 $M \in \mathbf{M}_n(\mathbf{C})$, 则 ${}^{\mathrm{t}}\overline{M}AM$ 也为埃尔米特的; 特别地, 对所有 $M \in \mathbf{M}_n(\mathbf{C})$, ${}^{\mathrm{t}}\overline{M}M$ 是埃尔米特的[112].

「 如果 $B = {}^{\mathrm{t}}\overline{M}AM$, 则 ${}^{\mathrm{t}}B = {}^{\mathrm{t}}M\,{}^{\mathrm{t}}A\overline{M}$, 从而因为 ${}^{\mathrm{t}}\overline{A} = A$, 故 ${}^{\mathrm{t}}\overline{B} = {}^{\mathrm{t}}\overline{M}\,{}^{\mathrm{t}}\overline{A}M = B$. 」

• 如果 $A \in \mathbf{M}_n(\mathbf{K})$ 是埃尔米特的, 则 $u_A : \mathbf{K}^n \to \mathbf{K}^n$ 是埃尔米特的. 反之一个埃尔米特算子 u 在一组法正交基上的矩阵是埃尔米特的.

「 按定义, $u_A(X) = AX$. 故 $\langle X, u_A(Y)\rangle = {}^{\mathrm{t}}\overline{X}AY$. 因为一个 1×1 的矩阵等于它的转置, 故 $\langle X, u_A(Y)\rangle = {}^{\mathrm{t}}Y\,{}^{\mathrm{t}}A\overline{X}$, 从而 $\langle u_A(Y), X\rangle = \overline{\langle X, u_A(Y)\rangle} = {}^{\mathrm{t}}\overline{Y}\,{}^{\mathrm{t}}\overline{A}X = {}^{\mathrm{t}}\overline{Y}AX = \langle Y, u_A(X)\rangle$, 这证明了 u_A 是埃尔米特的.

反过来如果 u 是 E 的一个自同态, 它在一组基 $e_1, \ldots, e_n$ 下的矩阵 $A = (a_{i,j})$ 的列为 $u(e_j)$ 在基 $e_1, \ldots, e_n$ 下的坐标. 如果这组基是法正交的, 这些坐标便是 $\langle e_i, u(e_j)\rangle$, 因此 $a_{i,j} = \langle e_i, u(e_j)\rangle$. 如果 u 是埃尔米特的, 则表明 $a_{i,j} = \langle u(e_i), e_j\rangle = \overline{\langle e_j, u(e_i)\rangle} = \overline{a_{j,i}}$, 故 A 是埃尔米特的. 」

[179] • 如果 $A \in \mathbf{M}_n(\mathbf{C})$ (分别地, $A \in \mathbf{M}_n(\mathbf{R})$) 是埃尔米特的 (分别地, 对称的), 则存在 $P \in \mathbf{U}(n)$ (分别地, $\mathbf{O}(n)$) 以及系数为实数的对角矩阵 D, 使得 $A = PDP^{-1} = PD\,{}^{\mathrm{t}}\overline{P}$.

「 因为 $u_A : \mathbf{C}^n \to \mathbf{C}^n$ 是埃尔米特的, 故它的特征值是实数且可在一组法正交基上被对角化. 将这个事实转换为矩阵的语言即可. 」

---

[112] 直接计算可知 ${}^{\mathrm{t}}\overline{M}M$ 是 M 的列向量的格拉姆矩阵.

设 V 为 $\mathbf{C}$ 或 $\mathbf{R}$ 上的有限维空间. 称 $(x,y)\mapsto H(x,y)$ 是 V 上的一个埃尔米特形式是说它是半双线性的和对称的 (一个标量积是个正定的埃尔米特形式; 如果 V 是实的, 一个埃尔米特形式便是一个对称的双线性形式).

◇ 如果 $\boldsymbol{e}=(e_1,\ldots,e_n)$ 是 V 的一组基, H 在基 $\boldsymbol{e}$ 下的矩阵是指 $H(e_i,e_j)$ 构成的矩阵; 由 H 的对称性知, 这是一个埃尔米特矩阵; 记其为 ${}^{\mathrm{t}}\bar{\boldsymbol{e}}H\boldsymbol{e}$.

◇ H 的半双线性性使得 $H(x,y)={}^{\mathrm{t}}\overline{(\boldsymbol{e}\setminus x)}({}^{\mathrm{t}}\bar{\boldsymbol{e}}H\boldsymbol{e})(\boldsymbol{e}\setminus y)$, 其中 $x,y\in V$.

◇ 如果 $\boldsymbol{f}=(f_1,\ldots,f_n)$ 是 V 的另一组基, 则有 ${}^{\mathrm{t}}\bar{\boldsymbol{e}}H\boldsymbol{e}={}^{\mathrm{t}}\overline{(\boldsymbol{e}\setminus\boldsymbol{f})}({}^{\mathrm{t}}\bar{\boldsymbol{e}}H\boldsymbol{e})(\boldsymbol{e}\setminus\boldsymbol{f})$, 其中 $\boldsymbol{e}\setminus\boldsymbol{f}$ 按习惯是列为在基 $\boldsymbol{e}$ 下的这些 f_j 构成的矩阵.

• 如果 V 是准希尔伯特的, 且 H 是 V 上的一个埃尔米特形式, 则存在 V 的一组法正交基 $\boldsymbol{e}$, 在其下 H 的矩阵是实系数的对角矩阵.

如果 H 是 $\mathbf{C}^n$ (分别地, $\mathbf{R}^n$) 上的一个埃尔米特形式, 则存在一个酉 (分别地, 正交) 矩阵 $P=(p_{i,j})$ 和 $d_1,\ldots,d_n\in\mathbf{R}$, 使得 $H(x,y)=\sum_{i=1}^n d_i\overline{L_i(x)}L_i(y)$, 其中 $L_i({}^{\mathrm{t}}(z_1,\ldots,z_n))=\sum_{j=1}^n p_{i,j}z_j$.

「设 $\boldsymbol{f}$ 是 V 的一组法正交基. H 在此基上的矩阵 A 是埃尔米特的, 因此存在 $P\in\mathbf{U}(n)$ 使得 $A=PDP^{-1}$, 其中 D 是实系数的对角矩阵. 那些在基 $\boldsymbol{f}$ 上的坐标为 P 的列的向量构成了 V 的一组法正交基 $\boldsymbol{e}$, 而 H 在此基上的矩阵便是 ${}^{\mathrm{t}}\overline{P}AP$, 又因为 ${}^{\mathrm{t}}\overline{P}=P^{-1}$, 这个矩阵正是 D. 第一个断言得证.

对于第二个, 可以从 H 在标准基的矩阵 A 着手. 这个矩阵是埃尔米特的, 从而存在酉 (分别地, 正交) 矩阵 Q 和 $d_1,\ldots,d_n\in\mathbf{R}$, 使得 $A=Q\mathrm{Diag}(d_1,\ldots,d_n)\,{}^{\mathrm{t}}\overline{Q}$. 于是 $P=(p_{i,j})={}^{\mathrm{t}}\overline{Q}$ 仍是酉 (分别地, 正交) 的, 并且有 $H(X,Y)={}^{\mathrm{t}}\overline{X}AY={}^{\mathrm{t}}\overline{X}\,{}^{\mathrm{t}}\overline{P}\,\mathrm{Diag}(d_1,\ldots,d_n)PY=\sum_{i=1}^n d_i\overline{L_i(x)}L_i(y)$, 其中 L_i 是线性形式 $L_i({}^{\mathrm{t}}(z_1,\ldots,z_n))=\sum_{j=1}^n p_{i,j}z_j$. 」

18.4.3. 矩阵的极分解

• 如果 $A\in\mathbf{M}_n(\mathbf{K})$, 则 $(X,Y)\mapsto{}^{\mathrm{t}}\overline{X}AY$ 在 $\mathbf{K}^n$ 上是半双线性的, 它为埃尔米特的当且仅当 A 为埃尔米特的, 进而为正定的当且仅当 A 的特征值全 >0.

「半双线性直接可得. 对称性等价于对所有的 X,Y 有 ${}^{\mathrm{t}}\overline{Y}AX={}^{\mathrm{t}}X\overline{AY}$, 从而等价于 ${}^{\mathrm{t}}\overline{Y}AX={}^{\mathrm{t}}\overline{Y}\,{}^{\mathrm{t}}\overline{A}X$ (因为 1×1 矩阵本来就是它的转置), 因而也等价于 $A={}^{\mathrm{t}}\overline{A}$ (必要性显然, 而充分性可利用事实: 一个矩阵 $B=(b_{i,j})\in\mathbf{M}_n(\mathbf{K})$ 的系数 $b_{i,j}$ 等于 ${}^{\mathrm{t}}\bar{e}_iBe_j$).

现在如果 A 是埃尔米特的, 则可将它写成 $PD\,{}^{\mathrm{t}}\overline{P}$ 的形式, 其中 P 为酉矩阵, D 是对角系数为实数 $d_1,\ldots,d_n$ 的对角矩阵 (因为 ${}^{\mathrm{t}}\overline{P}=P^{-1}$, 这些 d_i 从而是 A 的特征值). 如果 $X\in\mathbf{K}^n$, 且设 $X'={}^{\mathrm{t}}\overline{P}X={}^{\mathrm{t}}(x_1',\ldots,x_n')$, 则因为 ${}^{\mathrm{t}}\overline{P}$ 可逆, $X\mapsto X'$ 是一个从 $\mathbf{K}^n$ 到 $\mathbf{K}^n$ 上的同构, 故有 ${}^{\mathrm{t}}\overline{X}AX=\sum_{i=1}^n d_i|x_i'|^2$. 由此得到, 对于所有 $X\neq 0$ 有 ${}^{\mathrm{t}}\overline{X}AX>0$ 等价于这些 $d_i>0$. 断言得证. 」

[180] 一个埃尔米特矩阵 $A\in\mathbf{M}_n(\mathbf{C})$ (分别地, 对称矩阵 $A\in\mathbf{M}_n(\mathbf{R})$) 为正定的是指 $(X,Y)\mapsto {}^{\mathrm{t}}\overline{X}AY$ 是 $\mathbf{K}^n$ 上的标量积. 按照前一个 •, 这种情形成立当且仅当 A 的特征值全 >0.

• 如果 $A\in\mathbf{GL}_n(\mathbf{C})$, 则 ${}^{\mathrm{t}}\overline{A}A$ 是一个正定的埃尔米特矩阵.

「我们已经证明过 $B={}^{\mathrm{t}}\overline{A}A$ 是埃尔米特的. 现在, 因为 $X\mapsto AX$ 的核由于 A 可逆为平凡的, 故对于 $X\neq 0$, 有 ${}^{\mathrm{t}}\overline{X}BX=\langle AX,AX\rangle>0$, 因此 B 正定. 」

• 我们可将每个 $A\in\mathbf{GL}_n(\mathbf{C})$ (分别地, $A\in\mathbf{GL}_n(\mathbf{R})$) 以唯一的方式写成 PS 形式, 其中 P 为酉 (分别地, 正交) 矩阵, 而 S 为埃尔米特 (分别地, 对称) 的且正定的.

「实的情形可由复的情形推出: 利用上述断言中写法的唯一性, 并观察到, 如果 A 是实的而 $A=\bar{P}\bar{S}$ 是一个写法, 那么 $A=PS$ 也是一个写法.

如果 $A=PS$, 则因为 ${}^{\mathrm{t}}\overline{P}P=1$ 而 ${}^{\mathrm{t}}\overline{S}=S$, 故 ${}^{\mathrm{t}}\overline{A}A={}^{\mathrm{t}}\overline{S}\,{}^{\mathrm{t}}\overline{P}PS=S^2$. 于是 S 是方程 $S^2={}^{\mathrm{t}}\overline{A}A$ 的一个解. 反之, 如果 S 是埃尔米特的, 正定的, 且是这个方程的一个解矩阵, 则 $P=AS^{-1}$ 满足 ${}^{\mathrm{t}}\overline{P}P={}^{\mathrm{t}}\overline{S}^{-1}\,{}^{\mathrm{t}}\overline{A}AS^{-1}=S^{-1}\,{}^{\mathrm{t}}\overline{A}AS^{-1}=S^{-1}({}^{\mathrm{t}}\overline{A}AS^{-2})S=S^{-1}S=1$, 这证明了 P 是个酉矩阵, 以及 $A=PS$ 是所想要的一个写法. 因此当 B 为埃尔米特的且正定的时, 这便证明了方程 $S^2=B$ 在正定的埃尔米特矩阵中有一个且唯一的解.

◇ 为了证明存在性, 取 B 为 QDQ^{-1} 形式, 其中 Q 为酉矩阵, D 为对角系数为 $d_1,\ldots,d_n>0$ 的对角矩阵. 设 $\sqrt{D}$ 表示对角系数为 $\sqrt{d_1},\ldots,\sqrt{d_n}$ 的对角矩阵, 则 $S=Q\sqrt{D}Q^{-1}$ 满足 $S^2=B$. 另外也有 $S=Q\sqrt{D}\,{}^{\mathrm{t}}\overline{Q}$, 因为 $\sqrt{d_1},\ldots,\sqrt{d_n}>0$, 它证明了 S 是埃尔米特的和正定的.

◇ 现在假设 $S^2=B$, 其中 S 为正定的. S 的特征值 $\lambda_1,\ldots,\lambda_r$ 因而 >0, 并且 $\mathbf{K}^n=V_1\oplus\cdots\oplus V_r$, 其中 V_i 是对应于特征值 λ_i 的特征空间. 另外, V_i 被包含在 u_B 的特征值 λ_i^2 的对应特征空间 W_i 中, 又因为这些 $\lambda_i>0$, 故 λ_i^2 两两不同, 它证明了 $V_i=W_i$ (因为 $n\geqslant\sum_i\dim W_i\geqslant\sum_i\dim V_i=n$, 因此对所有的 i 成立 $\dim W_i=\dim V_i$). 由此推出了 S 的唯一性 (事实上, u_S 应该是在 u_B 的对应特征值 d_i 的特征空间上的比例为 $\sqrt{d_i}$ 的位似态射). 证完. 」

习题 18.9. — (i) 证明 $(f,g)\mapsto\langle f,g\rangle\int_0^1\bar{f}(t)g(t)dt$ 是 $\mathbf{R}$ 上周期为 1 的 $\mathscr{C}^\infty$ 周期函数的空间 $\mathscr{C}^\infty(\mathbf{R}/\mathbf{Z})$ 上的一个标量积.

(ii) 证明拉普拉斯算子 $\Delta=-\frac{d^2}{dt^2}$ 是自伴的; 它的特征值是哪些?

(iii) 在赋予 $\mathscr{C}^\infty$ 以此标量积定义的范数的空间上算子 Δ 连续吗?

习题 18.10. — (正交多项式).

设 $\phi\colon[0,1]\to\mathbf{R}_+^*$ 连续, 且 $\langle,\rangle$ 是由 $\langle P,Q\rangle=\int_0^1P(t)Q(t)\phi(t)dt$ 定义的标量积, 其中 $P,Q\in\mathbf{R}[X]$. 以 $(P_n)_{n\in\mathbf{N}}$ 记 $\mathbf{R}[X]$ 的一族法正交基, 它是由 $\mathbf{R}[X]$ 的标准基 $1,X,X^2,\ldots$ 经由施密特正交化得到的.

(i) 证明 P_n 是 n 次的, 首项系数 $p_n>0$ 的多项式.

(ii) 证明 P_n 在 $]0,1[$ 中有 n 个不同的根.

(iii) 证明 $P \mapsto RP$ 为自伴的, 其中 $R \in \mathbf{R}[X]$.

(iv) 计算表示成 p_i 函数的 $\langle P_n, XP_{n-1}\rangle$. [181]

(v) 证明存在 $a_n, b_n, c_n \in \mathbf{R}$, 其中 $a_n, c_n > 0$, 使得 $P_n - (a_nX + b_n)P_{n-1} + c_nP_{n-2} = 0$, 其中 $n \geqslant 2$.(可以选取与 $Q \in \mathbf{R}[X]^{(n-3)}$ 的标量积.)

(vi) 证明 P_n 和 P_{n-1} 的根是交错的: 如果 $x_{m,1} < x_{m,2} < \cdots < x_{m,m}$ 为 P_m 的根, 则 $x_{n,1} < x_{n-1,1} < x_{n,2} < \cdots < x_{n-1,n-1} < x_{n,n}$. (涉及 $P_n(x_{n-1,i})$ 的符号.)

19. 诡谲特例

这一节收罗了一些怪异的数学特例.

19.1. 无处可微的连续函数

(至少) 到 19 世纪初, 大家都显然认为一个从 $\mathbf{R}$ 到 $\mathbf{R}$ 的连续函数都是可以求导的, 而且它的泰勒级数除几个孤立点外有相同的和. 但是, 自魏尔斯特拉斯 (1875) 构造了一个无处可微的连续函数后就远非这种情况了: 巴拿赫证明了这类函数的集合在连续函数的集合中是稠密的.

设 $E = \mathscr{C}^0([0,1], \|\,\|_\infty)$. 我们打算构造在 E 中稠密的一个子集 X, 它由无处可微的函数构成. 为此, 固定 $a \in]\frac{1}{2}, 1[$. 如果 $n \in \mathbf{N}$, 且 $k \in \{0, 1, \ldots, 2^n - 1\}$, 则令

$$U_{n,k} = \{\phi \in E, |\phi(\frac{k+1}{2^n}) - \phi(\frac{k}{2^n})| > a^n\}.$$

- $U_{n,k}$ 是 E 的一个开集: 实际上, $\phi \mapsto |\phi(\frac{k+1}{2^n}) - \phi(\frac{k}{2^n})|$ 在 E 上连续, 因为它是由连续的线性映射 $\phi \mapsto \Lambda_{n,k}(\phi) = \phi(\frac{k+1}{2^n}) - \phi(\frac{k}{2^n})$ 与绝对值映射的复合 ($\Lambda_{n,k}$ 的连续性由控制函数 $|\Lambda_{n,k}(\phi)| \leqslant 2\|\phi\|_\infty$ 得到).

由此推出 $U_n = \cap_{k=0}^{2^n-1} U_{n,k}$ 和 $V_n = \cup_{m \geqslant n} U_m$ 是 E 的开集.

- V_n 在 E 中稠密. 事实上, 设 $\phi \in E$ 和 $\varepsilon > 0$. 由于 $[0,1]$ 为紧集, 故 ϕ 为一致连续函数, 从而存在 $n_0 \in \mathbf{N}$ 使得对于所有 $n \geqslant n_0$ 和 $k \in \{0, 1, \ldots, 2^n - 1\}$ 有 $|\phi(\frac{k+1}{2^n}) - \phi(\frac{k}{2^n})| \leqslant \varepsilon$. 设 $m \geqslant \sup(n_0, n)$ 使得 $a^m < \varepsilon$, 并令 $\psi \in E$, 其定义为 $\psi(x) = \phi(x) + \varepsilon \sin(2^m \pi x)$. 如果 $k \in \{0, 1, \ldots, 2^m - 1\}$, 则有 $\|\psi - \phi\|_\infty \leqslant \varepsilon$ 和

$$|\psi(\frac{k+1}{2^m}) - \psi(\frac{k}{2^m})| = |\pm 2\varepsilon + \phi(\frac{k+1}{2^m}) - \phi(\frac{k}{2^m})| \geqslant 2\varepsilon - \varepsilon > a^m,$$

这证明了 $\psi \in U_m \subset V_n$. 由此推出, 对于每个 $\phi \in E$, 可以在 ϕ 的每个邻域中找到 V_n 中的一个元, 因此 V_n 实际上在 E 中稠密.

因为 E 为完备的, 由贝尔引理知 $X = \cap_{n\in\mathbf{N}} V_n$ 在 E 中稠密, 而要完成证明只需证明, 如果 $\phi \in X$ 且 $x_0 \in [0,1]$, 则 ϕ 在 x_0 不可微. 为此, 注意到 $\phi \in X$ 意味着 ϕ 属

于无穷多个 U_n, 因而存在 $b:\mathbf{N}\to\mathbf{N}$ 趋向 $+\infty$ 时趋向 $+\infty$, 使得对所有的 $n\in\mathbf{N}$ 和每个 $k\in\{0,1,\ldots,2^{b(n)}-1\}$ 有 $|\phi(\frac{k+1}{2^{b(n)}})-\phi(\frac{k}{2^{b(n)}})|>a^{b(n)}$. 令 k_n 为 $2^{b(n)}x_0$ 的整数部分, 而 $u_n=\frac{k_n}{2^{b(n)}}$, $v_n=\frac{k_n+1}{2^{b(n)}}$ (如果 $x_0=1$, 则令 $u_n=1-\frac{1}{2^{b(n)}}$, 而 $v_n=1$). 由
[182] 构造知, $u_n\leqslant x_0\leqslant v_n$, 且 $v_n-u_n=\frac{1}{2^{b(n)}}$; 特别地,$u_n\to x_0$, $v_n\to x_0$. 另外, 对所有的 $n\in\mathbf{N}$, 有 $|\frac{\phi(v_n)-\phi(u_n)}{v_n-u_n}|>(2a)^{b(n)}$, 又因为 $2a>1$, 故它证明了 $|\frac{\phi(v_n)-\phi(u_n)}{v_n-u_n}|$ 趋向 $+\infty$, 从而在 x_0 不可微 (若可微, 则有 $\frac{\phi(v_n)-\phi(u_n)}{v_n-u_n}\to\phi'(x_0)$). 证完.

习题 19.1. — 改进上述论证的最后一段来证明 $\sum_{n\geqslant 1}\frac{\sin(10^n\pi x)}{2^n}$ 在 $\mathbf{R}$ 上连续, 但无处可微.

19.2. 魔梯

这是一个函数 $f:[0,1]\to\mathbf{R}$, 它连续, 递增, 在 0 取值 0, 在 1 取值 1, 但它以几乎看不出的速度悄悄增大: 存在一族互不相交的开区间 $]a_n,b_n[$, $n\in\mathbf{N}$, 使得 f 在每个区间 $]a_n,b_n[$ 上为常数, 并使得区间长的总和 $\sum_{n\in\mathbf{N}}(b_n-a_n)$ 等于 1. 这个函数 f 是对于分析的基本定理 $[\int_a^b f'(t)dt=f(b)-f(a)]$ 的自然推广的一个相当令人吃惊的反例.

我们采用分形的方法构造 f: 将 f 作为 $f_n:[0,1]\to[0,1]$ 的极限, 这而些 f_n 在每个区间 $I_{n,i}=[\frac{i}{3^n},\frac{i+1}{3^n}]$, $0\leqslant i\leqslant 3^n-1$ 上是递增的连续仿射[37]函数; 我们归纳地进行定义. 从 $f_0(x)=x$ 开始, 并按照以下方案进行: $I_{n,i}$ 在 f_{n+1} 下的像与在 f_n 下的像相同, 而 f_{n+1} 在此区间上的图像由将 f_n 的图像分成等长的三段并将中间的一段变为一个居中的水平线.

更准确地说, 如果以 $a_{n,i}$ 和 $b_{n,i}$ 表示 f_n 在 $\frac{i}{3^n}$ 和 $\frac{i+1}{3^n}$ 的值, 则函数 f_n 和 f_{n+1} 在 $I_{n,i}$ 上由下面的公式给出 (图 1):

$$f_n(x)=a_{n,i}+(b_{n,i}-a_{n,i})(3^nx-i),$$

$$f_{n+1}(x)=\begin{cases}a_{n,i}+\dfrac{3}{2}(b_{n,i}-a_{n,i})(3^nx-i), & \text{如果 } x\in I_{n+1,3i},\\ \dfrac{b_{n,i}+a_{n,i}}{2}, & \text{如果 } x\in I_{n+1,3i+1},\\ b_{n,i}+\dfrac{3}{2}(b_{n,i}-a_{n,i})(3^nx-i-1), & \text{如果 } x\in I_{n+1,3i+2}.\end{cases}$$

特别地, 如果 f_n 在 $I_{n,i}$ 为常值, 则在 $I_{n,i}$ 上 $f_{n+1}=f_n$, 而在一般情形, 有

$$b_{n+1,i}-a_{n+1,i}=\begin{cases}\dfrac{b_{n,i}-a_{n,i}}{2}, & \text{如果 } i \text{ 在以 3 为底的展开式中的字码为 0 或 2},\\ 0, & \text{如果 } i \text{ 在以 3 为底的展开式中的字码为 1}.\end{cases}$$

[37] 即线性.

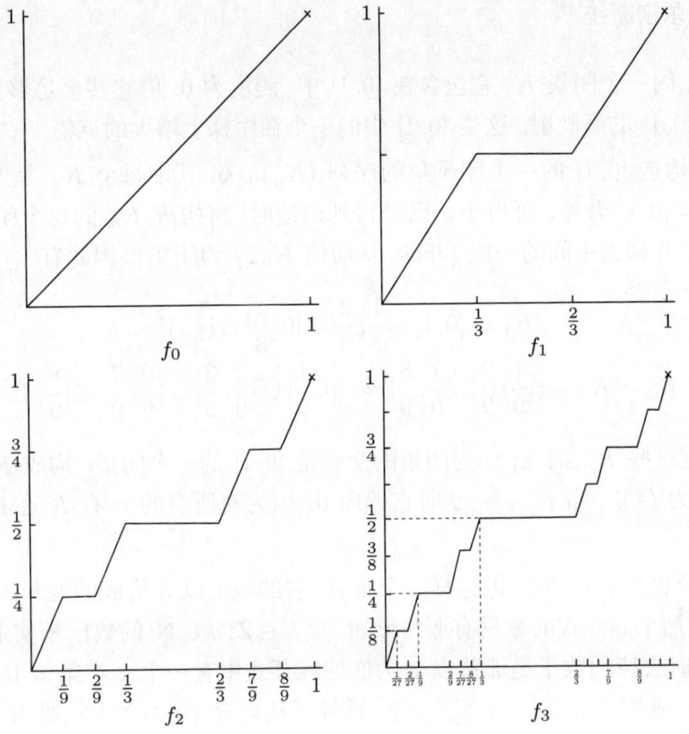

图 1. f_0, f_1, f_2, f_3 的图像

于是如果 $x \in I_{n,i}$ 有

$$|f_{n+1}(x) - f_n(x)| \leqslant \frac{b_{n,i} - a_{n,i}}{6}.$$

由归纳立刻推出 $\|f_{n+1} - f_n\|_\infty \leqslant \frac{1}{6 \cdot 2^n}$, 以及

$$b_{n,i} - a_{n,i} = \begin{cases} \dfrac{1}{2^n}, & \text{如果 } i \text{ 在以 3 为底的展开式中的字码为 0 或 2,} \\ 0, & \text{如果 } i \text{ 在以 3 为底的展开式中的字码为 1.} \end{cases}$$

由于 $\sum_{n \in \mathbf{N}} \frac{1}{6 \cdot 2^n} < +\infty$, 故级数 $f_0 + \sum_{n=0}^{+\infty}(f_{n+1} - f_n)$ 一致收敛, 且其和 (也同样是序列 $(f_n)_{n \in \mathbf{N}}$ 的极限)f 连续. 每个 f_n 是增函数, 故极限 f 亦然. 最后, 如果 i 在以 3 为底的展开式中的字码是 1, 则 f 在 $I_{n,i}$ 上为常值. 有 $3^n - 2^n$ 个这样的 i, 因此对满足这个条件的 i 的 $I_{n,i}$ 的并 F_n 的总长等于 $1 - \frac{2^n}{3^n}$. 因为 f 在 F_n (每个组成的区间) 上为常值, 取极限便证明了 f 在 F_n 的并上为常值, 但这个并集总长等于 1. 另一方面对所有的 n 我们有 $f_n(0) = 0$ 和 $f_n(1) = 1$, 故取极限有 $f(0) = 0, f(1) = 1$. 因此, 我们构造了一个连续函数它以几乎看不见的速度从 0 增大到 1. [183]

[184] **19.3. 康托尔密断统**[38]

这是 $\mathbf{R}$ 的一个闭集 K, 它包含在 $[0,1]$ 中, 测度为 0, 但它甚至足够大, 大到有一个从 K 到 $[0,1]$ 的满映射. 这是 $[0,1]$ 中的一个在魔梯上增大的点集.

归纳地构造 $[0,1]$ 的一个闭子集的序列 $(K_n)_{n\in\mathbf{N}}$, 其中每个 K_n 是 2^n 个闭集的并. 从 $K_0=[0,1]$ 开始, 而当 K_n 已经得到构造时, 将构成 K_n 的每个闭线段分割成等长的三段, 并移去中间的一段 (开的, 从而使 K_{n+1} 为闭集). 因此有

$$K_1=[0,1]-]\frac{1}{3},\frac{2}{3}[=[0,\frac{1}{3}]\cup[\frac{2}{3},1],$$
$$K_2=K_1-(]\frac{1}{9},\frac{2}{9}[\cup]\frac{7}{9},\frac{8}{9}[)=[0,\frac{1}{9}]\cup[\frac{2}{9},\frac{3}{9}]\cup[\frac{6}{9},\frac{7}{9}]\cup[\frac{8}{9},1].$$

以 K 记这些 K_n 的交; 作为闭集的交它是 $[0,1]$ 的一个闭集. 构成 K_n 的这些线段的长的和为 $(\frac{2}{3})^n$, 当 $n\to+\infty$ 时它趋向 0. 因为对所有的 n 有 $K\subset K_n$, 故 K 的测度为 0.

另外, K 也是 $x\in[0,1]$ 的这样一个集合, 它的一个以 3 为底的展开式中只包含了 0 和 2 (具有两个展开式的数只有那些形如 $\frac{k}{3^n},k\in\mathbf{Z},n\in\mathbf{N}$ 的数). 事实上, 从 K_n 转移到 K_{n+1} 时去掉的数正是那些以 3 为底的展开式中有一个 1 在第 n 位而在之前的位非 1 的数. 映射 $(a_n)_{n\geqslant1}\mapsto\sum_{n=1}^{+\infty}\frac{a_n}{3^n}$ 诱导了从集合 $\{0,2\}^{\mathbf{N}-\{0\}}$ 到 K 上的一个双射, 从而使我们可定义一个满射 $f:K\to[0,1]$, 它将以 3 为底的数转换为以 2 为底的数, 即 $\sum_{n=1}^{+\infty}\frac{a_n}{3^n}$ 转换为 $\sum_{n=1}^{+\infty}\frac{b_n}{2^n}$, 其中 $b_n=a_n/2\in\{0,1\}$.

习题 19.2. — (i) 改进上面的构造法以构造一个 $[0,1]$ 的内核为空的但其测度非零的闭集.

(ii) 证明这样一个集合是完全不连通的.

19.4. 佩亚诺曲线

这是充满了整个正方形的一条分形曲线, 它指出, 维数的概念比你想象的还要成问题 (一个概率学家说, 要得到 (几乎) 具有这个性质的一条曲线, 只要进行一个布朗运动, 它自己就可以 (几乎) 塞满整个平面).

我们归纳地构造逐段仿射的函数 f_n, 并以它们的极限 $f:[0,1]\to[0,1]^2$ 来得到一条佩亚诺曲线. 函数 f_0 就是 $t\mapsto(t,t)$; 它的像是正方形 $[0,1]^2$ 的对角线. 函数 f_n 是在每个形如 $I_{n,i}=[\frac{i}{9^n},\frac{i+1}{9^n}]$ 上的线性函数, 而从 f_n 到 f_{n+1} 的转化是将构成 f_n 的像的 9^n 个线段中每一段按照图 2 所示的方法置换为 9 个线段. 图 3 表明给出 f_2 的过程 (函数 f_0 和 f_1 显示在图 2 中).

[38]这里用的是 L'ensemble triadique de Cantor, 即康托尔的三进位制数的集合, 而一般叫作康托尔密断统 (Cantor's discontinuum).

[185]

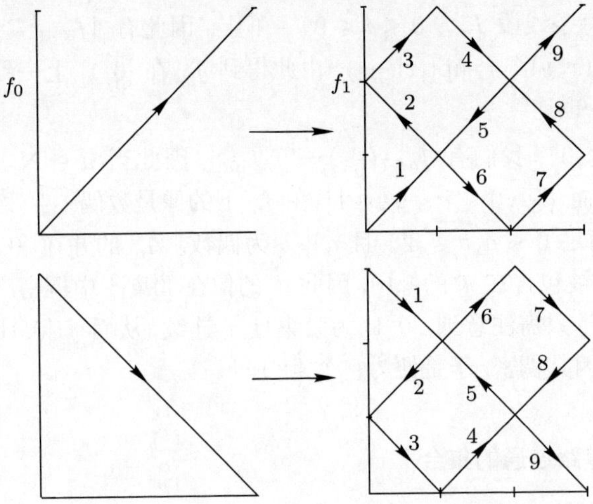

图 2. 由 f_n 得到 f_{n+1} 的过程; 对于指向其他方向的线段, 只反转了行进的方向

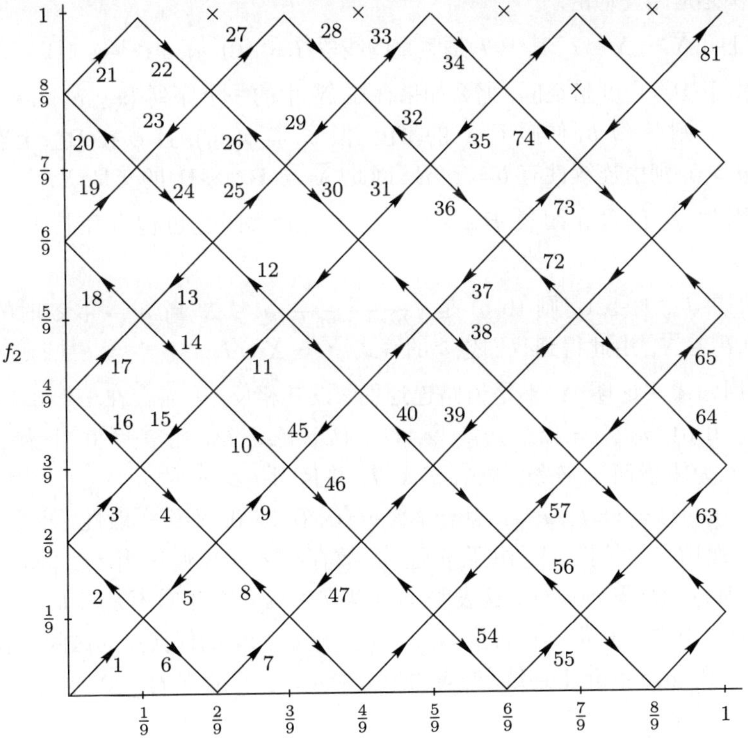

图 3. 函数 f_2: 图上出现的这些数对应了 $9^2 = 81$ 这条线段的行走次序

[186] 由构造知, 函数 f_{n+1} 和 f_n 的像包含在同一个边长为 $\frac{1}{3^n}$ 的子正方形中, 并且这些子正方形位于每条线段 $I_{n,i}$, $0 \leqslant i \leqslant 9^n - 1$ 上. 因此有 $\|f_{n+1} - f_n\|_\infty \leqslant \frac{1}{3^n}$, 其中 $\mathbf{R}^2$ 上的范数为 $\|(x,y)\| = \sup(|x|,|y|)$. 由此得到 f_n 在 $[0,1]$ 上一致收敛, 又因为 f_n 连续, 故其极限 f 也连续.

如果 $0 \leqslant i \leqslant 9^n$, 我们有 $f_{n+1}(\frac{i}{9^n}) = f_n(\frac{i}{9^n})$, 因此当 $n \in \mathbf{N}$, $0 \leqslant i \leqslant 9^n$ 时有 $f(\frac{i}{9^n}) = f_n(\frac{i}{9^n})$. 而 $\{\frac{i}{9^n}, 0 \leqslant i \leqslant 9^n - 1\}$ 在 f_n 下的像是数偶 $(\frac{a}{3^n}, \frac{b}{3^n})$ 的集合 A_n, 其中 a, b 为整数, 满足 $0 \leqslant a, b \leqslant 3^n$, 且 $a+b$ 为偶数. A_n 的并在 $[0,1]^2$ 中稠密, 并且按照上面所示, 它被包含在 f 的像中; 因此 f 的像在 $[0,1]^2$ 中稠密. 要证明 f 充满了整个正方形 $[0,1]^2$, 只需注意到, $[0,1]$ 为紧集且 f 连续, 从而 $f([0,1])$ 为紧集, 因此在 $[0,1]^2$ 中为闭集, 因其稠密, 于是便为整个 $[0,1]^2$!

19.5. 连通而非道路连通的集合

19.5.1. $\sin\frac{1}{x}$ 的图像

设 X 为函数 $x \mapsto \phi(x) = \sin\frac{1}{x}$, $x > 0$ 的图像. 作为 $\mathbf{R}_+^*$ 在 $x \mapsto (x, \phi(x))$ 下在 $\mathbf{R}^2$ 中的像, 集合 X 是一条道路, 从而道路连通, 它在 $\mathbf{R}^2$ 中的闭包 $\overline{X}$ 因此连通; 我们要证明它不是道路连通的.

「先证明 $\overline{X} = X \cup I$, 其中 I 是竖直的线段 $I = \{(0,y), y \in [-1,1]\}$.

- 由于 $\mathbf{R}^2$ 是度量空间, 那么如果存在 X 中的一个序列 $(x_n, y_n)_{n\in\mathbf{N}}$ 在 $\mathbf{R}^2$ 中收敛于 (a,b), 则点 (a,b) 便属于 X 的闭包. 但 $y_n = \phi(x_n)$, 且 ϕ 在 $\mathbf{R}_+^*$ 上连续, 这表明, 如果 $a > 0$, 则由连续性有 $b = \phi(a)$. 因此 $\overline{X}$ 与 $\mathbf{R}_+^* \times \mathbf{R}$ 的交是 X.

- 因为 X 包含在闭集 $\mathbf{R}_+ \times [-1,1]$ 中, 故其闭包也包含在其中; 由此得到 $\overline{X} \subset X \cup I$.

- 如果 $b \in [-1,1]$, 则 $(0,b)$ 是 $(\frac{1}{2n\pi + \arcsin(b)}, b) \in X$ 当 $n \to +\infty$ 时的极限, 这证明了 $(0,b) \in \overline{X}$. 由此得到我们想要的等式 $\overline{X} = X \cup I$.

现在用归谬法证明 $\overline{X}$ 不是道路连通的. 设其相反; 因而存在 $u : [0,1] \to \overline{X}$ 使得 $u(0) = (0,0)$, $u(1) = (\pi^{-1}, 0)$. 令 $A = \{t, u(t) \in I\}$, 而 $a \in [0,1]$ 为 A 的上确界. 因为 I 为闭集而 u 连续, 故 $u(a) \in I$, 并且当 $t > a$ 时 $u(t) \notin I$. 因此我们有 $u(a) = (0,b), u(t) = (x(t), y(t))$, 且若 $t > a$ 有 $x(t) > 0$. 不失一般性, 可设 $b \neq 1$ (否则, 可在下面用 -1 替换 1). 由于 u 连续, 故存在 $\delta > 0$ 使得当 $t \in [a, a+\delta]$ 时有 $y(t) \neq 1$. 因为 $y(t) = \phi(x(t))$, 这表明 $x(t)$ 当 $t \in [a, a+\delta]$ 时不是形如 $\frac{1}{2n\pi + (\pi/2)}$ 的数. 然而 $\mathbf{R}_+$ 中包含 0 但不包含形如 $\frac{1}{2n\pi + (\pi/2)}$, $n \in \mathbf{N}$ 的任何点的区间只有 $\{0\}$. 因为 $t \mapsto x(t)$ 在 $[a, a+\delta]$ 上连续, 这表明当 $t \in [a, a+\delta]$ 时 $x(t) = 0$, 这与 a 的定义矛盾. 故得结论. 」

[187] 19.5.2. 康托尔的圆锥帐

这是平面中的一个这样的子集 T: 它是连通的, 并存在 $S \in T$ 使得当从 T 中去掉 S 时, 它成为完全不连通的 (回忆一下, 这意味着 $T - S$ 的连通分支全化为单点).

为构造 T, 我们从康托尔的三进位制数的集合 K 着手, 我们将其分拆为一个稠密的可数集 K_1[(113)]和它的补集 K_2.

通过 $t \mapsto (t,0)$ 将 K 等同于 $\mathbf{R}^2$ 的一个子集, 从而可将 K 看作水平线段 $L=[0,1]\times\{0\}$ 的一个子集. 令 S 为点 $(0,1)$, 且若 $P=(t,0)$, $t\in K_1$ (分别地, $t\in K_2$), 则定义半径 T_P 为属于线段 $[P,S[$ 的点 (x,y) 的集合, 其中 $y\in\mathbf{Q}$ (分别地, $y\notin Q$). 定义康托尔的圆锥帐 (Le tipi de Cantor)T 为这些 $T_P, P\in K$ 的并集再添加作为 T 的顶点的 S. 我们将证明 T 是连通的但去掉 S 的 T 是完全不连通的.

「 为了证明 T 连通, 我们考虑将 T 分拆为两个开集 U_1 和 U_2, 并设 $S\in U_1$. 因为 U_1 非空, 故需证明 U_2 为空集. 由于在一个正方形中进行证明较之于在一个三角形中来得方便, 而 $(x,y)\mapsto((1-y)x,y)$ 诱导了从 $[0,1]\times[0,1[$ 到顶点为 $A=(0,0),B=(1,0)$ 和 $S=(0,1)$ 但去掉了 S 的三角形的一个同胚; 其逆同胚为 $(x,y)\mapsto(\frac{x}{1-y},y)$. 通过这个同胚, 半径 T_P 当 $P\in K_1$ 时变为 $T'_P=\{P\}\times([0,1]\cap\mathbf{Q})$, 而当 $P\in K_2$ 时变为 $T'_P=\{P\}\times([0,1]\cap(\mathbf{R}-\mathbf{Q}))$, 同时 $T-S$ 变为 $K_1\times([0,1]\cap\mathbf{Q})$ 和 $K_2\times([0,1]\cap(\mathbf{R}-\mathbf{Q}))$ 的并 T'. 开集 U_1-S 变为 T' 的一个包含 $([0,1]\times]1-\delta,1[$ 的开集 U'_1, 其中 $\delta>0$ 充分小, U_2 则变为 T' 的一个开集 U'_2, 并且 U'_1 和 U'_2 构成了 T' 的一个分拆.

现在来证明 U'_2 为空集. 定义函数 $h:K\to[0,1]$ 为: 当 $T'_P\cap U'_2=\varnothing$ 时 $h(P)=0$, 而当 $T'_P\cap U'_2=\varnothing$ 时, $h(P)=\sup\{y,(P,y)\in T'_P\cap U'_2\}$. 由于 U'_2 是开集, 它为空集等价于 $h=0$; 因此使 $h\neq 0$ 的点是那些我们感兴趣的点.

- 因为 $U'_1\cap U'_2=\varnothing$ 并且 U'_1 包含了 $([0,1]\times]1-\delta,1[)\cap T'$, 其中 $\delta>0$ 充分小, 故对于所有的 $P\in K$ 有 $h(P)<1$.

- 对于 $P\in K_2$ 有 $h(P)\in\mathbf{Q}$, 因为不然的话, T'_P 的点 $(P,h(P))$ 就将属于 U'_i, $i=1$ 或 2, 并且因为 U'_i 为开集, 故存在一个包含 $h(P)$ 的开线段 $J\subset]0,1[$, 使得 $\{(P,t),t\in J\}\cap T'$ 含在 U'_i 中. 在 $i=1$ 和 $i=2$ 的两种情形都与 $h(P)$ 的定义相矛盾.

- 如果 $q\in]0,1[\cap\mathbf{Q}$, 且 $P\in K_1$, 则存在 K 的一个包含 P 的开集 I, 使得对所有的 $Q\in I$ 有 $h(Q)\neq q$. 事实上, 由构造, 点 (P,q) 属于 T'_P, 因而属于 U'_i, $i=1$ 或 $i=2$. 由于 U'_i 为开集且包含 (P,q), 故它包含了 $(I\times J)\cap T'$, 其中 I 是包含 P 的 K 中的开集, J 是 $]0,1[$ 中的一个包含 q 的开集; h 的定义表明当 $Q\in I$ 时有 $h(Q)\notin J$.

如果 $q\in]0,1[\cap\mathbf{Q}$, 令 F_q 为 $\{P\in K,h(P)=q\}$ 的闭包. 由构造知它是 K 的一个闭集, 并根据前一个 •, 不与 K_1 相交. 由于 K_1 在 K 中稠密, 故它的内核为空. 又因为 K 是一个紧的度量空间, 故完备, 贝尔引理表明 K_1 与 $F_q, q\in\mathbf{Q}\cap]0,1[$ 的并 X 的内核为空: 因为这是可数个内核为空的闭集的并 ($\mathbf{Q}\cap]0,1[$ 是个可数集,而 K_1 可数从 [188]
而是单点的可数并). 集合 $K-X$ 因而在 K 中稠密. 但 $P\in K-X$ 表明 $h(P)=0$,

---

(113)例如可取 K_1 为 K 中的按底 3 展开式为有界的元, 即形如 $\sum_{i=1}^{n}\frac{a_i}{3^n}$ 的数的集合, 其中 $n\in\mathbf{N}$, 而 $a_i\in\{0,2\}$, $1\leqslant i\leqslant n$.

从而也有 $\{P\}\times(]0,1[\cap(\mathbf{R}-\mathbf{Q}))\subset U_1'$. 因此 U_1' 包含了 $(K-X)\times(]0,1[\cap(\mathbf{R}-\mathbf{Q}))$, 而因为它在包含了 T' 的 $K\times[0,1[$ 中, 故 $(K-X)\times(]0,1[\cap(\mathbf{R}-\mathbf{Q}))$ 在 T' 中稠密. 于是 U_1' 的补集 U_2' 无内核, 又因为它为开集, 故为空集, 得到了 T 的连通性.

还要证明 $T-S$ 完全不连通, 而因为 $T-S$ 同胚于 T', 故只要证明 T' 完全不连通即可. 为此, 考虑 T' 的两个不同的点 (P_1,y_1) 和 (P_2,y_2). 如果 $P_1\neq P_2$, 则因为 K 无内核, 故存在 $Q\notin K$ 在以 P_1 和 P_2 为端点的开区间中. 竖直线 $\{Q\}\times\mathbf{R}$ 与 T' 不交, 而限定了 T' 为两个开集的分拆的两个开半平面, 一个包含了 (P_1,y_1), 而另一个包含了 (P_2,y_2). 由此得到 (P_2,y_2) 不在 (P_1,y_1) 所在的连通分支中. 于是 T' 的一个连通分支包含在一个半径 T_P' 中, 而因为它同胚于 $\mathbf{Q}\cap[0,1[$ 或者 $(\mathbf{R}-\mathbf{Q})\cap[0,1[$, 故这样的一个集合是完全不连通的. T' 的连通分支因而是一些单点. 得到结论. 」

20. 构造数

在这一节我们将很快地解释一下 (没有证明), 如何由一个最小的公理体系出发来构造所有那些通常见到的量. 这个问题相对于数学的历史而言还可以算成是近期的: 在 1872 年, 魏尔斯特拉斯意识到实数并没有得到定义而这会导致有害的结果 ……让数学家们对这些基础性的问题感兴趣的理由之一是出现了一些怪异现象 (见上一节), 这表明从直观上会引起极强的误导, 而出现的各种悖论的威胁会导致数学大厦的坍塌.

20.1. 自然数

自然数的第一个公理的表述可追溯到 1888 年 (戴德金), 随后佩亚诺将其简化. 自然数的集合似乎是由最显然的然而不能被构造的一些对象构成的 (每个人都知道的 $0,1,2,\ldots$; 问题在于在 "..." 中的那些东西); 人们多多少少不得不假定它们的存在性, 并祈愿天不要因此而塌下来砸着脑袋.

• 最为有效的陈述是, 假定集合 $\mathbf{N}$ 即自然数集的存在性, 而这个集合被赋予了一个元素 0 和一个映射 "后继元" $s:\mathbf{N}\to\mathbf{N}$, 它满足如下的 (佩亚诺) 公理:

(A1) 映射 s 为单射;

(A2) 0 不是任何其他自然数的后继元;

(A3) 如果 $X\subset\mathbf{N}$ 使得 $0\in X$ 且对于所有 $n\in X$ 有 $s(n)\in X$, 则 $X=\mathbf{N}$ (递推公理).

于是我们可以递推地定义加法和乘法: $a+0=a, a+s(b)=s(a+b)$ (加法) 和 $a0=0, as(b)=ab+a$ (乘法). 令 $1=s(0)$, 于是有 $s(a)=s(a+0)=a+s(0)=a+1$.
[189] 这让我们可以去掉后继元映射而代之以 $a\mapsto a+1$. 从佩亚诺公理出发可验证加法和乘法是交换的, 而乘法对于加法是分配的, 这是一件有点啰嗦但却可以在心理上得到十分满足的事.

「 从小娃娃认识数 5 的想法出发可得到一个更加直观的表述. 称集合 X 有限是

说, 对于 $x \notin X$, 不能给出 X 与 $X \cup \{x\}$ 之间的一个双射. 我们假定了无限集合 Ω 的存在性 (无限性公理), 并赋予 Ω 的子集的集族一个等价关系: $X_1 \sim X_2$ 是指存在一个从 X_1 到 X_2 上的一个双射. 于是定义自然数集 $\mathbf{N}$ 为 Ω 的有限子集间的上述等价关系下的等价类的集合. 如果 X 是 Ω 的一个有限子集, 以 $[X] \in \mathbf{N}$ 表示它的等价类; 这是一个我们称之为 X 的基数的自然数, 对前述构造的一个按经验的分析表明我们已定义了自然数 n 为所有基数为 n 的集合 (包含在 Ω 中) 的等价类.

以 0 代表空集的基数, 1 是单个元集 (即一个非空的集合 X 使得 $x, y \in X \Rightarrow x = y$) 的基数 …… 如果 $a, b \in \mathbf{N}$, 选取基数分别为 a 和 b 的不交子集 $X, Y \subset \Omega$, 并定义 $a+b$ 为 $X \cup Y$ 的基数, 而 ab 为 $X \times Y$ (也就是 Ω 中可以与 $X \times Y$ 有双射的子集) 的基数. 因此几乎立刻可得 $a+b=b+a$ (因为 $X \cup Y = Y \cup X$), 以及 $ab = ba$ (因为 $(x,y) \mapsto (y,x)$ 诱导了从 $X \times Y$ 到 $Y \times X$ 的双射), 以及 $0 \cdot a = 0$, $a \in \mathbf{N}$ (因为对于任意的 X, $\varnothing \times X$ 为空集, 还有 $a(b+c) = ab+ac$ (因为 $X \times (Y \cup Z) = (X \times Y) \cup (X \times Z)$).

但当人们试图证明 $\mathbf{N}$ 满足对于后继元映射 $x \mapsto x+1$ 的递推公理时, 情况则要复杂些. 」

20.2. 整数, 有理数

从自然数出发我们进行如下的构造.

- 构造 $\mathbf{Z}$ 为 $\mathbf{N} \times \mathbf{N}$ 对于等价关系 $\sim$ 的商: $(a,b) \sim (a',b')$ 当且仅当 $a+b' = a'+b$, 想法是用 (a,b) 表示整数 $a-b$. 映射 $n \mapsto (n,0)$ 诱导了从 $\mathbf{N}$ 到 $\mathbf{Z}$ 中的单射, 从而可将 $\mathbf{N}$ 看成是 $\mathbf{Z}$ 的一个子集.

加法为将 $(a,b)+(a',b') = (a+a', b+b')$ 转移到商上, 从而在 $\mathbf{Z}$ 上定义了一个规则使 $\mathbf{Z}$ 成为一个交换群, 其中性元为 $(0,0)$ (的类)(或者 (a,a), 其中任意 $a \in \mathbf{N}$), (a,b) 的逆为 (b,a), n 的逆为 $-n$, 因而由 $(0,n)$ 表示, 从而现在可以定义当 $a, b \in \mathbf{Z}$ 时的 $a-b$, 而如果 $a, b \in \mathbf{N}$, 则有 $a-b = (a,0)+(0,b) = (a,b)$. 故得到我们所要的结果.

乘法[114] 为将 $(a,b)(a',b') = (aa'+bb', ab'+ba')$ 转移到商上, 从而定义了一个规则, 于是具有加法和乘法的 $\mathbf{Z}$ 是一个交换环.

最后如果 $a-b \in \mathbf{N}$, 则说 $a \geqslant b$, 如此便在 $\mathbf{Z}$ 上得到了一个全序关系.

- 我们构造 $\mathbf{Q}$ 为 $\mathbf{Z} \times (\mathbf{Z} - \{0\})$ 对于等价关系 $\sim$ 的商, 其中 $(a,b) \sim (a',b')$ 当且仅 [190]
当 $ab' = a'b$, 其想法是 (a,b) 代表了有理数 $\frac{a}{b}$. 映射 $n \mapsto (n,1)$ 诱导了从 $\mathbf{Z}$ 到 $\mathbf{Q}$ 的一个单射, 从而使我们可以将 $\mathbf{Z}$ 看作 $\mathbf{Q}$ 的一个子集.

$\mathbf{Q}$ 上的加法和乘法由将公式 $(a,b)+(a',b') = (ab'+ba', bb')$ 和 $(a,b)(a',b') = (aa', bb')$ 转移到商上得到. 因此赋予了加法和乘法的 $\mathbf{Q}$ 是一个交换域: $+$ 的中性元为 0, 它是对每个 $b \in \mathbf{N}$ 的 $(0,b)$ 的类, (a,b) 的加法逆元为 $(-a,b)$; 而对 $\times$ 的中性元

(114) 设想 (a,b) 代表了 $a-b$, 因而 $(aa'+bb', ab'+ba')$ 代表了 $aa'+bb'-ab'-ba' = (a-b)(a'-b')$, 这便解释了乘法的公式是如何得到的.

为 1, 它是对于每个 $b\in\mathbf{Z}-\{0\}$ 的 (b,b) 的类, 当 $(a,b)\neq 0$ (等价于 $a\neq 0$) 时, (a,b) 的逆为 (b,a). 如果 $a\in\mathbf{Z}, b\in\mathbf{Z}-\{0\}$, 我们现在便可在 $\mathbf{Q}$ 中用 b 去除 a, 而 $b^{-1}a$ 是 $(1,b)(a,1)=(a,b)$ 的类, 从而得到所要的性质.

最后, 称 $q\in\mathbf{Q}$ 是正的是说 q 可由 $(a,b), b\geqslant 0, a\geqslant 0$ 表示, 而 $q_1\geqslant q_2$ 是指 q_1-q_2 为正的. 由此我们得到了 $\mathbf{Q}$ 上的一种全序关系.

20.3. 实数, 复数

对于从 $\mathbf{Q}$ 出发构造 $\mathbf{R}$, 我们主要有三种可能的方法.

- 可以利用戴德金分割 (1872), 它就是 $\mathbf{Q}$ 的非空子集的偶对 (A,B) 的集合, 它满足 $A\cup B=\mathbf{Q}$, 并且 A 中的所有元均 $\leqslant B$ 中的每个元. 想法是: 如果 $r\in\mathbf{R}$, 则 r 对应与一个分割 (A_r,B_r), 其中 $A_r=\{x\in\mathbf{Q}, x\leqslant r\}$, 而 $B_r=\{x\in\mathbf{Q}, x\geqslant r\}$. 有理数等同于分割 (A,B), 其中 $A\cap B$ 非空. 容易证明如此构造的集合 $\mathbf{R}$ 满足上确界性质 (其上每个非空子集具有上确界), 于是它是完备的.

- 我们也可像康托尔那样 (1872), 以绝对值为范数在 $\mathbf{Q}$ 中强行添加 $\mathbf{Q}$ 中元素的柯西序列的极限来对 $\mathbf{Q}$ 完备化. 考虑 $\mathbf{Q}$ 的元的柯西序列的集合 Cauchy($\mathbf{Q}$) (即那些序列 $(a_n)_{n\in\mathbf{N}}\in\mathbf{Q}^{\mathbf{N}}$ 的集合, 使得对所有 $j\in\mathbf{N}$ 存在 $N_j\in\mathbf{N}$ 满足对任意 $n,p\geqslant N_j$ 有 $|a_p-a_n|<2^{-j}$). 于是 Cauchy($\mathbf{Q}$) 对于逐项的加法和乘法是一个环, 而其中趋向 0 的那些序列是一个理想 I. 定义 $\mathbf{R}$ 为 Cauchy($\mathbf{Q}$) 对于 I 的商, 它将两个具有相同极限 (即它们的差趋向 0) 的柯西序列等同, 从而 "将一个柯西序列等同于它的极限". 所得到的 $\mathbf{R}$ 是一个域[115], 并有一个严格的全序关系 [116], 并且 Q 在其中 (等同于常值序列
[191] 的像) 稠密[117].

- 我们也可以用 "普通人" 的, 从实数有一个十进制展开式的这个事实出发构造. 这让我们定义 $\mathbf{R}$ 为十进位展开式 $a_n\cdots a_0, a_{-1}a_{-2}\cdots$ 的集合, 其中在逗号前的字码为有限个, 而之后的为无限个, 并且此集合已被模去了等价关系 $\sim$: 将 $a_n\cdots a_m 99999\cdots$ 与 $a_n\cdots a_{m+1}(a_m+1)0000\cdots$ 等同, 其中 $a_m\neq 9$. 我们留给读者去定义两个 "普通人" 的实数的加法和乘法……

- 一旦构造了这些实数, 在 $\mathbf{R}$ 中添加进 -1 的平方根 i 便得到了复数域 $\mathbf{C}$, 这等于令 $\mathbf{C}=\mathbf{R}[X]/(X^2+1)$. 得到的是一个对于范数 $|z|=\sqrt{x^2+y^2}$ 的完备域, 其中 $z=x+iy$; 它还是一个代数闭域 (是被称为 "代数基本定理" 的熟知结果, 但对此定理还没有不用分析技术的证明).

---

[115] 如果 $(a_n)_{n\in\mathbf{N}}$ 是一个不趋向 0 的柯西序列, 则当 $n\geqslant n_0$ 时 $a_n\neq 0$, 从而序列 $(1,\ldots,1,a_{n_0}^{-1},\ldots,a_n^{-1},\ldots)$ 也是柯西序列, 且其在 $\mathbf{R}$ 中的像是序列 $(a_n)_{n\in\mathbf{N}}$ 的极限的逆.

[116] 如果 $a,b\in\mathbf{R}$, 称 $a<b$ 是说 $a\neq b$, 且对于 a 和 b 的代表元 $(a_n)_{n\in\mathbf{N}}$ 和 $(b_n)_{n\in\mathbf{N}}$ 满足, 当 n,p 充分大时有 $a_n<b_p$; 注意, 对于代表元的任意选取这都成立, 故结论成立.

[117] 这意味在 $\mathbf{R}$ 的两个元之间从可以找到 $\mathbf{Q}$ 的一个元. 如果 $a<b$ 为 $\mathbf{R}$ 中的两个元, 且若 $(a_n)_{n\in\mathbf{N}}$ 和 $(b_n)_{n\in\mathbf{N}}$ 为它们的代表元, 则当 $n,p\geqslant n_0$ 时有 $a_n<b_p$, 那么 $r=\frac{a_{n_0}+b_{n_0}}{2}$ 是满足 $a<r<b$ 的 $\mathbf{Q}$ 中的元.

20.4. p-adic 数

20.4.1. 域 $\mathbf{Q}_p$

康托尔对 $\mathbf{R}$ 的构造尽管比较复杂, 但确实比戴德金的构造要更加灵活、容易加以推广. 在实数的构造出现 (在之前花了两百多年) 仅仅 25 年后, 亨泽尔 (Hensel) 便着手构造 p-adic 数了 (1897), 并且不到 12 年便给出了一个可操作的形式. 今天, 我们按以下的方式来做这件事.

设 p 是个素数. 如果 $a \in \mathbf{Z}-\{0\}$, 定义 p-adic 赋值 $v_p(a)$ 为使得 p^v 整除 a 的最大的整数 v. 我们有 $v_p(ab)=v_p(a)+v_p(b)$, $a,b\in\mathbf{Z}-\{0\}$, 这使我们可以将 v_p 扩张到 $\mathbf{Q}$ 上: 令 $v_p(\frac{a}{b})=v_p(a)-v_p(b)$, $a,b\in\mathbf{Z}-\{0\}$, 并令 $v_p(0)=+\infty$. 因此对于 $x,y\in\mathbf{Q}$ 有 $v_p(x+y)\geqslant\min(v_p(x),v_p(y))$, 因为如果 $x,y\in\mathbf{Q}$ 均被 p^v 整除, 则 $x+y$ 也被它整除. 由此可以推导出如下事实: 如果令 $|x|_p=p^{-v_p(x)}$, 则 $|x+y|_p\leqslant\sup(|x|_p,|y|_p)$ 从而 $d_p(x,y)=|x-y|_p$ 是 $\mathbf{Q}$ 上的一个距离 (p-adic 距离), 上面的这个不等式被称为超度量, 它比三角不等式更强.

我们定义 p-adic 数域 $\mathbf{Q}_p$ 为 $\mathbf{Q}$ 对于 p-adic 范数 $|\,|_p$ 的完备化, 就是说像定义 $\mathbf{R}$ 那样, 取 $\mathbf{Q}$ 的元构成的 (对于范数 $|\,|_p$) 柯西序列的环, 然后对那些趋向 0 的序列构成的理想取商得到. 如果 $x\in\mathbf{Q}_p$, 且若 $(a_n)_{n\in\mathbf{N}}$ 是 x 的一个代表元, 则 $|a_n|_p$ 趋向 $\mathbf{R}$ 中的一个极限 (同样在 $p^{\mathbf{Z}}\cup\{0\}$ 中的一个极限, 这是因为它的每项均在 $p^{\mathbf{Z}}\cup\{0\}$ 中, 而后者是 $\mathbf{R}_+$ 中的闭集), 它只与 x 有关, 故可记为 $|x|_p$. 由构造知, $|\,|_p$ 是 $\mathbf{Q}_p$ 上的一个超度量, 它表明 $|x|_p=0$ 当且仅当 $x=0$, 还表明对任意的 $x,y\in\mathbf{Q}_p$ 有 $|xy|_p=|x|_p|y|_p$ 以及 $|x+y|_p\leqslant\sup(|x|_p,|y|_p)$, 因此 $d_p(x,y)=|x-y|_p$ 是 $\mathbf{Q}_p$ 上的一个超度量距 [192]
离, 在此距离下 $\mathbf{Q}_p$ 完备. 由连续性可将 v_p 延拓到 $\mathbf{Q}_p$ 上, 从而对于 $x\in\mathbf{Q}_p$ 仍有 $|x|_p=p^{-v_p(x)}$.

- 在 $\mathbf{Q}_p$ 中, 一个序列 $(x_n)_{n\in\mathbf{N}}$ 收敛当且仅当 $x_{n+1}-x_n$ 趋向 0, 而一个级数 $\sum_{n\in\mathbf{N}}u_n$ 收敛当且仅当 u_n 趋向 0.

「 根据超度量不等式, 我们有 $|x_{n+k}-x_n|_p\leqslant\sup_{0\leqslant i\leqslant k-1}|x_{n+i+1}-x_{n+i}|_p$, 这证明了, 如果 $|x_{n+1}-x_n|_p$ 趋向 0, 则此序列便是柯西序列. 由 $\mathbf{Q}_p$ 的完备性得出结论 (对于级数的论证相同). 」

习题 20.1. — 证明级数 $1+2+4+8+\cdots$ 在 $\mathbf{Q}_2$ 中收敛于 -1.

习题 20.2. — (i) 证明如果 $|x|_p>|y|_p$, 则 $|x+y|_p=|x|_p$.

(ii) 证明当 $u_n\to 0$ 以及对所有 $n\geqslant 1$ 有 $|u_0|_p>|u_n|_p$ 时, $\sum_{n\in\mathbf{N}}u_n\neq 0$ 且 $|\sum_{n\in\mathbf{N}}u_n|_p=|u_0|_p$.

- $\mathbf{Q}_p$ 的拓扑具有一些乍看起来有点捉摸不定的性质.

  (i) $\mathbf{Q}_p$ 的一个球的每个点都是"中心".

  (ii) $\mathbf{Q}_p$ 的两个球要么不相交要么一个含在另外一个里面 (像水银的珠子那样).

(iii) $\mathbf{Q}_p$ 的球同时为开集和闭集.

(iv) $\mathbf{Q}_p$ 的拓扑是完全不连通的.

「如果 $x_1 \in B(x_0, r)$ 而 $y \in B(x_1, r)$, 则 $d_p(x_0, y) \leqslant \sup(d_p(x_0, x_1), d_p(x_1, y)) \leqslant r$ (如果涉及的是开球, 则 $< r$), 因此 $B(x_1, r) \subset B(x_0, r)$. 另一方向的包含关系只要交换 x_0 和 x_1 的角色即得. (i) 得证.

根据 (i), 如果两个球有非空的交, 则交集的每个元都是这两个球的中心, 从而证明了 (ii).

如果 B 是一个半径为 r 的开球, 那么根据 (ii). B 的补集包含了所有环绕着它的点的半径为 r 的开球, 这表明这个补集为开集, 从而 B 为闭集. 如果 B 是一个半径非零的闭球, 则 B 的每个点都是中心, 从而 B 是其中每个点的邻域. (iii) 得证.

最后, 如果 $x \in \mathbf{Q}_p$, 如果 C_x 表示 x 的连通分支, 且 $r > 0$, 则 $C_x \cap B(x, r)$ 在 C_x 中既开又闭, 并因包含了 x 而非空. 由于 C_x 连通, 故表明 $C_x \cap B(x, r) = C_x$, 其中任意 $r > 0$, 因此 $C_x = \{x\}$. (iv) 得证. 」

20.4.2. Q_p 的代数构造

上一小节给出了 $\mathbf{Q}_p$ 的一个分析的构造, 它将 $\mathbf{Q}_p$ 作为 $\mathbf{Q}$ 对于 p-adic 范数的完备化. 在这一小节中我们将给出 $\mathbf{Q}_p$ 的另一种从 $\mathbf{Z}/p^n\mathbf{Z}$ 出发的构造, 它是纯粹代数的. 在 p-adic 数上存在的这两种观点使我们有可能尽情玩味这个分析和代数技术的结合物; 它被证明对许多问题是极为重要的.

- 集合 $\mathbf{Z}_p = \{x \in \mathbf{Q}_p, |x|_p \leqslant 1\}$ 是 $\mathbf{Q}_p$ 的一个包含 $\mathbf{Z}$ 的闭子环.

「$||_p$ 的可乘性表明 $\mathbf{Z}_p$ 在乘法下稳定, 而超度量不等式表明 $\mathbf{Z}_p$ 在加法下稳定. 因此它是 $\mathbf{Q}_p$ 的一个子环, 而它包含 $\mathbf{Z}$ 是显然的. 又因为它是在 $x \mapsto |x|_p$ 下 $[0,1]$ 的逆像, 故为闭集. 」

[193] • $\mathbf{Z}_p^*$ 是满足 $|x|_p = 1$ 的 $x \in \mathbf{Z}_p$ 的集合; 它也是 $\mathbf{Z}_p - p\mathbf{Z}_p$.

「如果 $x \in \mathbf{Z}_p - \{0\}$, 则 x 的逆 x^{-1} 在 $\mathbf{Q}_p$ 中满足 $|x^{-1}|_p|x|_p = 1$. 由于 $|x|_p \leqslant 1$, 那么它的逆属于 $\mathbf{Z}_p$ 当且仅当 $|x|_p = 1$. 现在, 与上面同样的理由知, 满足 $|x|_p < 1$ 的 $x \in \mathbf{Z}_p$ 的集合是 $\mathbf{Z}_p$ 的一个理想, 并因为 $|x|_p < 1$ 表明 $v_p(x) \geqslant 1$, 故它是理想 $p\mathbf{Z}_p$. 因此我们有 $\mathbf{Z}_p^* = \mathbf{Z}_p - p\mathbf{Z}_p$. 」

- 从 $\mathbf{Z}/p^n\mathbf{Z}$ 到 $\mathbf{Z}_p/p^n\mathbf{Z}_p$ 的自然映射是同构.

「如果 x 是 $\mathbf{Z} \cap p^n\mathbf{Z}_p$ 中的元, 则有 $v_p(x) \geqslant n$, 这表明 x 在 $\mathbf{Z}$ 中被 p^n 整除. 因此得到此自然映射的单性. 现证满性. 设 $\bar{x} \in \mathbf{Z}_p/p^n\mathbf{Z}_p$, 而 $x \in \mathbf{Z}_p$ 模 p^n 的像为 $\bar{x}$. 由于 $\mathbf{Q}$ 在 $\mathbf{Q}_p$ 中稠密, 故存在 $r \in \mathbf{Q}$ 满足 $v_p(x - r) \geqslant n$; 特别地, $v_p(r) \geqslant 0$. 将 r 写为 $\frac{a}{b}$, $a, b \in \mathbf{Z}$. 因为 $v_p(r) \geqslant 0$, 故 $v_p(b) \leqslant v_p(a)$; 将所有项除以 $p^{v_p(b)}$, 不妨设 $v_p(b) = 0$, 因此 $(b, p) = 1$. 这表明 b 与 p^n 互素, 从而在 $\mathbf{Z}/p^n\mathbf{Z}$ 中可逆. 令 $\bar{c}$ 为 b 在 $\mathbf{Z}/p^n\mathbf{Z}$ 中的逆, 而 $c \in \mathbf{Z}$ 为模 p^n 后约化为 $\bar{c}$ 的元. 因此有 $v_p(r - ac) = v_p(a) - v_p(b) + v_p(1 - c) \geqslant n$, 于是 $v_p(x - ac) \geqslant n$, 这证明了 ac 在 $\mathbf{Z}_p/p^n\mathbf{Z}_p$ 中的像为 $\bar{x}$; 得到结论. 」

• 将 $x \in \mathbf{Z}_p$ 映到它的 $\bmod p^n$ 的序列的映射 ι 是从 $\mathbf{Z}_p$ 到 $\mathbf{Z}/p^n\mathbf{Z}$ 的投射极限[118] $\varprojlim \mathbf{Z}/p^n\mathbf{Z}$ 的一个环同构.

「包含关系 $p^n\mathbf{Z} \subset p^{n-1}\mathbf{Z}$ 诱导了一个满的环态射 $\pi_n : \mathbf{Z}/p^n\mathbf{Z} \to \mathbf{Z}/p^{n-1}\mathbf{Z}$. 如果 $x \in \mathbf{Z}_p$, 根据上一个 • 以及 $\pi_n(x_n) = x_{n-1}$, $x \bmod p^n$ 的约化 x_n 则可以看作是 $\mathbf{Z}/p^n\mathbf{Z}$ 中的一个元. 因此得知映射 ι 是一个从 $\mathbf{Z}_p$ 到 $\varprojlim \mathbf{Z}/p^n\mathbf{Z}$ 中的一个环态射. 如果 $x \in \operatorname{Ker}\iota$, 我们则对每个 $n \in \mathbf{N}$ 有 $x \in p^n\mathbf{Z}_p$, 从而 $|x|_p \leqslant p^{-n}$, 这表明 $x = 0$. 因此证明了 ι 为单射. 如果 $(y_n)_{n\in\mathbf{N}} \in \varprojlim \mathbf{Z}/p^n\mathbf{Z}$, 且 $\hat{y}_n$ 是 y_n 在 $\mathbf{Z}_p$ 中的提升, 于是因为 $\pi_{n+1}(y_{n+1}) = y_n$ 有 $\hat{y}_{n+1} - \hat{y}_n \in p^n\mathbf{Z}_p$; 故序列 $(\hat{y}_n)_{n\in\mathbf{N}}$ 在 $\mathbf{Z}_p$ 中有极限 y, 由构造知, 对所有的 n 有 $y - \hat{y}_n \in p^n\mathbf{Z}_p$; 换言之, $\iota(y) = (y_n)_{n\in\mathbf{N}}$, 于是得到了满性.」

• 上一个 • 让我们可以代数地定义 $\mathbf{Z}_p$ 为 $\varprojlim \mathbf{Z}/p^n\mathbf{Z}$[119], 而 $\mathbf{Q}_p = \mathbf{Z}_p[\frac{1}{p}]$, 这给出了 $\mathbf{Q}_p$ 的一个代数定义.

20.4.3. $\mathbf{Q}_p$ 的拓扑 [194]

• $\mathbf{Q}_p$ 的每个元都可以写成 $x = \sum_{i=-k}^{+\infty} a_i p^i$ 的形式, 其中对每个 i, $a_i \in \{0, \ldots, p-1\}$. 因此它有唯一的*以 p 为底的记数写法*

$$x = \cdots a_{n-1} \cdots a_0, a_{-1} \cdots a_{-k},$$

如果 $a_{-k} \neq 0$, 则有 $|x|_p = p^k$. 它与实数的差别是在逗号前它有无限多个字码, 而在之后只有有限个. $\mathbf{Z}_p$ 中的元是那些以 p 为底的记数写法中逗号后没有字码的元 (从以 p 为底的记数写法的观点看, 它们对应于 $\mathbf{R}$ 的线段 $[0,1]$).

「如果 $n \in \mathbf{N}$, 则 $\{0, \ldots, p^n - 1\}$ 是 $\mathbf{Z}/p^n\mathbf{Z}$ 的一个代表系. 设 $x \in \mathbf{Q}_p^*$, 且设 $k = -v_p(x)$, 它使得 $y = p^k x \in \mathbf{Z}_p^*$. 如果 $n \geqslant -k$, 设 $y_n \in \{0, \ldots, p^{n+k} - 1\}$ 为 y 在 $\mathbf{Z}_p/p^{n+k}\mathbf{Z}_p \cong \mathbf{Z}/p^{n+k}\mathbf{Z}$ 中像的代表元 (特别地, 因为 $y \notin p\mathbf{Z}_p$, 有 $y_k = 0$ 和 $y_{1-k} \neq 0$). 于是 $y_{n+1} - y_n$ 被 p^{n+k} 整除, 这使我们可定义 $a_n \in \{0, \ldots, p-1\}$ 为 $a_n = p^{-n-k}(y_{n+1} - y_n)$. 因此我们有 $y_n = \sum_{i=0}^{n+k-1} a_{i-k} p^i$; 换言之, $a_{n-1}a_{n-2} \cdots a_{-k}$ 是 y_n 的记数写法. 于是 $a_{n-1} \cdots a_0, a_{-1} \cdots a_{-k}$ 是 $x_n = p^{-k} y_n$ 以 p 为底的记数写法. 然而由构造知 $y_n - p^k x \in p^{n+k}\mathbf{Z}_p$, 于是得到 $|y_n - p^k x|_p \leqslant p^{-(n+k)}$, 或者 $|x_n - x|_p \leqslant p^{-n}$, 这表明在 $\mathbf{Q}_p$ 中 $x_n \to x$. 我们因此有 $x = \sum_{i=-k}^{+\infty} a_i p^i$ (因为此级数的通项趋向 0, 故此和收敛). 由此存在一个我们想要的记数写法.

---

[118] 如果 $(X_n)_{n\in\mathbf{N}}$ 是一个集合的序列, 同时对于所有的 $n \geqslant 1$ 有映射 $\pi_n : X_n \to X_{n-1}$, 我们定义 X_n (相对于 π_n) 的投射极限 $\varprojlim X_n$ 为 $\prod_{n\in\mathbf{N}} X_n$ 的一个子集, 它由那些序列 $(x_n)_{n\in\mathbf{N}}$, $x_n \in X_n$ 组成, 使得 $\pi_n(x_n) = x_{n-1}$, $n \geqslant 1$.

[119] 我们称 $\mathbf{Z}_p$ 为 $\mathbf{Z}$ 在 p-adic 拓扑下的完备化. 这个构造是一个一般性构造的特殊情形, 这个一般性构造让许多代数对象分析化了: 如果 A 是一个环, I 为 A 的一个理想, 我们可以在 I-进拓扑下定义 A 的完备化 $\hat{A}$ (这个构造的一个特殊情形 (参看第 V 章的注 1) 是形式幂级数环 $K[[T]]$, 它是 $K[T]$ 对于 (T)-进拓扑的完备化; 类似于这种情形的还有亨泽尔引进的 p-adic 数的构造). 准确地说, 如果 $n \in \mathbf{N}$, 定义 A 的理想 I^n 为 A 的 n 个元的乘积的和的集合 (约定 $I^0 = A$). 我们有 $I^n \subset I^{n-1}$, 而 A 的恒同映射诱导了一个 (满的) 环态射 $\pi_n : A/I^n \to A/I^{n-1}$. 定义 $\hat{A}$ 为 A/I^n (相对于态射 π_n) 的投射极限 $\varprojlim A/I^n$, 并给出了一个自然映射 $\iota : A \to \hat{A}$, 它不必一定是单的 (例如如果 $I = A$, 则 $\hat{A} = 0$).

为了证明它的唯一性, 我们只要注意到, 如果 $\sum_{-k}^{+\infty} a_i p^i = \sum_{i=-k}^{+\infty} b_i p^i$, 则以 p^k 乘以两端并取 $\bmod p\mathbf{Z}_p$, 就得到 $a_{-k} - b_{-k} \in p\mathbf{Z}_p$. 由于 a_i 和 b_i 是在 $\bmod p\mathbf{Z}_p$ 的一个代表系中, 这表明 $a_{-k} = b_{-k}$. 归纳地立刻由此推出对所有的 i 有 $a_i = b_i$. 其余的由上面构造这些 a_i 的方法得到. 」

- $\mathbf{N}$ 和 $\mathbf{Z}$ 在 $\mathbf{Z}_p$ 中稠密, 而 $\mathbf{Z}[\frac{1}{p}]$ 在 $\mathbf{Q}_p$ 中稠密.

「这由一个 p-adic 数存在以 p 为底的记数写法得到 (如果从 $\mathbf{Z}_p$ (分别地, $\mathbf{Q}_p$) 中的一个元 x 出发, 若将它的这种写法从逗号前的第 n 个字码处切断, 则得到 $\mathbf{N}$ (分别地, $\mathbf{Z}[\frac{1}{p}]$) 中的元 x_n, 从而如此得到的这些数的序列收敛于 x). 」

- $\mathbf{Z}_p$ 是个紧集.

「$\mathbf{Z}_p = \varprojlim(\mathbf{Z}/p^n\mathbf{Z})$ 是 $\prod_{n\in\mathbf{N}}(\mathbf{Z}/p^n\mathbf{Z})$ 的一个闭集, 而后者作为紧集的乘积为紧集 [甚至是可数个度量紧空间的可数乘积, 这是因为 $\mathbf{Z}/p^n\mathbf{Z}$ 是离散的, 从而可度量化 (习题 11.2)]. 如果 $(x_n)_{n\in\mathbf{N}}$ 是 $\mathbf{Z}_p$ 中的序列, 我们也能用抽取对角线的方法构造一个子序列 $(x_{\varphi_n(n)})$, 使得 $x_{\varphi_n(n)}$ 的以 p 为底的展开式的前 k 项当 $n \geqslant k$ 时不依赖于 n; 于是抽取出来的序列收敛于 $\mathbf{Z}_p$ 中的元, 而此序列的在以 p 为底的展开式的对所有 $k \in \mathbf{N}$ 的前 k 项与 $x_{\varphi_k}(k)$ 的展开式前 k 项相同. 」

- $\mathbf{Q}_p$ 为局部紧集.

「$\mathbf{Q}_p$ 的一个开球 $B(a, r^-)$ 也是形如 $a + p^n\mathbf{Z}_p$ 的集合, 其中 n 是使 $\mathbf{Z}$ 中满足 $p^{-n} < r$ 的最大的数. 因此它同胚于 $\mathbf{Z}_p$, 而 $\mathbf{Z}_p$ 是紧集, 故给出了结论. 」

[195] 20.4.4. *p-adic 数的树形描述*

下面的图 4 给出了将 $\mathbf{Z}_2$ 作为 $\mathbf{Z}/2^n\mathbf{Z}$ 的 (投射) 极限的一个描述.

- $\mathbf{Z}_2$ 的元对应于一棵无穷树的分支的端点 (为了得到 $\mathbf{Z}_p$ 的一个类似描述, 只需将图 4 中的树从每个节点发出 2 个分支换作 p 个编号从 0 到 $p-1$ 的分支即可).

- 集合 $\mathbf{Z}/2\mathbf{Z}, \mathbf{Z}/4\mathbf{Z}$ 等均可等同于 $\{0,1\}, \{0,1,2,3\}$ 等, 但这些数均可写成以 2 为底的记数形式 (如果取对应于 $\mathbf{Z}/8\mathbf{Z}$ 的行, 则这些数按照 $0,4,2,6,1,5,3,7$ 的顺序出现).

- 我们从对应于 $\mathbf{Z}/2^n\mathbf{Z}$ 的行 (往上) 过渡到对应于 $\mathbf{Z}/2^{n-1}\mathbf{Z}$ 的行时只需消去以 2 为底的展开式中的第一位字码 (它对应于在此展开式中的 2^{n-1}), 它表明 $\mathbf{Z}/2^n\mathbf{Z}$ 到 $\mathbf{Z}/2^{n-1}\mathbf{Z}$ 的 $\bmod 2^{n-1}$ 约化.

[196] - 在另一个方向上, 从对应于 $\mathbf{Z}/2^{n-1}\mathbf{Z}$ 的行的一个节点出发的两个分支分别邻接到 a 和 $a+2^{n-1}$ 的 $\bmod 2^n$ 类; 如果以 2 为底的 a 记数形式为 $a_{n-2}\cdots a_0$, 则 a 和 $a+2^{n-1}$ 的记数便分别是 $0a_{n-2}\cdots a_0$ 和 $1a_{n-2}\cdots a_0$. 取极限便得到 $\mathbf{Z}_2$ 中对应此树的一个无穷分支的元的以 2 为底的记数写法.

- 两个 2-adic 整数 x 和 y 之间的距离也可在此树上读出: 它是沿此树从 x 走到 y 的垂直高度的一半 (或者等价地, 是属于 x 和 y 的分支的最下面的节点间的高度). 譬如, 从 0 到 -1, 应该回到顶点, 从而距离为 1; 要从 $2 = \cdots 00010$ 到 $\frac{-2}{3} = \cdots 101010$,

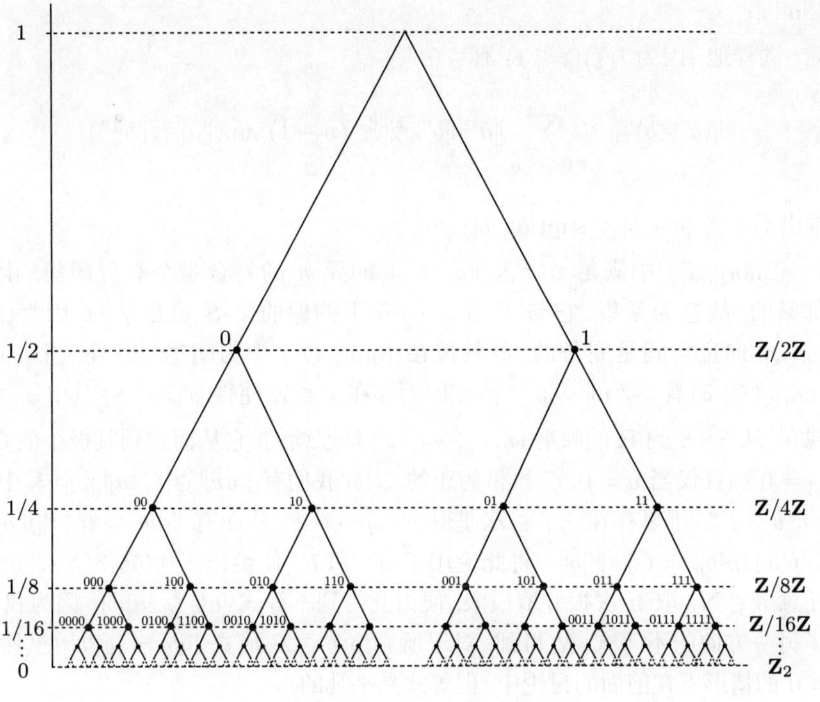

图 4. 2-adic 整数的树

则应该通过节点 010, 从而距离为 $\frac{1}{8}$.

20.4.5. p-adic 复数环

• 如果 F 是 $\mathbf{Q}_p$ 的有限扩域, 则存在 F 上唯一的范数, 使其在 $\mathbf{Q}_p$ 上的限制为 $|\,|_p$.

「假设在 F 上有两个范数 $|\,|_1$ 和 $|\,|_2$, 那么, 它们便是在有限维 $\mathbf{Q}_p$-向量空间 F 上的范数, 而因为 $\mathbf{Q}_p$ 完备, 故 $|\,|_1$ 和 $|\,|_2$ 等价, 因此对于每个 $a \in F$, 存在 $C > 1$ 使得 $C^{-1}|a|_1 \leqslant |a|_2 \leqslant C|a|_1$. 对于 a^n 利用这个不等式, 并取 n 次根, 再取极限, 我们便得到了 $|a|_1 = |a|_2$. 唯一性得证.

对于 $a \in F$ 我们可相伴以一个 $\mathrm{End}_{\mathbf{Q}_p}(F)$ 中的元 $\tilde{a}$, 它对应于乘以 a 的算子. 我们要证明[120] $|a| = \|\tilde{a}\|_{\mathrm{sp}}$, 即两者相合, 其中 $\|\,\|_{\mathrm{sp}}$ 是 $\mathrm{End}_{\mathbf{Q}_p}(F)$ 上的谱范数. 选取 $\mathbf{Q}_p$-向量空间 F 上的一个范数 $\|\,\|_0$ (譬如取 F 在 $\mathbf{Q}_p$ 上的一组基 $e_1, \ldots, e_d$, 并令 $\|\sum_{i=1}^d x_i e_i\|_0 = \sup_{1\leqslant i\leqslant d} |x_i|_p$), 以 $\|\,\|$ 记由此得到的 $\mathrm{End}_{\mathbf{Q}_p}(F)$ 上的算子的范数. 于是我们有 $|a| = \lim \|\tilde{a}^n\|^{1/n}$.

• 如果 $a \in \mathbf{Q}_p$, 因为对于每个 $x \in F$ 有 $\|ax\|_0 = |a|_p\|x\|_0$, 故 $\|\tilde{a}\| = |a|_p$, 这时 $|a| = \|\tilde{a}\|_{\mathrm{sp}} = \lim \|\tilde{a}^n\|^{1/n} = \lim |a^n|_p^{1/n} = |a|_p$.

• 由于 a, b 可交换, 我们有 $\|(\tilde{a}\tilde{b})^n\| = \|\tilde{a}^n\tilde{b}^n\| \leqslant \|\tilde{a}^n\|\|\tilde{b}^n\|$; 由此推出不等式

(120)希望读者验证它给出了对扩域 $\mathbf{C}/\mathbf{R}$ 的这个过程.

$|ab| \leqslant |a||b|$.

• 同样地 (因为 $|\binom{n}{i}|_p \leqslant 1$) 有

$$\|(\tilde{a}+\tilde{b})^n\| \leqslant \sum_{0\leqslant i\leqslant n} \|\tilde{a}^i\|\|\tilde{b}^{n-i}\| \leqslant (n+1)\sup(\|\tilde{a}\|^n, \|\tilde{b}\|^n),$$

由此推出不等式 $|a+b| \leqslant \sup(|a|,|b|)$.

• $\mathrm{End}_{\mathbf{Q}_p}(F)$ 中满足 $p^{-1} \leqslant \|u\| \leqslant 1$ 的元 u 的集合是个有界闭集; 由于 $\mathbf{Q}_p$ 为局部紧的, 故它为紧集. 它与 F 在 $a \mapsto \tilde{a}$ 下的像的交 S 也是紧的: 因为 F 作为有限维 $\mathbf{Q}_p$-向量空间是完备的, 故其像在 $\mathrm{End}_{\mathbf{Q}_p}(F)$ 中为闭集. 另外, 当 $n \in \mathbf{Z}$ 而 $u \in \mathrm{End}_{\mathbf{Q}_p}(F)$ 时有 $\|p^n u\| = p^{-n}\|u\|$; 因而存在 $n \in \mathbf{Z}$ 使得 $p^n\tilde{x} \in S$, 其中 $x \in F^*$.

现在, 从 $S\times S$ 到 $\mathbf{R}$ 的映射 $(u,v) \mapsto \|uv\|$ 是连续的; 它从而达到其极小值 C, 而由于 $\|u\| = 0$ 当且仅当 $u = 0$, C 严格为正的. 因此我们有 $\|uv\| \geqslant C\|u\|\|v\|$, 其中 $u, v \in$
[197] S. 设 $a, b \in F^*$; 于是存在 $i, j \in \mathbf{Z}$ 使得 $p^i\tilde{a}, p^j\tilde{b} \in S$, 从而有 $\|\tilde{a}\tilde{b}\| = p^{i+j}\|p^i\tilde{a}p^j\tilde{b}\| \geqslant p^{i+j}C\|p^i\tilde{a}\|\|p^j\tilde{b}\| = C\|\tilde{a}\|\|\tilde{b}\|$. 将此应用于 a^n 和 b^n 便给出了 $\|(\tilde{a}\tilde{b})^n \geqslant C\|\tilde{a}^n\|\|\tilde{b}^n\|$, 其中任意 $n \in \mathbf{N}$. 取 n 次根并取极限, 便由此得到不等式 $|ab| \geqslant |a||b|$. 因为我们已经证明了另一方向的不等式, 故得到, 对于所有 $a, b \in F$ 成立 $|ab| = |a||b|$ (虽然 $a = 0$ 或 $b = 0$ 的情形不在前面的讨论中, 但等式是平凡的).

• 最后, 等价关系 "$|x| = 0 \Leftrightarrow x = 0$" 由等式 $|xy| = |x||y|$ 和 $|1| = 1$ 得到. 」

• 如果 $\overline{\mathbf{Q}}_p$ 是 $\mathbf{Q}_p$ 的代数闭包, 则 $|\ |_p$ 有一个到 $\overline{\mathbf{Q}}_p$ 的唯一的扩张.

「考虑到上一个 •, 它由 $\overline{\mathbf{Q}}_p$ 的下面两个性质得到:

• $\overline{\mathbf{Q}}_p$ 是 $\mathbf{Q}_p$ 的有限扩域的并: 如果 $\alpha \in \overline{\mathbf{Q}}_p$, 则 $\mathbf{Q}_p(\alpha)$ 是 $\mathbf{Q}_p$ 的有限扩域.

• 如果 F_1, F_2 是 $\mathbf{Q}_p$ 的两个包含在 $\overline{\mathbf{Q}}_p$ 中的扩域, 则存在 $\mathbf{Q}_p$ 的包含在 $\overline{\mathbf{Q}}_p$ 中的扩域 F, 使得它包含 F_1 和 F_2 (参看本词典的 8.1 小节). 」

• 如果 η 是 p 的一个幂次的单位根, 则 $|\eta - 1|_p < 1$.

「$\eta - 1$ 是多项式 $(T+1)^{p^n} - 1$ 的根, 而此多项式的系数 a_i 对于 $i \leqslant p^n - 1$ 均被 p 整除从而满足 $|a_i|_p < 1$. 因为 $(\eta-1)^{p^n} = -\sum_{i=0}^{p^n-1} a_i(\eta-1)^i$, 故有 $|\eta-1|_p^{p^n} < \sup_{i\leqslant p^n-1}|\eta-1|_p^i$. 由此知不可能有 $|\eta - 1|_p \geqslant 1$. 」

习题 20.3. — (i) 设 $\rho_n = p^{-1/(p-1)p^{n-1}}$. 证明, 如果 η 是个 p^n 次单位元根, 则 $|\eta - 1|_p = \rho_n$. (可以对 n 进行归纳推理, 并注意到当 $n = 1$ 时, $\eta - 1$ 是多项式 $\frac{(1+X)^p-1}{X}$ 的根.)

(ii) 推出 $\overline{\mathbf{Q}}_p$ 是 $\mathbf{Q}_p$ 的无限扩域.

• 以 $\mathbf{C}_p$ 表示 $\overline{\mathbf{Q}}_p$ 在范数 $|\ |_p$ 下的完备化. 于是 $\mathbf{C}_p$ 为代数闭域.

「要证明所有首 1 的 $P \in \mathbf{C}_p[X]$ 有一个 $\mathbf{C}_p$ 中的零点. 为此, 取 $Q \in \overline{\mathbf{Q}}_p[X]$, 其系数均逼近 P 的系数. 如果 $\alpha \in \overline{\mathbf{Q}}_p$ 是 Q 的一个零点, 则 $P(\alpha)$ 为一个小的数, 于是我们可以用牛顿的算法构造出 P 的零点. 」

完备且代数闭的域 $\mathbf{C}_p$, 抽象地, 同构于 $\mathbf{C}$. 唯一的问题是泰特 (J. Tate, 1966) 曾证明 $\mathbf{C}_p$ 不包含一个类似于 $2i\pi$ 的合理元素, 看到过 $2i\pi$ 在通常情形中所起的作用, 这多少有点令人不快 (参看例如柯西公式). 这个问题由方丹 (J. -M. Fontaine, 1982) 解决, 他构造了一个叫做 p-adic 复数环的环 $\mathbf{B}_{\mathrm{dR}}^+$ (它的构造相当复杂……), 它包含了一个自然的 $2i\pi$, 并具有一个满的环态射 $\theta : \mathbf{B}_{\mathrm{dR}}^+ \to \mathbf{C}_p$, 其核由方丹的 $2i\pi$ 生成 (它解释了在 $\mathbf{C}_p$ 中看不到 $2i\pi$ 的原因).

20.4.6. p-adic 分析的只言片语

当与实分析相比较时, 至少在一开始, p-adic 分析有点像沾到了天堂的边一样 (如果可以有效地描述 $\mathscr{C}([0,1],\mathbf{R})$, 那么, 也能像由下面的马勒 (Mahler) 定理给出的对于 $\mathscr{C}(\mathbf{Z}_p,\mathbf{Q}_p)$ 的描述同样简单的话, 日子便会过得更加舒畅).

设 $\mathscr{C}(\mathbf{Z}_p,\mathbf{Q}_p)$ 为从 $\mathbf{Z}_p$ 到 $\mathbf{Q}_p$ 中的连续函数的集合. 由于 $\mathbf{Z}_p$ 为紧集, $\mathbf{Z}_p$ 上的连续函数便是有界的. 这让我们可以赋予 $\mathscr{C}(\mathbf{Z}_p,\mathbf{Q}_p)$ 以一个一致收敛范数 $\|\ \|_\infty$, 定义为 $\|f\|_\infty = \sup_{x\in\mathbf{Z}_p}|f(x)|_p$. 连续函数的一致收敛的极限仍是连续的, 故空间 $\mathscr{C}(\mathbf{Z}_p,\mathbf{Q}_p)$ 为完备的. 另外, 范数 $\|\ \|_\infty$ 满足超度量不等式 $\|f+g\|_\infty \leqslant \sup(\|f\|_\infty,\|g\|_\infty)$; 事实上, 我们对于每个 $x\in\mathbf{Z}_p$ 有 $|(f+g)(x)|_p \leqslant \sup(|f(x)|_p,|g(x)|_p)$. [198]

如果 $n\in\mathbf{N}$, 设 $\binom{x}{n}$ 为二项式多项式, 其定义为

$$\binom{x}{n} = \begin{cases} 1, & n=0,\\ \dfrac{x(x-1)\cdots(x-n+1)}{n!}, & n\geqslant 1. \end{cases}$$

- $\|\binom{x}{n}\|_\infty = 1.$

「 我们有 $\binom{n}{n}=1$, 从而 $\|\binom{x}{n}\|_\infty \geqslant 1$. 另一方面, $\binom{k}{n}$ 表示在 k 个对象中选取 n 个的方式的个数, 从而是个整数. 于是由此知, 对于每个 $k\in\mathbf{N}$ 有 $|\binom{k}{n}|_p\leqslant 1$, 而由于 $\mathbf{N}$ 在 $\mathbf{Z}_p$ 中稠密, 故表明对于 $x\in\mathbf{Z}_p$ 有 $|\binom{x}{n}|_p\leqslant 1$; 由此得到结论. 」

用归纳定义一个函数 f 的 k 阶离散导数 $f^{[k]}$: 初始令 $f^{[0]}=f$, 而 $f^{[k+1]}(x) = f^{[k]}(x+1)-f^{[k]}(x)$, 并定义 f 的 k 阶马勒系数 $a_k(f)=f^{[k]}(0)$. 我们有

$$f^{[k]}(x)=\sum_{i=0}^{k}(-1)^i\binom{k}{i}f(x+k-i) \quad 以及 \quad a_k(f)=\sum_{i=0}^{k}(-1)^i\binom{k}{i}f(k-i).$$

- 如果 k 是一个 $\geqslant 1$ 的整数, 则当 $1\leqslant i\leqslant p^k-1$ 时, $\binom{p^k}{i}$ 被 p 整除.

「 以两种方式写出 $(1+X)^{p^k}$ 的导数得到 $i\binom{p^k}{i}=p^k\binom{p^k-1}{i-1}$; 由此得到 $i\binom{p^k}{i}$ 被 p^k 整除, 于是当 $1\leqslant i\leqslant p^k-1$ 时 $\binom{p^k}{i}$ 被 p 整除. 」

- 如果 $f\in\mathscr{C}(\mathbf{Z}_p,\mathbf{Q}_p)$, 则存在 $k\in\mathbf{N}$ 使得 $\|f^{[p^k]}\|_\infty\leqslant p^{-1}\|f\|_\infty$.

「 由于 $\mathbf{Z}_p$ 为紧集, 故 f 一致连续, 从而存在 $k\in\mathbf{N}$ 使得有 $|f(x+p^k)-f(x)|_p\leqslant$

$p^{-1}\|f\|_\infty$, 其中 $x \in \mathbf{Z}_p$ 为任意元. 现在,

$$f^{[p^k]}(x) = f(x+p^k) - f(x) + \left(\sum_{i=1}^{p^k-1} (-1)^i \binom{p^k}{i} f(x+p^k-i)\right) + (1+(-1)^{p^k})f(x).$$

根据前一个 • 和 $\sum_{i=1}^{p^k-1}$ 的所有的项都有范数 $\leqslant p^{-1}\|f\|_\infty$, 而如果 $p \neq 2$, 则 $(1+(-1)^{p^k})f(x) = 0$, 但当 $p=2$ 时有范数 $\leqslant p^{-1}\|f\|_\infty$. 由于我们已经选取了 k 满足对任意的 $x \in \mathbf{Z}_p$ 有 $|f(x+p^k) - f(x)|_p \leqslant p^{-1}\|f\|_\infty$, 那么, $\|\ \|_\infty$ 的超度量性表明 $\|f^{[p^k]}\|_\infty \leqslant p^{-1}\|f\|_\infty$; 得到结论. 」

定理 20.4. — (马勒, 1958) 如果 $f \in \mathscr{C}(\mathbf{Z}_p, \mathbf{Q}_p)$, 则

(i) $\lim_{n\to+\infty} a_n(f) = 0$.

(ii) f 是级数 $\sum_{n=0}^{+\infty} a_n(f)\binom{x}{n}$ 在 $\mathscr{C}(\mathbf{Z}_p, \mathbf{Q}_p)$ 中的和, 特别地, 对每个 $x \in \mathbf{Z}_p$ 有 $\sum_{n=0}^{+\infty} a_n(f)\binom{x}{n} = f(x)$.

(iii) $\|f\|_\infty = \sup_{n\in\mathbf{N}} |a_n(f)|_p$.

「 反复使用前一个 • 便证明了, 如果 $f \in \mathscr{C}(\mathbf{Z}_p, \mathbf{Q}_p)$ 且 $\varepsilon > 0$, 则存在 $k \in \mathbf{N}$ 使得 $\|f^{[p^k]}\|_\infty \leqslant \varepsilon$. 现在如果 $n \geqslant p^k$, 则 $a_n(f)$ 是一个具有整系数 $f^{[p^k]}(i), i \in \mathbf{N}$ 的线性组合. 由此推出不等式 $|a_n(f)| \leqslant \|f^{[p^k]}\|_\infty$, 其中 $n \geqslant p^k$, 这证明了当 $n \to +\infty$ 时 $a_n(f) \to 0$; (i) 得证.

[199] 由 (i), 以及由 $\|\binom{x}{n}\|_\infty = 1$ 和 $\|\ \|_\infty$ 的超度量性, 得到级数 $\sum_{n=0}^{+\infty} a_n(f)\binom{x}{n}$ 在 $\mathscr{C}(\mathbf{Z}_p, \mathbf{Q}_p)$ 中的收敛性; 以 g 记其和. 由于 $\binom{x+1}{n+1} - \binom{x}{n+1} = \binom{x}{n}$, 用归纳立即可得公式 $g^{[k]}(x) = \sum_{n=0}^{+\infty} a_{n+k}(f)\binom{x}{n}$, 因而对每个 $k \in \mathbf{N}$ 有 $a_k(g) = g^{[k]}(0) = a_k(f)$; 回到给出 $a_k(f)$ 的那个公式, 其中 f 取值在 $\mathbf{N}$ 上, 那么我们便由此推出对每个 $k \in \mathbf{N}$ 有 $f(k) = g(k)$; 因为 $\mathbf{N}$ 在 $\mathbf{Z}_p$ 中稠密且 f 和 g 在 $\mathbf{Z}_p$ 上连续, 故 $f = g$; (ii) 得证.

最后, 因为 $f = \sum_{n=0}^{+\infty} a_n(f)\binom{x}{n}$ 以及 $\|\binom{x}{n}\|_\infty = 1$, 故 $\|f\|_\infty \leqslant \sup_{n\in\mathbf{N}} |a_n(f)|_p$, 而因为 $a_n(f)$ 是整系数 $\phi(k), k \in \mathbf{N}$ 的线性组合, 故 $|a_n(f)|_p \leqslant \|f\|_\infty$, 从而 $\|f\|_\infty \geqslant \sup_{n\in\mathbf{N}} |a_n(f)|_p$; 由此得到结论. 」

注记 20.5. — 我们已经证明了, 如果 $(a_n)_{n\in\mathbf{N}}$ 是一个 $\mathbf{Q}_p$ 中的趋向 0 的序列, 则 $\sum_{n=0}^{+\infty} a_n\binom{x}{n}$ 在 $\mathscr{C}(\mathbf{Z}_p, \mathbf{Q}_p)$ 中收敛于一个函数, 其马勒系数等于这些 a_n.

习题 20.6. — 如果 X, Y 为拓扑空间, 称 $f : X \to Y$ 为局部常值的是说, 对所有 $x \in X$, 有一个邻域, 在其上 f 为常值.

(i) 证明 f 为局部常值的当且仅当 $\{x \in X, f(x) = y\}$ 对于每个 $y \in Y$ 是个开集. 由此推出: 一个局部常值函数是连续的.

(ii) 在 $[0,1]$ 上的局部常值函数是什么样的?

(iii) 证明 $a + p^n\mathbf{Z}_p$ 的特征函数 $\mathbf{1}_{a+p^n\mathbf{Z}_p}$ 对于每个 $a \in \mathbf{Z}_p, n \in \mathbf{N}$ 是局部常值的.

(iv) 证明, 如果 $\phi : \mathbf{Z}_p \to Y$ 为局部常值的, 则存在 $n \in \mathbf{N}$, 使得对每个 $a \in \mathbf{Z}_p$, ϕ

在 $a+p^n\mathbf{Z}_p$ 上为常值.

(v) 证明, 如果 $Y=\mathbf{R}$ 或 $\mathbf{Q}_p$, 则从 $\mathbf{Z}_p$ 到 Y 中的局部常值函数在连续函数中稠密 (在一致收敛范数下).

(vi) 构造一个从 $\mathbf{Z}_p$ 到 $[0,1]$ 上满的连续函数. 从 $[0,1]$ 到 $\mathbf{Z}_p$ 的连续函数是什么样的?

习题 20.7. — (i) 证明 $\sum_{n=0}^{+\infty}\binom{1/2}{n}(\frac{7}{9})^n$ 在 $\mathbf{Q}_7$ 中收敛于 $\frac{-4}{3}$. (可以考虑函数 $x\mapsto\sum_{n=0}^{+\infty}(\frac{7}{9})^n\binom{x}{n}$ 以及它在整数上的值.)

(ii) 级数 $\sum_{n=0}^{+\infty}\binom{1/2}{n}(\frac{7}{9})^n$ 在 $\mathbf{R}$ 中的和是什么?

21. 习题校正

习题 1.1. (i) 如果 $a=0$ 或 $b=0$, 则有 $a\mathbf{Z}\cap b\mathbf{Z}=\{0\}$, 因为 0 的唯一倍数是 0, 从而 $\mathrm{lcm}(a,b)=0$. 如果 $a\neq 0$ 和 $b\neq 0$, 则 $a\mathbf{Z}\cap b\mathbf{Z}$ 作为两个子群的交仍是 $\mathbf{Z}$ 的一个子群, 并且因为它包含了 ab, 故非零. 于是存在 $m\in\mathbf{N}$ 使得 $a\mathbf{Z}\cap b\mathbf{Z}=m\mathbf{Z}$. 因此 m 是 a 的倍数 (因为 $a\in m\mathbf{Z}$) 及 m 是 b 的倍数 (因为 $b\in m\mathbf{Z}$). 故 $\mathrm{lcm}(a,b)\mid m$. 反过来, 如果 c 是 a 和 b 的倍数, 则 $c\in a\mathbf{Z}$, $c\in b\mathbf{Z}$, 从而 $c\in m\mathbf{Z}$, 故 $m\mid c$. 特别地, $m\mid \mathrm{lcm}(a,b)$, 因而 $m=\mathrm{lcm}(a,b)$, 得证.

(ii) 有 $a\mid c$ (分别地, $b\mid c$) 当且仅当对所有的 $p\in\mathscr{P}$ 有 $v_p(a)\leqslant v_p(c)$ (分别地, $v_p(b)\leqslant v_p(c)$). 因此 c 是 a 和 b 的倍数当且仅当对所有的 $p\in\mathscr{P}$ 有 $v_p(c)\geqslant\sup(v_p(a),v_p(b))$. 因此 a 和 b 的最小整倍数为 $\prod_{p\in\mathscr{P}}p^{\sup(v_p(a),v_p(b))}$, 得证.

习题 1.2. (i) 如果 $a=0$ 或 $b=0$, 则有 $v_p(ab)=v_p(a)+v_p(b)$: 两端的值均为 $+\infty$. [200]
如果 $a\neq 0$ 且 $b\neq 0$, 则有 $a=\mathrm{sign}(a)\prod_{p\in\mathscr{P}}p^{v_p(a)}$, $b=\mathrm{sign}(b)\prod_{p\in\mathscr{P}}p^{v_p(b)}$, 以及

$$ab=\mathrm{sign}(ab)\prod_{p\in\mathscr{P}}p^{v_p(ab)}=\mathrm{sign}(a)\,\mathrm{sign}(b)\prod_{p\in\mathscr{P}}p^{v_p(a)+v_p(b)}.$$

由分解为素因子乘积的唯一性得到对所有的 $p\in\mathscr{P}$ 有 $\mathrm{sign}(ab)=\mathrm{sign}(a)\,\mathrm{sign}(b)$ 和 $v_p(ab)=v_p(a)+v_p(b)$.

现在, 如果 $m=\inf(v_p(a),v_p(b))$, 则 $p^m\mid a$, $p^m\mid b$, 这表明 $p^m\mid(a+b)$, 因而 $v_p(a+b)\geqslant m$, 这证明了所要结果.

(ii) 如果 $x=\frac{a}{b}, a\in\mathbf{Z}, b\in\mathbf{Z}-\{0\}$, 则应有 $v_p(x)=v_p(a)-v_p(b)$, 还需要证明这不依赖所选择的表示方法. 那么, 如果 $\frac{a}{b}=\frac{a'}{b'}$, 于是有 $ab'=ba'$, 从而 $v_p(a)+v_p(b')=v_p(b)+v_p(a')$, 即 $v_p(a)-v_p(b)=v_p(a')-v_p(b')$, 证明了 $v_p(x)$ 是个好定义. 另外, 如果 $y=\frac{c}{d}$, 则 $v_p(xy)=v_p(\frac{ac}{bd})=v_p(ac)-v_p(bd)=v_p(a)+v_p(c)-v_p(b)-v_p(d)=v_p(x)+v_p(y)$. 最后, 如果 $x,y\in\mathbf{Q}$, 且如果 $c\in\mathbf{N}-\{0\}$ 使得 $cx,cy\in\mathbf{Z}$, 则有 $v_p(c(x+y))\geqslant\inf(v_p(cx),v_p(cy))$, 因此

$$v_p(c)+v_p(x+y)\geqslant\inf(v_p(c)+v_p(x),v_p(c)+v_p(y))=v_p(c)+\inf(v_p(x),v_p(y)),$$

因为 $v_p(c)$ 有限, 故得结论.

(iii) 如果 $\sqrt{2}$ 是有理数, 则存在 $x \in \mathbf{Q}$ 使得 $x^2 = 2$. 于是 $2v_2(x) = 1$, 因为 $v_2(x) \in \mathbf{Z}$, 这不可能.

习题 1.3. (i) 必要时交换 a 和 b, 不妨设 $v_p(a) < v_p(b)$. 因为 $\inf(v_p(a), v_p(b)) = v_p(a)$, 故 $v_p(a+b) \geqslant v_p(a)$. 另外, 因为 $a = (a+b) - b$, 故 $v_p(a) \geqslant \inf(v_p(a+b), v_p(b))$, 又因为 $v_p(a) < v_p(b)$, 从而有 $v_p(a) \geqslant v_p(a+b)$, 由此得结果.

(ii) 将 a_i 排序使得对所有 $i \geqslant 2$ 有 $v_p(a_1) < v_p(a_i)$. 利用 (i) 及归纳, 立即可得对于所有的 k (从而也对 $k = n$) 有 $v_p(\sum_{i=1}^k a_i) = v_p(a_1)$.

(iii) 存在 $k = \left[\frac{\log n}{\log 2}\right]$ 使得 $2^k \leqslant n < 2^{k+1}$. 于是存在唯一的 $i \leqslant n$ 被 2^k 整除, 即 2^k 自己. 由此得到, $v_2(\frac{1}{i})$ 的最小值在 $i = 2^k$ 达到, 从而取值 $-k$. 于是 (ii) 表明 $v_2(1 + \frac{1}{2} + \cdots + \frac{1}{n}) = -k$; 特别地, $1 + \frac{1}{2} + \cdots + \frac{1}{n}$ 不是一个整数.

习题 1.4. (i) 我们有 $n! = \prod_{k=1}^n k$, 因此 $v_p(n!) = \sum_{k=1}^n v_p(k)$. 于是正好有 $[\frac{n}{p^i}] - [\frac{n}{p^{i+1}}]$ 个 $\leqslant n$ 的整数满足 $v_p(k) = i$ (p^i 的倍数而非 p^{i+1} 的倍数). 由此得到 $v_p(n!) = \sum_{i=1}^{+\infty} i([\frac{n}{p^i}] - [\frac{n}{p^{i+1}}]) = \sum_{i=1}^{+\infty} [\frac{n}{p^i}](i - (i-1)) = \sum_{i=1}^{+\infty} [\frac{n}{p^i}]$.

现在, 如果 $n = a_0 + a_1 p + \cdots + a_r p^r$, 其中对所有的 i, $a_i \in \{0, \ldots, p-1\}$, 于是 $[\frac{n}{p^i}] = a_i + \cdots + a_r p^{r-i}$, 因此

$$\begin{aligned}\sum_{i=1}^{+\infty}[\frac{n}{p^i}] &= \sum_{i=1}^{r}(\sum_{s=i}^{r} a_s p^{s-i}) = \sum_{s=1}^{r}\sum_{i=1}^{s} a_s p^{s-i} \\ &= \sum_{s=1}^{r} a_s p^{s-1}\left(\frac{1-p^{-s}}{1-p^{-1}}\right) = \sum_{s=1}^{r} a_s\left(\frac{p^s-1}{p-1}\right) \\ &= \sum_{s=0}^{r} a_s\left(\frac{p^s-1}{p-1}\right) = \frac{n - S_p(n)}{p-1}.\end{aligned}$$

(ii) 函数 $x \mapsto [x] - [\frac{x}{2}] - [\frac{x}{3}] - [\frac{x}{5}] + [\frac{x}{30}]$ 取整数值. 另外, 它也等于 $\{\frac{x}{2}\} + \{\frac{x}{3}\} + \{\frac{x}{5}\} - \{\frac{x}{30}\}$, 这证明了它是周期为 30 的周期函数, 并且在 $[0, 30[$ 上 > -1; 因此总 $\geqslant 0$. $a_n = \frac{(30n)!n!}{(15n)!(10n)!(6n)!}$ 是个整数可由计算 a_n 对所有的 p-adic 赋值得到.

(iii) 因为 $\binom{a+b}{a} = \frac{(a+b)!}{a!b!}$, 由前面知 $v_p(\binom{a+b}{a}) = \frac{S_p(a)+S_p(b)-S_p(a+b)}{p-1}$. 现在, 在一个加法中做一个进位等于将一个 "字码"u 写成 $1 + u - p$ 形式, 即使得字码的和从 u 变成 $1 + u - p$, 从而将字码的和减少了 $p - 1$. 由此得结果.

[201] (iv) 如果 $1 \leqslant i \leqslant p-1$, 则在以 p 为底的加法 $i + (p-i)$ 中有一个进位, 因此由 (iii) $v_P(\binom{p}{i}) = 1$, 从而 $\binom{p}{i}$ 被 p 整除 (注意到 $p!$ 被 p 整除, 而因为 i 和 $p - i < p$, 故 $i!$ 和 $(p-i)!$ 不被 p 整除, 也同样可得结果). 这使得我们可以证明 (由往上和往下的归纳, 而 $n = 0$ 的情形平凡) $n^p - n$ 被 p 整除: 因为它等于 $(n-1+1)^p - (n-1) - 1 = (n-1)^p - (n-1) + \sum_{i=1}^{p-1}\binom{p}{i}(n-1)^i$. 这是所要的结果.

习题 1.5. 集合 $\mathscr{P}(\mathbf{N})$ 与 $\{0,1\}^{\mathbf{N}}$ 间存在双射 (对每个 $X \subset \mathbf{N}$ 指定一个序列 $(x_k)_{k\in\mathbf{N}}$,

使得当 $k \in X$ 时 $x_k = 1$, 而当 $k \notin X$ 时为 0); 因此它是不可数的.

$\mathbf{N}$ 的有限子集的集族是 $\{0, 1, \ldots, n\}$ 子集的集族对于 $n \in \mathbf{N}$ 的并; 作为有限集的可数并仍可数. 事实上, 可以显式地给出从这个集合到 $\mathbf{N}$ 的一个双射, 即映射 $I \mapsto \sum_{i \in I} 2^i$ (另一个方向的映射是将 n 映到它的以 2 为底的字码).

习题 1.6. 对于固定的 n, n 次多项式 $\mathbf{Q}[X]$ 的集合 $\mathbf{Q}[X]^{(n)}$ 单射到 $\mathbf{Q}^{n+1}$ 中:$P = a_n X^n + \cdots + a_0 \mapsto (a_n, \ldots, a_0)$; 由于 $\mathbf{Q}$ 可数, 故它也可数. 最后, 一个多项式在 $\mathbf{C}$ 中只有有限个根, 故 $\overline{\mathbf{Q}}$ 是可数个有限集的并 (按前面所证), 从而可数.

超越数的集合不可数 (否则 $\mathbf{R}$ 将是两个可数集的并); 特别地, 它非空.

习题 1.7. 如果在每个圆盘中选取一个形如 $a + ib, a, b \in \mathbf{Q}$ 的点, 则得到从 I 到 $\mathbf{Q}^2$ 的一个单射; 由于 $\mathbf{Q}$ 可数, 故 $\mathbf{Q}^2$ 可数. 立得结论.

习题 1.8. (i) 设 $a = \inf_{x > x_0} f(x)$. 由 a 的定义有, 当 $x > x_0$ 时有 $f(x) \geqslant a$, 并且对每个 $\varepsilon > 0$ 存在 $x_\varepsilon > x_0$ 使得 $f(x_\varepsilon) < a + \varepsilon$. 令 $\delta = x_\varepsilon - x_0$. 由于 f 为增函数, 故有 $a \leqslant f(x) < a + \varepsilon$, 其中 $x \in]x_0, x_0 + \delta[$, 这证明了 f 在 x_0 有右极限 $f(x_0^+) = a$. 至于左极限完全以同样的方式进行讨论 (或者立刻由研究 $g(x) = -f(-x)$ 在 $-x_0$ 的情形推出).

现在, 由于 f 递增, 故有 $f(x_0^-) = \sup_{x < x_0} f(x) \leqslant f(x_0) \leqslant \inf_{x > x_0} f(x) = f(x_0^+)$. 因为 f 在 x_0 具有左右极限, 因此它在 x_0 连续当且仅当 $f(x_0^+) = f(x_0) = f(x_0^-)$, 因而当且仅当 $f(x_0^-) = f(x_0^+)$.

(ii) 由于 f 递增, 故 $f(x_0^+) = \inf_{x > x_0} f(x) = \inf_{x_1 > x > x_0} f(x) \leqslant \sup_{x_0 < x < x_1} f(x) = \sup_{x < x_1} f(x) = f(x_1^-)$.

(iii) 设 $x \in D$ 为一个不连续点. 于是有 $f(x^-) < f(x^+)$, 这使我们可在区间 $]f(x^-), f(x^+)[$ 中选取一个 $r(x) \in \mathbf{Q}$. 如果 $x_1 < x_2$ 为 D 中的两个点, 则有 $r(x_1) < f(x_1^+) \leqslant f(x_2^-) < r(x_2)$. 这证明了 $x \mapsto r(x)$ 是从 D 到 $\mathbf{Q}$ 的单射, 而 $\mathbf{Q}$ 可数, 故表明 D 可数.

习题 1.9. 由构造, 序列 $(x_{\varphi(n)})_{n \in \mathbf{N}}$ 交错; $[x_{\varphi(n)}, x_{\varphi(n+1)}]$ 的交 (或者 $[x_{\varphi(n+1)}, x_{\varphi(n)}]$) 是一个区间 $[a, b]$, 从而要证明 $(x_{\varphi(n)})_{n \in \mathbf{N}}$ 有极限, 只需证明这个区间退化为一个点即可. 如果不是这样, 则存在 $i \in \mathbf{N}$ 使得 $x_i \in [a, b]$, 并存在 $n \in \mathbf{N}$ 使得 $\varphi(n) < i < \varphi(n+1)$. 于是 x_i 必在 $x_{\varphi(n)}$ 与 $x_{\varphi(n+1)}$ 之间, 这与 $\varphi(n+1)$ 的定义相矛盾. 如果 $(x_{\varphi(n)})_{n \in \mathbf{N}}$ 的极限属于 X, 则这个极限具有 x_i 的形式, 而如果 $\varphi(n) < i < \varphi(n+1)$, 则像上面一样导致了与 $\varphi(n+1)$ 的定义的矛盾. 故此极限不属于 X.

现在, 如果 $\mathbf{R}$ 可数, 则可对它应用前面的论证并构造出 $\mathbf{R}$ 的一个不属于 $\mathbf{R}$ 的元……

习题 1.10. 设 $(H_i)_{i \in I}$ 为平面中的一族两两不交的 8 字形. 如果 H_i 由两个圆 $C_{i,1}$

和 $C_{i,2}$ 构成, 在两个圆包围的圆盘 $D_{i,1}, D_{i,2}$ 中分别选取两个具有有理坐标的两个
[202] 点 $P_{i,1}, P_{i,2}$. 于是我们得到一个从 I 到 $\mathbf{Q}^4$ 的映射. 设 $i \neq j$ 为 I 的两个元. 如果 $P_{i,1} = P_{j,1}$, 则因为 $C_{i,1}$ 和 $C_{j,1}$ 不交, 故两个圆盘 $D_{i,1}, D_{j,1}$ 中的一个必包含了另一个. 如必要可交换 i, j, 可设 $D_{i,1}$ 包含了 $D_{j,1}$, 但 $D_{i,1}$ 也包含了 $C_{j,1}$ 与 $C_{j,2}$ 的交点, 从而也包含了整个 $C_{j,2}$: 因为 $C_{j,2}$ 和 $C_{i,1}$ 不相交, 从而也就包含了 $D_{j,2}$ 和点 $P_{j,2}$. 由构造表明它不包含 $P_{i,2}$, 故推出 $i \mapsto (P_{i,1}, P_{i,2})$ 为单射, 但 $\mathbf{Q}^4$ 可数, 从而 I 可数.

习题 1.11. 想法是证明两个不交的三面角不可能非常靠近. 那么设 Y 和 Y' 为两个三面角, 它们的顶点分别为 (A, B, C) 和 (A', B', C'), 而重心为 G 和 G'. 设 $r = d(G, A)$. 如果 $d(A, A'), d(B, B')$ 和 $d(C, C')$ 这三个都 $< \frac{r}{2}$, 则也有 $d(G, G') < \frac{r}{2}$. 稍微作图便看出沿着 G' 所在的三分之一平面, 线段 $[G', A'], [G', B']$ 或 $[G', C']$ 中的一个与 Y 相交. 现在 $(Y_i)_{i \in I}$ 是平面中的一族两两不交的三面角. 如果 $i \in I$, 设 A_i, B_i, C_i 为 Y_i 的顶点, G_i 为 (A_i, B_i, C_i) 的重心, 而 $r_i = d(G_i, A_i)$. 对每个 i 选取一个具有有理坐标的三元组 $(P_{i,1}, P_{i,2}, P_{i,3})$, 满足 $d(A_i, P_{i,1}) < \frac{r_i}{4}, d(B_i, P_{i,2}) < \frac{r_i}{4}, d(C_i, P_{i,3}) < \frac{r_i}{4}$. 一点初等的讨论便得到了一个从 I 到 $\mathbf{Q}^6$ 的单射, 从而证明了我们所要的东西.

习题 2.1. (i) 如果 $x^m = 0, y^m = 0$, 则 $(x+y)^{2m} = \sum_{k=0}^{2m} \binom{2m}{k} x^{2m-k} y^k = 0$: 因为 $2m - k$ 与 k 中有一个 $\geqslant m$, 从而或 $x^{2m-k} = 0$ 或 $y^k = 0$. 在一般情形, 如果 x 和 y 不交换, 这不成立: 矩阵 $\begin{pmatrix} 0 & 1 \\ 0 & 0 \end{pmatrix}$ 和 $\begin{pmatrix} 0 & 0 \\ 1 & 0 \end{pmatrix}$ 均幂零, 但其和 $\begin{pmatrix} 0 & 1 \\ 1 & 0 \end{pmatrix}$ 则不是幂零的 (因为其平方为单位矩阵, 甚至可逆).

(ii) 如果 a 和 x 交换, 对 n 归纳可证明 a 与 x^n 交换, 从而 $(ax)^n = a^n x^n$. 故若 $x^m = 0$, 则 $(ax)^m = 0$, 因此, 若 x 幂零, 则 ax 幂零. 一般地, 在 a 与 x 不交换时此结果不真: 矩阵 $\begin{pmatrix} 0 & 1 \\ 0 & 0 \end{pmatrix}$ 幂零, 但 $\begin{pmatrix} 0 & 0 \\ 0 & 1 \end{pmatrix}$ 等于 $\begin{pmatrix} 0 & 1 \\ 1 & 0 \end{pmatrix} \begin{pmatrix} 0 & 1 \\ 0 & 0 \end{pmatrix}$.

(iii) 由于全为交换的, 故由 (i),(ii) 直接得到.

习题 2.2. (i) 我们有 $\begin{pmatrix} a_1 & b_1 \\ -\bar{b}_1 & \bar{a}_1 \end{pmatrix} - \begin{pmatrix} a_2 & b_2 \\ -\bar{b}_2 & \bar{a}_2 \end{pmatrix} = \begin{pmatrix} a & b \\ -\bar{b} & \bar{a} \end{pmatrix}$, 其中 $a = a_1 - a_2$, $b = b_1 - b_2$, 从而 $\mathbf{H}$ 是 $(\mathbf{M}_2(\mathbf{C}), +)$ 的一个子群. 另外, $\mathbf{H}$ 包含了 $\begin{pmatrix} 1 & 0 \\ 0 & 1 \end{pmatrix}$ 和 $\begin{pmatrix} a_1 & b_1 \\ -\bar{b}_1 & \bar{a}_1 \end{pmatrix} \begin{pmatrix} a_2 & b_2 \\ -\bar{b}_2 & \bar{a}_2 \end{pmatrix} = \begin{pmatrix} a & b \\ -\bar{b} & \bar{a} \end{pmatrix}$, 其中 $a = a_1 a_2 - b_1 \bar{b}_2$, $b = a_1 b_2 + b_1 \bar{a}_2$, 这证明了 $\mathbf{H}$ 在乘法下稳定, 从而是 $\mathbf{M}_2(\mathbf{C})$ 的一个子环. 最后, $\begin{pmatrix} a & b \\ -\bar{b} & \bar{a} \end{pmatrix}$ 的逆为 $\frac{1}{|a|^2 + |b|^2} \begin{pmatrix} \bar{a} & -\bar{b} \\ b & a \end{pmatrix}$, 其中 $(a, b) \neq (0, 0)$. 于是得到, $\mathbf{H}$ 的所有非零元均可逆, 从而 $\mathbf{H}$ 是个域. 但因 $\begin{pmatrix} i & 0 \\ 0 & -i \end{pmatrix} \begin{pmatrix} 0 & 1 \\ -1 & 0 \end{pmatrix} \neq \begin{pmatrix} 0 & 1 \\ -1 & 0 \end{pmatrix} \begin{pmatrix} i & 0 \\ 0 & -i \end{pmatrix}$, 它是非交换的.

(ii) 如果 $x = \begin{pmatrix} a & b \\ -\bar{b} & \bar{a} \end{pmatrix}$, 则 $x^2 = \begin{pmatrix} a^2 - |b|^2 & b(a+\bar{a}) \\ -\bar{b}(a+\bar{a}) & \bar{a} - |b|^2 \end{pmatrix}$, 从而 $x^2+1=0$ 等价于 $a^2 - |b|^2 = -1$ 以及 $b(a+\bar{a}) = 0$. 如果 $b = 0$, 则给出了 $a = \pm i$. 如果 $b \neq 0$, 这表明 a 是个纯虚数; 因此总有 $a = i\alpha$, $\alpha \in \mathbf{R}$. 如果 $b = \beta + i\gamma$, $\beta, \gamma \in \mathbf{R}$, 则可看出 $x^2 + 1 = 0$ 等价于 $\alpha^2 + \beta^2 + \gamma^2 = 1$. 方程 $x^2 + 1 = 0$ 的解的集合因此与 $\mathbf{R}$ 中半径为 1 的球面有个双射; 特别地, 它为无穷集, 对一个二次方程而言这有点令人惊讶.

习题 2.3. 设 $m = \text{lcm}(a, b)$. 由于 a 和 b 之间不是互素的, 故 $m < |ab|$. 但因为 m 是 a 的一个倍数, 故它将 $\mathbf{Z}/a\mathbf{Z}$ 的每个元都化为零, 又因为是 b 的倍数, 对 $\mathbf{Z}/b\mathbf{Z}$ 中的每个元亦如此; 从而对每个 $x \in (\mathbf{Z}/a\mathbf{Z}) \oplus (\mathbf{Z}/b\mathbf{Z})$ 有 $mx = 0$. 但是因为 $m < |ab|$ 不是 ab 的倍数, 故在 $\mathbf{Z}/ab\mathbf{Z}$ 中 m 不把 1 化为零.

习题 2.4. 在 $\mathbf{Z}/21\mathbf{Z}$ 中 4 的逆为 16; 方程 $4x + 3 = 0$ 因而等价于 $x + 48 = 0$, 故 $x = -48 = 21 \times 3 - 48 = 15$.

在 $\mathbf{Z}/21\mathbf{Z}$ 中 $14x$ 为 7 的倍数且 -2 不是. 因此方程 $14x + 2 = 0$ 在 $\mathbf{Z}/21\mathbf{Z}$ 中无解.

在 $\mathbf{Z}/21\mathbf{Z}$ 中 $14x + 7 = 0$ 等价于 $7(2x+1) = 0$, 于是等价于 $2x + 1$ 在 $\mathbf{Z}/21\mathbf{Z}$ 中是 3 的倍数, 从而解为 $1, 4, 7, 10, 13, 16, 19 \bmod 21$.

习题 2.5. 我们有 $91 = 7 \times 13$从而 $\mathbf{Z}/91\mathbf{Z} = \mathbf{F}_7 \times \mathbf{F}_{13}$, 这让我们在域 $\mathbf{F}_7$ 和 $\mathbf{F}_{13}$ [203]
中求解. 注意到 2 在 $\mathbf{F}_7$ 中是个平方根, 而因为平方根的和等于 -1, 另一个平方根为 $-3 = 4$. 同样 3 是 $\mathbf{F}_{13}$ 中的平方根, 因而另一个是 $-1 - 3 = -4 = 9$. 因此我们面临的问题是找出 $\mathbf{Z}/91\mathbf{Z}$ 中对应于 $\mathbf{F}_7 \times \mathbf{F}_{13}$ 中数偶 $(2,3), (2,9), (4,3), (4,9)$ 的元. 为此, 注意到 $1 = 2 \times 7 - 13$, 从而 $14 = 2 \times 7$ 在 $\mathbf{F}_7$ 中的像为 0 而在 $\mathbf{F}_{13}$ 中的像为 -1, 因此 -13 在 $\mathbf{F}_7$ 中的像为 1, 而在 $\mathbf{F}_{13}$ 中的像为 0. 由此得到, 如果 $a, b \in \mathbf{Z}$, 则 $-13a + 14b \in \mathbf{Z}$ 只依赖 $\bmod 91$, 它分别 $\bmod 7$ 和 $\bmod 13$ 约化为 a 和 b, 而 $-13a + 14b$ 在 $\mathbf{F}_7 \times \mathbf{F}_{13}$ 中的像为 (a, b). 方程 $x^2 + x + 1 = 0$ 在 $\mathbf{Z}/91\mathbf{Z}$ 中的解因此为 $-13 \cdot 2 + 14 \cdot 3 = 16, -13 \cdot 2 + 14 \cdot 9 = 100 = 9, -13 \cdot 4 + 14 \cdot 3 = -10, -13 \cdot 4 + = 14 \cdot 9 = 74 = -17$.

习题 2.6. (i) 设 a 是方程 $x^2 + x + 1 = 0$ 的一个解, 则 $-1 - a$ 也是. 而方程组 $x^2 + x + 1 = 0$, $2x = -1$ 等价于 $2x = -1, x(x-1) = 0$. 因为 $\mathbf{F}_p$ 是个域, 故 $x(x-1) = 0$ 等价于 $x = 0$ 或 $x = 1$, 除了 $2 \cdot 1 = -1$ 外, 这与 $2x = -1$ 不相合, 前者即 $3 = 0$, 也就是说 $p = 3$. 由此得到, 如果 $p \neq 3$, 则方程 $x^2 + x + 1 = 0$ 在 $\mathbf{F}_p$ 中有两个解当且仅当它至少有一个解.

(ii) 按照 (i), 如果 $p \neq 3$, 则 $x^2 + x = 1 = 0$ 有两个 $\bmod p$ 的解, 故存在 $n \in \mathbf{N}$ 使得 p 整除 $n^2 + n + 1$. 用归谬法, 假设满足此的 p 的集合有限. 这表明存在素数 $p_1, \ldots, p_k$ 使得对每个 $n \in \mathbf{N}$, 存在 $a_1, \ldots, a_k \in \mathbf{N}$ 满足 $n^2 + n + 1 = p_1^{a_1} \cdots p_k^{a_k}$. 如果 $n \leqslant X - 1$, 这表明 $n^2 + n + 1 \leqslant X^2$, 因而每个 a_i 均满足 $a_i \leqslant \frac{\log X^2}{\log p_i} \leqslant \frac{2}{\log 2} \log X$;

由此推出 n^2+n+1 对于 $n \leqslant X-1$ 最多可以取 $(\frac{2}{\log 2}\log X)^k$ 个值; X 趋向 $+\infty$ 这是不可能的: 因为对于 $n \geqslant 0$, n^2+n+1 的取值全都不同.

(iii) 由前知存在素数的一个无限集 $\{p_1, p_2, \ldots\}$ 使得方程 $x^2+x+1=0$ 在 $\mathbf{F}_{p_i}$ 中有两个解. 令 $D_k = p_1 \cdots p_k$. 根据中国剩余定理, $\mathbf{Z}/D_k\mathbf{Z} = \prod_{i=1}^k \mathbf{F}_{p_i}$, 而由于对所有的 i, 方程 $x^2+x+1=0$ 在 $\mathbf{F}_{p_i}$ 中有两个解, 于是它在 $\mathbf{Z}/D_k\mathbf{Z}$ 中有 2^k 个解. 由于 2^k 可以任意地大, 故得结论.

习题 2.7. 如果这个集合有限, 设其由 $p_1, \ldots, p_r$ 组成, 那么 $4p_1 \cdots p_r - 1$ 的所有素因子都应具有 $4n+1$ 的形式: 取 $\bmod 4$ 便得矛盾.

习题 2.8. (i) 如果 $p_1^{a_1} \cdots p_r^{a_r} \leqslant x$, 则 $a_i \leqslant \frac{\log x}{\log p_i}$. 由此得到 $|X(p_1, \ldots, p_r, x)| \leqslant \frac{\log^r x}{\log p_1 \cdots \log p_r}$, 从而有结论.

(ii) 如果 $p \mid (4k^2+1)$, 则 p 是奇数, 且在 $\mathbf{F}_p$ 中 $-1=(2k)^2$. 因为对所有 $a \in \mathbf{F}_p^*$ 有 $a^{p-1}=1$ (费马小定理), 由此得到 $(-1)^{(p-1)/2} = (2k)^{p-1} = 1$, 从而 $\frac{p-1}{2} = 2n$, 故 $p = 4n+1$.

(iii) 如果此集合有限, 由 $p_1, \ldots, p_r$ 组成, 那么对于 $k \leqslant \frac{1}{2}\sqrt{x-1}$ 的 $4k^2+1$ 的集合 $S(x)$ 包含在 $X(p_1, \ldots, p_r, x)$ 中. 这是荒谬的: 因为根据 (i), $|X(p_1, \ldots, p_r, x)| = O(\log^r x)$, 于是 $|S(x)| \sim \frac{1}{2}\sqrt{x}$.

习题 2.9. $\mathbf{Z}/p^n\mathbf{Z}$ 的可逆元与 $\{0, 1, \ldots, p^n-1\}$ 中与 p^n 互素的元为双射对应. 但按照高斯引理, 与 p^n 互素等价于与 p 互素, 因 p 为素数, 故也等价于不被 p 整除. 因为在 $\{0, 1, \ldots, p^n-1\}$ 中有 p^{n-1} 个 p 的倍数, 由此得到 $|(\mathbf{Z}/p^n\mathbf{Z})^*| = p^n - p^{n-1}$.

现在, 如果 $D \geqslant 2$ 为任意整数, 则可分解 D 为 $D = \prod_{p|F} p^{n_p}$, $n_p \geqslant 1$ 形式, 而中国剩余定理告诉我们环 $\mathbf{Z}/D\mathbf{Z}$ 同构于 $\prod_{p|D}(\mathbf{Z}/p^{n_p}\mathbf{Z})$. 因此有 $(\mathbf{Z}/D\mathbf{Z})^* = \prod_{p|D}(\mathbf{Z}/p^{n_p}\mathbf{Z})^*$, 这给出了

$$\varphi(D) = \prod_{p|D}(p^{n_p} - p^{n_p-1}) = D\prod_{p|D}\left(1-\frac{1}{p}\right).$$

[204] **习题 2.11.** (i) 如果 $v_1 = (x_1, y_1)$ 以及 $v_2 = (x_2, y_2)$ 生成同一条直线, 则存在 $\alpha \in K^*$ 使得 $v_2 = \alpha v_1$, 从而有 $\lambda(v_2) = \frac{x_2}{y_2} = \frac{\alpha x_1}{\alpha y_1} = \frac{x_1}{y_1} = \lambda(v_1)$, 这证明了 $\lambda(v)$ 不依赖由 v 生成的直线, 因而 λ 诱导了从 $\mathbf{P}^1(K)$ 到 $K \cup \{\infty\}$ 的一个映射. 由于 "$\lambda(v_1) = \lambda(v_2)$" 等价于 "$x_1y_2 = x_2y_1$", 从而等价于 "$v_1$ 与 v_2 共线", 故知此映射为单射. 又因为 $(1,0)$ 映成了 ∞, 而 $(z,1)$ 映成了 z, 其中 $z \in K$. 故此映射为双射.

(ii) 设 $z \in K \cup \{\infty\}$, 且 $v = (x, y)$ 满足 $\frac{x}{y} = \lambda(v) = z$. 于是由定义, $\begin{pmatrix} a & b \\ c & d \end{pmatrix} \cdot z = \lambda\left(\begin{pmatrix} a & b \\ c & d \end{pmatrix} \cdot v\right) = \lambda(ax+by, cx+dy) = \frac{ax+by}{cx+dy} = \frac{az+b}{cz+d}$.

习题 2.13. (i) 正方形的一个等距变换 u 交换了它的顶点并使得重心 O 固定不动.

特别地, u 是线性的并由与 O 不共线的两个点的像所决定, 举 A 和 B 的例子. A 的像应该属于 $\{A,B,C,D\}$, 并因为角 $\{u(A),O,u(B)\}$ 应该是一个直角, 那么就 $u(B)$ 而言, 对于 $u(A)$ 的选取只有两种可能性. 由此得到 D_4 最多只有 8 个元. 由于它包含了 id, 相对于 O 的对称映射 $-\mathrm{id}$, 以 O 为中心的角分别为 $\frac{\pi}{2}$ 和 $\frac{-\pi}{2}$ 的旋转 ρ^+ 和 ρ^-, 对于两条对角线的对称映射 $\sigma_{A,C}$ 和 $\sigma_{C,D}$, 以及相对于水平直线和竖直直线的对称映射 σ_H 和 σ_V, 我们看出 D_4 正好具有我们刚列出的这 8 个元.

(ii) S 在 D_4 下显然稳定, 它有两条轨道:

• O 在 D_4 的所有元下稳定, 故 $\{O\}$ 是 D_4 的稳定子;

• 迭代 ρ^+ 将 A 转移到 B,C,D, 这表明 A 的轨道是 $\{A,B,C,D\}$ (它不可能包含 O, 因为它们是两条不同的轨道), 并可观察到 A 的稳定子是两个元的群 $\{\mathrm{id},\sigma_{A,C}\}$.

(iii) T 在 D_4 作用下的轨道有三条:

• $\{O,A\}$ 的轨道由包含 O 的四个偶对构成 (以 ρ^+ 迭代从 $\{O,A\}$ 转移到其他的偶对),$\{O,A\}$ 的稳定子是 $\{\mathrm{id},\sigma_{A,C}\}$;

• $\{A,B\}$ 的轨道由四个相邻顶点的偶对组成 (以 ρ^+ 迭代从 $\{A,B\}$ 转移到其他偶对), $\{A,B\}$ 的稳定子是 $\{\mathrm{id},\sigma_V\}$;

• $\{A,C\}$ 的轨道由两个对径的顶点 $\{A,C\},\{B,D\}$ 组成, 而 $\{A,C\}$ 的稳定子为 $\{\mathrm{id},-\mathrm{id},\sigma_{A,C},\sigma_{B,D}\}$.

(iv) 注意到, 在所有的情形中, 轨道的基数与其中一个元的稳定子的基数的积等于 $8=|D_4|$; 这是一个一般性定理的特殊情形 (如果 G 作用于 X, 且如果 $x\in X$, G_x 为 x 的稳定子, 则轨道 O_x 同构于 G/G_x, 从而 $|O_x|=|G|/|G_x|$).

习题 2.14. (i) 条件 $g\cdot x=x$ 和 $hgh^{-1}\cdot(h\cdot x)=h$ 等价. 由此得到 $x\mapsto h\cdot x$ 诱导出 X_g 到 $X_{hgh^{-1}}$ 的一个双射, 这回答了 (a). 又因为如果 g 和 g' 在 G 中共轭, 故存在 h 使得 $g'=hgh^{-1}$, 由 (a), $x\mapsto h\cdot x$ 诱导了从 X_g 到 $X_{g'}$ 的一个双射, 由此事实知它们具有相同的个数. 从而得 (b).

(ii) g 的不动点集合 V_g 是个与特征值 1 相伴的特征空间; 因此它是 V 的一个向量子空间. 另外, 如果 $g'=hgh^{-1}$, 则 $x\mapsto h\cdot x$ 诱导了从 V_g 到 $V_{g'}$ 的一个双射, 因为 G 的作用是线性的, 故这个双射是线性的. 由此得到, 如果这两个空间中的一个是有限维的, 则另一个也是并且维数相同.

习题 3.3. $108=2^2\times 3^3$, 因而 $(\mathbf{Z}/108\mathbf{Z})^*\cong(\mathbf{Z}/4\mathbf{Z})^*\oplus(\mathbf{Z}/27\mathbf{Z})^*$. 但 $(\mathbf{Z}/4\mathbf{Z})^*=\{\pm 1\}$ 同构于 $\mathbf{Z}/2\mathbf{Z}$, 而 $(\mathbf{Z}/27\mathbf{Z})^*$ 基数为 $\varphi(27)=2\cdot 9$, 因此同构于 $(\mathbf{Z}/2\mathbf{Z})\oplus(\mathbf{Z}/9\mathbf{Z})$, 或者同构于 $(\mathbf{Z}/2\mathbf{Z})\oplus(\mathbf{Z}/3\mathbf{Z})\oplus(\mathbf{Z}/3\mathbf{Z})$. 在第二种情形中, $(\mathbf{Z}/27\mathbf{Z})^*$ 中的所有元满足 $x^6=1$, 但在 $(\mathbf{Z}/27\mathbf{Z})^*$ 中, $2^6=64\neq 1$. 故我们有 $(\mathbf{Z}/27\mathbf{Z})^*\cong(\mathbf{Z}/2\mathbf{Z})\oplus(\mathbf{Z}/9\mathbf{Z})$, 于是 $(\mathbf{Z}/108\mathbf{Z})^*\cong(\mathbf{Z}/2\mathbf{Z})^2\oplus(\mathbf{Z}/9\mathbf{Z})$.

$200=2^3\times 5^2$, 因而有 $(\mathbf{Z}/200\mathbf{Z})^*\cong(\mathbf{Z}/8\mathbf{Z})^*\oplus(\mathbf{Z}/25\mathbf{Z})^*$. 但 $(\mathbf{Z}/8\mathbf{Z})^*$ 是个 4 阶群, 在其上所有的元的阶全为 2 (实际上, $1^2,3^2,5^2,7^2$ 全都 $\bmod 8$ 同余于 1); 它因

[205] 此同构于 $(\mathbf{Z}/2\mathbf{Z})^2$.另外, $(\mathbf{Z}/25\mathbf{Z})^*$ 是一个基数为 $\varphi(25)=4\cdot 5$ 的群, 它因此同构于 $(\mathbf{Z}/4\mathbf{Z})\oplus(\mathbf{Z}/5\mathbf{Z})$ 或者 $(\mathbf{Z}/2\mathbf{Z})^2\oplus(\mathbf{Z}/5\mathbf{Z})$. 在第二种情形中, 所有的 5 次幂元的阶都为 2, 但 $2^5=32=7$ 其平方等于 $49=-1\neq 1$, 故 $(\mathbf{Z}/25\mathbf{Z})^*\cong(\mathbf{Z}/4\mathbf{Z})\oplus(\mathbf{Z}/5\mathbf{Z})$, 从而 $(\mathbf{Z}/200\mathbf{Z})^*\cong(\mathbf{Z}/2\mathbf{Z})^2\oplus(\mathbf{Z}/4\mathbf{Z})\oplus(\mathbf{Z}/5\mathbf{Z})$.

以上的解多少有点不自然; 我们应用习题 3.5 的结果可以做得更快.

习题 3.4. (i) 设 $\oplus_{p\in\mathscr{P}}(\oplus_i(\mathbf{Z}/p^{a_{p,i}}\mathbf{Z}))$ 为按照定理 3.1 给出的 K^* 的分解. 如果 K^* 不是循环群, 则存在 p 使得 $a_{p,2}\neq 0$; 事实上, 否则会有 $K^*\cong\mathbf{Z}/D\mathbf{Z}$, 其中 $D=\prod_p p^{a_{p,1}}$, 那么根据中国剩余定理, K^* 便是循环的了. 但如此方程 $x^p=1$ 在 K 中至少有 p^2 个解 $[(p^{a_{p,1}-1}\mathbf{Z}/p^{a_{p,1}}\mathbf{Z})\oplus(p^{a_{p,2}-1}\mathbf{Z}/p^{a_{p,2}}\mathbf{Z})]$, 在交换域中这是不可能的.

(ii) 由 (i) 得到群 $\mathbf{F}_p^*$ 同构于 $\mathbf{Z}/(p-1)\mathbf{Z}$ (这个同构将 $\mathbf{F}_p^*$ 的中性元 1 映到 $\mathbf{Z}/(p-1)\mathbf{Z}$ 的中性元, 即 0). 通过这个同构, 平方数的集合成为 $2\mathbf{Z}/(p-1)\mathbf{Z}$. 那么设 $x\in\mathbf{Z}/(p-1)\mathbf{Z}$, 并设 $\tilde{x}\in\mathbf{Z}$ 在 $\operatorname{mod} p-1$ 下的像为 x. 我们有等价关系: $x\in 2\mathbf{Z}/(p-1)\mathbf{Z}\Leftrightarrow\tilde{x}\in 2\mathbf{Z}\Leftrightarrow\frac{p-1}{2}\tilde{x}\in(p-1)\mathbf{Z}\Leftrightarrow\frac{p-1}{2}x=0$. 得到结果.

(iii) 在 $\mathbf{F}_p^*$ 中有 $(-1)^{(p-1)/2}=1$ 当且仅当 p 具有 $4n+1$ 形式, 用 (ii) 便得到结果.

(iv) 如果 $a^2+b^2=p$, 且 $p\mid a$, 则 $p\mid b^2=p-a^2$, 从而 $p\mid b$ 和 $p^2\mid p$, 荒谬. 由此得到 a 和 b 都与 p 互素, 从而它们的 $\operatorname{mod} p$ 约化 $\bar{a},\bar{b}$ 属于 $\mathbf{F}_p^*$. 令 $x=\bar{a}^{-1}\bar{b}\in\mathbf{F}_p^*$. 对 $a^2+b^2=p$ 做 $\operatorname{mod} p$ 约化, 得到 $\bar{a}^2(1+x^2)=0$, 由于 $\bar{a}\in\mathbf{F}_p^*$, 故有 $1+x^2=0$. 因为这与 (iii) 矛盾, 便得到了结论.

习题 3.5. (i) 我们有 $(1+p^ka)^p=1+p^{k+1}a+\frac{p(p-1)}{2}p^{2k}a^2+p^{3k}a^3(\sum_{i=3}^{p}\binom{p}{i}(p^ka)^{p-i})$. 在此和中, 当 $k\geqslant 2$ 时 (或者当 $p=2$ 时 $k\geqslant 2$, 其中 $\frac{p(p-1)}{2}$ 不被 p 整除) 除了前两个外所有的项均被 p^{k+1} 整除. 因此有 $x\equiv 1+p^{k+1}a\operatorname{mod} p^{k+2}$, 在这些情形中, 用归纳立即证明了在 $\mathbf{Z}/p^n\mathbf{Z}$, $p\neq 2, n\geqslant 2$ 中, 有 $(1+p)^{p^{n-2}}=1+p^{n-1}\neq 1$, 以及在 $\mathbf{Z}/2^n\mathbf{Z}$, $n\geqslant 3$ 中, 有 $(1+4)^{p^{n-3}}=1+2^{n-1}\neq 1$.

(ii) 假设 p 为奇数. 于是 N 是 $1+p\mathbf{Z}$ 在 $(\mathbf{Z}/p^n\mathbf{Z})^*$ 中像的子群, 它具有基数 p^{n-1} (因为 $x\mapsto 1+px$ 诱导了 $\mathbf{Z}/p^{n-1}\mathbf{Z}$ 到 $1+p\mathbf{Z}\operatorname{mod} p^n\mathbf{Z}$ 上的一个双射). 由于在 $(\mathbf{Z}/p^n\mathbf{Z})^*$ 中 $(1+p)^{p^{n-2}}\neq 1$. 那么在群 N (它的基数是 p 的幂) 的分解 $\oplus_i(\mathbf{Z}/p^{a_i}\mathbf{Z})$ 中, 至少有一个 $a_i\geqslant n-1$, 从而 $N\cong\mathbf{Z}/p^{n-1}\mathbf{Z}$. $p=2$ 的情形以同样的方式处理.

(iii) $\operatorname{mod} p$ 约化给出了一个满射 $\pi: G=(\mathbf{Z}/p^n\mathbf{Z})^*\to\mathbf{F}_p^*$, 而 $\mathbf{F}_p^*$ 是一个同构于 $\mathbf{Z}/(p-1)\mathbf{Z}$ 的群 (根据习题 3.4). 因为 $p-1$ 和 p^{n-1} 互素, 故由定理 3.1 得到 $G_p=N\cong\mathbf{Z}/p^{n-1}\mathbf{Z}$, 因而 G 具有 $(\mathbf{Z}/p^{n-1}\mathbf{Z})\oplus G'$ 形式, 其中 $G'=\oplus_{\ell\neq p}G_\ell$. 故 $G/N\cong G'$, 并由于按 N 的定义有 $G/N\cong\mathbf{F}_p^*$ 以及 π 为满射, 最后得到断言.

(iv) 群 $(\mathbf{Z}/2^n\mathbf{Z})^*$ 具有与 $\mathbf{Z}/2^{n-1}\mathbf{Z}$ 相同的基数, 并包含了子群 N 和 $\{\pm 1\}$, 而这两者的交为单位. 这表明 N 与 $\{\pm 1\}$ 为直和, 又因为 $|N|\cdot|\{\pm 1\}|=|(\mathbf{Z}/2^n\mathbf{Z})^*|$, 这证明了 $(\mathbf{Z}/2^n\mathbf{Z})^*=N\oplus\{\pm 1\}$, 由于 $N\cong\mathbf{Z}/2^{n-2}\mathbf{Z}$, $\{\pm 1\}\cong\mathbf{Z}/2\mathbf{Z}$, 断言得证.

习题 3.6. 由于 $|\mathbf{F}_p^*| = p-1$, 则根据拉格朗日定理, 对于 $x \in \mathbf{F}_p^*$ 有 $x^{p-1} = 1$. 由此得到: 对于每个 $x \in \mathbf{F}_p$ 有 $x^p = x$, 提升到 $\mathbf{Z}$ 这表明对于每个 $n \in \mathbf{Z}$ 有 $p \mid (n^p - n)$.

习题 3.7. (i) 如果 $\phi \in X$, 则对于每个 $x \in \mathbf{Z}_p/p\mathbf{Z}_p$ 有 $(g\cdot(h\cdot\phi))(x) = (h\cdot\phi)(x+g) = \phi((x+h)+g) = \phi(x+(g+h)) = ((g+h)\cdot\phi)(x)$. 因此推出对每个 $\phi \in X$ 有 $g\cdot(h\cdot\phi) = (g+h)\cdot\phi$, 这证明了我们有了一个群的作用.

(ii) 这些不动点是常值函数: 如果对每个 $g \in \mathbf{Z}/p\mathbf{Z}$, $g\cdot\phi = \phi$, 则在 0 的取值给出 $\phi(g) = \phi(0)$, $g \in \mathbf{Z}/p\mathbf{Z}$. 有 n 个这样的函数.

(iii) 轨道的基数整除该群的基数, 故当该轨道没有退化为一个点时它等于 p. [206]

(iv) X 的基数为 n^p, 并因为有 n 条轨道退化为一个点, 于是有 $n^p - n$ 个元属于具有 p 个元的轨道; 因此 $\frac{n^p-n}{p}$ 是具有 p 个元的轨道的条数, 故是个整数.

习题 3.8. (i) 它是 $\{1,\ldots,n\}$ 中具有 p 个元的子集的集族.

(ii) $\{1,\ldots,p\}$ 的稳定子是 $\{1,\ldots,n\}$ 置换中置换 $\{1,\ldots,p\}$ 中的元和 $\{p+1,\ldots,n\}$ 中的元的集合; 因而同构于 $S_p \times S_{n-p}$, 它的基数为 $p!(n-p)!$.

(iii) 一条轨道的基数是这个群的基数与此轨道中一个元的稳定子的基数的商 (参看 3.3 小节); 将此应用于在 S_n 作用下的 $\{1,\ldots,p\}$ 的轨道, 便得到: $\{1,\ldots,n\}$ 中具有 p 个元的子集的集族的基数为 $\frac{n!}{p!(n-p)!}$.

习题 3.9. 我们得到 5-循环 $(1,2,3,4,5)$.

习题 3.10. 证明由对 n 的归纳进行. 当 $n=2$ 时结果平凡. 设 $n \geqslant 3$, 而 $\sigma \in S_n$, $a = \sigma(n)$. 如果 $a \neq n$, 则 $\sigma' = (n-1,n)\cdots(a,a+1)\sigma$ 将 n 固定不动, 因此根据归纳假定, σ' 在由 $(1,2),(2,3),\ldots,(n-2,n-1)$ 生成的子群中. 所以 $\sigma = (a,a+1)\cdots(n-1,n)\sigma'$ 在由 $(1,2),(2,3),\ldots,(n-1,n)$ 生成的子群中. 如果 $a=n$, 则 σ 已经在由 $(1,2),(2,3),\ldots,(n-2,n-1)$ 生成的子群中了, 这证明了 S_n 是由 $(1,2),(2,3),\ldots,(n-1,n)$ 生成的子群.

习题 3.11. 由于这些 τ_i 两两可换, 故 $\sigma^n = \tau_1^n\cdots\tau_s^n$, 并由于这些 τ_i^n 具有不交的支集, 故 $\sigma^n = 1$ 当且仅当对所有的 i 有 $\tau_i^n = 1$. 由此得到 σ 的阶是这些 τ_i 的阶的最小公倍数; 因为 τ_i 的阶为 ℓ_i, 故 σ 的阶是这些 ℓ_i 的最小公倍数.

习题 3.12. (i) 考虑到元素的 k 个循环置换给出同一个循环, 故选取一个长为 k 的循环等于选取 k 个元 (对第一个有 n 种选法, ……, 对最后一个有 $n-k+1$ 种选法), 因而有 $\frac{1}{k}(n(n-1)\cdots(n-k+1))$ 个长为 k 的循环.

(ii) 设 $\tau = (i_1,\ldots,i_k)$ 是一个长为 k 的循环. 于是 τ 出现在 σ 的分解中当且仅当 σ 在 $\{i_1,\ldots,i_k\}$ 上的限制为 τ, 而 σ 可以随意地置换其他的元, 因此 τ 出现在 $(n-k)!$ 个置换之中.

现在, 出现在 S_n 中这些循环的总数也是对每一个循环出现在其中的置换的个数的和. 按照前面所述, 这个总数因而等于 $\sum_{k=1}^n \frac{1}{k}(n(n-1)\cdots(n-k+1))\cdot(n-k)! =$

$n!(1+\frac{1}{2}+\cdots+\frac{1}{n})$, 从而循环的平均个数是 $1+\frac{1}{2}+\cdots+\frac{1}{n}$, 它趋向 $+\infty$.

习题 3.14. 如果 $\tau_1,\ldots,\tau_r$ 是 σ 的循环分解 (包括长为 1 的循环), 且如果 τ_i 的长为 ℓ_i, 则 $\omega(\sigma)=r$, $\sum_{i=1}^r \ell_i=n$, 并且

$$\mathrm{sign}(\sigma)=\prod_{i=1}^r \mathrm{sign}(\tau_i)=\prod_{i=1}^r(-1)^{\ell_i-1}=(-1)^{n-r}=(-1)^{n-\omega(\sigma)}.$$

习题 3.15. (i) 我们有 $u_{\sigma\tau}(e_i)=e_{\sigma\tau(i)}=e_{\sigma(\tau(i))}=u_{\sigma(e_{\tau(i)})}=u_\sigma(u_\tau(e_i))$, 这证明了自同态 $u_{\sigma\tau}$ 和 $u_\sigma u_\tau$ 在标准基上相合, 从而相等. 进一步, 标准基的像也是一组基 (在不计次序下也看作标准基); u_σ 因而是 $\mathbf{GL}_n(\mathbf{C})$ 的元, 而 $\sigma\mapsto u_\sigma$ 是从 S_n 到 $\mathbf{GL}_n(\mathbf{C})$ 的一个态射.

(ii) 如果 τ 是一个对换 (i,j), 则 u_τ 是相对于由 $\frac{e_i+e_j}{2}$ 和那些 e_ℓ, $\ell\notin\{i,j\}$ 生成的超平面的一个对称映射, 其方向为由 $\frac{e_i-e_j}{2}$ 生成的直线. 这意味着 u_τ 具有 $n-1$ 个等于 1 的特征值, 而另一个等于 -1, 从而 $\det u_\tau=-1$.

[207] (iii) 因为 $\det:\mathbf{GL}_n(\mathbf{C})\to\mathbf{C}^*$, 故映射 $\sigma\mapsto\det u_\sigma$ 是个群态射. 另外, 由 (ii) 知, 如果 σ 是一个对换, 则 $\det u_\sigma=-1=\mathrm{sign}(\sigma)$, 又因为对换生成了 S_n, 这表明两个群态射 $\sigma\mapsto\det u_\sigma$ 和 $\sigma\mapsto\mathrm{sign}(\sigma)$ 在 S_n 上相合.

习题 3.16. (i) 根据结构定理, G 同构于直和 $\oplus_{i\in I}(\mathbf{Z}/p_i^{a_i}\mathbf{Z})$, 其中这些 p_i 为素数 (不一定不同). 因此有 $|G|=\prod_{i\in I}p_i^{a_i}$, 从而如果 d 整除 $|G|$, 则可找到整数 $b_i, b_i\leqslant a_i$, 使得 $d=\prod_{i\in I}p_i^{b_i}$. 由于 $\mathbf{Z}/p_i^{a_i}\mathbf{Z}$ 为循环群, 而且 $p_i^{b_i}\mid p_i^{a_i}$, 故群 $\mathbf{Z}/p_i^{a_i}\mathbf{Z}$ 包含了一个阶为 $p_i^{b_i}$ 的子群 H_i, 因而 $\oplus_{i\in I}H_i$ 是 G 的一个 d 阶子群.

(ii) 因为 $|A_5|=60>6=|S_3|$, f 在 A_5 上的限制不是单射, 又因为 A_5 是单纯的, 这意味着 $f(A_5)=\{\mathrm{id}\}$, 因此 f 被 S_5/A_5 分解. S_5/A_5 的基数为 2, 故 f 的像只有 1 或 2 个元.

(iii) 如果 H 是 S_5 中的一个 40 阶的子群, 而 $X=S_5/H$. 于是 $|X|=|S_5|/|H|=3$. 另外, S_5 以平移右作用于 X, 并置换 X 中的元. 由此知存在从 S_5 到 $\mathrm{Perm}(X)\cong S_3$ 的一个群态射, 使得像至少有 3 个元. 这与 (ii) 矛盾, 从而证明了这样的 H 不存在.

习题 3.18. (i) 因为 $\mathbf{Z}/p\mathbf{Z}$ 由 1 生成, 故只要证明 $x_0\cdots x_{p-1}=1$ 蕴含 $x_1\cdots x_{p-1}x_0=1$ 即可: 在第一个关系式左乘 x_0^{-1} 再右乘 x_0. 这个作用的一个不动点具有 $(x,\ldots,x)$ 形式, 而它属于 X 的这个性质化作了 $x^p=1$; 这些不动点因此与 G 中阶被 p 整除的那些元间存在双射.

(ii) 条件 $x_0\cdots x_{p-1}=1$ 可重写为 $x_0=x_{p-1}^{-1}\cdots x_1^{-1}$ 形式; 因此 $(x_0,\ldots,x_{p-1})\mapsto(x_1,\ldots,x_{p-1})$ 诱导了 X 到 G^{p-1} 上的一个双射, 从而 $|X|=|G|^{p-1}$. 由假设条件 p 整除 $|G|$, 故它也整除 $|X|$. 现在 X 是在 $\mathbf{Z}/p\mathbf{Z}$ 所用下的轨道的不交并, 并且由于一个轨道的基数整除群的基数, 因此这些轨道的基数或为 p 或为 1. 因为 $|X|$ 被 p 整除, 那么基数为 1 的那些轨道的个数被 p 整除, 由于至少有一个这样的轨道即 $(1,\ldots,1)$, 故至少有 p 个. 由于基数为 1 的轨道与 G 的阶被 p 整除的元间存在双射, 且只要它

不是 1, 一个这样的元的阶必为 p, 这便证明了 G 包含了阶为 p 的元.

习题 4.1. (i) K 和 A 显然在加法, 减法和乘法下稳定, 因而是 $\mathbf{C}$ 的子环. 另外, $x+iy$ 的逆是 $\frac{1}{x^2+y^2}(x-iy)$, 如果 $x,y\in\mathbf{Q}$, 则它属于 K; 因此 K 在取逆下也稳定, 从而是 $\mathbf{C}$ 的子域.

(ii) 我们有 $N(z)=|z|^2$, 结果由 $|z_1z_2|=|z_1||z_2|$ 得到 (也可以展开来验证).

(iii) 如果 $u\in A^*$, 且设 v 为其逆, 则有 $N(u)N(v)=N(uv)=1$. 因为 $N(u)$ 和 $N(v)$ 是 $\geqslant 0$ 的整数, 这表明 $N(u)=1$. 反过来, 如果 $N(u)=1$, 则 $u\bar{u}=1$, 从而 u 可逆, 其逆为 $\bar{u}$. 最后, 如果 $x,y\in\mathbf{Z}$ 满足 $x^2+y^2=1$, 则这两个中一个取值为 0, 那么另一个为 ±1, 因此 $A^*=\{1,-1,i,-i\}$.

(iv) 我们有 $N(r)=N(b)N(\{\frac{a}{b}\})$, 并因为对于每个 $z\in\mathbf{C}$, $N(\{z\})\leqslant\frac14+\frac14=\frac12$, 由此得到 $N(r)\leqslant\frac12N(b)<N(b)$. 设 $c=[\frac{a}{b}]$. 于是由构造知 $c\in A$, 并且 $c+\frac{r}{b}=\frac{a}{b}$, 它给出了 $a=bc+r$, 从而证明了 $r=a-bc\in A$. 故得结果.

(v) 设 I 是 A 的一个理想, 而 $b\in A^+\cap I$ 使得 $N(b)$ 是 $N(x)$ 在 $x\in I-\{0\}$ 上的极小值. 如果 $a\in I$, 根据 (iv), 可以将 a 写成 $a=bc+r$ 形式, 其中 $N(r)<N(b)$. 但 $r=a-bc\in I$, 于是由 b 的定义得 $r=0$. 由此得到 I 是由 b 生成的主理想. 得到结论.

习题 4.2. (i) A 包含 1, 又因为 $(a+b\sqrt{-5})+(a'+b'\sqrt{-5})=(a+a')+(b+b')\sqrt{-5}$, [208]
故其在加法下稳定, 而因为 $(a+b\sqrt{-5})(a'+b'\sqrt{-5})=(aa'-5bb')+(a'b+ab')\sqrt{-5}$, 故其在乘法下稳定. 因此是 $\mathbf{C}$ 的一个子环.

(ii) 如果 $\alpha=a+b\sqrt{-5}$ 整除 2, 则 $|\alpha|^2=a^2+5b^2$ 整除 $|2|^2=4$, 从而 $b=0$, 而 $a\in\{\pm1,\pm2\}$. 由此知 $2=\alpha\beta$ 表明 $\alpha=\pm1$ 或者 $\beta=\pm1$, 这证明了 2 不可约.

(iii) 如果 $(2,1+\sqrt{-5})=(\alpha)$, 则 α 整除 2, 从而 $\alpha=\pm1$ 或者 $\alpha=\pm2$. 因为 ±2 不被 $1+\sqrt{-5}$ 整除, 故第二种情形是不可能的; 又因为 $(2,1+\sqrt{-5})$ 中的元 $a+b\sqrt{-5}$ 应满足 $a\equiv b \bmod 2$, 而 ±1 不满足此式, 故第一种情形也是不可能的. 因此 $(2,1+\sqrt{-5})$ 不是主理想.

现在, $1+\sqrt{-5}$ 不被 2 整除, 而 $(1+\sqrt{-5})^2=-4+2\sqrt{-5}$ 却被 2 整除. 由此知 (2) 不是素理想.

习题 4.3. 如果 $P\in A[X]^*$, 则 $\varphi(P)\in K[X]^*=K^*$; 从而条件是必要的. 反过来, 如果 $\varphi(P)=a\in K^*$, 则可将 P 写为 $P=a+\varepsilon Q$ 形式, $Q\in K[X]$, 因此 P 可逆: 由于 $\varepsilon^2=0$, 它有逆元 $a^{-1}-a^{-2}\varepsilon Q$.

习题 4.4. (i) $\mathbf{Z}\cap(q)$ 为 $\mathbf{Z}$ 的理想的断言是直接的. 设 $a,b\in\mathbf{Z}$ 使得 $ab\in\mathbf{Z}\cap(q)$. 因为 (q) 是 A 的素理想, 故由 $a\in(q)$ 或 $b\in(q)$, 从而 $a\in\mathbf{Z}\cap(q)$ 或 $b\in\mathbf{Z}\cap(q)$, 这证明了 $\mathbf{Z}\cap(q)$ 是 $\mathbf{Z}$ 的素理想. 以 p 记其在 $\mathscr{P}$ 中的对应元. p 属于 $\mathbf{Z}\cap(q)$ 这个性质可转换为在 A 中 p 被 q 整除这个性质; 由此得到 p 是在 A 中被 q 整除的 $\mathscr{P}$ 的唯一元素. 最后, $N(q)$ 整除 $N(p)=p^2$, 且不等于 1, 否则 q 将可逆; 那么只有 $N(q)=p$ 和

$N(q)=p^2$ 这种可能性.

(ii) 如果 $N(q)=p\in\mathscr{P}$, 且 $q=ab$, 则有 $N(a)N(b)=p$, 从而 $N(a)=1$ 或者 $N(b)=1$; 由此知 a 或 b 可逆, 以及 $a\in(q)$ 或者 $b\in(q)$. 故理想 (q) 为素理想.

(iii) 由于 a 有 $4n+1$ 形式, 方程 $x^2+1=0$ 在 $\mathbf{F}_p$ 中有解, 从而存在 $\tilde{x}\in\{1,\ldots,p-1\}$ 使得 $\tilde{x}^2+1$ 被 p 整除. 因此 $a=\tilde{x}+i$ 满足条件的要求.

现在, 设 $u\prod q_i$ 是 a 在 A 中的素因子乘积分解. 于是 $N(a)=\prod N(q_i)$, 而因为 $p\mid N(a)$, 故存在 i 使得 $p\mid N(q_i)$, 根据 (i), 这表明 q_i 在 A 中整除 p. 因此得到 $q_i\mid\gcd(a,p)$, 于是 $b=\gcd(a,p)$ 不可逆. 另外, $N(b)\leqslant N(a)<p^2$; 因为 $N(b)\mid p^2$, 这表明 $N(b)=p$. 于是由 (ii) 证明了 b 为素数, 得到结论.

(iv) 根据 (iii), 存在 $q\in\mathscr{P}_A$ 严格整除 p, 这表明 $N(q)=p$. 剩下的只是将 q 写成 $x+iy$, $x,y\in\mathbf{Z}$ 以得到 $p=x^2+y^2$ 作为两个平方和的写法.

(v) 如果 $p\in\mathscr{P}$ 为奇素数但不是 A 中的素元, 又若 $q=x+iy$ 是 p 的一个素因子, 则有 $N(q)=p$. 但 $N(q)=(-i)qq^*$, 而因为 $q^*=y+ix$, 故有 $N(q^*)=N(q)$. 根据 (ii), 这表明 $q^*\in\mathscr{P}_A$, 从而 p 分解为 $(-i)qq^*$. 最后, 由于 p 为奇数, 故有 $x\neq y$, 必要时交换 q 与 q^* 的角色, 可以假设 $x>y$, 并令 $q_p=q$.

(vi) 见习题 3.4(iv) 的解.

(vii) 根据 (i), $\mathscr{P}_A$ 的元是 $\mathscr{P}$ 中的元的素因子. 因此这里的结果由 (v),(vi) 以及 2 的分解因子 $2=(-i)(1+i)^2$ 组合得到.

习题 4.5. (i) 因为 A 与 B 互素, Δ 为零意味着 A 整除 A' (高斯引理), 这只有 $A'=0$ 才有可能, 从而只有 A 为常数. 同样这个为零的性质意味着 B 和 C 为常值, 这与假设矛盾. 故得到 $\Delta\neq0$; 而不等式是显然的.

(ii) 如果 z 是 ABC 的一个零点, 则因为 A,B,C 两两互素, 它只能是其中一个的零点. 因此不失一般性可假设它是 A 的一个重数为 $m_z\geqslant1$ 的零点. 它作为 A' 的零点的重数因而为 m_z-1, 但因为 B 在 z 不为零, 作为 $AB'-BA'$ 的零点它的重数正好是 m_z-1.

[209] (iii) 从 (ii) 推出 Δ 被 $(T-z)^{m_z-1}$ 的乘积整除, 其中 z 遍历 $Q=ABC$ 的零点, 这给了我们不等式 $\deg\Delta\geqslant\sum(m_z-1)$, 并且因为 $\sum m_z=\deg ABC=\deg A+\deg B+\deg C$ 和 $\sum_z 1=r(Q)$ (由 $r(Q)$ 的定义), 得到 $\deg\Delta\geqslant\deg A+\deg B+\deg C-r(Q)$. 于是比较这个不等式与 (i) 中的不等式便得到结果.

(iv) 假设 $A^n+B^n=C^n$, 且 A,B,C 不全为常数. 因为 $A^nB^nC^n$ 的零点都是 ABC 的零点, 那么由 (iii) 得到不等式 $r(ABC)>n\sup(\deg A,\deg B,\deg C)$, 如果 $n\geqslant3$, 则因为 $r(ABC)\leqslant\deg ABC=\deg A+\deg B+\deg C$, 故上式是不可能的.

习题 4.6. (i) 可以应用拉格朗日插值多项式将 Q 写为 $\sum_{i=0}^n Q(\lambda_i)\prod_{j\neq i}\frac{X-\lambda_j}{\lambda_i-\lambda_j}$, 从而得到 $F=\sum_{i=0}^n\frac{Q(\lambda_i)}{\prod_{j\neq i}(\lambda_i-\lambda_j)}\frac{1}{X-\lambda_i}$. 由于次数的原因我们也称形式 $\sum_{i=0}^n\frac{\alpha_i}{X-\lambda_i}$ 为 F 的简单元分解. 在两端乘以 $X-\lambda_i$ 然后在每个 $X=\lambda_i$ 取值便得到 α_i.

(ii) 如果 $\deg Q = d$, 则按照多项式的泰勒公式有 $Q(X) = \sum_{i=0}^{d} Q^{[i]}(\lambda)(X-\lambda)^i$. 因此得到 $\frac{Q(X)}{(X-\lambda)^n}$ 的简单元分解 $R + \sum_{i=0}^{n-1} \frac{Q^{[i]}(\lambda)}{(X-\lambda)^{n-i}}$, 其中 $R = \sum_{i=n}^{d} Q^{[i]}(\lambda)(X-\lambda)^{i-n} \in K[X]$.

(iii) 由于 K 为代数闭域, 故可将 F 写为 $u\prod_{i=1}^{n}(X-\lambda_i)^{k_i}$, 其中 $u \in K^*$, 而 $\lambda_i \in K$ 两两互不相同, 这些 k_i 为自然数. 于是 $\frac{F'}{F} = \sum_{i=1}^{n} \frac{k_i}{X-\lambda_i}$, 这个等式便给出了 $\frac{F'}{F}$ 的简单元分解.

(iv) 设 $z_1, \ldots, z_r$ 是 P 的零点, 而 m_i 是 z_i 的重数. 如果 z 是 P' 的一个与这些 z_i 不同的零点 (如果 z 是某个 z_i, 则结果显然), 则 $0 = \frac{P'(z)}{P(z)} = \sum_{i=1}^{r} \frac{m_i}{z-z_i}$. 如果 z 在这些 z_i 的凸包之外, 则存在 $\theta \in [-\pi, \pi]$, 使得对所有的 i, 有 $\mathrm{Im}(e^{-i\theta}(z-z_i)) > 0$. 但因此对所有的 i, 有 $\mathrm{Im}(e^{i\theta}\frac{m_i}{z-z_i}) < 0$, 这与 $\sum_{i=1}^{r} \frac{m_i}{z-z_i} = 0$ 矛盾.

习题 4.7. 先注意到, 上面的变量变换并未增大 P 的总次数; 因而有 $\deg_{X_n} P_{t_1,\ldots,t_{n-1}} \leqslant \deg P_{t_1,\ldots,t_{n-1}} \leqslant \deg P = d$. 令 Q 为 P 的 d 次齐次部分. 在 $P_{t_1,\ldots,t_{n-1}}$ 中 X_n^d 的系数是 $R(t_1, \ldots, t_{n-1}) = Q(t_1, \ldots, t_{n-1}, 1)$, 而我们有 $Q(X_1, \ldots, X_n) = X_n^d R(\frac{X_1}{X_n}, \ldots, \frac{X_{n-1}}{X_n})$, 这证明了 $R \neq 0$. 由于 K 无限, 故可找到 $t_1, \ldots, t_{n-1} \in K$ 使得 $R(t_1, \ldots, t_{n-1}) \neq 0$. 得到结论.

习题 4.9. (i) 表达式 $\sum_{i=1}^{n} \alpha_i^k$ 是系数在 $\mathbf{Z}$ 中的 $\alpha_1, \ldots, \alpha_n$ 的对称多项式; 因此它是一个系数在 $\mathbf{Z}$ 的 P 的系数的多项式, 按假设条件这些系数是有理数, 故得结论.

(ii) $\prod_{i=1}^{n}(X-\alpha_i^3)$ 的系数是系数在 $\mathbf{Z}$ 中的 $\alpha_1, \ldots, \alpha_n$ 的对称多项式. 像在 (i) 中那样便可得结论.

习题 4.10. (i) 我们看出右端的项是 $\frac{P'}{P}$, 其中 $P = \prod_{i=1}^{n}(X-X_i)$; 因此公式来自 $\frac{(fg)'}{fg} = \frac{f'}{f} + \frac{g'}{g}$.

(ii) 以 X 乘以两端的项, 并作变量变换 $X = \frac{1}{T}$. 右端成为

$$\frac{n-(n-1)\Sigma_1 T + (n-2)\Sigma_2 T^2 + \cdots}{1 - \Sigma_1 T + \Sigma_2 T^2 + \cdots} = n + \frac{\Sigma_1 T - 2\Sigma_2 T^2 + 3\Sigma_3 T^3 + \cdots}{1 - \Sigma_1 T + \Sigma_2 T^2 - \Sigma_3 T^3 + \cdots},$$

而左端成为

$$\sum_{i=1}^{n} \frac{1}{1-TX_i} = \sum_{i=1}^{n}\sum_{k=0}^{+\infty} T^k X_i^k = \sum_{k=0}^{+\infty} T^k S_k;$$

由此得到要找的恒等式. 展开头几项便给出了 $S_2 = \Sigma_1^2 - 2\Sigma_2$ 和 $S_3 = \Sigma_1^3 - 3\Sigma_1\Sigma_2 + 3\Sigma_3$.

(iii) 如果 $\lambda_1, \ldots, \lambda_n$ 为 M 的带重数的特征值, 则有 $\mathrm{Tr}(M^k) = S_k(\lambda_1, \ldots, \lambda_n)$. 因此这个假设条件等价于对所有的 $k \geqslant 1$, 有 $S_k(\lambda_1, \ldots, \lambda_n) = 0$, 而 (i) 和 (ii) 表明它蕴含着 $\frac{P'}{P} = \frac{n}{X}$, 其中 $P = \prod_{i=1}^{n}(X-\lambda_i)$. 由此推出 λ_i 应为零, 故得结论.

习题 4.11. (i) 多项式 $R = \prod_{(i,j)\in I\times J}(X-\alpha_i-\beta_j) \in \mathbf{Z}[X, \alpha_i, \beta_j, (i,j) \in I \times J]$ 对 β_j (对 α_i) 为对称的, 从而是系数在 $\mathbf{Z}[X, \alpha_i, i \in I]$ 中的关于 Q 的系数的多项式 (对

α_i 对称), 由假设条件是整数; 因此它是 $\mathbf{Z}[X, \alpha_i, i \in I]$ 中的元 (对 α_i 对称), 而由于对
[210] α_i 对称, 这是一个系数在 $\mathbf{Z}[X]$ 的关于 P 的系数的多项式. 因为 P 的系数属于 $\mathbf{Z}$, 由此知 $R \in \mathbf{Z}[X]$, 而又因为 R 是首 1 的, 且以 $\alpha+\beta$ 为根, 这证明了 $\alpha+\beta$ 是个代数整数, 对于 $\alpha\beta$, 我们从多项式 $\prod_{(i,j)\in I\times J}(X-\alpha_i\beta_j)$ 着手, 按同样的推理得到结果.

(ii) 代数数的集合是一个环的事实是 (i) 的直接推论. 如果有 $(\frac{1}{2})^n = a_{n-1}(\frac{1}{2})^{n-1} + \cdots + a_0$, $a_0, \ldots, a_{n-1} \in \mathbf{Z}$, 那么对其左端取 2-adic 赋值得到 $-n$, 而对右端有 $\geqslant 1-n$, 故这个等式不可能成立. 那么这个环不包含 $\frac{1}{2}$.

习题 4.12. 如果 $P_1, \ldots, P_m$ 生成了 I_n, 则当然有 $P_1, \ldots, P_m$ 生成了 I_n/I_{n+1}, 而它是一个 $n+1$ 维的 K-向量空间 ($X^n, YX^{n-1}, \ldots, Y^n$ 的像是一组基). 但 I_1 零化 I_n/I_{n+1}; 由此知从 $K[X,Y]^m$ 到 I_n/I_{n+1} 的映射 $(Q_1, \ldots, Q_m) \mapsto \sum_{i=1}^m Q_iP_i$ 可由 $(K[X,Y]/I_1)^m = K^m$ 分解, 并且是 K-线性的. 因为由假设条件它是满的, 于是原来出发的空间的维数 m 应该 $\geqslant n+1$, 这就是需要证明的.

习题 5.1. (i) 导数和积分的线性性是基本的结果.

(ii) 我们有 $u \circ v = \mathrm{id}$ (分析的基本定理). 由此得到 $(v\circ u)\circ(v\circ u) = v\circ(u\circ v)\circ u = v\circ u$, 因此 $v\circ u$ 是个投射. 事实上, $(v\circ u)(\phi)$ 是函数 $x \mapsto \phi(x)-\phi(0)$, 从而 $v\circ u$ 平行于常值函数空间的到在 0 取零值的函数空间上的投射.

习题 5.2. (i) 我们有 $s(s(\phi))(x) = s(\phi)(-x) = \phi(x)$, 从而 $s\circ s = \mathrm{id}$. 因为 s 是线性的, 故是对称的.

(ii) 如果 $s(\phi) = \phi$, 则函数 ϕ 为偶函数, 而如果 $s(\phi) = -\phi$, 则为奇函数; 分解 $\phi = \phi^+ + \phi^-$ 的存在性和唯一性因而是一般理论的一个特殊情形. 我们有 $\phi^+ = \frac{\phi+s(\phi)}{2}$, 而 $\phi^- = \frac{\phi-s(\phi)}{2}$, 它是由 $\phi^+(x) = \frac{\phi(x)+\phi(-x)}{2}$ 和 $\phi^-(x) = \frac{\phi(x)-\phi(-x)}{2}$ 翻译过来的.

习题 5.3. 如果 $P = \sum_{i=0}^n \lambda_i Q_i$, 我们有 $\lambda_i = P(\alpha_i)$; 由此得到 $(\lambda_0, \ldots, \lambda_n) \mapsto \sum_{i=0}^n \lambda_i Q_i$ 为单射. 另外, $P - \sum_{i=0}^n P(\alpha_i)Q_i$ 的次数 $\leqslant n$, 但有 $n+1$ 个零点即 $\alpha_0, \ldots, \alpha_n$; 因此它为零, 这证明了 $(\lambda_0, \ldots, \lambda_n) \mapsto \sum_{i=0}^n \lambda_i Q_i$ 为满射, 从而这些 Q_i 构成了 $K[X]^{(n)}$ 的基. 在这组基下 P 的坐标为 $(P(\alpha_0), \ldots, P(\alpha_n))$.

习题 5.4. (i) 要证明 $(\lambda_i)_{i\in\mathbf{N}} \mapsto \sum_{i\in\mathbf{N}} \lambda_i\binom{X}{i}$ 是从 $K^{(\mathbf{N})}$ 到 $K[X]$ 上的一个双射. 由于 $K^{(\mathbf{N})}$ 是 $K^{\{0,\ldots,n\}}$ 的递增并, 而 $K[X]$ 是 $K[X]^{(n)}$ 的递增并, 故只要证明 $(\lambda_0, \ldots, \lambda_n) \mapsto \sum_{i=0}^n \lambda_i\binom{X}{i}$ 是从 $K^{\{0,\ldots,n\}}$ 到 $K[X]^{(n)}$ 的一个双射即可. 单性由 $\sum_{i=0}^n \lambda_i\binom{X}{i}$ 的次数等于 $\lambda_i \neq 0$ 的最大的 i, 从而它为零当且仅当所有的 $\lambda_i = 0$ 得到. 至于满性, 可由对 n 的归纳得到: $n=0$ 是显然的. 如果 $P = a_nX^n + \cdots + a_0$, 则 $P - n!a_n\binom{X}{n}$ 的次数 $\leqslant n-1$, 故按归纳假定可将其写为 $\sum_{i=0}^{n-1} \lambda_i\binom{X}{i}$ 形式. 因此 $P = n!a_n\binom{X}{n} + \sum_{i=0}^{n-1} \lambda_i\binom{X}{i}$, 证明了 n 时的满性 (同样地推理可证明整个 $(P_n)_{n\in\mathbf{N}}$ 使 P_n 的次数为 n 的多项式族是 $K[X]$ 的基).

(ii) 如果 $P = \sum_{i=0}^n \lambda_i\binom{X}{i}$, 则 $P(0) = \lambda_0$. 现在, $P(X+1) - P(X) = \sum_{i=1}^n \lambda_i\binom{X}{i-1}$,

从而 $P(1)-P(0)=\lambda_1$. 反复迭代此过程, 得到 $\lambda_k=P^{[k]}(0)$, 其中的 $P^{[k]}$ 由归纳定义: $P^{[0]}=P$, 而 $P^{[k+1]}=P^{[k]}(X+1)-P^{[k]}(X), k\geqslant 0$. 更为显式地表达即 $\lambda_k=\sum_{i=0}^{k}(-1)^i\binom{k}{i}P(k-i)$.

(iii) 由前面的结果知, 如果 $P(0),\dots,P(n)\in\mathbf{Z}$, 则 $P=\sum_{i=0}^{n}\lambda_i\binom{X}{i}$, 情形 $\lambda_0,\dots,\lambda_n\in\mathbf{Z}$. 由于当 $m\in\mathbf{Z}$ 时 $\binom{m}{i}\in\mathbf{Z}$, 则得到结论.

习题 5.5. 如果对所有的 $x\in\mathbf{R}$ 有 $\sum_{i=1}^{n}\lambda_i|x-a_i|=0$, 其中 a_i 互不相同, 并且, 如果 λ_i 之一非零, 因为左端的项对 a_i 是不可微的而右端可微, 故得到矛盾. 因此这些 λ_i 全为零, 故得证.

习题 5.6. (i) 设 $x\mapsto\phi(x)=\sum_{k=1}^{n}\lambda_k e^{a_k x}$ 恒等于零, 它是 $x\mapsto e^{a_k x}$ 的线性组合, 其中这些 a_k 互不相同. 必要时对 a_k 重新排序, 可假设 $a_1\leqslant a_2\leqslant\cdots\leqslant a_n$, 这时有 [211]
$\lim_{x\to+\infty}e^{-a_n x}\phi(x)=\lambda_n$. 因为对每个 x 有 $e^{-a_n x}\phi(x)=0$, 这给出了 $\lambda_n=0$, 从而可归纳证明这些 λ_i 全为零, 这是我们所要的结果.

(ii) 设 $x\mapsto\phi(x)=\sum_{k=1}^{n}\lambda_k e^{ia_k x}$ 是 $x\mapsto e^{iax}$ 的恒等于零的线性组合, 其中的 a_k 两两互不相同. 于是 $\frac{1}{M}\int_0^M e^{-a_k x}\phi(x)dx$ 当 $M\to+\infty$ 时趋向 λ_k, 又因为 $\phi(x)$ 恒等于零, 故对所有的 k 有 $\lambda_k=0$, 结果得证.

(iii) $x\mapsto e^{ax}$ 是 $\frac{d}{dx}$ 的对于特征值 a 的特征向量. 因此结果来自如下事实: 相伴于不同特征值的特征空间是个直和. (也可注意到 $x\mapsto e^{ax}$ 是 τ_b 相伴于特征值 e^{ab} 的特征向量, 其中 τ_b 定义为 $\tau_b(\phi)(x)=\phi(x+b)$, 并且如果 $x\mapsto\phi(x)=\sum_{k=1}^{n}\lambda_k e^{a_k x}$ 是 $x\mapsto e^{ax}$ 的恒等于零的线性组合, 则选取 b 使得这些 $e^{a_k b}$ 互不相同.)

(iv) 如果对所有的 $x\in\mathbf{R}$ 有 $\sum_{k=1}^{n}(\lambda_k\cos a_k x+\mu_k\sin a_k x)=c$, 其中 $a_k\in\mathbf{R}_+^*$ 两两互不相同, 于是 $-2ce^{0x}+\sum_{k=1}^{n}(\lambda_k-i\mu_k)e^{ia_k x}+\sum_{k=1}^{n}(\lambda_k+i\mu_k)e^{-ia_k x}$ 恒等于 0, 而因为 0 以及这些 a_k 和这些 $-a_k$ 两两互不相同, 故由 (ii) 知 $c=0$ (从而非零常函数不在由 $x\mapsto\cos ax$ 和 $x\mapsto\sin ax$ 这些函数生成的空间中), 从而 $\lambda_k-i\mu_k=\lambda_k+i\mu_k=0$, 因而对所有 k 有 $\lambda_k=\mu_k=0$ (所以这些 $x\mapsto\sin ax$ 和 $x\mapsto\cos ax$ 构成了一个无关族).

习题 5.7. 对于 $k\geqslant 1$ 有 $x\frac{d}{dx}\operatorname{Li}_k(x)=x\sum_{n\geqslant 1}n\frac{x^{n-1}}{n^k}=\operatorname{Li}_{k-1}(x)$. 现设 $\sum_{k=0}^{n}\lambda_k\operatorname{Li}_k$ 在 $]-1,1[$ 上恒等于 0. 用对 n 的归纳来证明这些 λ_k 全都为 0. 我们有 $\operatorname{Li}_0(x)=\frac{1}{1-x}, \operatorname{Li}_1(x)=-\log(1-x)$, 以及当 $k\geqslant 2$ 时, $\operatorname{Li}_k(x)$ 在 1^- 有有限极限 $\sum_{n\geqslant 1}\frac{1}{n_k}$, 由此得到 $(1-x)\sum_{k=0}^{n}\lambda_k\operatorname{Li}_k$ 在 1^- 趋向 λ_0, 而因 $\sum_{k=0}^{n}\lambda_k\operatorname{Li}_k$ 恒等于 0 得到 $\lambda_0=0$. 应用算子 $x\frac{d}{dx}$ 便得到关系式 $\sum_{k=0}^{n-1}\lambda_{k+1}\operatorname{Li}_k=0$, 而归纳假定当 $k\geqslant 1$ 时 $\lambda_k=0$. 证完.

习题 5.8. (i) 如果这些特征标形成一个相关族, 则存在一个最小的 $n\geqslant 2$ 使得可以找到在 G 上恒等于 0 的线性组合 $\sum_{k=1}^{n}\lambda_k\chi_k$, 其中这些 χ_k 两两不同, 从而因 n 的极小性, 没有任一个 λ_k 为 0. 如果 $h\in G$, 则对所有的 $g\in G$ 有 $\sum_{k=1}^{n}\lambda_k\chi_k(hg)=0$, 又由于 $\chi(hg)=\chi_k(h)\chi_k(g)$, 便得到第二个关系式 $\sum_{k=1}^{n}\lambda_k\chi_k(h)\chi_k=0$. 由于 $\chi_1\neq\chi_2$, 故存在 $h\in G$ 使得 $\chi_2(h)\neq\chi_1(h)$, 从而

得到 $0 = \chi_1(h)(\sum_{k=1}^n \lambda_k \chi_k) - \sum_{k=1}^n \lambda_k \chi_k(h)\chi_k = \sum_{k=2}^n \lambda_k(\chi_1(h) - \chi_k(h))\chi_k$. 由 n 的极小性知对所有 k 有 $\lambda_k(\chi_1(h) - \chi_k(h)) = 0$, 这与 $\chi_2(h) \neq \chi_1(h)$ 和 $\lambda_2 \neq 0$ 矛盾. 得到结果.

(ii) 如果 $a \in \mathbf{C}$, 则 $x \mapsto e^{ax}$ 是 $(\mathbf{R}, +)$ 的一个线性特征标, 而 (i) 证明了这些 $x \mapsto e^{ax}, a \in \mathbf{C}$ 是线性无关的, 这让我们重新证明了习题的 (iii), 而它包含了 (i) 和 (ii).

习题 5.9. 设 $\sum_{i=1}^n \lambda_i \log p_i$ 是这些 $\log p_i$ 的恒等于 0 的线性组合. 必要时乘以这些 λ_i 的分母的最小公倍数, 故可设这些 λ_i 都为整数. 于是 $\prod_{i=1}^n p_i^{\lambda_i} = 1$, 从而对所有的 j 有 $\lambda_j = v_{p_j}(\prod_{i=1}^n p_i^{\lambda_i}) = v_{p_j}(1) = 0$, 即为所证.

习题 6.1. (i) 如果 $\tau \in S_k$, 则有

$$(e_{i_1}^* \wedge \cdots \wedge e_{i_k}^*)(v_{\tau(1)}, \ldots, v_{\tau(k)}) = \sum_{\sigma \in S_k} \operatorname{sign}(\sigma) \prod_{j=1}^k x_{\tau(j), i_{\sigma(j)}}.$$

将 $\sigma(j)$ 写成 $\sigma\tau^{-1}(\tau(j))$ 而 $\operatorname{sign}(\sigma)$ 写为 $\operatorname{sign}(\sigma\tau^{-1})\operatorname{sign}(\tau)$, 并作变量替换 $j' = \tau(j)$, $\sigma' = \sigma\tau^{-1}$. 于是得到

$$\begin{aligned}(e_{i_1}^* \wedge \cdots \wedge e_{i_k}^*)(v_{\tau(1)}, \ldots, v_{\tau(k)}) &= \operatorname{sign}(\tau)\left(\sum_{\sigma' \in S_k} \operatorname{sign}(\sigma') \prod_{j=1}^k x_{\tau(j'), i_{\sigma'(j')}}\right) \\ &= \operatorname{sign}(\tau)\left((e_{i_1}^* \wedge \cdots \wedge e_{i_k}^*)(v_1, \ldots, v_k)\right).\end{aligned}$$

证明了 $(e_{i_1}^* \wedge \cdots \wedge e_{i_k}^*)$ 是交错的.

[212] (ii) 我们有 $(e_{i_1}^* \wedge \cdots \wedge e_{i_k}^*)(e_{i_1}, \ldots, e_{i_k}) = 1$ 而当 $1 \leqslant \ell_1 < \cdots < \ell_k \leqslant n$, $\{i_1, \ldots, i_k\} \neq \{\ell_1, \ldots, \ell_k\}$ 时, 则有 $(e_{i_1}^* \wedge \cdots \wedge e_{i_k}^*)(e_{\ell_1}, \ldots, e_{\ell_k}) = 0$ (事实上, 当 $\ell_j = i_{\sigma(j)}$ 时 $x_{j, i_{\sigma(j)}} = 0$, 从而 $\prod_{j=1}^k x_{j, i\sigma(j)} \neq 0$ 表明 $\{i_1, \ldots, i_k\} = \{\ell_1, \ldots, \ell_k\}$, 因此 $i_1 = \ell_1, \ldots, i_k = \ell_k$, 故 $\sigma = \mathrm{id}$). 由此推出 $e_{i_1}^* \wedge \cdots \wedge e_{i_k}^*$ 构成一个无关族 (只要一个线性组合在 $(e_{i_1}, \ldots, e_{i_k})$ 上取值为 0 就可证明 $e_{i_1}^* \wedge \cdots \wedge e_{i_k}^*$ 的系数为 0).

(iii) 设 $f \in \wedge^k V^*$. 由 f 的线性性, 有

$$f(\sum_{i=1}^n x_{1,i} e_i, \ldots, \sum_{i=1}^n x_{k,i} e_i) = \sum_{1 \leqslant i_1, \ldots, i_k \leqslant n} f(e_{i_1}, \ldots, e_{i_k}) \prod_{j=1}^k x_{j, i_j}.$$

利用 f 是交错的性质消去那些有两个 i_j 相等的 k-元组, 从而给出了一个在所有项均不相同的 k-元组 $(i_1, \ldots, i_k)$ 上的取和. 于是用公式 $f(e_{i_{\sigma(1)}}, \ldots, e_{i_{\sigma(k)}}) = \operatorname{sign}(\sigma) f(e_{i_1}, \ldots, e_{i_k})$ 对 i_j 排序从而得到

$$f(\sum_{i=1}^n x_{1,i} e_i, \ldots, \sum_{i=1}^n x_{k,i} e_i) = \sum_{1 \leqslant i_1, \ldots, i_k \leqslant n} \sum_{\sigma \in S_n} \operatorname{sign}(\sigma) f(e_{i_1}, \ldots, e_{i_k}) \prod_{j=1}^k x_{j, i_{\sigma(j)}}.$$

这个公式可重写为

$$f=\sum_{1\leqslant i_1<\cdots<i_k\leqslant n} f(e_{i_1},\ldots,e_{i_k})e_{i_1}^*\wedge\cdots\wedge e_{i_k}^*,$$

这证明了这些 $e_{i_1}^*\wedge\cdots\wedge e_{i_k}^*$ 构成了 $\wedge^k V^*$ 的一个生成元族, 于是根据 (ii), 是一组基.

$\wedge^k V^*$ 的维数因此是 k-元组 $1\leqslant i_1<\cdots<i_k\leqslant n$ 的集合的基数. 然而这个集合与 $\{1,\ldots,n\}$ 的 k-元组的集合间有自然的双射 (如果 I 是这样一个子集, 我们将以大小次序排列的 k-元组与其相应), 它具有基数 $\binom{n}{k}$. 证完.

习题 7.1. (i) 设 $\lambda_1,\ldots,\lambda_n$ 为 A 的对角系数. 于是 $u_A(e_i)=\lambda_i e_i$, 故若 λ_i 中有一个为 0, 则 u_A 不是单射, 即 A 非可逆 (因为 e_i 在 u_A 的核中). 反过来, 如果所有的 λ_i 均非零, 令 A' 为对角系数为 λ_i^{-1} 的对角矩阵, 则 $u_{A'}\circ u_A(e_i)=u_{A'}(\lambda_i e_i)=\lambda_i u_{A'}(e_i)=\lambda_i\lambda_i^{-1}e_i=e_i$, 这证明了 $u_{A'}\circ u_A$ 为恒同映射, 从而 $A'A=1$, 故 A 可逆, 其逆元为 A'. 因为 D 在矩阵乘积下稳定: $\mathrm{Diag}(\lambda_1,\ldots,\lambda_n)\,\mathrm{Diag}(\mu_1.\ldots,\mu_n)=\mathrm{Diag}(\lambda_1\mu_1,\ldots,\lambda_n\mu_n)$, 而当 $\lambda_i\neq 0$ 和 $\mu_i\neq 0$ 时 $\lambda_i\mu_i\neq 0$, 故 D 是 $\mathbf{GL}_n(K)$ 的一个子群.

(ii) 如果 A 为对角阵, N 为对角系数为 1 的上三角阵, 则 AN 的对角系数为 A 的对角系数; 于是得知 A 应该是 $T=AN$ 的对角系数构成的对角矩阵, 又因为 $N=A^{-1}T$ 作为上三角矩阵的乘积是个上三角矩阵, 并因为 $A^{-1}T$ 的对角系数为 T 的对角系数对于 A 的对角系数 (由构造, 它们相等) 的商, 故 N 的对角系数全为 1, 这表明 $T=AN$ 具有我们想要的形式.

(iii) 两个上三角矩阵 T_1 和 T_2 的乘积仍是上三角的, 且它们的对角系数为 T_1 和 T_2 的对角系数的乘积并当 T_1 和 T_2 非零时它们的乘积也非零, 特别地, 上三角阵在乘法下稳定. 另外, 如果 N 是对角系数为 1 的上三角矩阵, 则 N 可逆, 逆元为 $1+(1-N)+(1-N)^2+\cdots$, 因为每一项都是上三角的, 故这个逆也是上三角的. 由此知 $T=AN\in B$ 可逆, 逆元为 $T^{-1}A^{-1}\in B$, 其中 $T^{-1}\in B, A^{-1}\in B$, 因此 B 对于取逆是稳定的, 故它是 $\mathbf{GL}_n(K)$ 的一个子群.

(iv) 设 $T\mapsto A$ 是个群态射这个断言直接来自如下事实, 即 T_1T_2 的对角系数是 T_1 和 T_2 的对角系数的积, 其中 $T_1,T_2\in B$. 这个态射的核为 U, 从而 U 是 B 的子群, 因而也是 $\mathbf{GL}_n(K)$ 的子群.

习题 7.2. $\det{}^{\mathrm{t}}A=\det A$, 并因为 ${}^{\mathrm{t}}A=-A$, 也有 $\det{}^{\mathrm{t}}A=(-1)^n\det A$; 故得结论.

习题 7.3. 如果将第一行移动到其他的行, 则可在 i 行提出因子 a_1-a_i 以及在 j 列的因子 $\frac{1}{a_1+b_j}$. 如此得到的矩阵在第一行为 1, 而其他行则回到原来矩阵的行. 如果我们提取第一列到其他的列, 则在第一行上全是 0, 并且像前面那样, 如果 $i\geqslant 2$, 在 j 列提出 b_1-b_j 因子, 在第 i 行提出 $\frac{1}{a_i+b_j}$ 因子; 那么所得到的矩阵, 除了第一行为 $(1,0,\ldots,0)$, 第一列为 ${}^{\mathrm{t}}(1,1,\ldots,1)$ 外同于原来的矩阵. 由此得到 [213]

$$\begin{aligned}&C(a_1,\ldots,a_n,b_1,\ldots,b_n)\\&=\prod_{i=2}^{n}(a_1-a_i)\prod_{j=2}^{n}(b_1-b_j)\prod_{i=1\ \text{或}\ j=1}\frac{1}{a_i+b_j}C(a_2,\ldots,a_n,b_2,\ldots,b_n).\end{aligned}$$

稍加归纳便给出了

$$C(a_1,\ldots,a_n,b_1,\ldots,b_n)=\prod_{i<i'}(a_i-a_{i'})\prod_{j<j'}(b_j-b_{j'})\prod_{1\leqslant i,j\leqslant n}\frac{1}{a_i+b_j}.$$

习题 7.4. 一点小的计算表明 AB 是 $\overline{B}$ 与对角系数为 $a_0+\eta^i a_1+\cdots+a_{n-1}\eta^{(n-1)i}, 0\leqslant i\leqslant n$ 的对角矩阵的乘积, 因此

$$\det A=(\det\overline{B})(\det B)^{-1}\prod_{i=0}^{n-1}(a_0+\eta^i a_1+\cdots+a_{n-1}\eta^{(n-1)i}),$$

从而得到结论. (我们可以显式地算出 $(\det\overline{B})(\det B)^{-1}$: 事实上, B 和 $\overline{B}$ 都是范德蒙德矩阵, 它们的行列式分别是 $\prod_{0\leqslant i,j\leqslant n-1}(\eta^j-\eta^i)$ 和 $\prod_{0\leqslant i,j\leqslant n-1}(\eta^{-j}-\eta^{-i})$. 在上面的这两个乘积中, 每对 n 次单位根正好出现一次, 而当 $i=0$ (即当其中一个根为 1) 时符号相同; 对于这些 $\frac{(n-1)(n-2)}{2}$ 个剩下的偶对 (η_1,η_2), $\eta_1-\eta_2$ 出现在 $\det B$ 和出现在 $\det\overline{B}$ 中的符号正好相反. 因此得出 $(\det\overline{B})(\det B)^{-1}=(-1)^{(n-1)(n-2)/2}$.)

习题 7.5. (i) 按第一列展开得到了递归关系 $\det A_{n+1}=(a+a^{-1})(\det A_n)-\det A_{n-1}$. 如果 $a\neq\pm1$, 则按归纳顺利地得到结果. 如果 $a=\pm1$, 同样的归纳 (或取极限) 给出: 当 $a=1$ 时 $\det A_n=2n-1$, 而当 $a=-1$ 时 $\det A_n=(-1)^n(2n-1)$.

(ii) λ 是一个特征值当且仅当 $\det(\lambda-U_n)=0$. 可以将 λ 写成 $a+a^{-1}$, 那么 (i) 表明 $\det(\lambda-U_n)=0$ 当且仅当 $a^{2(n+1)}=1$ 且 $a\neq\pm1$. 因此得到结果.

习题 7.6. 注意到 $i\mapsto i/d$ 诱导了 $\{1,\ldots,n\}$ 中满足 $\gcd(i,n)=d$ 的 i 的集合到 $(\mathbf{Z}/(n/d)\mathbf{Z})^*$ 上的一个双射, 则得到了公式 $\sum_{d|n}\varphi(d)=n$.

设 $B=(b_{i,j}), C=(c_{j,k})$ 定义为: 如果 $j\mid i$, 则 $b_{i,j}=1$, 如果 $j\nmid i$, 则 $b_{i,j}=0$, 而如果 $j\mid k$, 则 $c_{j,k}=\varphi(j)$, 如果 $j\nmid k$, 则 $c_{j,k}=0$. 于是 $\sum_{j=1}^{n}b_{i,j}c_{j,k}=\sum_{j|i,j|k}\varphi(j)=\sum_{j|\gcd(i,k)}\varphi(j)=\gcd(i,k)$, 因此 $A=BC$. 由于 B 是对角线上为 1 的下三角矩阵, C 是对角线上为 $\varphi(i)$ 的上三角矩阵, 则得到所要的公式.

这个解看起来有点神秘, 但通过出现最大个数的 0 的行的线性组合也可自然地得到上面的 A 的分解: 将第一行移动到其他行上, 然后将对应于素数的行移到它的倍数的行上, 再后将对应于 2 个素数乘积的行移动到它的倍数的行上, 一直下去.

习题 7.7. (i) 对最后一行展开 $\mathrm{VdM}(X_1,\ldots,X_n)$ 表明 $\mathrm{VdM}(X_1,\ldots,X_n)$ 是 $n-1$ 次的 X_n 的多项式, 其首项系数为 $\mathrm{VdM}(X_1,\ldots,X_{n-1})$.

(ii) $\mathrm{VdM}(X_1,\ldots,X_n)$ 当 $X_n=X_1,\ldots,X_n=X_{n-1}$ 时因有两行相同都为零. 由于 $\mathbf{Z}[X_1,\ldots,X_{n-1}]$ 为整环, 而 $\mathrm{VdM}(X_1,\ldots,X_n)$ 对 X_n 为 $n-1$ 次的, 这表明

$\mathrm{VdM}(X_1,\ldots,X_n)=a_{n-1}(X_n-X_1)\cdots(X_n-X_{n-1})$, 其中 a_{n-1} 为首项系数, 从而由 (i) 等于 $\mathrm{VdM}(X_1,\ldots,X_{n-1})$. 于是由归纳得到 $\mathrm{VdM}(X_1,\ldots,X_n)=\prod_{i<j}(X_j-X_i)$, 而对于 $\mathrm{VdM}(\alpha_1,\ldots,\alpha_n)$ 的结果由特殊的 $X_1=\alpha_1,\ldots,X_n=\alpha_n$ 得到.

习题 7.8. 只需复制习题 7.1 的解即可.

习题 7.9. (i) $\Gamma(D)$ 是从 $\mathbf{SL}_2(\mathbf{Z})$ 到 $\mathbf{SL}_2(\mathbf{Z}/D\mathbf{Z})$ 的 mod D 约化的核 (由 $\mathbf{Z}$ 到 $\mathbf{Z}/D\mathbf{Z}$ 的 mod D 的约化诱导); 因此是 $\mathbf{SL}_2(\mathbf{Z})$ 的一个子群.

(ii) $\Gamma_0(D)$ 是 $\mathbf{SL}_2(\mathbf{Z}/D\mathbf{Z})$ 中的上三角矩阵的集合 B 在 $\mathbf{SL}_2(\mathbf{Z})$ 中的逆像. 然而属于 $\mathbf{SL}_2(\mathbf{Z}/D\mathbf{Z})$ 的上三角矩阵因对角上系数的乘积为 1, 故这些元可逆, 因而逆矩阵仍为上三角矩阵. 于是 B 是 $\mathbf{SL}_2(\mathbf{Z}/D\mathbf{Z})$ 的子群, 从而 $\Gamma_0(D)$ 是 $\mathbf{SL}_2(\mathbf{Z})$ 的子群. [214]

习题 8.1. (i) 如果 X^3+X+1 不是不可约的, 则可分解为 PQ 形式, 其中 $\deg P+\deg Q=3$, 这使得其中一个多项式的次数为 1, 于是有一个在 $\mathbf{Q}$ 中的根 α. 设 p 是个素数. 若 $v_p(\alpha)<0$, 则 $v_p(\alpha^3)=3v_p(\alpha)<v_p(\alpha)\leqslant v_p(-\alpha-1)$, 因而 $\alpha^3\neq-\alpha-1$, 由此得到对所有的 p 有 $v_p(\alpha)\geqslant 0$; 换言之, $\alpha\in\mathbf{Z}$. 但这是不可能的: 如果 $\alpha\in\mathbf{N}$, 则 $\alpha^3+\alpha+1\geqslant 1$, 如果 $\alpha\leqslant -1$, 则 $\alpha^3+\alpha+1\leqslant -1$.

(ii) 由于 X^3+X+1 不可约, 这是 α 的极小多项式, 从而 $[\mathbf{Q}(\alpha):\mathbf{Q}]=3$. 现在, 如果 K 包含了 α, 则也包含了 $\mathbf{Q}(\alpha)$, 于是由恒等式 $[K:\mathbf{Q}]=[K:\mathbf{Q}(\alpha)][\mathbf{Q}(\alpha):\mathbf{Q}]=3[K:\mathbf{Q}(\alpha)]$ 得到结论.

(iii) 设若相反, 则存在 $n_1,\ldots,n_r$ 使得 α 属于 $F=\mathbf{Q}(\sqrt{n_1},\ldots,\sqrt{n_r})$. 以 F_i 表示 F 的子群 $\mathbf{Q}(\sqrt{n_1},\ldots,\sqrt{n_i})$, 而令 $F_0=\mathbf{Q}$. 我们有 $F_{i+1}=F_i(\sqrt{n_{i+1}})$, 故 $[F_{i+1}:F_i]$ 等于 1 或 2. 从而 $[F:\mathbf{Q}]=[F_r:F_{r-1}]\cdots[F_1:F_0]$ 是 2 的幂, 这与 $\alpha\in F$ 的假设相矛盾, 因为这表明 $3=[\mathbf{Q}(\alpha):\mathbf{Q}]$ 整除 $[F:\mathbf{Q}]$.

习题 8.2. (i) 我们有 $[\mathbf{Q}(\sqrt{2},\sqrt{3}):\mathbf{Q}]=[\mathbf{Q}(\sqrt{2},\sqrt{3}):\mathbf{Q}\sqrt{2}][\mathbf{Q}(\sqrt{2}):\mathbf{Q}]$. 但因为 $\sqrt{2}$ 的极小多项式是 X^2-2 ($\sqrt{2}$ 的无理性), 故 $[\mathbf{Q}(\sqrt{2}):\mathbf{Q}]=2$. 由于 $\sqrt{3}$ 在 $\mathbf{Q}(\sqrt{2})$ 的极小多项式整除 X^2-3, 故其次数或为 1 或为 2, 为得结论只要证明它不是 1, 或者说 $\sqrt{3}\notin\mathbf{Q}(\sqrt{2})$ 即可. 设若相反, 便有 $\sqrt{3}=a+b\sqrt{2}$, 其中 $a,b\in\mathbf{Q}$. 于是有 $3=a^2+2b^2+2ab\sqrt{2}$. 又因为 $1,\sqrt{2}$ 在 $\mathbf{Q}$ 上无关, 这表明 $ab=0, a^2=3$ 或 $2b^2=3$, 这是不可能的, 这与 $\sqrt{2}$ 是无理数的理由一样.

(ii) 将这些根编号使 $\alpha_1=\sqrt[3]{2}$ 为实根, 而 α_2,α_3 是两个共轭复根. 多项式 X^3-2 在 $\mathbf{Q}[X]$ 中不可约, 否则它就有一个有理根 α, 从而有 $3v_2(\alpha)=1$, 荒谬. 由此得到 $[\mathbf{Q}(\alpha_i):\mathbf{Q}]=3, i=1,2,3$. 特别对于实根 $\alpha_1=\sqrt[3]{2}$ 成立. 现在, X^3-2 在 $\mathbf{Q}(\alpha_1)$ 上可分解为 $(X-\alpha_1)(X^2+\alpha_1X+\alpha_1^2)$, 于是 $[\mathbf{Q}(\alpha_1,\alpha_2):\mathbf{Q}(\alpha_1)]=2$. 最后, 因为 $\alpha_1+\alpha_2+\alpha_3=0$, 故有 $\alpha_3\in\mathbf{Q}(\alpha_1,\alpha_2)$, 从而 $\mathbf{Q}(\alpha_1,\alpha_2,\alpha_3)=\mathbf{Q}(\alpha_1,\alpha_2)$. 得到结果.

(iii) 因为 $F(\alpha,\beta)$ 包含了 $F(\alpha)$ 和 $F(\beta)$, 则它的次数被 $[F(\alpha):F]=r$ 和 $[F(\beta):F]=s$ 整除, 又由 $(r,s)=1$ 知其也被 rs 整除, 因此 $[F(\alpha,\beta):F(\beta)]=\frac{[F(\alpha,\beta):F]}{[F(\beta):F]}$ 被 r 整除, 那么 α 在 $F(\beta)$ 上的次数是 r 的倍数. 由于这个次数就是 α 在 $F(\beta)$ 上的极

小多项式的次数, 并且这个多项式整除 α 在 F 上的极小多项式, 从而 $\leqslant r$, 因此等于 r. 这就是所要证明的.

(ii) 表明这个结果当 $(r,s)\neq 1$ 时不必为真.

习题 8.3. (i) Q_t 对于 $\alpha_1,\ldots,\alpha_d$ 对称; 它的系数因而是 t 和 P 的系数的多项式, 由假设, 这些系数为实的; 由此得到 Q_t 属于 $\mathbf{R}[X]$.

(ii) 我们有 $\deg Q_t=\frac{n(n-1)}{2}$, 且由假设 $v_2(\deg P)\geqslant 1$ 推出 $v_2(n-1)=0$, 故有 $v_2(\deg Q_t)=v_2(n)-1=v_2(\deg P)-1$.

现在, 如果 $r=v_2(\deg P)=0$, 这等于说 P 具有奇次数, 因而 $\lim_{x\to+\infty}P(x)=+\infty$, 而 $\lim_{x\to-\infty}P(x)=-\infty$, 因此根据中值定理, P 在 $\mathbf{R}$ 中 (从而在 $\mathbf{C}$ 中) 有一个根; 故假定当 $r=0$ 时断言为真.

如果 $r\geqslant 1$, 因为对所有的 t, $v_2(\deg Q_t)=r-1$, 故可对 Q_t 应用归纳假定. 由此得到, 对所有 $t\in\mathbf{R}$, 存在 $i(t)<j(t)$ 使得 $\alpha_{i(t)}+\alpha_{j(t)}+t\alpha_{i(t)}\alpha_{j(t)}\in\mathbf{C}$. 映射 $t\mapsto(i(t),j(t))$ 因基数的关系不是个单射; 因此存在 $i<j$ 和 $t_1\neq t_2$ 使得 $\alpha_i+\alpha_j+t_k\alpha_i\alpha_j\in\mathbf{C}$, 其中 $k=1,2$. 由此得到 $s=\alpha_i+\alpha_j$ 和 $p=\alpha_i\alpha_j$ 属于 $\mathbf{C}$, 从而 α_i,α_j 作为 X^2-sX+p 的根属于 $\mathbf{C}$ (这个多项式的根为 $\frac{1}{2}(s\pm\sqrt{s^2-4p})$, 而
[215] $\pm\sqrt{s^2-4p}=\pm\sqrt{r}e^{i\alpha/2}$, 其中 $s^2-4p=re^{i\alpha}$).

(iii) 要证明所有首 1 的次数 $\geqslant 1$ 的 $P\in\mathbf{C}[X]$ 在 $\mathbf{C}$ 中有一个根. 但 $P\overline{P}\in\mathbf{R}[X]$, 从而有一个根 $\alpha\in\mathbf{C}$. 我们有 $0=P(\alpha)\overline{P}(\alpha)=P(\alpha)\overline{P(\overline{\alpha})}=0$, 证明了 α 或者 $\overline{\alpha}$ 是 P 的一个根. 得到结论.

习题 8.4. 只需复制 $F=\mathbf{F}_p$ 情形的证明, 并将 p 换作 q, 又根据习题前面的 • 并利用 $F=\{x\in K,x^q=x\}$ 即可.

习题 8.5. 设若相反, 并选取 $v_1\in W-W_1,\ldots,v_n\in W-W_n$. 如果 $t\in F$, 而 $v(t)=v_1+tv_2+\cdots+t^{n-1}v_n$; 因为由假设 W 是向量空间, 故 $v(t)$ 是 W 中的元, 故存在 $i(t)$ 使得 $v(t)\in W_{i(t)}$. 由于 F 为无限域, 因而存在 $i\in\{1,\ldots,n\}$ 使得 $i(t)=i$ 对无穷多个 t 都成立. 设 $t_1,\ldots,t_n\in F$ 互不相同, 使得 $i(t_j)=i,j\in\{1,\ldots,n\}$. 这些 $v(t_j)$ 表示为 v_k 的以上的函数组的行列式非零 (这是一个范德蒙德行列式, 等于 $\prod_{i<j}(t_j-t_i)$), 这表明可将 v_k 表达为这些 $v(t_j)$ 的线性组合. 特别地, $v_i\in W_i$, 与假设矛盾. 得到结论.

习题 9.1. 假设 $x\mapsto\log(x+a)$ 的线性组合 $\sum_{k=1}^n\lambda_k\log(x+a_k)$ 在 $\mathbf{R}_+$ 中恒等于 0, 其中 a_k 两两不同. 取 i 次导数得到关系式 $\sum_{k=1}^n\lambda_k\frac{1}{(x+a_k)^i}=0,x\in\mathbf{R}_+^*$, 取 $i=1,\ldots,n$ 和 $x=0$, 便看出 $a_k^{-1}\lambda_k$ 是方程组 $\sum_{k=1}^n b_{i,k}a_k^{-1}\lambda_k=0,\ 1\leqslant i\leqslant n,b_{i,k}=a_k^{1-i}$ 的解. 该方程组的行列式非零 (是个范德蒙德行列式), 于是这个方程组的唯一的解是 $\lambda_1=\cdots=\lambda_n=0$. 得到结果.

习题 9.2. (i) 如果 $z_k\in\mathbf{C}$, $1\leqslant k\leqslant N$, 则 $|\frac{1}{N}\sum_{k=1}^N z_k|\leqslant\sup_{1\leqslant k\leqslant N}|z_k|$, 而等号成立当且仅当这些 z_k 都相等. 由此得到, 如果 $|x_{i,j}|$ 在不在边界上的 i_0,j_0 达到它的最

大值, 于是当 $|i-i_0|\leqslant 1$ 和 $|j-j_0|\leqslant 1$ 时有 $x_{i,j}=x_{i_0,j_0}$. 那么我们对于 $|i-i_0|\leqslant 2$ 和 $|j-j_0|\leqslant 2$ 的情形可以重新开始上面的做法得到 $x_{i,j}=x_{i_0,j_0}$. 稍作归纳便得到对于所有的 (i,j) 有 $x_{i,j}=x_{i_0,j_0}$, 特别对于在边界上的这些偶对. 这证明了 $|x_{i,j}|$ 的极大值在边界上达到.

(ii) 如果在边界上 $x_{i,j}=0$, 则根据 (i) 有 $\sup_{i,j}|x_{i,j}|=0$, 从而对所有的 i,j 有 $x_{i,j}=0$.

(iii) 我们通过解具有 n^2 个未知量的 n^2 个方程的线性方程组得到正方形中心的值, 它是边界上的值的函数. 根据 (ii) , 这组方程的唯一解在非齐次部分为零时等于零; 由此知这是个克拉默方程组, 从而对于非齐次部分的每个选取有且仅有唯一的解. 证完.

习题 9.3. (i) $\mathrm{rk}(UAV)=\dim(u_U\circ u_A\circ u_V(K^m))$. 然而 $u_V(K^m)=K^m$, 而因为 u_U 是单射, 故当 V 是 K^n 的子空间时, $\dim u_U(V)=\dim V$. 因此 $\dim(u_U\circ u_A\circ u_V(K^m))=\dim u_A(K^m)=\mathrm{rk}(A)$.

(ii) $(U_2,V_2)\cdot((U_1,V_1)\cdot M)=(U_2,V_2)\cdot U_1MV_1^{-1}=U_2U_1MV_1^{-1}V_2^{-1}=(U_2U_1,V_2V_1)\cdot M$, 证明了我们定义了一个群的作用.

(iii) 根据习题前面的 • 得到, 所有秩为 r 的矩阵均在 $I_{n,m}(r)$ 的轨道中, 故秩为 r 的矩阵包含在其中一条轨道中. 另外, (i) 表明不同秩的矩阵在不同的轨道中; 故轨道的集合与所有可能的秩的集合间存在双射, 那么如果 $s=\inf(n,m)$, 则有 $s+1$ 条轨道.

习题 10.1. (i) 由于 A 为诺特的, 一个有限型模的子模为有限型的, 因而 M_{tors} 为有限型的. 设 $x_1,\ldots,x_n$ 生成了 M_{tors}, 并且若 $1\leqslant i\leqslant n$ 而 $a_i\in A-\{0\}$ 使得 $a_ix_i=0$. 由于 A 为整环, 故 $a=\prod_{i=1}^n a_i\neq 0$, 于是对所有的 i 有 $ax_i=0$. 那么对 x_i 的线性组合 x 有 $ax=0$, 而这些 x_i 生成了 M_{tors}, 故对于所有 $x\in M_{\text{tors}}$ 有 $ax=0$.

(ii) 由于 $\mathbf{Z}$ 为诺特的, 故 M_{tors} 为有限型的. 如果 $x_1,\ldots,x_n$ 生成 M_{tors}, 构造一 [216]
个从 $\mathbf{Z}^n$ 到 M_{tors} 的满射: $(a_1,\ldots,a_n)\mapsto\sum_{i=1}^n a_ix_i$. 另外, 存在 $d_i\in\mathbf{N}-\{0\}$ 使得 $d_ix_i=0$; 于是这个满射可通过有限群 $\prod_{i=1}^n(\mathbf{Z}/d_i\mathbf{Z})$ 分解, 该群的基数为 $\prod_{i=1}^n d_i$; 由此得到 M_{tors} 有限, 其基数 $\leqslant\prod_{i=1}^n d_i$. $\mathbf{C}^*$ 的单位根群 (同构于 $\mathbf{Q}/\mathbf{Z}$) 是个 $\mathbf{Z}$-挠模但不是有限的 (从而不再是有限型的).

习题 10.2. 这是以下事实的特殊情形: 主理想环的所有非零素理想为极大理想, 但可以给出一个更直接的证明. 设 $d=\deg Q$, 则 $K[X]/Q$ 是一个 d 维 K-向量空间 (基为 $1,X,\ldots,X^{d-1}$); 如果 $P\in K[X]$ 不被 Q 整除, 那么在 $K[X]/Q$ 上以 P 做乘法是个单射 (如果 R 在其核中, 则 PR 被 Q 整除, 但 Q 不可约, P 与 Q 互素, 这表明 R 被 Q 整除, 从而在 $K[X]/Q$ 中为零), 因此也就为满射, 这证明了 $K[X]/Q$ 中的每个非零元都有逆 (满性特别告诉我们存在 R 使得 $PR=1$).

习题 10.16. 设 $f={}^{\mathrm{t}}(a_1,\ldots,a_n)$, 而 Λ 为 $\mathbf{Z}^n$ 中由 f 生成的 $\mathbf{Z}$-子模. 由于 Λ 的秩为 1, 故存在 $\mathbf{Z}^n$ 在 $\mathbf{Z}$ 上的基 $f_1,\ldots,f_n$ 以及 $\delta\in\mathbf{Z}$ 使得 δf_1 是 Λ 的基. 但 Λ 的基

为 $\pm f$, 故必要时改变 f_1 的符号可设 $\delta f_1 = f$ 和 $\delta > 0$. 另外, 由于这些 a_i 互素, 故有 $\delta \in \mathbf{Z}^*$, 从而 $\delta = 1$. 由此得到列为 $f, f_2, \ldots, f_n$ 的矩阵 A 属于 $\mathbf{GL}_n(\mathbf{Z})$; 它的行列式为 ± 1, 如有必要可将 f_n 变为 $-f_n$, 则可使 $\det A = 1$, 矩阵 A 对应了问题的解.

习题 10.17. (i) 这些 M_k 构成一个 $\mathbf{Q}$ 上的无关族当且仅当在基 $U_{i,j}$ 下存在 M_k 的一个非零 r 阶子式. 这个条件不涉及所在的域, 这表明 M_k 在 $\mathbf{Q}$ 上无关当且仅当它们在 $\mathbf{C}$ 上无关.

(ii) $AM = MB$ 是一个系数在 $\mathbf{Q}$ 中的线性方程组, 它在 $\mathbf{Q}$ 上的解空间 $E_{\mathbf{Q}}$ 或者在 $\mathbf{C}$ 上的解空间 $E_{\mathbf{C}}$ 的维数相同: 因为它是由这些方程组的矩阵的秩表达的. 因而由 (i) 知 $E_{\mathbf{Q}}$ 在 $\mathbf{Q}$ 上的一组基也是 $E_{\mathbf{C}}$ 在 $\mathbf{C}$ 上的一组基.

(iii) 由于 $M_1, \ldots, M_r \in \mathbf{M}_n(\mathbf{Q})$, 故 $\det(X_1 M_1 + \cdots + X_r M_r) \in \mathbf{Q}[X_1, \ldots, X_r]$. 另外, $P_0 \in E_{\mathbf{C}}$ 并且由于 $\det P_0 \neq 0$, 于是得到由 Q 定义的 $\mathbf{C}^r$ 上的多项式函数不恒等于 0, 故 $Q \neq 0$.

(iv) 由于 $Q \neq 0$ 且 $\mathbf{Q}$ 为无限域, 故存在 $x_1, \ldots, x_r \in \mathbf{Q}$ 使得 $Q(x_1, \ldots, x_r) \neq 0$. 于是矩阵 $P = x_1 M_1 + \cdots + x_r M_r$ 为所求.

习题 11.2. 验证 d 是一个距离不存在任何问题, 而因为 $\{x\} = B(x, (\frac{1}{2})^-)$ 故这些单个点为开集, 那么相伴的拓扑便是离散的.

习题 11.3. 如果 $d'(x, y) = 0$, 则 $f(x) = f(y)$, 从而因 f 为单射 (严格递增的) 得 $x = y$. 对称性显见. 而三角不等式来自 $d'(x, z) = |f(x) - f(z)| \leqslant |f(x) - f(y)| + |f(y) - f(z)| = d'(x, y) + d'(y, z)$. 剩下的还需证明, 如果 $x \in \mathbf{R}$ 且 $\varepsilon > 0$, 则存在 $\delta > 0$ 使得 $d(x, y) < \delta$ 蕴含了 $d'(x, y) < \varepsilon$, 并且 $d'(x, y) < \delta$ 蕴含了 $d(x, y) < \varepsilon$, 这来自 f 和它的逆 $g(x) = \frac{x}{1-|x|}$, $x \in]-1, 1[$ 的连续性.

习题 11.5. 它是那个最粗拓扑: 如果 $x \in \mathbf{R}$ 且 U 为 $\mathbf{R}$ 的一个非空开集, 则 U 包含了一个形如 $x + r$, $r \in \mathbf{Q}$ 的元, 因此对每个 x, $\mathbf{R}/\mathbf{Q}$ 的每个非空开集均包含了 x 的像, 因此等于 $\mathbf{R}/\mathbf{Q}$.

习题 11.6. 设 $a \neq b$ 为 X 中的两个点. 由于 f 为单射, 故 $f(a) \neq f(b)$, 又由于 Y 是分离的, 故存在 Y 的不交开集 U 和 V 使得 $f(a) \in U$, $f(b) \in V$. 现在, 因为 f 连续, 故 $f^{-1}(U)$ 和 $f^{-1}(V)$ 为 X 中的开集, 且因 U 和 V 不交, 它们也不交, 并各自含有 a 和 b. 证完.

习题 11.7. 只需转向补集即可.

[217] **习题 11.8.** (i) 设 $U \neq \varnothing$ 是 $X_1 \times X_2$ 的一个开集. 于是存在 X_1 的开集 $U_1 \neq \varnothing$ 和 X_2 的开集 $U_2 \neq \varnothing$ 使得 U 包含 $U_1 \times U_2$. 因为 Y_1 稠密, 故 $Y_1 \cap U_1$ 非空, 又因为 Y_2 稠密, 故 $Y_2 \cap U_2$ 非空, 这表明包含了 $(Y_1 \times Y_2) \cap (U_1 \times U_2) = (Y_1 \cap U_1) \times (Y_2 \cap U_2)$ 的 $(Y_1 \times Y_2) \cap U$ 非空. 由此得到了 $Y_1 \times Y_2$ 的稠密性.

(ii) 设 $g : Y \times Y \to \mathbf{R}_+$ 由 $g(x, x') = d_Y(x, x')$ 定义, 而 $h : Y \times Y \to \mathbf{R}_+$ 由

$h(x,x') = d_Z(f(x),f(x'))$ 定义. 我们需要证明 g 和 h 相等. 但是由假设条件, 它们在 $X \times X$ 上相等, 而因为 $X \times X$ 在 $Y \times Y$ 中稠密, 而 Z 是度量空间, 故分离, 由此并应用习题前面的 • (或习题 11.11) 便得知它们相等.

习题 11.9. (i) 由于 $\overline{U}$ 包含 U, 而它的内核是 $\overline{U}$ 中的最大开集, 从而包含了 U. 如果 U 是 $\mathbf{R}$ 中的开集 $]0,1[\cup]1,2[$, 则 $\overline{U}=[0,2]$, 而 $\overline{U}$ 的内核为 $]0,2[$, 它严格地包含了 U. 回到一般的开集 U 的情形, 并记 V 为其闭包的内核. 由于 $U \subset V$, 故 $\overline{U} \subset \overline{V}$, 因为 $\overline{U}$ 是包含 V 的闭集, 故 $\overline{V} \subset \overline{U}$, 从而 $\overline{V} = \overline{U}$. (i) 得证.

(ii) 由过渡到补空间并利用 (i) 得到.

习题 11.10. 如果 A 不稠密, 则其闭包不等于 $\mathbf{C}^2$, 从而存在非零多项式 $P \in \mathbf{C}[X,Y]$ 在 A 上取零. 那么设 $P \in \mathbf{C}[X,Y]$ 使得对所有的 $n \in \mathbf{N}$ 有 $P(n,e^n)=0$. 将 P 写成 $P(X,Y) = P_d(X)Y^d + \cdots + P_0(X)$, 其中 $P_0,\ldots,P_d \in \mathbf{C}[X]$. 于是对所有的 n 有 $P_d(n)e^{dn} + \cdots + P_0(n) = 0$; 对上式除以 e^{dn}, 则当 $n \to +\infty$ 时 $P_d(n) \to 0$. 这只有 $P_d = 0$ 才有可能. 故得到 $P = 0$; 由此知 A 稠密于 $\mathbf{C}^2$.

因为 A 没有包含开集 $\{z=(z_1,z_2), \sup(|z_1|,|z_2|)<1\}$ 的点, 故 A 在通常拓扑下不稠密于 $\mathbf{C}^2$. 事实上不难看出 A 在通常拓扑下是个闭集.

习题 11.11. 如果 X 可度量化, 度量 d 定义了 X 的一个拓扑, 故可假设 (X,d) 在以下的每个情形是可度量的.

(i) 设 $a \in X$. 由于 $B(a,2^{-n})$ 构成了 a 的邻域基, 于是我们看出, 如果 $a \in \overline{Z}$, 则对于所有 $n \in \mathbf{N}$ 存在 $x_n \in Z$ 满足 $d(a,x_n) \leqslant 2^{-n}$; 序列 $(x_n)_{n\in\mathbf{N}}$ 因而以 a 为极限. 反之, 如果 $(x_n)_{n\in\mathbf{N}}$ 是 Z 中的一个以 a 为极限的序列; 如果 U 是 a 的一个邻域, 则对于充分大的 n 有 $x_n \in U$, 这证明了 U 包含了 Z 中的元, 从而 $a \in \overline{Z}$ (注意, 充分性的证明没有用到可度量性).

(ii) Z 稠密于 X 当且仅当 $\overline{Z} = X$, 因而结论来自 (i).

(iii) 如果 $x \in X$, 则存在趋向 x 的 Z 中序列 $(x_n)_{n\in\mathbf{N}}$. 然而因 f 和 g 的连续性, $f(x_n)$ 和 $g(x_n)$ 分别趋向 $f(x)$ 和 $g(x)$, 而因为对所有 n, $f(x_n)=g(x_n)$, 于是 $f(x)$ 和 $g(x)$ 都是序列 $(f(x_n))_{n\in\mathbf{N}}$ 的极限. 由于假定了 Y 是可度量的, 从而是分离的, 那么序列的极限便是唯一的, 故 $f(x)=g(x)$.

习题 12.1. (i) 设 $n \mapsto x_n$ 是 $\mathbf{N}$ 到 X 的一个双射. 只需取 $]a_n,b_n[=]x_n-\frac{\varepsilon}{2^{n+3}}, x_n+\frac{\varepsilon}{2^{n+3}}[$.

(ii) 由于 $[0,1]$ 为紧集, 如果对于 $n \in \mathbf{N}$, $]a_n,b_n[$ 覆盖了 $[0,1]$, 则可提取一个有限覆盖, 从而结果由在有限覆盖的情形得到. (为了在一个有限族的情形证明此结果, 我们需注意 $\sum_{n\in J}(b_n-a_n)$ 是分段连续函数 $\phi = \sum_{n\in J}\mathbf{1}_{]a_n,b_n[}$ 的 (黎曼) 积分. 但假设条件 $[0,1] \subset \cup_{n\in J}]a_n,b_n[$ 化为当 $x \in [0,1]$ 时 $\phi(x) \geqslant 1$, 从而 ϕ 的积分大于或等于 $\mathbf{1}_{[0,1]}$ 的积分 $(=1)$. 这个习题证明了 $\mathbf{1}_{[0,1]}$ 的勒贝格积分大于或等于 1, 从而等于 1, 如果假定 ……)

(iii) 如果 $[0,1]$ 可数, 则按照 (i), 存在一个区间 $]a_n, b_n[$ 的序列覆盖了 $[0,1]$, 使得 $\sum_{n\in\mathbf{N}}(b_n - a_n) \leqslant \frac{1}{2}$, 这与 (ii) 矛盾. 因此 $[0,1]$ 不可数; 对于包含了它的 $\mathbf{R}$ 更是如此.

[218] **习题 12.2.** (i) 设 X 是个紧的度量空间, 而 $(x_n)_{n\in\mathbf{N}}$ 的闭包只有唯一的点 a, 且 U 是包含 a 的一个邻域. 于是 $X-U$ 只包含了这个序列的有限项, 否则可以提取出 $(x_n)_{n\in\mathbf{N}}$ 中一个子序列 $(x_{\varphi(n)})_{n\in\mathbf{N}}$, 其中的每项都属于 $X-U$, 但 $X-U$ 作为紧集的闭子集也为紧集, 这表明 $(x_{\varphi(n)})_{n\in\mathbf{N}}$, 因而 $(x_n)_{n\in\mathbf{N}}$ 在 $X-U$ 中有一个聚点, 与假设矛盾. 故存在 $N\in\mathbf{N}$ 使得当 $n\geqslant N$ 时 $x_n\in U$, 这证明了 a 是序列 $(x_n)_{n\in\mathbf{N}}$ 的极限.

(ii) 序列 $(1+(-1)^n)n$ 以 0 为其在 $\mathbf{R}$ 中的唯一聚点但并不收敛.

习题 12.3. 只需从 $[0,1]$ 的元的十进位展开式出发, 适当改变对乘积拓扑紧性的证明即可.

习题 12.4. (i) 如果 f 为常值, 则对每个 c 都成立. 若非常值, 则 f 的极小或极大值不等于 $f(a)$. 那么设 $c\in]a,b[$ 使得 $f(c)$ 为一个极值 (由 $[a,b]$ 的紧性, 存在这样的 c). 因此 $f(x)-f(c)$ 的符号不变, 而 $\frac{f(x)-f(c)}{x-c}$ 在 c 改变符号, 这表明 f 的左右导数具有相反的符号, 但按假定 f 在 c 可微, 故其左右导数都等于 $f'(c)$, 即 $f'(c)=0$.

(ii) 将 (i) 应用到 $g(x)=f(x)-\frac{f(b)-f(a)}{b-a}(x-a)$; 于是有 $g(b)=g(a)$, 故 $g'(c)=0$ 给出了 $f'(c)=\frac{f(b)-f(a)}{b-a}$.

(iii) 直接得到.

习题 12.5. 如果 f 恒等于 0, 则没有什么要证明的了. 如若不然, 则存在 $x_0\in E$ 使得 $|f(x_0)|>0$; 因为 f 在无穷远趋向 0, 故存在 $M>0$ 使得当 $\|x\|>M$ 时 $|f(x)|<\frac{|f(x_0)|}{2}$. 于是球 $B(0,M)$ 包含了 x_0, 并因 E 为有限维的得知其为紧的. 这表明 $|f|$ 在此球的某点 x_1 取到极大值, 从而有 $|f(x_1)|\geqslant|f(x_0)|>\frac{|f(x_0)|}{2}$, 这证明了 $|f(x_1)|$ 也是 $|f|$ 在 E 上的极大值. 得到结论.

习题 12.6. (i) 如果 $x_1,x_2\in X$, 则对于每个 $y\in F$ 有 $d(x_1,y)\leqslant d(x_1,x_2)+d(x_2,y)$. 对 $y\in F$ 取下确界, 得到 $d(x_1,F)\leqslant d(x_1,x_2)+d(x_2,F)$. 由对称性得 $d(x_2,F)\leqslant d(x_1,x_2)+d(x_1,F)$. 因此 $|d(x_1,F)-d(x_2,F)|\leqslant d(x_1,x_2)$, 从而 $d(x,F)$ 满足 1-利普希茨条件.

(ii) 如果 $x\in F$, 则 $d(x,F)=0$, 于是由连续性知, 当 $x\in\overline{F}$ 时有 $d(x,F)=0$. 反之, 如果 $x\in\overline{F}$, 则对每个 $n>0$ 有 $x_n\in F$ 满足 $d(x,x_n)<2^{-n}$, 这表明对每个 n, $d(x,F)<2^{-n}$, 因此 $d(x,F)=0$.

(iii) 函数 $f(x)=d(x,F_1)-d(x,F_2)$ 在 X 上连续, 从而 $U_1=f^{-1}(\mathbf{R}_+^*)$ 和 $U_2=f^{-1}(\mathbf{R}_-^*)$ 是 X 的两个开集 (作为 $\mathbf{R}$ 中开集在连续函数下的逆像), 而由于 $\mathbf{R}_+^*$ 和 $\mathbf{R}_-^*$ 不交, 故其逆像也不交. 现在, 如果 $x\in F_1$, 则 $d(x,F_2)>0$: 因为 F_2 为闭集且 $x\notin F_2$; 因此 $f(x)>0$. 由此得到 $F_1\subset U_1$. 同样有 $F_2\subset U_2$. 得到结论.

(iv) 函数 $(x,y)\mapsto d(x,y)$ 在 $X\times X$ 上连续. 由于 $F_1\times F_2$ 作为两个紧集的乘积为

紧集, 那么 $d(x,y)$ 在 $F_1\times F_2$ 上的某点 (x_0,y_0) 达到它的极小值, 又因为 $F_1\cap F_2=\varnothing$, 故有 $d(x_0,y_0)\neq 0$, 所以 $d(F_1,F_2)>0$.

(v) 函数 $x\mapsto d(x,F_1)$ 在 F_2 上连续, 并由于 $F_1\cap F_2=\varnothing$ 以及 F_1 为闭集, 故此函数非零. F_2 为紧集, 于是在其上此函数达到极小值, 而且 >0. 然而此极小值 $\inf_{x\in F_2}d(x,F_1)=\inf_{x\in F_2}\inf_{y\in F_1}d(x,y)=d(F_1,F_2)$. 证完.

(vi) 在 $\mathbf{R}$ 中可取 $F_1=\mathbf{N}$, $F_2=\{n+2^{-n-1},n\in\mathbf{N}\}$. 在 $\mathbf{R}^2$ 中, 可取 $F_1=\{(x,y),xy=1\}$, $F_2=\{(x,y),xy=0\}$.

习题 12.7. (i) 设 $g:X\to\mathbf{R}$ 由 $g(x)=d(x,f(x))$ 定义. 于是 g 作为将 x 映到 $(x,f(x))$ 的 $g_1:X\to X\times X$ 与 $g_2:X\times X\to\mathbf{R}:(x,y)\mapsto d(x,y)$ 的复合是连续的. 因此它在某个点 x_0 取到极小值, 从而有 $f(x_0)=x_0$: 否则 $d(f(f(x_0)),f(x_0))<d(f(x_0),x_0)$, 这与 x_0 的定义相矛盾. 因此 f 至少有一个不动点. 如果它具有两个不动点 $x_1\neq x_2$, 则有 $d(f(x_1),f(x_2))<d(x_1,x_2)$, 这与 $f(x_1)=x_1$ 和 $f(x_2)=x_2$ 相矛 [219] 盾. 因此 f 的不动点唯一. 证完.

(ii) 设 $\delta_n=d(f^n(x),x_0)$. 由于 f 是严格的压缩映射, 故当 $f^n(x)\neq x_0$ 时 $\delta_{n+1}=d(f(f^n(x)),f(x_0))<\delta_n$. 现在, 设 a 是序列 $(f^n(x))_{n\in\mathbf{N}}$ 的一个聚点, 并设 $f^{\varphi(n)}(x)$ 是它的趋向 a 的一个子序列. 如果 $a\neq x_0$, 则当 n_0 充分大时有

$$\delta_{\varphi(n_0)+1}\leqslant d(f^{\varphi(n_0)+1}(x),f(a))+d(f(a),x_0)<d(f^{\varphi(n_0)}(x),a)+d(f(a),x_0)\leqslant d(a,x_0).$$

由于对每个 $m>\varphi(n_0)$ 有 $\delta_m\leqslant\delta_{\varphi(n_0)}<d(a,x_0)$, 而子序列 $\delta_{\varphi(n)}$ 当 n 趋向 $+\infty$ 时趋向 $d(a,x_0)$, 故导出了矛盾. 由此得到 $a=x_0$, 从而 $f^n(x)$ 在 X 中有唯一的聚点 x_0. 因为 X 为紧集, 这表明 $f^n(x)\to x_0$.

(iii) 设 $\delta_n=\sup_{x\in X}d(f^n(x),x_0)$. 我们要证明 $\delta_n\to 0$. 由于 X 为紧集, 又 $x\mapsto d(f^n(x),x_0)$ 因 f 连续而连续, 故存在 $x_n\in X$ 使得 $d(f^n(x_n),x_0)=\delta_n$. 于是有 $\delta_{n+1}=d(f^{n+1}(x),x_0)=d(f^n(f(x_{n+1})),x_0)\leqslant\delta_n$, 这证明了序列 δ_n 递减. 因此只要指出有 $(\delta_n)_{n\in\mathbf{N}}$ 的一个子序列趋向 0 即可.

设 a 是序列 x_n 的一个聚点, 且 $x_{\varphi(n)}$ 是趋向 a 的一个子序列. 因此有

$$\begin{aligned}\delta_{\varphi(n)}&=d(f^{\varphi(n)}(x_{\varphi(n)}),x_0)\\&\leqslant d(f^{\varphi(n)}(x_{\varphi(n)}),f^{\varphi(n)}(a))+d(f^{\varphi(n)}(a),x_0)\leqslant d(x_{\varphi(n)},a)+d(f^{\varphi(n)}(a),x_0),\end{aligned}$$

由于按构造 $d(x_{\varphi(n)},a)\to 0$, 并且按照 (ii) $d(f^{\varphi(n)}(a),x_0)\to 0$, 故这证明了 $\delta_{\varphi(n)}\to 0$. 证完.

习题 12.8. 用归谬法证明. 假设 X 非紧. 我们来构造一个无界的连续函数 $\phi:X\to\mathbf{R}$. 这时存在一个序列 $(x_n)_{n\in\mathbf{N}}$ 在 X 中没有聚点, 这等于说, 对于每个 $a\in X$, 存在 $\delta_a>0$ 使得 $B(a,2\delta_a^-)$ 最多只含有一个 x_n, 即当 a 是其中的一个 x_n 时就是 a. 令 $\phi_n(x)=\sup(n-n^2d(x,x_n),0)$. 这是 X 上的一个连续函数, 它在 $B(x_n,\frac{1}{n})$ 之外为 0, 而在 x_n 为 n. 如果 $a\in X$, ϕ_n 在 $B(a,\delta_a^-)$ 上的限制则当 $\frac{1}{n}<\delta_n$

且 $x_n \neq a$ 时恒等于 0. 由于只有有限个 n 不满足这个条件, 这表明对于每个 a, $\phi(x)=\sum_{n\in\mathbf{N}}\phi_n(x)$ 是在 $B(a,\delta_a^-)$ 上有限个连续函数的和; 因此它是 X 上的连续函数. 另外, 对所有的 n 我们有 $\phi(x_n)\geqslant n$, 故 ϕ 无界. 得证.

习题 13.1. (i) 设 f 是这样的一个函数. 设 $a<b$ 是 $f(x)=0$ 的两个解. 于是根据中值定理在 $]-\infty,a[,]a,b[,]b,+\infty[$ 上 f 的符号不变: 因为除去 a,b 外 f 没有其他的零点. 如有必要以 $-f$ 替代 f, 故不妨设 f 在 $]a,b[$ 上 $f>0$. 令 $M=\sup_{x\in[a,b]}f(x)$. 于是由 $[a,b]$ 的紧性知存在 $c\in]a,b[$ 使得 $f(c)=M$, 从而 f 在 $]a,b[$ 上取 $[0,M]$ 中的每个值两遍 (一次在 $]a,c[$ 中, 另一次在 $]c,b[$ 中). 由此得知 f 在 $]a,b[$ 之外 $\leqslant 0$. 否则它的像将包含一个形如 $[0,M'[$ 的线段, 从而 $]0,\inf(M,M')[$ 中的每个元就会有多于 3 次取值. 然而 f 不会取 $\geqslant M$ 的值, 这与假设矛盾. 因此推出不存在正好取值两遍的连续函数 $f:\mathbf{R}\to\mathbf{R}$.

(ii) 很容易对于 $k\in\mathbf{N}$ 构造一个取值 $2k+1$ 遍的连续函数; 例如, 对 $x\in[0,k+\frac{1}{2}]$ 定义 $f(x)=\sin^2\pi x$, 而在其他点用函数方程 $f(x+k+\frac{1}{2})=f(x)+1$ 加以延拓, 其中 $x\in\mathbf{R}$.

另一方面, 如果 $n=2k$, 则不可能有这种函数. 像在 $n=2$ 那样用归谬法证明. 以 $a_1<a_2<\cdots<a_{2k}$ 记 $f(x)=0$ 的解. 于是在 $]-\infty,a_1[,]a_{2k},+\infty[$ 以及在 $2k-1$ 个线段 $]a_i,a_{i+1}[$ 的每一个上 f 的符号不变, 必要时将 f 换作 $-f$, 故不妨设在 k 个这样的线段上 $f>0$. 由此有 $M>0$ 使得当 $y\in]0,M[$ 时, f 在 $]a_1,a_{2k}[$ 上取 y 值 $2k$ 次, 从而像前面那样, 它证明了在 $[a_1,a_{2k}]$ 以外 $f<0$, 于是 f 的上有界与假设矛盾, 因为
[220] 这个假设特别蕴含了 f 为满射.

习题 13.2. 不妨设 U 道路连通, 故知要证 $V=U-\{x\}$ 也道路连通即可. 取 $y_1,y_2\in V$ 且 $u:[0,1]\to U$ 是联结从 y_1 到 y_2 的一条在 U 中的连续道路. 如果 u 没有通过 x, 则没什么需要证明的. 如若不然, 则存在 $r<\inf(d(x,y_1),d(x,y_2))$ 使得 $B(x,r)\subset U$, 而使得 $d(x,u(t))\leqslant r$ 的 t 的集合具有一个极小 (分别地, 极大) 的元 t_1 (分别地, t_2). 因此 u 可以在 V 中联结 y_1 到 $u(t_1)$, 以及联结 $u(t_2)$ 到 y_2, 从而可以从 $u(t_1)$ 通向 $u(t_2)$ 而保持在半径为 r 的球上 (只要取由顶点在 x 而边界为半直线 $[x,u(t_1))$ 和 $[x,u(t_2))$ 的圆锥所界定的圆弧即可).

习题 13.3. 如果 f 是从 X 到 Y 上的同胚, 则对于任意的 $x\in X$, f 在 $X-\{x\}$ 上的限制仍是 $X-\{x\}$ 到 $Y-\{f(x)\}$ 上的同胚. 由于 $\mathbf{R}$ 去掉一个点不连通, 而 $\mathbf{R}^2$ 去掉一个点仍连通, 故它们不为同胚. 其余的情形由去掉 $[0,1]$ 中不同于 0 和 1 的任意点, 按与前面同样的方法处理.

习题 13.4. 如果 f 是从 $[0,1]$ 到 $]0,1[$ 上的同胚, 则 $f(]0,1])=]0,1[-\{f(0)\}$ 不连通, 然而 $]0,1]$ 连通, 这证明 f 不是连续的.

习题 13.5. 如果从 Y 去掉这两个接触点, 则得到一个由 4 个连通分支组成的集合, 那么, 如果我们从 X 中去掉两个点, 则最多只能得到 3 个连通分支.

习题 13.6. (i) (a) 取一个具有可数无穷多个横档的梯子, 如果我们逐一地移除这些横档, 那么最后只剩下两个支柱, 它不连通 (即 F_n 由两条从 $(0,0)$ 和 $(1,0)$ 出发的半直线和水平线段 $[(0,k),(1,k)], k \geqslant n$ 组成).

(b) 如果 F 不连通, 则 $F = F' \cup F''$, 这里的 F' 和 F'' 为 F 的不交的非空闭集. 又, F 作为闭集的交是个闭集, 而由于 $F \subset F_0$, F_0 为紧集, 故 F, F', F'' 均为紧集. 因此 $d = d(F', F'') > 0$, 从而 $U' = \{x \in \mathbf{R}^2, d(x, F') < \frac{d}{3}\}$ 和 $U'' = \{x \in \mathbf{R}^2, d(x, F'') < \frac{d}{3}\}$ 是 $\mathbf{R}^2$ 中的不交开集, 它们分别包含了 F' 和 F''. 令 $Z = \mathbf{R}^2 - (U' \cup U'')$. 则 Z 是一个不与 F 相交的闭集, 因此 $\cap_{n \in \mathbf{N}}(Z \cap F_n) = \varnothing$. 由于 $Z \cap F_n$ 是紧集 F_0 中的闭集, 于是存在 $n \in \mathbf{N}$, 使得 $Z \cap F_n = \varnothing$. 于是我们有 $F_n = (U' \cap F_n) \cup (U'' \cap F_n)$, 这与假设 "$F_n$ 连通" 相矛盾: $U' \cap F_n$ 与 $U'' \cap F_n$ 是 F_n 的不交开集, 且因为它们分别包含了 F' 和 F'', 故非空. 所以 "F 不连通" 是荒谬的. 得到结论.

(ii) (a) 设 X_n 是线段 $[x_k, x_{k+1}], k \geqslant n$ 的并, 而 F_n 是 X_n 的闭包. 于是, 因为 X_n 连通, 故 F_n 连通 (同样也为道路连通), 由构造, F_0 为闭集从而为紧集, 并由假设条件为有界集, 又由 $X_{n+1} \subset X_n$ 知 $F_{n+1} \subset F_n$. 根据 (i)(b), 得到 $F = \cap_{n \in \mathbf{N}} F_n$ 连通. 我们来证明 F 等于序列 $(x_n)_{n \in \mathbf{N}}$ 的聚点的集合 G, 从而可得结论:

- 如果 $Y_n = \{x_k, k \geqslant n\}$, 并令 G_n 为 Y_n 的闭包, 则 $G = \cap_{n \in \mathbf{N}} G_n$. 然而 $Y_n \subset X_n$, 因此对于所有的 $n \in \mathbf{N}$ 有 $G_n \subset F_n$, 从而 $G \subset F$.

- 如果 $a \in F$, 则对于每个 $\varepsilon > 0$ 和每个 $N \in \mathbf{N}$, 存在 $n \geqslant N$ 和 $x \in [x_n, x_{n+1}]$ 使得 $d(x, a) < \varepsilon$. 于是可选取 N 使得对于所有 $k \geqslant N$ 有 $d(x_k, x_{k+1}) \leqslant \varepsilon$ (由于假设了 $d(x_{k+1}, x_k) \to 0$, 这是可能的). 因此有 $d(x_n, x) \leqslant \varepsilon$, 从而 $d(x_n, a) \leqslant 2\varepsilon$. 由此得到 a 是序列 $(x_n)_{n \in \mathbf{N}}$ 的一个聚点, 因此 $F \subset G$.

得到证明.

(b) 只要爬 (i)(a) 的梯子时一步就跨过第 k 个到另一个横档; 由于这有点累人, 故 [221]
步子越来越小, 而如此构造的序列的闭包由两个立柱组成 (不知他们能否很长时间坚持用这个方法……).

习题 13.7. 定义圆柱和默比乌斯带的边界为 $\{0,1\} \times [0,1]$ 的像. 在圆柱情形我们得到两个不交的圆圈, 而在默比乌斯带我们只得到单独的一个圈: 因为 $(0,0)$ 与 $(1,1)$ 在这里是等同的. 现在, 如果 x 在边界上, 则 x 具有由以 x 为中心的半圆盘构成的邻域基, 并且如果我们去掉 x 的这些半圆盘中的一个, 则得到了一个可收缩的集合. 如果 x 不在边界上, 则 a 的邻域包含了一个以 x 为中心的圆盘, 那么去掉这个圆盘得到了一个不可收缩的集合. 由此可知, 一个从圆柱到默比乌斯带的同胚必是将边界映到边界的同胚, 但由于圆柱的边界不连通而默比乌斯带的边界连通, 这样的同胚不可能出现.

习题 14.1. (i) 由 d 的超度量性, 有 $d(x_m, x_{m+p}) \leqslant \sup_{0 \leqslant i \leqslant p-1} d(x_{m+i}, x_{m+i+1}) \leqslant \sup_{m \geqslant n} d(x_m, x_{m+1})$. 因此得到, 如果 $d(x_{n+1}, x_n) \to 0$, 即如果

$$\lim_{n \to +\infty} \left(\sup_{m \geqslant n} \left(d(x_{m+1}, x_m) \right) \right) = 0,$$

则

$$\lim_{m\to+\infty}(\sup_{p\in\mathbf{N}} d(x_{m+p},x_m))=0,$$

故此序列为柯西序列.

(ii) 如果 $n\geqslant 1$, 令 $i=[\frac{\log n}{\log 2}]$, 从而使 $n=2^i+j$, $0\leqslant j\leqslant 2^i-1$. 当 i 为偶数时, 令 $x_n=\frac{j}{2^i}$; 而当 i 为奇数时, 令 $x_n=1-\frac{j}{2^i}$. 于是 $x_{n+1}-x_n=\frac{1}{2^i}$ 趋向 0, 但序列 $(x_n)_{n\in\mathbf{N}}$ 完全扫过区间 $[0,1]$, 于是它的聚点集合是 $[0,1]$. 因此它不是柯西序列. 我们也可以取 $x_n=\log(n+1)$, 它趋向 $+\infty$, 故不是柯西序列.

习题 14.3. (i) 设 $(U_n)_{n\in\mathbf{N}}$ 是 $\mathbf{R}$ 的一族稠开集. 假设 $X=\cap_{n\in\mathbf{N}}U_n$ 可数, 于是可选取一个满射 $\mathbf{N}\to X: n\mapsto x_n\in U_n$. 那么对每个 n, $V_n=U_n-\{x_n\}$ 是 $\mathbf{R}$ 的一个稠开集, 并且 $\cap_{n\in\mathbf{N}}V_n=\varnothing$. 这与贝尔引理矛盾.

(ii) 如果 $(f_n)_{n\in\mathbf{N}}$ 是这样的一个序列且若 $N\in\mathbf{N}$, 令 $F_N=\{x\in\mathbf{R},|f_n(x)|\leqslant N,\forall n\in\mathbf{N}\}$. 因为 $F_N=\cap_{n\in\mathbf{N}}\{x\in\mathbf{R},|f_n(x)|\leqslant N\}$ 并且交集中每一项按 f_n 的连续性为闭集, 故 F_N 是一个闭集. 另外, 对于序列 $(f_n)_{n\in\mathbf{N}}$ 所做的假定导出 $\cup_{N\in\mathbf{N}}F_N=\mathbf{R}-\mathbf{Q}$. 以 U_N 表示 F_N 的补开集, 便得到 $\cap_{N\in\mathbf{N}}U_N=\mathbf{Q}$, 这与 (i) 相矛盾 (由于每个 U_N 包含了 $\mathbf{Q}$, 故它稠密于 $\mathbf{R}$).

习题 15.1. (i) 如果 $n\geqslant 1$, 则有 $\frac{a_n}{S_n^2}=\int_{S_{n-1}}^{S_n}\frac{dx}{S_n^2}\leqslant\int_{S_{n-1}}^{S_n}\frac{dx}{x^2}$: 因为在 $[S_{n-1},S_n]$ 上 $x\leqslant S_n$. 因此推出 $\sum_{n\in\mathbf{N}}\frac{a_n}{S_n^2}\leqslant\frac{a_0}{a_0^2}+\int_{a_0}^{+\infty}\frac{dx}{x^2}\leqslant\frac{2}{a_0}<+\infty$.

(ii) 如果 $\limsup\frac{a_n}{S_n}=1$, 则有无穷多个 n 使得 $\frac{a_n}{S_n}\geqslant\frac{1}{2}$, 故此级数发散. 如果 $\limsup\frac{a_n}{S_n}<1$, 故存在 $c<1$ 使得对于所有的 $n\geqslant 1$ 有 $\frac{a_n}{S_n}\leqslant c$. 因此在区间 $[S_{n-1},S_n]$ 上 $x\geqslant S_n-a_n\geqslant(1-c)S_n$, 从而当 $n\geqslant 1$ 时 $\frac{a_n}{S_n}\geqslant\int_{S_{n-1}}^{S_n}\frac{1-c}{x}dx$. 由此推出囿于下的不等式 $\sum_{n\in\mathbf{N}}\frac{a_n}{S_n}\geqslant 1+\int_{a_0}^{+\infty}\frac{1-c}{x}dx=+\infty$.

习题 15.2. (i) 如果 $\Lambda=\{0\}$, 则有 $\Lambda=\mathbf{Z}\cdot 0$; 以下设 $\Lambda\neq\{0\}$.

如果 $\Lambda\cap\mathbf{R}_+^*$ 具有一个最小的元 a, 且若 $x\in\Lambda$, 则 $x-[\frac{x}{a}]a$ 是 Λ 中属于 $[0,a[$ 的元; 由 a 的定义, 这必为 0, 故 $\Lambda=\mathbf{Z}\cdot a$.

如果 $\Lambda\cap\mathbf{R}_+^*$ 的下确界为 0, 则对于任意 $\varepsilon>0$ 存在 $a\in\Lambda, a\in]0,\varepsilon[$. 现在如果 $x\in\mathbf{R}$, 则 $[\frac{x}{a}]a\in\Lambda, x-\left[\frac{x}{a}\right]a\in[0,a[$, 从而 $|x-[\frac{x}{a}]a|<\varepsilon$. 这证明了 $\wedge$ 在 $\mathbf{R}$ 中稠密.

(ii) 令 $N=3.141592$, 而 $\varepsilon=\log\frac{N+1}{N}$. 问题可重新叙述为: 是否存在 $n\in\mathbf{N}$ 和 $m\in\mathbf{Z}$ 使得 $0\leqslant n\log 2-\log N-m\log 10<\varepsilon$? 但 $\log 2$ 和 $\log 10$ 在 $\mathbf{Q}$ 上是线性无关的: 因为 $2^n=10^m$ 意味着 $m=0$ (观察 5-adic) 从而 $n=0$. 由此得知, 它们生成的 $\mathbf{R}$ 的子群不会是 $\mathbf{Z}\cdot a$ 的形式, 否则就会有 $\log 2=ma$ 以及 $\log 3=na$ 和 $n\log 2=m\log 3$; 根据 (i), 这个子群在 $\mathbf{R}$ 中稠密. 由稠密性, 存在 $n_1,m_1\in\mathbf{Z}$ 使得
[222] $|n_1\log 2-\log N-m_1\log 10-\frac{\varepsilon}{2}|\leqslant\frac{\varepsilon}{4}$, 以及存在 n_2,m_2 满足 $n_2>|n_1|$ 和 $m_2>|m_1|$ 使得 $|n_2\log 2-m_2\log 10|<\frac{\varepsilon}{4}$; 于是 $n=n_1+n_2, m=m_1+m_2$ 满足条件.

(iii) 如果 $a_3+b_3\sqrt{2}=(a_1+b_1\sqrt{2})(a_2+b_2\sqrt{2})$, 则有 $a_3=a_1a_2+2b_1b_2, b_3=$

$a_1b_2+a_2b_1$, 它也给出了 $a_3-b_3\sqrt{2}=(a_1-b_1\sqrt{2})(a_2-b_2\sqrt{2})$. 由此得到 $a_3^2-2b_3^2=(a_3+b_3\sqrt{2})(a_3-b_3\sqrt{2})$ 也等于 $(a_1+b_1\sqrt{2})(a_2+b_2\sqrt{2})(a_1-b_1\sqrt{2})(a_2-b_2\sqrt{2})=(a_1^2-2b_1^2)(a_2^2-2b_2^2)=1$.

现在, 如果有 $a,b\in\mathbf{N}$ 使 $a^2-2b^2=1$, 则存在 n 使得 $(3+2\sqrt{2})^n\leqslant a+b\sqrt{2}<(3+2\sqrt{2})^{n+1}$ (我们有 $n=\left[\frac{\log(a+b\sqrt{2})}{\log(3+2\sqrt{2})}\right]$). 于是 $(3-2\sqrt{2})^n(a+b\sqrt{2})=c+d\sqrt{2}$, $c,d\in\mathbf{Z}$ 满足 $c^2-2d^2=1$, 以及 $1\leqslant c+d\sqrt{2}<3+2\sqrt{2}$. 因为 $(c-d\sqrt{2})(c+d\sqrt{2})=1$, 这意味着 $3-2\sqrt{2}<c-d\sqrt{2}\leqslant 1$. 由此可给出界限 $2-\sqrt{2}<c\leqslant 2+\sqrt{2}$, 从而 $c=1,2$ 或者 3; 还要满足 $c^2-2d^2=1$ 的只有唯一的 $(c,d)=(1,0)$, 因此它给出了 $a+b\sqrt{2}=(3+2\sqrt{2})^n$. 证完.

习题 15.3. 只要将 $\sum_{n=1}^N\frac{(-1)^{n-1}}{n}$ 写成 $\sum_{n=1}^N\int_0^1(-x)^{n-1}dx$ 形式, 并模仿前面一个例题的论证即可.

习题 15.4. (i) 如果 $\sum_{n\in\mathbf{N}}u_n$ 条件收敛, 则特别有当 $n\to+\infty$ 时 $u_n\to 0$, 因而对于 n 充分大时有 $|u_n|\leqslant 1$; 于是得知级数 $\sum_{n\in\mathbf{N}}u_nx^n$ 当 $|x|<1$ 时绝对收敛.

令 $S_N=\sum_{n\leqslant N}u_n$. 如果 $\varepsilon>0$, 则可选取 N_0 使得当 $N\geqslant N_0$ 时 $|S_N-S_{N_0}|\leqslant\varepsilon$, 它也可写为 $|\sum_{n=N_0+1}^N u_n|\leqslant\varepsilon$. 阿贝尔和公式给出了恒等式 $\sum_{n=N_0+1}^N u_nx^n=\sum_{n=N_0+1}^N(x^n-x^{n+1})(S_n-S_{N_0})+x^{N+1}(S_N-S_{N_0})$, 这给予我们一个囿于上的级数 $|(\sum_{n\leqslant N}u_nx^n)-S_N|\leqslant\sum_{n\leqslant N_0}|u_n|(1-x^n)+(\sum_{n\leqslant N}(x^n-x^{n+1})+(1-x^{N+1}))\varepsilon\leqslant\sum_{n\leqslant N_0}|u_n|(1-x^n)+2\varepsilon$. 我们可选取 $\delta<1$, 使得当 $x\in]\delta,1[$ 时有 $\sum_{n\leqslant N_0}|u_n|(1-x^n)\leqslant\varepsilon$, 然后取当 $N\to+\infty$ 时的极限, 便给出了当 $x\in]\delta,1[$ 时的囿于上的不等式 $|(\sum_{n\in\mathbf{N}}u_nx^n)-S|\leqslant 3\varepsilon$. 这证明了 $S=\lim_{x\to 1^-}(\sum_{n\in\mathbf{N}}u_nx^n)$.

(ii) 正项二重级数 $\sum_{(i,j)\in\mathbf{N}^2}|a_i||b_j|$ 可以先对 i 求和再对 j 求和, 因此它等于 $(\sum_{i\in\mathbf{N}}|a_i|)(\sum_{j\in\mathbf{N}}|b_j|)$. 由此可知二重级数 $\sum_{(i,j)\in\mathbf{N}^2}a_ib_j$ 绝对收敛, 因此可以对项进行任意的组合来计算和 S. 首先对 i 然后对 j, 则得到 $S=(\sum_{i\in\mathbf{N}}a_i)(\sum_{j\in\mathbf{N}}b_j)$; 而先按 $i+j=n$ 求和再按 n 求和, 则得到 $S=\sum_{n\in\mathbf{N}}c_n$, 其中右端项中的级数绝对收敛. 证完.

(iii) 由于 $c_nx^n=\sum_{i+j=n}(a_ix^i)(b_jx^j)$, 于是按照 (ii), 当 $|x|<1$ 时有 $\sum_{n\in\mathbf{N}}c_nx^n=(\sum_{n\in\mathbf{N}}a_nx^n)\cdot(\sum_{n\in\mathbf{N}}b_nx^n)$: 因为这时这些级数绝对收敛. 于是取在 1^- 处的极限, 根据 (i) 便得到恒等式 $\sum_{n\in\mathbf{N}}c_n=(\sum_{n\in\mathbf{N}}a_n)\cdot(\sum_{n\in\mathbf{N}}b_n)$.

(iv) 如果 $a_n=b_n=\frac{(-1)^n}{(n+1)^s}$, $0<s<\frac{1}{2}$, 则根据莱布尼茨判别法知级数 $\sum_{n\in\mathbf{N}}a_n$ 和 $\sum_{n\in\mathbf{N}}b_n$ 条件收敛. 现在, $c_n=(-1)^n\sum_{i+j=n}\frac{1}{((i+1)(j+1))^s}$. 但 $\sqrt{(i+1)(j+1)}\leqslant\frac{i+j+2}{2}$, 因此 $|c_n|\geqslant\frac{2^s(n+1)}{(n+1)^{2s}}$, 从而当 $n\to+\infty$ 时 $|c_n|\to+\infty$. 另一方面, 根据 (i),(ii), $\sum_{n\in\mathbf{N}}c_nx^n=(\sum_{n\in\mathbf{N}}a_nx^n)(\sum_{n\in\mathbf{N}}b_nx^n)$ 在 1^- 处的极限存在并等于 $(\sum_{n\in\mathbf{N}}a_n)\cdot(\sum_{n\in\mathbf{N}}b_n)$.

习题 15.5. (i) 想法是简单的. 由归纳构造 $\varphi(n)$, 令 $\varphi(0)=0$, 而按如下方式取 $\varphi(n)$: 如果 $x_{\varphi(0)}+\cdots+x_{\varphi(n-1)}\leqslant\ell$ (分别地, $>\ell$), 则令 $\varphi(n)=i$, 其中的 i 为

使 $x_i \geqslant 0$ (分别地, <0) 不属于 $\{\varphi(0),\ldots,\varphi(n-1)\}$ 的最小的 i. 这样得到的 $\varphi(n)$ 围绕在 ℓ 周围摆动而没有漏掉任何一个 x_i. 由构造知 φ 为单射. 另外, 假设 $\sum_{i\in\mathbf{N}}|x_i|=+\infty$, 且 $\sum_{i\in\mathbf{N}}x_i$ 条件收敛表明那些 $x_i\geqslant 0$ 的和与 $x_i<0$ 的和都是无穷. 由此推出 $x_{\varphi(n)}$ 对所有充分大的 n 全都是 $\geqslant 0$ 或者 <0 的, 因此存在无穷多个 n 有 $x_{\varphi(n)}<0$, 另外的无穷多个有 $x_{\varphi(n)}\geqslant 0$; 由于我们每次取了第一个满足这些条件的数, 故 φ 为满射. 最后, 如果以 $n_1,n_2,\ldots$ 记那些整数 n, 它们使得 $x_{\varphi(0)}+\cdots+x_{\varphi(n-1)}-\ell$ 有与 $x_{\varphi(0)}+\cdots+x_{\varphi(n)}-\ell$ 相反的符号, 则当 $n_k\leqslant n\leqslant n_{k+1}-1$ 时有 $|x_{\varphi(0)}+\cdots+x_{\varphi(n)}-\ell|\leqslant\sup(|x_{\varphi(n_k)}|,|x_{\varphi(n_{k+1}-1)}|)$. 然而 $\sum_{n\in\mathbf{N}}x_n$ 的条件收敛性意味着当 $n\to+\infty$ 时 $x_n\to 0$; 由于 $\varphi(n_k)$ 和 $\varphi(n_{k+1}-1)$ 当 $k\to+\infty$ 时趋向
[223] $+\infty$, 故同样地 $\sup(|x_{\varphi(n_k)}|,|x_{\varphi(n_{k+1}-1)}|)\to 0$. 因此序列 $\sum_{n\leqslant N}x_{\varphi(n)}$ 当 $N\to+\infty$ 时极限为 ℓ. (i) 得证.

(ii) (i) 让我们给出一个从 $\mathbf{N}$ 的这个置换群到 $\mathbf{R}$ 的一个满射; 因此这个群不是可数的.

习题 15.6. (i) 如果 $k=0$, 立即得此公式. 一般情形由归纳得到:

$$\begin{aligned}S_N^{[k+1]}-S_{N-1}^{[k+1]}&=\frac{1}{2}((S_{N+1}^{[k]}-S_N^{[k]})-(S_N^{[k]}-S_{N-1}^{[k]}))\\&=\frac{(-1)^{N+k+1}}{2^{k+1}}(f^{[k]}(N+1)-f^{[k]}(N))=\frac{(-1)^{N+k+1}}{2^{k+1}}f^{[k+1]}(N).\end{aligned}$$

(ii) 如果 $P=a_kx^k+\cdots+a_0$, 则 $P^{[1]}(x)=P(x+1)-P(x)=ka_kx^{k-1}+\cdots$. 用归纳直接证明 $P^{[i]}$ 的次数 $\leqslant k-i$, 而 x^{k-i} 的系数为 $k(k-1)\cdots(k-i+1)a_k$. 对于 $i=k$, 它给出 $P^{[k]}=k!a_k$ 是 P 的 k 阶导数.

(iii) 令 $P=\sum_{i=0}^k f(a+i)\prod_{j\in\{0,\ldots,\hat{i},\ldots,k\}}\frac{x-j}{i-j}$, 它是一个次数 $\leqslant k$ 的多项式, 并在 $a,a+1,\ldots,a+k$ 上取与 f 相同的值. 因此 $f^{[k]}(a)=P^{[k]}(a)$. 那么, $P-f$ 在 $a,a+1,\ldots,a+k$ 上为 0. 如果应用罗尔定理, 可知 $P'-f'$ 至少在 $[a,a+k]$ 中的 k 个不同的点上取 0 值 (至少在每个 $]a+i,a+i+1[$ 上有一个), 由归纳立即得到 $P^{(i)}-f^{(i)}$ 至少在 $[a,a+k]$ 中的 $k+1-i$ 个不同点上为 0. 对于 $i=k$, 则告诉我们存在 $c\in[a,a+k]$ 使得 $f^{(k)}(c)=P^{(k)}(c)$. 注意到 (ii) 的 $P^{(k)}(c)=P^{[k]}(a)$, 则得结论.

(iv) 设 k 为满足 $-s-k<-1$ 的整数. 于是 $f^{(k)}(x)$ 具有 $C(x+1)^{-t}$ 形式, 其中 $t=s+k>1$, 而 $C=(-s)(-s-1)\cdots(-s-k+1)$. 现在, 即 (i) 与 (iii) 联合, 则可得到 $|S_N^{[k]}-S_{N-1}^{[k]}|$ 的囿于上的函数 $|C|(N+1)^{-t}$: 因为 $x\mapsto(x+1)^{-t}$ 在 $[N,N+k]$ 上递减. 由此得到 $\sum_{N\in\mathbf{N}}(S_N^{[k]}-S_{N-1}^{[k]})$ 绝对收敛, 因此 $S_N^{[k]}$ 当 $N\to+\infty$ 时有极限.

(v) 如果 $s>1$, 则级数 $\sum_{n\in\mathbf{N}}\frac{(-1)^n}{(n+1)^s}$ 绝对收敛, 因此 $F(s)$ 为其和. 将 $n+1$ 变为 n, 则得到 $F(s)=\sum_{n=1}^{+\infty}\frac{(-1)^{n-1}}{n^s}$. 因此有 $F(s)-\zeta(s)=-2\sum_{k=1}^{+\infty}\frac{1}{(2k)^s}=-2^{1-s}\zeta(s)$, 从而 $F(s)=(1-2^{1-s})\zeta(s)$.

(vi) 只需证明当 $m\in\mathbf{N}$ 时 $F(-m)\in\mathbf{Q}$ 即可. 如果 $k\geqslant m+2$, 则 $F(-m)$ 是 $S_N^{[k]}$ 当 $N\to+\infty$ 时的极限. 然而由 (i) 和 (iii), 再结合事实: $x\mapsto(1+x)^m$ 的 k 阶导

数恒等于 0, 就得到, 对于 $N \geqslant 1$ 有 $S_N^{[k]} - S_{N-1}^{[k]} = 0$. 换言之, 序列 $S^{[k]}$ 为常值, 从而 $F(-m) = S_0^{[k]}$. 注意到, 由于 $S_0^{[k]}$ 是 $f(0), \ldots, f(k)$ 的系数在 $\mathbf{Z}[\frac{1}{2}]$ 上的线性组合, 故 $S_0^{[k]} \in \mathbf{Q}$, 便得到最后的结论.

习题 16.1. 回到乘积拓扑的定义, 我们看到只需证明总可以构造出一个从 $\mathbf{R}$ 到 $\mathbf{C}$ 的连续函数使得它在有限个点上取事先指定的值即可. 这是毫无疑问的 (例如取拉格朗日插值多项式).

习题 16.2. 令 $u^{(n)}(+\infty) = 0$, 则可将 $u^{(n)}$ 延拓成 $\overline{\mathbf{N}}$ 上的连续函数. 令 $u(+\infty) = 0$, 也将 u 延拓. 于是在 $\overline{\mathbf{N}}$ 上一致地有 $u^{(n)} \to u$, 因此 u 在 $+\infty$ 连续, 这可以说成是 $\lim_{k\to+\infty} u_k = 0$.

我们也可以模仿上一个习题的证明, 但转到 $\overline{\mathbf{N}}$ 上. 设 $\varepsilon > 0$. 由于在 $\mathbf{N}$ 上一致地 $u^{(n)} \to u$, 故存在 $N_0 \in \mathbf{N}$ 使得对于任意的 $n \geqslant N_0$ 和 $k \in \mathbf{N}$ 有 $|u_k^{(n)} - u_k| < \varepsilon$. 选取 $n \geqslant N_0$. 因为 $\lim_{k\to+\infty} u_k^{(n)} = 0$, 故存在 $N \in \mathbf{N}$ 使得对所有的 $k \geqslant N$ 有 $|u_k^{(n)}| < \varepsilon$, 从而对所有的 $k \geqslant N$ 有 $|u_k| \leqslant |u_k^{(n)} - u_k| + |u_k^{(n)}| < 2\varepsilon$. 由此得到 $\lim_{k\to+\infty} u_k = 0$.

习题 16.3. (i) $(a_n)_{n\in\mathbf{N}} \mapsto a_n$ 连续, 而且该级数一致收敛于它的和 (余项被 $\frac{1}{10^N}$ 控制); 由此得到 $(a_n)_{n\in\mathbf{N}} \mapsto \sum_{n\in\mathbf{N}} \frac{a_n}{10^{n+1}}$ 的连续性.

(ii) 以 10 为底的记数写法的存在性表明 $[0,1]$ 是紧集 $\{0,1,\ldots,9\}^{\mathbf{N}}$ (这是可数个 [224]
度量紧集的乘积) 在映射 $(a_n)_{n\in\mathbf{N}} \mapsto \sum_{n\in\mathbf{N}} \frac{a_n}{10^{n+1}}$ 的像.

习题 16.4. 因为 $f_n \to f$ 在 E 上一致, 故它满足柯西的一致性判别准则, 从而有 $\lim_{n\to+\infty}(\sup_{x\in E, p\in\mathbf{N}} |f_n(x) - f_{n+p}(x)|) = 0$. 然而 $|\ell_n - \ell_{n+p}| \leqslant \sup_{x\in E} |f_n(x) - f_{n+p}(x)|$, 因此 $\lim_{n\to+\infty}(\sup_{p\in\mathbf{N}} |\ell_n - \ell_{n+p}|) = 0$, 这证明了 $(\ell_n)_{n\in\mathbf{N}}$ 是柯西的, 并且因为 $\mathbf{C}$ 完备, 故它具有极限.

现设 $\varepsilon > 0$. 因为 $f_n \to f$ 在 E 上是一致的, 因此存在 $N_0 \in \mathbf{N}$ 使得对任意的 $n \geqslant N_0$ 和 $x \in E$ 有 $|f_n(x) - f(x)| < \varepsilon$. 选取 $n \geqslant N_0$. 取极限则得到 $|\ell_n - \ell| \leqslant \varepsilon$. 另外, 存在 $M > 0$ 使得当 $\|x\| > M$ 时有 $|f_n(x) - \ell_n| < \varepsilon$; 因此当 $\|x\| > M$ 时我们有

$$|f(x) - \ell| \leqslant |f(x) - f_n(x)| + |f_n(x) - \ell_n| + |\ell_n - \ell| < 3\varepsilon.$$

这证明了 f 在无穷处趋向 ℓ.

习题 16.5. (i) 设 $\varepsilon > 0$. 由于 f 在紧集 $[0,1]$ 上连续, 故一致连续, 从而存在 $\delta > 0$ 使得对于 $|y - x| \leqslant \delta$ 有 $|f(x) - f(y)| \leqslant \varepsilon$. 设 $N \in \mathbf{N}$ 为使得 $\frac{1}{2^N} \leqslant \delta$ 的数. 于是当 $n \geqslant N$ 以及所有 $x \in [i/2^n, (i+1)/2^n[$ 时有 $|f(x) - f(\frac{i}{2^n})| \leqslant \varepsilon$, 因此对所有的 $n \geqslant N$ 有 $\|f - f_n\|_\infty \leqslant \varepsilon$ (这是相对于 $[0,1[$ 的范数 $\| \ \|_\infty$). 由此得到 $f_n \to f$ 在 $[0,1]$ 上一致收敛.

(ii) 要证明 $(u_n)_{n\in\mathbf{N}}$ 为柯西序列. 设 $\varepsilon > 0$ 和 $N \in \mathbf{N}$ 使得当 $n \geqslant N$ 以及所有的 $x \in [i/2^n, (i+1)/2^n[$ 时有 $|f(x) - f(\frac{i}{2^n})| \leqslant \varepsilon$. 我们有 $u_n - u_{n+p} = \frac{1}{2^{n+p}} \sum_{i=0}^{2^n-1} \sum_{j=0}^{2^p-1} (f(\frac{i}{2^n}) - f(\frac{i}{2^n} + \frac{j}{2^{n+p}}))$, 以及对于所有的 i, j, $n \geqslant N$ 和 $p \in \mathbf{N}$ 有

$|f(\frac{i}{2^n}) - f(\frac{i}{2^n} + \frac{j}{2^{n+p}})| \leqslant \varepsilon$. 因此得到对所有的 $n \geqslant N$ 和 $p \in \mathbf{N}$ 有 $|u_n - u_{n+p}| \leqslant \varepsilon$, 这证明了 $(u_n)_{n\in\mathbf{N}}$ 是柯西的.

习题 17.1. (i) 由于 $u(x)_i = \sum_{j=1} a_{i,j}x_j$, 故 $|u(x)_i| \leqslant \|x\|_\infty \sum_{j=1}^n |a_{i,j}|$. 由此得到 $\|u\|_\infty \leqslant \sup_{1\leqslant i\leqslant n} \sum_{j=1}^n |a_{i,j}|$. 现在, 如果 $x_j = e^{-\theta_j}$, 其中 $\theta_j = \arg(a_{i,j})$ (分别地, 如果 $a_{i,j} = 0$, 则 $x_j = 1$), 则 $\|x\|_\infty = 1$ 且 $|u(x)_i| = \sum_{j=1}^n |a_{i,j}|$, 从而 $\|u\|_\infty \geqslant \sum_{j=1}^n |a_{i,j}|$. 意味着对所有的 i 都成立, 故得到 $\|u\|_\infty \geqslant \sup_{1\leqslant i\leqslant n} \sum_{j=1}^n |a_{i,j}|$; 得到结论.

(ii) 这个假设等价于 $\|u\|_\infty < 1$; 这意味着存在 $c < 1$ 使得对于所有 $n \geqslant 1$ 有 $\|u^n\|_\infty \leqslant c^n$. 如果以 $a_{i,j}^{(n)}$ 记 u^n 的矩阵 A^n 的系数, 则对所有的 i, j 有 $|a_{i,j}^{(n)}| \leqslant c^n$, 这证明了级数 A^n 收敛并由于 $(1-A)(1+A+\cdots+A^{n-1}) = 1-A^n$, 那么取极限便证明了 $1-A$ 可逆, 其逆元为 $\sum_{n\in\mathbf{N}} A^n$. 由此推出了 $1-u$ 可逆.

习题 17.2. (i) 如果 $\phi \in E$, 则因 $[0,1]$ 为紧集, 而一个紧集上的连续函数有界, 得知 $\|\phi\|_\infty$ 有限. 于是立即可知 $\| \ \|_\infty$ 是 E 上的一个范数. 现在, 序列 $(\phi_n)_{n\in\mathbf{N}}$ 对于 $\| \ \|_\infty$ 是柯西的当且仅当它满足在 $[0,1]$ 上的柯西一致性判别准则, 而 $\mathbf{C}$ 是完备的, 故得知 (16.2 节)$(\phi_n)_{n\in\mathbf{N}}$ 具有单极限 ϕ, 且在 $[0,1]$ 上连续, 从而在 $[0,1]$ 上 $\phi_n \to \phi$ 一致收敛, 这正好表明对于 $\| \ \|_\infty$, $\phi_n \to \phi$. 由此得到 $(E, \| \ \|_\infty)$ 的完备性.

(ii) $\| \ \|_1$ 是个范数, 特别可以由 "$\|\phi\|_1 = 0$" 得到 "$\phi = 0$". 但如果 $\phi \neq 0$, 则存在 $x_0 \in [0,1]$ 满足 $\phi(x_0) \neq 0$, 而由于 ϕ 连续, 故存在一个区间 I 其长为非零的 ℓ, 使得在此区间上 $\phi(x) \geqslant |\phi(x_0)/2|$. 于是有 $\|\phi\|_1 \geqslant \ell|\phi(x_0)/2| > 0$. 现在, 令 $\phi_n = x^{-1/2}\mathbf{1}_{[1/n,1]}$. 因为

$$\|\phi_{n+p} - \phi_n\| = \int_{1/(n+p)}^{1/n} x^{-1/2}dx = 2(\frac{1}{\sqrt{n}} - \frac{1}{\sqrt{n+p}}) \leqslant \frac{2}{\sqrt{n}},$$

故 $(\phi_n)_{n\geqslant 1}$ 是柯西序列. 如果这个序列在 E 中有极限 ϕ, 就会有 $\lim_{n\to+\infty} \int_0^1 |\phi - \phi_n| = 0$. 但, 对于所有的 $a > 0$ 和 $n \geqslant 1/a$, 有 $\int_0^1 |\phi - \phi_n| \geqslant \int_a^1 |\phi - \phi_n| =$
[225] $\int_a^1 |\phi(x) - x^{-1/2}|dx$. 因此对于任意的 $a > 0$ 应该有 $\int_a^1 |\phi(x) - x^{-1/2}|dx = 0$, 并且 ϕ 连续, 这表明对于每个 $x > a$ 和每个 $a > 0$ 有 $\phi(x) = x^{-1/2}$, 从而对于 $x \in]0,1]$, $\phi(x) = x^{-1/2}$. 因为这个函数不是 $[0,1]$ 上的一个连续函数在 $]0,1]$ 上的限制, 故这是不可能的. 所以 $(\phi_n)_{n\in\mathbf{N}}$ 在 E 中没有极限, 从而 E 对于 $\| \ \|_1$ 不完备.

(iii) 如果这些范数等价, 那么这些柯西序列在这两种情形就会相同, 因而 E 对着两个范数将同时为完备或不完备的, 但情形并非如此. 我们也可注意到, 对所有的 n, $\|\phi_n\|_1 \leqslant 2$, 而 $\|\phi_n\|_\infty \to +\infty$.

习题 17.3. (i) $\mathrm{id} : (X, \mathscr{T}_1) \to (X, \mathscr{T}_2)$ 连续当且仅当 $(X, \mathscr{T}_2)$ 中的每个开集的逆像在 $(X, \mathscr{T}_1)$ 中仍为开集, 因此当且仅当 $\mathscr{T}_2$ 中的元是 $\mathscr{T}_1$ 中的元.

(ii) 如果 $\phi_n = \phi(\frac{x}{n})$, 其中 $\phi(x) = (1-|x|)\mathbf{1}_{[-1,1]}(x)$, 于是 $\|\phi_n\|_\infty = 1$, 而 $\|\phi_n\|_1 = n$ 则趋向 $+\infty$. 这证明了 $\mathrm{id} : (\mathscr{C}_c(\mathbf{R}), \| \ \|_\infty) \to (\mathscr{C}_c(\mathbf{R}), \| \ \|_1)$ 不连续, 从而 $\mathscr{T}_\infty$ 不比 $\mathscr{T}_1$ 更细.

同样, 如果 $\phi_n(x)=\inf(n,|x|^{-1/2}-1)\mathbf{1}_{[-1,1]}(x)$, 则 $\|\phi_n\|_1 \leqslant \int_{-1}^1(|x|^{-1/2}-1)dx=2$, 而 $\|\phi_n\|_\infty = n$ 趋向 $+\infty$, 这证明了 $\mathrm{id}:(\mathscr{C}_c(\mathbf{R}),\|\ \|_1)\to(\mathscr{C}_c(\mathbf{R}),\|\ \|_\infty)$ 不是连续的, 因此 $\mathscr{T}_1$ 不比 $\mathscr{T}_\infty$ 更细.

习题 17.4. 设 $b_n=\frac{a_n}{n}$, 而 $\ell=\inf_{n\geqslant 1} b_n$. 证明 $b_n\to\ell$; 这是要证明对所有的 $n\gg 0$ 以及 $c>\ell$ 有 $b_d<c$. 令 $d\geqslant 1$ 使得 $b_d<c$. 用 (对 q 的) 一个归纳证明立即得到 $a_{dq+r}\leqslant qa_d+a_r$, 因此有 $b_n\leqslant \frac{dq}{dq+r}b_d+\frac{r}{dq+r}b_r$. 令 $Q\geqslant 1$ 使得 $\sup_{0\leqslant r\leqslant d-1}\frac{rb_r}{dq+r}\leqslant \frac{c-b_d}{2}$, 其中 $q\geqslant Q$. 因此对所有的 $n\geqslant dQ$ 有 $b_n\leqslant b_d+\frac{c-b_d}{2}=\frac{c+b_d}{2}\leqslant c$. 证完.

习题 17.5. (i) 由于 $u^2=v^2=0$, 故有 $\|u\|_{\mathrm{sp}}=\|v\|_{\mathrm{sp}}=0$, 并因为 $(u+v)^2=1$ 和 $(uv)^2=uv$, 故 $\|uv\|_{\mathrm{sp}}=\|u+v\|_{\mathrm{sp}}=1$.

(ii) 由于 u 和 v 交换, 故 $(uv)^n=u^nv^n$, 因而 $\|(uv)^n\|\leqslant\|u^n\|\|v^n\|$. 取 n 次根并取极限, 得到要证明的两个不等式之一的 $\|uv\|_{\mathrm{sp}}\leqslant\|u\|_{\mathrm{sp}}\|v\|_{\mathrm{sp}}$.

转向第二个不等式. 令 $a=\|u\|_{\mathrm{sp}}$, $b=\|v\|_{\mathrm{sp}}$. 以 $\lambda\in\mathbf{C}^*$ 乘以 u,v 等于以 $|\lambda|$ 乘以 $\|u\|,\|v\|,\|u+v\|,a,b$ 和 $\|u+v\|_{\mathrm{sp}}$. 因此可设 $\|u\|<1$, $\|v\|<1$; 于是对所有 i 有 $\|u^i\|<1$, $\|v^i\|<1$, 以及 $a<1$, $b<1$. 令 $\varepsilon>0$ 使得 $a+\varepsilon<1$, $b+\varepsilon<1$. 由定义, 存在 $I\geqslant 1$ 使得对所有 $i\geqslant I$ 有 $\|u^i\|\leqslant(a+\varepsilon)^i$, $\|v^i\|\leqslant(b+\varepsilon)^i$. 因为 u,v 交换, 故有

$$\begin{aligned}
\|(u+v)^n\| &= \|\sum_{i=0}^n\binom{n}{i}u^iv^{n-i}\| \\
&\leqslant \sum_{i=0}^n\binom{n}{i}\|u\|^i\|v\|^{n-i} \\
&\leqslant \sum_{i=0}^{I-1}\binom{n}{i}(b+\varepsilon)^{n-i}+\sum_{i=I}^{n-I}\binom{n}{i}(a+\varepsilon)^i(b+\varepsilon)^{n-i}+\sum_{i=n-I+1}^{n}\binom{n}{i}(a+\varepsilon)^i \\
&\leqslant (a+b+2\varepsilon)^n+\sum_{i=0}^{I-1}\binom{n}{i}((b+\varepsilon)^{n-i}+(a+\varepsilon)^{n-i}).
\end{aligned}$$

我们可以提出因子 $(a+b+2\varepsilon)^n$, 而在括号内有 1 加 2 个形如 $\delta^n\sum_{i=1}^{I-1}\alpha_i\binom{n}{i}$, $\delta<1$ 的项, 它们趋向 1, 因此 $\|(u+v)^n\|^{1/n}$ 的极限 $\leqslant a+b+2\varepsilon$. 结果由将 ε 趋向 0 得到.

习题 17.7. (i) $(a,b)\mapsto a+b$ 是线性的, 且有 $|a+b|<|a|+|b|\leqslant 2\|(a,b)\|_\infty$; 因此得到 $(a,b)\mapsto a+b$ 的连续性. 同样地, $(a,b)\mapsto ab$ 是双线性的并有 $|ab|=|a||b|\leqslant|a||b|$; 由此得到 $(a,b)\mapsto ab$ 的连续性.

(ii) $f+g$ 是从 X 到 $\mathbf{K}^2$ 的映射 $x\mapsto(f(x),g(x))$ 和从 $\mathbf{K}^2$ 到 $\mathbf{K}$ 的映射 $(a,b)\mapsto$ [226]
$a+b$ 的复合; 作为连续映射的复合仍为连续的. 同样, fg 是从 X 到 $\mathbf{K}^2$ 的 $x\mapsto(f(x),g(x))$ 与从 $\mathbf{K}^2$ 到 $\mathbf{K}$ 的 $(a,b)\mapsto ab$ 的复合, 作为连续映射的复合仍为连续的.

习题 18.1. $\langle,\rangle$ 的半双线性容易由积分的线性性得到; 对称性显然. 最后, 若 $f\neq 0$ 且 $f(t_0)\neq 0$, 则存在 $[0,1]$ 的包含 t_0 的开区间 I, 使得对所有的 $t\in I$ 有 $|f(t)-f(t_0)|\leqslant\frac{|f(t_0)|}{2}$; 于是 $\langle f,f\rangle=\int_0^1|f(t)|^2dt\geqslant\frac{|f(t_0)|^2}{4}\mathrm{length}(I)>0$, 这证明了

$\langle,\rangle$ 的正定性.

习题 18.2. ${}^{\mathrm{t}}\overline{A}A$ 是 A 的列 $X_1,\ldots,X_n$ 的格拉姆矩阵. 它的行列式 $|\det A|^2$ 因而是 $\prod_{j=1} d(X_j,\mathrm{Vect}(X_1,\ldots,X_{j-1}))^2$. 另外, 我们有 $|a_{1,j}|^2+\cdots+|a_{n,j}|^2=\|X_j\|^2$, 那么注意到 $d(X_j,\mathrm{Vect}(X_1,\ldots,X_{j-1}))\leqslant\|X_j\|$ 便得到结论.

习题 18.3. (i) 设 $X={}^{\mathrm{t}}(x_1,\ldots,x_n)\in\mathbf{R}^n$ 满足 $AX=0$, 而 $s=\sum_{i=1}^n x_i$. 条件 $AX=0$ 可化为对所有的 i 有 $ks+(k_i-k)x_i=0$. 如果 $k=0$, 则因为由假定对角系数 >0, 故 A 是可逆的对角矩阵. 于是假定 $k>0$, 可分为两种情形:

◇ 其中有一个 i 使 $k_i=k$, 从而 $s=0$, 而当 $j\neq i$ 时 $x_j=0$, 那么因为 $s=0$ 故也得到 $i=0$.

◇ 对所有的 i, $k_i>k$, 因而对于所有的 i, x_i 的符号与 s 的符号相反, 但 s 是这些 x_i 的和, 故对所有的 i, $x_i=0$.

故在所有的情形得到 0 是 AX 的唯一的解, 从而这个方程组是格拉姆的, A 可逆.

(ii) 如果 $E\subset\{1,\ldots,m\}$. 设 $X_E={}^{\mathrm{t}}(x_1,\ldots,x_m)\in\mathbf{R}^m$ 定义为: 如果 $i\in E$, 则 $x_i=1$, 而如果 $i\notin E$, 则 $x_i=0$. 如果 $E,F\subset\{1,\ldots,m\}$, 则有 ${}^{\mathrm{t}}X_EX_F=|E\cap F|$. 现令 $I=\{E_1,\ldots,E_n\}$ 满足这个问题的条件. 于是 E_i 的格拉姆矩阵的所有非对角线上的系数均等于 k; 由于我们假设了这些 E_i 非空, 而因当 $i\neq j$ 时 $|E_i|\geqslant|E_i\cap E_j|$, 故它们均 $\geqslant k$, 所以它们的对角系数 >0, 并且由于 $|E_i|=|E_j|=|E_i\cap E_j|$ 意味着 $E_i=E_j$, 故最多只有一个等于 k. (i) 表明这个格拉姆矩阵的秩为 n; 由此得到 $X_{E_1},\ldots,X_{E_n}$ 也具有秩 n, 但这些向量均在一个 m 维向量空间中, 故 $n\leqslant m$.

(iii) 如果 F 是个有限域, 基数为 q, 那么射影平面 $\mathbf{P}^2(F)$ 的两条不同的直线正好交于一个点, 而这里有与点的个数一样多的直线 ($\mathbf{P}^2(F)$ 的一条直线是 F^3 中一个平面的像, 它由一个方程定义但可差一个标量, 这便给出了 F^3 中的平面与 F^3 中直线间的一个双射, 因而给出了 $\mathbf{P}^2(F)$ 中的直线与 $\mathbf{P}^2(F)$ 中的点间的一个双射. 它给出的例子是: $|I|=m=q^2+q+1$ 和 $k=1$. 更一般地, $\mathbf{P}^k(F)$ 的不同超平面交于一个余维为 2 的子空间). 它给出的例子是 $|I|=m=q^k+\cdots+q+1$ 和 $k=q^{k-2}+\cdots+1$.

习题 18.4. 利用对称性可以设计出对于一个超平面的正交对称.

(i) 对于 $(v_1-v_2)^{\perp}$ 的正交对称正是这种情形 (这是独一无二的).

(ii) 如果 $n=1$, 则 $s=\pm1$ 是 0 或 1 个对称的乘积. 现假设 $n\geqslant2$. 如果对所有的 v 有 $u(v)=v$, 则 u 是 0 个对称的积. 否则可选取 $v\in V$ 使得 $u(v)\neq v$, 而作为酉变换的 u 有 $\|u(v)\|=\|v\|$, 于是 (i) 给出了一个对称 s_1 使得 $s_1(u(v))=v$. 因此 $s_1\circ u$ 是酉变换并使 v 不动, 从而也使它的正交补 V' 不变. 按归纳假定, $s_1\circ u$ 在 V' 上的限制最多是 $n-1$ 个对称的积: $s_2'\circ\cdots\circ s_r'$. 令 $s_i(\lambda v+v')=\lambda v+s_i'(v')$, 其中 $\lambda\in\mathbf{K}$, $v'\in V'$, 则将 s_i' 延拓到 V 上 (这确实是对于一个超平面的对称变换, 并因为 s_i' 是酉变换, 而 λv 与 v' 和 $s_i'(v')$ 正交, 故 s_i 也是酉变换). 所以 $s_1\circ u=s_2\circ\cdots\circ s_r$: 因为等式两端在 v 上和它的正交补上相同. 由于 $s_1^{-1}=s_1$, 故得到 $u=s_1\circ\cdots\circ s_r$. 证完.

习题 18.5. 如果 $A \in \mathbf{U}(n)$, 则存在 $P \in \mathbf{U}(n)$ 使得 $A = P\,\mathrm{Diag}(e^{i\theta_1}, \dots, e^{i\theta_n})P^{-1}$. [227] 于是 $A(t) = P\,\mathrm{Diag}(e^{i\theta_1 t}, \dots, e^{i\theta_n t})P^{-1} \in \mathbf{U}(n)$, 其中 $t \in [0,1]$, 而 $t \mapsto A(t)$ 是 $\mathbf{U}(n)$ 中联结 1 与 A 的一条道路. 由此得到了 $\mathbf{U}(n)$ 的道路连通性. 至于 $\mathbf{SU}(n)$ 的道路连通性只需注意, 如果 $A \in \mathbf{SU}(n)$, 则可令 $\sum_{i=1}^n \theta_i = 0$, 从而对所有 $t \in [0,1]$ 有 $A(t) \in \mathbf{SU}(n)$.

习题 18.6. 若 $P \in \mathbf{SO}(n)$, 则存在 $Q \in \mathbf{O}(n)$ 使得 QPQ^{-1} 具有 $\mathrm{Diag}(R_{\theta_1}, \dots, R_{\theta_m})$ 或者 $\mathrm{Diag}(1, R_{\theta_1}, \dots, R_{\theta_m})$ 形式, 依 n 为偶数或奇数而定. 但 $t \mapsto Q^{-1}\,\mathrm{Diag}(R_{t\theta_1}, \dots, R_{t\theta_m})$ 是 $\mathbf{SO}(n)$ 中联结 1 与 P 的一条道路. 由此得到 $\mathbf{SO}(n)$ 道路连通.

$\mathbf{O}(n)$ 不是连通的, 因为它在行列式映射下的像是 $\{-1,1\}$ 不连通, 但行列式映射是连续的.

习题 18.7. (i) 设 $A \in \mathbf{GL}_n(\mathbf{C})$. 于是 A 可写为 $A = PM$ 形式, 其中 $P \in \mathbf{U}(n)$, 而 M 是对角系数 > 0 的上三角矩阵. 另外, 根据习题 18.5, 我们可以找到在 $\mathbf{U}$ 中的一条联结 1_n 与 P 的道路 $t \mapsto P(t)$. 于是 $t \mapsto P(t)(tM + (1-t)1_n)$ 是一条联结 1_n 与 A 的在 $\mathbf{GL}_n(\mathbf{C})$ 中的道路. 由此得到 $\mathbf{GL}_n(\mathbf{C})$ 的道路连通性.

如果 $A \in \mathbf{SL}_n(\mathbf{C})$, 在分解 $A = PM$ 中, 由于 $\det P$ 同时具有模 1 和 > 0, 故 $P \in \mathbf{SU}(n)$. 另外, 可以将 M 写为 $\mathrm{Diag}(e^{a_1}, \dots, e^{a_n})N$ 形式, 其中 $\sum_{i=1}^n a_i = 0$ 而 N 是对角线为 1 的上三角矩阵. 根据习题 18.5, 可以找到在 $\mathbf{SU}(n)$ 中的联结 1_n 与 P 的道路 $t \mapsto P(t)$. 故 $t \mapsto P(t)\,\mathrm{Diag}(e^{a_1 t}, \dots, e^{a_n t})(tN + (1-t)1_n)$ 是 $\mathbf{SU}(n)$ 中一条联结 1_n 与 A 的道路. 这样得到了 $\mathbf{SL}_n(\mathbf{C})$ 的道路连通性.

(ii) 在 $\mathbf{SL}_n(\mathbf{R})$ 情形中的证明与 $\mathbf{SL}_n(\mathbf{C})$ 的情形相同: 只要将习题 18.5 的结果换作习题 18.6 的即可. 另一方面, $\mathbf{GL}_n(\mathbf{R})$ 因其在行列式映射下的像为不连通的, 故 $\mathbf{R}^*$ 也不连通.

习题 18.8. (i) 从 $\mathbf{M}_n(\mathbf{C})$ 到 $\mathbf{M}_n(\mathbf{C})$ 的映射 $P \mapsto {}^{\mathrm{t}}\overline{P}P$ 连续, 而 $\mathbf{U}(n)$ 是闭集 $\{1\}$ 的逆像; 因而它是 $\mathbf{M}_n(\mathbf{C})$ 中的闭集. 另外, 由于 ${}^{\mathrm{t}}\overline{P}P = 1$ 表明对角线的这些项 $\sum_{j=1}^n |a_{i,j}|^2$ 对于所有的 i 都等于 1, 因此对所有的 i,j 有 $|a_{i,j}| \leqslant 1$. 由于 $\mathbf{M}_n(\mathbf{C})$ 是 $\mathbf{C}$ 上的有限维向量空间, 这表明 $\mathbf{U}(n)$ 为紧集.

(ii) M 的特征多项式为 $(X-1)^n$; 因而根据凯莱–哈密顿定理知 $(M-1)^n = 0$; 因为 $(M-1)^n = 0$, 那么按二项式展开, $M^m = (1+(M-1))^m = \sum_{k=0}^{n-1}\binom{m}{k}(M-1)^k$, 这是 m 的一个多项式. 因为一个多项式有界当且仅当其为常值, 由此得到 $\{M^m, m \in \mathbf{Z}\}$ 有界当且仅当对所有的 m 有 $M^m = 1$, 因此 $M = 1$ (对 $m = 1$).

(iii) 设 H 是 $\mathbf{GL}_n(\mathbf{C})$ 的一个包含 $\mathbf{U}(n)$ 的紧子群, 且 $A \in H$. 我们可以将 A 写为 $A = PM$ 形式, 其中 $P \in \mathbf{U}(n)$, M 是对角系数 > 0 的实数的上三角矩阵; 由于 H 包含了 P^{-1}, 故它也包含了 M. 令 $\lambda_1, \dots, \lambda_n$ 是 M 的对角线上的系数; 那么对于 $m \in \mathbf{Z}$, M^m 的对角线上的系数为 $\lambda_1^m, \dots, \lambda_n^m$, 而因为 $M^m \in H$ 并由假定知其为紧集, 故由此得出 $\{\lambda_i^m, m \in \mathbf{Z}\}$ 有界, 从而对所有的 i 有 $\lambda_i = 1$. (ii) 表明当

$\{M^m, m \in \mathbf{Z}\}$ 有界时 $M = 1$, 而因为 $M^m \in H$ 恰好就是这种情形. 故我们已经证明了 $A \in \mathbf{U}(n)$, 这就是所要证明的.

习题 18.9. (i) $\langle , \rangle$ 的半双线性立即由此积分的线性性得到, 而对称性显见; 要证明 $\langle , \rangle$ 的正定性只需复制习题 8.1 的论证即可.

(ii) 分部积分给出

$$\int_0^1 \bar{f}(t)\Delta g(t)dt = [-\bar{f}g']_0^1 + \int_0^1 \bar{f}'(t)g'(t)dt = [-\bar{f}g']_0^1 + [\bar{f}''g]_0^1 + \int_0^1 \Delta\bar{f}(t)g(t)dt.$$

由于 f 和 g 的周期性, 故 $[-\bar{f}g']_0^1 = [\bar{f}''g]_0^1 = 0$, 于是得到

$$\int_0^1 \bar{f}(t)\Delta g(t)dt = \int_0^1 \Delta\bar{f}(t)g(t)dt = \int_0^1 \overline{\Delta f}(t)g(t)dt,$$

故有 $\langle f, \Delta g\rangle = \langle \Delta f, g\rangle$, 证明了 Δ 是自伴的.

[228] 现在, $\lambda \in \mathbf{C}$ 是 Δ 的特征值当且仅当存在 $\phi : \mathbf{R} \to \mathbf{C}$ 满足: 属于 $\mathscr{C}^\infty$ 类的, 周期为 1 的, 且是微分方程 $\phi'' + \lambda\phi = 0$ 的解. 这个微分方程的解当 $\lambda \neq 0$ 时均具有 $t \mapsto \alpha e^{\sqrt{-\lambda}t} + \beta e^{-\sqrt{-\lambda}t}$ 形式; 这样的一个解具有周期 1 当且仅当 $\sqrt{-\lambda} \in 2i\pi\mathbf{Z}$. 由此可知, Δ 的特征值为这些 $4\pi^2 n^2$, $n \in \mathbf{N}$, 当 $n \neq 0$ 时, 与其相伴的特征空间由 ϕ_n 和 ϕ_{-n} 生成, 其中 $\phi_n = e^{2i\pi nt}$ (与 0 相伴的特征空间是常值函数的空间, 维数等于 1).

(iii) 因为 $\frac{1}{\|\phi_n\|}\|\Delta\phi_n\| = 4\pi^2 n^2$ 当 $n \to +\infty$ 时趋向 $+\infty$, 故算子 Δ 不连续, 从而 Δ 不满足利普希茨条件.

习题 18.10. (i) $P_n = \frac{1}{\|X^n - p_{n-1}(X^n)\|}(X^n - p_{n-1}(X^n))$, 其中 p_{n-1} 是从 $\mathbf{R}[X]^{(n)}$ 到 $\mathbf{R}[X]^{(n-1)}$ 的正交投射. 这个公式中的 P_n 显然具有次数 n, 其首项系数 > 0.

(ii) 设 $\alpha_1, \ldots, \alpha_r$ 是 P_n 在 $]0, 1[$ 中的奇数阶的零点. 于是 $P_n \prod_{i=1}^r (X - \alpha_i)$ 在 $[0, 1]$ 上的符号不变, 因此 $\langle P_n, \prod_{i=1}^r (X - \alpha_i)\rangle$ 非零. 因为 P_n 与 $\mathbf{R}[X]^{(n-1)}$ 正交, 这表明 $r \geqslant n$, 因而 P_n 的每个零点均在 $]0, 1[$ 中, 并且重数为 1.

(iii) 需要验证对所有的 P, Q 有 $\langle P, RQ\rangle = \langle RP, Q\rangle$, 但从定义上看这是直接的.

(iv) $XP_{n-1} = \frac{p_{n-1}}{p_n}P_n + Q$, 其中 $Q \in \mathbf{R}[X]^{(n-1)}$, 因 $\langle P_n, P_n\rangle = 1$, 故 $\langle P_n, Q\rangle = 0$ 以及 $\langle P_n, XP_{n-1}\rangle = \frac{p_{n-1}}{p_n}$.

(v) 如果 $a_n = \frac{p_n}{p_{n-1}}$, 则 $P_n - a_n XP_{n-1}$ 的次数 $\leqslant n - 1$. 因此存在 b_n, c_n 使得 $Q = P_n - a_n XP_{n-1} - (b_n P_{n-1} - c_n P_{n-2})$ 的次数 $< n - 2$. 但

$$\langle Q, P_n - (a_n X + b_n)P_{n-1} + c_n P_{n-2}\rangle = \langle Q, P_n\rangle - \langle (a_n X + b_n)Q, P_{n-1}\rangle + \langle c_n Q, P_{n-2}\rangle = 0,$$

由于 $\deg Q < n - 2$, 故 Q 与 P_n 和 P_{n-2} 正交, 又由于 $\deg((a_n X + b_n)Q) < n - 1$, 故 $(a_n X + b_n)Q$ 与 P_{n-1} 正交. 于是有 $\langle Q, Q\rangle = 0$, 这证明了 $Q = 0$. 还需证明 $c_n > 0$. 但 $0 = \langle P_{n-2}, P_n - (a_n X + b_n)P_{n-1} + c_n P_{n-2}\rangle = c_n - \langle P_{n-2}, a_n XP_{n-1}\rangle = c_n - a_n \frac{p_{n-2}}{p_{n-1}}$, 因此 $c_n = \frac{p_{n-1}}{p_n} > 0$.

(vi) 由对 n 的归纳进行推理. 如果 $n=1$ 无需证. 如果 $n\geqslant 2$, 归纳假定 $x_{n-1,1}<x_{n-2,1}<x_{n-1,2}<x_{n-2,2}<\cdots$, 由于 P_{n-2} 的首项系数 >0, 故表明 $P_{n-2}(x_{n-1,n-1})>0$, 又因为 P_{n-2} 在它的每个根改变符号, 故 $P_{n-2}(x_{n-1,n-2})<0,\ldots,P_{n-2}(x_{n-1,n-i})$ 具有符号 $(-1)^{i-1}$. 因此在 $x_{n-1,1}$ 和 $x_{n-1,2}$ 之间有一个 P_n 的根, 在 $x_{n-1,2}$ 和 $x_{n-1,3}$ 之间也有一个, 等等, 这已给了我们 $n-2$ 个. 另外, P_n 的首项系数 >0, 因此对于 $x\gg 0$ 有 $P_n(x)>0$, 从而在 $>x_{n-1,n-1}$ 处有一个根, 又当 $x\ll 0$ 时 $P_n(x)$ 的符号为 $(-1)^n$, 从而 P_n 有一个 $<x_{n-1,1}$ 的根. 证完.

习题 20.2. (i) 我们有 $|x+y|_p\leqslant|x|_p$. 如果 $|x+y|_p<|x|_p$, 则由 $x=(x+y)-y$ 得 $|x|_p\leqslant\sup(|x+y|_p,|y|_p)<|x|_p$, 荒谬. 故 $|x+y|_p=|x|_p$.

(ii) 由于 $u_n\to 0$, 故级数 $\sum_{n=1}^{+\infty}u_n$ 收敛, 如果以 y 记其和, 则 $|y|_p\leqslant\sup_{n\geqslant 1}|u_n|_p$. 由于我们假定了对所有 $n\geqslant 1$ 有 $|u_0|_p>|u_n|_p$, 从而 $|y|_p<|u_0|_p$; 特别地, $u_0+y=\sum_{n\in\mathbf{N}}u_n\neq 0$.

习题 20.3. (i) 如果 $n=1$, 则 $\eta-1$ 是多项式 $P(X)=\frac{(1+X)^p-1}{X}=\sum_{i=0}^{p-1}a_iX^i$ 的根, 其中 $a_i=\binom{p}{i+1}$, 因而 $a_0=p,a_{p-1}=1$, 且 a_i 被 p 整除, 于是如果 $i\leqslant p-2$, 则有 $|a_i|_p\leqslant p^{-1}$. 现在, 如果 $|z|_p\neq\rho_1$, 则 $|a_iz^i|_p=|a_i|_p|z|_p^i$ 对于唯一的 $i\in\{0,\ldots,p-1\}$ 达到它的最大值, 即如果 $|z|_p>\rho_1$, 则 $i=p-1$ (在这种情形有 $|P(z)|_p=|z|_p^{p-1}$), 而如果 $|z|_p<\rho_1$, 则 $i=0$ (从而 $|P(z)|_p=p^{-1}$). 由此得到, 对于一个这样的 z 有 $P(z)\neq 0$, 得到结论.

如果 $n\geqslant 2$, 且若 η 是个 p^n 次单位元根, 则根据归纳假定, $|\eta^p-1|_p=\rho_{n-1}$, 从而 [229]
$\eta-1$ 是多项式 $P_n(X)=(X+1)^p-\eta^p=XP(X)+(1-\eta^p)$ 的根. 由于 $p^{-1}\leqslant\rho_{n-1}\leqslant 1$, 那么前面的方法证明, 当 $|z|_p\neq\rho_{n-1}^{1/p}$ 时 $P_n(Z)\neq 0$. 故有 $|\eta-1|_p=\rho_{n-1}^{1/p}=\rho_n$.

(ii) 假设 $[\overline{\mathbf{Q}}_p:\mathbf{Q}_p]=d<+\infty$, 且令 n 为使得 $(p-1)p^{n-1}>d$ 的整数, η 是一个 p^n 次单位元根, 而 $\alpha=\eta-1$ 使得 $|\alpha|_p=\rho_n$. 因为 $[\overline{\mathbf{Q}}_p:\mathbf{Q}_p]=d$, 对于 $i\leqslant d$ 的 α^i 构成一个相关组. 因此存在 $a_0,\ldots,a_d\in\mathbf{Q}_p$, 不全为零, 使得 $\sum_{i=0}^d a_i\alpha^i=0$. 这是不可能的: 因为这些 $a_i\alpha^i,a_i\neq 0$ 具有完全不同的范数 ($v_p(a_i\alpha^i)$ 的分式部分为 $\frac{i}{(p-1)p^{n-1}}$, 又因为 $d<(p-1)p^{n-1}$, 这些分式部分两两各异), 所以 $|\sum_{i=0}^d a_i\alpha^i|_p=\sup_{i\leqslant d}|a_i\alpha^i|_p\neq 0$.

习题 20.6. (i) 由定义, f 为局部常值当且仅当 $\{x\in X,f(x)=y\}$ 是它中每个点的邻域 (这等价于它是个开集). 由此知每个集合 (特别每个开集) 的逆像为开集, 故 f 连续.

(ii) 根据 (i), $\{x\in[0,1],f(x)=f(0)\}$ 既开又闭, 并由于它非空, $[0,1]$ 连通, 那么它是整个 $[0,1]$. 换言之, $[0,1]$ 上的唯一的局部常值函数是常值函数.

(iii) $a+p^n\mathbf{Z}$ 既开又闭, 因此 $\{x,\mathbf{1}_{a+p^n\mathbf{Z}_p}(x)=0\}$ 和 $\{x,\mathbf{1}_{a+p^n\mathbf{Z}_p}(x)=1\}$ 为开集, 从而可以利用 (i).

(iv) 如果 $\phi:\mathbf{Z}_p\to Y$ 为局部常值, 且 $a\in\mathbf{Z}_p$, 则存在 $n_a\in\mathbf{N}$ 使得 ϕ 在 $a+p^{n_a}\mathbf{Z}_p$ 为常值. 这些 $a+p^{n_a}\mathbf{Z}_p$ 构成 $\mathbf{Z}_p$ 的一个开覆盖, 因 $\mathbf{Z}_p$ 为紧集, 故从中可选出一个有

限子覆盖 $a+p^{n_a}\mathbf{Z}_p$, $a\in A$, 其中 A 是个有限集. 令 $n=\sup_{a\in A}n_a$. 如果 $b\in\mathbf{Z}_p$, 则存在 $a\in A$ 使得 $b\in a+p^{n_a}\mathbf{Z}_p$, 从而当 $n\geqslant n_a$ 时有 $b+p^n\mathbf{Z}_p\subset a+p^{n_a}\mathbf{Z}_p$ (两个球要么不交, 要么一个包含在另一个之中). 由此得到, 对于所有的 $b\in\mathbf{Z}_p$ 有 ϕ 在 $b+p^n\mathbf{Z}_p$ 上为常值.

(v) 由于 $\mathbf{Z}_p$ 为紧集, 于是 $\mathbf{Z}_p$ 上的连续函数 f 一致连续. 以 $\|\ \|$ 记 $\mathbf{R}$ 上的范数或是 $\mathbf{Q}_p$ 上的 p-adic 范数. 这等于是说, 对于 $\varepsilon>0$, 存在 $n\in\mathbf{N}$ 使得对于任意的 $x,y\in\mathbf{Z}_p$, 当 $|x-y|_p\leqslant p^{-n}$ 使得有 $\|f(x)-f(y)\|\leqslant\varepsilon$. 令 $\phi=\sum_{i=0}^{p^n-1}f(i)\mathbf{1}_{i+p^n\mathbf{Z}_p}$. 由构造知, ϕ 是局部常值的, 因而对于所有 $x\in\mathbf{Z}_p$ 有 $\|f(x)-\phi(x)\|\leqslant\varepsilon$ (事实上, 在 $i+p^n\mathbf{Z}_p$ 上, 我们有 $f(x)-\phi(x)=f(x)-f(i)$ 和 $|x-i|_p\leqslant p^{-n}$). 得证.

(vi) 如果 $x\in\mathbf{Z}_p$ 的以 p 为底的记数写法为 $\sum_{i=0}^{+\infty}a_np^n$ (这些 a_n 是 $\{0,1,\ldots,p-1\}$ 中的元), 则取此函数为将 x 映成 $\sum_{n=0}^{+\infty}a_np^{-1-n}$; 我们留给读者去证明这个函数满足 1-利普希茨条件, 以及去想象它是如何对应到 $\mathbf{Z}_p$ 的树形描述的. 一个连通集在连续函数下的像是连通的, 而因为 $\mathbf{Z}_p$ 的连通分支为点, 故从 $[0,1]$ 到 $\mathbf{Z}_p$ 的连续函数都是常值函数.

习题 20.7. (i) 我们有 $|(\frac{7}{9})^n|_7=7^{-n}$, 因而级数 $\sum_{n=0}^{+\infty}(\frac{7}{9})^n\binom{x}{n}$ 在 $\mathscr{C}(\mathbf{Z}_7,\mathbf{Q}_7)$ 中收敛于一个连续函数 f. 又如果 $k\in\mathbf{N}$, 则根据二项式定理, 有 $f(k)=(\frac{16}{9})^k$. 由此得到 $f(2k)=f(k)^2, k\in\mathbf{N}$. 考虑到 $\mathbf{N}$ 在 $\mathbf{Z}_7$ 中稠密以及 f 的连续性, 表明 $f(2x)=f(x)^2$ 对所有 $x\in\mathbf{Z}_7$ 均成立. 于是我们所感兴趣的那个级数的和 S 是 $\frac{16}{9}$ 的平方根, 即有 $S=\pm\frac{4}{3}$. 另外, 这个级数除了第一项外都在 $7\mathbf{Z}_7$ 中, 因此 $S-1\in7\mathbf{Z}_7$ 从而 $S=-\frac{4}{3}$. 证完.

(ii) 在 $\mathbf{R}$ 中此级数的和为 $\frac{4}{3}$.

术语索引

(索引页码为原著页码, 见本书边栏)

C

D

E

F

G

H

J

K

L

M

N

O

P

Q

W

X

Y

Z

数学陈述索引

(索引页码为原著页码, 见本书边栏)

G

H

J

K

L

M

P

人名索引

(索引页码为原著页码, 见本书边栏)

A

B

C

D

F

G

H

编 年

(页码为原著页码, 见本书边栏)

1956, 谷山丰 – 韦伊猜想, 513, 522
1958, 格罗滕迪克革命发端, 133, 421
1958, $\mathbf{Z}_p$ 上的连续函数, 198, 477
1959, ζ 函数的有理性问题, 522
1960, BSD 猜想, 3
1960, 佐藤 – 泰特猜想, 421
1962, Bateman-Horn 猜想, 429
1964, p-adic ζ 函数, 487
1964, $\mathbf{Z}_p$ 上的局部解析函数, 484
1965, 连续函数的傅里叶级数几乎处处收敛, 290
1966, 所有集合是可测的, 300
1967, 朗兰兹纲领, 527
1969, 2 个变元的丢番图方程, 516
1970, 希尔伯特第 10 问题的否定解, 516
1971, ℓ^2 的一个特征刻画, 286
1973, 拉马努金 – 皮特森猜想的证明, 421
1973, $\mathbf{Z}_p$ 上的 $\mathscr{C}^k$ 函数, 479
1973, 对有限域上簇的黎曼假设, 421
1973, 大魔群存在性的预测, 232
1975, 几乎是孪生的素数有无限多, 429
1977, "moonshine" 的出现, 232
1977, 德利涅猜想, 2
1977, RSA 安全系统, 10
1977, 科兹 – 怀尔斯定理, 511
1978, 有无限多个 n 使 n^2+1 几乎是素数, 430
1979, $\zeta(3)$ 是无理数, 298, 520
1979, Waldspurger 定理, 514
1981, Enflo 的反例, 267
1982, 构造大魔群, 232
1982, p-adic 复数, 7, 197
1983, 同余数的确定, 506
1983, 莫德尔猜想的证明, 516, 520
1983, 格罗斯 – 察基尔定理, 511
1984, 塞尔猜想, 513
1984, p-adic 函数的零点, 488
1985, 伯林森猜想, 2
1985, abc 猜想, 53
1985, 梅尔滕斯猜想的否定, 444
1987, 基本引理, 552
1988, 基尔的 "ε-猜想" 的证明, 513
1989, 布洛赫 – 加藤猜想, 2
1989, 科里瓦金定理, 511
1992, "moonshine" 的释意, 232
1994, 费马大定理的证明, 232, 510, 522
1996, ℓ^2 的特征刻画, 284
1998, n^2+m^4 为素数的无限性, 430
1999, 谷山丰 – 韦伊猜想的证明, 510, 522
1999, 局部朗兰兹的对应, 551
1999, 对函数域的朗兰兹对应, 551
2000, 无限多个 $\zeta(2n+1)$ 为无理数, 298
2004, 素数构成的算术级数, 430
2005, 素数之间的微小差异, 429
2006, $r(E)$ 可能 $\geqslant 28$, 511
2006, 素数的多项式级数, 430
2008, 基尔猜想的证明, 529
2008, 基本引理的证明, 552
2008, $2^{43112609}-1$ 是素数, 427
2008, $Y^2-Y=X^5-X$ 的解, 517
2009, $\mathbf{B}_{\mathrm{cris}}^{\varphi=1}$ 是主理想环, 49
2009, 佐藤 – 泰特猜想的证明, 421
2010, 取素数的线性方程组, 430
2011, 平均地 $r(E)\leqslant 0.98$, 511

译后记

这是一本非常有特色的数学书. 从内容来说, 它是从教材发展出来的却不像一本教材, 因为它包含了许多非教材的文字 (譬如第 1 章的小词典以及 7 个附录), 它也不像某种数学专题读物, 既有代数也有分析还有许多数论专题. 这大概反映了作者所说的数学的统一性吧.

从背景来说, 也如作者所说, 它反映了法国高等教育体系的一个特殊方面. 在法国, 独立于普通大学体系存在一个精英体系, 包括了像成立于 1794 年的巴黎高等师范学院 (ENS) 和巴黎综合理工大学 (École Polytechnique), 等等. 要进入这些精英大学必须经过激烈的竞争, 先进入预科班然后再竞争方能入校. 作者曾长期执教于巴黎综合理工大学, 本书便是从他所教课程发展而来的, 所以包含了预科班的一些数学知识 (主要在第 1 章中), 我想这大体相当于我们大学一二年级和部分三年级的代数和分析的内容. 要是有人想考数学研究生的话, 这倒是一本代数和分析的很好参考材料. 第二部分的材料应该出现在我们的大学高年级和研究生一二年级相应的内容中. 对于执着于数学研究的学生们, 我以为这是一本值得读的好书, 至少就本书而言应是如此, 特别地, 它还包含大量有分量的习题 (第 1 章有解答, 其他的部分习题和解答在附录 H1—7 中), 若能独立做出其中的大部分, 必将有大的进益.

由于作者是位资深的数论学家, 所以作为附录的第三部分主要讲述了所学内容在数论方面的应用, 证明或讲述了几个经典的大定理, 甚至有些内容还把我们带到了研究的第一线. 这当然对有志于数论的人大有裨益, 即便不想从事数论研究的人也不妨阅读譬如附录 A (看看素数定理是怎样证明的, 黎曼假设是怎样想的), 还有譬如附录 C (有限群的表示是如何计算的) ……浏览一下, 选出感兴趣的再仔细阅读, 从中发现学数学的乐趣和我们所学到的这些数学是多么强大和有用. 我所惋惜的是这本书几乎没有涉及几何学, 特别是代数几何. 它在数论中也是极其重要的.

作者还是一位极有个性的数学家. 最近, 因与校方观点不和而愤然辞职, 回到了法国国家研究中心. 他对数学文化和数学教育抱有很大的热情和独到的见解, 它们洋溢在本书的字里行间, 特别是那些脚注颇值得一读. 由于法国的数学用语和习惯与我们有些不同, 我也做了一些脚注.

本书涉及的内容很多, 译者水平有限, 难免有所疏漏. 翻译中在内容和文字方面我请教了不少同事, 在此一并谢过. 同样, 感谢高等教育出版社的赵天夫先生在多方面的帮助.

原书有 650 多页, 十分庞大, 并且字体极小 (作者曾调侃要读者带上放大镜), 读起来颇不方便. 为读者着想, 高等教育出版社做了有益的改变, 对此我和可能的读者们深表谢意.

译者

2017 年 12 月于北京

相关图书清单

（书号前缀为 978-7-04-0xxxxx-x）

序号	书号	书名	作者
1	24308-6	解析函数论初步	H. 嘉当
2	25156-2	微分学	H. 嘉当
3	28417-1	广义函数论	L. 施瓦兹
4	25801-1	微分几何——流形、曲线和曲面（修订第二版）	M. 贝尔热 等
5	26362-6	拓扑学教程 ——拓扑空间和距离空间、数值函数、拓扑向量空间（第二版）	G. 肖盖
6	25155-5	谱理论讲义（第二版）	J. 迪斯米埃
7	24619-3	拟微分算子和 Nash-Moser 定理	S. 阿里纳克 等
8	29467-5	解析与概率数论导引	G. 特伦鲍姆
9	33238-4	概率与位势（第一卷）——可测空间	C. 德拉歇利 等
10	31960-6	无穷小计算	J. 迪厄多内
11	33238-4	分布系统的精确能控性、摄动和镇定（第一卷） ——精确能控性	J.-L. 利翁斯
12	28757-8	代数学教程	R. 戈德门特
13	35176-7	完全集与三角级数	J.-P. 卡安
14	47748-1	线性与非线性泛函分析及其应用（上册）	P. G. 希阿雷
15	47749-8	线性与非线性泛函分析及其应用（下册）	P. G. 希阿雷
16	49500-3	分析与代数原理（及数论）（第一卷）（第 2 版）	P. 科尔梅
17		分析与代数原理（及数论）（第二卷）（第 2 版）	P. 科尔梅